AF537896

Jens Ebert · Susanne zur Nieden · Meggi Pieschel

Die biodynamische Bewegung und Demeter in der NS-Zeit

Jens Ebert · Susanne zur Nieden · Meggi Pieschel

Die biodynamische Bewegung und Demeter in der NS-Zeit

Akteure, Verbindungen, Haltungen

Ⓜ | METROPOL

Umschlagabbildung:
Manuelles Rühren der Präparate auf Gut Heynitz, vermutlich 1935
Mit freundlicher Genehmigung der Familie von Heynitz

ISBN: 978-3-86331-760-7

Ansbacher Straße 70 | 10777 Berlin
https://metropol-verlag.de

Druck: AALEXX Druck Produktion, Großburgwedel

Inhalt

Vorwort
von Daniela Münkel 9

Einleitung 11
NS-Nähe: Juristische, politische und moralische Dimensionen – Theorie, Methodik, Forschungsstand 24
Die biodynamische Bewegung – Eingrenzung der Untersuchungsgruppe 31

1. Die Anfänge (vor 1933) 35
1.1 Im Umfeld der Lebensreform 37
1.1.1 Die „Dritten Wege" der Weimarer Jahre 40
1.1.2 Anthroposophische Natur- und Landwirtschaftsforschung vor 1924 57
1.2 Vom *Landwirtschaftlichen Kurs* zur organisierten biodynamischen Wirtschaftsweise 1924–1933 66
1.2.1 Der *Landwirtschaftliche Kurs*. Geisteswissenschaftliche Grundlagen zum Gedeihen der Landwirtschaft (1924) 70
1.2.2 Die Institutionalisierung der biodynamischen Wirtschaftsweise 78
1.3 Zeitgenössische ökologische Landbausysteme 103

2. Die NS-Zeit 111
2.1 Gleichschaltung und das Ringen um Anerkennung (1933–1934) 112
2.1.1 Bedrohlicher Auftakt 118
2.1.2 Die Gründung des *Reichsverbands* 124
2.1.3 Der „Arierparagraph" 127
2.1.4 Widersprüchliche Zeichen 132
2.2 Der erzwungene „Burgfrieden" durch Rudolf Heß (1934–1939) 135
2.2.1 Die große Wende 137

2.2.2 „Die Gegner in Schach halten“ 146
2.2.3 Agrarwissenschaftliche Versuche mit der biodynamischen Wirtschaftsweise 151
2.2.4 Verfolgung und Verbot der *Anthroposophischen Gesellschaft in Deutschland* 1935 155
2.2.5 Die Expansion des *Reichsverbands* 163
2.2.6 Exkurs: Die I. G. Farben 172
2.3 Die Zeitschriften 176
2.3.1 *Demeter* (1930–1941) 176
2.3.2 *Leib und Leben* (1933–1943) 204
2.3.3 *Odal* (1934–1944) 223
2.4 Aufstieg und Fall des *Reichsverbands* 1939 bis zum Sommer 1941 226
2.4.1 Die Siedlungsplanungen im *Reichsnährstand* am Vorabend des Zweiten Weltkrieges 226
2.4.2 Der *Reichsverband* in den Jahren 1939 und 1940 233
2.4.3 Die Gegner der biodynamischen Wirtschaftsweise formieren sich 260
2.4.4 Exkurs zur Logenfrage 267
2.5 Verbot und Fortsetzung (1941–1945) 276
2.5.1 Die Gestapo-*Aktion gegen Geheimlehren und sogenannte Geheimwissenschaften* 276
2.5.2 Machtverschiebungen in der NS-Führung 286
2.5.3 „Die Wirtschaftsweise“ – Fortsetzungen der biodynamischen Wirtschaftsweise durch die SS 289
2.5.4 „Lebensraum“ 313

3. Personen und Orte der biodynamischen Wirtschaftsweise (1924–1941) 331
3.1 Die biodynamischen Akteure und Akteurinnen und ihr Bezug zum Nationalsozialismus 331
3.2 Rettungswiderstand 343
3.3 Verfolgte Mitglieder der biodynamischen Bewegung 344
3.4 Ausgewählte biografische Skizzen 345
3.5 Die Orte 371

4. Kriegsende und Neuanfang nach 1945 393

5. Zusammenfassung 407

Anhang

Dank 421
Nachwort 423
In der Studie berücksichtigte Mitglieder- und Teilnehmer:innen-Listen 425
Mitglieder-Erhebung der biodynamischen Organisationen (1924–1941) 427
Abkürzungen 429
Quellen- und Literaturverzeichnis 431
Personenregister 465
Ortsregister 473
Autor und Autorinnen der Studie 477

Vorwort

„Der Führer legte [zwar] keinen Wert auf Bio-Gemüse", wie die *Welt* 2019 titelte, aber sowohl sein Stellvertreter Rudolf Heß als auch der Reichsführer SS Heinrich Himmler waren Anhänger des biodynamischen Landbaus. Himmler, der in München Agrarwissenschaften studierte hatte, schreckte auch nicht davor zurück, in den Konzentrationslagern Dachau und Ravensbrück Versuche mit biodynamischen Anbaumethoden durchführen zu lassen. Selbst nachdem im Jahr 1941 der biodynamische Landbau offiziell vom NS-Regime verboten worden war, wurde er unter der Ägide der SS weiter praktiziert.

Angesichts einer solchen Unterstützung der biodynamischen Idee durch prominente NS-Größen drängt sich einem schnell der Gedanke einer engen Verbindung der biodynamischen Bewegung und ihres Anbauverbandes *Demeter* mit dem Nationalsozialismus auf. Die Fragen, wie und ob die Anhänger und Funktionäre von *Demeter* und der biodynamischen Bewegung mit dem Nationalsozialismus paktiert haben und wie „grün" die Nationalsozialisten waren, werden seit den 1980er-Jahren in der Forschung kontrovers diskutiert. Gleiches gilt für die Frage, wieviel Nähe die Anthroposophie zur nationalsozialistischen Ideologie und Weltanschauung hatte.

Mit „Die biodynamische Bewegung und Demeter in der NS-Zeit" legen nun Jens Ebert, Meggi Pieschel und Susanne zur Nieden unter Einbeziehung bisher nicht bekannter Quellenbestände eine differenzierte Studie zur Thematik vor, die den Bogen von den zwanziger Jahren bis in die Nachkriegszeit zieht. Den Autorinnen und dem Autor gelingt es, das Thema in seiner ganzen Bandbreite zu erfassen. Ideologische Überschneidungen und Formen der Zusammenarbeit werden genauso thematisiert wie gravierende Unterschiede zwischen der biodynamischen und der nationalsozialistischen Bewegung sowie die vielfältigen Formen des Widerstehens von Anhängern und Funktionären.

Mit diesem Buch wird die bisherige sehr polarisierte, zum Teil auch emotionalisierte Debatte über das Thema weiter versachlicht, und es werden neue, quellengesättigte Erkenntnisse in die Diskussion eingebracht.

Berlin, den 15. April 2024 *Prof. Dr. Daniela Münkel*

Einleitung

Die *biologisch-dynamische Wirtschaftsweise* (*bdW*) gehört zu den ältesten ökologischen Landbaukonzepten Deutschlands. Trotz ihres nunmehr hundertjährigen Bestehens liegt erstaunlicherweise bislang keine umfassende Darstellung der Bewegung vor, die sich tiefgehend und differenziert mit ihrer Entwicklung in der NS-Zeit befasst. Anlässlich des Jubiläums widmet sich die vorliegende Studie den vielfältigen Facetten der anthroposophisch basierten biodynamischen Vorstellungen und der *Demeter*-Landwirtschaft im Nationalsozialismus und verbindet dies auch mit einer kritischen Auseinandersetzung mit der Geschichte ihrer Vorgängerorganisationen. Im Mittelpunkt stehen Fragen nach den Verbindungen der biodynamischen Akteur:innen zu einzelnen NS-Organisationen sowie den Beweggründen für ihr Verhalten während der Diktatur.

Die Rolle der biodynamischen Bewegung in der NS-Zeit war spätestens seit den 1980er-Jahren immer wieder Gegenstand wissenschaftlicher und publizistischer Arbeiten sowie nicht selten polemischer Debatten. Darin wurde die biodynamische Geschichte jedoch nur bruchstückhaft oder als Randaspekt des Nationalsozialismus, der Anthroposophie oder der Agrarhistorie geschildert. Diese Studie gibt eine überfällige Zusammenschau bisheriger Arbeiten und eine Komplettierung durch mittlerweile neue Zugänge zu weiteren Quellen bzw. Archiven.

Es besteht kein Zweifel: Die Anthroposophie wurde vom NS-Regime abgelehnt, bekämpft und verfolgt. Ihre Weltsicht war der Mehrheit der NS-Führer verdächtig. Dennoch gab es teilweise politische und gesellschaftliche Kongruenzen sowie thematische Überschneidungen, wie z. B. eine Kritik an der Moderne und eine Ablehnung des Materialismus. Ab 1934 kam es mit Teilen der NS-Führung zu engen Kontakten, die in den Jahren 1939 bis Mitte 1941 zu verschiedenen Formen der Zusammenarbeit führten. Zu Recht weisen zahlreiche Publikationen darauf hin, dass kein anderes Praxisfeld der Anthroposophie dem Nationalsozialismus gegenüber mehr Kooperationsbereitschaft zeigte als die biodynamische Bewegung.[1] Kein anthroposophisches Projekt weckte auf der anderen

1 Vgl. u. a. Ansgar Martins, Hans Büchenbacher: Erinnerungen 1933–1949. Zugleich eine Studie zur Geschichte der Anthroposophie im Nationalsozialismus, Frankfurt a. M. 2014; Peter Staudenmaier, Between Occultism and Nazism. Anthroposophy and the Politics of Race in the Fascist Era, Leiden/Boston 2014; Uwe Werner, Anthroposophen in der Zeit des Nationalsozialismus (1933–1945), München 1999.

Seite ein so großes Interesse bei Teilen der NS-Führung. Einzelne Mitglieder der NS-Elite glaubten, die biodynamische Wirtschaftsweise für sich nutzen zu können, selbst wenn sie den anthroposophischen Ideen kritisch gegenüberstanden.

Im Zuge der „Gleichschaltung“ wurde 1933 der *Reichsverband für biologisch-dynamische Wirtschaftsweise* (*Reichsverband*) gegründet, der 1936 in die NS-Organisation *Deutsche Gesellschaft für Lebensreform* eingegliedert wurde. Der *Reichsverband* bemühte sich fortan in verschiedenen Denkschriften, seine geistige Nähe zum und inhaltliche Überschneidungen mit dem Nationalsozialismus zu behaupten. Die biodynamische Bewegung war das einzige anthroposophische Praxisfeld, das in die komplexe Struktur des sich überlappenden NS-Partei- und Staatssystems integriert war. In der *Gesellschaft für Lebensreform* hatten der Leiter des *Reichsverbandes* Erhard Bartsch und sein Mitarbeiter Franz Dreidax als Mitglieder im Führungsrat keine unbedeutende Rolle.

In der Frage, ob diese Kooperationsbemühungen lediglich der Verteidigung der biodynamischen Bewegung geschuldet waren – etwa in der Hoffnung, den NS-Staat instrumentalisieren zu können[2] –, oder auf thematischen Übereinstimmungen mit dem Nationalsozialismus beruhten, gehen die Einschätzungen weit auseinander. Publikationen und Diskussionen zum Verhältnis der *Anthroposophischen Gesellschaft* (*AG*) sowie der biodynamischen Bewegung zum NS-Regime lassen sich überwiegend zwei konträren Sichtweisen zuordnen: Auch unter Verwendung oftmals gleicher Quellen werden Anthroposophen bislang einerseits als Opfer, andererseits als Täter beschrieben. Die vorliegende Studie reflektiert diese simplifizierende Dichotomie. Mit der Erforschung des Werdegangs einzelner Akteure sowie der Institutionen und Einrichtungen der biodynamischen Bewegung werden ihre unterschiedlichen Auffassungen und deren Veränderungen in den Jahren vor der NS-Zeit, vor allem aber in den verschiedenen Phasen der NS-Diktatur dargestellt.

Im Mittelpunkt dieser Studie steht die Frage, wie die Kooperationen der biodynamischen Verbände mit nationalsozialistischen Institutionen zu interpretieren sind. Während in bisherigen Arbeiten, sowohl bei den Anthroposoph:innen selbst als auch oft in Gegendarstellungen, einseitige und nicht selten moralisierende Wertungen vorherrschen, differenziert diese Studie zwischen formaler Belastung, direkter Kooperation und Zwischenformen.[3] Die Mitglieder der

2 Vgl. Werner, Anthroposophen, S. 3 f.

3 Vgl. Horst Möller/Joachim Bitterlich/Gustavo Corni/Friedrich Kießling/Daniela Münkel/Ulrich Schlie (Hrsg.), Agrarpolitik im 20. Jahrhundert. Das Bundesministerium für Ernährung und Landwirtschaft und seine Vorgänger, Berlin/Boston 2020. Um den Belastungsgrad der Angehörigen der Agrarverwaltung zu bewerten, unterscheidet die Kommission zwischen „formaler und materieller“ Belastung, S. 5 f.

biodynamischen Bewegung werden statistisch hinsichtlich ihrer Mitgliedschaft in NS-Organisationen untersucht. Aspekte wie die ideologische Nähe zum NS oder die Mitwirkung an der inhaltlichen Ausrichtung NS-spezifischer Politik oder Entscheidungen werden im Hinblick auf direkte Zusammenarbeit herausgearbeitet. Dabei werden die teils engmaschigen Kooperationen, Personalunionen oder Differenzen der Biodynamiker:innen mit den NS-Organisationen beleuchtet.

Neben den Jahren des Nationalsozialismus berücksichtigt die Studie die Vorgeschichte der Etablierung der anthroposophischen Landwirtschaft ab ca. 1920, da die folgenden Entwicklungen, Prozesse und Entscheidungen ansonsten nur schwer nachzuvollziehen und historisch einzuordnen sind. Ein kurzer Ausblick auf die Nachkriegszeit bis ca. 1950 erscheint sinnvoll, um zu verstehen, inwieweit das Jahr 1945 eine Zäsur auch für die *bdW* darstellte.

Die *biologisch-dynamische Wirtschaftsweise* war mit ihren Verbänden die einzige institutionalisierte Organisation des ökologischen Landbaus im 20. Jahrhundert, deren Geschichte bis in die Zeit vor dem Zweiten Weltkrieg zurückreicht. Mit dem Bereithalten einer Alternative zum damals knappen und teils umstrittenen Kunstdünger geriet die Bewegung zwischen die Fronten divergierender agrarpolitischer NS-Eliten. Während sie durch Kritiker der Agrarchemie – wie die „Blut- und Boden Ideologen" um Walther Darré und Heinrich Himmler – von 1939 an vereinnahmt werden sollte, wurde sie durch den vorherrschenden, auf industrielle Landwirtschaft ausgerichteten Flügel aus ideologischen und handfesten wirtschaftlichen Gründen abgelehnt und bekämpft. In diesem Spannungsfeld politisiert, sah der ambitionierte Vorstand des im Aufstieg begriffenen *Reichsverbands* eine Chance und ergriff diese auch. So unbestritten wie die Tatsache, dass die *Anthroposophische Gesellschaft* und ihre Praxisfelder von nationalsozialistischer Seite argwöhnisch beobachtet, unter Druck gesetzt und die Gesellschaft 1935 verboten wurde, so klar ist auch, dass einzelne Akteure der Bewegung ab Januar 1934 in teilweise engen Kontakt zu NS-Politikern traten. Der Vorstand des *Reichsverbands* bemühte sich mit Denkschriften, durch Einladungen zu Tagungen, Besichtigungen von biodynamischen Höfen oder Lieferungen von kostenlosen Warenproben, die neuen Machthaber davon zu überzeugen, dass die *biologisch-dynamische Wirtschaftsweise* einen eigenen Beitrag zur „nationalen Erneuerung Deutschlands" leisten könne.

Die heutige Kritik an der biodynamischen Bewegung geht jedoch weit über die Frage nach der konkreten Zusammenarbeit mit dem NS-System hinaus. Spätestens seit den 1980er-Jahren wurden die *Anthroposophische Gesellschaft* und der *Demeter-Verband* wiederholt mit Vorwürfen konfrontiert, Steiners Werke enthielten Menschen diskriminierende, rassistische und antisemitische Passagen.

Im Rahmen seiner als Evolution konzipierten Menschheitsgeschichte griff Rudolf Steiner seit seiner Hinwendung zur Theosophie mit Beginn des 20. Jahrhunderts auf theosophische Texte und damit auf die Theorie der „Wurzelrassen“ als kosmologische Idee zur Entwicklungsgeschichte der Menschheit zurück. Steiner entwickelte diese Ideen weiter im Sinne kultureller Entwicklungsstadien.

Der Religionswissenschaftler Helmut Zander arbeitete heraus, dass Steiner die Kategorisierungen neben der Theosophie aus gängigen zeitgenössischen rassetheoretischen Schriften bezog und „Rasse“ auch als Strukturelement der heutigen Menschheit verstand.[4] Steiner schrieb und agierte zu einer Zeit, in der auf wissenschaftlicher und gesellschaftspolitischer Ebene rassetheoretisches Denken nicht nur „salonfähig“, sondern zutiefst gesellschaftlich verankert war.[5] Die Kulturwissenschaftlerin Jana Husmann-Kastein spricht von einem „dominanten, antisemitischen und kolonialistisch-rassistischen ‚Zeitgeist‘“.[6] Dass sich Rudolf Steiners Konzept der „Wurzelrassen“ allerdings in vielen Punkten vom völkisch-biologistischen Rassismus unterscheidet, betont z. B. Uwe Werner in seinem Aufsatz „Rudolf Steiner zu Individuum und Rasse“.[7] Zander weist darauf hin, dass eine Rezeptionsgeschichte der Positionen Steiners zum Thema Rasse bei Anthroposoph:innen bisher weitgehend fehle.[8]

Tatsächlich steht die Frage nach Steiners „Rassenverständnis“ nicht im Mittelpunkt der Studie, weil sich in den Texten der *bdW*-Akteure und Akteurinnen, auch in den Denkschriften, die sich direkt an nationalsozialistische Adressaten wandten, keine Bezüge finden lassen. Dagegen verknüpften Nationalsozialisten, so vor allem der „Blut und Boden“-Ideologe Walther Darré, landwirtschaftliche Fragen eng mit der „Rassenfrage“. In Denkschriften und Artikeln bezogen sich die anthroposophischen Biodynamiker in der NS-Zeit immer wieder auf Texte Rudolf Steiners, auch wenn die meisten seiner Schriften verboten waren.

4 Helmut Zander, Anthroposophische Rassentheorie: Der Geist auf dem Weg durch die Rassengeschichte, in: Stephanie von Schnurbein/Justus H. Ulbricht (Hrsg.), Völkische Religion und Krisen der Moderne, Würzburg 2001, S. 292–341, sowie ders., Anthroposophie in Deutschland. Theosophische Weltanschauung und gesellschaftliche Praxis 1884–1945, 2 Bde., Göttingen 2007.

5 Vgl. Jana Husmann-Kastein, Schwarz-Weiß-Symbolik: Dualistische Denktraditionen und die Imagination von „Rasse“. Religion – Wissenschaft – Anthroposophie, Bielefeld 2010.

6 Jana Husmann-Kastein, Schwarz-Weiß-Konstruktionen im Rassebild Rudolf Steiners, https://www.religio.de/dialog/106/29_22-29.htm [8. 2. 2024].

7 Vgl. Uwe Werner, Rudolf Steiner zu Individuum und Rasse. Sein Engagement gegen Rassismus und Nationalismus, in: Rahel Uhlenhoff (Hrsg.), Anthroposophie in Geschichte und Gegenwart, Berlin 2011, S. 705–779: Marcelo da Veiga, Der ethische Universalismus und sein kulturgeschichtliches Dilemma. Eine Untersuchung unter besonderer Berücksichtigung aktueller Kritik an der Anthroposophie Rudolf Steiners, angekündigt 2024.

8 Zander, Rassentheorie, S. 298, FN 15.

Es finden sich darin aber keine Hinweise auf theosophisch kosmische Rassentheoreme, sie spielten tatsächlich in den biodynamischen Schriften keine Rolle. Antisemitische Äußerungen, mit denen man sich bei den Nationalsozialisten hätte anbiedern können, findet man allenfalls in wenigen Ausnahmefällen.[9] Das unterscheidet die Texte der biodynamischen Bewegung von denen anderer mit theosophischen Wurzeln, wie z. B. der Mazdaznan-Bewegung, deren Anhänger sich tatsächlich auf theosophische Rassentheorien beziehen.[10] So schrieb z. B. der Mazdaznan-Anhänger und Maler Johannes Itten, der die ersten Jahre des Bauhauses in Weimar entscheidend prägte, 1934 an die Behörde, er habe schon in den 1920er-Jahren in seinen religionsphilosophischen Arbeiten Rassenentwicklung und Rassenhygiene studiert: „Dieses Schaffen aus dem Blut, der Tiefe des innersten Wesens, bildet den Kern meiner Pädagogik."[11] Vergleichbare Anlehnungen an theosophische Rassevorstellungen lassen sich in Texten der biodynamischen Bewegung nicht finden.

Stand der Forschung

In den 1980er-Jahren begann in Deutschland ein Neuansatz mit einer breiten sowohl universitären als auch außeruniversitären Erforschung des Nationalsozialismus. Diese nahm nicht nur den NS-Staat, sondern auch unterschiedliche gesellschaftliche Bereiche wie etwa die Rolle der Medizin, der Kirchen und vor allem das Alltagsleben in den Blick. Auch das Verhältnis der Anthroposophie und der biodynamischen Wirtschaftsweise zum Nationalsozialismus beschäftigt seither die Forschung.

Die Darré-Biografie von Anna Bramwell[12] mit ihrer zu Recht viel kritisierten These, dass Bauernführer Walther Darré Anhänger Rudolf Steiners gewesen sei und dass er damit das „grüne Denken" der Gegenwart geprägt habe,[13] stand am

9 So z. B. in dem Artikel von Georg Halbe, Lebensgesetzlicher Landbau, in: Westermanns Monatshefte, November 1940, S. 128–130. Auf Halbes Rolle wird im Kapitel 2.4. „Aufstieg und Fall des *Reichsverbands* 1939 bis zum Sommer 1941" näher eingegangen.

10 Vgl. Ulrich Linse, Die Mazdaznan-Pädagogik des Bauhausmeisters Johannes Itten, file:///C:/Users/Besitzer/Downloads/Ulrich-Linse_Die-Mazdaznan-Paedagogik-des-Bauhaus-Meisters-Johannes-Itten-2.pdf [26. 2. 2024].

11 Johannes Itten an den Regierungspräsidenten in Krefeld, 14. Juli 1934, zit. n. Kai Buchholz, Sinnesschulung am Bauhaus und in Loheland, in: Kai Buchholz/Elisabeth Mollenhauer/Justus Theinert, Herausforderung ästhetische Bildung, Bielefeld 2017, S. 93–131, hier S. 102 f.

12 Anna Bramwell, Blood and Soil. Richard Walther Darré and Hitler's Green Party, Abbotsbrook 1985.

13 Vgl. Frank Uekötter, Anna Bramwells Provokation: Gab es „Hitler's Green Party"?, in: Joachim Radkau/Frank Uekötter (Hrsg.), Naturschutz und Nationalsozialismus, Frankfurt a. M. 2003, S. 459–461.

Anfang eines Diskurses über das Verhältnis von „Grün und Braun", der bis heute anhält. Er spielt eine Rolle in den politischen Auseinandersetzungen um den vieldeutigen Begriff „Ökofaschismus"[14] oder die wissenschaftliche Diskussion über den Umgang mit der NS-Vergangenheit des Natur- und Umweltschutzes.[15] Es steht außer Frage, dass die zeitgenössischen Ideen des Naturschutzes in mehrfacher Hinsicht anschlussfähig an die Ideologeme des NS waren. Als verbindendes Element gehörte dazu u. a. der für den Naturschutz konstitutive Leitbegriff „Heimat", der in dem antimodernistischen und zivilisationskritischen Umfeld ab Mitte des 19. Jahrhunderts entstanden war. Was für den Naturschutz gilt, trifft auch auf die Ökologie und insbesondere auf die biodynamische Wirtschaftsweise zu. Dass man sich solchen politischen Vereinnahmungen zum Trotz ein wichtiges Thema wie den Naturschutz nicht aus der Hand nehmen lassen dürfe, betonte z. B. im Jahr 2002 der damalige Bundesminister für Umwelt, Naturschutz und Reaktorsicherheit Jürgen Trittin auf dem ersten Fachkongress zum Thema „Naturschutz und Nationalsozialismus".[16] Der Beitrag von Natur- und Landschaftsschützern zum Nationalsozialismus sei weder marginal noch ein „Betriebsunfall der Naturschutzgeschichte" gewesen, umgekehrt sei aber auch klar: „Naturschutz als politischer Auftrag wird nicht deshalb entwertet und für die Zukunft unwichtig, weil Naturschützer und Nazis sich auf die Natur beziehen."[17]

Aus agrarwissenschaftlicher Perspektive hat Gunter Vogt im Jahr 2000 erstmals eine umfassende Darstellung über die Entwicklung des ökologischen Landbaus im deutschsprachigen Raum veröffentlicht. Darin stellt er die unterschiedlichen Entwicklungslinien der *biologisch-dynamischen Wirtschaftsweise* und anderer ökologisch geprägter alternativer Landbausysteme dar.[18]

14 Vgl. u. a. Janet Biehl/Peter Staudenmaier, Ecofascism. Lessons from the German experience, Edinburgh, San Francisco 1995.

15 Frank Uekötter, Deutschland in Grün. Eine zwiespältige Erfolgsgeschichte, Bonn 2015; Nils Franke, Unerwünschte Umarmung, in: Ökologie & Landbau 14 (2019) 2; Franz-Josef Brüggemeier/Mark Cioc/Thomas Zeller (Hrsg.), How Green were the Nazis? Nature, Environment, and Nation in the Third Reich, Athens/Ohio 2006; Frank Uekötter, The Green and the Brown. A History of Conservation in Nazi Germany, Studies in Environment and History, Cambridge 2006; Hans W. Frohn/Friedmann Schmoll, Natur und Staat. Staatlicher Naturschutz in Deutschland 1906–2006, Münster 2006.

16 Kongress Naturschutz und Nationalsozialismus – Erblast für den Naturschutz im demokratischen Rechtsstaat, Juni 2002, Berlin; Tagungsband: Radkau/Uekötter (Hrsg.), Naturschutz und Nationalsozialismus.

17 Jürgen Trittin, Naturschutz und Nationalsozialismus – Erblast für den Naturschutz im demokratischen Rechtsstaat?, in: Radkau/Uekötter, Naturschutz und Nationalsozialismus, S. 33–39, hier S. 34.

18 Gunter Vogt, Entstehung und Entwicklung des ökologischen Landbaus im deutschsprachigen Raum, Bad Dürkheim 2000.

„Vergangenheitsbewältigung", schrieb der langjährige Leiter des Archivs am Goetheanum in Dornach, Uwe Werner, sei bei Anthroposophen lange kein Thema gewesen.[19] Zwar publizierten mehrere Mitbegründer:innen der biodynamischen Bewegung ab den 1970er-Jahren die Geschichte der anthroposophischen Landwirtschaft und brachten damit eine Vielzahl an Details über ihre Pioniertätigkeit und die Erfolge in der Erforschung und Verbreitung der Methode seit ihren Anfängen in Erinnerung. Gleichermaßen bezeugen die Berichte jedoch eine oft sehr selektive Wahrnehmung der politischen Ereignisse.[20] Ähnlich verhält es sich mit Publikationen – teils Neuauflagen von Vorkriegsarbeiten –, die vornehmlich der praktischen Anleitung für Klein- und Hausgärtner:innen dienen sollten.[21]

Ab Mitte der 1980er-Jahre begann in Deutschland auch von anthroposophischer Seite eine kritische Aufarbeitung der Rolle der *Anthroposophischen Gesellschaft* im Nationalsozialismus. Zu nennen ist hier vor allem die fünfbändige Quellenedition „Briefe und Dokumente zur Geschichte der Anthroposophischen Bewegung und Gesellschaft in der Zeit des Nationalsozialismus", die Arfst Wagner von 1991 bis 1993 herausgab. Aus staatlichen, aber auch aus Privatarchiven stellte Wagner Dokumente zusammen, die die Verfolgung durch den NS-Staat, aber eben auch Kooperationen mit dem Nationalsozialismus dokumentieren. Der dritte Band widmet sich ausschließlich der *biologisch-dynamischen Wirtschaftsweise*. Damit stieß Wagner bei Anthroposoph:innen sowohl auf Zuspruch als auch auf vehemente Widerstände. Zeitgleich publizierte er eine Serie von Artikeln „Anthroposophen und Nationalsozialismus"[22] und „Anthroposophen und Rassismus".[23] Im Folgejahr setzte er sich mit einem Aufsatz „Lernen aus der eigenen Geschichte oder im Dreck wühlen" mit der zum Teil massiven Kritik aus den eigenen Reihen auseinander.[24]

19 „Da man insgesamt wußte, daß nur wenige Anthroposophen dem Nationalsozialismus verfallen waren, war die ‚Vergangenheitsbewältigung' kein Thema." Werner, Anthroposophen, S. 364.

20 Vgl. u.a. Almar von Wistinghausen, Erinnerungen an den Anfang der Biologisch-dynamischen Wirtschaftsweise, Darmstadt 1982; Hellmut Bartsch, Betrachtungen zu Rudolf Steiners Landwirtschaftlichem Impuls, Berlin 1982; Benno von Heynitz, Meine Erinnerungen als Landwirt (1912–1962), Hannover-Kirchrode, Selbstverlag 1978; Adalbert Graf von Keyserlingk (Hrsg.), Koberwitz 1924, Geburtsstunde einer neuen Landwirtschaft, Stuttgart 1974.

21 Vgl. u.a. Ehrenfried Pfeiffer/Erika Riese, Der erfreuliche Pflanzengarten, Dornach 1954 (1. Aufl. 1940).

22 Arfst Wagner, Anthroposophen und Nationalsozialismus (Teil I), in: Flensburger Hefte 32, Flensburg 1991; Anthroposophen und Nationalsozialismus (Teil II), in: Flensburger Hefte, Sonderheft 8, Flensburg 1991.

23 Arfst Wagner, Anthroposophie und Rassismus, in: Flensburger Hefte 41, Flensburg 1993.

24 Arfst Wagner, Lernen aus der eigenen Geschichte oder im Dreck wühlen? Zur Geschichte der Anthroposophischen Bewegung und Gesellschaft in der Zeit des Nationalsozialismus, in: Jahrbuch für anthroposophische Kritik, München 1994, S. 108–113.

Uwe Werner ergriff nun die Initiative und veröffentlichte 1999 die Monografie „Anthroposophie in der Zeit des Nationalsozialismus“.[25] Sie basiert auf umfangreichen Forschungen in 50 öffentlichen und 35 privaten Archiven, berücksichtigt zum ersten Mal auch Unterlagen aus anthroposophischen Archiven und war allein deswegen eine Pionierarbeit. Die quellengesättigte Arbeit untersucht, wie die Dornacher Führung in verschiedenen Phasen agierte, und analysiert darüber hinaus auch die unterschiedlichen Praxisfelder wie die Waldorfschulbewegung, die *Christengemeinschaft* und die biodynamische Landwirtschaft.

„Die biologisch-dynamische Wirtschaftsweise im KZ“ des Kulturwissenschaftlers Wolfgang Jacobeit und des Historikers Christoph Kopke,[26] ebenfalls im Jahr 1999 erschienen, rekonstruiert gleichermaßen quellenreich den widersprüchlichen politischen Prozess des *Reichsverbands* zwischen Akzeptanz, vorübergehenden regionalen Verboten, Plänen der Zusammenarbeit, Ablehnung und seiner Zerschlagung im Jahr 1941. Anhand des umfangreichen Schriftverkehrs der involvierten NS-Elite zeigt die vorliegende Studie auch die zum Teil konträren Positionen zur anthroposophischen Landwirtschaft auf.

Der Anthroposoph und Bodenwissenschaftler Herbert Koepf – selbst Pionier der Bewegung – gab 2001 mit Bodo von Plato die bis heute umfangreichste Arbeit über die Geschichte der biodynamischen Bewegung von ihren Anfängen bis zu ihrer internationalen Verbreitung ausgangs des 20. Jahrhunderts heraus.[27] Die NS-Zeit nimmt darin nur einen kleinen Teil ein. Die Verantwortung tragenden Vertreter der biodynamischen Landwirtschaft seien – so Koepf/Plato – „ausnahmslos selbst keine Nazis“ gewesen, sie hätten zwar ein „mangelndes politisches Bewusstsein“ gegenüber dem Nationalsozialismus und seinen Führern gezeigt, in ihrer „Anbiederung“ allerdings „nie eine bestimmte Grenze“ überschritten.[28]

Das zweibändige Werk „Anthroposophie in Deutschland, Theosophische Weltanschauung und gesellschaftliche Praxis 1884–1945“ des Religionshistorikers Helmut Zander gibt einen umfassenden Einblick in die Anthroposophie, ihren ideengeschichtlichen Kontext und ihre Praxisfelder und beleuchtet das „hochdifferenzierte Milieu“ und dessen kulturelle Einbettung.[29]

25 Werner, Anthroposophen.

26 Wolfgang Jacobeit/Christoph Kopke, Die Biologisch-dynamische Wirtschaftsweise im KZ. Die Güter der „Deutschen Versuchsanstalt für Ernährung und Verpflegung“ der SS 1939 bis 1945, Berlin 1999.

27 Herbert H. Koepf/Bodo von Plato, Die biologisch-dynamische Wirtschaftsweise im 20. Jahrhundert. Dokumente und Beiträge zur Entwicklungsgeschichte des anthroposophischen Kulturimpulses, Dornach 2001.

28 Vgl. ebenda, S. 168 f.

29 Helmut Zander, Anthroposophie in Deutschland. Theosophische Weltanschauung und gesellschaftliche Praxis 1884–1945, zwei Bände, Göttingen 2007.

Sieben Jahre später erschien Peter Staudenmaiers quellenreiche Studie „Between Occultism and Nazism“,[30] in deren Mittelpunkt die Frage nach Konvergenzen und Divergenzen anthroposophischer und faschistischer Rassenlehre am Beispiel Deutschlands und Italiens steht. Auch wenn sich bei den Anthroposophen Italiens eine größere Radikalität und Nähe zum faschistischen Regime beobachten lasse, attestiert Staudenmaier der Anthroposophie auch im nationalsozialistischen Deutschland eine Tendenz zu rechten und völkischen Auffassungen.

Staudenmaier zählt mittlerweile zu den meistzitierten Kritikern der Anthroposophie und im Gefolge davon auch der *biologisch-dynamischen Wirtschaftsweise*. Sein Argument, gerade die ideelle Nähe beider Weltanschauungen habe die NS-Regierung zu Verboten veranlasst, die Anthroposophie sei also gerade wegen dieser Übereinstimmungen als konkurrierende, nah verwandte Ideologie bekämpft worden, lässt jedoch viele Unterschiede weitgehend außer Acht. Obwohl er konstatiert, dass es in der anthroposophischen Bewegung eine Bandbreite politischer Standpunkte gegeben habe, die dem rechten oder linken Spektrum nicht eindeutig zuzuordnen seien, ein „ambivalent left-right crossover“,[31] gerät in seiner Untersuchung aus dem Blick, dass vor allem in den anthroposophischen Praxisfeldern wie der biodynamischen Wirtschaftsweise und im Kontext der Lebensreformbewegung unterschiedliche, auch gegensätzlichen politische und weltanschaulichen Einflüsse wirksam waren. Seine Annahme einer grundsätzlichen Nähe von Anthroposophie und rechten Ideologien blendet somit Teile der komplexen Geschichte der biodynamischen Bewegung vor und nach 1933 aus.

Mit dem Religionswissenschaftler Ansgar Martins ergriff eine neue Generation das Wort, die ihre anthroposophische Prägung nicht verschwieg, sich aber einer vorbehaltlos kritischen Diskussion stellte. „Die anthroposophische Bewegung“, schreibt Martins in „Waldorfblog“, unterteile sich in zahlreiche Lager. Von liberalen Rezipienten bis hin zu ultra-orthodoxen Kreuzrittern seien alle Strömungen vertreten. Martins gab im Jahr 2014 den Band „Hans Büchenbacher: Erinnerungen 1933–1949“ heraus, den er durch seine historisch informierte und quellenkritische Lesart zu einer Studie zur Geschichte der Anthroposophie im Nationalsozialismus macht. Büchenbacher, 1933 Vorsitzender der Deutschen Sektion der *Anthroposophischen Gesellschaft*, galt nach NS-Kategorien als „Halbjude“. Ihm wurden Rücktritt und Austritt nahegelegt. In seinen Erinnerungen, die zunächst nicht zur Veröffentlichung bestimmt

30 Staudenmaier, Occultism.

31 Ebenda, S. 324.

waren, berichtete Büchenbacher von der kritischen Distanz vieler Anthroposophen zum Nationalsozialismus, die vor allem im kleinen Kreis, in Briefen und Tagebüchern oder Gesprächen geäußert wurden. Andere, wie z. B. Erhard Bartsch, hätten sich energisch „für eine Zusammenarbeit mit dem Nationalsozialismus“ eingesetzt.[32] Mit Bezug auf Büchenbacher kann Martins zeigen, dass jüdische Anthroposophen aus der *Anthroposophischen Gesellschaft* austraten oder dazu gedrängt wurden. Auf der anderen Seite unterstreicht er, dass einige Anthroposophen, wie z. B. Herbert Schulte-Kersmecke, Jüdinnen und Juden unterstützten.[33]

Quellen

Allein die anthroposophischen Beiträge im Umfeld der biodynamischen Praxis und Forschung sind heute kaum mehr zu überschauen, zeitgenössische Texte zum Thema wurden bislang noch nicht systematisch gesichtet. Von Autor:innen der biodynamischen Bewegung selbst ist eine große Anzahl an Publikationen, Zeitschriftenartikeln und grauer Literatur überliefert, die zum größten Teil in Rudolf Steiner Bibliotheken (Berlin und Stuttgart), in der Datenbank des Forschungsrings Darmstadt, der Staatsbibliothek Berlin und den anthroposophischen Archiven (Goetheanum, Steiner-Archiv, Ita-Wegman-Archiv) zu finden sind und die z. T. neu erschlossen wurden. Erstmals wurden die wichtigsten Zeitschriften, die in der NS-Zeit zum Thema publiziert wurden, insbesondere *Demeter*, umfassend ausgewertet (siehe Kapitel 2.3). Darüber sind in dieser Studie Akten und Dokumente aus den unterschiedlichsten Archiven und Privatbeständen zusammengeführt worden. Von Relevanz waren das Organisationsarchiv der biodynamischen Verbände und Teile der Korrespondenzakten der *Anthroposophischen Gesellschaft* am Goetheanum sowie die Akten und Nachlässe einzelner Mitglieder der Bewegung. Quellenbasis für die statistische Analyse sind die Mitgliederverzeichnisse der Verbände der biodynamischen Bewegung bzw. Personalakten von NS-Behörden (Mitglieder- und Teilnehmer:innen-Listen).

Überraschend war die unerwartet große Fülle des Quellenmaterials über die Biodynamiker:innen allein im Bundesarchiv angesichts dieser verhältnismäßig kleinen Gruppe von insgesamt höchstens 2000 Mitgliedern. Dabei handelt es sich sowohl um Akten aus dem NS-Überwachungsapparat als auch um die umfangreichen Korrespondenzen des *Reichsverbands* mit verschiedenen Ministerien

32 Martins, Büchenbacher, S. 22 und S. 24.

33 Vgl. ebenda, S. 411 f.

und Parteiorganisationen. Daraus geht hervor, dass die biodynamische Bewegung bis in die höchste Parteispitze für Unruhe sorgte und zum Gegenstand von Machtkämpfen innerhalb der NS-Führung wurde. Darüber hinaus konnten für diese Studie – noch vor dem Kriegsbeginn in der Ukraine – bisher unveröffentlichten Akten aus ukrainischen Archiven in Kiew und Schytomyr ausgewertet werden.[34]

Aufbau der Untersuchung

Das erste Kapitel beschäftigt sich mit der Vorgeschichte der *biologisch-dynamischen Wirtschaftsweise* und ordnet sie in das weite Spektrum lebensreformerischer und ökologischer Bestrebungen zu Anfang des 20. Jahrhunderts ein (1.1). Das folgende Kapitel dokumentiert die mühevolle Aufbauarbeit der biodynamischen Bewegung, das Auf und Ab seit dem *Landwirtschaftlichen Kurs* von Rudolf Steiner in Koberwitz 1924 bis zum Machtantritt der Nationalsozialisten 1933 (1.2).

Das Kernstück der Publikation ist die Entwicklung der biologisch-dynamischen Bewegung während der Jahre des Nationalsozialismus, die im zweiten Kapitel behandelt wird. Nach der Machtübernahme 1933 war es zunächst unklar, ob die *Anthroposophische Gesellschaft* und ihre Anwendungsbereiche wie die Waldorfschulen und die biodynamischen Verbände nicht sofort zerschlagen werden würden. Mit diesem für Anthroposoph:innen bedrohlichen Beginn und dem folgenden Ringen um Anerkennung, Anpassung und „Gleichschaltung" beschäftigt sich Kapitel 2.1, wobei besonders die widersprüchlichen Zeichen aus dem NS-Apparat behandelt werden. Nationalsozialistische Ideologen sagten Rudolf Steiner eine jüdische Herkunft nach und bekämpften die Anthroposophie als Teil eines „undeutschen Geistes". Andere zeigten Interesse an ihren Ideen. Wie viele Organisationen stand auch die biodynamische Bewegung 1933 vor der Frage: Auflösung oder Anpassung an die neuen Strukturen des politischen Systems, das sich innerhalb kurzer Zeit zudem radikal veränderte. Es kam zur Gründung des *Reichsverbandes*. Eine entscheidende politische Konzession war der „Arierparagraph", der in die Satzung des neuen Verbandes aufgenommen wurde.

Die Analyse der umfangreichen Korrespondenzakten des *Reichsverbands* mit diversen Ministerien und besonders dem *Hauptamt für Volksgesundheit* der

34 Zentrales Staatsarchiv der Obersten Regierungs- und Verwaltungsorgane der Ukraine (Центральний державний архів вищих органів влади та управління України) in Kiew; Staatsarchiv der Region Schytomyr (Державний архів Житомирської області).

NSDAP im Amtsbereich Heß zeigt in Kapitel 2.2 die besondere Bedeutung dieser Verbindungen für das Fortbestehen des Verbands. Dargestellt werden das wachsende Beziehungsgeflecht und die unterschiedlichen Ebenen von Schutzmaßnahmen: die Verteidigung gegenüber Presseangriffen, fachliche Missbilligung durch die Agrarwissenschaften, praktische Behinderung auf lokaler Ebene bis hin zu erforderlichen Sonderregelungen in der gleichgeschalteten NS-Agrarpolitik. Die Protektion durch die Mitarbeiter des *Hauptamtes* und Heß selbst stärkte das Selbstvertrauen des *Reichsverband*-Vorstands merklich. Deutlich wird hier auch, dass der *Reichsverband* ohne diesen Schutz nicht hätte überleben können, auch nicht ohne den enormen Einsatz von Erhard Bartsch und Franz Dreidax, die die gesamte Korrespondenz neben der Herausgabe der *Demeter*-Zeitschrift, den Verhandlungen mit den Behörden oder den Hofführungen fast ausschließlich zu zweit bewältigten.

Ein Exkurs „Die I. G. Farben" beschäftigt sich im Anschluss mit der Selbstdarstellung eines der „Hauptgegner" der *bdW.*

Im folgenden Kapitel 2.3 werden die drei für die Betrachtung der biodynamischen Bewegung relevantesten Zeitschriften eingehend analysiert, und zwar die verbandseigene Zeitschrift *Demeter* sowie *Leib und Leben,* die die *Deutsche Gesellschaft für Lebensreform* herausgab, schließlich die Hauszeitschrift des Reichsbauernführers Walther Darré *Odal. Monatsschrift für Blut und Boden.*

Mit dem Aufstieg und Fall des *Reichsverbandes* 1939 bis zum Sommer 1941 befasst sich Kapitel 2.4. Von 1939 bis zum ersten Halbjahr 1941 kam es zu umfassenden Kooperationsangeboten und einer engen Vernetzung des *Reichsverbands* mit vielen Akteuren im Partei- und Staatsapparat. Die 1939 gegründete SS-Organisation *Deutsche Versuchsanstalt für Ernährung und Verpflegung GmbH (DVA)* wurde 1940 korporatives Mitglied im *Reichsverband,* hohe SS-Funktionäre des *Rasse- und Siedlungs-Hauptamtes* planten gemeinsame Projekte mit der *bdW,* Funktionäre des *Reichsnährstandes* unterstützten den Kauf des *Demeter-Hauses,* das eine Bildungsstätte des *Reichsverbandes* werden sollte. Walther Darré, *Reichsminister für Ernährung und Landwirtschaft,* besuchte 1940 Marienhöhe und erklärte öffentlich, der biodynamischen Wirtschaftsweise in Zukunft mehr Aufmerksamkeit zu schenken. Mit Kriegsbeginn ließ Erhard Bartsch keine Gelegenheit aus, diejenigen Männer im nationalsozialistischen Staats- und Parteiapparat, die der Wirtschaftsweise gegenüber zumindest Interesse zeigten, davon zu überzeugen, was der *Reichsverband* für Deutschland und für einen siegreichen Ausgang des Krieges leisten könne.

In Kapitel 2.5 schließlich geht es um das Verbot des *Reichsverbandes* und der Tätigkeit seiner Mitglieder im Rahmen der *Aktion gegen Geheimlehren und sogenannte Geheimwissenschaften* nach dem England-Flug von Rudolf Heß. Ohne dessen politischen Einfluss hatte die *bdW* – scheinbar – keine Chance mehr im nationalsozialistischen Deutschland. Führende Funktionäre wurden verhaftet, jedoch nach kurzer Zeit wieder auf freien Fuß gesetzt. Allein der Leiter des *Reichsverbandes*, Erhard Bartsch, blieb bis November 1941 in Haft und stand fortan weiter unter Hausarrest. Die frühere Haltung zur *bdW* führte zu Rückzugsgefechten im NS-Apparat.

Auch der gelernte Landwirt Heinrich Himmler hatte Sympathien für die Wirtschaftsweise, deren „mystische" Aspekte er jedoch ablehnte. Er nutzte die Gunst der Stunde und rekrutierte einige Führungspersönlichkeiten der *bdW* für die Arbeit an landwirtschaftlicher Forschung und Praxis im Umfeld der Konzentrationslager Dachau, Ravensbrück und Mauthausen. Mit dem Überfall auf die Sowjetunion ergaben sich dann beinahe unbegrenzte neue Möglichkeiten. Die *DVA* plante neben ihren Aktivitäten in den KZ den Betrieb von Versuchsgütern auch in der Ukraine. Es gab umfangreiche Planungen. Lediglich ein einziges Versuchsgut jedoch wurde realisiert: Wertingen in der Nähe der Stadt Schytomyr.

Die Akteur:innen und die wichtigen Orte der *bdW* stehen im Mittelpunkt des dritten Kapitels. Wer war Teil der Bewegung? Was lässt sich anhand der uns zugänglichen Daten über die Mitgliederstruktur aussagen? Die Analyse der mehr als 1000 namentlich erfassten Mitglieder zeigt z. B. das breite politische und soziale Spektrum. Anhand einer eigenen statistischen Erhebung konnte der Anteil an Mitgliedschaften in NS-Organisationen und der SS ermittelt werden. Biografische Skizzen einiger wichtiger Vertreter der Bewegung und die Beschreibungen von bedeutenden Gütern und Einrichtungen der *bdW* schließen das Kapitel ab.

Das vierte Kapitel gibt einen kurzen Einblick in die Nachkriegsentwicklung. Während die biodynamische Bewegung in den Jahren bis 1941 erheblich expandiert war, verlor sie 1945 durch Flucht und Enteignung die in den ehemaligen Ostgebieten und der SBZ liegenden großen *bdW*-Güter. Sehr klein fing man nach Kriegsende in den westlichen Besatzungszonen neu an. Noch wusste man sehr gut, wie sich Einzelne während der Jahre des Nationalsozialismus verhalten hatten. Auch wenn es keine Aufarbeitung, sondern nur interne, nicht öffentliche Debatten zu diesem Thema gab, so hatten die Auseinandersetzungen um die „Politisierung der Landwirtschaft" im Nationalsozialismus doch Folgen für den 1946 neu gegründeten *Forschungsring für biologisch-dynamische Wirtschaftsweise*.

NS-Nähe: Juristische, politische und moralische Dimensionen – Theorie, Methodik, Forschungsstand

Die fundiert wissenschaftliche Untersuchung der Einbindung einzelner Organisationen, gesellschaftlicher Vereinigungen und staatlicher Strukturen in die Verbrechen des NS-Systems und dessen Unterdrückungsapparat begann maßgeblich und flächendeckend erst nach 1990, angestoßen durch die Arbeit der *Unabhängigen Historikerkommission – Auswärtiges Amt.*[35] Dem folgte eine Vielzahl anderer Einrichtungen, der Prozess scheint noch nicht abgeschlossen. Vor diesem Hintergrund stellt die vorliegende Untersuchung der *biologisch-dynamischen Wirtschaftsweise* keine Besonderheit dar, was Thema und Zeitpunkt betrifft. Der recht späte Zeitpunkt, die Verbrechen der NS-Zeit zu untersuchen, bot allerdings auch Chancen. Viele wichtige Akten und Dokumente, die neue Beziehungsgeflechte, Handlungsmotivationen und Querverweise offenlegten, waren erst Jahrzehnte nach 1945 zugänglich. Sie erlauben heute eine profundere, aber auch kritischere Sicht, als sie in den 1950er- oder 1960er-Jahren möglich war.

Die im Folgenden markierten Positionen waren die Grundlage der Bewertung von NS-Nähe in dieser Studie.

Bewertungskategorien der Justiz

Ausgangspunkt für die Bewertung der NS-Belastung war nach Kriegsende die strafrechtliche Ahndung, die sich seit den alliierten Entnazifizierungsverfahren und den deutschen Spruchkammer-Urteilen nach 1945 mehrfach verändert hat. Die NS-Verbrechen waren in ihren Dimensionen, ihrer Brutalität, Intensität und Vielfalt mit dem bestehenden bürgerlichen Recht und dem noch in den Kinderschuhen steckenden Völkerrecht kaum adäquat zu verfolgen. Das Kontrollratsgesetz Nr. 10 vom Dezember 1945 bildete in den Nachkriegsjahren die erste einheitliche Rechtsgrundlage für die vier Hauptanklagepunkte der Nürnberger Prozesse: Verbrechen gegen den Frieden, Verbrechen gegen die Menschlichkeit, Beteiligung an Kriegsverbrechen und Beteiligung am Angriffskrieg.

Um auch jene Massenverbrechen ahnden zu können, für die Beweise der Individualschuld oft nicht erbracht werden konnten bzw. deren Anzahl für individuelle Strafverfahren zu groß gewesen wäre, kam es auf Initiative US-amerikanischer Juristen kurz vor Prozessbeginn in Nürnberg zur Einigung

35 Eckart Conze/Norbert Frei/Peter Hayes/Moshe Zimmermann, Das Amt und die Vergangenheit. Deutsche Diplomaten im Dritten Reich und in der Bundesrepublik, München 2010.

über den neuen Straftatbestand „Mitgliedschaft in einer verbrecherischen Organisation". Das Londoner Abkommen vom August 1945 zur Errichtung eines *Internationalen Militärgerichtshofs*[36] erklärte mehrere NS-Organisationen für „verbrecherisch".[37] Die Zugehörigkeit zu diesen Organisationen reichte nunmehr zur Verurteilung und zur Verhängung von Straf- und Sanktionsmaßnahmen aus.[38] In den zwölf Nürnberger Nachfolgeverfahren wurden insgesamt 75 Angeklagte wegen ihrer Zugehörigkeit zu einer „verbrecherischen Organisation" von zweieinhalb bis zu zehn Jahren Haft verurteilt.[39]

Allerdings ging es in den Strafverfahren nach 1945 nie ausschließlich um die Ahndung von kriminellen Handlungen, sondern stets auch um die Geschichte des Nationalsozialismus – so der Historiker Eckart Conze. Die Absicht der Alliierten sei es von Anfang an gewesen, Gerichtsverfahren in die Politik der „reeducation" zu integrieren. So sei etwa der Begriff der „Organisationskriminalität" nie ein reiner Rechtsbegriff gewesen: „in ihm verbanden sich juristische, politische und moralische Bewertungen, die sowohl auf die Verwendung des Begriffs (primär durch die Alliierten) als auch auf seine Wahrnehmung (primär durch die Deutschen) nicht ohne Einfluss blieben."[40]

Im Januar 1946 erließ der *Alliierte Kontrollrat* mit der Kontrollratsdirektive 38 Richtlinien über die Einstufung zur Einteilung der Bevölkerung in unterschiedlich belastete Gruppen. Sie unterschied fünf Kategorien: Hauptschuldige, Belastete, Minderbelastete (Bewährungsgruppe), Mitläufer und Entlastete. Dieser Direktive folgte am 5. März 1946 das Gesetz Nr. 104 zur Befreiung von Nationalsozialismus und Militarismus, in dem z. B. als „Belasteter" gefasst wurde, wer „Aktivist", „Militarist" oder „Nutznießer" war. Dieses Raster hierarchisch abgestufter Kategorien sollte den schwer zu fassenden Begriff der NS-Belastung für die Justiz handhabbar machen, indem die politische Schuld von Personen anhand bestimmter Kriterien bestimmt werden konnte.

Im I. G.-Farben-Prozess (1947/48), dem sechsten Nürnberger Nachfolgeprozess, spielten neben den rein juristischen dann auch Fragen nach den

36 Londoner Abkommen zwischen den USA, Großbritannien, Frankreich und der Sowjetunion zur Errichtung eines Internationalen Militärgerichtshofs (IMG/IMT).

37 Dazu zählten das Korps der Politischen Leiter der NSDAP, die Geheime Staatspolizei (Gestapo), der Sicherheitsdienst (SD) sowie die Schutzstaffel (SS). Das Reichskabinett, der Generalstab und das Oberkommando der Wehrmacht sowie die SA wurden, anders als von der Anklage gefordert, nicht als verbrecherische Organisationen eingestuft.

38 Vgl. Eckart Conze, „Verbrecherische Organisation". Das Auswärtige Amt in der NS-Diktatur, Berlin/München/Boston 2014, Auszüge unter https://doi.org/10.1515/9783110345438.219 [22. 5. 2021].

39 Vgl. Conze, „Verbrecherische Organisation", S. 232.

40 Ebenda, S. 221.

Beziehungen zur NS-Bewegung vor 1933 sowie nach den politischen Kontakten eine wichtige Rolle.

Während das Kontrollratsgesetz Nr. 10 in den drei westlichen Besatzungszonen kaum mehr zur Anwendung kam und von den westlichen Besatzungsmächten für die Bundesrepublik 1951 aufgehoben wurde, wurde es in der Sowjetischen Besatzungszone und später der DDR noch bis 1955 weiter herangezogen. Westdeutsche Gerichte beriefen sich in ihren Verfahren allein auf die deutschen Strafgesetze, die für die Ahndung von NS-Verbrechen allerdings nur in begrenztem Maße geeignet waren. So wurde ca. ein Drittel der Verfahren eingestellt.

Wegen der enormen Anzahl der Personen, deren Verhalten und Taten in der NS-Zeit einer wie auch immer gearteten Aufarbeitung bedurften, wurden ab März 1946 in der amerikanischen Besatzungszone sogenannte Spruchkammern eingerichtet, die alsbald von der englischen und französischen Besatzungszone übernommen wurden.[41] Die Spruchkammern wurden von Deutschen geleitet und neigten sehr schnell dazu, die Betroffenen zu entlasten oder als Mitläufer einzuschätzen. In die beiden ersten Kategorien, der Schuldigen und Belasteten, wurden lediglich 0,7 Prozent der Betroffenen eingruppiert.[42]

Die Besatzungszonen und später die beiden deutschen Staaten unterschieden sich z. T. sehr bei der weiteren Verfolgung von Nazi- und Kriegsverbrechen nach 1945, 1949 bzw. 1955. In der bezüglich der Bevölkerung deutlich kleineren DDR wurden doppelt so viele NS-Verbrecher verurteilt wie in der BRD.[43] In der Bundesrepublik wurden zudem besonders in den 1950er-Jahren deutlich mehr NS- und Kriegsverbrecher nach wesentlich kürzeren Haftzeiten amnestiert als in der DDR.

Einen gewissen Neuansatz sowohl im juristischen als auch im gesellschaftlich-moralischen Sinne bei der Verfolgung von NS-Straftaten gab es im vereinten Deutschland erst mehr als 70 Jahre nach Ende der NS-Diktatur. 2011 wurde erstmals ein SS-Wachmann, der nachweislich nicht selbst an Morden beteiligt war, rechtskräftig wegen Beihilfe zum Mord verurteilt. 2022 erhielt eine ehemalige KZ-Sekretärin aus gleichen Gründen eine Bewährungsstrafe.

41 Es erleichterte die Recherchen in Bezug auf Antragsverfahren von Anthroposoph:innen sowie Mitgliedern der biodynamischen Bewegung sehr, dass in der seit 2008 bei der Bezirksregierung Düsseldorf angesiedelten Bundeszentralkartei (BZK) die Anspruchsberechtigten sämtlicher Entschädigungsverfahren sowie die Standorte der entsprechenden Behörden, bei denen die Entschädigungsakten verwahrt werden, ermittelbar sind.

42 Vgl. Aufgliederung der Entnazifizierungseinstufungen in den westlichen Besatzungszonen (1949–1950), in: Deutsche Geschichte in Dokumenten und Bildern, https://germanhistorydocs.ghi-dc.org/sub_document.cfm?document_id=2304&language=german [17. 6. 2021].

43 Vgl. Dietmar Süß/Winfried Süß, Das Dritte Reich. Eine Einführung, München 2008, S. 313–320.

In der Frage, wie man erlittenes NS-Unrecht entschädigen könne, gingen BRD und DDR sehr unterschiedlich vor. In der Bundesrepublik orientierten sich die gesetzlichen Regelungen mit dem „Bundesergänzungsgesetz zur Entschädigung für Opfer der nationalsozialistischen Verfolgung“ (1953) und dem „Bundesentschädigungsgesetz“ (1956, rückwirkend für 1953) am wirtschaftlichen Entschädigungsgrundsatz. Diese Ansprüche mussten allerdings oft erst vor Zivilgerichten erstritten werden. In der DDR setzte sich mit den „Richtlinien für die Anerkennung als Verfolgte des Naziregimes“[44] (1950) das Fürsorgeprinzip ohne Eigentumsrestitution durch. Ein – allerdings sehr gravierender – Unterschied bestand darin, dass die Bundesrepublik Entschädigungsansprüche von jüdischen Überlebenden des Holocaust auch dann anerkannte, wenn die Antragsteller:innen im Ausland lebten, was die DDR verweigerte. In beiden Teilen Deutschlands waren diejenigen Personen berechtigt, eine Form der Wiedergutmachung zu erhalten, die nachweisen konnten, dass sie aus politischen Gründen verfolgt worden waren.

Bewertungskategorien in der Forschung

Seit den 1990er-Jahren standen weniger die NS-Verbrechen und Täter im Fokus als vielmehr die „Volksgemeinschaft“ und damit die Frage, warum sich die NS-Führung bis zuletzt die zum Teil aktive Unterstützung vieler sichern konnte oder zumindest die Bereitschaft der Bevölkerung, die nationalsozialistische Politik ohne nennenswerte Rebellion hinzunehmen. Oder drastischer mit den Worten Heiner Müllers: Die Deutschen hatten bis zum Schluss „mit allen vieren Granaten gedreht“ für Hitler.[45] Der Nationalsozialismus, so der Historiker Frank Bajohr in seiner Studie über Hamburg im Nationalsozialismus, könne nicht nur als „bloße Diktatur von oben nach unten“ betrachtet werden, sondern müsse als eine „soziale Praxis“ begriffen werden „an der die deutsche Gesellschaft in vielfältiger Weise beteiligt war“.[46] Gefragt wurde nun nach der Rolle von „Profiteuren“, „Mitläufern“, Denunzianten und Denunziantinnen[47] und

44 Ministerium für Arbeit und Gesundheitswesen der DDR, 10. Februar 1950, Gesetzblatt der DDR, 1950, S. 92.

45 Heiner Müller, Stücke, Leipzig 1989, S. 19.

46 Frank Bajohr, Die Zustimmungsdiktatur. Grundzüge nationalsozialistischer Herrschaft in Hamburg, in: Forschungsstelle für Zeitgeschichte in Hamburg (Hrsg.), Hamburg im „Dritten Reich“, Göttingen 2005, S. 69–121, hier S. 69.

47 Die Historikerin und Erziehungswissenschaftlerin Gisela Diewald-Kerkmann bezeichnet die Denunziation in der Zeit des Nationalsozialismus als ein „spontanes und freiwilliges Massenphänomen“, Gisela Diewald-Kerkmann, Denunziant ist nicht gleich Denunziant, in: Klaus Behnke/Jürgen Wolf (Hrsg.), Stasi auf dem Schulhof, Berlin 1998, S. 46–59, hier S. 55 f.

Opportunisten. Der Historiker Götz Aly spitzte die These mit dem Begriff der „Zustimmungsgemeinschaft“ zu: „Die Zustimmung“, so Aly, „entsprang mehrheitlich keiner ideologischen Überzeugung [...], vielmehr wurde sie durch systematische Bestechung mittels sozialer Wohltaten immer neu erkauft.“[48] Er stufte somit die Mehrheit der Deutschen als Profiteure des Regimes ein.

Der Historiker Alf Lüdtke schlug vor, Herrschaftsbeziehungen im Deutschen Faschismus „im Banne des Täter-Opfer-Modells“ infrage zu stellen.[49] Demgegenüber zeige die Rekonstruktion von sozialer Praxis eine Gleichzeitigkeit von Herrschaft, Widerständigkeit und stummer Distanz – eine „Gemengelage“, die sich für viele nicht als Gegensätze darstelle. Um beides – das Maß von Mittäterschaft sowie auch die Chancen und Grenzen von Widerständigkeit – zu erkennen, müssen, so Lüdtke, die Formen der Aneignung genauer in den Blick genommen werden.

Die Frage nach der NS-Belastung deutscher Behörden, Unternehmen oder Vereine und ihres Personals gehört mittlerweile zu den umfangreich bearbeiteten zeithistorischen Themen und bildet den Kern einer Vielzahl an Forschungsprojekten. Dazu zählen u. a. auch die Berichte aus dem Forschungsprogramm zur Geschichte der *Kaiser-Wilhelm-Gesellschaft* im Nationalsozialismus, das 2005 unter der Leitung von Susanne Heim abgeschlossen wurde, oder die Beiträge der von Rüdiger vom Bruch und Ulrich Herbert geleiteten unabhängigen Forschergruppe zur Geschichte der Deutschen Forschungsgemeinschaft 1920–1970.[50] In der Summe der in diesen Arbeiten sukzessive weiterentwickelten und differenzierten Bewertungsansätze wird deutlich, dass der Begriff der NS-Belastung eine analytische Schärfe erst dann gewinnt, „wenn man ihn als eine zeitgebundene und relationale Kategorie versteht“.[51]

Demnach muss also nicht nur präzise geklärt werden, weshalb eine Person als diskreditiert galt, sondern auch zu welcher Zeit und von wem entsprechende Zuschreibungen gemacht wurden. Eine Beurteilung des individuellen

48 Götz Aly, Hitlers Volksstaat. Raub, Rassenkrieg und nationaler Sozialismus, Frankfurt a. M. 2005, S. 333.

49 Alf Lüdtke, Die Praxis von Herrschaft. Zur Analyse von Hinnehmen und Mitmachen im deutschen Faschismus, in: Berliner Debatte Initial 5/1993, S. 23–34, hier S. 32.

50 Vgl. u. a. Susanne Heim, Die reine Luft der wissenschaftlichen Forschung. Zum Selbstverständnis der Wissenschaftler der Kaiser-Wilhelm-Gesellschaft, Berlin 2002; Isabell Heinemann/Patrick Wagner, Wissenschaft – Planung – Vertreibung. Neuordnungskonzepte und Umsiedlungspolitik im 20. Jahrhundert, Stuttgart 2006, sowie Karin Orth/Willi Oberkrome, Die Deutsche Forschungsgemeinschaft 1920–1970. Forschungsförderung im Spannungsfeld von Wissenschaft und Politik, Stuttgart 2010.

51 Frank Bösch/Andreas Wirsching, Hüter der Ordnung. Die Innenministerien in Bonn und Berlin nach dem Nationalsozialismus, Bonn 2018, S. 20.

Handelns während des Nationalsozialismus aus heutigem Wissensstand heraus setzt andere politische und moralische Maßstäbe an, als dies etwa unmittelbar nach dem Krieg der Fall war. Der in vielen Studien gewählte gruppenbiografische Zugang zur Ermittlung der jeweils persönlichen Beziehung zum NS, der die Analyse von Generations- und Kohortenzugehörigkeit einschließt, setzt im Fall der biodynamischen Bewegung zunächst eine klare Eingrenzung dieser kleinen Gruppe voraus.

Mit dem 2020 erschienenen Band „Agrarpolitik im 20. Jahrhundert"[52] ist mittlerweile die Reihe der Geschichtsaufarbeitung deutscher Ministerien abgeschlossen. Die sechsköpfige Unabhängige Historikerkommission macht darin deutlich, dass das *Reichsministerium für Ernährung und Landwirtschaft* – anders als in der Wahrnehmung der ersten Jahrzehnte nach dem Krieg – eng mit den Strukturen des verbrecherischen NS-Systems verzahnt war. Die vorliegende Studie bezieht sich maßgeblich auf diesen Band, da hinsichtlich der Frage nach der biodynamischen Bewegung im NS wesentliche inhaltliche und teils personelle Überschneidungen und Anknüpfungspunkte bestehen. Dabei wird nicht nur die Bedeutung der biologisch-dynamischen Bewegung für die Herrschaftsstruktur in der NS-Diktatur erörtert, sondern auch die Frage der personellen und sachlichen Kontinuitäten beim demokratischen Neubeginn nach Kriegsende. Methodisch unterscheidet die Kommission zwischen formaler und materieller Belastung.[53] Bei der Bewertung der Zugehörigkeit zu NS-Organisationen oder der Mitgliedschaft in der NSDAP werden nicht nur Eintrittsdaten und etwaige Funktionen berücksichtigt, sondern es wird auch zwischen freiwilligen und Zwangsmitgliedschaften unterschieden (wie z. B. im *Reichsnährstand* oder der *Deutschen Arbeitsfront*).

Auffällig ist, dass die Bewertung der NSDAP-Mitgliedschaften in den Forschungsarbeiten über die deutschen Ministerien sehr unterschiedlich ausfällt. In der Studie über das *Bundesjustizministerium* von Manfred Görtemaker und Christoph Safferling heißt es, dass „die Zugehörigkeit zu einer nazistischen Organisation […] für sich genommen noch nicht allzu viel"[54] besage. Dem widersprechen etwa Frank Bösch und Andreas Wirsching in ihrer Arbeit über das *Reichsministerium des Innern* entschieden: „Der Beitritt zur NSDAP war jedoch eine bewusste Entscheidung und Positionierung."[55] Jene Historiker, die es wenig problematisch finden, dass 50 Prozent der Mitarbeiter:innen des Ministeriums in

52 Möller u. a. (Hrsg.), Agrarpolitik.

53 Vgl. ebenda, S. 6.

54 Manfred Görtemaker/Christoph Safferling, Die Akte Rosenburg: Das Bundesministerium der Justiz und die NS-Zeit, Bonn 2017.

55 Bösch/Wirsching, Hüter, 2018, S. 21.

den ersten Jahren der Bundesrepublik zuvor Mitglied der NSDAP waren, würde eine entsprechende Anzahl von ehemaligen SED-Mitgliedern in gegenwärtigen Ministerien wohl kaum gleichgültig lassen.[56]

Überraschend fällt diesbezüglich auch das Ergebnis der Studie über die Kontinuitätslinien im *Bundesministerium für Ernährung und Landwirtschaft* aus, das im Ranking der ehemaligen NSDAP-Mitgliedschaften von Beamten bereits unmittelbar nach seiner Neugründung 1950 mit 61 Prozent den Spitzenplatz einnahm und sich bis zum Jahr 1960 sogar noch auf 80 Prozent steigern sollte.[57] Statt einer detaillierten Offenlegung der „braunen Belastung" bei einigen Spitzenbeamten relativiert der Kommissionsvorsitzende Horst Möller in seiner Schlussbemerkung deren Bedeutung, indem er auf die altbewährten Entlastungsnarrative von „unpolitischen Fachexperten" sowie der „politischen Resozialisierung" zurückgreift: „Im Übrigen konnte auch bei ehemaligen NSDAP-Mitgliedern, die keine weitere Belastung aufwiesen, ein Lernprozess stattfinden." Persönliche Einsichten, so Möller, dürften insbesondere aufgrund der unmittelbar nach dem Zweiten Weltkrieg einsetzenden Debatten über die Ursachen des „Zivilisationsbruchs" und seiner Konsequenzen nicht ausgeschlossen werden.[58]

Die vorliegende Studie differenziert in Bezug auf die NS-Nähe zwischen:

1. einer „formalen Belastung", also Mitgliedschaften in als verbrecherisch eingestuften Organisationen und der NSDAP,
2. der Belastung durch „konkrete Taten", also Aktivitäten in dem als kriminell oder belastet einzustufenden Partei- oder Terrorapparat des NS-Staates und
3. einer ideologischen bzw. programmatischen Übereinstimmung mit dem NS-System. Darunter verstehen wir die Zustimmung zu den zentralen NS-Ideologemen Antisemitismus, Rassismus, Chauvinismus, Imperialismus und die Vernichtung „unwerten" Lebens.

56 Vgl. ebenda.
57 Vgl. Möller u. a. (Hrsg.), Agrarpolitik, S. 425 f.
58 Ebenda, S. 722.

Die biodynamische Bewegung – Eingrenzung der Untersuchungsgruppe

Die Frage, wer im Untersuchungszeitraum zur biodynamischen Bewegung zu zählen ist und in die quantitative Erhebung dieser Studie einbezogen werden sollte, erwies sich als kompliziert und musste im Laufe des Rechercheprozesses mehrfach modifiziert werden. Denn es existiert kein zentrales biodynamisches Vereinsregister. Stattdessen gab es verschiedene Organisationen und Gliederungen der *bdW*, die teils parallel bestanden – etwa lokale Arbeitsgemeinschaften –, teils lösten sie einander ab. In der Anfangsphase war für eine Mitgliedschaft im *Versuchsring* die Zugehörigkeit zur *AG* Voraussetzung, spätestens ab 1930 war dies nicht mehr der Fall. Eine Mitgliedererhebung der biodynamischen Bewegung gab es bisher nicht.

Für die statistische Erhebung wurden schließlich die zugänglichen Mitgliederlisten sämtlicher Organisationen einbezogen, die bis zum Verbot 1941 existierten – hierzu zählen etwa auch die Teilnehmer:innen von Verbandstagungen, die Mitglieder der 1936 eigens auch für Nicht-Anthroposoph:innen gegründeten *Gesellschaft zur Förderung der biologisch-dynamischen Wirtschaftsweise e. V.*, die in der *AG* in Dornach registrierten Inhaber:innen einer Nachschrift des *Landwirtschaftlichen Kurses* oder die Autor:innen der Verbandsschrift *Demeter*. Letztere waren zwar nicht zwingend Mitglieder in einem biodynamischen Verband, neben den Pionier:innen der Bewegung kamen in der Zeitschrift jedoch auch private Nutzer:innen oder Konsument:innen zu Wort, die für die Entwicklung der biodynamischen Bewegung eine ganz entscheidende Rolle spielten. Zwar sind nicht restlos alle Teile der verschiedenen Vereinsakten überliefert und nicht alle aufgefundenen Namenslisten eindeutig entzifferbar (bei einigen handelt es sich um Unterschriftenlisten), aber mit insgesamt dreißig Mitglieder- bzw. Teilnehmer:innen-Listen konnte erstmals der weit überwiegende Teil der Mitglieder der biodynamischen Bewegung namentlich identifiziert werden (siehe Mitglieder- und Teilnehmer:innen-Listen, S. 425).

Insgesamt werden in der vorliegenden Studie dem *Reichsverband für biologisch-dynamische Wirtschaftsweise e. V.* und seinen Vorgängerorganisationen 1129 Mitglieder – 1067 Personen und 62 Landes- bzw. Arbeitsgruppen – zugeordnet. Weitere Personen, die auf die Entwicklung der biodynamischen Landwirtschaft als Unterstützer:innen – oder auch als Gegner:innen – im Untersuchungszeitraum einen zentralen Einfluss genommen haben, werden zwar in der Studie erwähnt, tauchen jedoch in der Statistik (S. 427) nicht auf.

In der Studie wurden zum ersten Mal alle Mitglieder der *bdW*, von denen die Geburtsdaten ermittelt werden konnten, im Hinblick auf ihre NSDAP-

Mitgliedschaft überprüft.[59] Dies war bei insgesamt 592 Mitgliedern, insbesondere bei den Schlüsselpersonen der Bewegung, möglich. Den Recherchen zufolge waren davon 65 Personen auch Mitglieder der NSDAP (siehe Kapitel 3).

Über die rein statistischen Informationen hinaus erlaubt die Mitgliedererhebung jedoch auch neue Einblicke in die Zusammensetzung und Entwicklung der Bewegung. Die detaillierte Untersuchung zeigt deutlich, dass allzu pauschale Urteile ein völlig falsches Bild ergeben würden. Die Biodynamiker:innen waren keinesfalls eine homogene Gruppe. Es genügt deshalb nicht, die Haltungen einzelner Schlüsselpersonen abzugreifen und pars pro toto zu nehmen.

Der breite Zeithorizont der Erhebung ermöglicht einen differenzierten Blick auf den unterschiedlichen Grad der Involviertheit der einzelnen Mitglieder in das NS-Regime und wie sich deren Engagement im Laufe der Zeit, insbesondere nach 1933, verändert hat. Zu einem großen Teil lassen sich die Wohnorte, das Geschlecht, die jüdischen Mitglieder, die Zugehörigkeit zur Anthroposophie und die zum Adel[60] oder die Frage des Bezugs zur *bdW* – etwa aus anthroposophischer Überzeugung, aus privaten oder professionellen Gründen – nachvollziehen. Während etwa die Anzahl an Landwirt:innen und Gärtner:innen insgesamt über die Hälfte der Mitglieder ausmachte, gab es z. B. auch eine größere Mitgliedergruppe teils nichtanthroposophischer Lebensreformanhänger:innen, die in Städten mit ihren Kleingärten oder als Kund:innen in den Reformhäusern eine wichtige Rolle bei der Verbreitung der biodynamischen Idee spielten.

Die Mitgliedererhebung verdeutlicht auch die große räumliche Diffusion und das weite soziale, berufliche und politische Spektrum der an der *bdW* Interessierten. Ihr gehörten z. B. auch ca. fünf Prozent Ärzt:innen an, Unternehmer wie Dr. Gerhard Wolff, einer der zeitgenössisch größten Sprengmittelfabrikanten (Wolff & Co. Bomlitz), eine ganze Reihe großstädtischer Balkongärtner:innen, ostelbische Junker wie Freiherr Horst von Buddenbrock auf Gut Forken oder Kleingärtner:innen wie Martha Noske, die Gattin des Sozialdemokraten Gustav

59 Die NSDAP-Mitgliederkartei liegt im Bundesarchiv zwar in digitalisierter Form vor, ist jedoch aufgrund der „enormen Datenmenge“ nicht mit einer einfachen Volltextsuche erschließbar, sondern erfordert ein „dem Durchblättern eines Karteikastens“ ähnliches Suchen, vgl. Benutzung und Auskunft aus der digitalisierten NSDAP-Mitgliederkartei, https://www.bundesarchiv.de/DE/Content/Artikel/Finden/Epochen/finden-epochen-nutzung-NSDAP-Kartei.html [10. 10. 2023]. Die Benutzung der Kartei ist mit großem Zeitaufwand verbunden, zumal die überlieferte „Gaukartei“ nicht übereinstimmt mit der „Zentralkartei“ – jeder Name muss doppelt eingegeben werden. Der erhebliche Arbeitsaufwand hat wohl viele Forscher bislang von umfänglichen Recherchen größerer Gruppen, wie im Fall der Biodynamiker:innen, abgehalten.

60 Die Zugehörigkeit zum Adel ist insbesondere auch für den Vergleich mit anderen anthroposophischen oder der früheren *Theosophischen Gesellschaft* aufschlussreich.

Noske. Martha Noske etwa zählt – wie weitere 40 Prozent der Untersuchungsgruppe auch – zu den nicht-anthroposophischen Mitgliedern. Ab Januar 1932 war sie Inhaberin des *Landwirtschaftlichen Kurses*, 1934 als Mitglied des *Reichsverbands* registriert und 1933 schrieb sie einen *Demeter*-Artikel über die Umstellung ihres Gartens in Königsberg.[61]

Als Ergebnis kann festgehalten werden, dass es innerhalb der *bdW*-Verbände ein breites politisches Spektrum gab. Weitere Mitglieder waren z. B. Anhänger der Jugendbewegung, wie Joseph Eggerer, der über die „kommunistische Siedlung Blankenburg“[62] zur Anthroposophie und zur *bdW* gekommen war, Walter Granzow und Fritz Hugo Hoffmann, die beide der nationalsozialistisch geprägten Lebensreform- und Artamanen-Bewegung angehörten, oder der polnische Senator und Großgrundbesitzer eines biodynamischen Gutes, Stanisław Karłowski, der am 21. Oktober 1939 von der deutschen Besatzung in der Stadt Gostyń mit 29 weiteren Angehörigen der polnischen Elite erschossen wurde (siehe Kapitel 2.4.2). Darüber hinaus wurden die Verbände der *bdW* auch zu einem Magnet für Protagonist:innen der aufkommenden Ökologiebewegung. Der „Reichlandschaftsanwalt“ Alwin Seifert und einige seiner „Landschaftsanwälte“ wurden Mitglieder in biodynamischen Verbänden.

Anhand der umfangreichen Akten und Erinnerungsliteratur werden in der folgenden Chronologie der biodynamischen Bewegung sowohl die programmatischen Positionen der *bdW*-Verbände als auch die politischen Einstellungen einzelner Mitglieder und Nicht-Mitglieder skizziert, die die Entwicklungsgeschichte der *bdW* geprägt haben.

61 Martha Noske, Beobachtungen einer Gartenumstellung auf biologisch-dynamische Wirtschaftsweise, in: Demeter (1933) 2, S. 34 f.

62 Vgl. Ulrich Linse, Zurück o Mensch zur Mutter Erde. Landkommunen in Deutschland 1890–1933, München 1983, S. 279.

1. Die Anfänge

Eine vermeintliche Nähe zwischen Nationalsozialismus und *biologisch-dynamischer Wirtschaftsweise* wird spätestens seit Mitte der 1980er-Jahre in der Forschung diskutiert. Den wesentlichen Anstoß gab die britische Historikerin Anna Bramwell mit ihrer These über Walther Darré als dem „Vater der Grünen Bewegung von Deutschland".[1] Damit brachte sie zunächst vor allem die damalige Ökologiebewegung auf die Barrikaden – und nicht nur diese. Kritik und Widerspruch an ihrer Arbeit kam von einem breiten disziplinären Spektrum aus den Geschichts- und Umweltwissenschaften sowie der Philosophie und löste einen Diskurs über das Verhältnis von „Grün und Braun" aus.[2] Zwar beziehen sich diese Kontroversen auf unterschiedliche Akteure der ökologischen Landwirtschaft oder des Natur- oder Umweltschutzes. Die biodynamische Bewegung rückt dabei jedoch aufgrund ihrer besonderen Rolle im NS immer wieder in den Vordergrund.

Trotz aller Unterschiede dieser Ansätze lassen sich zwei grundsätzliche Argumentationslinien über die Beziehungen zwischen NS und biodynamischer Bewegung herausarbeiten: Die eine geht von einer weitreichenden weltanschaulichen Übereinstimmung zwischen NS-Ideologie und Anthroposophie (als esoterischer Basis der *bdW*) aufgrund gleicher „Wurzeln" aus, die zweite betont demgegenüber ihre ursprünglich gegensätzlichen Ideen und Ziele.

Die Untersuchung des Verhältnisses der biodynamischen Akteur:innen zum Nationalsozialismus muss folglich auch die Entstehungsphase beider Bewegungen zu Beginn des 20. Jahrhunderts genau in den Blick nehmen. Basieren Anthroposophie und NS auf gemeinsamen weltanschaulichen „Wurzeln", und wenn ja,

1 Vgl. Anna Bramwell, Blood and Soil. Richard Walther Darré and Hitler's Green Party, Abbotsbrook 1985; dies., Ricardo Walther Darré – Was this man „Father of the Greens"?, in: History Today 1984, Bd. 34; dies., National Socialist Agrarian Theory and Practice with Special Reference to Darré and the Settlement Movement, PhD thesis, Oxford 1982.

2 Vgl. u.a. Peter Staudenmaier, Right-Wing Ecology in Germany. Assessing the Historical Legacy, in: Janet Biehl/Peter Staudenmaier (Hrsg.), Ecofascism Revisited. Lessons from the German Experience, Porsgrunn 2011, S. 86–120; Gesine Gerhard, Richard Walther Darré – Naturschützer oder „Rassenzüchter"?, in: Radkau/Uekötter, Naturschutz, S. 257–271; Piers H.G. Stephens, Blood, not soil. Anna Bramwell and the Myth of „Hitler's Green Party", University of Liverpool, in: Sage journals, 1. Juni 2001, S. 173–187, http://oae.sagepub.com/cgi/content/abstract/14/2/173 [25.11.2023].

waren diese der Grund dafür, dass einige NS-Führer ab 1934 den *Reichsverband für biologisch-dynamische Wirtschaftsweise* unterstützten, wovon etwa Peter Staudenmaier ausgeht?[3] Oder wandte sich – ganz im Gegenteil – Rudolf Steiners Anthroposophie explizit gegen Nationalismus, Rassismus, Antisemitismus und Sozialdarwinismus, was Uwe Werner gleichermaßen quellenreich in seinem Beitrag *Rudolf Steiner zu Individuum und Rasse* darlegt?[4] Im letzteren Fall müsste die Frage, wie es zwischen 1934 und 1941 dennoch zur Zusammenarbeit mit dem NS-Apparat kommen konnte, noch einmal neu gestellt werden.

Eine Verbindung zwischen Nationalsozialismus und *bdW* bestand zweifellos in dem gemeinsamen historischen Entstehungszusammenhang und der zeitgenössischen Kritik an der Entwicklung der westlichen Zivilisation im Umfeld der Lebensreformbewegung. Nationalsozialisten wie Anthroposophen, ob sie der sogenannten Frontgeneration des Ersten Weltkrieges oder der „Kriegsjugendgeneration" der zwischen 1900 und 1910 Geborenen angehörten, alle hatten Krieg und Kriegsfolgen, große materielle Not und Hunger, Inflation und totalen wirtschaftlichen Zusammenbruch, Verlust naher Menschen durch Krieg oder Grippeepidemien erlebt, ebenso die harten Bedingungen der Versailler Verträge, Massenarbeitslosigkeit und eine krisengeschüttelte Demokratie. Viele Nationalsozialist:innen wie auch Anthroposoph:innen waren durch die Werte der Jugend- und Lebensreformbewegung geprägt, ebenso wie Kommunist:innen oder bürgerliche Gruppierungen und Künstlerkreise.

Die Annahme, dass allein aus der übereinstimmenden Kritik an zeitgenössischen Problemfeldern oder der Zuordnung zur Reformbewegung auch eine Übereinstimmung ihrer jeweiligen Erklärungs- oder Lösungsansätze abgeleitet werden könne, greift jedoch zu kurz.[5] Denn trotz vieler Ähnlichkeiten und thematischer Überschneidungen bezogen sich die verschiedenen Projekte der Reformbewegung auf unterschiedliche weltanschauliche Traditionslinien. Präziser ist also vielmehr zu fragen, welche Bedeutung die biodynamischen Akteur:innen bzw. ihre Organisationen bei ihrer Gründung, im Aufbau und in ihrer Zielsetzung den zentralen, menschenverachtenden Prinzipien der NS-Ideologie – Rassismus, Antisemitismus, Sozialdarwinismus, Chauvinismus und Imperialismus – einräumten. Um Überschneidungen und Unterschiede herauszuarbeiten, sind die Anfänge der biodynamischen Bewegung im Kontext der Reformbewegung, der Anthroposophie und der nahezu zeitgleichen Entwicklung der nationalsozialistischen Bewegung zu betrachten.

3 Vgl. Staudenmaier, Occultism.

4 Vgl. Werner, Individuum und Rasse.

5 Vgl. u. a. Stephens, Blood, S. 180: Die Frage sei, „whether the existence of common adversaries necessarily implies any meaningful unity of aim".

1.1 Im Umfeld der Lebensreform

In der Forschung wird immer wieder auf den hybriden Charakter der *Anthroposophischen Gesellschaft* (*AG*) hingewiesen. Tatsächlich entwickelte sie sich von einer esoterisch geprägten exklusiven Gemeinschaft von Theosoph:innen im Kaiserreich im Verlauf der Weimarer Jahre zu einer Bewegung, die in unterschiedliche Praxisfelder wirkte und Teil der Lebensreformbewegung war. Die *AG* erreichte im Zuge dieser Entwicklung ein breites Spektrum von Akteuren, das weit über den engeren Kreis der Steiner-Schüler:innen hinausging.

Das „Handbuch der deutschen Reformbewegungen (1880–1933)“[6] räumt der Anthroposophie und ihren Praxisfeldern eine umfassende und einflussreiche Rolle in den Aufbruchbewegungen des beginnenden 20. Jahrhunderts ein: Anthroposophinnen und Anthroposophen hätten auf nahezu sämtlichen Gebieten zeitgenössischer Erneuerungsbestrebungen – wie der Erziehung, der Medizin, der Ernährung, der Kunst, der Religiosität, der Sozioökonomie, dem Siedeln oder der Landwirtschaft – eigene Alternativen ins Leben gerufen. Obgleich es bei deren praktischer Umsetzung durchaus auch zu anfänglichen Fehlschlägen kam, ist die bis heute andauernde Kontinuität etwa von Waldorfschulen, von *Demeter* oder der anthroposophischen Medizin gegenüber vergleichbaren zeitgenössischen Projekten signifikant. Das mag verschiedene Ursachen haben, gewiss aber bot die Anthroposophie ihren Mitgliedern weltanschaulichen und spirituellen Zusammenhalt und gleichermaßen die programmatischen Vorteile einer Sammelbewegung. Zu Beginn der 1920er-Jahre zählte die *Anthroposophische Gesellschaft* ca. 12 000 Mitglieder,[7] die vielfältig miteinander vernetzt waren und an einer wachsenden anthroposophischen Infrastruktur teilhatten. Nur so konnte es z. B. 1924 einigen wenigen Mitgliedern innerhalb kurzer Zeit gelingen, mehr als hundert Gleichgesinnte, überwiegend professionelle Landwirt:innen oder Gärtner:innen, für das Experiment einer neuen anthroposophischen Landwirtschaftsmethode zu gewinnen.

Bewegungen entstünden – so das Handbuch – in der Regel aus Gruppen, die sich durch „Zustrom oder Zusammenschluss“ zum Bund erweiterten, den man „als eine Vereinigung von Menschen definieren könnte, die so weit hält, wie die emotionale und geistige Kraft ihrer jeweiligen Führer trägt“.[8] Rudolf Steiners

6 Diethart Kerbs/Jürgen Reulecke (Hrsg.), Handbuch der deutschen Reformbewegungen 1880–1933, Wuppertal 1998.

7 Laut Mitgliederstatistik hatte die *Allgemeine Anthroposophische Gesellschaft* 1923 ca. 12 000 Mitglieder, vgl. GOE, Sekretariat, Mitgliederentwicklung 1902–2001.

8 Vgl. Diethart Kerbs/Ulrich Linse, Gemeinschaft und Gesellschaft, in: Kerbs/Reulecke, Handbuch, S. 155.

Anthroposophie – esoterischer Erkenntnisweg und Praxis nahezu sämtlicher lebensreformerischer Richtungen zugleich – wirkt offensichtlich bis heute nach, obgleich in modifizierter Form.

Studien, die sich mit der Frage auseinandersetzen, welchen Platz die Reformbewegung in der Geschichte des 19. und 20. Jahrhunderts einnahm, sind vermutlich mittlerweile ebenso zahlreich wie die damaligen Erneuerungsströmungen selbst.[9] Schlüsselfragen sind dabei immer wieder, was genau es war, das die Zeitgenoss:innen ab dem ausgehenden 19. Jahrhundert in Bewegung versetzte, in welchem Verhältnis die Reformbestrebungen zur Moderne standen und welche Rolle sie bei der Entstehung des Nationalsozialismus spielten.

Karl Marx und Friedrich Engels kritisierten die Wegbereiter:innen der Reformbewegung Mitte des 19. Jahrhunderts im Kommunistischen Manifest 1848 als bloße „Winkelreformer". Damit assoziierten sie Vertreter:innen der Bourgeoisie, die über einzelne Wohltätigkeitsbemühungen hinaus den Erhalt der bestehenden Verhältnisse nicht infrage stellten.[10] Demgegenüber nahm der Soziologe Max Weber – von Historikern mitunter als „der bürgerliche Marx" bezeichnet[11] – die „bunte Welt der Lebensreformer, Zauberweiber und Anarchisten" als „Oase der Reinheit" wahr.[12] Webers These von der „Entzauberung der Welt" war Ausgangspunkt seiner Theorie über den Modernisierungsprozess, den er insbesondere durch den westlichen Rationalismus und modernen Kapitalismus geprägt sah.[13]

9 Vgl. u. a. Christian Damböck/Günther Sandner/Meike G. Werner (Hrsg.), Logischer Empirismus, Lebensreform und die deutsche Jugendbewegung, Veröffentlichungen des Instituts Wiener Kreis, Universität Wien 2022, https://link.springer.com/book/10.1007/978-3-030-84887-3 [26.4.2023]; Corinna Treitel, Eating Nature in Modern Germany. Food, Agriculture and Environment, Cambridge 2017; Claudia Selheim/Alexander Schmidt, Grauzone. Das Verhältnis zwischen bündischer Jugend und Nationalsozialismus, Nürnberg 2017; Bernd Wedemeyer-Kolwe, Aufbruch. Die Lebensreform in Deutschland, Darmstadt 2017; Michael H. Kater, Die Artamanen – Völkische Jugend in der Weimarer Republik, in: Historische Zeitschrift 213 (1971), S. 577–638; Wolfgang R. Krabbe, Gesellschaftsveränderung durch Lebensreform. Strukturmerkmale einer sozialreformerischen Bewegung im Deutschland der Industrialisierungsperiode, Göttingen 1974; Walter Laqueur, Die deutsche Jugendbewegung. Eine historische Studie, Köln 1962.

10 Vgl. Karl Marx/Friedrich Engels, Das Kommunistische Manifest, Berlin 1958, S. 13 f.

11 Vgl. Ernst Topitsch, Max Webers Geschichtsauffassung, in: Wissenschaft und Weltbild 3 (1950), S. 262–270.

12 Vgl. Marianne Weber, Max Weber. Ein Lebensbild, München/Zürich 1989, S. 498 f.

13 „Nicht mehr, wie der Wilde, für den es solche Mächte gab, muss man zu magischen Mitteln greifen, um die Geister zu beherrschen oder zu erbitten. Sondern technische Mittel und Berechnung leisten das. Dies vor allem bedeutet die Intellektualisierung als solche." Max Weber, Wissenschaft als Beruf (1919), in: ders., Schriften 1894–1922. Ausgewählt und herausgegeben von Dirk Kaesler, Stuttgart 2002, S. 474–513, hier S. 488.

Der Ausgangspunkt der Reformbewegung ist in der Forschungsliteratur hinreichend beschrieben: Mehrheitlich das Bürgertum, aber auch Teile des Proletariats des ausgehenden 19. Jahrhunderts waren zerrissen zwischen Modernitätseuphorie und Kulturpessimismus als Folgen des raschen industriegesellschaftlichen Transformationsprozesses und einer damit verbundenen allgemeinen Desorientierung. Je mehr sich die etablierten Verhältnisse auflösten, „desto grösser wurde auch die Freiheit des Einzelnen, sich nicht nur eine andere Arbeit, sondern auch eine andere Autorität, einen anderen Glauben, eine neue soziale und seelische Heimat zu suchen".[14] Reformbewegungen entstanden nicht allein aufgrund eines hohen Leidensdrucks, sondern weil die Veränderungen gleichermaßen neue Chancen boten.[15] Während frühere Studien die Reformbewegung als Subkultur betrachtet haben, gilt sie mittlerweile als charakteristisch für die Zeit der Moderne, da sie „ihre Kultur ständig in Opposition zu sich selbst" zwinge.[16]

Das soziale Milieu der Lebensreform war relativ homogen und setzte sich überwiegend aus jenen Schichten zusammen, denen es materiell besser ging. Die Bewegung war keineswegs auf Deutschland beschränkt, sondern entstand um 1900 in den meisten Industriestaaten, allerdings mit unterschiedlichen thematischen Schwerpunkten. „Vermutlich hatte jedes Land die Reformbewegungen, die zu ihm passten und über die sich daher gewisse Besonderheiten des jeweiligen Landes entdecken lassen. Der Antialkoholismus hatte seine stärksten Ursprünge in den USA, die Vogelschutzbewegung in England, die Naturheilbewegung und die Nacktkultur in Deutschland."[17]

Bei aller Unterschiedlichkeit und zeitlich bedingter Veränderungen der Themenfelder, Gruppen und Ziele bestanden die verbindenden Momente der Reformbewegung in der Kritik an der zunehmenden Technisierung des Lebens, einer Suche nach gesellschaftlichen, sozialen oder religiösen Utopien und zugleich in einem tiefen Misstrauen gegenüber Politik. Ihr ausgeprägtes „Wir-Gefühl" beruhte auf der Idee der „Selbstreform", wonach Veränderungen nicht auf politischem Weg erreicht werden sollten, sondern durch die Reform des eigenen Lebens. Das galt auch für die Anthroposophie – so Steiner im Jahr 1921 in Stuttgart: Die „anthroposophische Bewegung kann heute durch ihre innere Natur nichts anderes sein als eine ganz universelle Bewegung, [… die in] kleinen

14 Kerbs/Reulecke, Handbuch, S. 155.

15 Vgl. Joachim Radkau, Alternative Moderne: Ins Freie, ins Licht!, in: ZEIT Geschichte (2013) 2, https://www.zeit.de/zeit-geschichte/2013/02/reformbewegung-alternative-moderne/komplettansicht [2.3.2023].

16 Wedemeyer-Kolwe, Aufbruch, S. 162.

17 Radkau, Ins Freie, S. 9.

Gemeinden vorbildlich dasjenige konkret begründet, was dann in der Menschheit sich ausbreiten soll“.[18]

Das gestörte Verhältnis der Gesellschaft zur Natur und dem gesamten Kosmos galt den meisten Anhängern als Ursache allen Übels. Genau darin erkannte der Lebensreform-Historiker Wolfgang Krabbe in den 1970er-Jahren einen gemeinsamen weltanschaulichen Hintergrund der Lebensreform.[19] Charakteristisch sei die Entwicklung einer säkularisierten, im Diesseits verorteten „gnostisch-eschatologischen Erlösungsvorstellung“: Er nahm an, dass den Reformer:innen in dem Dreierschritt „Paradies – Sündenfall – Erlösung“ die Abkehr von den natürlichen Grundlagen des Daseins als Sündenfall galt, die Rückkehr zur Natur folglich als Erlösung für sämtliche Existenzfragen. Um einen gesellschaftlichen Wandel herbeizuführen, setzte die Bewegung also nicht auf Politik, sondern auf ein christliches Vorbild. Am Anfang sollte die Änderung des Einzelnen stehen, „um durch Multiplikation schließlich die Gesellschaft insgesamt nach ihren Vorstellungen umgeformt zu haben“.[20] Entsprechend traten die führenden Köpfe als Missionare auf. „Unmittelbar nach dem Ende des großen Krieges war unser Land voll von Heilanden, Propheten und Jüngerschaften, von Ahnungen des Weltendes oder Hoffnungen auf den Anbruch eines Dritten Reiches.“[21] Während sich die Mehrzahl der Reformer:innen als explizit „unpolitisch“ bezeichnete, standen einer völkischen Traditionslinie mehrheitlich Anhänger demokratischer und sozialistischer Richtungen gegenüber.[22]

1.1.1 Die „Dritten Wege“ der Weimarer Jahre

Mit ihrer Kritik am politischen System der Weimarer Republik standen die Reformer:innen nach dem Ersten Weltkrieg in Deutschland keineswegs allein. Thomas Manns „Betrachtungen eines Unpolitischen“ aus dem Jahr 1918 gelten als exemplarisch für die Auffassungen vieler konservativer Zeitgenoss:innen, die die westlich-demokratischen Ideen der Kriegsgegner Frankreich und Großbritannien – der Französischen Revolution und des englischen (Wirtschafts-) Liberalismus – für „undeutsch“ hielten.[23] Der verlorene Krieg, die Wirren der

18 Vgl. Rudolf Steiner, Vorträge und Kurse über christlich-religiöses Wirken I, 12.–16.6.1921 Stuttgart, in: Rudolf Steiner Gesamtausgabe, Bibl.-Nr. 342, Dornach 1993, S. 59.

19 Vgl. Krabbe, Gesellschaftsveränderung.

20 Wolfgang Krabbe, Lebensreform/Selbstreform, in: Kerbs/Reulecke, Handbuch, S. 73–154, hier S. 74.

21 Hermann Hesse, Die Morgenlandfahrt. Erste Aufl. 1932, Berlin 2013, S. 12.

22 Krabbe, Lebensreform, S. 74ff.

23 Vgl. Thomas Mann, Betrachtungen eines Unpolitischen, Erstausgabe Berlin 1918.

Revolution und insbesondere die harten Bedingungen des Friedensvertrags von Versailles leisteten der Idee eines eigenen deutschen Weges Vorschub, dem als „westlich“ wahrgenommenen Weimarer Parlament etwas Alternatives entgegenzustellen.

Die Diskussion um eine Neugestaltung Deutschlands wurde Anfang der 1920er-Jahre merklich durch die Lebensphilosophie beeinflusst. Auch sie wandte sich gegen Rationalismus und Positivismus, gegen die Technisierung und Mechanisierung des Lebens. Auch sie kritisierte die Allmacht der Vernunft und betonte dagegen die Bedeutung von Intuition, Instinkt und Trieben. Selbst einzelne Vertreter der Wissenschaft griffen die Kritik am Rationalismus mit dem Argument auf, dass sich die Komplexität und Vielfalt der menschlichen Erfahrung nicht allein mit analytischen oder mechanistischen Ansätzen erfassen lasse.

Rudolf Steiner hatte die sogenannte Geisteswissenschaft,[24] eine ebenfalls auf Intuition basierende Wissenschaftsmethode, bereits 1911 auf dem IV. Internationalen Kongress für Philosophie in Bologna vorgestellt. Dabei ging er von mehreren Erkenntnisstufen aus: Neben der „gewöhnlichen“ gebe es auch eine „imaginative“, eine „inspirative“ und eine „intuitive“ Form, die durch geschulte Meditation erlernt werden könnten. „Sie [die Geisteswissenschaft] will eine Eröffnung der Tore zu einer übersinnlichen Welt sein. Und sie will diese Welt nicht durch bloßes spekulatives Denken finden, sondern durch wirkliche Wahrnehmung, welche der menschlichen Seele ebenso zugänglich ist wie die Wahrnehmung der physischen Sinne.“[25] Die Naturwissenschaften sollten damit nicht ersetzt, sondern ergänzt werden. „Um auf dem Gebiete des Geistes ein Ähnliches zu leisten, wie Naturwissenschaft auf dem der Natur geleistet hat, muß Geisteswissenschaft andre Erkenntnisfähigkeiten zur Entwickelung bringen, als die in der Naturforschung anwendbaren sind.“[26] Parallel zur Neugründung der *Anthroposophischen Gesellschaft* im Jahr 1924 gründete Steiner in Dornach die *Freie Hochschule für Geisteswissenschaft* mit Sektionen für Allgemeine Anthroposophie, Pädagogik, Medizin, Mathematik und Naturwissenschaft.

24 Steiner verwendet den Begriff „Geisteswissenschaft“ nicht im herkömmlichen Sinn einer Sammelbezeichnung für Kultur- und Sozialwissenschaften, sondern als anthroposophischen Wissenschaftsansatz. Insofern ist der Begriff irreführend.

25 Rudolf Steiner, Die Theosophie und das Geistesleben der Gegenwart, in: Rudolf Steiner Gesamtausgabe, Gesammelte Aufsätze 1904–1923, Buch 35, 2. Aufl. 1984, S. 145–151, hier S. 145.

26 Rudolf Steiner, Was soll die Geisteswissenschaft und wie wird sie von ihren Gegnern behandelt? (1914), in: Rudolf Steiner Gesamtausgabe, Gesammelte Aufsätze 1904–1923, Buch 35, 2. Aufl. 1984, S. 156–172, hier S. 159.

Bis heute immer wieder und stets als mehrdeutige Metapher verwendet, stand der „Dritte Weg“[27] in der Weimarer Republik vor allem für die Abgrenzung und als Alternative zum westlich konnotierten Kapitalismus auf der einen und dem Kommunismus auf der anderen Seite.[28] Ob Lebensreform-Verein oder politische Gruppierung – die einzelnen Konzepte dieser „dritten Wege“ konnten trotz vieler inhaltlicher Überschneidungen in ihren Lösungsansätzen heterogener kaum sein und gingen weit über Themen wie Ernährung, Kleidung oder Heilkunde hinaus.

Alternative Wirtschafts-, Ökonomie- und Staatsmodelle – die „Soziale Dreigliederung"

Beeinflusst durch Sozialreformer aus England (William Morris), den USA (Henry George) und Russland (Pjotr Kropotkin), entstanden gegen Ende des 19. Jahrhunderts auch in Deutschland sozioökonomische Reformansätze wie die Bodenreformbewegung oder andere alternative Modelle. Vor dem Hintergrund ungehinderter Bodenspekulation in der Gründerzeit, die etwa in Berlin mit einem 30-prozentigen Anstieg der Bodenpreise über Nacht Tausende Menschen obdachlos machte, gewann z.B. der 1898 gegründete *Bund deutscher Bodenreformer* eine schnell wachsende Anhängerschaft.[29] Auch andere Konzepte mit gedanklichen Parallelen – wie die „Freiwirtschaftslehre“ von Silvio Gesell,[30] der

27 „Der III. Weg“ ist seit 2013 der Name einer rechtsextremen und neonazistischen deutschen Kleinstpartei. Überdies fand der Begriff in verschiedensten Zusammenhängen Verwendung als Abgrenzung von zwei konträren Positionen, vgl. Alexander Gallus/Eckhard Jesse, Was sind dritte Wege? Eine vergleichende Bestandsaufnahme, in: Aus Politik und Zeitgeschichte (2001) 16–17, S. 6–15.

28 Vgl. u. a. Wedemeyer-Kolwe, Aufbruch, S. 24, und Joachim Raschke, Soziale Bewegungen. Ein historisch-systematischer Grundriss, 2. Aufl., Frankfurt a. M. 1988.

29 Die Gründung des *Bund deutscher Bodenreformer* ging auf den Lebensreformer Adolf Damaschke zurück. In seiner Kritik an der zunehmenden Bodenverschuldung berief sich Damaschke auf das 3. Buch Mose aus der Bibel, nach dem Grund und Boden unter göttlichem Eigentumsvorbehalt stünden und die Menschen nur Anrecht auf den Ertrag ihrer Arbeit hätten, nicht aber auf den Geldwert des Bodens. Vgl. Adolf Damaschke, Aus meinem Leben, Leipzig, 1924.

30 Silvio Gesell, argentinischer Kaufmann und Finanztheoretiker, vgl. u. a.: Silvio Gesell, Die natürliche Wirtschaftsordnung durch Freiland und Freigeld. Les Hauts Geneveys 1916. Die Ideen von Silvio Gesell wurden sowohl von politisch linken als auch rechten Gruppen übernommen. Zum Antisemitismusvorwurf gegenüber Gesell vgl. u. a. Werner Onken, Für eine andere Welt mit einem anderen Geld. Sind die Geldreformer wirklich Antisemiten? Beitrag zur Attac-Sommerakademie am 1. 8. 2004 in Dresden, https://www.sozialoekonomie.info/kritik-antwort/kritik-antwort-3-antisemitismus-in-der-geld-und-bodenreformbewegung/kritik-antwort-3-1-werner-onken-fuer-eine-and.html [6. 3. 2024].

„Genossenschaftssozialismus" von Franz Oppenheimer[31] oder die „Soziale Dreigliederung" von Rudolf Steiner[32] – werden bis in die Gegenwart als alternative Wirtschafts- oder Gesellschaftsordnungen kontrovers diskutiert. Sie alle hatten idealistische Züge und gingen vom Prinzip der Selbstreform aus, Revolution oder staatliche Eingriffe sollten bei ihrer Umsetzung keine Rolle spielen.[33] Während Oppenheimer – einer der Redner des *Ersten Freideutschen Jugendtags* auf dem Hohen Meißner im Oktober 1913 – eine Art „liberalen Sozialismus" vertrat, mit dem er den Kapitalismus durch Aushöhlung seiner wirtschaftlichen und sozialen Basis mithilfe von Genossenschaften „niederkonkurrieren" wollte,[34] setzte Gesell mit seinem „Freigeld-Ansatz" auf eine grundsätzliche Veränderung des Charakters von Geld. Würde Geld – ähnlich wie Waren oder die menschliche Arbeitskraft – mit der Zeit an Wert einbüßen, wäre man gezwungen, es schnell auszugeben oder ohne Zins zu verleihen.[35]

Ebenso wie Gesell vertrat auch Rudolf Steiner in seinem Konzept der „sozialen Dreigliederung des sozialen Organismus" die Position, dass Deutschland einem übersteigerten Nationalismus entgegentreten und sich mit seinen östlichen und westlichen Nachbarn verständigen müsse.[36] Ausgangspunkt für Steiners Konzept der „Dreigliederung" aus dem Jahr 1919 war „die soziale Frage". Als Hauptursache für die Probleme der modernen Gesellschaft sah er die Abhängigkeit des „Geisteslebens" von Staat und Wirtschaft. Unter dem Begriff „Geistesleben" fasste er die Bereiche Wissenschaft, Kunst, Religion und – für seine reformpädagogischen Überlegungen zentral – auch das gesamte Erziehungswesen. Steiners Lösungsansatz bestand darin, die Gesellschaft als „sozialen Organismus"

31 Franz Oppenheimer, Arzt und Zionist, vgl. u.a. Franz Oppenheimer, Weder Kapitalismus noch Kommunismus, Jena 1932; und: Weder so noch so. Der dritte Weg, Potsdam 1933.

32 Vgl. u.a. Vortrag über die Dreigliederung des sozialen Organismus, Tübingen, 2. Juni 1919, in: Alle Macht den Räten? Rudolf Steiner und die Betriebsrätebewegung 1919. Vorträge, Berichte, Dokumente. Zusammengestellt von Walter Kugler (Veröffentlichungen aus dem Archiv der Rudolf Steiner-Nachlassverwaltung, Dornach, Heft 103), Dornach 1989, S. 17–21, und Rudolf Steiner, Die Kernpunkte der sozialen Frage in den Lebensnotwendigkeiten der Gegenwart und der Zukunft, Rudolf Steiner Online Archiv, http://anthroposophie.byu.edu, 4. Aufl. 2010. Zur Rezeption der „Sozialen Dreigliederung" vgl. u.a. Zander, Anthroposophie, S. 1239–1357, und Christoph Strawe, Helmut Zanders Missverstehen der sozialen Dreigliederung in seinem Werk Anthroposophie in Deutschland, 2007, in: Sozialimpulse (2007) 4, S. 5–15.

33 Werne Onken, Freiland – Freigeld, in: Kerbs/Reulecke, Handbuch, S. 277–288, hier S. 281.

34 Vgl. Helga Grebing (Hrsg.), Geschichte der sozialen Ideen in Deutschland: Sozialismus – Katholische Soziallehre – Protestantische Sozialethik, Wiesbaden 2005, S. 402 f., und Elisabeth Meyer-Renschhausen/Hartwig Berger, Bodenreform, in: Kerbs/Reulecke, Handbuch, S. 265–276, hier S. 267.

35 Vgl. Onken, Freiland, in: Kerbs/Reulecke, Handbuch, S. 280.

36 Vgl. ebenda, S. 281.

zu begreifen, der aus den drei unabhängigen „Gliedern“ Staat, Wirtschaft und Geistesleben gebildet würde. „Denn das Menschenleben ist mit der neuesten Zeit in einen Zustand eingetreten, der aus dem sozial Eingerichteten immer wieder das Antisoziale hervorgehen lässt. Dieses muss stets neu bewältigt werden. Wie ein Organismus einige Zeit nach der Sättigung immer wieder in den Zustand des Hungers eintritt, so der soziale Organismus aus einer Ordnung der Verhältnisse in die Unordnung.“[37]

Das Wirtschaftsleben benötige zwar Boden, Produktionsmittel und Arbeiter, das Kapital sei jedoch zweitrangig: „man kann sich wegdenken, ohne daß die Wirtschaft gestört wird, das Wirken des Kapitals“.[38] „Atom des Wirtschaftslebens“ sei das, „was ich abgeben muß für die, welche nicht unmittelbar in der Gegenwart produktiv tätig sein können“,[39] also für Kinder, die Erziehung und die Altersunterstützung. Dass die drei Glieder an die Grundsätze der Französischen Revolution – „Liberté, Egalité, Fraternité“ – angelehnt werden sollten, verweist zumindest darauf, dass Steiner nach Anhängern im eher politisch linken Spektrum suchte: „Dann wird man erkennen, dass das Zusammenwirken der Menschen im Wirtschaftsleben auf derjenigen Brüderlichkeit ruhen muss, die aus den Assoziationen heraus ersteht. In dem zweiten Gliede, in dem System des öffentlichen Rechts, wo man es zu tun hat mit dem rein menschlichen Verhältnis von Person zu Person, hat man zu erstreben die Verwirklichung der Idee der Gleichheit. Und auf dem geistigen Gebiete, das in relativer Selbständigkeit im sozialen Organismus steht, hat man es zu tun mit der Verwirklichung des Impulses der Freiheit.“[40]

Die Dreigliederung der Gesellschaft sah Steiner in Analogie zum menschlichen Organismus, den er seinerseits als dreigliedrig begriff. Diese Gliederungen würden „den Gesamtvorgang im menschlichen Organismus aufrechterhalten, dass sie in einer gewissen Selbständigkeit wirken, dass nicht eine absolute Zentralisation des menschlichen Organismus vorliegt, dass auch jedes dieser Systeme ein besonderes, für sich bestehendes Verhältnis zur Außenwelt hat. Das Kopfsystem durch die Sinne, das Zirkulationssystem oder rhythmische System durch die Atmung, und das Stoffwechselsystem durch die Ernährungs- und Bewegungsorgane“.[41]

Sowohl Gesell als auch Steiner stießen nach der Novemberrevolution 1918/19 mit ihren jeweiligen Konzepten zunächst auf Interesse. Beide hatten im Jahr 1923

37 Steiner, Kernpunkte, S. VII.
38 Steiner, Dreigliederung, S. 19.
39 Ebenda.
40 Steiner, Kernpunkte, S. 51.
41 Ebenda. S. 26.

eine vergleichbare Anzahl an Anhänger:innen, in Gesells „Freiwirtschaftslehre" engagierten sich schätzungsweise 15 000 Personen gegenüber 12 000 Mitgliedern der *AG*.[42] Während Gesell auf Empfehlung von Gustav Landauer und Erich Mühsam zum „Volksbeauftragten für Finanzen" der Münchner Räterepublik ernannt wurde, fand Steiner Unterstützung durch einzelne Politiker sowie im Raum Stuttgart durch einige Großunternehmer und deren Betriebsräte.[43] Nach dem raschen Ende der Räterepublik wurde Gesell inhaftiert, und auch das Interesse an Steiners Dreigliederung ebbte schon Ende Juli 1919 wieder ab. Allein die „Freie Waldorfschule" blieb „bis zur späteren Errichtung eigener genossenschaftlicher Produktions- und Handwerksbetriebe als selbstverwaltete Bildungsstätte eines freien Geistes Lebens die erste und einzige Frucht der Dreigliederungszeit".[44]

Als es 1921 im Rahmen des Versailler Vertrages in einigen deutschen Gebieten zu Volksabstimmungen über deren weitere nationale Zugehörigkeit kam, sollte die Bevölkerung Oberschlesiens entscheiden, ob sie zu Deutschland oder Polen gehören wollte. Der *Bund für Dreigliederung des sozialen Organismus* in Breslau rief stattdessen dazu auf, für die Gründung eines selbstständigen neutralen Gebietes zu votieren, in dem die „soziale Dreigliederung" zum Einsatz käme. Die Befürworter glaubten – allerdings ohne jeglichen Erfolg –, dass sich gerade in Oberschlesien die positiven Auswirkungen einer Entpolitisierung der wirtschaftlichen und geistigen Faktoren zeigen ließen, dass also Polen und Deutsche friedlich zusammenarbeiten könnten.[45]

Mit seiner Idee der „sozialen Dreigliederung des sozialen Organismus" bediente Steiner die der Reformbewegung inhärente Vorstellung, dass aus der Natur ein Korrektiv für gesellschaftliche Prozesse, etwa für soziale Willkür und Autoritarismus, abgeleitet werden könne. Damit steht er auch in der Tradition von Denkern wie Rousseau, der im zivilisatorischen Fortschrittsprozess eine zunehmende soziale Ungleichheit und einen Rückschritt des gesellschaftlichen Zusammenhalts beobachtete.[46]

Von der zeitgenössischen nationalsozialistischen Kapitalismuskritik unterscheidet sich Steiners „Dreigliederung" grundlegend. Sein Wirtschaftsmodell

42 Vgl. Onken, Freiland, in: Kerbs/Reulecke, Handbuch, S. 284.

43 Vgl. Zander, Anthroposophie, S. 1328 ff.

44 Heiner Ullrich, Freie Waldorfschulen, in Kerbs/Reulecke, Handbuch, S. 411–424, hier S. 411.

45 Vgl. Bund für Dreigliederung des sozialen Organismus, Aufruf zur Rettung Oberschlesiens, Januar 1921, in: Rudolf Steiner Nachlassverwaltung (Hrsg.), Aufsätze über die Dreigliederung des sozialen Organismus und zur Zeitlage 1915–1921, GA 024, Dornach 1982, S. 471–476.

46 Vgl. Stephen, Blood, S. 181 f.

mag in vielerlei Hinsicht Fragen aufwerfen, aber im Gegensatz etwa zu Gottfried Feders „Manifest zur Brechung der Zinsknechtschaft des Geldes“[47] baut die „Dreigliederung“ nicht auf Rassismus oder Antisemitismus auf. Feder unterstellte Juden das Streben nach Weltherrschaft. Seine Überlegungen wurden in das 1920 verkündete 25-Punkte-Programm der NSDAP aufgenommen.

Siedeln

Nach dem Ersten Weltkrieg gewannen die Ideen der Reformbewegung, insbesondere der Wunsch nach Selbstversorgung, unter der Vielzahl vom Staat Enttäuschter und sozial Deklassierter erheblichen Aufschwung. Die dramatische Ernährungslage und Wohnungsnot verschärften sich zusätzlich durch Umsiedlungen nach Deutschland im Rahmen des Versailler Vertrages. Abhilfe sollten 1919 das „Reichssiedlungs-“ und das „Flüchtlingssiedlungsgesetz“ schaffen. Die darin vorgesehene Kolonisation von Staatsdomänen, Moor- und Ödland blieb jedoch eher halbherzig. Insgesamt wurden zwischen 1919 und 1928 nur etwa 25 Prozent der Planung für agrarische Kleinsiedlungen realisiert.[48]

Für eine Vielzahl neuer Siedlungswilliger standen jedoch nicht nur Existenzfragen im Vordergrund. Als Hoffnung auf einen sozialen Neubeginn hatte das Siedeln eine lange Tradition und war auf keine politische oder ideologische Richtung beschränkt. So erklärte z. B. bereits 1845 Friedrich Engels die kommunistische Siedlung mit Gütergemeinschaften als zentralen Schritt auf dem Weg in die sozialistische Gesellschaft. Dass er sich dabei auf religiöse Kommunen in Amerika und England bezog, sah er nicht als Widerspruch, im Gegenteil: „Es ist auch offenbar einerlei, ob diejenigen, welche die Ausführbarkeit der Gemeinschaft durch die Tat beweisen, an einen Gott, an zwanzig oder an gar keinen glauben; wenn sie eine unvernünftige Religion haben, so ist das ein Hindernis, das der Gemeinschaft im Wege steht, und wenn sich trotzdem die Gemeinschaft hier im Leben bewährt, wieviel eher muß sie bei andern möglich sein, die von solchen Verrücktheiten frei sind.“[49]

In den Weimarer Jahren entstanden unterschiedlichste Modelle von Einzel-, Genossenschafts- und Gruppensiedlungsprojekten. Sie alle setzten auf Natur-

47 Vgl. Gottfried Feder, An Alle, Alle! Das Manifest zur Brechung der Zinsknechtschaft des Geldes, München 1919.

48 Anne Feuchter-Schawelka, Siedlungs- und Landkommunenbewegung, in: Kerbs/Reulecke, Handbuch, S. 227–244, hier S. 228.

49 Vgl. Friedrich Engels, Beschreibung der in neuerer Zeit entstandenen und noch bestehenden kommunistischen Ansiedlungen, in: Karl Marx/Friedrich Engels, Werke, Bd. 2, S. 521–535, Berlin 1972, hier S. 522.

verbundenheit und Selbsthilfe, die meisten auf Gemeinschaft, viele orientierten sich an der Subsistenzlandwirtschaft, manchmal in Verbindung mit sozialreformerischen Einrichtungen, etwa Kinderheimen. Während sich die Mehrzahl der Siedler:innen als unpolitisch definierte, nahm die Anzahl rassistisch, antisemitisch oder politisch motivierter Projekte zu.

Trotz vieler thematischer Überschneidungen lassen sich die Projekte klar unterscheiden hinsichtlich der Frage, welche Bedeutung sie in ihren Siedlungsideen dem Antisemitismus, Rassismus und Sozialdarwinismus einräumten. Völkisch orientierte Siedlungsgründer kamen meist aus der „Germanischen Glaubenserneuerung“ der Jahrhundertwende im Umfeld von Paul de Lagarde. Im Vordergrund von Siedlungsprojekten wie der „rassischen Zuchtkolonie Mitgard“ von Willibald Hentschel standen Antisemitismus und Rassenhygiene.[50]

Der *Bund Artam*

Andere Siedlungsgründungen waren am *Deutschbund* orientiert, der „rassistische, vornehmlich antisemitische und antislavistische [sic], sozialdarwinistische, militaristische und imperialistische Ideologeme integrierte, alldeutsche und pangermanische Forderungen erhob und zur Germanisierung – insbesondere Osteuropas – aufrief“.[51] Mit seinem daran angelehnten Programm gab Willibald Hentschel 1923 den Anstoß zur bündischen *Artamanenbewegung.*[52]

1924 gegründet, rief der *Bund Artam* alle jugendbewegten Organisation zur freiwilligen Landarbeit in den deutschen Ostgebieten auf, um polnische Saisonarbeiter:innen zu verdrängen.[53] Ihre Siedlungspläne verstanden die Artamanen als Grenzkampf gegenüber anderen Völkern. Die Schnittmenge mit dem Nationalsozialismus sei bei nur wenigen anderen Gruppen der deutschen Jugendbewegung so deutlich wie bei den Artamanen, so der Historiker Stefan Brauckmann. Der *Bund Artam* versammelte verschiedene Strömungen aus dem völkisch-nationalistischen Flügel, was immer wieder zu Konkurrenz und Abgrenzung der einzelnen Untergruppen führte. Sie waren eng vernetzt mit den Anhängern Erich Ludendorffs, den antikapitalistischen Anhängern der Brüder Gregor und Otto Strasser oder dem Kreis um Paul Schultze-Naumburg in Haus Saaleck. Was sie alle von vornherein verband, war ein ausgeprägter Nationalismus,

50 Vgl. Feuchter-Schawelka, Landkommunenbewegung, S. 233.

51 Uwe Puschner/Walter Schmitz/Justus H. Ulbricht (Hrsg.), Handbuch zur „Völkischen Bewegung“ 1871–1918, München/London/Paris 1996, Vorwort S. XVII.

52 Vgl. Linse, Zurück, S. 188.

53 Vgl. Kater, Artamanen, S. 577 f.

Antisemitismus und Anti-Slawismus.[54] Obwohl das Verhältnis zur NSDAP durchaus konfliktreich war, gelten die Artamanen als jugendliche Vorhut der NS-Bewegung.[55] Im Juni 1927 zählte der Bund ca. 80 % NSDAP-Mitglieder.[56]

Die Siedlungsbewegung blieb jedoch in den Anfängen stecken. Bis zur Auflösung der Artamanen-Vereinigungen Mitte der dreißiger Jahre gab es 100 bis 150 Siedlungsvorhaben. Der Historiker Michael Kater wies bereits 1971 auf die parallele Struktur zwischen der SS und den jugendbewegten Artamanen hin. Der von vornherein programmatische Antisemitismus radikalisierte sich zunehmend: So richtete der *Bund Artam* erstmals ein „Amt für Rassenkunde" ein und verlangte als Voraussetzung für die „Nadelverleihung" eine „arische Blutzugehörigkeit in der 3ten Generation".[57] Der spätere Reichsführer SS Heinrich Himmler, der kurze Zeit sogar Funktionär der Artamanen war, sollte 1931 ein „Rasseamt" in die Struktur der SS übernehmen. Als Chef der gesamten deutschen Polizei sorgte er ab 1936 dafür, dass das *Rasseamt der SS* ein von der SS gelenktes Herrschaftsinstrument des NS-Regimes wurde. Die Leitung des Amtes, das 1934 in *Rasse- und Siedlungshauptamt* umbenannt wurde, hatte von 1931 bis 1938 Reichsbauernführer und Reichsminister Walther Darré inne. In Heinrich Himmler und der SS sieht Kater „die alten Ideale der Bewegung, noch immer utopisch anmutend, aber doch unter ganz anderen Bedingungen realer Machtverhältnisse, wieder zum Vorschein kommen".[58]

Siedlungsbewegung und *Anthroposophische Gesellschaft*

In seiner Studie über Landkommunen zwischen 1890–1933 skizziert Ulrich Linse am Beispiel mehrerer Siedlungsprojekte das breite weltanschauliche Spektrum der Siedlungsbewegung. Im Kapitel „Baugrund Anthroposophie" geht es um die Geschichte kleiner, lokaler Jugendgruppen, deren vergebliche gemeinsame Landsuche sie 1920 letzten Endes zur Anthroposophie führen sollte. Dazu zählten die eher linksorientierten Vertreter:innen der „Erlanger Wandervögel", der „Münchner Werkschar", der „Aschaffenburger Wandervögel", der „Kommunistischen Siedlung" Barkenhoff und Vertreterinnen aus Loheland.[59] Tatsächlich drängte Rudolf Steiner ab Beginn der 1920er-Jahre seine Anhänger zu einer

54 Vgl. Stefan Brauckmann, Artamanen – Bündische Gemeinden oder Nationalsozialistischer Arbeitsdienst auf dem Lande?, in: Selheim/Schmidt, Grauzone, S. 23–34, hier S. 31 f.

55 Kater, Artamanen, S. 622.

56 Vgl. ebenda, S. 612 f.

57 Ebenda, S. 601.

58 Ebenda, S. 624 und 628.

59 Vgl. Linse, Landkommunen, S. 280.

Kursänderung innerhalb der *Anthroposophischen Gesellschaft* und warb um die Akzeptanz für neue Mitglieder aus der Jugendbewegung „als Garantie für ein fruchtbares Fortwirken".[60]

Auch die Geschichte der Bio-Mosterei Voelkel beginnt 1920 mit der Siedlung einer Wandervogelgruppe, die sich kurz darauf der Anthroposophie und dann der biodynamischen Wirtschaftsweise zuwandten. Als später in der NS-Zeit v. Keyserlingk für sein Gut Sasterhausen in Niederschlesien nach anthroposophischen Landwirten suchte, bewarb sich das Paar Voelkel, scheiterte jedoch an der Bescheinigung der „Bauernfähigkeit". Beide konnten – so Margret Voelkel – in dem dafür erforderlichen Stammbaum ihre „Erbtüchtigkeit" nicht nachweisen.[61]

Ab 1919 schlossen sich der *Anthroposophischen Gesellschaft* mehrere Vertreter:innen der Jugendbewegung an. Im Gegensatz zu seinen älteren, aus der Zeit der *Theosophischen Gesellschaft* stammenden Anhängern hieß Rudolf Steiner sie in der Anthroposophie sehr willkommen. „Daß die Angehörigen solcher Bewegungen [...] zu unserer AG gekommen sind, das ist etwas, was wir als epochemachend innerhalb der Geschichte unserer Bewegung betrachten müssen."[62] Auf einer Mitgliederversammlung in Stuttgart im September 1921 ging Steiner mit der ablehnenden Haltung seiner älteren, theosophischen Anhänger hart ins Gericht. Ihre theosophische Gesinnung bestehe lediglich darin, genauso fortzuleben wie vor dem Eintritt in die Theosophie: „man war in derselben Weise Beamter, Lehrer, Adelsdame oder sonst irgend etwas [...], aber man hatte, wenn ich so sagen darf, eine neue, wenn auch besser geartete Sensation. [...] Als das Jahr 1919 kam, da handelte es sich plötzlich darum, nun wirklich gewissermaßen in die Strömungen des Weltenwerdens sich hineinzuwerfen, zu zeigen, daß man gewachsen ist dem, was man vorbereitet hat. [...] Dieser Hang zur nebulösen Mystik ist es in seinen Nachwirkungen, was uns heute innerhalb der Anthroposophischen Gesellschaft so große Schwierigkeiten macht."[63]

Das wechselseitige Befremden zwischen den beiden Gruppen, den älteren theosophischen Mitgliedern und der Jugendbewegung, ist in zeitgenössischen Erinnerungen vielfach dokumentiert. So erinnert etwa der Initiator der Breslauer Jugendgruppe der *Anthroposophischen Gesellschaft*, Hermann Kirchner, einen seiner ersten Vortragsbesuche mit Rudolf Steiner 1921 in Breslau: Während sich die zuständige Veranstalterin verzweifelt an Steiner wandte: „Herr Doktor,

60 Lili Kolisko, Eugen Kolisko. Ein Lebensbild, Künzelsau 1961, S. 47.

61 Vgl. Stefan Voelkel (Hrsg.), Höhbeck, Lebenserinnerungen von Karl und Margret Voelkel, Pevestorf 2013, S. 25.

62 Kolisko, Lebensbild, S. 47.

63 Ebenda, S. 45 f.

er will herein, aber er will kein Mitglied werden", dachte Kirchner seinerseits: „Zwischen diesen lila Damen mit großen Hüten? – Undenkbar!"[64]

Der Einfluss der Jugendbewegung auf die anthroposophischen Praxisfelder wird besonders bei der Gründung der heilpädagogischen Heime, aber auch der anthroposophischen Landwirtschaft deutlich. Unmittelbar nach deren „Taufe" zu Pfingsten 1924 in Koberwitz hielt Steiner außerdem eine Jugendansprache, in der er – nicht ohne Pathos – appellierte: „Wenn Ihr werden lasst das zwanzigste Jahrhundert materialistisch, wie es das neunzehnte war, dann habt Ihr vieles nicht nur von Eurer, sondern von der Menschlichkeit der ganzen Zivilisation verloren."[65] In den kurz darauf gegründeten anthroposophischen Gemeinschaftsprojekten wie Pilgramshain, Lauenstein oder Gerswalde kamen viele der enthusiastischen Mitarbeiter:innen aus der Jugendbewegung. Später werden die teils sehr detaillierten Überwachungsprotokolle der Gestapo auch immer wieder auf deren Vernetzung mit linken Gruppen hinweisen. Die Haltung der Mitarbeiter:innen dieser „Heilpädagogischen Institute" wird darin deutlich als streitbar und widerständig beschrieben. Gleichermaßen wurden diese Einrichtungen bis zu einem gewissen Grad von staatlichen Jugendbehörden geschützt, da sie ihnen mit der Aufnahme schwer gestörter Kinder eine Last abnahmen (siehe Kapitel 3).

Rudolf Steiner

Das Interesse für das Thema Natur war in Steiners Biografie – parallel zu seinen häufig wechselnden beruflichen Schwerpunkten – eine wichtige Konstante. Erste Erfahrungen der kleinbäuerlichen Bergwelt seiner Kindheit,[66] die Begegnungen mit dem Kräutersammler Felix Koguzki in seiner Studienzeit, der ihm „tiefe Blicke in die Geheimnisse der Natur" vermittelte,[67] und vor allem die 15-jährige Auseinandersetzung mit Goethes Naturanschauung haben Steiners Idee zur Entwicklung einer spirituellen Naturerkenntnis geprägt.[68]

Am 27. Februar 1861 in einem Dorf im damaligen Ungarn in einfache Verhältnisse hineingeboren, vollzog er einen raschen Aufstieg vom Lehramtskandidaten

64 Alfred G. Kon, Gründerschicksale der Heilpädagogik – Albrecht Strohschein und sein Lebensumkreis, Paderborn 2004, S. 130 f.

65 Rudolf Steiner, Landwirtschaftlicher Kurs. Geisteswissenschaftliche Grundlagen zum Gedeihen der Landwirtschaft, GA 327, neu überarbeitete Aufl., Dornach 2022.

66 Vgl. Steiner, Kurs, S. 235.

67 Vgl. David Marc Hoffmann/Albert Vinzens/Nana Badenberg/Stephan Widmer, Rudolf Steiner 1861–1925. Eine Bildbiografie, Basel 2021, S. 46 f. und Peter Selg, Rudolf Steiner und Felix Koguzki. Der Beitrag des Kräutersammlers zur Anthroposophie, Arlesheim 2009.

68 Christoph Lindenberg, Rudolf Steiner. Eine Biographie, Erstausgabe Stuttgart 1997, erste Taschenbuchausgabe Stuttgart 2011, S. 190.

zum Goethe-Herausgeber. Er machte früh praktische Erfahrungen als Pädagoge und politischer Journalist, betrieb philosophische Studien zur Erkenntnistheorie und zum deutschen Idealismus und interessierte sich für Mystik und die Theosophie. Zwischen 1882 und 1897 wurde Steiner als Editor am Goethe- und Schiller-Archiv in Weimar mit der Aufarbeitung des naturwissenschaftlichen Nachlasses von Johann Wolfgang von Goethe tätig. Im Rahmen des ehrgeizigen Großprojekts der „Deutschen National-Litteratur“ (1882–1899) mit 220 Bänden gab Steiner von insgesamt 36 Goethe-Bänden die fünf Teile der „Naturwissenschaftlichen Schriften“ heraus. Dass für diese große Aufgabe neben den drei anderen Herausgebern – allesamt Akademiker – ein 21-jähriger Student ohne Examen und akademischen Grad ausgewählt wurde, bezeichnet der Religionshistoriker Helmut Zander als „Paukenschlag“.[69] Von seinem Vorgesetzten wurde Steiner jedoch sogar für weitere Artikel in Lexika und Vorträge im Umfeld seiner Goetheherausgabe beauftragt. Auch Zander würdigt durchaus die Bedeutung Steiners für die Goethe-Forschung. Gerade mit seinem Beharren darauf, Goethe von seinem naturwissenschaftlichen Werk her zu verstehen, habe Steiner nicht nur die Selbstwahrnehmung Goethes, dass die Farbenlehre sein Hauptwerk sei, respektiert, sondern greife damit auch Traditionslinien etwa von Hermann von Helmholtz auf.[70]

Bei Goethe traf Steiner auf die Praxis der „intuitiven Erkenntnis“ und leitete daraus seinen eigenen Ansatz des intuitiven Erkennens ab. „Goethes Erkenntnispraxis in der Organik ist für ihn eine erste Stufe der höheren Erkenntnis im Sinne seiner späteren Anthroposophie.“[71] Steiner ging davon aus, damit die gesamte moderne Naturwissenschaft umgestalten und erneuern zu können. Seine Doktorarbeit,[72] die er im November 1893 unter dem Titel „Die Philosophie der Freiheit. Grundzüge einer modernen Weltanschauung“[73] publizierte, sollte erst 1918 in einer überarbeiteten und im eigenen anthroposophischen Verlag veröffentlichten Form Beachtung finden.

Gegen Ende des 19. Jahrhunderts zog es Steiner in das lebensreformerische Literaturmilieu in Berlin. Hier verkehrte er u. a. im *Friedrichshagener Dichterkreis* und nahm – wenig erfolgreich – verschiedene Tätigkeiten auf. Mit Otto

69 Vgl. Zander, Anthroposophie, S. 446.

70 Vgl. ebenda, S. 468 f.

71 Lindenberg, Steiner, S. 111.

72 Die Grundfrage der Erkenntnistheorie mit besonderer Rücksicht auf Fichte's Wissenschaftslehre. Prolegomena zur Verständigung des philosophierenden Bewusstseins mit sich selbst, Inaugural-Dissertation zur Erlangung der Doctorwürde von der Philosophischen Fakultät der Universität Rostock, vorgelegt von Rudolf Steiner, 1891.

73 Vgl. Rudolf Steiner, Die Philosophie der Freiheit. Grundzüge einer modernen Weltanschauung. Seelische Beobachtungsresultate nach naturwissenschaftlicher Methode, 17. Aufl., Basel 2021.

Erich Hartleben gab er das *Magazin für Litteratur* heraus,[74] das jedoch bereits 1905 wieder eingestellt wurde, und inszenierte ein Theaterstück, das durchfiel: „In Lachen ging alles unter. Man saß tagelang und bereitete ernst ein ernstes Stück vor, und in Wirklichkeit hatte man eine – Ulkstimmung präpariert."[75] Auch seine siebenjährige Tätigkeit als Dozent an der Berliner Arbeiter-Bildungsschule musste er 1905 aufgeben, da der sozialistisch geprägte Schulvorstand Steiners Ablehnung des Historischen Materialismus nicht akzeptierte.[76]

Sehr erfolgreich war Steiner dagegen in der Berliner Theosophischen Bibliothek ab 1900 mit Vorträgen zunächst über Nietzsche und Goethe, bald auch über Mystik. Anders als die führenden Theosophinnen Helena Blavatsky oder Anni Besant orientierte sich Steiner dabei nicht an indischen Überlieferungen, sondern an der „mitteleuropäischen Mystik von Meister Eckart bis Jakob Böhme".[77] Rasch stieg er hier auf, wurde Leiter der Deutschen Sektion und hielt Vorträge in ganz Deutschland, bis er sich von der *Theosophischen Weltgesellschaft* trennte und 1912/13 die *Anthroposophische Gesellschaft* gründete. Die meisten Mitglieder folgten ihm.

Die völkische Bewegung und das Konzept der NS-Volksgemeinschaft

In wissenschaftlichen Studien wird häufig von einer frühen Nähe zwischen der anthroposophischen und der nationalsozialistischen Bewegung ausgegangen. Zwar ist es richtig, dass sie zu Beginn der 1920er-Jahre als Teil der Aufbruchs- und Reformbewegung der Nachkriegsjahre einige Gemeinsamkeiten aufwiesen, wie auch mit anderen, politisch sehr heterogenen Gruppen. Sie reagierten etwa auf gleiche Feindbilder – wie den Kapitalismus – oder teilten gewisse Vorlieben – wie das Siedeln. Ein näherer Blick zeigt jedoch, dass die Programme beider Bewegungen ganz im Gegenteil wie eine Schere auseinanderklafften. Bereits kurz nach ihren Gründungsphasen und spätestens mit dem Versuch der *Oberschlesischen Aktion des Bundes für Dreigliederung* wurde sehr deutlich, dass es in den zentralen gesellschaftspolitischen Fragen keine Übereinstimmung geben würde. Nachdem Adolf Hitler Steiners „Dreigliederung" öffentlich als eine zu diesen „ganzen jüdischen Methoden der Zerstörung" gehörend abgelehnt hatte[78] und

74 Lindenberg, Steiner, S. 300 ff.

75 Rudolf Steiner, Gesammelte Aufsätze zur Dramaturgie 1889–1900, in: Rudolf-Steiner-Gesamtausgabe, Dornach 1960, S. 258.

76 Vgl. Lindenberg, Steiner, S. 304 f.

77 Ebenda.

78 Adolf Hitler, Staatsmänner und Nationalverbrecher, in: Völkischer Beobachter 35 (15. März 1921), S. 2.

Ludendorff-Anhänger gewaltsam einen anthroposophischen Vortrag in München hatten verhindern wollen, stand für Steiner wohl fest, dass er deutschen Boden nicht mehr werde betreten können, falls die NSDAP an die Macht käme.[79]

Die Bemühungen um die Einführung der „Sozialen Dreigliederung" dauerten noch an, als im Februar 1920 in München die neu gegründete NSDAP ihr 25-Punkte-Programm veröffentlichte. Es enthielt sowohl nationalistische und antikapitalistische als auch „völkische" Forderungen, aus den sowohl staatliche („Groß-Deutschland"), wirtschaftsökonomische sowie entschieden antisemitische und rassistische Ziele abgeleitet wurden. Eine zentrale Forderung und zugleich grundlegende Voraussetzung zur Gründung der NSDAP war – so Adolf Hitler in „Mein Kampf" – das Konzept von der „Brechung der Zinsknechtschaft" des nationalsozialistischen Wirtschaftstheoretikers Gottfried Feder, das mit seiner Unterscheidung zwischen „raffendem und schaffendem Kapital" den Antisemitismus zum Programm machte.[80]

Die Verfasser ließen keine Zweifel daran, dass sie Juden als Rasse definierten und nicht etwa als konfessionelle oder kulturelle Gruppe – ein Rassenantisemitismus, der bereits von Teilen der deutschen antisemitischen Bewegung Ende des 19. Jahrhunderts vertreten wurde. Das NSDAP-Programm sah vor, Juden die deutsche Staatsbürgerschaft abzuerkennen. Im Falle einer Ernährungskrise sollten alle „Nicht-Staatsbürger" ausgewiesen werden. „Die Führer der Partei" versprachen, für ihre Ziele „rücksichtslos" einzutreten – „wenn nötig, unter Einsatz des eigenen Lebens".[81] Während insbesondere die finanzpolitischen Forderungen etwa nach Verstaatlichung oder Enteignung von Grund und Boden eher dem reformerischen Zeitgeist zugeschrieben werden – Adolf Hitler revidierte sie 1928 in einer zusätzlichen Anmerkung des Programms dahingehend, dass sich die Enteignung auf „jüdische Grundstücksspekulations-Gesellschaften" beschränke –, sollten die rassistischen und antisemitischen Passagen des Programms weiter radikalisiert und zur Wirklichkeit werden. „Inklusion wie Exklusion sind daher die beiden untrennbar zusammengehörenden Seiten der nationalsozialistischen Volksgemeinschaft."[82] Die Volksgemeinschaft versprach soziale Gemeinschaft und politische Gerechtigkeit, Überwindung der Klassen-

79 Vgl. Werner, Anthroposophen, S. 7 f.

80 Christian Hartmann/Thomas Vordermayer/Othmar Plöckinger/Roman Töppel (Hrsg.), Hitler, Mein Kampf. Eine kritische Edition. Institut für Zeitgeschichte München–Berlin, München 2016, Bd. 1, S. 565 ff.

81 Das 25-Punkte-Programm der Nationalsozialistischen Deutschen Arbeiterpartei vom 24. Februar 1920, http://www.documentarchiv.de/wr/1920/nsdap-programm.html [21. 6. 2023].

82 Michael Wildt, „Volksgemeinschaft", 24. 5. 2012, in: Bundeszentrale für politische Bildung (Hrsg.): izpb, https://www.bpb.de/shop/zeitschriften/izpb/nationalsozialismus-aufstieg-und-herrschaft-314/137211/volksgemeinschaft/ [24. 5. 2024].

gesellschaft und nationale Erneuerung und forderte dafür von allen „Volksgenossen" das uneingeschränkte Bekenntnis zum Nationalsozialismus.[83]

Das „Führerprinzip" sollte als Kern der Volksgemeinschaft den größtmöglichen Gegensatz zu jeder Art von demokratischer Entscheidung und Mitbestimmung verkörpern. Es implizierte die Selbstaufgabe des Individuums, während der „Führer" an der Spitze uneingeschränkte Entscheidungsmacht besaß. Entgegen der vermeintlichen Anonymität des demokratischen Herrschaftsapparates würde der „Führer" persönliche Verantwortung übernehmen. Adolf Hitler bekräftigte seine Führungsposition, „indem er sich als von der ‚Vorsehung geschickt', als ‚auserwählt' und vom ‚Schicksal bestimmt' bezeichnete".[84] Für die „Volksgemeinschaft" sollte nicht Individualität, sondern die Zugehörigkeit zur Gemeinschaft im Vordergrund stehen, alle individuellen Interessen sollten zugunsten des Wohls der Gemeinschaft zurückstehen.

Die Position, die Rudolf Steiner in den einander ablösenden anthroposophischen Gesellschaften innehatte,[85] ist dem nicht unähnlich – zumindest aus der Perspektive der Basis mit dem Blick nach oben. Die Konzentration richtete sich ausschließlich auf eine Person, den Kult um sie oder die missionarische Struktur. Ein zentraler Unterschied war: Während das Führerprinzip in der NS-Struktur nach unten unendlich reproduzierbar angelegt war, hatte die *AG* keine entsprechende Struktur. Man empfing Steiners Offenbarungen als die eines Propheten, beglaubigte sich mit seinem Wort, aber die Frage, ob diese Offenbarungen richtig waren, gab er, auch im *Landwirtschaftlichen Kurs*, stets an seine Mitstreiter:innen zurück. Immer wieder räumte er ein, dass man seinen Offenbarungen nicht bedingungslos glauben, sondern sie nachprüfen müsse.

Die völkischen Ideologien oder Bewegungen gelten nicht zu Unrecht als unmittelbare Wegbereiterinnen für den NS.[86] Allerdings beschrieben ihre „Führer" das Verhältnis zum Nationalsozialismus als ambivalent, und auch Hitler kritisierte den diffusen Begriff des „Völkischen". „Alles Mögliche, das in allem Wesentlichen seiner Ansichten himmelweit auseinanderklafft, treibt sich zur Zeit unter dem Deckwort ‚völkisch' herum. […] Der Begriff ‚völkisch' erscheint

83 Im Vergleich dazu mussten laut Statut der Allgemeinen Anthroposophischen Gesellschaft von 1924 neue Mitglieder bekennen: „in dem Bestand einer solchen Institution, wie sie das Goetheanum in Dornach als freie Hochschule für Geisteswissenschaft ist, etwas Berechtigtes zu sehen".

84 Wildt, Volksgemeinschaft.

85 Der Begriff *Anthroposophische Gesellschaft* (*AG*) bezeichnet sowohl die 1912 in Köln beziehungsweise 1913 in Berlin gegründete *Anthroposophische Gesellschaft* als auch die Kurzform der im Februar 1923 in Stuttgart und der am 28. Dezember 1923 in Dornach neu gegründeten *Anthroposophischen Gesellschaft*.

86 Vgl. Puschner u. a., Handbuch, S. IX.

so wenig klar abgesteckt, so vielseitig auslegbar und so unbeschränkt in der praktischen Anwendung wie etwa das Wort ‚religiös'."[87]

Unter der Bezeichnung „völkische Bewegung" wurde seit der Wende zum 20. Jahrhundert eine Sammelbewegung verstanden, die verschiedenste Ideologeme der weitgefächerten Lebensreformbewegung mit einem auf Rassentheorie beruhenden Radikalnationalismus und der dezidierten Ablehnung jeder Form von Internationalismus verband. Ihr Spektrum reichte von „bildungsbürgerlich gesättigtem Deutsch-Idealismus bis hin zum sektiererischen völkischen Okkultismus",[88] und ihre deutschnationalen Ziele waren mit einem ebenso weitgefächerten Forderungskanon verbunden, der von der Bekämpfung der römischen Rechtsanschauung oder des „Boden- und Börsenwuchers" bis hin zur Aufhebung der Bürgerrechte von Juden und den „Enthüllungen der staats- und sittenfeindlichen Lehren des Talmud" reichte.[89] Ebenso wie die gesamte Reformbewegung hatten auch die völkisch motivierten Gruppen das Selbstverständnis einer antiparlamentarischen Kraft und setzten sich für eine „ganzheitliche" Erneuerung Deutschlands jenseits politischer Parteien ein.[90]

Obwohl die antisemitische und die völkische Bewegung unabhängig voneinander entstanden, waren sie durch engagierte Anhänger beider Strömungen wie etwa Theodor Fritsch früh miteinander vernetzt. Für ihre inhaltliche Annäherung gegen Ende der 1890er-Jahre dienten in erster Linie der Rassen- und Volksbegriff als Brücke.[91] Der „Berliner Antisemitismusstreit" bildete den Auftakt einer organisierten antisemitischen Bewegung und beförderte seine Akzeptanz in weiten Kreisen der Bevölkerung. Für die Ausbildung eines spezifisch „völkischen Antisemitismus" war schließlich die Umdeutung der religiösen und sozialen „Judenfrage" in eine „Rassenfrage" ausschlaggebend. Der Antisemitismus wurde zu einer Weltanschauung, die die Juden als „Symbol der Zeit" (Theodor Barth) benutzte, das für die negativen Merkmale der Modernität insgesamt stand: für „Kapitalismus, Sozialismus, Demokratie".[92]

Die Gründung des sozialdarwinistisch-antisemitischen *Reichshammerbunds* im Jahr 1912 war der Ausgangspunkt, um die zersplitterte alldeutsch-

87 Adolf Hitler, Mein Kampf. Zentralverlag der NSDAP, München 1939, S. 415 f.

88 Puschner u. a., Handbuch, S. XX.

89 Ebenda, S. X.

90 Ebenda, S. XV f.

91 Vgl. Werner Bergmann, Völkischer Antisemitismus im Kaiserreich, in: Puschner u. a., Völkische, S. 449–463, hier S. 449.

92 Vgl. ebenda, S. 450. Die Schriften von Paul de Lagarde und Houston Stewart Chamberlain hatten starken Einfluss auf die völkische Bewegung, trugen zur Verbreitung des Antisemitismus bei und lieferten ideologische Grundlagen für die nationalsozialistische Bewegung.

antisemitische zu einer nationalen Bewegung zu verbinden. Im Jahr 1914 schlossen sich in der „Deutschvölkischen Partei" ca. 14 000 Mitglieder verschiedener Splitterparteien mit gleichermaßen radikalen antisemitischen und rassistischen Forderungen zusammen. Die Anzahl antisemitisch-völkischer Organisationen stieg merklich an, noch vor Ausbruch des Ersten Weltkriegs war der Antisemitismus zu einem „festen Bestandteil der völkischen Ideologie" geworden. „Der Nationalsozialismus kann diesen Antisemitismus fertig übernehmen. Er hat ihn ideologisch nicht weiterentwickelt, sondern beim Wort genommen und in die Tat umgesetzt."[93]

Rassentheorie und Eugenik

Das Konzept der biologischen „Rasse", in das die naturwissenschaftliche Anthropologie seit dem frühen 19. Jahrhundert große Hoffnungen gesetzt hatte – als Klassifikationsgrundlage vermeintlich eindeutiger, physisch messbarer Merkmale unterschiedlicher Menschengruppen –, geriet bereits kurz vor Beginn des 20. Jahrhunderts zunehmend in die Defensive. Die empirischen Befunde der Frühgeschichtsforschung zeigten vielmehr, dass bereits die neolithischen Völker Europas aus unterschiedlichen „Rassenelementen" zusammengesetzt waren. „Die blond-blauäugigen, großen und langschädligen, eine indogermanische Ursprache sprechenden Arier erwiesen sich zunehmend als Fiktion."[94] Gleichzeitig setzten sich jedoch andere Rassentheorieansätze durch, wie die darwinsche Evolutionstheorie, die die Rassenbildung als dynamischen Prozess eingeführt hatte, und das vordarwinistische Modell von Arthur von Gobineau,[95] der Antisemitismus und Rassentheorie in Verbindung gesetzt hatte, „was dem älteren kulturell-religiösen Antisemitismus eine ‚moderne' wissenschaftliche Grundlage zu verschaffen versprach".[96]

In dem gesellschaftsbiologischen Konzept der „Rassenhygiene" oder Eugenik ging es nicht in erster Linie um die Frage der systematischen Klassifikation, sondern vielmehr um die „Rasse" als vitale Einheit, als Population mit physischen und mentalen Eigenschaften und Begabungen. Ein hohes Kompetenzniveau könne die Bevölkerung demnach nur erreichen oder bewahren, wenn sie dem ständigen Selektionsdruck durch ihre natürliche Umwelt ausgesetzt

93 Bergmann, Antisemitismus, S. 461.

94 Rolf Peter Sieferle, Rassismus, Rassenhygiene, Menschenzuchtideale, in: Puschner u. a., Völkische, S. 436–448, hier 441.

95 Joseph Arthur Comte de Gobineau, Versuch über die Ungleichheit der Menschenrassen. 4 Bde., Stuttgart 1898–1901; Ludwig Schemann, Gobineaus Rassenwerk, Stuttgart 1910.

96 Sieferle, Rassismus, S. 442.

sei.[97] Die verkürzte Rezeption von Darwins Selektionstheorie bildete den Ausgangspunkt der eugenischen Bewegung. Sie vertrat den Standpunkt, dass „rassenhygienische Maßnahmen" – etwa Sterilisation oder Verehelichungsverbote – erforderlich seien, um die natürlichen Selektionsfaktoren auszuschalten oder mehr noch das Begabungsniveau durch eugenische Maßnahmen der „Menschenzucht" zu steigern. Anhänger der eugenischen Bewegung beschränkten sich keinesfalls auf antisemitische oder nationalsozialistische Personen oder Gruppen. Verbreitet waren Ansätze der Eugenik vor allem unter sozialreformerisch orientierten Naturwissenschaftlern und Medizinern, aber auch im sozialdemokratischen und im Umfeld der Linken, wo sie als genuin modernes Projekt aufgefasst wurde. Gegner kamen eher aus dem christlich-konservativen Lager. „Eine wirklich umfassende Realisierung der Eugenik fand dann aber erst im nationalsozialistischen Deutschland statt."[98]

1.1.2 Anthroposophische Natur- und Landwirtschaftsforschung vor 1924

Ein Prinzip zu finden, „wie man den Boden durcharbeiten lässt von Regenwürmern und ähnlichen Tieren", um einen gesunden Stickstoffgehalt herbeizuführen, war bereits im Jahr 1921 eine der Forschungsfragen, die Rudolf Steiner mit seinen Mitarbeitern des *Wissenschaftlichen Forschungsinstituts* in *Der Kommende Tag AG* in Stuttgart diskutierte.[99]

Das *Forschungsinstitut* wurde im Anschluss an den gescheiterten Versuch der „Dreigliederung" im März 1920 in Stuttgart auf Initiative von anthroposophischen Naturwissenschaftlern als Teil des Verbunds der *Kommende Tag AG zur Förderung wirtschaftlicher und geistiger Werte* gegründet. „Und daher entsteht heute die Notwendigkeit, etwas zu begründen, was nicht bloß eine Bank ist, sondern was die wirtschaftlichen Kräfte so konzentriert, daß sie zu gleicher Zeit Bank sind und zu gleicher Zeit im Konkreten wirtschaften. […] Das heißt, es wird hier im Kommenden Tag praktisch versucht, zu überwinden die Schäden des Geldwesens."[100] Ziel war in erster Linie, dass sich die angeschlossenen Wirtschafts-, Forschungs- und Kulturunternehmen ökonomisch gegenseitig

97 August Weismann, Die Allmacht der Naturzüchtung, Jena 1893.

98 Sieferle, Rassismus, S. 446 f.

99 Vgl. IWI, Der kommende Tag A.G. Stuttgart 1920–26, Aussprache der Mitglieder des Wissenschaftlichen Forschungsinstitutes mit Dr. Steiner, am 17. Dezember 1921, mit Dr. Johann Simon Streicher, Dipl.-Ing. Alexander Strakosch, Dipl. Ing. Henri Smits, Dipl.-Ing. Wilhelm Pelikan, Dr. Hermann von Dechend, Dr. Ludwig Noll und Dr. Friedrich Husemann, Dr. Steiner, S. 3.

100 Rudolf Steiner, Vorträge über das soziale Leben und die Dreigliederung des sozialen Organismus, Dritter Studienabend, Stuttgart, 9. Juni 1920, GA 337a, S. 169–192, hier S. 190.

tragen. Das *Forschungsinstitut* sollte in dem Verbund die Aufgabe übernehmen, marktfähige innovative Produkte zu liefern.[101] Neben der *Freien Waldorfschule*, der Waldorf-Astoria Zigarettenfabrik, der Guldesmühle Dischingen und vier weiteren Hofgütern gehörten dem Verbund insgesamt 19 Einrichtungen an, aus denen die bis heute existierende *Weleda AG* und die *Futurum AG* hervorgegangen sind. Im Umfeld der gescheiterten Dreigliederungsbewegung entstand mit der *Kommende Tag AG* eine neue Struktur, die zeitgenössische Reformbestrebungen im Rahmen anthroposophischer Praxisfelder aufgriff und förderte. Dies rief einen massiven Gestaltwechsel innerhalb der anthroposophischen Gesellschaft hervor. Viele der ehemals theosophischen Mitglieder standen dieser Entwicklung skeptisch gegenüber.

Fünf landwirtschaftliche Hofgüter arbeiteten laut dem Geschäftsbericht von *Der Kommende Tag* aus dem Jahr 1922 in enger Verbindung mit dem *Forschungsinstitut*. Sämtliche Leiter der Güter wurden zwei Jahre später zu wichtigen Mitorganisatoren des *Landwirtschaftlichen Kurses*: Der Diplomlandwirt Immanuel Voegele leitete den ca. 75 ha großen Betrieb Guldesmühle, Carl Graf von Keyserlingk hatte die Oberaufsicht der insgesamt 282 ha umfassenden Güter, Konradin Haußer war Direktor der *Kommende Tag AG*, und vier ihrer Gründungsmitglieder – Graf Otto von Lerchenfeld, Alfred Meebold, Emil Molt und Graf Ludwig von Polzer-Hoditz – wurden zu wichtigen und langjährigen Förderern der biodynamischen Bewegung.

Einer der maßgeblichen Ansprechpartner Steiners für landwirtschaftliche Fragen war in dem Stuttgarter *Forschungsinstitut* der Chemiker und vormalige Abteilungsleiter der BASF Johann Streicher.[102] Er teilte Steiners Skepsis gegenüber Kunstdünger und kritisierte an der Haltung der Agrarforschung vor allem, dass sie die komplexen und langfristigen Auswirkungen auf das Bodenleben vernachlässige: Kunstdünger würde in den Boden gebracht, „unbekümmert um dasjenige, wie die Pflanzen sich dazu verhalten, Düngemittel, die auch eine saure Bodenreaktion herbeiführen und wenn Trockenheit im Sommer herrscht, führen diese Tatsachen zu verhängnisvollen Folgen".[103] Der wissenschaftlich international orientierte Streicher bereicherte die Diskussionen am *Forschungsinstitut* auch mit neuen Ansätzen von Forschern aus dem Ausland. So verwies er etwa

101 Vgl. Christoph Strawe, Die Dreigliederungsbewegung 1917–1922 und ihre aktuelle Bedeutung, in: Rundbrief Dreigliederung des sozialen Organismus, Heft 3/1998.

102 Vgl. IWI, Der kommende Tag A.G. Stuttgart, 17. 12. 1921, S. 4. Dr. Johann Simon Streicher war seit 1919 Mitglied der *AG*, befasste sich in der *Kommende Tag AG* mit der Herstellung von Pflanzenfarben und dem Einsatz bestimmter Salzmineralien in der Landwirtschaft, vgl. Koepf/Plato, Wirtschaftsweise, S. 35.

103 IWI, Der kommende Tag A.G. Stuttgart, 17. 12. 1921, S. 3.

auf die Entdeckung des englischen Botanikers William Bottomley über „lebensfördernde" Substanzen aus kompostiertem Humus, die Bottomley als „Auxiome" bezeichnete, ohne sie jedoch stofflich nachweisen zu können.[104] Auf die Ergebnisse der „Auxiom"-Forschung bezogen sich Mitglieder der biodynamischen Bewegung Anfang der 1930er-Jahre, um damaligen Presse-Angriffen gegen die *bdW* wegen ihrer Mystik und Unwissenschaftlichkeit zu widersprechen.[105]

Was zweieinhalb Jahre später zu einem der zentralen Elemente der anthroposophischen Landwirtschaft werden sollte, stand für Steiner offensichtlich bereits 1921 fest: „dass eigentlich das wirklich einzige gesunde Düngemittel der Rindviehdünger ist". Allerdings sei das genaue Verfahren, welches ihm vorschwebe, zu diesem Zweitpunkt noch nicht restlos ausgearbeitet.[106] Im Austausch mit einem der ersten und wichtigsten Pioniere der späteren *bdW*, dem Klostergutspächter von Marienstein, Ernst Stegemann[107] – seit 1907 Mitglied der *Theosophischen Gesellschaft* – forschte Steiner u.a. auch zum Thema „Nachbarschaftspflanzen". So empfahl er Stegemann z.B. zur Abwehr von Kartoffelkäfern, am Rande der Felder Meerrettich zu pflanzen und dabei gleichermaßen den Effekt auf die Düngerfrage zu beobachten.

In Steiners Verständnis von landwirtschaftlichen Prozessen sollte – im Gegensatz zu anderen zeitgenössischen Auffassungen – nicht nur dem gegenseitigen Einfluss verschiedener Pflanzen aufeinander eine wichtige Bedeutung zukommen, sondern auch dem Verhältnis zwischen Mensch und Pflanze: „Aber es ist auch zweifellos hier, – so paradox das dem gegenwärtigen Chemiker und Biologen klingt, – von einer gewissen Bedeutung, die ganzmenschliche [sic] persönliche Beziehung zum Saatkorn." So reagiere das Saatkorn etwa unterschiedlich auf die Art und Weise, wie es ausgebracht würde. Um diese Themen

104 Der englische Botaniker William Bottomley untersuchte während des Ersten Weltkrieges, als England zum vermehrten Getreidebau gezwungen war, die Verwendung der von ihm entdeckten „Auxiome" in größeren Mengen unter dem Produktnamen „Humogen" und erzielte dabei in einzelnen Fällen große Wirkungen. Vgl. Rudolf Steiner Nachlassverwaltung (Hrsg.), Archivmagazin. Beiträge aus dem Rudolf Steiner Archiv Nr. 11 (November 2021), Schwerpunkte: Alois Mailänder und die frühe theosophische Bewegung / Zum Landwirtschaftlichen Kurs 1924, S. 47f.

105 Vgl. GOE, E.15.002.031, Christoph Freiherr von Tucher, Meine Erfahrungen mit der biologisch-dynamischen Düngung, in: Völkischer Beobachter, 207, Ausgabe, Beiblatt „Technik und Handwerk" vom 26. Juli 1933.

106 IWI, Der kommende Tag A.G. Stuttgart, 17.12.1921, S. 3.

107 Ernst Stegemann war seit 1906 Mitglied der *Theosophischen Gesellschaft* und maßgeblicher Mitinitiator des *Landwirtschaftlichen Kurses*. Er war Pächter des 140 Hektar großen landwirtschaftlichen Klosterguts Marienstein und begann zwei Jahre vor Gründung des anthroposophischen *Versuchsrings* unter Steiners Anleitung mit ersten Versuchen. Zwischen 1929 und dem Verbot 1941 war er Vorsitzender des *Versuchsrings*. Vgl. FKI, Ernst Stegemann, https://biographien.kulturimpuls.org/detail.php?&id=667 [25.8.2023].

zu erforschen, riet Steiner seinen Mitarbeitern zukünftig sowohl zum Austausch mit anderen Landwirten als auch zum Studium alter Bauernkalender. „Da sind Angaben darinnen, die kurios sind, aber Dinge, die Sie schon auf chemische Formulierungen bringen können."[108]

Das *Wissenschaftliche Forschungsinstitut* befasste sich auch mit der Entwicklung eines Heilmittels gegen die Maul- und Klauenseuche,[109] mit Studien zur Wirksamkeit von homöopathischen Potenzen,[110] der Herstellung natürlicher Pflanzenfarben oder der Gewinnung von spinnbaren Stoffen aus Torffasern. Angeregt durch das Exponat eines neuartigen Gewebes aus Brennnesseln auf einer Ausstellung über Ersatzstoffe der *Reichsbekleidungsstelle* im Jahr 1919, beauftragte Steiner den Ingenieur Henri Smits mit der Erforschung von Torfproben. Smits – ein langjähriges Mitglied der späteren biodynamischen Organisationen – gelang tatsächlich eine Veredlung von Torffasern, sodass sie zu kleinen Proben verwoben werden konnten. „Ein gestrickter Schal aus dem Garn behandelter Fasern erfreute Dr. Steiner noch auf dem Krankenbett und fand seine bestätigende Anerkennung."[111]

Als erstes anthroposophisches naturwissenschaftliches Zentrum hatte das *Forschungsinstitut* eine wichtige Vernetzungsfunktion für die anthroposophischen Forscher:innen. Angesichts ihrer nicht einfachen Aufgabe des Um- und Sich-Eindenkens in ein ihnen fremdes, anthroposophisches Terrain ist es kaum verwunderlich, dass die meisten in der kurzen Zeit seines Bestehens bis zur Liquidierung Anfang 1925 infolge der allgemeinen Wirtschaftskrise „in erster Linie mit dem Beschreiten des eigenen Weges beschäftigt waren".[112]

Das Themenspektrum des anthroposophischen Forschungsinstituts war zu Beginn der 1920er-Jahre keineswegs ungewöhnlich, im Gegenteil hatte das Leitbild der Autarkie nach dem Ersten Weltkrieg eine spezifisch deutsche „Ersatzstoffkultur" ausgelöst.[113] Aufgrund des umfassenden Mangels an allem und jedem war die Forschung intensiv auf der Suche nach Alternativen etwa für Butter oder

108 IWI, Der kommende Tag A.G. Stuttgart, 17.12.1921, S. 4.

109 Vgl. Koepf/Plato, Wirtschaftsweise, S. 27.

110 Vgl. Lili Kolisko, Physiologischer und Physikalischer Nachweis der Wirksamkeit kleinster Entitäten, Stuttgart 1923.

111 Rudolf Steiner-Nachlassverwaltung (Hrsg.), Beiträge zur Rudolf Steiner Gesamtausgabe, Veröffentlichungen aus dem Archiv, Dornach 2000, Heft Nr. 122, S. 62, https://anthrowiki.at/Beitr%C3%A4ge_zur_Rudolf_Steiner_Gesamtausgabe [2.7.2023].

112 Christoph Podak, Zur Geschichte und Soziologie der anthroposophischen Forschungsinstitute in den 20er Jahren, in: Der Europäer 3 (1999) 9/10, S. 30–36, https://www.perseus.ch/PDF-Dateien/Geschichte_Soziologie.pdf [6.7.2023].

113 Vgl. Uwe Fraunholz, „Verwertung des Wertlosen". Biotechnologische Surrogate aus unkonventionellen Eiweißquellen im Nationalsozialismus, in: Dresdener Beiträge zur Geschichte der Technikwissenschaften (2008) 38, S. 95–116.

auch Düngemittel. Die Erforschung von naturwissenschaftlich nicht erklärbaren Phänomenen war in dieser Zeit ebenfalls nicht unüblich, selbst in universitären Einrichtungen: So waren die späteren „Titanen der deutschen Chirurgie“ und Empfänger des Deutschen Nationalpreises für Kunst und Wissenschaft von 1937, Ferdinand Sauerbruch[114] und Ferdinand Bier,[115] Mitte der 1920er-Jahre an der Chirurgischen Klinik München beim Versuch, elektromagnetische Strahlenwirkungen „in der weiteren Umgebung lebender Wesen“ nachzuweisen, fündig geworden: Es sei so interessant und wichtig, „dass der Sache nachgegangen werden muss“.[116]

Bezogen auf die landwirtschaftliche Entwicklung war es zu Beginn des 20. Jahrhunderts besonders die wachsende Vormachtstellung des Kunstdüngers, die nicht nur von anthroposophischen Forschern und reformbewegten Siedlern, sondern auch von einigen Wissenschaftlern hinterfragt wurde. Nach dem Ersten Weltkrieg propagierten Staat, Industrie und der wissenschaftliche Zweig der Agrarchemie gemeinsam in einem zuvor nie dagewesenen Einvernehmen die alternativlose Überlegenheit des Kunstdüngers. „Die Höhe der Ernten steht in unmittelbarem Verhältnis zur Stärke der Düngung“, hieß es etwa in einer Vorlage des Landwirtschaftsministeriums von 1919 für das Reichskabinett.[117] Kritische Stimmen z. B. aus der Bodenbiologie oder -bakteriologie, die die Fruchtbarkeit des Bodens nicht allein auf den Nährstoffgehalt zurückführten, sondern vom Zusammenwirken einer Vielzahl von Parametern ausgingen, fanden angesichts des Versprechens scheinbar unbegrenzter Ertragssteigerung kein Gehör mehr.[118] Somit vom agrarwissenschaftlichen Diskurs ausgegrenzt, entstanden im Umfeld dieser Kunstdünger-Kritiker aus Wissenschaft und Praxis erste Ansätze eines ökologischen Landbaus. „Der Ökolandbau entstand zu wesentlichen Teilen als eine Art Auffangbecken für Ideen, die nicht zum Primat einer auf kurzfristige Produktivitätsmaximierung ausgerichteten Intensivierung passen wollten. Sie vereinte weniger ein gemeinsames Leitkonzept als die Tatsache, dass ihre Ideen von der sich industrialisierenden Landwirtschaft immer weniger nachgefragt […] wurden.“[119]

114 Vgl. u. a. Ferdinand Sauerbruch/Hans Rudolf Berndorff, Das war mein Leben, Gütersloh 1956.

115 Vgl. Uli Aumüller, Ein Titan der deutschen Chirurgie [Radiosendung], https://www.deutschlandfunk.de/ein-titan-der-deutschen-chirurgie-100.html [6. 7. 2023].

116 Vgl. BArch, R 58/5947, Bl. 1862, Untersuchung über menschliches Kraftfeld an der Chirurgischen Klinik München durch Prof. Sauerbruch und Prof. W. O. Schumann, veröffentlicht in der medizinischen Wochenschrift Nr. 16, 20. April 1928.

117 Frank Uekötter, Die Wahrheit ist auf dem Feld. Eine Wissensgeschichte der deutschen Landwirtschaft, Göttingen 2010, S. 202.

118 Vgl. ebenda, S. 273.

119 Ebenda, S. 242 f.

Mit der Idee der Vereinbarkeit von Naturwissenschaft und der auf Intuition beruhenden anthroposophischen „Geisteswissenschaft" hatte Steiner die Aufmerksamkeit einer ganzen Reihe junger Wissenschaftler:innen für die Anthroposophie geweckt, die auch seine zeitgenössische Kritik am „westlichen" Rationalismus teilten. In seinen acht Vorträgen über Naturwissenschaft[120] führte Steiner zwischen 1919 und 1923 in die anthroposophische Forschung ein, die Natur und ihre Phänomene nicht als rein materielle Erscheinungen betrachtete, sondern auch als Ausdruck geistiger Kräfte und Prinzipien.

Diese Kurse hatten zugleich einen starken Einfluss auf die Entwicklung der *AG*. Allein das wohlwollende Interesse einzelner nichtanthroposophischer Wissenschaftler an den Veranstaltungen erweiterte den Wirkungskreis auf Personen und Gruppen, die den esoterischen Inhalten der Anthroposophie gegenüber eher uninteressiert oder skeptisch eingestellt waren. Zum einen trugen die Vorträge zu einer merklichen Verbreitung „geisteswissenschaftlicher" Methoden auch im nichtanthroposophischen Umfeld bei, zum andern erweiterten sie jedoch auch den Kreis der Kritiker erheblich. Eine besonders drastische Ablehnung erfuhr der junge, aufstrebende Mediziner Eugen Kolisko im Sommer 1922 im Vorfeld des anthroposophischen Ost-West-Kongresses in Wien: „Es war der größte Skandal, der in der medizinischen Welt Wiens seit Menschengedenken vorgekommen sein mag. [...] Man kann sagen: meine sämtlichen medizinischen, Blutsbeziehungen bin ich jetzt mit einem Schlage los. Dort wächst für uns kein Gras mehr."[121]

Überzeugt, dass die Anthroposophie eine erkenntnistheoretische Lücke schließen könne, hatte Kolisko[122] seine steile Karriere als Sachverständiger für medizinische Chemie bereits im Jahr 1920 für die anthroposophische Forschung aufgegeben. „Es ist durchaus so, daß die Auffassung der heutigen Naturwissenschaft dem folgt, was wir bei Kant finden, der der Natur vorschreibt, wie sie sein soll. [...] Wir wollen von all dem das Gegenteil tun, denn wir folgen Goethe, nicht Kant."[123] Als Sohn des Dekans der Gerichtsmedizin an der Universität Wien mit den Professoren wohlbekannt, lud ihn die Österreichische Gesellschaft der Ärzte

120 Vgl. Rudolf Steiner, Vorträge über Naturwissenschaften, GA 320-327, https://anthrowiki.at/Rudolf_Steiner_Gesamtausgabe#Rudolf_Steiner_Gesamtausgabe_online [6.7.2023].

121 Kolisko, Lebensbild, S. 57.

122 Eugen Kolisko (1893–1939) blieb auch nach seiner Trennung von der *AG* 1935 und seiner Emigration nach London der anthroposophischen Forschung bis zu seinem Tod 1939 treu. Er hat den Aufbau der biodynamischen Bewegung in England maßgeblich unterstützt. „Sein in Zusammenhang mit Lili Kolisko verfasstes Buch ‚Agriculture of Tomorrow' wurde 1946 als erste markante englischsprachige Publikation der biologisch-dynamischen Arbeit veröffentlicht." Koepf/Plato, Wirtschaftsweise, S. 363.

123 Kolisko, Lebensbild, S. 29.

kurz vor dem anthroposophischen Kongress in Wien ein, um vor ca. 500 Zuhörern über „Neue Wege in der Pathologie und Therapie durch Anthroposophie" zu referieren. Die Folge von Koliskos Reinfall war, dass dem ansonsten sehr gut besuchten Ost-West Kongress sämtliche Ärzte fernblieben.[124]

Die neue Gruppe anthroposophischer Naturwissenschaftler:innen wurde von Rudolf Steiner in der *AG* – ähnlich wie die jugendbewegten Siedler:innen – sehr willkommen geheißen, von den älteren theosophischen Mitgliedern jedoch weniger. Ihrem Unmut über einen Richtungswechsel in der *AG* hin zur Naturwissenschaft – „Jetzt herrschen die Wissenschaftler" – hielt Steiner entgegen, dass das Gegenteil der Fall sei, in seinen Vorträgen zu Beginn des Jahrhunderts sei „mehr wissenschaftlicher Ton" zu finden gewesen. „Nein, aus gesundem Wirklichkeitssinn heraus würde man sagen: Nun, es ist recht gut, daß endlich auch Leute herangekommen sind an die anthroposophische Bewegung, welche imstande sind, vor jeder Wissenschaftlichkeit Anthroposophie verteidigen zu können. Man würde sich jedenfalls über die rege Arbeit unserer Wissenschaftler freuen."[125]

Infolge der galoppierenden Inflation geriet auch die Aktiengesellschaft *Der Kommende Tag AG* ab 1923 zunehmend unter Druck. Im Jahr 1924 wurde der bisherige Gesellschaftszweck aufgegeben und die Teilliquidation des Unternehmens eingeleitet, bis schließlich nur mehr der Grundstücksbesitz übrig blieb. Ausschlaggebend für das Ende war jedoch auch – so Christoph Podak in seiner Studie über anthroposophische Forschungsinstitute in den 1920er-Jahren – das Desinteresse seitens der Mehrheit der Mitglieder der *AG*, „die im Grunde noch der ‚theosophischen Zeit' der allgemeinen Anthroposophischen Gesellschaft nachtrauerten". Steiner soll in diesem Zusammenhang über eine „innere Opposition" gesprochen haben, gegen ein „Sich-Messen" mit den herrschenden wissenschaftlichen Weltanschauungen und eine Verwirklichung der geisteswissenschaftlichen Impulse bis ins Lebenspraktische.[126]

Das Forschungslaboratorium am Goetheanum in Dornach

Zeitgleich mit der *Kommende Tag AG* setzten auch am Goetheanum in Dornach, dem Sitz und Tagungsort der *AG*, erste Arbeiten zur Natur- und Landwirtschaftsforschung ein. Nicht ohne Stolz berichtete Guenther Wachsmuth, dass die „Geburtsstunde der landwirtschaftlichen Bewegung" bereits hier im Herbst des

124 Ebenda, S. 61 f.
125 Ebenda, S. 46.
126 Vgl. Podak, Geschichte, S. 35.

Jahres 1922 stattgefunden habe. „So erinnere ich mich noch lebhaft jener starken ersten Verblüffung, als uns Rudolf Steiner den Rat gab, z. B. Kuhhörner zu beschaffen, diese mit bestimmten Substanzen zu füllen, sie dann irgendwo in der Nähe in die Erde einzugraben und dort unter dem Erdboden überwintern zu lasen.“[127]

Guenther Wachsmuth[128] und Ehrenfried E. Pfeiffer,[129] beide in einem theosophischen Umfeld aufgewachsen und beide von der Auf- und Umbruchstimmung der *Kommende Tag AG* Anfang der 1920er-Jahre mitgerissen, hatten gemeinsam in Dornach ein eigenes, improvisiertes Laboratorium in den Kellerräumen eines Nebengebäudes des Goetheanums eingerichtet. Ihr Forschungsfeld waren die sogenannten anthroposophischen „Bildekräfte“. Steiner ging davon aus, dass es gestaltbildende ätherische „Universalkräfte“ gebe, eine Art „geistige Blaupause“ für die materielle Welt, die in der Lage seien, auf den Menschen zu wirken und seine geistige Entwicklung zu fördern. Die Anthroposophie biete verschiedene Methoden und Übungen an, um einen Zugang zu diesen „Bildekräften“ zu bekommen, beispielsweise die Eurythmie, eine anthroposophische Form der Bewegungskunst. Pfeiffers und Wachsmuths Aufgabe bestand darin, die Erfahrbarkeit dieser „Bildekräfte“ zu erfassen und ihre praktische Anwendbarkeit zu untersuchen. In diesem Rahmen entwickelten sie auch die ersten Versuche und Präparate für die spätere, anthroposophische Landwirtschaftsmethode.[130]

Bereits 1923 entstand hier das Horndungpräparat („Präparat 500“, das aus in Kuhhörner gefülltem Rinderdung hergestellt wird), einer der zentralen Bausteine der *biologisch-dynamischen Wirtschaftsweise*, der Kritikern bis heute als „das“ Sinnbild für die vermeintliche Unwissenschaftlichkeit und Mystik der anthroposophischen Landwirtschaft gilt. Den geheimnisumwobenen Entstehungshintergrund der Präparate und Methoden bestätigte auch Pfeiffer selbst: „tun Sie dies und das“ – so die Anleitungen Steiners ohne weitere Erklärungen.

127 Guenther Wachsmuth, Rudolf Steiners Erdenleben und Wirken. Eine Biographie. Zweite erweiterte Aufl. des erstmals 1941 erschienenen Bands „Die Geburt der Geisteswissenschaft“, Dornach 1964, S. 504.

128 Dr. Guenther Wachsmuth war Jurist, seit 1919 war er Mitglied der *Kommende Tag AG*, 1923 wurde er Mitglied des Gründungsvorstands der *Allgemeinen Anthroposophischen Gesellschaft*, Leiter der Naturwissenschaftlichen Sektion am Goetheanum und Vorsitzender des *Allgemeinen Versuchsrings anthroposophischer Landwirte und Gärtner*.

129 Dr. Ehrenfried Pfeiffer war Chemiker und seit 1919 Mitglied der *Kommende Tag AG*. Parallel zur Entwicklung der „Kupferchloridkristallisation“, einer bildschaffenden Methode der Anthroposophie, befasste er sich bis zu seinem Lebensende mit der *biologisch-dynamischen Wirtschaftsweise*. 1938 emigrierte er in die USA.

130 Vgl. Wachsmuth, Biographie, S. 451.

Guenther Wachsmuth, o. D.
Anthroposophisches Archiv Goetheanum, NL Koepf

Ehrenfried Pfeiffer, 1950er-Jahre
Forschungsring e. V., Darmstadt Archiv

„Dieses Vorgehen bestimmt auch die Darstellungen und Anweisungen, die Rudolf Steiner in den Vorträgen des Landwirtschaftskurses gab. Er empfahl eine bestimmte Substanz anzuwenden – die Prüfung obliegt anschließend dem erfahrungsgebundenen Erkennen aus dem Tun."[131]

So beantwortete Steiner etwa Fragen zu Pflanzenkrankheiten, „dass die Pflanze eigentlich nicht selbst primär erkranken könne, ‚da sie ja aus dem gesunden Ätherischen heraus gebildet würde'. Die Ursache der so genannten Pflanzenkrankheiten müsse man in den Verhältnissen des Bodens und der Gesamtumgebung suchen."[132] Ebenfalls im Jahr 1922 erhielt Ernst Stegemann in Marienstein die ersten Richtlinien für Anbauversuche ohne die Verwendung künstlicher Düngemittel und für eine gesunde Ausgestaltung des landwirtschaftlichen Organismus.[133]

131 Koepf/Plato, Wirtschaftsweise, S. 31.
132 Ebenda.
133 Vgl. Wachsmuth, Biographie, S. 585.

1.2 Vom *Landwirtschaftlichen Kurs* zur organisierten biodynamischen Wirtschaftsweise 1924–1933

Der Gründungsakt der biodynamischen Wirtschaftsweise fand im Rahmen der anthroposophischen Pfingsttagung 1924 im niederschlesischen Koberwitz bei Breslau statt. Noch während der Tagung, auf der Steiner die „Geisteswissenschaftlichen Grundlagen zum Gedeihen der Landwirtschaft"[134] vorstellte, gründeten einige Teilnehmer den ersten *Landwirtschaftlichen Versuchsring anthroposophischer Landwirte.*[135] Bis zum Jahr 1933 sollte dieser zu einer Bewegung mit ca. 600 Mitgliedern aus 31 Ländern anwachsen.[136] In der für landwirtschaftliche Entwicklungen eher kurzen Zeitspanne gelang es dem *Versuchsring*, eine völlig neue Landbaumethode auf den Weg zu bringen mit einer eigenen Absatzinfrastruktur, einer eigenen Zeitschrift und einem eigenen Label – und das trotz Weltwirtschaftskrise und Insolvenz ihrer ersten Verwertungsgenossenschaft, trotz innerer Spannungen und dem frühen Tod Steiners im Jahr 1925 und trotz der massiven Kritik der einflussreichen Kunstdüngerindustrie und Agrarchemie. Schon nach zwei Jahren Versuchsphase waren die Pionier:innen von den Vorteilen des anthroposophischen Ansatzes derart überzeugt, dass in ihren Reihen die Befürchtung aufkam, Staat und Behörden würden nunmehr alles tun, „um die biologische Düngung in die Hand zu bekommen".[137] Tatsächlich hatten Pressemeldungen über die Versauerung von Böden und Gesundheitsrisiken durch Kunstdünger ab den 1920er-Jahren zur Folge, dass der Hegemonialanspruch der Düngerindustrie erstmals angreifbar wurde. Als Reaktion darauf gelang Steiner mit dem *Landwirtschaftlichen Kurs* und seiner Mission zur „Rettung des Bodens" eine Punktlandung: Sie versprach nicht nur eine esoterische, sondern auch eine ökologische und soziale Lösung der Probleme und sollte auch bei nichtanthroposophischen Wissenschaftlern, Politikern und Landwirten Aufmerksamkeit erregen. Als die NSDAP Anfang 1933 an die Macht kam, wähnte sich die biodynamische Bewegung ihren ersten Kinderschuhen entwachsen und – orientiert an der anthroposophischen Idee der Siebenjahreslebenszyklen[138] – nunmehr im sogenannten 2. Jahrsiebt angelangt, bereit für die Expansion ihrer Mission, der Rettung des Bodens der ganzen Welt.

134 Vgl. Steiner, Kurs.

135 Vgl. ebenda, Auf dem Weg zur Resolution, S. 219–222, und Verlesung der Resolution, S. 223–225.

136 Vgl. GOE, B.14.001.013, Landwirtschaftlicher Versuchsring, Mitgliederzahl Anfang 1933, S. 4.

137 RSA, Voegele an Marie Steiner-von Sivers, 3. 8. 1926, S. 3.

138 Die Anthroposophie geht davon aus, dass sich die menschliche Entwicklung und auch die von Organisationen in Perioden von etwa sieben Jahren weiterentwickeln.

Dem *Landwirtschaftlichen Kurs* vorausgegangen war zur Jahreswende 1923/24 die Neugründung der *Anthroposophischen Gesellschaft*.[139] Mit dieser Umstrukturierung behauptete Steiner noch einmal seine Position gegenüber älteren theosophischen Mitgliedern zum Wandel der Gesellschaft: „In dieser Beziehung müssen wir anders denken lernen in der Gesellschaft, als bisher gedacht worden ist. Anthroposophie verträgt durch ihr Wesen keine Sektiererei, die sich engherzig abschließt gegen alles, was andere denken und wollen."[140] Die neue Gesellschaft sollte ihren Sitz in Dornach haben und nunmehr als Dachverband in die Lage versetzt werden, den „zentrifugalen Kräften" der Gesellschaft, die aufgrund der wachsenden Anzahl an Landesgruppen und Einrichtungen zunehmen würden, entgegenzuwirken.[141] Steiner ließ sich als Vorsitzender in den neuen Vorstand wählen. Der Kurswechsel wurde sogar in den neuen Statuten festgeschrieben, ebenso der internationale und „unpolitische" Charakter. Antisemitische Äußerungen beziehungsweise der Ausschluss von Juden hatten nach dem Ersten Weltkrieg in Deutschland nicht nur generell, sondern auch in verschiedenen Gruppierungen der Reformbewegung zugenommen. Die Statuten der neuen Anthroposophischen Gesellschaft enthalten dagegen keine rassistischen oder antisemitischen Bemerkungen. „Die Anthroposophische Gesellschaft ist keine Geheimgesellschaft, sondern eine durchaus öffentliche. Ihr Mitglied kann jedermann ohne Unterschied der Nation, des Standes, der Religion, der wissenschaftlichen oder künstlerischen Überzeugung werden, der in dem Bestand einer solchen Institution, wie sie das Goetheanum in Dornach als Freie Hochschule für Geisteswissenschaft ist, etwas Berechtigtes sieht. […] Die Politik betrachtet sie nicht als in ihrer Aufgabe liegend."[142]

Zeitgleich schrieb Adolf Hitler während seiner Haft im Jahr 1924 den ersten Band von „Mein Kampf".[143] Während er darin erstaunlicherweise keine programmatischen Aussagen zur Landwirtschaft traf, war der spätere SS-Chef Heinrich Himmler als Diplom-Landwirt Anfang der 1920er-Jahre von dem „unheilvollen

139 Seit dem Tod Rudolf Steiners besteht ein Konstitutionsproblem in der Gesellschaft, in dem verschiedene Gruppierungen unterschiedliche Standpunkte über die Nachfolge vertreten. Vgl. u.a. Helmut Zander, Die Anthroposophie. Rudolf Steiners Ideen zwischen Esoterik, Weleda, Demeter und Waldorfpädagogik, Paderborn 2019, S. 131–133.

140 Vgl. Hoffmann u.a., Steiner, S. 425.

141 Vgl. ebenda, S. 428.

142 § 4 der Statuten der Anthroposophischen Gesellschaft, zit. n. Hoffmann u.a., Steiner, S. 425.

143 Die Programmschrift „Mein Kampf" von Adolf Hitler erschien in zwei Bänden. 1924 entstand während seiner Festungshaft nach dem gescheiterten Putschversuch vom 9. November 1923 der erste Band. Er wurde 1925 veröffentlicht, der zweite folgte am 11. Dezember 1926.

Einfluß der Düngersyndikate" zutiefst überzeugt.[144] Himmler wird im NS-Staat später zu den Befürwortern der *biologisch-dynamischen Wirtschaftsweise* gehören. Seine Aversion gegen die Düngeindustrie verknüpfte er jedoch – anders als die biodynamische Bewegung – mit dem rassistischen und antisemitischen Programm der NSDAP: „Die monopolartige Stellung der Kunstdüngerkonzerne" führe neben billigen Importen und „jüdischer" Bodenspekulation zum Untergang der deutschen Landwirtschaft. Alle „Deutschstämmigen" müssten sich dagegen unter dem Banner des Hakenkreuzes als Volksgemeinschaft zusammenschließen – so Himmler als NSDAP-Landagitator im Jahr 1926.[145]

Steiner sah die Ursache für „das Schlechterwerden" der Landwirtschaft vornehmlich im fehlenden „Instinkt" der Wissenschaft, der allein auf Effizienz ausgerichteten „Nationalökonomie"[146] und auch dem Einsatz von Mineraldünger: „Es weiß z. B. kein Mensch heute, dass alle die mineralischen Dungarten gerade diejenigen sind, die zu dieser Degenerierung, von der ich gesprochen habe, zu diesem Schlechterwerden der landwirtschaftlichen Produkte das Wesentliche beitragen. Denn heute denkt eben jeder einfach: Nun ja, zum Pflanzenwachstum gehört eine bestimmte Menge Stickstoff, und die Leute finden einfach ganz gleichgültig, auf welche Weise dieser Stickstoff bereitet wird, wo er herkommt. Das ist aber nicht gleichgültig […]."[147]

Die Düngerfrage stand im unmittelbaren Zusammenhang mit der Krise der Landwirtschaft und Ernährungslage, die sich in Deutschland nach dem Ersten Weltkrieg im Zuge der steigenden Inflation noch erheblich verschärft hatte. Nachdem die industrielle Synthese von Ammoniak kurz vor dem Ersten Weltkrieg erstmals in Betrieb gegangen war, ruhten die Hoffnungen von Staat, Wissenschaft und Wirtschaft gleichermaßen auf der künstlichen Herstellung von Stickstoff. Noch vor Kriegsbeginn hatten Carl Bosch und die Heeresleitung des Deutschen Reiches Verträge abgeschlossen über Abnahmegarantien von Nitraten – der Grundlage für militärische Sprengstoffe und für künstliche Düngemittel – und finanzielle Unterstützungen für die Einrichtung der notwendigen Infrastruktur. Im Ersten Weltkrieg konnte Deutschland somit – durch die

144 Vgl. Peter Longerich, Heinrich Himmler. Biographie, München 2008, S. 92. In einem Schreiben an Oswald Pohl vom 29. 11. 1941 schilderte Himmler seine Erfahrungen: „Die Berichte der IG-Farben kann ich mir sehr gut vorstellen, denn ähnlich frisierte Berichte wurden von mir vor nunmehr 19 Jahren als junger Assistent im Stickstoffkonzern verlangt, in denen ich beweisen sollte, dass eine bestimmte große Anwendung von Kalkstickstoff das Beste für die Landwirtschaft wäre, was ich selbstverständlich nicht tat." Zit. n. Helmut Heiber (Hrsg.), Reichsführer! Briefe an und von Himmler, München 1970, S. 110.

145 Vgl. Longerich, Himmler, S. 93.

146 Vgl. Steiner, Kurs, S. 20 ff.

147 Steiner, Kurs, S. 251.

englische Seeblockade von natürlichen Stickstoffquellen abgeschnitten – für die militärische Nutzung auf die synthetisch hergestellten Nitrate zurückgreifen. Für die Landwirtschaft sah es anders aus: „Die Lage des Pulvers und der Sprengstoffe läßt keinen Stickstoff für die Landwirtschaft mehr frei“[148] – so ein Vertreter des *Reichsministeriums für Ernährung und Landwirtschaft*.

Die verzweifelte Suche nach Lösungen für das Problem führte zu teils absurden Vorschlägen von Ersatzstoffen. Beispielsweise diskutierte das preußische Landwirtschaftsministerium im April 1916 ernsthaft die Düngung mit Kochsalz, um den Ertrag von Zuckerrüben zu steigern.[149] Die im Ersten Weltkrieg aufgebauten Überkapazitäten für die militärische Verwendung von Stickstoff konnten selbstverständlich nach 1918 am Markt nicht mehr abgesetzt werden. Da der Versailler Vertrag die Größe der Reichswehr, die Art der Bewaffnung und das Ausmaß der Rüstungsindustrie limitierte, war auch mittelfristig nicht an einen größeren Absatz zu denken.

Die deutliche Orientierung auf die Verwendung von Kunstdünger war nach dem Ersten Weltkrieg und den Bestimmungen des Versailler Vertrages womöglich auch eine Übergangslösung, um die gesamte Produktion aufrechterhalten zu können. Das Militär und politische Kreise, die bis in die SPD reichten, arbeiteten von Anfang an für ein Wiedererstarken Deutschlands. Somit war perspektivisch einer Reduzierung der Kapazitäten der chemischen Industrie entgegenzuwirken. Daher bemühte sich das Stickstoff-Syndikat offensiv darum, Landwirte zum verstärkten Einsatz von Kunstdünger zu bewegen, nicht nur, aber auch als Platzhalter für eine zukünftige Rüstungsproduktion. Zu den Marketing-Strategien gehörte u.a. das Angebot für Landwirte, den Dünger erst nach der Ernte zu bezahlen. Tatsächlich stieg die Nachfrage nach Kunstdünger an, die BASF und ab 1925 der Zusammenschluss von sieben weiteren Unternehmen zur I.G. Farben erreichten mit ihrem steigenden Produktionsanteil im Verwaltungsrat eine große Mehrheit gegenüber dem Staat. Als die ökonomische Lage Deutschlands ab 1941 wegen militärischer Misserfolge und der stärker werdenden alliierten Luftangriffe prekärer wurde, gab es weniger Werbung für Kunstdünger, da Stickstoff wieder hauptsächlich zur Waffenproduktion benötigt wurde. Der Verbrauch von Stickstoffdünger ging bis 1943 auf ca. die Hälfte des Vorkriegsniveaus zurück.[150]

Die Folgen der Weltwirtschaftskrise trafen die Landwirtschaft stärker als alle anderen Wirtschaftszweige, unabhängig von ihrer Lage oder Betriebsgröße.

148 Zit. n. Uekötter, Wahrheit, S. 187.

149 Vgl. ebenda.

150 Arthur Hanau/Roderich Plate, Die deutsche landwirtschaftliche Preis- und Marktpolitik im Zweiten Weltkrieg, Stuttgart 1975.

„Der Preisdruck vom Weltmarkt her und die Zinslast vom Kapitalmarkt brachten die Bauern in immer ausweglosere Notlagen. Die drohende Zwangsversteigerung von Vieh, Ernte, Haus und Hof, d. h. des geerbten Familienbesitzes, trieb die Bauern scharenweise in die Hände der NSDAP."[151] Trotz der im landwirtschaftlichen Milieu vorherrschenden Aversion gegen Modernisierungsmaßnahmen zeigten die Bemühungen der Agrarpolitik um eine beschleunigte Rationalisierung der Landwirtschaft ab den 1930er-Jahren erste Wirkungen: „die beginnende Mechanisierung, neue Produktions- und Anbaumethoden, der Versuch, durch eine gezielte Siedlungspolitik die traditionelle Agrarstruktur zu verändern, eine auf den Schutz des deutschen Agrarmarktes ausgerichtete Zoll- und Handelspolitik sowie eine Subventionspolitik im Zuge der Weltagrarkrise seit 1928".[152] Die Produktivität wuchs von 1925 bis 1933 nahezu um das Doppelte an. „Diese ‚stille' Revolution erbrachte bessere Ergebnisse als die nach 1933 von der NSDAP bombastisch proklamierten Erfolge in der sog. ‚Erzeugungsschlacht'."[153]

Die unaufhaltsame Entwicklung vom Agrar- zum Industriestaat unterwarf die Landbevölkerung ab Anfang des 20. Jahrhunderts einem zunehmenden Wandel, der nicht nur die Landwirtschaft selbst, sondern sukzessive immer mehr ländliche Arbeits- und Lebensbereiche betraf und über die existenzielle Not hinaus die Krise der Landwirtschaft in den 1920er-Jahren prägte.

Mit seinem *Landwirtschaftlichen Kurs* wollte Rudolf Steiner Mitte der 1920er-Jahre einen Weg weisen, um dieser umfassenden Krise mit einem völlig neuen Konzept zu begegnen. Steiner glaubte, ein Rezept zur Rettung der Landwirtschaft entwickelt zu haben, welches er seinen Anhängern zur Weiterentwicklung und Überprüfung empfahl.

1.2.1 Der *Landwirtschaftliche Kurs.* Geisteswissenschaftliche Grundlagen zum Gedeihen der Landwirtschaft (1924)

Den gesamten Umfang der bis heute in der biodynamischen Bewegung anerkannten „Geisteswissenschaftlichen Grundlagen zum Gedeihen der Landwirtschaft" führte Steiner 1924 in Koberwitz vor 130 Teilnehmer:innen[154] mit nur acht Vorträgen von jeweils dreieinhalb Stunden und vier Fragebeantwortungen

151 Horst Gies, Richard Walther Darré. Der „Reichsbauernführer", die nationalsozialistische „Blut und Boden"-Ideologie und Hitlers Machteroberung, Köln 2019, S. 623 f.

152 Daniela Münkel, Der lange Abschied vom Agrarland. Agrarpolitik, Landwirtschaft und ländliche Gesellschaft zwischen Weimar und Bonn, Göttingen 2000, S. 13.

153 Vgl. Gustavo Corni/Francesco Frizzera, Vom Ersten Weltkrieg bis zum Ende der Weimarer Republik, in: Möller u. a., Agrarpolitik, S. 43–101, hier S. 54.

154 Vgl. Steiner, Kurs, S. 281 f.

ein.[155] „Im Vergleich mit anderen [anthroposophischen] Praxisbereichen war dies wenig, aber gleichwohl erwuchs daraus eines der nachhaltigsten gesellschaftlichen Engagements der Anthroposophie" – so der Religionswissenschaftler Helmut Zander.[156]

Der „Landwirtschaftliche Kurs" erschien im Jahr 2022 in neunter Auflage mit einer durch die Rudolf Steiner-Nachlassverwaltung grundlegend überarbeiteten Editionsgeschichte und erstmals publizierten und kommentierten Quellen aus Steiners Notizbüchern.[157] Neben einigen, in der Regel nach 1945 publizierten, Erinnerungen über den Kurs[158] vermitteln folgende drei Publikationen einen umfassenden Einblick in die Geschichte der biodynamischen Landwirtschaft: das landwirtschaftliche Fachbuch des biodynamischen Betriebsleiters Friedrich Sattler von 1985, die Entstehungs- und Entwicklungsgeschichte der biodynamischen Wirtschaftsweise im Kontext des ökologischen Landbaus von Gunter Vogt aus dem Jahr 2000 und die Geschichte der anthroposophischen Landwirtschaft im 20. Jahrhundert von Herbert Koepf und Bodo von Plato von 2001.[159]

Zu Beginn des ersten Vortrags im Rahmen des Kurses in Koberwitz erläuterte Steiner das anthroposophische Verständnis für landwirtschaftliche Prozesse und Herangehensweisen im Vergleich mit dem der Agrarwissenschaften am Beispiel einer Magnetnadel: Für die Tatsache, dass ein Ende der Nadel stets Richtung Norden zeige, suche man „die Ursache dazu nicht in der Magnetnadel, sondern in der ganzen Erde. [...] Würde jemand in der Magnetnadel selber die Ursache suchen [...], so würde er einen Unsinn reden. Denn in ihrer Lage kann man die Magnetnadel nur verstehen, wenn man weiß, in welcher Beziehung sie zur ganzen Erde steht."[160] Ebenso sei es mit der Rübe auf dem Acker. Es sei ein „Unding", sie lediglich in ihren engen Grenzen verstehen zu wollen, „obwohl sie in ihrem Wachstum vielleicht abhängig ist von unzähligen Umständen, die gar nicht auf der Erde, sondern in der kosmischen Umgebung der Erde vorhanden sind".[161] Aus anthroposophischer Perspektive sei es vielmehr notwendig, die natürlichen Prozesse in ihren Wechselwirkungen wahrzunehmen, „dass wir uns einlassen auf eine starke Erweiterung der Betrachtung des Lebens der Pflanzen,

155 Vgl. ebenda, S. 270 f.

156 Zander, Anthroposophie, S. 1579.

157 Vgl. Steiner, Kurs, S. 288–369.

158 Vgl. u. a. Keyserlingk, Geburtsstunde; Wistinghausen, Almar von, Erinnerungen an den Anfang der biologisch-dynamischen Wirtschaftsweise, Darmstadt 1982.

159 Herbert H. Koepf/Bodo von Plato, Die biologisch-dynamische Wirtschaftsweise im 20. Jahrhundert, Dornach 2001; Vogt, Entstehung; Friedrich Sattler, Der landwirtschaftliche Betrieb, Biologisch – Dynamisch, Stuttgart 1985.

160 Steiner, Kurs, S. 19.

161 Ebenda, S. 20.

der Tiere, aber auch des Lebens der Erde selbst, auf eine starke Erweiterung nach der kosmischen Seite hin."[162]

Ausgehend von seiner fundamentalen Kritik an der damals einsetzenden Rationalisierung der Landwirtschaft durch Politik und Wissenschaft erläuterte Steiner seinen „geisteswissenschaftlichen" Gegenentwurf im Verlauf der acht Vorträge anhand einzelner Themen wie der Düngung, dem Pflanzenwachstum oder der Schädlingsbekämpfung. Im Mittelpunkt stand die Idee der „ganzheitlichen" Betrachtung des landwirtschaftlichen Betriebs, die nicht nur chemisch-physikalische Bestandteile berücksichtigen solle, sondern den gesamten Umkreis einschließlich des Bodens und der umgebenden Landschaft bis hin zum Kosmos. „Steiner sah Pflanzenwachstum, Frucht- und Samenbildung von Einflüssen gesteuert, die er den Gestirnen zuschrieb. Der landwirtschaftliche Betrieb sollte so gestaltet werden, dass – vor dem Hintergrund kosmischer Kräfte – Mensch, Tier, Boden und Pflanze als ‚Organismus' interagierten."[163] Der Einfluss der Atmosphäre und ihrer Rhythmen auf die Natur mache sich – so Steiner – z. B. auch beim Menschen bemerkbar, wenn bei „gewissen atmosphärischen Einflüssen die Schmerzen gewisser Krankheiten stärker werden".[164]

Um die komplexen Wechselwirkungen der verschiedenen Elemente, Sphären oder Pflanzennachbarschaften[165] erkennen zu können, seien nicht nur Intuition erforderlich, sondern auch naturwissenschaftliche Kenntnisse. Aus Steiners Notizen zur Vorbereitung des Kurses geht u. a. hervor, dass er das von ihm selbst so bezeichnete Prinzip der „Doppelten Buchführung" anwandte: „Einerseits wird das aktuelle Fachwissen notiert, andererseits wird dazugestellt, was sich aus einer geisteswissenschaftlichen Betrachtung ergibt. [...] Zunächst schrieb Rudolf Steiner das landwirtschaftliche Fachwissen auf, notierte dann als Marke ein Doppelkreuz (#) oder eine doppelte Schlangenlinie (≈), auf das folgend seine eigenen, geisteswissenschaftlichen Notizen dazugestellt wurden."[166] Die Methode der „Doppelten Buchführung" empfahl er nicht nur Landwirt:innen, sondern auch anderen anthroposophischen Forscher:innen, etwa aus der Medizin.

162 Ebenda, S. 21.

163 Werner Troßbach, Im Zeitalter des Lebendigen? Zum Verhältnis der Nähe zwischen Regimevertretern und Exponenten der biologisch-dynamischen Wirtschaftsweise im Nationalsozialismus, in: ZAA 69 (2021) 1, S. 11–47, hier S. 11.

164 Steiner, Kurs, S. 23.

165 Die biodynamische Bewegung hat „schon vor 80 Jahren zu sogenannten Allelopathien – gegenseitige Beeinflussung von Pflanzen – geforscht: Kornblume fördert z. B. den Ertrag, Mohn eher nicht". Michael Olbrich-Majer, Über das Geistige in der Möhre. Einführende Betrachtungen zur biodynamischen Landwirtschaft, Frankfurt a. M. 2017, S. 37.

166 Steiner, Kurs, Notizbuch und Notizzettel-Aufzeichnungen Rudolf Steiners im Kontext des Landwirtschaftlichen Kurses (Faksimilewiedergabe), S. 288–369, hier S. 288.

Kompost vermischt sich langsam mit dem Erdigen / Dünger schnell – / Begießen mit Jauche : nicht gleichzeitig mit Kalk. / in Löcher. / Zerstückelung der zu vergrabenden Kadaver. – / Bestreuen der Teile mit Ätzkalk. – / # der Ätzkalk nimmt das Aetherische / heraus und lässt das Astrale drinnen – ≈ Die Zersetzung bedeutet erst den Übergang in das / Nutzbare, weil da das Astrale hinübergeleitet / wird in das Neue, und das Aetherische zerstört / wird. Der Ätzkalk befördert dies. – / Im Winter ausgefahren. –
In ungepflasterten Ställen Kompostbereitung. / mooriger K. Sand- und Lehmboden / lehmiger K. Sand- und Moorboden.
[Bezug zu Böhme, S. 181–183, mit Doppelkreuz und Schlangenlinie jeweils eigene Notizen von Rudolf Steiner]

Faksimilewiedergaben und Transkription
der Notizzettel Rudolf Steiners, „Doppelte Buchführung"
Aus: Steiner, Kurs, S. 320

Zu den „geisteswissenschaftlichen Grundlagen“ zählten ferner Themen wie die Zusammenhänge von „Denken, Düngen und der Frage der Ernährung“[167] oder die „einzigartige Stoffeskunde“ des *Landwirtschaftlichen Kurses*.[168] Mit der Idee der sogenannten Betriebsindividualität, einem Kernelement der biodynamischen Wirtschaftsweise,[169] griff Steiner auf ein tradiertes Prinzip zurück, den damals noch vorherrschenden gemischten Landwirtschaftsbetrieb, der seinem Bild von einem „geschlossenen Betriebsorganismus“ bzw. der Idee der Betriebsindividualität zumindest sehr nahe kam.[170] Neu an Steiners Perspektive war, dass er – aus ökologischer Sicht durchaus vorausschauend – Aspekte eines möglichst geschlossenen Betriebs- und Stoffkreislaufs erkannte und diese gleichermaßen mit esoterisch-anthroposophischen Ideen verknüpfte: So würde etwa der „Organismus“ eines geschlossenen Betriebes auch ein eigenes „Astralisches“ entwickeln.[171] Bauern und Bäuerinnen würden in diesem Konzept eine andere Rolle einnehmen als in der industriellen Landwirtschaft. Sie müssten z. B. die „naturintimen Wechselwirkungen“[172] ihres individuellen Hofes kontinuierlich selbst erforschen. Dabei sollte es auch um Fragen nach dem Einfluss gehen, den „die Vertreibung gewisser Vogelarten aus gewissen Gegenden durch die modernen Lebensverhältnisse für alles landwirtschaftliche und forstmäßige Leben eigentlich hat“.[173] In der Landwirtschaft müsse darauf geachtet werden, „in der richtigen Art Insekten und Vögel herumflattern zu lassen. Der Landwirt selber müsste auch etwas von Insektenzucht und Vogelzucht zur gleichen Zeit verstehen. Denn in der Natur – ich muss das immer wieder betonen – hängt doch alles, alles zusammen.“[174]

167 „Der Gesichtspunkt, unter dem die Ernährungsfrage implizit durch alle Vorträge durchtönt, ist ein weiter gefasster: Wie müssen die Lebens- und Reifeprozesse auf dem Hof geführt werden, damit die daraus hervorgehenden Nahrungsmittel dem Menschen, der sie isst, die Grundlage geben für sein irdisches Leben.“ Vgl. Ueli Hurter, Geleitwort zur neunten Aufl. 2021, in: Steiner, Kurs, S. 376.

168 „Nun schildert er diese Stoffe [Kiesel und Kalk, Stickstoff, Schwefel, Kohlenstoff, Sauerstoff und Wasserstoff] aber wie Persönlichkeiten, von denen jede im Naturhaushalt ihre Aufgabe hat, und, wie sie zusammen wirtschaften.“ Hurter, Geleitwort, S. 372 f.

169 Vgl. Steiner, Kurs, Achter Vortrag, S. 184 ff.

170 Vgl. Sattler, Betrieb, S. 11.

171 „Da entwickelt er sein Astralisches oben, und das Vorhandensein von Obst und Wald entwickelt das Astralische. Wenn von dem, was dann über der Erde ist, die Tiere richtig fressen, dann entwickeln sie in demjenigen, was von ihnen als Dünger kommt, die richtigen Ich-Kräfte, die wiederum aus der Wurzel heraus die Pflanzen in der richtigen Weise in der Richtung der Schwerkraft wachsen lassen.“ Steiner, Kurs, S. 190 f.

172 Steiner, Kurs, S. 169.

173 Ebenda.

174 Ebenda, S. 176.

Gülle: 2 ‰ N 0,3 ‰ Phosphorsäure, 4 ‰ Kali. / N / Kali *[rechts daneben]* Phosphorsäure. Kohlensaures Ammoniak – / Luftabschluss
Kompost: für Wiesen, Weinberge, Gemüsegärten, / Obstbäume – / ~ / Stickstoff: Pflanzennährstoff. / Eiweiß 16% / Förderer des Pflanzenwachstums *[rechts daneben:]* Es geht das / aus der Sonne in / die Blätter. / üppig dunkelgrün: Fruchtbildung verzögert
Durch den Stickstoff wird das Pflanzenwesen aus der / Zeit seiner Entwickelung herausgehoben; es wird / nach dem anim. Leben der Erde hingezogen. / Leguminosen (Knöllchenbakterien): N / aus der Luft. / Gräser, Getreidearten, Kartoffeln. unorg.
[oberhalb der geschlängelten Linie aus Studler S. 125, 165, unterhalb aus Studler, S. 265–266]

Faksimilewiedergaben und Transkription
der Notizzettel Rudolf Steiners, Stickstoff
Aus: Steiner, Kurs, S. 307

Bemerkenswert ist, dass Steiner im Jahr 1924 den Nutzen von „pilzreichen Auen“ in der Nähe von Landwirtschaftsgütern betonte, obwohl es zu dieser Zeit nach unserem Kenntnisstand keine Publikationen zu dem Thema gab.[175] Das Wesen einer günstigen Landwirtschaft läge „in der richtigen Verteilung von Wald, Obstanlagen, Strauchwerk, Auen mit einer gewissen natürlichen Pilzkultur“. Steiner ging davon aus, dass Pilzkulturen das Bodenleben günstig beeinflussen und „dass diese Pilze nun durch ihre Verwandtschaft mit den Bakterien und dem anderen parasitären Getier dieses Getier abhalten von dem anderen“.[176]

Das komplexe Düngekonzept des *Landwirtschaftlichen Kurses* baute auf der hauptsächlichen Verwendung von Tiermist und damit ebenfalls auf traditionellen Methoden auf, bildete jedoch – in Verbindung mit den sogenannten biodynamischen Präparaten – das eigentliche Glanzstück der neuen Wirtschaftsweise. Ihr Grundsatz basierte – im Gegensatz zu dem Prinzip des Mineraldüngers, den Boden mit Nährstoffen anzureichern – darauf, dass Düngen in einer Verlebendigung der Erde bestehen müsse. Genau das sollten die Präparate bewirken. So könne beispielsweise das Schafgarbe-Präparat 502 das Verhältnis der Stickstoff- und Kaliumprozesse im Boden beeinflussen, echte Kamille dagegen mache den Dünger stickstoffbeständiger.[177] Während die biodynamische Praxis bis heute von der Bedeutung und Wirksamkeit der Präparate überzeugt ist, wird sie von Kritikern gleichermaßen bis heute immer wieder infrage gestellt.

Bereits die junge biodynamische Bewegung war überzeugt, mit dieser Methode den in Misskredit geratenen Kunstdünger überflüssig machen zu können. Dies und wahrscheinlich auch die archaisch oder esoterisch anmutenden Prozeduren zur Herstellung der Präparate – mit Kuhhörnern, Tierblasen, dem in der Erde Vergraben, dem Rühren oder der Verwendung homöopathischer Dosen – würden den Kreis der Kritiker der Anthroposophie erneut vergrößern und neue Angriffsflächen liefern. Davon ging Steiner offensichtlich aus, als er dem neu gegründeten *Versuchsring* in seiner ersten Phase zur Geheimhaltung riet, solange, bis seine landwirtschaftlichen Angaben überprüft wären.

Die Reaktionen der Kursteilnehmer:innen während der vier Fragebeantwortungen, die ebenfalls in der Neuauflage des Kurses dokumentiert sind,

175 Der in der Schweiz geborene Boden- und Agrarexperte Hans Jenny war einer der ersten Wissenschaftler, die die Bedeutung von Pilzen bei der Nährstoffversorgung von Pflanzen beschrieben hatten, allerdings erst Ende der 1920er-Jahre. Jenny plädierte für eine natürliche Bodenverbesserung durch den Einsatz von organischen Düngemitteln und die Förderung der biologischen Aktivität im Boden, einschließlich der Pilze. Vgl. Historisches Lexikon der Schweiz (HLS), https://hls-dhs-dss.ch/de/articles/031470/2010-03-10/ [26.7.2023].

176 Steiner, Kurs, S. 179.

177 Vgl. Sattler, Betrieb, S. 83.

zeigen deutlich, dass viele der Anwesenden zumindest über die praktischen Empfehlungen bereits orientiert waren. Gefragt wurde nicht nach dem Warum – etwa der Kuhhörner –, sondern nach Details wie Mengenangaben oder ob es Hörner von heimischen Kühen sein müssten etc.[178] Die Frage, ob die Arbeiten zur Präparatherstellung nur durch Anthroposophen ausgeführt werden könnten, verneinte Steiner und verwies auf die Bedeutung vom Wissen der Bauern und alten Bauernweisheiten als Quelle seines Konzepts: Er selbst habe „als ganz junger Mensch" die Idee gehabt, eine „Bauernphilosophie" zu schreiben: „das Begriffsleben der Bauern in allen Dingen, von denen sie berührt werden, zu verzeichnen".[179]

Dem Kurs vorausgegangen war eine knapp zweijährige Vorbereitungsphase durch eine Gruppe anthroposophischer, hochmotivierter jüngerer Kriegsheimkehrer, die in der besonders regen Zweigstelle der *AG* in Breslau zusammengekommen waren. Immanuel Voegele, die Brüder Erhard und Hellmut Bartsch und Franz Dreidax wurden von älteren, fachkundigen Anthroposophen wie Rudolf von Koschützki[180] und Ernst Jacoby[181] unterstützt, sowie von langjährigen Mitgliedern, die bereits in der „Kommenden Tag AG" aktiv waren, wie Otto Graf von Lerchenfeld, Ludwig Graf von Polzer-Hoditz und Carl Graf von Keyserlingk.[182] Sie begannen mit dem Aufbau eines Netzwerkes interessierter Landwirte[183] und arbeiteten sich mit sichtbarem Eifer in das Thema ein. Anhand ihrer siebenseitige Frageliste, die sie am 1. Mai 1924 an Rudolf Steiner zur Vorbereitung schickten, wird deutlich, dass sie sich bereits intensiv mit einigen Kursinhalten auseinandergesetzt hatten, und mit wie viel Ernst sie sich bereits mit konkreten Fragen der Umsetzung befassten. So war eine Frage an Steiner: „Welche Kompromisse werden bei der Neueinstellung der Landwirtschaft zunächst

178 Steiner, Kurs, Erste Fragebeantwortung, S. 90 ff.

179 Ebenda, S. 102 f.

180 Rudolf von Koschützki, seit 1922 Mitglied der *AG* und des Gründungskreises der *Christengemeinschaft*, war ausgebildeter Landwirt, musste sich jedoch nach einem Unfall umorientieren und wurde schriftstellerisch tätig. In seiner Publikation: Rationelle Landwirtschaft in Wort und Bild, Berlin/Leipzig 1928, erwähnt er erstaunlicherweise weder die *bdW* noch Steiner und die Anthroposophie.

181 Ernst Jacoby kam bereits als junger Mann mit der Anthroposophie in Verbindung, war seit 1921 Mitglied der *AG* und bewirtschaftete einen bäuerlichen Betrieb in Auggen im Markgräfler Land. Um ihm den Besuch des *Landwirtschaftlichen Kurses* in Koberwitz zu ermöglichen, habe die Familie erwogen, eine Kuh zu verkaufen. Vgl. Koepf/Plato, Wirtschaftsweise, S. 28.

182 Vgl. Koepf/Plato, Wirtschaftsweise, S. 28.

183 Auf den ersten Aufruf im Mai 1922 hatten sich ca. 40 anthroposophische Landwirte gemeldet, Steiner empfand diesen „Vorstoß" jedoch etwas zu schwach. Vgl. GOE, E.15.002.024, Nicolaus Remer, Zur Geschichte des landwirtschaftlichen Impulses R. Steiners und seiner Weiterentwicklung, 1952, S. 1.

noch in Kauf genommen werden müssen, um konkurrenzfähig zu bleiben, da z. Zt. noch der Markt für landwirtschaftliche Produkte nach der Quantität und nicht nach der Qualität verlangt?“[184]

1.2.2 Die Institutionalisierung der biodynamischen Wirtschaftsweise

Noch während der Koberwitzer Tagung wurden die wichtigsten Voraussetzungen geklärt, unter denen der neu gegründete *Versuchsring* seine Arbeit aufnehmen konnte: Die Grundlagen – praktische Empfehlungen, der Einsatz von Präparaten und die „geisteswissenschaftlichen“ Zusammenhänge – waren eingeführt, und der ernannte Vorstand Carl Graf von Keyserlingk hatte eine Resolution verlesen. „Wir müssen dasselbe tun, was die Landwirte tun, die in der Not sind, das, was man in all unseren landwirtschaftlichen Fachzeitschriften immerfort liest: Jeder Landwirt wird aufgefordert, sich zu Versuchsringen zusammenzuschließen.“[185] Mit diesem Einwand hatte Keyserlingk der Diskussion auf der Tagung „mit sicherer Hand die sachgemäße Orientierung gegeben“.[186] Ein Teil der anwesenden Landwirte bzw. Gutsbesitzer erklärte sich zu einem Beitritt und ersten Versuchen bereit.[187] Auch in diesem Zusammenhang wies Steiner noch einmal auf den Kurswechsel innerhalb der *Anthroposophischen Gesellschaft* hin und warnte die entschlossenen Landwirte vor den falschen Erwartungen der älteren Mitglieder, den „zentralen Anthroposophen“. Diese würden davon ausgehen, dass man „den Landwirt mit Haut und Haar [...] so einfach von heute auf morgen in den anthroposophischen Betrieb hineinbekommen“ könne.[188] Sie „irren natürlich“ – so Steiner –, „der Mensch hat mit einer zwanzig- bis dreißigjährigen Vergangenheit zu brechen, dazu hätte er hinter sich einen Abgrund aufzurichten; die Dinge müssen nach dem Leben genommen werden.“[189]

Keyserlingks Vorschlag zum Aufbau der Organisation, nach dem die „Dornacher Wissenschaft den Kopf“ und die Landwirte lediglich „die ausführenden

184 Steiner, Kurs, Bartsch an Steiner vom 1. 5. 1924, Frageliste zur Vorbereitung des Kurses, S. 274.

185 Ebenda, S. 219. Landwirtschaftliche Versuchsringe gab es seit Anfang des 20. Jahrhunderts. „In Zusammenarbeit von Beratungsorganen und Praktikern, zum Teil unter Hinzuziehung von Wissenschaftlern, wurden spezielle Fachfragen bearbeitet, [...] Andererseits sind Versuchsringe auch die Orte, an denen echte Praxisprobleme formuliert werden können.“ Koepf/Plato, Wirtschaftsweise, S. 38.

186 Ebenda, S. 257.

187 Vgl. ebenda, S. 224 und GOE, B.14.001.001, Rundbrief für die Gemeinschaft der Landwirte, Liste mit 24 Versuchsstellen vom 19. 6. 1924.

188 Vgl. Steiner, Kurs, S. 227 f.

189 Ebenda, S. 228.

Organe" bilden sollten,[190] musste Steiner aus „geisteswissenschaftlicher" Perspektive selbstverständlich widersprechen: Dass im *Versuchsring* „alle Bauern und in Dornach die Wissenschaftler sitzen, kann so nicht bleiben. [...] ich denke, wir werden da schon wie Zwillingsnaturen, Dornach und der Ring, zusammenwachsen."[191] Grundlage der Versuchsarbeiten sollte das im Kurs Vermittelte sein – „zunächst als Winke" –, und nach einer Phase des Ausprobierens von bis zu vier Jahren[192] sollte es „in die Form gebracht werden [...], in der man es veröffentlichen kann".[193]

Zurück in Dornach berichtete Steiner vier Tage nach Kursende dem zukünftigen „Zwilling" des *Versuchsrings*, den Forschenden am Goetheanum,[194] was er auch in Koberwitz „strenge betont" und stets wiederholt habe: Die Bedingung des Gelingens bestünde darin, dass der Inhalt des Kurses „zunächst das geistige Eigentum des Ringes der Landwirte bleibt" und „dass nicht in altgewohnter anthroposophischer Weise gleich wiederum alles an jeden ausgeschwatzt wird".[195] Beide Aspekte, sowohl die Frage der Geheimhaltung als auch der Umgang mit Steiners „Geschenk" an die Landwirte, führten in der Aufbauphase des *Versuchsrings* immer wieder zu Konflikten. Eine erste, in vielen Erinnerungsberichten zitierte Auseinandersetzung zwischen v. Keyserlingk und Ernst Stegemann „bzgl. Exoterik u. Esoterik"[196] konnte Steiner noch in Koberwitz persönlich schlichten – nicht ohne diplomatisches Geschick –, indem er beide Kontrahenten für ihre Verdienste lobte und ihnen anbot, den Vorsitz der zukünftigen *Versuchsring*-Tagungen wechselweise zu übernehmen.

Bereits kurze Zeit nach der Tagung, noch bevor sich der *Versuchsring* und die Zusammenarbeit mit Dornach formieren konnten, sollten die neuen „Zwillinge" jedoch unversehens auf sich gestellt werden. Der *Landwirtschaftliche Kurs* in Koberwitz war Steiners letzter persönlicher Auftritt im „Ring" der Landwirte. Er erkrankte noch im selben Jahr und verstarb am 30. März 1925 in Dornach. Seine letzten Grußworte an den *Versuchsring* telegrafierte er anlässlich der

190 Ebenda, S. 224.

191 Ebenda, S. 234.

192 Ebenda, S. 244.

193 Ebenda, S. 256.

194 Die Führung der landwirtschaftlichen Forschung in Dornach wollte Steiner zunächst Ita Wegman, der Leiterin der medizinischen Sektion, übertragen. „Marie Steiner hat widersprochen. Sie fühlte sich dafür zuständig; sie kam von einem Gut im Osten. Dann hat Dr. Steiner es Dr. Wachsmuth übergeben." Vgl. GOE, E.15.002.024, Nicolaus Remer, Zur Geschichte des landwirtschaftlichen Impulses R. Steiners und seiner Weiterentwicklung, S. 3.

195 Steiner, Kurs, S. 243 f.

196 GOE, E.15.002.024, Nicolaus Remer, Zur Geschichte des landwirtschaftlichen Impulses R. Steiners und seiner Weiterentwicklung, S. 2.

ersten Tagung in Berlin im Januar 1925 und teilte mit, dass er in seiner Verhinderung an der Teilnahme eine karmische Fügung sah.[197]

Unter Geheimhaltung. Die Anfänge des *Versuchsrings* 1924–1927

Der Aufbau des *Versuchsrings* wurde von Anfang an zielstrebig vorangebracht, blieb allerdings nicht ohne Fehlschläge. Noch im Jahr 1924 begannen insgesamt 24 reichsweit verteilte Versuchsstellen[198] mit den ersten geheimen Experimenten. Bereits drei Jahre später war eine eigene landwirtschaftliche Organisationsstruktur einschließlich Vertrieb und reger Öffentlichkeitsarbeit auf den Weg gebracht. Ebenfalls im Jahr 1927 bekam die neue Methode mit der Bezeichnung *biologisch-dynamische Wirtschaftsweise* ihren eigenen Namen, die Anzahl der *Versuchsring*-Mitglieder stieg auf 139 Personen an, und die Leitung, allen voran Erhard Bartsch, sah die Zeit gekommen, um an die Öffentlichkeit zu gehen. Anlässlich der Gründung der *Verwertungsgenossenschaft Demeter* erschien 1927 die erste Auflage der Denkschrift „Die Not der Landwirtschaft".[199] Treibende Kraft im *Versuchsring* blieb zunächst dieselbe Gruppe, die bereits in der Dreigliederungsbewegung aktiv war und nach deren Niederlage eine Fortsetzung in der Mission zur Rettung der Landwirtschaft fand. Die Gruppe blickte auf erste Erfahrungen der Zusammenarbeit mit landwirtschaftlichen Versuchen zurück und hatte den Koberwitzer Kurs initiiert. Zum einen waren es Angehörige des Landadels und Pächter größerer Güter mit theosophischem Hintergrund, die aus Überzeugung ihre Ländereien zur Verfügung stellten (v. Keyserlingk, Ernst Stegemann, v. Lerchenfeld, v. Polzer-Hoditz), und zum anderen eine wachsende Gruppe junger, durch die Aufbruchsstimmung der Reformbewegung mitgerissener Anthroposophen, überwiegend mit landwirtschaftlicher akademischer Ausbildung (Erhard und Hellmut Bartsch, Franz Dreidax, Immanuel Voegele, Almar von Wistinghausen, Nicolaus Remer).

Absehbar zum Scheitern verurteilt waren dagegen die umfassenden Pläne des *Versuchsring*leiters v. Keyserlingk mit der *bdW* in Koberwitz. Seine Frau, Johanna Gräfin von Keyserlingk, war eine geborene von Skene und Miterbin der Zuckerfabrik „Vom Rath, Schoeller und Skene", zu der u.a. insgesamt 7000 ha

197 Ebenda, S. 3.

198 Vgl. GOE, B.14.001.001, Anlage zum 2. Rundbrief für die Gemeinschaft der anthroposophischen Landwirte von 1924, Alphabetisches Verzeichnis.

199 Erhard Bartsch, Die Not der Landwirtschaft: Ihre Ursachen u. ihre Überwindung; Denkschrift zur Gründung der „Verwertungsgenossenschaft Demeter" e.G.m.b.H. Bad Saarow (Mark), Bad Saarow 1927. Die Denkschrift erschien 1928 und 1932 in jeweils erweiterten Aufl. und 1934 unter dem Titel „Die biologisch-dynamische Wirtschaftsweise".

Carl Graf von Keyserlingk,
Anfang der 1920er-Jahre
Anthroposophisches Archiv Goetheanum, NL Koepf

Land und 18 landwirtschaftliche Güter gehörten. Als Ehegatte war v. Keyserlingk Mitglied des Vorstands der fabrikeigenen Aktiengesellschaft. Die Familie Keyserlingk bewohnte das schlossartige Gebäude eines dieser Güter in Koberwitz.[200] Hier hatte der *Landwirtschaftliche Kurs* stattgefunden und hier wollte Keyserlingk nunmehr die neue Zentrale der anthroposophischen Landwirtschaft aufbauen. Die Stellung des „verrückten Grafen" in der Firma „Vom Rath, Schoeller und Skene" war jedoch schwierig. Die anderen Vorstandsmitglieder hatten bereits vor 1924 seine Initiativen wie Arbeiterwohnheime, Sozialabteilungen oder die anthroposophische Dreigliederungsbewegung abgelehnt. Davon unbeirrt, stellte Keyserlingk bereits kurz nach dem *Landwirtschaftlichen Kurs* fünf *bdW*-Pioniere als Mitarbeiter ein, um auf einigen der firmeneigenen Güter zu experimentieren.[201] Zudem betraute er sein Vorstandssekretariat mit Arbeiten der Geschäftsstelle des biodynamischen *Versuchsrings*.

Nach etwa drei Jahren „Kleinkrieg" mit den anderen Firmenvorständen um die *bdW* musste Keyserlingk sein Vorhaben aufgeben. Er verließ Koberwitz und die Aktiengesellschaft. Vom letzten Anteil ihres Vermögens, das seiner Frau danach verblieben war, erwarb sie die beiden ebenfalls in Schlesien gelegenen Güter Sasterhausen und Raaben, die sie biodynamisch bewirtschaften lassen

200 Vgl. Koepf/Plato, Wirtschaftsweise, S. 24 ff.

201 In einem Schreiben an Guenther Wachsmuth erwähnt Keyserlingk seine fünf Mitarbeiter: „Dr. Erhard und Hellmut Bartsch, Acki und Wolfgang Keyserlingk und Ingenieur Dreidax", GOE, B.14.001.001, Keyserlingk an Wachsmuth, 5. 8. 1925, S. 2.

wollte. Das Paar zog sich nach Sasterhausen zurück. Keyserlingk blieb dem *Versuchsring* treu, trat jedoch kurz darauf den Vorsitz an Ernst Stegemann ab. Bereits ein Jahr später verstarb er am 29. Dezember 1928 überraschend im Alter von 59 Jahren in Breslau.[202]

Im September 1924 nahmen die wissenschaftliche Sektion in Dornach und der *Versuchsring* ihre gemeinsame Arbeit auf. Den Anfang machte die mathematisch-astronomische Abteilung mit ersten Angaben über die günstigsten astronomischen Konstellationen für die Vertilgung von Insekten oder Mäusen.[203] Zeitgleich reiste Keyserlingk mit einem umfänglichen Lagebericht nach Dornach.[204] Neben Mitgliederlisten, Aufnahmeanträgen und einem neuen Fragenkatalog zum *Landwirtschaftlichen Kurs* brachte er erste Ideen zur Organisation des *Versuchsrings* mit. Bis Jahresende einigte man sich auf zentrale Richtlinien etwa über die gegenseitige Informationspflicht, über die Vorgehensweise der Versuchsstellen mit Vergleichs- und Kontrollparzellen oder über die Bedingungen der Mitgliedschaft: Die Zugehörigkeit zur *AG* war zu diesem Zeitpunkt eine zwingende Voraussetzung.[205] Die Versuchstätigkeit wurde von den beteiligten Landwirten in Form von Tagebuchaufzeichnung festgehalten, die Weiterentwicklung der *bdW* sollte anhand vierteljährlicher Rundbriefe und jährlich stattfindender Tagungen kommuniziert und auf lokaler Ebene durch die Ausbildung lokaler Zentren unterstützt werden.

Die von Steiner empfohlene Phase einer Geheimhaltung des Vorhabens schien keines der Mitglieder infrage zu stellen.[206] „Es gibt wohl keine Industrie in der Landwirtschaft, die irgendein Patent oder dergleichen vorzeitig verrät" – so die Begründung auf der ersten *Versuchsring*-Tagung im Januar 1925 in Berlin.[207] Das Geheimnis zu bewahren gelang allerdings nicht ganz. Es kursiere „neuerdings in Deutschland das Gerücht" – so Keyserlingk –, „wir hätten Mittel und Wege bekommen, um ohne mineralischen Dünger in der Landwirtschaft zu arbeiten".[208] Die Spur führe nach Stuttgart und bestätige einmal mehr Steiners Vorurteile

202 Vgl. Koepf/Plato, Wirtschaftsweise, S. 57 f.

203 Vgl. GOE, B.14.001.001, Mathematisch-Astronomische Sektion der Freien Hochschule für Geisteswissenschaft, Goetheanum, 24. 9. 1924.

204 Vgl. GOE, B.14.001.001, „Zusammenstellung der bei der Besprechung der Angelegenheiten der Gemeinschaft der Landwirte in Dornach am 27. September 1924 vorzutragenden Fragen, Anträge und Vorschläge".

205 Vgl. GOE, B.14.001.001, 1. Rundbrief an die Mitglieder der Gemeinschaft der Landwirte der AG, 8. 12. 1924, S. 2 ff.

206 BArch, R 9349/2, Lerchenfeld, Otto Graf von: Zur Frage der Geheimhaltung, o. D., vermutlich Januar 1925 [S. 292–297].

207 GOE, B.14.001.001, Bericht über die Versammlung anthroposophischer Landwirte in Berlin am 17. u. 18. Januar 1925, S. 14.

208 Ebenda, S. 6.

über anthroposophische Mitglieder, die alles ausplauderten, „ehe die betreffende Sache raus ist".[209] Auch ein Fall des Verrats der Präparatherstellung flog auf, für den der Verwalter des anthroposophischen Gutsbesitzers Joachim von Jeetze (1886–1971) auf Gut Pilgramshain verantwortlich gemacht wurde. Keyserlingk war entschlossen, Jeetze aufgrund seines Leichtsinns aus dem *Versuchsring* auszuschließen, Wachsmuth lenkte jedoch ein, er sei sicher, dass auch Steiner „nicht für eine Ausschließung plädiert hätte".[210]

Viel schwerer wog allerdings, was Keyserlingk aufgrund seiner Kontakte als Firmenvorstand zur Düngerindustrie in Erfahrung gebracht hatte: Das Stickstoff-Syndikat habe im Dezember 1924 eine Million Mark ausgesetzt, „um herauszubekommen, was Dr. Steiner in Koberwitz gesagt habe".[211] Auch Wachsmuth war alarmiert, er kannte sogar den Grund für das starke Interesse der Farbwerke Hoechst an der *bdW*: Ein anthroposophischer Chemiker wusste von den jüngsten Plänen der Werke, eigene biologische Institute aufzubauen. Man schloss dort nicht mehr aus, dass die Ausnutzung des Stickstoffs bereits ihren Höhepunkt überschritten habe und eine neue Generation mit „wahrscheinlich organischen Substanzen" auf dem Vormarsch sei. „Die Leute haben alles Interesse daran, die Leitung nicht in andere Hände übergehen zu lassen."[212] Die immer wiederkehrende Sorge, ausspioniert zu werden, sollte sich also bewahrheiten. Dass es sich dabei um „den" Kunstdünger-Giganten handelte, gab der jungen Bewegung zweifellos auch Rückenwind. „Die Erfolge werden kommen, und vielleicht eher als in zehn Jahren, denn wenn Dr. Steiner etwas angibt, dann ist der Erfolg ziemlich sichergestellt."[213]

Zu entscheidenden Differenzen unter den Mitgliedern kam es, als im Januar 1925 erstmals die ökonomische Ausrichtung der *bdW* diskutiert wurde. Das Ziel einer Vertriebsgesellschaft stand für die meisten außer Frage, uneins war man sich jedoch darüber, wie das Geistesgut und die daraus erstehenden Erzeugnisse verwertet werden sollten. Während Keyserlingk dafür plädierte, dass die Präparate verkauft und der Erlös dem Goetheanum zukommen müsse, sah es die Mehrzahl der Mitglieder anders. Steiner habe das Geistesgut der Gemeinschaft der anthroposophischen Landwirte geschenkt, nach der Erprobungsphase würden sie es der Öffentlichkeit übergeben.[214] Andere wiederum sahen genau darin eine Gefahr,

209 Ebenda.

210 GOE, B.14.001.001, Wachsmuth an Keyserlingk, 9.7.1925, S. 2.

211 GOE, B.14.001.001, Bericht über die Versammlung anthroposophischer Landwirte in Berlin am 17. u. 18. Januar 1925, S. 7.

212 Ebenda, S. 8.

213 Ebenda, S. 20.

214 RSA, Immanuel Voegele an Marie Steiner, 1926 Pilgramshain, S. 1.

der *Versuchsring* könne zu einer „Art Aktiengesellschaft“ werden, die „die Dinge rein äußerlich“ betreibt,[215] bzw. dass „das Ganze in ein zu wirtschaftliches Fahrwasser kommt“.[216] Eng mit diesen Fragen verbunden war auch der zukünftige Umgang mit der „Geheimhaltung“ und den Mit- und Nachschriften des Kurses, die mit erheblichem bürokratischen Aufwand und zwischenzeitlich nur mit einer Verpflichtungserklärung entliehen werden konnten, die dann aber wieder eingezogen wurde. Die meisten Mitglieder waren zunehmend der Meinung, dass eine Geheimhaltung auf lange Sicht illusorisch sei, genauso wie die von Keyserlingk erhofften Abgaben nach Dornach: „Wer einigermaßen orientiert ist, weiß, dass es der Landwirtschaft z. Zt. herzlich schlecht geht. Es wäre unter solchen Umständen gewiss verfehlt, an grosse äussere Reichtümer zu glauben, die uns durch die praktische Ausführung der Angaben Dr. Steiners während der nächsten Zeit in den Schoss fallen könnten“ – so Immanuel Voegele 1926 im Namen der Arbeitsgemeinschaft Schlesiens an Marie Steiner.[217] Kurz darauf bestätigte auch Erhard Bartsch Voegeles Einwand gegenüber Wachsmuth: Die Verpflichtungserklärung sei juristisch ohnehin nicht haltbar, er habe sich erkundigt.[218]

Bereits im Sommer 1925 deutete sich an, dass Keyserlingk als Firmenvorstand in Koberwitz mehr und mehr isoliert und mit der Organisation der Geschäftsstelle des *Versuchsrings* völlig überfordert war, zumal sich der bürokratische Aufwand zusehends vergrößerte.[219] Für die Gruppe der „jüngeren anthroposophischen Landwirte“ war dies der Anlass zur Übernahme: Zunächst verlagerten sie das noch im Aufbau befindliche biodynamische Zentrum in Koberwitz mit Keyserlingks Empfehlung ab 1926 auf den ca. 50 km entfernten Gutshof Grosen[220] und ab 1928 schließlich nach Marienhöhe bei Bad Saarow, wo es sich bis zum Verbot 1941 zu einem Zentrum der *bdW* entwickeln sollte.

Die Erinnerungen der Gruppe um Erhard Bartsch über die ersten drei Aufbaujahre sind typisch für die Anfänge fast aller landwirtschaftlichen Reformprojekte dieser Zeit: Man nahm prekäre Verhältnisse, heruntergewirtschaftete Höfe oder ertragsarme Böden in Kauf zugunsten der Begeisterung über eine wie auch immer motivierte alternative Reformidee. So beschreibt etwa Franz Dreidax den

215 GOE, B.14.001.001, Bericht über die Versammlung anthroposophischer Landwirte in Berlin am 17. u. 18. Januar 1925, S. 17.

216 Ebenda, S. 21.

217 Vgl. RAS, Immanuel Voegele an Marie Steiner, 1926 Pilgramshain, S. 3.

218 Vgl. GOE, B.14.001.002, Bartsch an Wachsmuth, 27. 7. 1926.

219 Vgl. GOE, B.14.001.002, Keyserlingk an Wachsmuth, 5. 8. 1925.

220 Für das hoch verschuldete Gut Grosen der anthroposophischen Familie Deter hatte Erhard Bartsch kurzfristig die Verwaltung übernommen und baute dort mit seinen jungen Mitstreitern die Geschäftsstelle des *Versuchsrings* aus. Vgl. GOE, B.14.001.002, Bartsch an Wachsmuth, 4. 7. 1929.

Eifer, die Euphorie über das allmähliche Begreifen des gesamten Ausmaßes von Steiners Kurs: „herrliche Einblicke in die Naturzusammenhänge, die durch die Betätigung mit den Präparaten zu gewinnen waren", oder das Erkennen des spezifischen Kreislaufs von „Stoffen und Kräften" in der „Hofindividualität".[221] Und Almar von Wistinghausen schildert – nicht ohne Stolz – auch die Bewältigung der „primitiven" Arbeitsbedingungen in der Geschäftsstelle oder die exzessiven Aktivitäten mit dauerndem Schlafmangel.[222]

Im Rampenlicht. Erweiterungen und die *Demeter*-Gründung 1927–1933

Als im Jahr 1927 „mehrere 1000 Zentner Getreide nach den Düngungsmethoden Rudolf Steiners heranwuchsen",[223] war für die Mitglieder des *Versuchsrings* der Moment gekommen, um an die Öffentlichkeit zu treten. Ihre neuen Produkte sollten vermarktet und zugleich die Methode und ihre Mission publik gemacht werden. Im Oktober 1927 war die Gründung der *Verwertungsgenossenschaft Demeter* und einer Treuhandgesellschaft[224] auf den Weg gebracht, und Erhard Bartsch gab die erste Auflage der Denkschrift „Die Not der Landwirtschaft: Ihre Ursachen u. ihre Überwindung" heraus.

Die Botschaft der Denkschrift war eindeutig: Es war ein Angriff auf die Agrarchemie, eine Absage an staatliche Intensivierungsmaßnahmen in der Landwirtschaft und zugleich ein Aufruf zur Selbsthilfe: „Demeter will Landwirte in ihrem Streben nach erfolgreicher Selbsthilfe unterstützen."[225] In seiner Kritik bezog sich Bartsch auf eine Reihe zeitgenössischer Wissenschaftler, die ihrerseits den Erfolg staatlicher Intensivierungsprogramme oder des Kunstdüngers infrage stellten. Damit versammelte er in dem Band nicht nur skeptische Stimmen aus unterschiedlichen Fachrichtungen, sondern auch potenzielle Verbündete außerhalb der anthroposophischen Kreise. So zitierte er z. B. die Kritik an den landwirtschaftlichen Intensivierungsprogrammen des prominenten

221 Franz Dreidax, Von den Erfahrungen des Versuchsringes anthroposophischer Landwirte, nach einem Vortrag von 1931, in: Schmidt, Impuls, S. 14–16, hier S. 15.

222 Vgl. Wistinghausen, Erinnerungen, S. 70.

223 GOE, B.14.001.003, Denkschrift über die Sitzung vom 12. Oktober 1927 im Kaiserhotel in Berlin, Teilnehmer: Graf Keyserlingk, Dr. Helene von Grunelius, Martin Schmidt, Dr. Bartsch, E. Stegemann, 17. 10. 1927.

224 Vgl. ebenda, S. 2 ff. und Koepf/Plato, Wirtschaftsweise, S. 78 ff.: Nach längeren Verhandlungen einigten sich die Vorstände des *Versuchsrings* auf eine organisatorische Trennung zwischen den Belangen von Verbrauchern und Erzeugern. Die Treuhandgesellschaft sollte die wirtschaftlichen und rechtlichen Aufgaben des *Versuchsrings* vertreten, während die Verwertungsgenossenschaft für die Verwertung der Produkte der *bdW* zuständig sein sollte.

225 Bartsch, Wirtschaftsweise, Dresden 1934, S. 24.

Agrarökonomen Max Sering[226] oder die des Geschäftsführers der *Deutschen Landwirtschafts-Gesellschaft* Berthold Sagawe.[227]

Während die Kritik am Kunstdünger jedoch in den Reihen der Agrarwissenschaftler insgesamt eher verhalten blieb, tauchten Verbündete auf, mit denen man in den biodynamischen Kreisen nicht gerechnet hatte – so Bartsch: Eine zunehmende Anzahl an Ärzten brachte neue Krankheitserscheinungen mit einem gestörten Mineralstoffwechsel in Verbindung. Einige nahmen beispielsweise an, dass Kalium „eine unheilvolle Rolle beim Wachstum des Karzinoms" spiele, andere, dass metallhaltige Schädlingsbekämpfungsmittel zu Krankheiten der Leber, Galle und Nieren führten.[228] Diese Hinweise auf eine mögliche Gesundheitsgefährdung durch Kunstdünger erregten selbstverständlich auch die Aufmerksamkeit der Verbraucher:innen, und das war neu. Von ihnen würde die biodynamische Bewegung bald Rückenwind bekommen, während sie in weiten Teilen der Politik und den Agrarwissenschaften auf Skepsis stieß. „Indem sich die Anthroposophen direkt an die Konsumenten wandten, verletzten sie auch eine diskursive Spielregel, die im Pflanzenbau bis dahin gegolten hatte: Der Endverbraucher war nicht Teilnehmer agrarischer Debatten."[229]

Auch die Einführung der Denkschrift in das Konzept der *bdW* enthielt einen „Exkurs ins Naturwissenschaftliche", der – so Bartsch – es erleichtern würde, „sich über die von Dr. Rudolf Steiner gegebenen Methoden für die Landwirtschaft zu verständigen."[230] Er verwies z. B. auf verschiedene, teils ausländische Studien über den Einfluss der Gestirne auf die Lebewesen[231] oder den deutschlandweit als medizinische „Autorität" anerkannten August Bier, der für die Homöopathie eingetreten sei.[232] Ein weiteres, ökonomisches Argument Bartschs musste auch die nicht-anthroposophischen Landwirte aufhorchen lassen. Aufgrund des Verzichts auf Kunstdünger sei die *bdW* auch kurzfristig in der Lage, die Probleme zu lösen, weil sie mit geringeren Produktionskosten auskomme und damit das Risiko der Landwirte herabsetzte, dem sie infolge der Wirtschaftskrise ausgeliefert waren.[233]

226 Vgl. u. a. Irene Stoehr, Von Max Sering zu Konrad Meyer – ein „machtergreifender" Generationenwechsel in der Agrar- und Siedlungswissenschaft, in: Susanne Heim (Hrsg.), Autarkie und Ostexpansion, Göttingen 2002, S. 57–90.

227 Vgl. Bartsch, Wirtschaftsweise, S. 31 f.

228 Ebenda, S. 13 f.

229 Uekötter, Wahrheit, S. 237.

230 Bartsch, Wirtschaftsweise, S. 21.

231 Vgl. ebenda, S. 18.

232 Vgl. ebenda, S. 19.

233 Vgl. ebenda, S. 23.

Zweifellos zielte diese erste Publikation über die *bdW* darauf ab, mit ihrer umfangreichen naturwissenschaftlichen Orientierung auch das Interesse von Nicht-Anthroposophen zu wecken. Umso bezeichnender ist es, dass sie gleichermaßen ein klares Bekenntnis zu Rudolf Steiner als dem Wegbereiter der *bdW* enthielt, zur Bedeutung des „Kosmischen" und zu ihrem anthroposophischen und „geisteswissenschaftlichen" Hintergrund. Bartsch und seinen Mitstreitern muss klar gewesen sein, dass sie sich mit diesem Bekenntnis extrem angreifbar machen würden. Dass sie dies scheinbar fraglos in Kauf nahmen, macht ihre Haltung zu diesem Zeitpunkt sehr deutlich: Man bemühte sich zwar – durchaus auch im Sinne der Mission – um Glaubwürdigkeit und Anerkennung, ging jedoch nicht so weit, die tiefe Überzeugung und Verbundenheit mit Rudolf Steiner und der Anthroposophie unerwähnt zu lassen.[234]

Die Angriffe der „Gegner" ließen – wie zu vermuten war – nicht lange auf sich warten, Flugschriften in „Millionenauflagen" und etliche Zeitungsartikel erreichten bald eine breite Öffentlichkeit.[235] Mit ihrem „Reden von Astralkräften und ihrer Geheimniskrämerei" bot die biodynamische Bewegung Angriffsflächen, die es den Kritikern „unterm Strich doch recht leicht machten: Vor allem in den Angriffen auf die biologisch-dynamische Wirtschaftsweise spürt man nicht selten eine Befriedigung, ja schon fast ein Gefühl der Dankbarkeit: Konnte man sich für die Kunstdüngerlobby einen einfacheren Gegner denken als eine idealistische Bewegung, die jeder Kommerzialisierung abhold war? Der Kampf mit der biodynamischen Landwirtschaftslehre erlaubte es, eine scharfe Trennlinie zwischen seriöser Forschung und Pseudowissenschaft zu markieren, die bald kaum noch ein Wissenschaftler zu überschreiten wagte."[236]

Die biodynamischen Vorstände waren als Teil der anthroposophischen Bewegung seit deren Bestehen zwar daran gewöhnt, mit ihrem Weltbild immer wieder anzuecken, der Angriff der mächtigen Agrarchemie hatte allerdings eine ganz andere Dimension und traf die *bdW* mit voller Wucht. Für sie sollte dieser aggressive Angriff die Welt binnen kurzer Zeit in zwei Lager teilen: in das der potenziell Verbündeten und das der Gegner. Sich dagegen zur Wehr zu setzen forderte der jungen Bewegung einmal mehr Entschlossenheit und Einsatz ab, was ihre zukünftige Entwicklung entscheidend prägen sollte. „Die Jahre des öffentlichen Wirkens seit 1927/28 waren ausgefüllt mit der Abwehr von Presseangriffen der chemischen Industrie und ihrer Werkzeuge, vor allem der

234 Vgl. ebenda, S. 16 ff.

235 Franz Dreidax, Die Demeter-Qualität als Grundlage der Demeter-Bewegung, Bad Saarow/Mark o. D., vermutlich 1934, S. 12.

236 Uekötter, Wahrheit, S. 245.

Deutschen Landwirtschaftsgesellschaft (*DLG*).“[237] Seit dem Bekanntwerden der *bdW* waren es insbesondere Bartsch und Dreidax, die mit der Verteidigung der neuen Methode und der Suche nach Bündnispartnern in den Vordergrund traten. Beide waren unter den biodynamischen „Freunden“ längst für ihre ausgeprägte Streitbarkeit, ihren unermüdlichen Eifer und als gute Redner bekannt. „Sie stritten sich so lange, bis sie sich über eine zur Diskussion stehende Frage einig wurden – und das war für den Fortgang der Arbeit sehr wertvoll.“[238] Ab 1933 werden sich die Positionen von Bartsch und Dreidax im gleichgeschalteten *Reichsverband für biologisch-dynamische Wirtschaftsweise* weiter festigen.

Organisationsentwicklung und Öffentlichkeitsarbeit

Die Offensive der mächtigen Widersacher blieb auch für die organisatorische Entwicklung der *bdW* nicht ohne Wirkung, sie zwang ihre Vertreter, so Hellmut Bartsch, die eigenen Kräfte zu bündeln: „Wesentlich erleichtert wurde die gesamte Arbeit und ihre Verteidigung gegen die Angriffe von außen durch eine straffe Gliederung der verschiedenen Arbeitsbereiche.“[239] Die Kommunikation zwischen Vorständen, Landwirten und Dornach wurde intensiviert durch regelmäßige Tagungen, interne Mitteilungsblätter für alle Mitglieder und ab 1930 durch die *Demeter*-Monatsschrift, in der Erhard Bartsch und Franz Dreidax die Redaktion übernahmen. Der neue Vorstand des *Versuchsrings*, Ernst Stegemann, führte nach Keyserlingks Rücktritt 1929 strengere Regelungen für die Versuchsstellen-Berichte ein. Der Reserveoffizier Stegemann war es auch, der den Mitgliedern in seinen Vorträgen auf den ersten *Versuchsring*-Tagungen die Fähigkeit vermittelte, „nach außen aufzutreten und davon zu berichten“.[240] Eine zentrale Rolle für die Öffentlichkeitsarbeit spielten schließlich die Berater der regionalen Auskunftsstellen, deren Anzahl infolge des wachsenden Interesses in kurzer Zeit zunahm. „In jenen Jahren war dies eine erstmalige Erscheinung innerhalb der anthroposophischen Bewegung, daß so vielen Menschen durch das persönliche Gespräch – unterstützt durch Vorträge – Erkenntnisse aus dem Forschungsbereich Rudolf Steiners nahegebracht wurde. Viele Praktiker fanden dadurch den Weg zur Geisteswissenschaft.“[241]

So empfindlich die *bdW* durch die Kampagne der Agrarchemie auch getroffen wurde, verhalf sie ihr gleichermaßen zu mehr Aufmerksamkeit und – wohl zur

237 Dreidax, Wirtschaftsweise, S. 21.
238 Wistinghausen, Erinnerungen, S. 70.
239 Hellmut Bartsch, Wirken in der Öffentlichkeit, in: Schmidt, Impuls, S. 21–27, hier S. 20.
240 Wistinghausen, Erinnerungen, S. 78.
241 Hellmut Bartsch, Auskunftsstellen und Beratertätigkeit, in: Schmidt, Impuls, S. 11–14, hier S. 11.

Führende Persönlichkeiten der biodynamischen Bewegung 1932, Tagung in Bad Saarow; obere Reihe (v. l. n. r.): Hans Jürgen Freiherr Senfft von Pilsach; Dipl.-Ing. Franz Dreidax; Ernst Stegemann; Erhard Bartsch; Carl Grund; Ehrenfried Pfeiffer; Benno von Heynitz; Guenther Wachsmuth; Walter Birkigt; Helmut Koch; Max Karl Schwarz; untere Reihe (v. l. n. r.): Moritz Bartsch; Joseph Werr; Immanuel Voegele; Hellmut Bartsch
Anthroposophisches Archiv Goetheanum, NL Koepf

Überraschung der Biodynamiker – auch zu einem rasch zunehmenden Anhängerkreis. Gerade die Flugschriften und Zeitungsartikel hatten das Interesse an dem Thema in der Öffentlichkeit „stärkstens wachgerufen" . Der „Demeter-Sache" sei dabei eine „unerwartete echte Hilfe" entgegengewachsen: Diätärzte fingen an, die zuverlässige Lieferung von *Demeter*-Produkten nachzufragen,[242] ihre Patient:innen wurden quasi zu Verbraucher-Pionier:innen. Ein Teil der biodynamischen Mitglieder betrachtete das große Interesse, das der *bdW* mittlerweile in der Öffentlichkeit zuteilwurde, jedoch mit Skepsis. Dazu gehörte Guenther Wachsmuth: „So schenkt man uns oft vielmehr Beachtung, als wir wollen."[243]

242 Vgl. Dreidax, Demeter-Qualität, S. 12.
243 Zit. n. Koepf/Plato, Wirtschaftsweise, S. 121.

Um Anerkennung durch staatliche Autoritäten bemühte sich im Frühjahr 1928 v. Keyserlingk und wandte sich mit Bartschs Denkschrift „Die Not der Landwirtschaft" sowie aktualisierten Berichten aus den biodynamischen Versuchsstellen an das *Reichsministerium des Inneren.* Keyserlingk betonte hierbei insbesondere die rasche Verbreitung und den internationalen Charakter des *Versuchsrings:* Von insgesamt 66 Versuchs- und Anwendungsstellen lägen 48 in Deutschland, fünf in der Schweiz, fünf in Holland, je zwei in Österreich, Polen und Amerika und je eine in Finnland und Neuseeland. Zudem erwähnte er sechs wissenschaftliche Institute in Deutschland, der Schweiz, Holland und Amerika. Die Mitgliederzahl sei im Jahr 1928 auf 148 Personen angestiegen.[244] Anders als später in den Jahren zwischen 1934 und 1941, in denen die Denkschriften der *bdW* durchaus auf Interesse einiger NS-Funktionäre stießen, blieb Keyserlingks Offensive von 1928 wohl ergebnislos.

Die finanzielle Lage der biodynamischen Organisationen blieb zwar stets angespannt, aber zunehmende Mitgliederbeiträge und die gelegentliche Unterstützung anthroposophischer Mäzene trugen dazu bei, dass z. B. die ersten Berater der *bdW* motorisiert, Pfeiffers Laboratorium in Dornach unterstützt und die Ausbildung von Lehrlingen finanziell gefördert werden konnten.[245] Der Prager Anthroposoph und Kaufhausbesitzer Walter Schiller spendete Bartsch den Kaufpreis von 30 000 Reichsmark für den zukünftigen Versuchshof Marienhöhe bei Bad Saarow.[246] Als sich Ende 1929 herausstellte, dass die *Verwertungsgenossenschaft* wegen Fehlspekulation ihrer Vertragsmühle liquidiert werden musste, sprang v. Lerchenfeld ein, um die wichtigsten Zahlungsverpflichtungen auszugleichen.[247]

Die Gründung der Nachfolgeorganisation *Demeter Wirtschaftsbund G. m. b. H.* konnte somit bereits zwei Jahre später auf den Weg gebracht werden. Mittlerweile waren 50 Betriebe ganz und weitere 400 Betriebe teilweise auf die *bdW* umgestellt worden und nunmehr auf eine eigene Absatzorganisation angewiesen. Der *Wirtschaftsbund* sollte zwischen Erzeugern, Handel und Konsumenten vermitteln. Für die Reformhäuser *Neuform* wurde der Vertrieb von *Demeter*-Produkten bald auch deshalb besonders attraktiv, weil der *Wirtschaftsbund* erstmals Qualitätsnormen für den biodynamischen Anbau

244 Vgl. Koepf/Plato, Wirtschaftsweise, S. 78 f.

245 Bereits zu Beginn des Jahres 1929 einigte man sich auf erste Richtlinien für die Ausbildung von Landwirten und Gärtnern in der *bdW*, die zunächst in einem Lehrbetrieb für junge Gärtner in Worpswede eingeführt werden sollten. Vgl. Koepf/Plato, Wirtschaftsweise, S. 87.

246 Vgl. Wistinghausen, Erinnerungen, S. 45.

247 Vgl. Koepf/Plato, Wirtschaftsweise, S. 77.

Hofgut Marienhöhe, neue Gärtnerei, 1937
Anthroposophisches Archiv Goetheanum, NL Koepf

festgelegt hatte und diese mit dem *Demeter*-Label zu garantieren suchte.[248] Bisherige Reformhaus-Lieferanten hatten dagegen lediglich eine schonende Verarbeitung der Waren angeboten.[249]

Das Zentrum der *bdW* verlagerte sich zunehmend nach Marienhöhe, hier war das Büro der *Verwertungsgenossenschaft,* und 1930 zog auch die Geschäftsstelle des *Versuchsrings* von Marienstein hierher. An dem landwirtschaftlichen Aufbau des biodynamischen Musterhofs Marienhöhe beteiligten sich neben Bartsch, Dreidax und Wistinghausen viele weitere Pionier:innen. So wurde etwa nach den Umgestaltungsplänen von Max Karl Schwarz gleich zu Beginn „das ganze Landschaftsbild total verändert", indem man den Hof und seine gesamte Umgebung mit Bäumen und Hecken bepflanzte. Marienhöhe verwandelte seinen steppenartigen Charakter in eine „blühende-fruchtende

248 Die Verwendung des Namens *Demeter* wurde nur für Produkte zugelassen, die die allgemein üblichen Qualitätsanforderungen des Handels erfüllten, deren Saatgut aus mindestens drei Generationen ausschließlich biodynamischer Düngung stammte und deren Anbauflächen drei Jahre keinen Kunstdünger und mindestens eine biodynamische Volldüngung erhalten hatten. Vgl. Koepf/Plato, Wirtschaftsweise, S. 122 f.

249 Vgl. Koepf/Plato, Wirtschaftsweise, S. 124 f.

49

PFLANZ-GRABEN UND PFLANZMULDEN-PROFIL – FIGUR 1

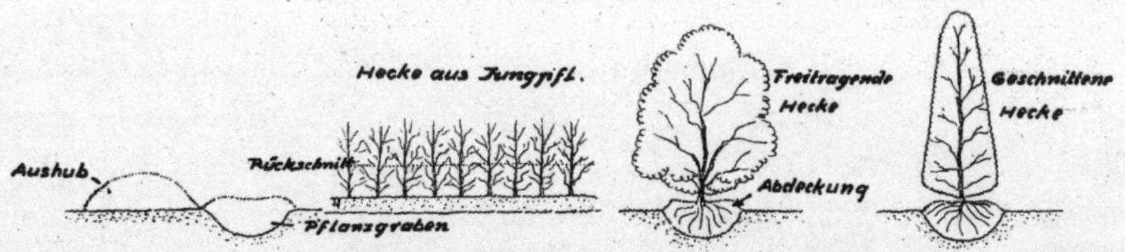

Daher sind die Pflanzgräben und Mulden kaum tiefer als 40 cm anzulegen. Die Graben-profile sind nicht senkrecht gestochen, sondern sind muldenartig ausgebildet.

Je nach der Größe und dem Alter des Pflanzmaterials werden auf den laufenden Meter freitragender oder geschnittener Hecken, die stets einzeilig zu pflangen sind, zwischen drei bis fünf Pflanzen verwendet. Bei Jungpflanzen, die aus Baumschulen bezogen werden, sind fünf Pflanzen für den laufenden Meter vorzusehen. Bevor die Pflanzung erfolgt, werden die Wurzeln der Heckenpflanzen, insofern sie keinen Erdballen haben, erst einige Stunden ins Wasser getaucht. In leichtem Boden ist es sogar empfehlenswert, die Wurzeln unmittelbar vor dem Pflanzen in einen Brei, aus präpariertem Kuhdünger und Lehm hergestellt, einzutauchen, sodaß die Wurzeln vollkommen durch diese Masse eingehüllt sind.

Die Anlage von Misch-Wallhecken oder Knicks, die in gärtnerischen Betrieben die Ab-grenzungen des Garten-Organismus vorstellen, in landwirtschaftlichen Betrieben aber die Raum-gestaltung über weite Flächen hinweg günstig ermöglichen, erfordert zunächst das Aufwerfen eines Pflanzwalles. Wie schon in der Monatsschrift „Demeter", Heft 1 erwähnt, handelt es sich bei

QUERSCHNITT DURCH EINE MISCH- ODER WALLHECKE OD. KNICK – FIG. 2. –

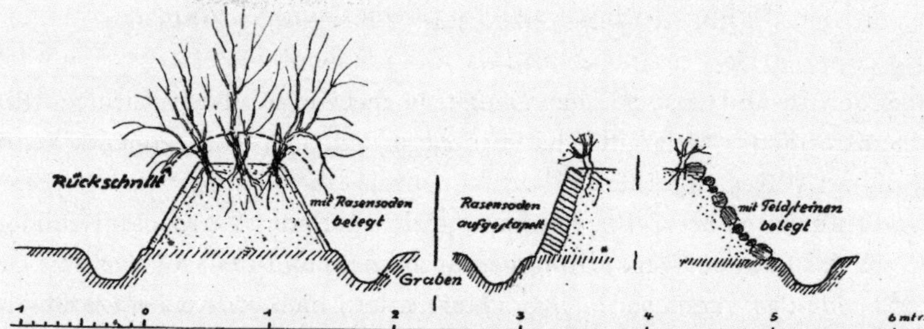

dem Knick meist um eine dreizeilige Heckenpflanzung, wobei die mittlere Zeile aus baumartigen Gehölzen besteht. Die Erde für den Pflanzwall wird aus den Gräben gewonnen, die zu beiden Seiten am Fuße des Walles gezogen werden. Da die Erde des Walles sich über das allgemeine Erdniveau erhebt, ist sie besonderer Lebendigkeit ausgesetzt. Das hat zur Folge, daß der auf-geschüttete Wall vor der Pflanzung keiner besonderen Düngung zu unterliegen braucht. Die Pflanzung erfolgt nun so, daß nach der äußeren abgrenzenden Seite des Walles die Strauchzeile mit dornigem Strauchwerk in rhythmischer Abwechselung verschiedener Straucharten, wobei zweck-mäßig je zwei Sträucher gleicher Art Verwendung finden, gepflanzt wird. Es eignen sich zu diesem Zweck besonders der Bocksdorn, der Weißdorn, Schlehe, Brombeere, Berberitze sowie die Hundsrose.

Auch die mittlere Zeile aus den baumartigen Gehölzen ist rhythmisch gepflanzt, bloß daß hier jeweils nur eine Pflanze der sich rhythmisch folgenden Art Verwendung findet. Die Anordnung wird zweckmäßig so vorgenommen, daß sich ein frühblühendes und frühtreibendes Gehölz ablöst mit einem später blühenden und später treibenden. Der Rhythmus kann auch weiterhin dahin-gehend beachtet werden, daß ein schnellwachsendes Gehölz mit einem langsam wachsenden wechselt.

Max Karl Schwarz, Anzucht von Heckenheistern und Sträuchern, in: Demeter 8 (1933) 3, S. 45–50, hier S. 49

Landschaft“[250] und sollte sich mit den heranwachsenden Gehölzen spätestens bis Mitte der 1930er-Jahre deutlich von den sandig-kargen Nachbarhöfen abheben. Schwarz führte auch – so Koepf/Plato – die Kompostierung des Stallmists auf biodynamischen Höfen ein, „die nach oben dachförmig zulaufenden Kompostmieten, wie Schwarz sie in Oberitalien kennen gelernt hatte“, wurden zu einem Etikett für biologisch-dynamisches Arbeiten und zu einem weithin sichtbaren Zeichen.[251]

Der erste Versuch, mit der *bdW* auch in die landwirtschaftliche Fachwelt vorzudringen, verlief ausgesprochen erfolgreich. Ab 1929 führte Franz Dreidax gemeinsam mit Vertretern der Landwirtschaftskammern Berlin und Brandenburg die Anlage sogenannter Kammerversuche durch. Im Zeitraum von sechs Jahren sollte dabei die Wirkung der biodynamischen Präparate unter Aufsicht der argwöhnischen Behörden untersucht werden. Das Ergebnis bestätigte nicht nur die positive Wirkung der biodynamischen Düngung.[252] Noch viel überraschender war, dass gleich zwei der zunächst skeptischen Angehörigen der Landwirtschaftskammern im Verlauf des Forschungsprozesses zu Anhängern der *bdW* wurden.[253] Von der Zusammenarbeit mit Dreidax offensichtlich restlos überzeugt, trat der diplomierte Landwirt Martin Wilhelm Pfeiffer [Pfeifer], Leiter eines staatlichen Versuchsrings der Provinz Brandenburg, im Jahr 1933 sogar in die *AG* ein und wurde nach Abschluss der Kammerversuche 1935 Auskunftsstellenleiter der *bdW* in Westfalen auf dem Korreshof, der von Theodor Klein, einem zuverlässigen Mäzen der *AG* und langjährigem Mitglied des *Versuchsrings* zur Förderung der *bdW*, erworben worden war.[254]

Ganz anders verliefen dagegen – ebenfalls im Jahr 1929 – die Verhandlungen mit der Badischen Landwirtschaftskammer. Aufgrund des überdurchschnittlich großen Interesses an der *bdW* im Bodenseegebiet trat die Kammer von sich aus mit dem Vorschlag an den Dornacher Vorstand Wachsmuth heran, kontrollierte Vergleichsversuche durchzuführen. Zu ersten Unstimmigkeiten kam es, als die Behörde vom *Versuchsring* die Finanzierung der Versuche einforderte. Der badische Unternehmer, Anthroposoph und Geschäftsführer des *Demeter Wirtschaftsbundes* Gerhard Bäuerle erklärte sich mit dem Vorschlag prinzipiell einverstanden, wandte jedoch gegenüber Wachsmuth ein, dass der

250 Jacobeit/Kopke, Wirtschaftsweise, S. 45.
251 Vgl. Koepf/Plato, Wirtschaftsweise, S. 106.
252 Vgl. ebenda, S. 102.
253 Vgl. Wistinghausen, Erinnerungen, S. 71 f.
254 Vgl. FKI, Biographische Archiv-Notiz Martin Pfeiffer, https://biographien.kulturimpuls.org/detail.php?&id=1200 [25.10.2023].

Landwirtschaftskammer zuvor eines klarzumachen sei: „Dass eine stofflich chemische oder pharmakologische Untersuchung das Wesentliche [der *bdW*] ganz unberührt lässt. Vielleicht kann man darauf hinweisen, dass sowohl Vitamine, als auch die Auxinome (die wachstumsfördernden Substanzen Bottomleys) nur im Wirksamkeitsversuch erkannt werden können."[255]

Die Expansion der biodynamischen Wirtschaftsweise

Die Anzahl der Mitglieder des *Versuchsrings* nahm seit seiner Gründung 1924 zu, selbst in der ersten Phase der Geheimhaltung stieg sie von 60 auf 139 Personen und damit um mehr als das Doppelte an.[256] Zwar durften Informationen über Steiners *Landwirtschaftlichen Kurs* anfänglich allenfalls „von Person zu Person" im vertrauten Umfeld weitergegeben werden, aber gerade auf diese Weise entstanden in einigen ländlichen Regionen innerhalb kürzester Zeit erste kleinere Zentren der *bdW*. Die räumliche Nähe der interessierten Landwirte erleichterte den Austausch und ermöglichte eine intensivere Beratung, sodass hier schließlich die ersten biodynamischen Auskunftsstellen entstanden.

Am Bodensee war es z. B. der anthroposophische Unternehmer Gerhard Bäuerle aus Steißlingen, der seine landwirtschaftlichen Nachbarn für die *bdW* interessieren und bereits 1926 als regionalen Berater Hellmut Bartsch gewinnen konnte. Hier fanden die ersten Einführungskurse und Schulungen statt. Auf diesen frühen Erfahrungen baute Franz Dreidax wenig später das Konzept für die nachfolgenden Arbeitsgemeinschaften und Auskunftsstellen auf.[257] Im Markgräfler Land stellte der langjährige Steiner-Anhänger und Teilnehmer des *Landwirtschaftlichen Kurses*, Ernst Jacoby sen., „eine ganze Bauernbewegung in Auggen und Umgebung auf die Beine, die die Biologisch-Dynamische Wirtschaftsweise anwendete".[258] Kurz darauf bildete sich auch in Thüringen um den evangelischen Pfarrer und Herausgeber eines Gemeindeblattes des *Bundes anthroposophischer Pfarrer*, Ernst Ludwig Kalbe,[259] eine biodynamische Arbeitsgemeinschaft, die rasch das halbe Dorf Wormstedt umfasste.[260] Und selbst in der

255 GOE, B.14.001.004, Bäuerle an Wachsmuth, 12. 3. 1929, S. 1 f.

256 Vgl. GOE, B.14.001.001, Liste von 46 Mitgliedern der Arbeitsgemeinschaft der Landwirte der Anthroposophischen Gesellschaft vom 1. 9. 1925 und Liste von 139 Mitgliedern des Versuchsrings der Anthroposophischen Gesellschaft vom November 1927.

257 Vgl. Bartsch, Auskunftsstellen, S. 12.

258 Wistinghausen, Erinnerungen, S. 67 f.

259 Vgl. Götz Deimann (Hrsg.), Die anthroposophischen Zeitschriften 1903–1985, Stuttgart 1987, S. 512, http://www.agraffenverlag.ch/pdf-archiv-ii-zeitschriften/ Teil 2b [5. 5. 2020].

260 Vgl. Wistinghausen, Erinnerungen, S. 88.

Mark Brandenburg fanden sich 14 Angehörige des *Großgrundbesitzervereins Sternberg* zu ersten Versuchen mit der *bdW* bereit. Nachdem Martin Schmidt – Pionier, Getreide-Züchter und Mäzen der *bdW* – den Kontakt vermittelt hatte, erhielt Almar von Wistinghausen von Erhard Bartsch den Auftrag, die Versuche auf den in diesem Fall sehr weit verstreut liegenden Gütern zu betreuen. „Größtes Wohlwollen und eine unbeschreibliche Ahnungslosigkeit kam [... mir] immer wieder entgegen." Hier habe er gelernt, „so zu erklären, daß es möglichst von allen Beteiligten verstanden werden kann".[261]

Zeitgleich entstand auch eine ganz neue Art biodynamischer Betriebe, die als Teil von anthroposophischen Gemeinschaftsprojekten wie Pilgramshain, Gerswalde oder Lauenstein in ein „ganzheitliches" Konzept mit reformpädagogischen Zielen eingebunden waren. Dabei handelte es sich um von meist jüngeren Jugend- oder Reformbewegungsanhänger:innen initiierte Einrichtungen oder Zentren, in denen „entwicklungsgestörte Kinder" nach dem anthroposophischen Ansatz der Heilpädagogik betreut und behandelt werden sollten. Steiner hatte – noch auf dem Rückweg von Koberwitz nach Dornach im Juni 1924 – die Initiative einer anthroposophisch-therapeutischen Lebensgemeinschaft für Kinder und Jugendliche auf dem Lauenstein bei Jena besucht, um anschließend in Dornach einen Heilpädagogik-Vortragszyklus mit „grundlegenden Ausführungen zum Verständnis und zur Behandlung seelenpflege-bedürftiger Kinder und Jugendlicher" abzuhalten.[262]

„Entwicklungsgestörte Kinder" zu heilen sei – so Steiner – eine wichtige Aufgabe, die er aus der Anthroposophie, dem Glauben an Reinkarnation und Karma ableitete. Während in den „Euthanasie"-Debatten der Weimarer Jahre die Idee der „Vernichtung lebensunwerten Lebens"[263] auch außerhalb rassistischer oder rechtsradikaler Gruppierungen Zuspruch fand, trat Steiner „bedingungslos für das Lebensrecht und die Entwicklungsmöglichkeiten von ‚Belasteten' ein".[264] Nachdem der erste Trägerverein des *Heil- und Erziehungsinstituts für Seelenpflegebedürftige Kinder Lauenstein* im August 1924 gegründet worden war, folgte deutschlandweit die Einrichtung mehrerer solcher Institute. Ihnen allen waren biodynamische Betriebe angeschlossen, da abgesehen von dem Versorgungsaspekt eine gesunde Ernährung und Gartenarbeit auch einen Teil des therapeutischen Konzepts darstellten.

261 Ebenda, S. 66f.

262 Vgl. u.a. Kon, Gründerschicksale, S. 69f.

263 Vgl. Karl Binding/Alfred Hoche, Die Freigabe der Vernichtung lebensunwerten Lebens. Ihr Maß und ihre Form, Leipzig 1920.

264 Vgl. Peter Selg/Susanne H. Gross/Matthias Mochner, Anthroposophie und Nationalsozialismus. Bd. 1. Die anthroposophische Ärzteschaft, Basel 2024, S. 122.

Auch in Pilgramshain entstand 1928 ein heilpädagogisches Institut. Hier hatte bereits zwei Jahre zuvor Immanuel Voegele die Leitung des 380 ha großen, unweit Breslau gelegenrn Gutsbetriebs Pilgramshain übernommen. Die Umstellung auf die *bdW* war bereits durch die anthroposophischen Besitzer:innen – Joachim und Eva von Jeetze hatten am *Landwirtschaftlichen Kurs* teilgenommen – in die Wege geleitet worden. 1928 räumte das Paar sogar sein Schloss und zog in ein Nebengebäude, um dem neu gegründeten *Heil- und Erziehungsinstitut für Seelenpflege-bedürftige Kinder Schloss Pilgramshain* Platz zu machen. Das Schloss sollte bald mehr als 70 Kinder und 15 Mitarbeiter:innen beherbergen. Mit dem Kinderarzt Dr. König, den Bewohner:innen der Nebengebäude, den Familien Jeetze, Voegele und denen der Institutsmitarbeiter:innen entwickelte sich Pilgramshain zu einem kulturellen Zentrum „für die anthroposophischen wie für die im biologisch-dynamischen Landbau arbeitenden und forschenden Menschen der näheren und weiteren Umgebung bis nach Breslau hinein [...]. Es wurde begeistert miteinander auf den Gebieten der Naturwissenschaft, der Pädagogik, der Medizin und Kunst gearbeitet und geforscht." So schildert es Margarethe Voegele, die als Tochter von Immanuel Voegele in Pilgramshain die ersten Jahre ihrer Kindheit verbrachte.[265]

Auch in der landwirtschaftlichen Fachwelt nahm das Interesse an der *bdW* zu, wie Dreidax im Oktober 1930 dem Vorstand in Dornach mitteilte. In dem Aufsatz eines Mitarbeiters der *Biologischen Reichsanstalt Berlin-Dahlem* sei „eine ernste Gegnerschaft gegen Kunstdünger zum Vorschein" gekommen, und ein weiterer Mitarbeiter, Dr. Merkenschlager, sei bereits auf ihn zugekommen.[266]

Der Einfluss von Nicht-Anthroposophen im *Versuchsring* – Georg Michaelis

Gegen Ende der 1920er-Jahre öffnete sich der *Versuchsring* zunehmend für Mitglieder außerhalb der *AG*, ausgesprochene Anthroposophie-Gegner schien es unter ihnen zunächst nicht zu geben. Mit Georg Michaelis[267] sollte sich das ändern. Der politisch konservative Reichskanzler a. D. und christliche Reformer hatte in öffentlichen Diskussionen aus seiner Ablehnung der Anthroposophie nie einen Hehl gemacht. Entsprechend bestürzt war er, als er Anfang der 1920er-

265 Johanna Maria Voegele, Erinnerungen an Schlesien, Pilgramshain, mit einem Vorwort von Margarethe Voegele, Loheland 2023, unveröffentlicht.

266 Vgl. GOE, B.14.001.009, Dreidax an Wachsmuth, 25.10.1930.

267 Georg Michaelis (1857–1936) war ein Jurist, preußischer Ministerpräsident und von Juli bis Oktober 1917 Reichskanzler. 1935 trat Michaelis in die NSDAP ein. Vgl. Bert Becker, Georg Michaelis. Preußischer Beamter, Reichskanzler, Christlicher Reformer 1857–1936. Eine Biographie, Paderborn 2007.

Jahre erfuhr, dass seine eigene, jungvermählte Tochter Emma und deren Mann Martin Schmidt „ganz im anthroposophischen Fahrwasser" gelandet waren. Zutiefst beunruhigt, vertraute sich Michaelis 1924 seinen Geschwistern an: Er hoffe, dass dem jungen Paar „ein klarerer, – der klare Weg" gezeigt werde. „Wir sollten doch eben im ‚Glauben' u. nicht im ‚Schauen' leben, und das klare Evangelium wird durch Menschengeist verdunkelt."[268]

Als Vorsitzender der *Deutschen Christlichen Studentenvereinigung* hatte Michaelis – selbst Reformanhänger – kurz nach Ende des Ersten Weltkriegs im brandenburgischen Bad Saarow den Hof Marienhöhe erworben, um ein Selbsthilfeprojekt für christliche Studenten und junge Akademiker aufzubauen. Die Bewirtschaftung von Marienhöhe übernahmen zunächst die reformbegeisterten Emma und Martin Schmidt gemeinsam mit einigen Werkstudenten, allerdings wenig erfolgreich.[269] Als sich das junge Paar im Jahr 1924 der *bdW* anschloß – und wohl auch der anthroposophischen *Christengemeinschaft* –, kam es kurzfristig zum Bruch: Michaelis war nicht bereit, Steiners Ideen in Bad Saarow zu dulden, und der wohlhabende Erbe Martin Schmidt und seine Frau erwarben kurzerhand bei Lübeck in Grammersdorf den Eschenhof, um hier biodynamisch tätig zu werden.

Während sich daraufhin jedoch die ökonomische Lage in Marienhöhe zunehmend verschlechterte – der Hof war wie viele andere im Zuge der Wirtschaftskrise in eine Schuldenspirale geraten –, gelang es dem jungen Paar, Michaelis allmählich für den *Versuchsring* und die Zukunftspläne der Mitglieder zu interessieren. Einmal überzeugt, sollte er zu einem der wichtigsten Förderer der *bdW* werden. Bereits 1927 unterstützte Michaelis die Pläne von Ernst Stegemann und Martin Schmidt zum Aufbau der *Verwertungsgenossenschaft*,[270] er gründete 1929 und noch einmal Mitte der 1930er-Jahre eine *Gesellschaft zur Förderung der biologisch-dynamischen Wirtschaftsweise*, um einflussreiche Persönlichkeiten außerhalb der *AG* zu gewinnen. Da die ökonomische Lage in Marienhöhe immer aussichtsloser zu werden drohte, entschloss sich Michaelis schließlich zum Verkauf des Hofes an Erhard Bartsch. Seine Bedenken gegen die *bdW* waren mittlerweile ausgeräumt, der anthroposophische Einfluss sei „in den Hintergrund getreten, weil jeder Landwirt beitreten könne".[271] Der Erfolg gab ihm recht, der Jahresbericht 1929/30 vermeldete einen großen Zuwachs an Mitgliedern und Verbrauchern: „Waren es zu Beginn der Genossenschaft hauptsächlich anthroposophisch interessierte Kreise, so sind es heute Diät-Ärzte,

268 Zit. n. Becker, Michaelis, S. 647 f.
269 Vgl. ebenda, S. 645 ff.
270 Vgl. Koepf/Plato, Wirtschaftsweise, S. 73.
271 Becker, Michaelis, S. 653.

Hoteliers, Rohköstler und sonstige Lebensreformer bis zu den Reformhaus-Zentralorganisationen und allen Zweigen der Lebensmittelbranche."[272]

So sehr Michaelis von Teilen der biodynamischen Bewegung für seine Verdienste geschätzt wurde, machte er sich jedoch bei den anthroposophischen Mitgliedern zunehmend unbeliebt. Er traf eigenmächtige Entscheidungen, lud z. B. ohne Abstimmung mit Dornach zu Werbeabenden der *bdW* alte Parteifreunde, Abgeordnete der Zentrumspartei und sogar Vertreter der Chemieindustrie ein, und auf einer Eröffnungsrede im Jahr 1930 ging er noch einen Schritt weiter: Laut Sitzungsprotokoll grenzte er sich gleich zu Anfang persönlich von der Anthroposophie ab und bekannte, er sei „selbst ganz fernstehend, seine christliche Weltauffassung sagt sogar ‚Nein' dazu, und das wird so bleiben". Die anwesenden Anthroposoph:innen waren empört und beschwerten sich in Dornach. Wachsmuth reagierte mit anthroposophischer Höflichkeit, aber entschieden: „Das Milieu Michaelis" löse unter den Anthroposophen „schwere Besorgnis" aus, es sei eine „Strömung [...], die ganz gewiß den Wünschen und Anschauungen Dr. Steiners" widerspreche, und er forderte, dass er und das Forschungslaboratorium am Goetheanum in Zukunft im Vorfeld solcher Veranstaltungen benachrichtigt würden.[273] Wachsmuth blieb alarmiert, die Erfahrungen mit Michaelis schienen zu bestätigen, dass Dornach in der wachsenden und sich rasch verändernden biodynamischen Bewegung seine Position behaupten musste.

Der *Versuchsring* am Vorabend des „Dritten Reiches"

In den Akten und der Erinnerungsliteratur der biodynamischen Bewegung finden sich ab Beginn der 1930er-Jahre erste Hinweise auf NSDAP-Mitglieder. So erwähnte etwa Benno von Heynitz, dass man „die ersten Nationalsozialisten [...] schon im Dezember 1931 bei einer Saarower Wintertagung im Hospiz ‚Zur Furche' begrüßen" konnte.[274] Seither hätten an den Veranstaltungen des *Reichsverbands* stets Vertreter der NSDAP teilgenommen.

Ebenfalls 1931 trat der nationalsozialistische Politiker, Bankfunktionär und Diplomlandwirt Walter Granzow in den *Versuchsring* ein, um als Teilhaber und Pächter das Gut Severin in Mecklenburg biodynamisch bewirtschaften zu lassen. Von 1922 bis 1932 war Granzow Gutsverwalter von Severin und beherbergte dort die Zentrale des *Bundes der Artamanen – nationalsozialistischer freiwilliger Arbeitsdienst auf dem Lande* – eine Ausgründung des *Bundes Artam*. Damit

272 Ebenda, S. 655.
273 Vgl. ebenda, S. 657.
274 Zit. n. ebenda, S. 657.

habe er zugleich „billige Arbeitskräfte für die arbeitsintensiven Prozesse in der bdW" zur Verfügung gehabt, so Werner Troßbach.[275] Im Dezember 1931 rückte Granzow in der NSDAP-Elite auf und sein Gut Severin wurde Schauplatz einer Hochzeit, bei der Adolf Hitler Trauzeuge war.

Als Granzow 1932, nunmehr Gaufachberater der NSDAP im Gau Mecklenburg-Lübeck, einen „haushohen Sieg für seine Partei eingefahren hatte" und als Ministerpräsident nach Schwerin einziehen sollte, trat er nach nur knapp zwei Jahren wieder aus dem *Versuchsring* aus. Er blieb der *bdW* jedoch „aus der Ferne" verbunden.[276] So sollte er sich später als Präsident der *Deutschen Rentenbank* im Jahr 1940 bei Heinrich Himmler für den *Reichsverband* einsetzen und damit den Erwerb des Kurhauses Esplanade in Bad Saarow als künftiges Schulungsgebäude für die *bdW* unterstützen.[277] Über die kurze biodynamische Phase in Severin ist in den Akten nichts überliefert, mit Ausnahme von Granzows Erklärung für seinen Austritt aus dem *Versuchsring* 1932. Er beteuerte gegenüber Bartsch, dass sein Ausscheiden lediglich dem Umzug nach Schwerin geschuldet sei, von dort habe er keinen Einfluss auf die Versuche. Völlig anders deutete Michaelis diesen Austritt und zeigte sich äußerst alarmiert. Er war überzeugt, dass Granzow in Schwerin den Konflikt mit den mächtigen Agrarlobbyisten scheute und deshalb alle Verbindung zum *Versuchsring* abbrach.[278] Mit Granzows Austritt würde der *Versuchsring* einen wichtigen Verbindungsmann zur aufstrebenden NSDAP verlieren. Viele Zeichen deuteten bereits darauf hin, dass die Agrarlobby längst mit der Partei paktierte.

Umso mehr drängte Michaelis darauf, sich gegen die wiederkehrenden Verleumdungen in der Presse zur Wehr zu setzen. Nunmehr in Allianz mit elf führenden Persönlichkeiten der *biologisch-dynamischen Wirtschaftsweise*, wandte er sich in einem offenen Brief an Professor Otto Nolte, einem ihrer schärfsten Kritiker aus der *Deutschen Landwirtschaftsgesellschaft*. Nolte hatte die *bdW* abfällig als „Ernährungssekte" bezeichnet, dagegen erhob nun Michaelis, obwohl er der Anthroposophie skeptisch gegenüberstand, entschieden Einspruch.[279]

Zwei weitere Mitglieder des *Bundes Artam*, Dr. Hermann Polzer und Fritz Hugo Hoffmann, wurden ebenfalls Teil der biodynamischen Bewegung.[280] Anders

275 Vgl. Troßbach, Zeitalter, S. 21.
276 Vgl. ebenda.
277 Vgl. Becker, Michaelis, S. 662f.
278 Vgl. ebenda, S. 662f.
279 Der offene Brief wurde erst in der *Demeter*-Ausgabe vom Juli 1933 veröffentlicht, vgl. Becker, Michaelis, S. 663.
280 Vgl. Kater, Artamanen, S. 578.

jedoch als etwa Peter Staudenmaier vermutet,[281] muss anhand der Aktenlage davon ausgegangen werden, dass dies erst nach der Etablierung der NS-Herrschaft geschah. Hoffmann, Polzer und der *Reichsverband* gehörten – ebenso wie die Obstbaukolonie-Eden, die Reformhäuser-Vereinigung *Neuform* oder der *Deutsche Bund für Körperkultur* – zu jenen Organisationen der Reformbewegung, die nach 1933 im Zuge der „Gleichschaltung" der *Deutschen Gesellschaft für Lebensreform* beitraten, die wiederum institutionell als „Referat Lebensreform" dem *Hauptamt für Volksgesundheit* der NSDAP im Amtsbereich Heß unterstellt war.[282]

Der *AG* mussten die zunehmenden Wahlerfolge der NSDAP angesichts der offensichtlichen Feindschaft Hitlers gegenüber Steiner und der Anthroposophie Anlass zur Sorge geben. Tatsächlich blieben jedoch Stimmen, die vor den Gefahren des NS warnten, im Wesentlichen auf Privatkorrespondenzen beschränkt. Das lag wohl daran, dass die *AG* seit Steiners Tod im Jahr 1925 von internen Nachfolge- und Machtstreitigkeiten beherrscht war: Die Archivdokumente dieser Jahre machen deutlich, dass die in eine Krise geratene Dornacher Führung – von den politischen Veränderungen in Europa scheinbar kaum tangiert – nahezu ausschließlich um sich selbst kreiste.[283]

Die frühen Warnungen vor dem Nationalsozialismus durch Ita Wegman, Vorstandsmitglied und Leiterin der medizinischen Sektion, waren in ihrer Eindeutigkeit in der *AG* eine Ausnahme und sind quellenreich in einer neuen Arbeit über die anthroposophische Ärzteschaft dokumentiert.[284] Wegmans umfangreiche Korrespondenz zeigt ab Januar 1933 ihre kritische Auseinandersetzung mit den politischen Veränderungen in Deutschland.

Die Freiheit werde in Deutschland immer weiter eingeschränkt, „überall würden in Zukunft ‚Kommissarien' zur Beherrschung des gesamten politischen und geistigen Lebens eingesetzt werden, ‚wie der Verwaltung der Schulen und andere Dinge, sowie auch, dass alle Juden doch herausgesetzt werden'".[285] Ab März 1933 bemühte sich Wegman offensiv um internationale Kontakte und um den Austausch mit Gleichgesinnten, sei es, um Fluchtmöglichkeiten vorzubereiten oder auch, um über Widerstandsmöglichkeiten zu sprechen.[286] An den langjährigen Generalsekretär der *AG* in den Niederlanden, Zeylmans van Emmichoven, schrieb sie besorgt: „Es werden die Anthroposophen sehr wenig

281 Vgl. Staudenmaier, Occultism, zu Polzer S. 133, zu Hoffmann S. 140.

282 Vgl. Koepf/Plato, Wirtschaftsweise, S. 155 f.; GOE, B14.002.004, Mitglieder-Verzeichnis der Gesellschaft zur Förderung der biol.-dyn. Wirtschaftsweise e. V. 1936 und GOE, E.15.002.012, Generalversammlung des *Reichsverbands* von 1939.

283 Vgl. Selg/Gross/Mochner, Anthroposophie und Nationalsozialismus. Bd. 1, S. 176 ff.

284 Vgl. ebenda, S. 187 ff.

285 Zit. n. ebenda, S. 194.

286 Vgl. ebenda, „Strategien des Widerstands", S. 196 ff.

zusammenhalten und es müsste doch eine Gruppe von Menschen geschaffen werden, die das tun können."[287] Insbesondere in England wird sie sich später für die Aufnahme von in Deutschland zunehmend gefährdeten jüdischen anthroposophischen Ärzt:innen engagieren. Auf Wegmans Unverständnis und Ärger darüber, dass auch jene, „die etwas wissen sollten", blind seien für das, was sich vorbereite, antwortete der Waldorfpädagoge Walter Johannes Stein im Mai 1933: „Erst jetzt, wo ich aus Deutschland heraus bin, sehe ich, warum ich Sie damals in der Wohnung von Dr. Schickler so schwer verstanden habe. Es ist gar nicht möglich, innerhalb Deutschlands die Situation richtig zu sehen. Sie sahen sie vom Ausland kommend."[288]

Zum Kontakt zwischen Wegman und Vertreter:innen der biodynamischen Bewegung wird es aufgrund der engen Zusammenarbeit mit den heilpädagogischen Instituten Gerswalde und Pilgramshain gekommen sein. Auch im Jahr 1933 hielt sie sich dort mehrmals auf.[289]

Der anthroposophische Historiker Karl Heyer warnte ebenfalls davor, die Augen vor den politischen Veränderungen zu verschließen: Da „seit mehr als einem Jahr über unser aller Häupter die Gefahr einer Rechtsdiktatur schwebt", so Heyer, „müsse man mit dieser Gefahr ernstlich rechnen".[290] In der Hoffnung, Missverständnisse aus der NS-Presse über die Anthroposophie und Rudolf Steiner richtigstellen zu können, wandte sich Heyer Anfang der 1930er-Jahre auf der Suche nach Personen, die über Beziehungen zu NS-Kreisen verfügten, an mehrere anthroposophische Freunde. Davon versprach er sich Zugang zum *Völkischen Beobachter*, um dort eigene Artikel über die Anthroposophie lancieren zu können.[291]

Tatsächlich erhielt er am 27. November 1930 von dem Anthroposophen Christof Freiherr von Tucher eine vielversprechende Antwort: „Wenn ich mit Herrn Hitler und anderen Herren aus seiner Umgebung zusammen komme werde ich mich bemühen ihnen eine richtige Ansicht über Herrn Dr. Steiner zu vermitteln und ich glaube, dass Herr Hitler selbst dafür vielleicht mehr Verständnis als seine Anhänger aufbringen wird."[292] Ob es zu einem entsprechenden Treffen kam, ist unklar, Mitglied der NSDAP war Tucher nicht.[293]

287 Zit. n. ebenda, S. 197, Wegman an Zeylmans van Emmichoven, 22. 3. 1933.

288 IWI, Stein an Wegman, 8. 5. 1933.

289 Vgl. Selg/Gross/Mochner, Anthroposophie und Nationalsozialismus. Bd. 1, S. 199 f.

290 Zit. n. Werner, Anthroposophen, S. 9.

291 BArch, R 58/5946, Bl. 1429–1471, Korrespondenz 1930–1932 von Karl Heyer, Oskar Franz Wienert, Georg Klenk und Baron von Tucher.

292 Ebenda, Bl. 1471, Tucher an Heyer, 27. 11. 1930.

293 Vgl. BArch, NSDAP-Mitgliederkartei, eigene Erhebung.

Tatsächlich wird er sich jedoch etwas später mehrfach für den *Reichsverband* verwenden. Der Journalist, Brauereibesitzer und diplomierte Landwirt Tucher war seit 1929 im Besitz einer Nachschrift des „Landwirtschaftlichen Kurses" und wurde 1932 Mitglied des *Versuchsrings*. Am 26. Juli 1933 publizierte er in einem Beiblatt des *Völkischen Beobachters* – möglicherweise dem Rat von Karl Heyer folgend – über seine „Erfahrungen mit der biologisch-dynamischen Düngung" auf seinem eigenen Gut Feldmühl in Schwaben. Der Artikel zielte unmissverständlich darauf ab, die polemische Kritik der NS-Presse an der *bdW* zu entkräften: „Vermutlich wird mancher Besucher [auf Gut Feldmühl], der bisher glaubte, einen Kreuzzug gegen den ‚modernen Hexenglauben' unternehmen zu müssen, nicht wenig überrascht sein, wenn er anstelle der von ihm vielleicht erwarteten Mystik recht straff geführte und scharf kalkulierte Betriebe vorfindet."[294]

Mit Bezug auf die damals aktuelle „Auxin-Forschung" bemühte er sich um einen denkbaren naturwissenschaftlichen Erklärungsansatz für die Wirkungsweise der *bdW*. Hinsichtlich der Ertragsmengen verwies er auf positive Zahlen, und vor allem betonte er das Deutschnationale an der *bdW*. Sie beruhe auf „Deutschem Forscherfleiß" und sei „deutsches Geistesgut". Ein halbes Jahr später wird Tucher am 18. Januar 1934 bei dem alles verändernden Gesprächstermin zwischen Rudolf Heß und den Vertretern des *Reichsverbands* eine wichtige Rolle spielen: Er lieferte an Ilse Heß einen Präsentkorb mit biodynamischen Kartoffeln und Kräutertee. Bereits hier zeigte sich, dass die biodynamische Bewegung von vornherein über ein ausgeprägtes strategisches Gespür für wichtige Ansprechpartner:innen verfügte. Auch später waren die Gattinnen der NS-Führer häufig der Schlüssel zum Erfolg, in vielen Fällen waren sie es, die von der biodynamischen Idee angetan waren.[295] Ilse Heß wurde zu einer treuen Anhängerin der *bdW*. Bei Tucher bedankte sie sich noch im Januar 1934 mit einem Ratschlag: Er sollte eine Probe an Hitlers Nichte, Angela Raubal, auf den Obersalzberg schicken, „gerade der Umstand, dass ein Lieblingsgericht des Führers Schalenkartoffeln mit frischer Butter sind, würde es sehr nützlich sein lassen".[296]

Die Haltung der Nationalsozialisten zur *bdW* am Vorabend des „Dritten Reiches" schilderte Franz Dreidax im Rückblick als in zwei konträre Lager gespalten, deren Verhältnis zueinander sich ab 1932 spürbar verändert habe. Durch den zunehmenden Einfluss der Agrarlobbyisten habe die Gruppe der

294 GOE, E.15.002.031, Christof Freiherr von Tucher, Meine Erfahrungen mit der biologisch-dynamischen Düngung, in: Völkischer Beobachter, 207, Ausgabe, Beiblatt „Technik und Handwerk" vom 26. Juli 1933.

295 Vgl. Ebert u.a., Versuchsanstalt, S. 125f.

296 GOE, B.14.001.001, Ilse Heß an Tucher, 24.1.1934.

bdW-Befürworter in der NSDAP plötzlich „machtlos einer radikalen, rücksichtslosen" Richtung gegenübergestanden. „Zwar unterschied sich der erste öffentliche Angriff aus dem nationalsozialistischen Lager, ein lügenstrotzender Aufsatz im Völkischen Beobachter 1932, höchstens durch eine gewisse, besondere Schärfe von anderen Presseangriffen. Neu war aber, dass alle Bemühungen, auch solche von bedeutenden Nationalsozialisten, die als landwirtschaftliche Fachleute die biologisch-dynamische Wirtschaftsweise kennen- und schätzen gelernt hatten, um eine Erwiderung oder Richtigstellung zu erwirken, völlig vergeblich blieben."[297]

Dreidax' Erinnerung aus der Nachkriegszeit an eine in zwei Lager gespaltene NS-Bewegung – deren eine Seite „auf Anstand und Wahrheit Wert legte", während die andere „radikal und rücksichtslos" sei[298] – mag eine nachträgliche Legitimationsstrategie gewesen sein, um die Zweifel am eigenen Handeln zu zerstreuen. In Milieus, die wenig Einblick in politische Strukturen hatten, war es vermutlich weitverbreitet, auf diese Weise das eigene opportunistische Verhalten zu rechtfertigen oder zu verdrängen. Diese gedankliche Konstruktion war deshalb möglich, weil Biodynamiker politische und gesellschaftliche Prozesse nur selektiv wahrnahmen und die verbrecherische Seite des NS-Regimes meist ausblendeten. Schließlich verbarg sich dahinter vor allem der eigene Opportunismus, denn Dreidax' Einteilung in „anständige" und „rücksichtslose" Nationalsozialisten orientierte sich letztlich daran, ob sie die Interessen der *bdW* vertraten oder nicht.

In seinem Rückblick auf die NS-Zeit macht Dreidax aber auch deutlich, was viele seiner Mitstreiter in ihren Erinnerungsberichten ausblenden: Der *Versuchsring* war bereits vor 1933 zur Zusammenarbeit mit der NSDAP bereit. Tatsächlich sollte es dazu jedoch erst ab Januar 1934 kommen.

1.3 Zeitgenössische ökologische Landbausysteme

Die *biologisch-dynamische Wirtschaftsweise* war nicht das einzige und auch nicht das erste alternative Dünge- und Landbaukonzept, das in Deutschland entstanden war. Aus dem Umfeld der Siedlungs- und Reformbewegungen waren verschiedene Wegbereiter:innen und Richtungen biologischer Anbauweisen hervorgegangen. Um die Bedeutung der *bdW* für das aufkommende NS-System zu ermitteln, ist daher ein kurzer Blick auf die anderen ökologischen Land-

297 Dreidax, Wirtschaftsweise, S. 22.
298 Ebenda.

wirtschaftssysteme notwendig, die etwa zeitgleich zur *bdW* entwickelt wurden. Die Frage ist, welche Rolle diese vor bzw. während der NS-Zeit spielten und in welchem Verhältnis sie zum NS standen.

Die bisher einzige systematische Darstellung über die Entwicklung des ökologischen Landbaus im deutschsprachigen Raum stammt von dem Agrarwissenschaftler Gunter Vogt.[299] In seiner im Jahr 2000 publizierten Dissertation stellt er die Entwicklungslinien der *biologisch-dynamischen Wirtschaftsweise* und anderer alternativer Landbausysteme gegenüber. In Deutschland zählen dazu neben der *bdW* zwei weitere Ansätze: die „Biologische Bodenkultur und Düngewirtschaft" von Ewald Könemann und das Konzept „Natürlicher Landbau - Bodenständige und gesunde Ernährung" von Wilhelm Büsselberg.

Im Jahr 1934 wurden nicht nur der biodynamische *Reichsverband*, sondern auch Könemann und Büsselberg zu Mitgliedern in der gleichgeschalteten *Deutschen Gesellschaft für Lebensreform*. Mit dem Eintritt in diese NS-Organisation war, auch wenn dabei pragmatische Gründe im Vordergrund gestanden haben mögen – einzige Alternative wäre die Selbstauflösung gewesen –, ein erster, entscheidender Schritt der Zustimmung zur Eingliederung in den NS-Staat verbunden. Wenn also Befürworter des ökologischen Landbaus im NS-Apparat wie Rudolf Heß, Walther Darré oder Heinrich Himmler eine Wahl zwischen diesen drei verschiedenen Systemen hatten, wird im Folgenden zu fragen sein, wie es dazu kam, dass ausgerechnet die *bdW* zum Favoriten wurde. Denn im Gegensatz zu Büsselbergs und Könemanns Konzepten wurde die *bdW* zwar von hochrangigen NS-Führern wie Heß oder Himmler geschätzt und gefördert, von den offiziellen NS-Ideologen und der Agrarpolitik wurde sie jedoch als Teil der Anthroposophie grundsätzlich ideologisch und fachlich abgelehnt. So hieß es im Abschlussbericht zur Gestapo-Aktion vom 5. Juni 1941: „Obwohl die Anthroposophen immer wieder ihre völkische Verbundenheit und ihr Eintreten für das Deutschtum zu betonen suchen, muß jedoch eindeutig festgestellt werden, daß eine Verbindung von anthroposophischen Gedankengängen und germanisch-völkischer Weltanschauung unmöglich ist und die Anthroposophie letzten Endes zur Zersetzung der nationalsozialistischen Weltanschauung führen muß. Die Anthroposophie steht im Widerspruch zur nationalsozialistischen Rassenlehre."[300]

299 Vogt, Entstehung.

300 RSHA: Die Anthroposophie und ihre Zweckverbände. Bericht über die Verwendung von Ergebnissen der Aktion gegen Geheimlehren und sogenannte Geheimwissenschaften vom 5. Juni 1941. Zit. n. Werner, Anthroposophen, S. 423–442, hier S. 427.

Ewald Könemann und die Biologische Bodenkultur und Düngewirtschaft

Der Landwirt Ewald Könemann publizierte 1925 in Deutschland den ersten Aufsatz über naturgemäßen Landbau in den *Monatsblättern für Verinnerlichung und Selbstgestaltung – TAO*, einer Lebensreform-Zeitschrift. Er enthielt – so Vogt – „bereits sämtliche zentrale Elemente des Natürlichen Landbaus – und auch des ökologischen Landbaus".[301] In der noch im selben Jahr gegründeten Zeitschrift *Bebauet die Erde* veröffentlichte Könemann neben anderen „forschenden Landwirten" und anerkannten Naturwissenschaftlern wie Felix Löhnis oder Raoul Francé in den folgenden Jahren seinen Ansatz der Biologischen Bodenkultur und Düngewirtschaft.[302] Könemanns Überlegungen gingen über ein reines Düngekonzept weit hinaus, er bezog sich wie die meisten Lebensreformanhänger:innen auf verschiedene Reformansätze. In Bärenklau, einem frühen Landreformprojekt, traf er auf den Sozial- und Siedlungsreformer Franz Oppenheimer, der hier im Jahr 1919 seinen ersten Versuch einer Genossenschaft auf den Weg gebracht hatte.[303]

Könemanns landwirtschaftliche Ansätze orientierten sich an dem Botaniker und Mikrobiologen Raoul Francé, von dem – so die amerikanische Historikerin Corinna Treitel – der ökologische Modernismus ausgegangen sei.[304] Francé forderte dazu auf, die Landwirtschaft nach dem Vorbild der Natur umzugestalten. Alle Versuche, die Natur mit Chemie zu überwinden, seien dagegen evolutionärer Selbstmord.[305] Mit einer überraschenden Publikation war es ihm im Jahr 1913 zumindest kurzfristig gelungen, die Agrarbakteriologie aus ihrem Schattendasein zu befreien. Auf geradezu lyrische Weise beschrieb Francé die Lebensgemeinschaft des Bodens mit Tieren, Pflanzen und den „zappelnden" Mikroorganismen. Francés „Edaphon" begeisterte Lebensreformer:innen und kritische Wissenschaftler gleichermaßen.[306] Mit seinem Grundprinzip „Alles lebt – auch der Boden"[307] – einer Erkenntnis, die auch Steiner in seinem *Landwirtschaftlichen Kurs* propagierte – berief sich Könemann auf die Schriften von Francé.

301 Vogt, Entstehung, S. 86.

302 Vgl. Vogt, Entstehung, S. 88 f. Die Zeitschrift *Bebauet die Erde* erschien in den 1930er-Jahren mit Auflagen zwischen 1000–2000 Exemplaren und stieg in den Kriegsjahren mit Themenschwerpunkten der Selbstversorgung bis auf 5000 Exemplare an.

303 Vgl. Treitel, Eating, S. 171.

304 R. H. Francé, Die Gewalten der Erde: Eine Geschichte der Entfaltung des Lebens, Berlin 1920.

305 Vgl. Treitel, Eating, S. 175.

306 Vgl. R. H. Francé, Das Edaphon. Untersuchungen zur Oekologie der bodenbewohnenden Mikroorganismen, München 1913 sowie R. H. Francé, Das Leben im Ackerboden, Stuttgart 1922.

307 Vgl. Treitel, Eating, S. 173.

Bei seinen Versuchen setzte Könemann das von Francé patentierte „Bodenimpfmittel" „Edaphon Vital Earth" ein.[308]

Im Jahr 1920 gründete Könemann eine eigene Genossenschaft, die *Deutsche Dorfmarksiedlung*, im Juni 1928 folgte die *Arbeitsgemeinschaft Natürlicher Landbau und Siedlung (ANLS)*, die – vergleichbar mit dem *Versuchsring* – bald aus mehreren Ortsgruppen bestand.[309] Als die *ANLS* im Dezember 1934 – ebenso wie der *Reichsverband* – in die *Deutsche Gesellschaft für Lebensreform* eintrat, verfügte sie deutschlandweit über immerhin 13 regionale Dienststellen, die Anzahl der Auskunftsstellen der *bdW* lag jedoch bei mehr als dem Doppelten. Es gab ein eigenes Markenzeichen (*ANLS*-Wertmarke), eine Beratungsstelle sowie eine Siedlerlehrstätte.[310] Im Unterschied zum *Reichsverband* war die *ANLS* jedoch nicht über eine übergeordnete Organisationsstruktur vernetzt, ihre erste Tagung fand im Rahmen einer Wanderausstellung der *Deutschen Landwirtschaftsgesellschaft* statt. Initiativen der *ANLS* für eine Vermarktungsgemeinschaft etwa mit der Reformwarenwirtschaft oder angestrebte Erzeugergemeinschaften kamen lediglich auf lokaler Ebene zustande.

Organisatorisch war die biodynamische Bewegung der *ANLS* Anfang der 1930er-Jahre weit voraus. Aspekte wie die Einbindung der *bdW* in die anthroposophische Infrastruktur und die finanziellen Potenziale ihres Mäzenatentums, die kontinuierliche Entwicklung und Erprobung der Methode in dem weit versprengten Kreis der *Versuchsring*-Mitglieder unter verschiedenen Boden- und Klimaverhältnissen, das gemeinsame Aufbegehren gegen die mächtige Agrarchemie und nicht zuletzt die verbindende Kraft der einmütigen Mission zur Rettung des Bodens mögen den Biodynamiker:innen gegenüber Könemanns *ANLS* einige Vorteile verschafft haben.

In der Debatte um die fachliche Bedeutung der *bdW* nahm Könemann 1932 unmissverständlich die Position der Kritiker ein: Bei den Anthroposoph:innen sei „der Glaube und der Hang zum Okkulten zu stark, die Kenntnis der Landwirtschaft und der Praxis zu gering".[311] Aus Kreisen, in denen er offensichtlich mit Zustimmung gerechnet hatte, erntete Könemann jedoch heftigen Widerspruch. Im evangelischen *Pfarrerblatt* hielt ihm Pfarrer Walter Barck empört entgegen: „Wohl alle Landwirtschaft der ganzen Welt hat religiösen Ursprung."[312]

308 Vgl. ebenda, S. 174.

309 Ebenda.

310 Vgl. Vogt, Entstehung, S. 90 f.

311 Vogt, Entstehung, S. 118.

312 BArch, R 58/5946, Bl. 1441 ff., Walter Barck, Notwendige Antwort auf die Notwendige Klarstellung zur Frage der biologischen Düngung, in: Ev. Deutsches Pfarrerblatt (1932) 15, S. 209–212, hier S. 209.

Der Pfarrer verteidigte die *bdW* auf ganzer Linie, selbst gegen die stets wiederkehrende Kritik an ihrer vermeintlichen Irrationalität. „Die Erfolge sind da, aber einem in materialistischen Anschauungen groß gewordenen Jahrhundert müssen sie als absurd oder als absichtlicher Betrug oder als unabsichtliche Selbsttäuschung erscheinen."[313] Barck unterstellte sowohl der Agrarchemie als auch Ewald Könemann, mit ihrer vermeintlich unsachlichen Kritik lediglich die Konkurrenz in die Flucht schlagen zu wollen: „Von finanziell interessierter Seite ist die Sache anscheinend gar bald richtig erkannt worden; denn sie wurde für Wert gehalten, mit Tausenden von kostenlos verteilten Gegenschriften aufs heftigste bekämpft zu werden. [...]. Auch der eingangs genannte Artikel in Nr. 38 [Könemanns Artikel] scheint offensichtlich aus der Besorgnis entstanden zu sein, es möchten gewisse Felle davonschwimmen. Das Bessere ist der Feind des Guten."[314] Nicht unerwähnt ließ Brack freilich, dass „Alt-Reichskanzler Michaelis" eine „führende Rolle" in der *bdW* spiele.[315] Ab Ende 1935 publizierte Könemann in der Zeitschrift *Leib und Leben*, ab Mai 1936 mit einer eigenen Kolumne: „Land- und Gartenbau". Er bemühte sich um die Wiederbelebung nicht mehr praktizierten Anbaus, z. B. von Raps und Flachs.

Könemanns *Arbeitsgemeinschaft Landreform* wurde im Mai 1940 von dem Leiter der *Deutschen Gesellschaft für Lebensreform*, Hanns G. Müller, ausgeschlossen. In *Leib und Leben* gab Müller bekannt: „Diese Arbeitsgemeinschaft wurde aus Gründen aufgelöst, die in der Person des Herrn Könemann selbst lagen."[316] Ob der Grund für diesen Ausschluss mit Könemanns Kritik an der *bdW* zusammenhing – wie Treitel vermutet – oder vielmehr in einer grundsätzlich distanzierten Haltung gegenüber dem Nationalsozialismus, wovon Gunter Vogt ausgeht, ist bisher nicht hinreichend belegt. Während Treitel aus Könemanns völkischem Hintergrund[317] ableitet, dass unter seinen Händen die biologische Landwirtschaft mit den rassistischen und imperialen Absichten des „Dritten Reiches" vereinbar gewesen sei, geht Vogt davon aus, dass Könemann sich bereits 1934, kurz nachdem er Mitglied der *Deutschen Gesellschaft für Lebensreform* geworden war, wieder vom NS abgewandt habe.[318] Nach der

313 BArch, R 58/5946, Bl. 210.

314 Ebenda.

315 Vgl. BArch, R 58/5946, Bl. 211.

316 Zit. n. Vogt, Entstehung, S. 91. Es muss darauf hingewiesen werden, dass diese von Vogt zitierten Quellenangaben nicht korrekt sind.

317 Treitel weist darauf hin, dass Könemann in der Zeitschrift *Bebauet die Erde* den altgermanischen Monatsnamen „Julmond" verwendete, vgl. Treitel, Eating, S. 176. Selbst verortete sich Könemann „in völkischen und deutschen Kreisen", vgl. Troßbach, Zeitalter, S. 38, FN 95.

318 Vgl. Treitel, Eating, S. 178, vgl. Vogt, Entstehung, S. 90. Auch Werner Troßbach weist zu Recht darauf hin, dass eingehende Forschungen hierzu fehlen, vgl. Troßbach, Zeitalter, S. 12.

Auflösung der *Arbeitsgemeinschaft Landreform* zog sich Könemann in die Obstbau Kolonie Eden zurück, bis zu seinem Tod 1976 arbeitete er an der Entwicklung seines ökologischen Landwirtschaftskonzepts.[319]

Wilhelm Büsselberg und der Natürliche Landbau

Der Begründer des dritten ökologischen Landbaukonzepts – Natürlicher Landbau – Bodenständige und gesunde Ernährung – war der im Jahr 1908 promovierte Politikwissenschaftler Wilhelm Büsselberg.[320] Büsselberg griff darin auf seine Erfahrungen im preußischen Kriegsministerium während des Ersten Weltkriegs zurück, wo er sich unter seinem Doktorvater Max Sering, einem wichtigen agrarökonomischen Berater der Weimarer Regierung und scharfen Kritiker der nationalsozialistischen Agrarpolitik, als Wirtschaftsanalytiker mit Strategien zur Ernährungsautarkie beschäftigt hatte. Büsselberg teilte, ähnlich wie Könemann, die Vertreter des *Versuchsrings* und die meisten anderen Anhänger der Reformbewegung, die allgemeine zeitgenössische Kritik am Kapitalismus und vor allem war er überzeugt, dass synthetische Düngemittel keine Ernährungsautarkie bewirken könnten, vielmehr würden sie die Gesundheit von Menschen, Tieren und Pflanzen gefährden.[321]

Neben durchaus vergleichbaren Überlegungen unterschieden sich die drei Konzepte grundsätzlich. Etwa hinsichtlich der Frage zur Viehhaltung rieten Büsselberg und Könemann im Vergleich zur *bdW* zu deren Verzicht. Den Einsatz menschlicher Fäkalien als Dünger lehnten *bdW*-Vertreter und Büsselberg vehement ab, Könemann riet dagegen, ihn in kompostierter Form einzusetzen.[322] Ein weiterer Unterschied bestand darin, dass Könemann – anders als bei der *bdW* und Büsselbergs Landbauko*nzept* – nicht ganz auf den Einsatz kommerzieller Düngemittel verzichtete.[323] Zwar begriffen sich alle drei Konzepte als „ganzheitlich", beriefen sich jedoch auf jeweils unterschiedliche Vorbilder. Büsselberg bezog sich auf die „jahrtausendalte chinesische Landwirtschaft", die ganz ohne Brache und Fruchtfolge auskäme und trotzdem zwei bis drei Ernten jährlich einbringe.[324]

Ein zentraler Unterschied zur *bdW* bestand darin, dass Büsselbergs Konzept programmatisch auf Antisemitismus und Rassismus basierte.[325] Er war lang-

319 Vgl. ebenda, S. 347.
320 Vgl. BArch, R 9361-VI/331.
321 Vgl. Treitel, Eating, S. 179.
322 Vgl. ebenda.
323 Vgl. ebenda.
324 Vgl. BArch, R 56/V 383, Verwaltungsamt Der Reichsbauernführer an Präsident der Reichsschrifttumskammer vom 2. 8. 1937, Anlage, S. 1.
325 Vgl. Treitel, Eating, S. 180 und Troßbach, Zeitalter, S. 11.

jähriger Anhänger der sogenannten Ariosophie von Jörg Lanz von Liebenfels und Guido von List. Von ihnen übernahm er die Idee einer „arischen" Elite, zu der sich Kleinbauern, die naturnahe Landwirtschaft betrieben, entwickeln sollten. Sein Ziel war eine von Kleinbauern dominierte „organische" Gesellschaftsordnung.[326] In ökonomischen Schriften bezog er sich auf nationalsozialistische Agrarökonomen, die neben dem internationalen Kapitalismus und dem Marxismus vor allem das „Weltjudentum" für die Krise der Landwirtschaft verantwortlich machten.

Nachdem er sich von Sering aufgrund von Meinungsverschiedenheiten zur Ernährungsautarkie getrennt hatte, bemühte sich Büsselberg zwischen den Weltkriegen, sein Konzept des Natürlichen Landbaus in ein umfangreicher angelegtes Werk „Organische Wirtschaftsordnung" zu integrieren – wozu es jedoch nie kam.[327] Der Band „Natürlicher Landbau" erschien als Einzelband, jedoch erst 1937 im Verlag *Deutsche Volksgesundheit* von Julius Streicher. Von dem für seinen extremen Antisemitismus bekannten Nationalsozialisten Streicher erhielt Büsselberg Unterstützung. Als Streicher gegen Ende der 1930er-Jahre wegen Korruptionsvorwürfen alle seine Ämter verlor, war auch Büsselberg – nunmehr ohne Unterstützung im NS-Apparat – verloren. Noch im Erscheinungsjahr 1937 ließ Darré Büsselbergs Publikation verbieten, auch seine Pläne eines Forschungsinstituts für natürlichen Landbau in Nürnberg hatten sich damit zerschlagen. Am 31. Juli 1937 begründete das Verwaltungsamt des Reichsbauernführers das Verbot mit dem Argument, die Vereinigung schade den Zielen der „Erzeugungsschlacht" und dem Vierjahresplan. Man warf Büsselberg Sabotage vor, da er die vom *Reichsnährstand* propagierte Methode zur „Ertragssteigerung" angreife.[328] Auf eine Anfrage der Reichsschrifttumskammer bezüglich des zukünftigen Umgangs mit Büsselbergs Publikation teilte der Leiter des *Sachverständigenbeirats für Volksgesundheit* Müller beiläufig mit, dass es zwischen dem *Hauptamt für Volksgesundheit* und dem *Reichsnährstand* Meinungsverschiedenheiten gebe. Das *Hauptamt* vertrete eine biodynamische, der *Reichsnährstand* dagegen eine „mechanistische Auffassung".[329]

Büsselberg bemühte sich spätestens ab 1937 um eine Zusammenarbeit mit dem *Reichsverband*, wozu es jedoch nicht kam. Erhard Bartsch sei „von maßgeblicher Stelle unterrichtet worden, dass eine Mitarbeit in Nürnberg [mit

326 Vgl. ebenda, S. 180.

327 Vgl. Vogt, Entstehung, S. 96. Die ca. 750 Seiten umfassende Schrift über den „Natürlichen Landbau" war als Band 3 eines nie erschienenen, siebenbändigen Werkes „Organische Wirtschaftsordnung" vorgesehen.

328 Vgl. BArch, R 56/V 383.

329 Vgl. BArch, R 56-VI/381.

Büsselberg] unerwünscht sei".[330] Im April 1940 bemühte sich Büsselberg bei der *Deutschen Forschungsgemeinschaft* um eine Beihilfe zur Förderung seiner wissenschaftlichen Arbeit „Organische Wirtschaftsordnung", im Juni wurde der Antrag jedoch abgelehnt.[331]

Mit dem Verbot der *bdW* im Sommer 1941 war – nachdem Büsselbergs Publikation bereits 1937 verboten und Könemann 1940 aus der *Gesellschaft für Lebensreform* ausgeschlossen worden war – das letzte der drei ökologischen Landbausysteme aus dem NS-Apparat verbannt worden. Alle drei Beispiele zeigen, wie abhängig sie besonders in ihrer Außenseiterposition von ihren jeweiligen Fürsprechern und deren hierarchischen Rängen waren. Es wird sich zeigen, dass die Präferenz für die *bdW* in erster Linie ihren praktischen Erfolgen geschuldet war.

330 BArch, R 9349/2, Dreidax an Gruschke, 3.11.1937.
331 BArch, R 73/10543, Zimmermann an Büsselberg, 14.6.1940.

2. Die NS-Zeit

Nachdem Adolf Hitler am 30. Januar zum Reichskanzler ernannt worden war, zerstörten die nationalsozialistischen Machthaber innerhalb weniger Wochen die Strukturen des demokratischen Staates und der Zivilgesellschaft. Für die *Anthroposophische Gesellschaft* in Deutschland und ihre Anwendungsbereiche wie die biodynamischen Verbände oder die Waldorfschulen war im Januar 1933 keineswegs klar, ob auch sie in Gefahr schwebten, zerschlagen zu werden. Es gab keinen Zweifel, dass die neuen Machthaber denen gegenüber, die sie zu ihren politischen und „rassischen" Feinden erklärt hatten, mit exzessiver Repression reagieren würden. Keineswegs war sicher, ob nicht auch Rudolf Steiner, dem Nationalsozialisten eine jüdische Herkunft nachsagten, und damit die Anthroposophie des „undeutschen Geistes" bezichtigt würden. Auch noch knapp neun Jahre nach Steiners Tod griff die rechtsgerichtete Presse die Anthroposophie an, indem sie Steiner abwechselnd als Freimaurer, Marxisten, Juden oder als Verursacher der Niederlage Deutschlands im Ersten Weltkrieg brandmarkte.[1] Wie viele Organisationen, Verbände und Vereine stand auch die biodynamische Bewegung vor der Frage: Auflösung oder Anpassung an die NS-Strukturen.

Zu einer Schlüsselfrage wurde der Ausschluss jüdischer Mitglieder, der sogenannte Arierparagraph. Ihn übernahmen bereitwillig nahezu sämtliche Organisationen bis hin zum kleinsten Kaninchenzüchter- oder Turnverein, ohne dass es dabei eines staatlichen Zwangs bedurft hätte. Auf Rat u. a. des nichtanthroposophischen Mäzens der Bewegung, Georg Michaelis, und in enger Absprache mit dem Dornacher Vorstand Guenther Wachsmuth wurde bereits im Sommer 1933 auf einer Mitgliederversammlung einstimmig beschlossen, alle biodynamischen Einrichtungen in einem *Reichsverband* zusammenzuschließen, dem Ehrhard Bartsch als Leiter vorstehen würde. Trotz dieser Zugeständnisse kam es im Jahr 1933 zu Teilverboten der *bdW* in Thüringen und Württemberg und vernichtenden Kritiken in der Fach- und Parteipresse.

Vor diesem Hintergrund gilt es zu klären, warum es im Fall der biodynamischen Landwirtschaft von Teilen der nationalsozialistischen Machthaber nach anfänglicher Ablehnung (1933 – Januar 1934) zu einer Phase der Duldung und

1 Vgl. Werner, Anthroposophen, S. 23 f.

Anpassung (1934–1939), schließlich einer zunehmenden Anerkennung (1939–1941) und im Sommer 1941 – entgegen allen Vereinbarungen und Vorbereitungen – zum plötzlichen Verbot kam. Wie war es dann in der letzten Phase der NS-Diktatur von 1941–1945 möglich, dass sich der hitlertreue Heinrich Himmler über das Verbot des „Führers" hinwegsetzte und – halb im Verborgenen – durch seine SS-eigene landwirtschaftliche Versuchsanstalt – teilweise unter Einsatz von KZ-Häftlingen – biodynamische Versuche fortsetzen ließ? Weshalb erklärten sich trotz Verbot und Verrat, trotz dieses herben Schlags für die biodynamische Bewegung einige leitende Mitglieder[2] sogar mit ausdrücklicher Empfehlung der Führungsspitze des *Reichsverbands*, Erhard Bartsch und Franz Dreidax, dazu bereit, nunmehr für Himmler und die SS weiter zu forschen?

Vonseiten der NS-Ideologen im Überwachungsapparat, die die *AG* von Beginn an beobachteten, gab es keinen Zweifel an der Unvereinbarkeit der „weltanschaulichen Wurzeln" von Anthroposophie und Nationalsozialismus. Wie und warum kam es ab 1934 dennoch zur Zusammenarbeit mit dem Amtsbereich von Rudolf Heß und von 1939 bis Sommer 1941 mit dem *Reichsnährstand* und mehreren SS-Ämtern? Weshalb favorisierten die Kunstdünger-Gegner in der NS-Führung mit der *bdW* ausgerechnet einen Verband, der ideologisch als Gefahr galt? Welche Bedeutung hatte schließlich das Verbot der *Anthroposophischen Gesellschaft in Deutschland* 1935 für die Anpassung der *bdW* im NS-Staat?

2.1 Gleichschaltung und das Ringen um Anerkennung (1933–1934)

Das Gleichschaltungsgesetz vom März 1933 war nur der Anfang einer Reihe verschiedener Maßnahmen, mit denen die nationalsozialistische Führung in großer Geschwindigkeit die nahezu vollständige Kontrolle aller gesellschaftlichen Bereiche übernahm. Nachdem im März die Entstaatlichung der deutschen Länder eingeleitet war und Anfang Juli die Auflösung der Parteien, wurde bis Mitte 1934 auch die Übernahme kleinster Verbände in die Organisationsstruktur der NSDAP vollzogen – oder sie lösten sich auf. Diese Anpassungen erfolgten größtenteils freiwillig, teils wurden sie durch Terror erzwungen.

2 Ab 1941 wurden Herbert Beichl, Franz Lippert und Carl Grund von der SS rekrutiert, sie wurden SS-Mitglieder. Martha Künzel wurde von der SS angestellt. Alois Stockamp und Max Karl Schwarz haben für die SS gearbeitet. Sie alle sollten weiter die biodynamische Forschung betreiben.

Die Mitglieder der biodynamischen Verbände entschieden sich für die Eingliederung. Man wollte – so Dreidax – der „zentralisierten politischen Gewalt gegenüber aktionsfähig" bleiben.[3] Einzige Alternative wäre die Selbstauflösung gewesen. Die Umbenennung des *Versuchsrings anthroposophischer Landwirte* in *Versuchsring biologisch-dynamischer Landwirte* Anfang 1933[4] und wenig später die Gründung des *Reichsverbands für biologisch-dynamische Wirtschaftsweise* in *Landwirtschaft und Gartenbau e. V.* im Juli 1933 waren erste Konzessionen an die neuen Machthaber. Zum einen hatten die Biodynamiker:innen damit den zunehmend unter Verdacht stehenden Begriff „anthroposophisch" aus ihrem Namen verbannt. Der Zusammenschluss sämtlicher assoziierter Vereinigungen der *bdW* zum *Reichsverband* bereitete zum anderen einen zweiten, noch entscheidenderen Schritt vor. Mit der Angliederung an die *Deutsche Gesellschaft für Lebensreform* im März 1936, die wiederum Mitglied des *Sachverständigenbeirats für Volksgesundheit* im Amtsbereich von Rudolf Heß war, wurden der *Reichsverband* und viele andere Lebensreformgruppierungen in die Organisationsstruktur der NSDAP übernommen. Sie alle hatten sich damit gleichermaßen zur Anpassung ihrer Strukturen bereit erklärt, etwa zur Einführung des „Führerprinzips" und des „Arierparagraphen". Da dem Antisemitismus und Rassismus in den Statuten und Schriften der biodynamischen Verbände vor 1933 keine Bedeutung zugemessen wurde, ist zu fragen, welche Reaktionen diese Veränderung unter den Mitgliedern auslösten.

Als landwirtschaftlicher Verband hätte der *Versuchsring* in der Logik der neuen Machthaber dem sogenannten *Reichsnährstand* angegliedert werden müssen. In diesem riesigen, „krakenartigen Gebilde"[5] wurde der gesamte Agrarsektor zusammengeschlossen, die Landwirtschaft mit sämtlichen Verbänden und Vereinen, die an der Erzeugung, der Verarbeitung oder dem Absatz landwirtschaftlicher Produkte beteiligt waren. Der Umstand, dass es dazu nicht kam – im *Reichsnährstand* fand die *bdW* im Jahr 1933 keine Fürsprecher[6] –, konnte für die Stellung des *Reichsverbands* zunehmend gefährlich werden. Sogenannte wilde Verbände wurden verschärft überwacht, da sie unter Verdacht

3 Vgl. Becker, Michaelis, S 663.

4 Vgl. GOE, E.15.002.024, Nicolaus Remer, Zur Geschichte des landwirtschaftlichen Impulses R. Steiners und seiner Weiterentwicklung, 1952, S. 4.

5 Andreas Dornheim, Rasse, Raum und Autarkie. Sachverständigengutachten zur Rolle des Reichsministeriums für Ernährung und Landwirtschaft in der NS-Zeit. Erarbeitet für das Bundesministerium für Ernährung, Landwirtschaft und Verbraucherschutz, 2011, S. 83, https://www.bmel.de/SharedDocs/Downloads/DE/_Ministerium/Geschichte/sachverstaendigenrat-zur-rolle-ns-zeit. pdf?_ blob=publicationFile&v=3 [24. 5. 2024].

6 Vgl. BArch, R 58/6223, Bl. 301, Protokoll des Verhörs vom 20. Juni 1941.

standen, NS-Gegner in ihren Reihen zu dulden. Die Angliederung an die *Deutsche Gesellschaft für Lebensreform* bot 1936 nicht nur den drei ökologischen Landbauverbänden von Ewald Könemann, Wilhelm Büsselberg und der *bdW*, sondern auch etlichen anderen Lebensreformgruppen die Möglichkeit, ihre Ziele unter dem Schutzschild von Heß weiter zu verfolgen. Er war als „Stellvertreter des Führers" und langjähriger Vertrauter von Hitler im NS-Staat mit einer einzigartigen Machtfülle ausgestattet.[7] Das von ihm ins Leben gerufene Referat „Lebensreform" im *Hauptamt für Volksgesundheit* sollte zu einer Nische für viele dieser Reformgruppen werden.

Mit dem Aufbau eines Überwachungsapparats hatte Himmler bereits 1931 begonnen. Sein geheimer und illegaler „Sicherheitsdienst" (SD) spionierte nicht nur Gegner, sondern auch eigene Parteimitglieder aus. Zum Chef des SD ernannte Himmler 1931 Reinhard Heydrich. Die Überwachung von Anthroposoph:innen begann im Zusammenhang mit einem „nicht-arischen" Vorsitzenden eines Breslauer Zweiges bereits vor 1933.[8] Die Geheime Staatspolizei (bis 1936 Gestapa für Geheimes Staatspolizeiamt, danach Gestapo) war von 1933–1945 die politische Polizei des NS-Regimes. Während der SD bereits 1933 auch mit der Überwachung von Freimaurervereinigungen, Logen und in diesem Zusammenhang einzelnen Anthroposoph:innen begann, richtete das Gestapa erst im Januar 1934 ein Referat für Juden-, Freimaurer-, Emigranten- und Kirchenfragen ein. Die Abgrenzung der Arbeitsgebiete der beiden Überwachungsorgane legte Himmler fest: Der SD sollte für die Ermittlung von Gegnern des NS-Regimes, die Gestapo für deren Bekämpfung zuständig sein. Knapp einen Monat nach Beginn des Zweiten Weltkriegs wurde der SD mit der Sicherheitspolizei (Sipo) zum *Reichssicherheitshauptamt* (*RSHA*) unter der Leitung Heydrichs zusammengefasst.

Nachdem die Weltwirtschaftskrise ab Sommer 1931 einen globalen Preiskampf entfacht hatte, reagierten Staaten weltweit mit der Einführung von Schutzzöllen oder riegelten ihre Märkte mit anderen Mitteln ab. Konzepte der Selbstversorgung oder Autarkie waren zwar auch in Deutschland bereits während des Ersten Weltkriegs auf politische Zustimmung gestoßen, die regierende NSDAP erhob jedoch von 1933 an die Autarkie zu einem der zentralen Kernpunkte nationalsozialistischer Wirtschaftspolitik. Die Lage der Landwirte verbesserte sich ab 1933 spürbar. Bereits im Frühjahr wurden verschuldete Betriebe saniert und die Preise für landwirtschaftliche Produkte und Schutzzölle angehoben. Davon profitierten auch biodynamische Betriebe, was z. B. von dem engagierten *bdW*-Mitglied Benno von Heynitz in seinen Erinnerungen erwähnt wird. „Im Herbst

7 Vgl. Manfred Görtemaker, Rudolf Hess. Der Stellvertreter. Eine Biographie, München 2023.
8 Vgl. BArch, R 58/6185.

1933 waren die Gesetze zur Bildung des *Reichsnährstandes*, das Reichserbhofgesetz und das über die Festpreise für landwirtschaftliche Erzeugnisse erlassen worden und in Kraft getreten. Im ganzen gesehen, waren diese Gesetze gut und halfen der Landwirtschaft in ihrer großen Not sehr."[9]

In immer größere Schwierigkeiten sollte der *Reichsverband* dagegen mit den Veränderungen des zunehmenden agrarpolitischen Dirigismus im NS-Staat geraten. Denn das gesamte biodynamische Projekt war auf seine eigenen Strukturen und Kreisläufe von Produktion, Verwertung, Vertrieb und Absatz angewiesen, auf die Vermittlung zwischen biodynamischen Produzent:innen und Verbraucher:innen. So musste etwa Schlesischer Weizen in anthroposophische Verbraucher:innen-Zentren wie Stuttgart gelangen oder biodynamisches Gemüse in spezielle Kureinrichtungen. Immer mehr Maßnahmen der Zentralisierung und Reglementierung des nationalsozialistischen Agrarsektors ließen jedoch – auch jenseits aller ideologischer Zweifel – solche eigenen Strukturen kaum noch zu.

Der zum Reichsbauernführer ernannte Walther Darré – seit 1930 Mitglied der NSDAP und der SS – übernahm 1933 nicht nur die Führung des *Reichsministeriums für Ernährung und Landwirtschaft (RMEL)*, sondern auch die des *Reichsnährstands*. Darré hatte sich als Vertreter des industriefeindlichen und zivilisationskritischen Flügels innerhalb der NSDAP das Ziel gesetzt, das deutsche Bauerntum vor den Fängen „agrarkapitalistischer Gier" zu schützen. Schon Anfang der 1930er-Jahre propagierte er mit der Formel „Blut und Boden" die vermeintliche Einheit eines „rassisch" definierten „Volkskörpers" mit seinem Land und Siedlungsgebiet. Darrés große Wahlerfolge im ländlichen Raum hatten gezeigt, dass die Metapher „Blut und Boden" hier gut ankam. Dies beruhte allerdings – so der Agrarhistoriker Horst Gies – auf einem Missverständnis: „Metaphern wie die von ‚Blut und Boden' sind geradezu prädestiniert dafür, missverstanden zu werden, weil sie ihren Inhalt nicht klar und eindeutig, sondern verklausuliert und verdeckt, eben unklar transportieren. […] Ob ‚Blut und Boden' als ‚Volk und Raum', ‚Volk und Staat', ‚Leute und Land', ‚Stamm und Heimat', ‚Mensch und Landschaft' verstanden wurde – alle Versionen hatten nichts mit dem zu tun, was Darré in den Slogan hineininterpretiert hatte: die Idee nämlich, die Menschen ‚Nordischer Rasse' seien zur Selbstverwirklichung auf die Bebauung von Land angewiesen und ihre kulturschöpferische Leistungsfähigkeit hänge von dieser Symbiose ab. […] In der Version ‚Mensch und Erde' etwa konnten sich die bürgerlichen Stadtbewohner angesprochen fühlen, die sich nach Naturnähe sehnten […], in der Version ‚Volk und Staat' konnten sich

9 Heynitz, Erinnerungen, S. 36.

die gesamte Nation und ihre Staatsbürger angesprochen fühlen, vor allem aber die Landbevölkerung. [...] Besonders in der Version ‚Bauer und Boden' konnten sich die in der Landwirtschaft Tätigen wiederfinden." Gies betont, dass es neben Darrés eindeutig rassistisch begründeter Idee von „Blut und Boden" auch Deutungen gab, die nicht rassistisch waren.[10]

Im Gegensatz zu Darrés auf die Utopie einer Reagrarisierung hin ausgerichteten Landwirtschaft galt sein Staatssekretär und späterer Nachfolger als Reichsminister, SS-Obergruppenführer Herbert Backe – seit 1922 Mitglied der SA und seit 1925 Mitglied der NSDAP –, als Verfechter der Maximierung von Effizienz und Produktion im Zusammenhang mit einer aggressiven Expansionspolitik. Aus Backes Feder stammte u. a. das Programm der sogenannten Erzeugungsschlacht, mit dem die deutsche Nahrungsmittelproduktion gesteigert werden sollte.

Ebenso war der Agrarwissenschaftler Konrad Meyer, der von 1933 an eine zunehmend einflussreiche Rolle in der agrarwissenschaftlichen Forschung spielte, ein eindeutiger Anhänger der agrarwirtschaftlichen Modernisierung. Als Professor für Ackerbau und Landbaupolitik in Berlin setzten ihn Backe und Hermann Göring in den Behörden des „Vierjahresplans" ein, wo er das Verbindungsglied zwischen universitärer und außeruniversitärer Agrarforschung bilden sollte. 1935 brachte Meyer den *Landbaulichen Forschungsdienst* auf den Weg, der sämtliche Sparten der landwirtschaftlichen Forschung zusammenschloss, 1936 wurde er zum Vizepräsidenten der *Deutschen Forschungsgemeinschaft* (*DFG*) berufen.

In der landbaulichen Forschung wurden die Widersprüche zwischen „Blut und Boden"-Ideologen auf der einen und Befürwortern einer industrialisierten Landwirtschaft auf der anderen Seite sehr schnell offensichtlich.[11] Darrés anfängliche Vorgaben für die Forschungsrichtungen im Agrarsektor, die eng mit seinen Vorstellungen einer bäuerlichen Reagrarisierung verbunden waren, stießen bei der Mehrheit der Wissenschaftler im *Forschungsdienst* auf heftige Kritik. Umstritten war vor allem die Dünger- und Humusforschung, einer der Schwerpunkte des *Forschungsdienstes*. Neben chemischem und wirtschaftseigenem Dünger wurde hier eine Reihe verschiedenster Alternativen von organischen Abfallstoffen bis hin zu Fischresten erforscht.[12]

10 Gies, Darré, S. 629 f.

11 Vgl. Willi Oberkrome, Ordnung und Autarkie. Die Geschichte der deutschen Landbauforschung, Agrarökonomie und ländlichen Sozialwissenschaft im Spiegel von Forschungsdienst und DFG (1920–1970), Stuttgart 2009, S. 105 f.

12 Vgl. Fritz Scheffer, Methodik der Humusforschung, in: Der Forschungsdienst (Hrsg.), Forschung für Volk und Nahrungsfreiheit. Arbeitsbericht 1934 und 1937 des Forschungsdienstes und Überblick über die im Reichsforschungsrat auf dem Gebiet der Landwirtschaft geleistete Arbeit, Neudamm 1938, S. 108–111.

Die Frage nach der „richtigen" Düngungsweise schien alle zu polarisieren. In der Regierung, der Verwaltung, bei den Verbraucher:innen – überall bildeten sich verschiedene Lager, so auch in der Forschung. Konrad Meyer polemisierte nachdrücklich gegen das vermeintliche „Gespenst der Bodenmüdigkeit" mit dem Argument, das auch andere *bdW*-Kritiker stets an erster Stelle nannten: Eine ausreichende Versorgung der Bevölkerung sei nur mit Kunstdünger zu erreichen. Aber es gab auch ein Problem: Stickstoff würde infolge der zunehmenden Munitionsherstellung knapp werden. Vor diesem Hintergrund nahmen die Themen Dünger und Humus in der Forschung einen vergleichsweise großen Raum ein.

In der sehr konträren und emotionsgeladenen Debatte um die Düngerfrage musste die *bdW* – durch die groß angelegte Kampagne der Agrarchemie als „die" biologische Landbaumethode bekannt geworden – nachgerade zwangsläufig zwischen die Fronten der NS-Elite geraten. Von dem weitaus größeren Flügel um Backe und Meyer, der auf eine industrielle Landwirtschaft ausgerichtet war, wurde der *Reichsverband* fachlich und ideologisch angegriffen, während die *bdW* für Kunstdüngerkritiker wie Heß, Himmler oder Darré die einzige Hoffnung darstellte. Eine eigene Landbauweise hatte der NS nie entwickelt, und allein der *Reichsverband* versprach, praktische Beweise dafür liefern zu können, dass Landwirtschaft ohne Kunstdünger möglich sei. Darin sahen Bartsch und seine Mitstreiter eine Chance und ergriffen diese auch.

In den Nachkriegserinnerungen von Bartsch und Nicolaus Remer über die Ereignisse der frühen NS-Jahre heißt es: „Die politischen Verhältnisse brachten immer stärkere Erschwernisse." Als „Gegner" betrachteten sie offensichtlich auch zu Beginn der NS-Diktatur allein die Agrarwissenschaften und -industrie: „Es kam in diesem Abschnitt wesentlich darauf an […], den schärfsten Existenzkampf gegenüber der industriell beeinflussten wissenschaftlichen Landbaulehre und gegenüber den Wirtschaftsorganisationen und Konzernen aufzunehmen. […] Nach dem Jahr 1933 bediente sich die Gegnerschaft mehr und mehr der Machtmittel des autoritären Staates und versuchte, die landw. Impulse abzuwürgen."[13] An diesem einseitigen Feindbild hielten die Biodynamiker offensichtlich beharrlich fest. So wird z. B. Dreidax auch noch 1941 das für ihn völlig überraschende Verbot der *bdW* allein der Agrarindustrie zuschreiben. Nur so könne er sich die plötzliche Kehrtwende erklären, wie er – fassungslos und spürbar aufgebracht – unmittelbar nach dem Verbot einem seiner wichtigsten Verhandlungspartner im Stabsamt des Reichsbauernführers mitteilte.[14]

13 Vgl. GOE, E.15.002.024, Nicolaus Remer, Zur Geschichte des landwirtschaftlichen Impulses R. Steiners und seiner Weiterentwicklung, 1952, S. 5.

14 Vgl. GOE, D.02, Seifert 002, Dreidax an Reischle, 23. 6. 1941.

2.1.1 Bedrohlicher Auftakt

Keine zwei Tage nach Hitlers Ernennung zum Reichskanzler begann am 1. Februar 1933 eine breit angelegte publizistische Offensive gegen den „Theosophen, Juden, Freimaurer und Kommunisten Rudolf Steiner". U.a. erschien im Abendblatt der Berliner *National-Zeitung* eine 14-teilige Artikelserie. „Die Verleumdungskampagne paßte in die Zeit: Der Jude und Freimaurer Steiner war schuld an Deutschlands Unglück."[15] Die Mitglieder der *Anthroposophischen Gesellschaft* waren deutlich beunruhigt, die Vorstände der *AG* in Dornach und Deutschland bemühten sich um Gegendarstellungen. Man hoffte in der *AG* ganz offensichtlich, dass die Verleumdungen in der Presse lediglich auf Missverständnissen beruhten, die sich durch Richtigstellungen ausräumen lassen würden. So erschienen im März 1933 der Sonderdruck „Wahrheit gegen Unwahrheit" sowie eine eigens für die Mitglieder verfasste Schrift „Zur Orientierung". Die Zeitschrift *Anthroposophie* richtete sogar eine Pressestelle zur Verteidigung Rudolf Steiners ein.[16] Mitte Juli 1933 war Alfred Reebstein, Vorstand der *AG in Deutschland*, überzeugt, die Mitglieder mit einem neuen Lagebericht beruhigen zu können: Texte Steiners, die alle Vorwürfe aus dem Weg räumen würden, waren der deutschen Parteibehörde zugegangen, und am wichtigsten war, dass man die Beweise von Steiners „rein deutscher Abstammung" hatte beschaffen können. Besonders lobte Reebstein die Rolle der anthroposophischen Landwirte bei der Aufklärung in der Öffentlichkeit und den Behörden. Auch er schien überzeugt, dass die aktuelle Agitation gegen die *bdW* nicht vom Nationalsozialismus ausging, sondern allein von Kreisen unterstützt wurde, „die an der Kunstdüngerbereitung wirtschaftlich interessiert sind".[17]

Der *Versuchsring* meldete neben Presseangriffen auch die Zunahme von Störungen seiner Informationsveranstaltungen in verschiedenen Regionen Deutschlands. Nicht in allen Fällen hatte das jedoch negative Konsequenzen für die *bdW* – so Benno von Heynitz im März 1933. Die besonders scharfe und unsachliche Kritik eines agrarwissenschaftlichen Assistenten auf einer Veranstaltung in Sachsen habe dazu geführt, dass dieser des Saales verwiesen wurde. „Ich habe den Eindruck, dass unsere Sache durch die ganze Veranstaltung gewonnen hat, und dass das Verhalten unseren Gegnern schwer schaden wird."[18] Immer öfter wurden *bdW*-Vorträge jedoch auch von Männern in SA-Uniformen

15 Vgl. Werner, Anthroposophen, S. 23ff.

16 Vgl. ebenda, S. 25.

17 GOE, E.15.002.003, Reebstein an die Zweige der Anthroposophischen Gesellschaft in Deutschland, 14.7.1933.

18 GOE, B.14.001.013, Heynitz an den Versuchsring, 17.3.1933.

gestört, wie Dreidax im Juli 1933 Alfred Reebstein mitteilte. Aber er bleibe zuversichtlich, die Leitung des *Versuchsrings* reagiere auf die Angriffe genau so, wie sie es seit den ersten Kampagnen vor 1933 tat. Mit nach wie vor großem Eifer arbeiteten Bartsch und Dreidax Informationsmaterial und Gegendarstellungen aus, um sie an Presse oder Behörden weiterzuleiten. Selbst noch im Sommer 1933 hoffte Dreidax, dass die „nationalsozialistischen Blätter" im „Sinne eines Ritterlichen Kampfes" ihre Fehler einsehen und selbst Berichtigungen ihrer denunzierenden Artikel verfassen würden.[19] Eines war jedoch neu an ihrer Verteidigungsstrategie: Ab 1933 sollten neben fachlichen Argumenten nunmehr politische Beziehungen eine zentrale Rolle spielen. „Herr Dr. E. Bartsch hat an Herrn Dr. Döring sofort nach Erscheinen des Angriffsartikels einige Anschriften von nationalsozialistischen Landwirten gesandt, welche die biologisch-dynamische Wirtschaftsweise schon längere Zeit mit Erfolg ausüben, damit er sich unmittelbare Informationen holen kann."[20]

Tatsächlich bekam die *bdW* jedoch zusehends nicht nur von NS-Ideologen wegen ihres anthroposophischen Hintergrunds Gegenwind, sondern auch aus behördlichen Fachkreisen. So warnte der *Deutsche Landwirtschaftsrat* im März 1933 sämtliche Landwirtschafts- und Bauernkammern aller Provinzen und Länder vor der *bdW*: Ihre Wirkung könne in Versuchen nicht nachgewiesen werden, vielerorts sei sie auch schon wieder im Rückgang begriffen. Auch die vom *Versuchsring* beteuerten Erfolge auf langjährig umgestellten *bdW*-Gütern wurden infrage gestellt. Die Landwirtschaftskammer Hannover bezweifelte, dass die sehr guten Ergebnisse des *Versuchsring*-Vorsitzenden Stegemann auf Gut Marienstein als maßgeblich betrachtet werden könnten, da das Gut „auf besonders nährstoffreichem Leinetal-Marschboden" liege.[21]

Hinzu kam, dass sich die Lage der *AG* und ihrer angeschlossenen Verbände mit Beginn der NS-Diktatur in Deutschland nicht nur durch zunehmende Angriffe von außen verschlechterte, auch innerhalb der Gesellschaft kam es zu Spannungen. Alexander Strakosch – Jude, Mitglied des deutschen Vorstands und als Ingenieur Leiter eines der ersten anthroposophischen Forschungsinstitute *Der Kommende Tag-AG* – wandte sich am 2. Februar 1933 besorgt an seine Mitstreiter in der sogenannten *Initiativgruppe*.[22] Er warnte eindringlich vor den

19 GOE, E.15.002.003, Dreidax an Reebstein, 27.7.1933.

20 Ebenda.

21 Vgl. GOE, B.14.001.013, Deutscher Landwirtschaftsrat vom 20.3.1933.

22 Zu der *Initiativgruppe*, die „de facto als Landesvorstand fungierte", gehörten seit 1932 Dr. Hermann Poppelbaum (Hamburg), Moritz Bartsch (Breslau), Dr. Hans Büchenbacher (Stuttgart), Alfred Reebstein (Karlsruhe), Ernst Stegemann (Gut Marienstein b. Göttingen) und Alexander Strakosch (Stuttgart). Werner, Anthroposophen, S. 5.

Gefahren einer einsetzenden Politisierung und Polarisierung der *AG*: „Auf der einen Seite eine Begeisterung für Hitler, die ja, solange sie im Politischen bleibt, jedermanns eigene Angelegenheit ist; sie droht aber in die Bewegung hineinzuwirken, indem in einer Art und Weise, die nicht dem rein geistigen Charakter unserer Arbeit Rechnung trägt, irgend etwas wie eine Beziehung der Bewegung zu einer Partei angestrebt wird. Auf der anderen Seite machen Mitglieder in ihrem Unmut über die neueste Entwicklung in der Politik ihrer Abneigung gegen Hitler in einer unvorsichtigen Weise Luft, welche bei der jetzigen erregten Atmosphäre für die ganze Bewegung schlimme Folgen haben kann, denn die Außenwelt kennt, ihrer Denkart gemäss, nur das ‚Kollektiv', ‚die Anthroposophen'." Strakoschs Vorschlag, dieses „schwere Unheil" abzuwenden, macht deutlich, wie ernst er die Lage einschätzte. Die *Initiativgruppe* solle sich vertraulich an alle Zweigleiter wenden und ihnen darlegen, „dass in diesen kritischen Zeiten sehr darauf geachtet werden sollte, die Würde und die Grenzen einer geistigen Bewegung zu wahren".[23]

Moritz Bartsch, der Vater von Erhard und Hellmut Bartsch, stimmte mit seinem Kollegen aus der *Initiativgruppe* Poppelbaum vor allem in einem Punkt überein, der ihn bereits sein ganzes Leben geleitet habe: „nichts zu unternehmen, was uns in den Verdacht bringt, Politik zu betreiben." Generell hatten die Biodynamiker durchaus einen verengten Politikbegriff, der sich maßgeblich auf Regierungshandeln bezog und nicht auf das eigene. Dies wird sich bis 1945 durchziehen. Moritz Bartsch empfahl, Fühlung mit NSDAP-Mitgliedern aufzunehmen. Von einer anderen Gesellschaft, die bereits kurz vor dem Verbot gestanden habe, wusste er, dass sie sich erfolgreich mit „maßgebenden Persönlichkeiten" getroffen habe, und das habe „aufklärend gewirkt". Zwar hätten die Anthroposophen eine solche Fühlungnahme eigentlich nicht nötig, da die *AG* erklärtermaßen keine Geheimgesellschaft sei, „aber diese Tatsachen sind nicht allerorts bekannt".[24]

Auch von anderen, besorgten Mitgliedern erhielt die *Initiativgruppe* Vorschläge, was in der veränderten politischen Situation zu tun sei. Die meisten plädierten für eine besonnene „Fühlungnahme" mit den neuen Machthabern, so z. B. ein Anthroposoph aus Kassel namens Gessner: „Soviel ich weiß, haben wir auch Nationalsozialisten in unseren Kreisen. Mit ihnen sollte, soweit sie zuverlässige Anthroposophen sind, die Lage freimütig erörtert werden", um die „sicher in hohem Maße vorhandenen Vorurteile zu zerstreuen".[25] Gessner gab

23 Vgl. GOE, E.15.002.003, Strakosch an die Initiativgruppe, 2. 2. 1933.

24 GOE, E.15.002.003, Bartsch an Wachsmuth, 13. 4. 1933.

25 Ebenda, Gessner an Strakosch, 19. 2. 1933.

zu bedenken, dass immerhin die anthroposophischen Schulen von der staatlichen Genehmigung abhingen. „Es ist ja wohl selbstverständlich, dass wir uns in den engen Schranken des offiziellen Nationalsozialismus nicht können einsperren lassen. Aber in seinen Reihen befinden sich natürlich auch weitschauende Leute, die aus ehrlicher Vaterlandsliebe mitmachen, weil sie einfach an jedem anderen Ausweg aus der deutschen Not verzweifelt haben [sic]. Die Anthroposophen können durch Tapsigkeit m. E. in dieser Situation unendlich viel verderben. Nicht Leisetreten, aber Takt und keine unnötige Herausforderung: das scheint mir das richtige zu sein."[26] Wie Gessner konnten sich offensichtlich viele Anthroposoph:innen auch 1933 noch der Illusion hingeben, dass für sie die „engen Schranken des offiziellen Nationalsozialismus" nicht gelten würden.

Der „Verleumdungs-Feldzug" brach jedoch nicht ab, im Gegenteil. Obwohl „an Aufklärung schon alles geschehen sei", wandte sich Reebstein Ende Juli verzweifelt an die *Initiativgruppe* und Herrn Dr. Hanns Rascher.[27] Reebstein war fassungslos und bat um Rat, denn was er zunächst für einen „Schwindel" gehalten hatte, sollte sich als wahr erweisen. Es war eine polizeiliche Überwachung einer Arbeitsgruppe der *AG* in Pforzheim angeordnet worden, sie war Opfer einer Denunziation geworden. „Dort soll nämlich dem Vernehmen nach bei der Polizei eine Meldung eingelaufen sein, dass es nötig sei, die Gruppe zu überwachen, weil dort frech über die Regierung geredet werde und überhaupt es sich um Salonkommunisten handle."[28]

Auch der anthroposophische Erziehungswissenschaftler Karl Rittersbacher aus Hannover konnte es nicht glauben, als er wegen des Verbots eines Vortrags über die *bdW* im November 1933, an das sich sein Zweig nicht gehalten hatte, eine Vorladung in das Polizeipräsidium „in Sachen biologisch-dynamische Wirtschaftsweise" erhielt. Dort wurde er belehrt, dass die *bdW* volksschädlich sei und es sich um versuchte Sabotage handle, solche Vorträge zu veranstalten. Rittersbachers aufgebrachtes Schreiben an Dreidax zeigt, wie er und vermutlich auch andere *AG*-Mitglieder die Haltung des NS zur Anthroposophie völlig verkannten. Er werde „energisch" Verwahrung gegen die Anzeige des Gauwirtschaftsberaters einlegen und belehrte auch Dreidax: „Ich bitte dafür Sorge zu

26 Ebenda.

27 Um den Bestimmungen für die Gleichschaltung kultureller Vereine Folge zu leisten, plante die *AG* im Oktober 1933, den anthroposophischen Arzt Dr. Hanns Rascher, seit 1.12.1931 Mitglied der NSDAP, ab 1932 Mitarbeiter des SD unter SS-Hauptsturmbannführer Hauschild, als Vertreter der NSDAP in die *Initiativgruppe* der *AG* zu bestellen. Vgl. GOE, E.15.002.003, Poppelbaum 31.10.1933.

28 GOE, E.15.002.003, Reebstein an Rascher und die Mitglieder der Initiativgruppe, o.D.

tragen, dass zu der biologisch-dynamischen Wirtschaftsweise künftig eine sachgemäße Stellungsnahme [sic] der Gauwirtschaftsberatung erfolgt. Diese Wirtschaftsweise arbeitet an der Verbesserung des deutschen Bodens, dem Aufstieg des deutschen Bauerntums und der Sicherung und Steigerung der deutschen Volksernährung."[29] Er grüßte mit „Heil Hitler".

Ernst Stegemann, der Vorsitzende des *Versuchsrings*, schien die Lage der *AG* im NS-Staat noch Anfang Juli 1933 ebenfalls falsch einzuschätzen, als er sich aufgrund eines Angriffs in der NS-Presse hilfesuchend an Guenther Wachsmuth wandte. Wachsmuth solle „von der einen Zentralinstanz zur anderen Zentralinstanz, solche Artikel wie den vorliegenden für die Zukunft unterbinden". Stegemann schien überzeugt, dass der NS-Staat die *AG* in Dornach anerkannte und dass allein die Agrarchemie verantwortlich für die Kampagnen in der NS-Presse war. Der Autor des polemischen Artikels habe „recht viel mit den Interessen der Kunstdüngerindustrie zu tun und recht wenig mit dem wirklichen Nationalsozialismus".[30]

Um Anerkennung für die *bdW* im NS-Staat warb neben Georg Michaelis ein weiterer „Nicht-Anthroposoph", der Landschaftsarchitekt Alwin Seifert, und er war damit ebenfalls zeitweise durchaus erfolgreich.[31] Noch bevor Hitler Reichskanzler war und noch bevor Seifert selbst zum „Reichslandschaftsanwalt" aufsteigen würde, wandte er sich als Dozent für Gartenkunst an der TH München am 3. Januar 1933 persönlich und vertraulich an Walther Darré. Er erinnerte Darré an seinen Besuch des Gartens von Haus Karlin am Bodensee im Jahr 1932, der ihm offensichtlich gut gefallen habe: „Es wird Ihnen als Führer der Deutschen Bauernschaft nicht unwichtig sein zu erfahren, worauf

29 Vgl. GOE, B.14.001.014, Rittersbacher an Dreidax, 18.11.1933.

30 GOE, B.14.001.014, Stegemann an Wachsmuth, 8.8.1933.

31 Das Forschungsinteresse an Alwin Seifert (1890–1972) galt ab Ende der 1990er-Jahre der mittlerweile bestätigten Annahme, er habe entscheidende Unterlagen im Rahmen seines Spruchkammerverfahrens Anfang der 1950er-Jahre unterschlagen und damit seine Einstufung als „unbelastet" erreicht. Tatsächlich ebnete Seifert damit seinen Weg als Professor für Landschaftspflege an der TU München im Jahr 1954. Vgl. u.a. Christoph Kopke, Kompost und Konzentrationslager. Alwin Seifert und die „Plantage" im KZ Dachau, in: Annett Schulze/Thorsten Schäfer (Hrsg.), Zur Re-Biologisierung der Gesellschaft. Menschenfeindliche Konstruktionen im Ökologischen und im Sozialen, Aschaffenburg 2012, S. 185–207; Uekötter, The Green and the Brown; Sabine Klotz, „Ich selbst hatte mich nie mit den parteipolitischen Tendenzen befasst". Fallstudien zu Entnazifizierung und Spruchkammerverfahren von Architekten in Bayern, in: Winfried Nerdinger/Inez Florschütz (Hrsg.), Architektur der Wunderkinder. Aufbruch und Verdrängung in Bayern 1945–1960, München 2005, S. 32–43; Thomas Zeller, „Ganz Deutschland sein Garten". Alwin Seifert und die Landschaft des Nationalsozialismus, in: Radkau/Uekötter, Naturschutz, S. 273–307; Charlotte Reitsam, Das Konzept der „bodenständigen Gartenkunst" Alwin Seiferts. Fachliche Hintergründe und Rezeption bis in die Nachkriegszeit, Frankfurt a.M. 2001.

dieser Kulturerfolg sich gründet und wie es möglich war, die Ungunst des Bodens so weitgehend auszugleichen. Der Garten wird biologisch-dynamisch bewirtschaftet."[32]

Tatsächlich avancierte Seifert – selbst erst seit Anfang der 1930er-Jahre durch Max Karl Schwarz mit der *bdW* vertraut geworden – zu einem der wichtigen Vermittler zwischen dem NS und dem *Reichsverband.* Für die Rolle des biodynamischen Lobbyisten war Seifert prädestiniert. Einerseits, weil er kein Anthroposoph war, und andererseits, weil er bereits seit den 1920er-Jahren über die Mitgliedschaft in einem ausdrücklich antisemitisch orientierten Verband in Kontakt mit später führenden Nationalsozialisten gekommen war.[33] 1934 wurde Seifert Mitglied der *Gesellschaft zur Förderung der biologisch-dynamischen Wirtschaftsweise*, und gleichzeitig stieg er zum Berater für Fragen der landschaftlichen Eingliederung beim Autobahnbau unter dem Generalinspektor für das deutsche Straßenwesen Fritz Todt auf. Seifert versammelte etliche sogenannte Landschaftsanwälte um sich, von denen einige Mitglieder des *Reichsverbands* wurden. Er verschaffte seinen Kollegen teilweise Aufträge im Autobahnbau, dazu gehörte auch Max Karl Schwarz. Die umfangreichen Korrespondenzakten von Seifert mit den führenden Köpfen des *Reichsverbands* Erhard Bartsch und Franz Dreidax dokumentieren nicht nur, wie intensiv sich Seifert um die Vermittlung der *bdW* bemühte, sondern auch die wichtige ökologische Beraterfunktion, die Franz Dreidax für Seifert einnahm.[34]

Zuversichtlich und erleichtert teilte Wachsmuth am 12. Dezember 1933 einem der „Mittelsmänner" zur NSDAP, Baron von Tucher, mit, dass dank seiner Vermittlung am 15. Dezember in München ein Gespräch zwischen Mitgliedern des *Reichsverbands* und Rudolf Heß sowie weiteren „wichtigen Persönlichkeiten aus der Landwirtschaft" stattfinde. Nicht unerwähnt ließ er, dass unter den Teilnehmenden auch „2 Herren unseres Reichsverbands sein werden, welche der SS. und der SA. angehören". Wachsmuth schlug vor, sich bereits am Abend des 14. Dezember in München zu treffen, um ein einheitliches Vorgehen zu besprechen. „Es wäre sehr wichtig und erfreulich, wenn diese Sitzung dazu führen könnte, ein freies, behördlich anerkanntes Wirken für die biolog. dyn. [sic] Wirtschaftsweise in Deutschland zu erzielen."[35] Zu dem Treffen am 15. Dezember kam es jedoch nicht, wie aus dem resignierten Schreiben von Martin Schmidt, dem Schwiegersohn von Georg Michaelis, an Wachsmuth vom 27. Dezember

32 Vgl. GOE, B.14.001.015, Seifert an Darré, 3.1.1933.

33 Vgl. Werner Doeleke, Alfred Plötz (1860–1960). Sozialdarwinist und Gesellschaftsbiologe, Frankfurt a.M. 1975, S. 46.

34 Vgl. GOE, D.02, Seifert.

35 Vgl. GOE, B.14.001.014, Wachsmuth an Tucher, 12.12.1933.

hervorging. Er hoffe jedoch sehr – so Schmidt –, „dass die durch Architekt Seifert erreichte Verbindung zu Hess nicht mehr abreisst".

Schmidt empfahl Wachsmuth dringend, dass die gesamte Leitung des *Reichsverbands* zur bevorstehenden Wintertagung in Dornach kommen und auch während des ganzen Treffens bleiben solle. Gerade wegen der Lage in Deutschland sei es notwendig, alle wesentlichen Fragen „mit genügend Zeitraum" zu besprechen, „und es ist vor allem für die am meisten im Brennpunkt der Ereignisse stehenden Herren notwendig, einmal wirklich Abstand davon zu bekommen."[36] Schmidts vorsichtiger Hinweis auf „notwendigen" Abstand deutet auch an, dass man sich im *Versuchsring* Sorgen über die Leitung machte.

2.1.2 Die Gründung des *Reichsverbands*

„Wir wollen in Berlin in den nächsten Tagen eine Art Reichsverband unserer landwirtschaftlichen Betriebe und Vereinigungen machen, der sich dann entsprechend fachschaftlich einordnen wird, sodass also dann auch dies geregelt ist."[37] Deutlich erleichtert teilte Wachsmuth Ende Juli dem Vorstand der *AG* in Deutschland mit, dass für die *bdW* nunmehr eine Interessenvertretung im NS-Staat auf den Weg gebracht sei. Tatsächlich war der Entschluss zur Gründung des *Reichsverbands für biologisch-dynamische Wirtschaftsweise in Landwirtschaft und Gartenbau* am 29. Juli 1933 ein entscheidender Schritt, man zeigte Bereitschaft, sich auf die Bedingungen des NS-Staats einzulassen.[38] Guenther Wachsmuth gab im Juni 1933 in einem Interview mit der Kopenhagener Zeitung *Ekstra Bladet* an, dass sie von der neuen Regierung mit größter Rücksicht behandelt würden. „Aber es soll kein Geheimnis sein, daß wir mit Sympathie auf das schauen, was z. Zt. in Deutschland geschieht [...] Es muß Bewegung da sein und die tapfere und mutige Weise wie die Führer des neuen Deutschlands sich der Probleme bemächtigen, kann, meiner Meinung nach, nur Bewunderung erzwingen. Es wird sicher etwas Gutes dadurch entstehen."[39]

Dabei sollte es nicht bleiben. Als Darré, nunmehr Reichsminister für Ernährung und Landwirtschaft, im Sommer 1933 sein Autarkieprogramm für Deutschland verkündete, erblickte Bartsch eine Chance, der *bdW* Gehör zu verschaffen. In einem Beitrag „Zum Autarkieproblem" in der Zeitschrift *Demeter* hob er hervor, dass gerade die *bdW* mit ihrer Idee des „geschlossenen Betriebsorganismus" die Forderung nach einer „völligen Unabhängigkeit des Volkes in

36 GOE, B.14.001.014, Schmidt an Wachsmuth, 27. 12. 1933.
37 GOE, E.15.007.036, Wachsmuth an Reebstein, 27. 7. 1933.
38 Vgl. Werner, Anthroposophen, S. 37.
39 Zit. n. ebenda.

seiner Ernährung" erfülle.[40] Zwar handelte es sich dabei eher um eine „rhetorische Volte", denn der in der *bdW* angestrebte autonome Stoffkreislauf eines Betriebes war, selbst ökonomisch gesehen, nicht mit den Autarkie-Zielen des NS-Staates vergleichbar. Vor allem aber überschritt Bartsch damit eine in den Statuten der *AG* festgehaltene rote Linie: Er stellte die *bdW* in den Dienst eines politischen Zieles, so der Anthroposoph Uwe Werner.[41] Zu betonen ist allerdings auch, dass Bartsch von niemandem davon abgehalten wurde, nicht von den Mitgliedern des *Versuchsrings* und auch nicht von dem Führungspersonal der *AG*. „Zwar drohte damit der individuelle und geistig motivierte Charakter der Methode verloren zu gehen, doch das Risiko schien offenbar gering gegenüber der realen Gefahr des völligen Verbots."[42]

Bartschs Artikel zum Autarkieproblem war jedoch eines der frühen Beispiele, in denen er in an NS-Behörden adressierten Denkschriften nationalsozialistische Parolen oder Schlagworte zu aktuellen Themen aufgriff, um stets zu betonen, dass gerade die *bdW* geeignet sei, einen eigenen Beitrag zur Erneuerung Deutschlands zu leisten. Allein stand Bartsch jedenfalls mit seinen Bemühungen, die *bdW* gegen ein drohendes Verbot zu verteidigen, keineswegs. Im April 1933 wandte sich Wachsmuth aus der Schweiz dringlich an die Mitglieder des *Versuchsrings*, die Forschungsarbeiten fortzusetzen, gerade weil sie „uns allein über die Schwierigkeiten der kommenden Zeit werden hinweghelfen können".[43] Bartsch selbst rechtfertigte sich im Rückblick mit der großen Gefahr, der die *bdW* ausgesetzt war: „Unsere Arbeit war bei den Partei- und Regierungsstellen so gut wie nicht bekannt, und wir besaßen auch keine direkten Verbindungen zu diesen Stellen. Unsere Gegner dagegen hatten noch von früher her gute Verbindungen zu allen wichtigen Stellen und konnten durch ihre Verbindungsmänner mit schwersten Verleumdungen gegen uns wirken."[44]

In ihrem Urteil über Bartschs „Anbiederungen" an das NS-Regime im Jahr 1933 gehen die beiden anthroposophischen Autoren Herbert Koepf und Bodo von Plato noch einen Schritt weiter. Es „herrschte ein Ton vor, der sogar eine bedenkliche Nähe zu dem neuen System vermuten lässt".[45] U. a. beziehen sie sich dabei auf ein Zitat Bartschs, nach dem der Neuaufbau des *Reichsnährstands* eine Befreiung des Bauerntums aus den Fesseln des liberalistisch-kapitalistischen

40 Demeter (1933) 8, S. 139ff.

41 Vgl. Werner, Anthroposophen, S. 85.

42 Vgl. Becker, Michaelis, S. 664.

43 GOE, B.14.001.014, Wachsmuth an die Mitglieder des Versuchsrings, April 1933.

44 BArch, R 58/6197, Bl. 136ff., Protokoll der ersten Hauptversammlung des Reichsverbands, 9. 12. 1934, S. 3.

45 Koepf/Plato, Wirtschaftsweise, S. 134f.

Systems Tatsache geworden sei.[46] Im Jahr 1933 paktierte das Regime allerdings längst mit „liberalistisch-kapitalistischen" Kräften wie den I. G. Farben, die – so Bartschs Sorge – als Hauptgegner der *bdW* ein noch leichteres Spiel haben würden, sie zu vernichten.

Im Juli 1933 erhielt Bartsch Informationen von anderen Organisationen, wie der Weg zur Gleichschaltung für Verbände ablaufen würde: „Die verschiedensten Berufszweige [...] sind so vorgegangen, dass sie Reichsarbeitsgemeinschaften oder Nationalverbände gegründet haben, die dann in den ständischen Aufbau eingegliedert wurden." Er schlug vor, mit dem speziellen Zweck Gleichschaltung eine Reichsarbeitsgemeinschaft für *bdW* zu gründen. „Wir könnten dann die Satzung dieser Reichsarbeitsgemeinschaft ganz ähnlich abfassen, wie die vom Nationalverband der Lebensreformer."[47]

Im Protokoll der ersten Hauptversammlung des *Reichsverbands*[48] heißt es, dass die juristische Gründung des Verbandes schließlich am 9. Dezember 1933 beschlossen wurde.[49] Wachsmuth war dabei anwesend. Organe des *Reichsverbands* waren: Vereinsleiter, Beirat und Hauptversammlung. Wohl nur nominell war Georg Michaelis der erste Vorsitzende, nach seinem Tod übernahm Bartsch diese Funktion. Sitz der Organisation war Bad Saarow/Mark. Sie war der Dachverband für verschiedene Einzelgliederungen (*Versuchsring*, *Wirtschaftsbund G. m. b. H.*, Landesgruppen mit insgesamt ca. 70 Arbeitsgemeinschaften, *Demeter*-Monatsschrift, *Gesellschaft zur Förderung für biologisch-dynamische Wirtschaftsweise e. V.*, Geschäftsstelle Heynitz bei Miltiz-Roitzschen in Sachsen, Gartenbau- und Siedlerschule Worpswede). Ziel war es, sämtliche mit der *bdW* in Verbindung stehenden Landwirte, Gärtner, Kaufleute und jene, die mit der Weiterverarbeitung zu tun hatten, zusammenzuschließen und bei Regierung, Partei und *Reichsnährstand* zu vertreten.

Dem „Führerprinzip" entsprechend, gab es einen Mann an der Spitze des *Reichsverbands*, und das war Erhard Bartsch. Ihm unterstanden die drei Geschäftsstellen des *Versuchsrings*, des *Wirtschaftsbundes* und der Monatsschrift. Sämtliche Korrespondenz mit Behörden und andere verpflichtende Schreiben waren Bartsch zur Unterschrift vorzulegen, ebenso alles, was Finanzen betraf.[50] Er und Franz Dreidax bewältigten in den folgenden Jahren fast ausnahmslos die

46 Vgl. ebenda.

47 GOE, B.14.001.013, Bartsch an Wachsmuth, 14. 7. 1933.

48 BArch, R 58/6197, Bl. 136 ff., Protokoll der ersten Hauptversammlung des Reichsverbands, Bad Saarow, Kurhaus Esplanade, 9. 12. 1934.

49 Der *Reichsverband* wurde in „das Vereinsregister des Amtsgerichts Beeskow eingetragen unter Nr. 26 am 1. März 1934 und 8. Juni 1936", BArch, R 58/6197, Bl. 90 ff.

50 Vgl. BArch, R 9349/2, Entwurf einer Geschäftsordnung für den Reichsverband, den Versuchsring und die Monatsschrift Demeter.

gesamte Kommunikation mit den NS-Behörden. Den Korrespondenzakten des *Reichsverbands* ist jedoch auch zu entnehmen, dass die Mitglieder mit der Entwicklung des *Reichsverbands* in den kommenden Jahren und der zunehmenden Zusammenarbeit mit NS-Behörden in der Regel zufrieden waren. Die erste und dringendste Aufgabe des *Reichsverbands* sollte darin bestehen, Verhandlungen mit dem *Reichsnährstand* wegen einer Angliederung einzuleiten. Das jedoch misslang.

In der Satzung des *Reichsverbands* war in § 1 festgelegt, dass er der *Deutschen Gesellschaf für Lebensreform* eingegliedert ist. Diese war berechtigt, Anordnungen und Beschlüsse des *Reichsverbands* aufzuheben, und konnte selbst Anordnungen treffen. § 3 enthielt die Regelungen der Mitgliedschaft. Vereinsmitglieder konnten natürliche und juristische Personen sein. Für natürliche Personen war „die Reichsbürgerschaft Voraussetzung der Mitgliedschaft".[51] Reichsbürger konnte nach dem Reichsbürgergesetz vom 15. September 1935 nur sein, wer „Staatsangehöriger deutschen oder artverwandten Blutes" war. Juden waren als „Angehörige rassefremden Volkstums" keine Reichsbürger. § 3 der Satzung schloss Juden damit von der Mitgliedschaft des *Reichsverbands* aus.

2.1.3 Der „Arierparagraph"

Das erste explizit rassistische Gesetz des NS-Regimes erließ die Reichsregierung am 7. April 1933. Dem „Gesetz zur Wiederherstellung des Berufsbeamtentums", mit dem „nichtarische" Beamte aus ihren staatlichen Ämtern entfernt werden sollten, folgte noch im selben Monat eine Reihe weiterer Gesetze, die den „Arierparagraphen" auf immer mehr Bereiche des gesellschaftlichen Lebens ausdehnten. Erstmals definiert wurde der Begriff „Nichtarier" in der Ersten Verordnung zur Durchführung des Gesetzes vom 11. April 1933. „Als nicht arisch gilt, wer von nicht arischen, insbesondere jüdischen Eltern oder Großeltern abstammt. Es genügt, wenn ein Elternteil oder ein Großelternteil nicht arisch ist."[52]

Mit dem am 29. September 1933 verabschiedeten „Reichserbhofgesetz" sollte der „Arierparagraph" auch für landwirtschaftliche Betriebe wirksam werden. Darré hatte das Gesetz in Teilen bereits 1928 formuliert. Es war das erste Gesetz des NS-Regimes, das den Begriff „jüdisches oder farbiges Blut" benutzte.[53] Ziel

51 Vgl. BArch, R 58/6197, Bl. 90, Satzung des Reichsverbands.

52 RGBI, S. 195, in: Wolf Gruner (Bearb.), Die Verfolgung und Ermordung der europäischen Juden durch das nationalsozialistische Deutschland 1933–1945 (VEJ). Bd. 1: Deutsches Reich 1933–1937, München 2008, S. 137 f.

53 Im Reichserbhofgesetz vom 29. 9. 1933 hieß es in § 12 „Bauer kann nur sein, wer die deutsche Staatsangehörigkeit besitzt" und in § 13 „Bauer kann nur sein, wer deutschen oder

des Gesetzes war es, die Höfe vor „Überschuldung und Zersplitterung im Erbgang zu schützen".

Jüdische Landwirte und Grundeigentümer wurden durch das Gesetz ausdrücklich von der „Erbhoffähigkeit" ausgeschlossen.[54] „Für Landjuden, jüdische Landwirte und Grundeigentümer kam in den folgenden Jahren eine Fülle weiterer Einschränkungen, Sonderregelungen und Verbote hinzu [...]. Auf ‚arischen Erbhöfen' durften Jüdinnen und Juden weder ausgebildet noch angestellt werden. Jüdische Landwirte und Landeigentümer wurden schließlich nach dem Pogrom 1938 enteignet und vertrieben: in ganz Deutschland wurden fast 46000 Hektar Landeigentum ‚arisiert'."[55]

Nachdem die Vorstandsmitglieder der *AG* die Gleichschaltungsbestimmungen des NSDAP-*Kampfbunds für deutsche Kultur* erhalten hatten, waren sie sich rasch einig. Zwei Punkte waren für sie unannehmbar: „weil dadurch die von Herrn Dr. Steiner gegebenen Prinzipien verletzt werden: 1. Dass jeder Zweig einen Nationalsozialisten als Vorsitzenden bekommen müsste, 2. Die Anwendung des Arierparagraphen auf die Mitgliedschaft".[56]

Das sollte sich jedoch bald ändern. Um das zunehmend drohende Verbot der *AG* noch im letzten Moment abzuwenden, entschloss sich die *Initiativgruppe*, von den „Prinzipien" abzurücken und die zwei unannehmbaren Punkte zu akzeptieren. Dies blieb jedoch vergebens, die *AG* wurde im November 1935 verboten. Man schlug das NSDAP-Mitglied Hanns Rascher als zukünftigen Vorsitzenden der *AG* vor. Noch am 9. September 1935 hatte Poppelbaum der Gestapo versichert, dass die Leitung der *AG* und die *Initiativgruppe* durchweg arischer Abstammung seien. Es sei ihm unerklärlich, wie die falsche Nachricht in der Berliner Wochenschrift *Der Juden-Kenner* gekommen sei – möglicherweise sei sie aus einer älteren Nummer des *Reichswart* übernommen worden.[57] Poppelbaums

stammesgleichen Blutes ist. [...] Deutschen oder stammesgleichen Blutes ist nicht, wer unter seinen Vorfahren väterlicher- oder mütterlicherseits jüdisches oder farbiges Blut hat." § 20 sah außerdem vor, dass Frauen aus der Erbfolge ausgeschlossen wurden, was zu Protesten im landwirtschaftlichen Milieu führte. Vgl. https://www.verfassungen.de/de33-45/reichserbhof33.htm [12.11.2021].

54 Vgl. u.a. Daniela Münkel, Nationalsozialistische Agrarpolitik und Bauernalltag, Frankfurt a.M./New York 1996.

55 Gisbert Strotdress, „Es gab häufig Ressentiments", Interview in: Jüdische Allgemeine, https://www.juedische-allgemeine.de/unsere-woche/es-gab-haeufig-ressentiments/ [16.12.2023].

56 Eine Delegation des deutschen Vorstands der AG an Albert Steffen, Herbst 1933, zit. n. Ansgar Martins, „Die nazistischen Sünden der Dornacher"? Vortragsmanuskript, Rudolf Steiner-Forschungstage, Basel 1.3.2014, https://waldorfblog.files.wordpress.com/2014/03/martins_die-nazistischen-sc3bcnden-der-dornacher_-hans-bc3bcchenbacher_-vortrag-1.pdf [15.12.2023].

57 Vgl. BArch, R 58/6193, Poppelbaum an Gestapo, 9.9.1935.

Rechtfertigung zeigt einmal mehr, dass selbst noch im Herbst 1935 den Mitgliedern der *Initiativgruppe* das Ausmaß der Überwachung durch SD und Gestapo nicht klar war. Und das, obwohl Alexander Strakosch, eines der insgesamt sechs Mitglieder, bereits im Mai 1933 seinen Rücktritt erklärt hatte, weil er Jude war. Nachdem Strakosch 1934 die Stuttgarter Waldorfschule verlassen musste, ließ er sich in der Schweiz nieder, wo er bis zu seinem Tod im Jahr 1958 lebte.

Ähnlich wie seine Mitstreiter in der *Initiativgruppe* auf Strakoschs „freiwilliges Ausscheiden“ reagierte vermutlich die Mehrzahl der Anthroposoph:innen auf die sukzessive Gefahr, der auch jüdische Mitglieder zunehmend ausgesetzt waren. Im Mai 1933 antwortete Reebstein auf Strakoschs Rücktritt, wie sehr er es bedaure und dass er ihn vermissen werde und hoffe, dass er sein Leben dennoch für die gemeinsame „grosse Sache“ einsetzen werde.[58] Er passte sich den Regeln an und war vermutlich mit vielen anderen froh, dass das Ausscheiden von Juden aus der *AG in Deutschland* kein „wirklicher“ Ausschluss war. Sie hatten die Möglichkeit, sich in der *AG in Dornach* als Mitglieder anzumelden. Später wird es vor allem Ita Wegman sein, die sich in dem internationalen Netzwerk ihrer Gesellschaft um Unterstützung jüdischer Mitglieder bemühte.[59]

Offiziell war der „Arierparagraph“ zwar letztendlich nicht in die *AG* übernommen worden, dennoch wurden die jüdischen Mitglieder und Zweigleiter an den Rand und aus ihrem Posten gedrängt – so Ansgar Martins.[60] Ein weiteres Mitglied der *Initiativgruppe*, Hans Büchenbacher, verließ als sogenannter Halbjude Deutschland etwas später und emigrierte ebenfalls in die Schweiz. Büchenbachers erst postum veröffentlichte Erinnerungen machen u. a. deutlich, dass er auch in Dornach als Jude zunehmend ausgegrenzt wurde.[61]

Aus den Korrespondenzakten der *AG* mit Mitgliedern geht deutlich hervor, dass man von „den“ Reaktionen „der“ Anthroposoph:innen“ nicht sprechen kann. Vielmehr zeigt sich ein breites Spektrum an Positionen, das von der absoluten Ablehnung jeglicher Konzessionen an das NS-Regime und des Antisemitismus bis hin zu zwar nur vereinzelten, aber eindeutigen Zustimmungsbekundungen reichte.

Moritz Bartsch bemühte sich entschieden um Vermittlung: „In diesen Wochen hat mich die Frage beschäftigt, ob ich nicht irgend etwas für unsere jüdischen Freunde tun kann, die sich seit Jahren in den Geist des deutschen Idealismus und dessen Fortsetzung und Vertiefung durch Rudolf Steiner hineingearbeitet haben […]. Wenn diese hochgeachteten Persönlichkeiten meine

58 BArch, R 58/6189, Reebstein an Strakosch, 20. 5. 1933.

59 Vgl. Selg/Gross/Mochner, Anthroposophie und Nationalsozialismus. Bd. 1, S. 196 ff.

60 Vgl. Martins, Büchenbacher.

61 Vgl. ebenda.

Unterstützung brauchen können, stehe ich ihnen gern zur Verfügung."[62] Es war noch keine zwei Jahre her, als Moritz Bartsch auf der Wintertagung 1931 des *Versuchsrings* noch überzeugt war, dass die ausgleichenden Kräfte Rudolf Steiners das Verhältnis des NS zu Juden versöhnen könne. Hier war es, so Bartsch, zur Begegnung einiger Nationalsozialisten und eines Juden gekommen, die scheinbar harmonisch verlaufen war. Moritz Bartsch schrieb damals noch begeistert an einen Kollegen: „Und es zeigte sich wieder einmal, daß das Geistesgut Rudolf Steiners immer versöhnend wirkt."[63]

Das Schreiben des Anthroposophen Dr. Ehrlich vom 21. April 1933 an die *Initiativgruppe* verdeutlicht dagegen, dass bereits die ersten Maßnahmen des Überwachungsapparates ihre Wirkung auf die Mitglieder nicht verfehlten. Nachdem einigen Zweigmitgliedern im ostpreußischen Landkreis „Elbing" von NSDAP-Funktionären mitgeteilt worden war, „dass sich der Widerstand der Partei nur dagegen richte, dass die *AG* unter jüdischem Einfluss stehe", kamen Ehrlich und seinen Mitstreiter:innen im April 1933 erste Zweifel: „Jedenfalls aber zeigt schon der Elbinger Vorgang, dass unserer Gesellschaft in der Tat die Gefahr heftiger Angriffe, Störungen oder gar der Auflösung droht, wenn wir nicht der gegenwärtigen politischen Lage Rechnung tragen und zum mindesten einen neuen Vorstand wählen, der nur aus arischen Mitgliedern besteht. [...] Ohne uns von antisemitischen Tendenzen leiten zu lassen, halten wir es doch unter den gegenwärtigen Umständen für untragbar, ja für eine Herausforderung, wenn der Vorstand in gegenwärtigen Zusammensetzung bestehen bleibt."[64]

Abgesehen von Opportunist:innen wie den Elbinger Anthroposoph:innen gab es auch Mitglieder der *AG*, die vom NS ausgesprochen überzeugt waren. Dazu zählte der „Mittelsmann" der *AG*, Dr. Hanns Rascher. An den Vorstand am Goetheanum, Albert Steffen, schrieb er, dass er – entgegen der Einstellung vieler Anthroposophen, die eine „Berührung des Geistesgutes unseres Lehrers mit dem National-Sozialismus" zu verhindern suchten, genau das für den einzig gangbaren Weg hielt. „Ich versuche maßgebenden Persönlichkeiten ‚Appetit' auf Anthroposophie zu machen und darf sagen, dass mir einiges gelungen ist."[65]

Ebenfalls zutiefst überzeugt vom NS und bekennende Antisemitin war die Lehrerin Magdalena Spaun von der anthroposophischen Arbeitsgruppe Zittau. Entschieden wandte sie sich an die *Initiativgruppe*: „Ich habe gehört, Anthroposophen wollen sich nicht mit Nationalsozialismus beschäftigen, weil Politik außerhalb der Geisteswissenschaften liege. Aber hat sich nicht Dr. Steiner mit

62 GOE, E.15.002.003, Moritz Bartsch an Reebstein, 23.4.1933.
63 Moritz Bartsch an Wilhelm Eggers, 25.1.1932, zit. n. Werner, Anthroposophen, S. 86.
64 Vgl. GOE, E.15.002.003, Ehrlich an Reebstein, 21.4.1933.
65 GOE, E.15.002.003, Rascher an Steffen, 25.4.1933.

Politik befasst, als die Gegenwart es gebieterisch erforderte? […] Anthroposophen nehmen Juden auf. Dr. Steiner wollte aber, dass sie sich umwandeln zu wahren Christen. Haben sie das getan? Haben sie nicht durch den ‚Kommenden Tag' und die Bank in Stuttgart sehr viele Anthroposophen geschädigt? Wir brauchen, wie das Reich, auch eine Reinigung von Juden, wenigstens sollen sie nicht an leitenden Stellen stehen, eine Prüfungszeit durchmachen und in größeren Städten einen eigenen Zweig bilden, wie es 1907 in Stuttgart war." Am Ende ihres Schreibens forderte sie ausdrücklich, „dass die Leiter der deutschen anthr. Gesellschaft sich unverzüglich mit den leitenden nationals. Stellen in Verbindung setzen und ihre Mitarbeit auf allen Gebieten anbieten".[66]

In den Korrespondenzakten der *AG* ist nicht nur der Austausch mit dem Vorstand überliefert, sondern z. T. auch die Auseinandersetzungen über den Umgang mit Antisemitismus zwischen einzelnen anthroposophischen Zweigen. Auf eine Anfrage des Aristoteles-Zweigs Hamburg antwortete der Zweigleiter aus Geislingen, Walter Abel, mit erstaunlicher Klarheit und Schärfe, mit der sich sämtliche 19 Mitglieder aus Geislingen einstimmig einverstanden erklärt hätten. Sie lehnten nicht nur den Vorschlag eines „Abwehrkampfes" gegen die öffentlichen Verleumdungen als „völlig zwecklos" ab, mit der Begründung, dass die *AG* sonst Gefahr liefe, „in politische Auslassungen hineingezogen zu werden, was gerade unserer Gesellschaft nicht passieren darf". Vor allem aber warf Abel dem Hamburger Zweig Antisemitismus vor. „Ihre Einstellung betr. der Wahl von Zweigleitern etc. riecht entsetzlich nach Antisemitismus u. lehnen wir [sic] eine solche Haltg. als unmenschlich u. als mit der Anthr. unvereinbar entschieden ab."[67] Am Ende des Schreibens wurde Abel noch deutlicher: „Unsere Ansicht ist die, sollten die in Deutschld. lebenden Anthroposophen Forderungen erheben, wie sie bei Ihnen auftauchen, so stellen wir den Antrag, dass sofort die Anthr. Gesellschaft aufgelöst wird."[68]

Antisemitische Positionen vertraten offensichtlich auch Mitglieder des Hamburger Pythagoras-Zweigs. Bereits im November 1932 wandte sich Poppelbaum – durchaus nicht ohne Humor – an die Geschäftsstelle der *AG in Deutschland*, es sei unter Mitgliedern behauptet worden, er sei jüdischer Abkunft. Er könne zwar gute Vorträge halten, würde sich jedoch als Jude nicht für die öffentliche Vertretung der *AG* eignen. Poppelbaum stellte klar, dass er kein Jude sei. Er fühle sich mit der Verleumdung jedoch in guter Gesellschaft, denn auch Steiner, Richard Wagner und Bismarck habe man als Juden verleumdet.[69]

66 GOE, E.15.002.003, Spaun an die Initiativgruppe, 26. 4. 1933.
67 GOE, E.15.002.003, Abel an den Aristoteles-Zweig Hamburg, 23. 6. 1933.
68 Ebenda.
69 Vgl. BArch, R 58/6189, Poppelbaum an die Geschäftsstelle der AG in Deutschland, 7. 11. 1932.

Besonders enttäuscht von den deutschen Anthroposoph:innen zeigte sich die Ärztin und Leiterin der medizinischen Sektion am Goetheanum, Ita Wegman. An Kollegen in London schrieb sie am 22. Juni 1933: „Von Deutschland keine guten Nachrichten; da sind die Menschen ohne Freiheit und das Traurige ist, dass sie es nicht einmal mehr merken und dass unsere Anthroposophen in großen Scharen mitmachen."[70]

Während „die Judenfrage" in der *AG* spätestens seit der Einführung des „Arierparagraphen" ab April 1933 durchaus breit und kontrovers diskutiert wurde – die Beispiele oben zeigen nur Ausschnitte eines breiten Spektrums –, fällt auf, dass die Debatte in den Schriften der biodynamischen Verbände nicht auftaucht. Hier finden sich keine Hinweise auf Diskussionen um die Zustimmung zu Antisemitismus oder Rassismus. Die 1936 verabschiedete Satzung des *Reichsverbands* schloss Juden dann erstmals aus der Mitgliedschaft aus.

Die Anzahl an Juden in den biodynamischen Verbänden war auch vor 1933 verschwindend gering. In Deutschland gab es in der Landwirtschaft insgesamt vergleichsweise wenig Juden. In manchen Regionen war es Juden lange Zeit verboten, Land zu besitzen. „Sie durften keine Landwirte sein. Aber es gab sie – nicht nur im Süddeutschen. Allerdings waren sie eine Minderheit in der Minderheit. Um 1910 lebten 2,7 Prozent aller jüdischen Erwerbstätigen in Westfalen von und in der Landwirtschaft."[71] Im Vergleich zu dem wohl eher hohen Anteil an jüdischen Mitgliedern in der *AG*,[72] zumindest im Vorstand, lag er in den biodynamischen Verbänden unter einem Prozent. Unter den 1067 Personen, die wir in der Erhebung dieser Studie dem *Reichsverband* und seinen Vorgängerorganisationen zuordnen konnten, gab es nach unseren Ermittlungen insgesamt nur sechs Juden und eine Jüdin. Sie alle waren keine Landwirte und hatten keine exponierten Positionen in den biodynamischen Verbänden (siehe Kapitel 3).

2.1.4 Widersprüchliche Zeichen

Trotz aller Konzessionsbemühungen, trotz Gründung des *Reichsverbands* und trotz aller Versuche, die neuen Machthaber von der *bdW* zu überzeugen, blieb der Erfolg ernüchternd. So war es zwar einem Mitglied des *Reichsverbands*, Ernst Blume, gelungen, Kontakt zu dem NSDAP-Reichstagsabgeordneten, Staatsrat und Mitbegründer des *Reichsnährstands* und späteren SS-Gruppenführer

70 Vgl. IWI, Wegman an Geuter, 22.6.1933.

71 Strotdress, Ressentiments.

72 Angaben zum Anteil an Juden in der *AG* Anfang 1933 in Deutschland ließen sich nicht ermitteln.

Wilhelm Meinberg herzustellen. Anfang August sollte Blume, der eigens zum Präsidenten des *Reichsverbandes* ernannt worden war, bei Meinberg über die *bdW* referieren.[73] In dem Gespräch habe Meinberg zwar „Vorurteilslosigkeit und sein Interesse" bekundet, es sei sogar ein gewisses Wohlwollen wahrzunehmen gewesen.[74] Das Gespräch blieb jedoch ergebnislos.

Die von Bartsch als „Frühjahrsoffensive" bezeichnete Flut von polemischen Artikeln gegen die *bdW*, die das Resultat einer Kampagne der Stuttgarter Auskunftsstelle des Kali-Syndikats in der Zeitschrift *Gesundheitslehre* war,[75] wurde im Sommer abgelöst durch einen Warnruf der agrarpolitischen Pressestelle der NSDAP im Gau Mittelfranken: „Landwirte bleibt bei eurer bisherigen Düngung! [...] Die biologisch-dynamische Düngung ist eine Ausgeburt der international eingestellten Weltanschauung der Anthroposophie, begründet von dem Juden Rudolf Steiner. Es handelt sich um ein planmäßiges Vorgehen der gleichen Internationale, die dem Bauernstand einen wuchtigen Hieb versetzen will und den Zweck verfolgt, die Ernährung des deutschen Volkes auf der eigenen Scholle ins Wanken zu bringen. Die Pressestelle wird sich wohlweislich derartigen Einflüssen verschließen und der deutsche Bauer wird nach wie vor in altbewährter Weise und nach natürlichen Gesetzen seinen Acker bestellen und düngen."[76]

Im Herbst 1933 folgte ein landesweites Verbot der *bdW* in Württemberg durch den Landesbauernführer Alfred Arnold, das allerdings zum Vorteil des *Reichsverbands* ausging. Das Wirtschaftsministerium des Landes erklärte das Verbot für rechtsungültig.[77]

Am 4. November 1933 berichtete Max Karl Schwarz nicht ohne Stolz nach Dornach, dass ihn „Herr Ministerpräsident Walter Granzow" zur Mitarbeit aufgefordert habe und er ihn sogar demnächst in Worpswede aufsuchen wolle. Tatsächlich war das ein großer Erfolg. Granzow war angetan von der neuen Publikation von Schwarz. Und es war eine Erleichterung zu erfahren, dass Granzow scheinbar trotz seines Austritts aus dem *Versuchsring* im Jahr 1932 der *bdW* die Treue hielt.[78]

Darauf folgte am 15. November 1933 ein neuer, noch härterer Schlag gegen die *bdW*. Der thüringische Wirtschaftsminister Willy Marschler erließ eine „Landespolizeiverordnung über die biologisch-dynamische Wirtschaftsweise",

73 Vgl. GOE, B.14.001.013, Wachsmuth an Meinberg, 31. 7. 1933.

74 Vgl. GOE, D.02 Seifert, Dreidax an Seifert, 27. 8. 1933.

75 Vgl. Koepf/Plato, Wirtschaftsweise, S. 151 f.

76 Zit. n. Werner, Anthroposophen, S. 84.

77 Vgl. Troßbach, Zeitalter, S. 12 f.

78 Vgl. GOE, B.14.001.014, Schwarz an Wachsmuth, 4. 11. 1933 und Max Karl Schwarz, Ein Weg zum praktischen Siedeln, Pflugschar-Verlag Klein, Düsseldorf 1933.

mit der ein Verbot jeglicher öffentlicher Erörterung der *bdW* in Zeitungen, Druckschriften, Vorträgen, Besprechungen oder bei Veranstaltungen verbunden war. Auch Werbung für biodynamische Nahrungs- oder Futtermittel wurde untersagt. Mit dem Verbot reagierte Marschler auf die sprunghafte Zunahme an Landwirten in Thüringen, die sich für die *bdW* interessierten. Seit 1930 hatten sich hier drei biodynamische Zentren gebildet, in denen Hellmut Bartsch als Berater eingesetzt wurde, und bei Vorträgen über die *bdW* erschienen bis zu 300 Zuhörer.[79] Zuwiderhandlungen gegen diese Verordnung sollten mit Geldstrafen bis zu 150 Reichsmark oder mit Haft bis zu zwei Wochen bestraft werden.[80] Das Verbot machte unmissverständlich deutlich, zu welchen drastischen Maßnahmen die neuen Machthaber greifen würden, um ihre Ziele durchzusetzen. Wie zu erwarten war, stürzte sich die Presse erneut auf die *bdW:* Sie seien Schwindler, die Regierung erfülle mit dem Verbot ihre Pflicht.[81] Der *Reichsverband* bemühte sich vergeblich um Richtigstellung, im Geschäftsbericht 1933/1934 hieß es: „Unermüdlich wurde auf Grund des § 11 des Pressegesetzes gegen in Frage kommende Zeitungen und Zeitschriften vorgegangen, was nicht nur Zeit, sondern auch Nerven kostete."[82]

Ein kleiner Lichtblick kam am 28. November aus Württemberg. Hier hatten sich drei Vertreter der *bdW*-Vereinigung Stuttgart-Gmünd, der Hofbesitzer Dr. Fritz Kempter, der Landschaftsarchitekt Karl-Wilhelm Siegloch und der Verwalter des Talhofs, Eugen Mühlhäuser, mit dem stellvertretenden Vorsitzenden der württembergischen Landwirtschaftskammer, Martin Kohler, zu einer Aussprache über die *bdW* getroffen. „Eingangs der Besprechung erwähnte Herr Kohler, dass die württ. Landwirtschaftskammer den Schildbürgerstreich des Landes Thüringen selbstredend nicht nachahmen werde und im Gegenteil nicht abgeneigt sei, den Bestrebungen der biol.dyn. entgegenzukommen."[83]

Dennoch war die Lage alarmierend. Ein Verbot ausgerechnet in der Region, in der die *bdW* besonders erfolgreich war, führte den Biodynamikern deutlich vor Augen, dass ihre bisherige Strategie zur Verbreitung ihrer Methode unter den neuen Machtverhältnissen ohne Verbündete vergebens war. Nach dem Verbot in Thüringen war auch ein „Reichsverbot" nicht mehr auszuschließen.

Anders als für die *AG in Deutschland* stand für die Mitglieder der biodynamischen Verbände im Sommer 1933 fest, dass sie die Eingliederung in den NS-Staat wollten. Während dieser Schritt in der *AG* zu einer kontroversen

79 Vgl. Koepf/Plato, Wirtschaftsweise, S. 152.
80 Vgl. Werner, Anthroposophen, S. 83.
81 Ebenda.
82 Vgl. BArch, R 58/6197, Bl. 186.
83 GOE, B14.002.012, Kempter, 1.12.1933.

Debatte geführt hatte, finden sich in den Schriften der *bdW* dazu keine Hinweise.

2.2 Der erzwungene „Burgfrieden" durch Rudolf Heß (1934–1939)

Eine einzige Sitzung mit dem ranghohen „Stellvertreter des Führers" Rudolf Heß konnte – wie das Beispiel der *bdW* zeigen wird – im Führerstaat ausreichen, um kritische Stimmen einzuschränken und sogar die Einwände eines zuständigen Ministers außer Acht zu lassen.[84] Trotz anhaltender Angriffe in der NS-Presse und des noch bestehenden Teilverbots in Thüringen erklärte Heß die immer mehr um ihre Existenz ringende *bdW* am 18. Januar 1934 kurzerhand zu einer „möglicherweise" zukunftsweisenden und deshalb zu erforschenden Landwirtschaftsmethode. Und dabei sollte es nicht bleiben, bereits vier Tage später erhielten reichsweit sämtliche Gauamtsleiter den von Heß unterzeichneten Runderlass, dass einseitige politische Angriffe gegen die *bdW* zukünftig zu unterlassen seien.[85] Tatsächlich sollte sich bald herausstellen, dass dies nur der Anfang eines Prozesses war, in dem der *Reichsverband* immer wieder mit teils nicht unerheblichem bürokratischen Aufwand gleich durch mehrere Mitarbeiter des Amtsbereichs Heß verteidigt wurde. Um die Weiterarbeit der *bdW* zu ermöglichen, mussten nicht nur Presseangriffe, sondern vor allem stets neue Hürden – meist veränderte Bestimmungen des zunehmend auf die „Erzeugungsschlacht" ausgerichteten Agrarapparats – abgewehrt werden.

Dass der *Reichsverband* kaum eine Chance haben würde, einen Einstieg in das NS-System über die landwirtschaftlichen Strukturen zu finden, war naheliegend. Zwar ließen sich Begriffe wie Blut und Boden, Scholle, Autarkie oder auch der Rückgriff auf Tradition ohne Weiteres in das biodynamische Vokabular, in die Denkschriften und Publikationen integrieren. Umgekehrt konnte Walther Darré, Spitze des Landwirtschaftsministeriums und des *Reichsnährstands* zugleich, auf keinen Fall einen landwirtschaftlichen Außenseiter wie die

84 Der Agrarhistoriker Werner Troßbach geht davon aus, dass die Maßnahmen von Heß zum Schutz der *bdW* einem Kritikverbot gleichkamen. Vgl. Troßbach, Zeitalter, S. 17.

85 „An alle Herren Gauleiter! In einer Unterredung, an der auch der Reichsbauernführer und Reichsernährungsminister Walter Darré teilgenommen hat, ist mir über das Ergebnis langjähriger Versuche der sog. biologisch-dynamischen Wirtschaftsweise in landwirtschaftlichen Betrieben Bericht erstattet worden. Auf Grund der mir gemachten Mitteilungen ordne ich hiermit an, daß jede einseitige politische Debatte über dieses Thema, das sowohl nach der volksgesundheitlichen wie nach der agrarpolitischen Seite hin möglicherweise von Bedeutung werden kann, aufzuhören hat." Zit. n. Werner, Anthroposophen, S. 90.

bdW dulden, einen Provokateur gegenüber seinem dringend notwenigen Partner Agrarchemie. Auf dem Weg zur „Erzeugungsschlacht" war eine Wirtschaftsweise, die als ertragsschwach galt, schlichtweg keine Option.

Nur die Sonderstellung von Heß im NS-Staat machte es möglich, dass der *Reichsverband* nicht nur weiterexistieren, sondern bis zu seinem Verbot Mitte 1941 sogar expandieren konnte. Erst unter diesen Voraussetzungen wurden auch in anderen Behörden befürwortende Stimmen für die *bdW* laut. Zunächst zählten neben Heß auch Granzow, Himmler oder Reichsinnenminister Wilhelm Frick dazu, sie hielten sich jedoch im Hintergrund. Etwas später schlugen sich auch Darré und Funktionäre des *Reichsnährstands*, des *RuSHA*, des *WVHA* oder der *Deutschen Arbeitsfront* auf ihre Seite, die anfänglich zurückhaltend oder ablehnend reagiert hatten. Als sich besonders im Zusammenhang mit den nationalsozialistischen Expansionsplänen größere Einsatzmöglichkeiten für die *bdW* aufzutun schienen, zeigten sich alle Fürsprecher schnell bereit, über die ideologischen Widersprüche zwischen dem NS und den anthroposophischen Wurzeln der *bdW* hinwegzusehen: Darré löste das Problem, indem er sie in „lebensgesetzliche Landbauweise" umbenannte, Himmler, Pancke und andere wollten sie, bevor sie zum Einsatz käme, von „übernatürlichen und magischen Zutaten"[86] gereinigt wissen – ohne zu definieren, was genau das sei.

Demgegenüber beharrte man jedoch in den Berichten der Gestapo und des Sicherheitsdienstes (SD) wiederholt auf der ideologischen Unvereinbarkeit mit der *bdW* und ihren anthroposophischen Wurzeln. Selbst der Philosophie-Professor Alfred Baeumler, Amtsleiter für Wissenschaft im *Amt Rosenberg*, der sich durchaus für die Anthroposophie einsetzte und sie als konsequenteste antimaterialistische Weltanschauung für den NS dienstbar machen wollte, musste nach intensivem Studium der *bdW* feststellen, dass sie aus NS-Perspektive grundsätzliche Fehler aufwies. „Durch die einseitige und willkürliche Voranstellung der Natur und ihrer Erkenntnis wird der geschichtliche und völkische Zusammenhang aufgelöst. Der Bauer wird zum Menschen an sich und erhält eine Art Heiligenschein, das Bauerntum wird nicht als Grundlage eines vielgegliederten völkischen Organismus betrachtet, sondern gleichsam als ein universaler, kosmischer Stand. Man könnte sagen, es handle sich hier gar nicht um den wirklichen Bauern, sondern um einen Hohepriester der Fruchtbarkeit."[87]

86 BArch, R 9361 III/546720, unpag., Pancke an die Forschungsgemeinschaft „Das Ahnenerbe", 19.4.1940.

87 BArch, NS 15/305, Bl. 57709–57723, Alfred Baeumler, Biologisch-dynamische Wirtschaftsweise (Manuskript), vgl. auch Arfst Wagner, Dokumente und Briefe zur Geschichte der Anthroposophischen Bewegung und Gesellschaft in der Zeit des Nationalsozialismus, 5 Bde., Rendsburg 1991–1993, Neuaufl. als DVD 2011, S. 38–51, hier S. 44.

(Siehe Kapitel 2.4.2) In Baeumlers unvollendetem Manuskript deuten auch die Streichungen und Verbesserungen darauf hin, dass er offensichtlich um eine Annäherung rang, da er von großen Teilen der *bdW* angetan war. Die Textstelle „Dr. Bartsch begeht den Fehler, das Bild eines ungeschichtlichen Bauerntums in einen leeren Raum zu projizieren“, korrigierte Baeumler im Nachhinein handschriftlich in eine dringende Mahnung um: „Man darf nicht den Fehler begehen, das Bild eines ungeschichtlichen Bauerntums in den leeren Raum zu projizieren.“[88]

2.2.1 Die große Wende

Der Tag der Entscheidung – 18. Januar 1934

„Herr Minister, für diese Männer verbürge ich mich“,[89] waren laut Bartsch die Worte, mit denen es Georg Michaelis am 18. Januar 1934 gelungen war, Rudolf Heß als ersten einflussreichen NS-Funktionär zu gewinnen, sich für die biodynamische Sache einzusetzen. Heß galt als einer der „undurchsichtigsten“ aller frühen Nationalsozialisten und war für seine Vorliebe für autoritäre Vaterfiguren bekannt.[90] Es musste ihm imponiert haben, dass sich Michaelis, Staatsmann und als ehemaliger Reichskanzler ein politisches Schwergewicht, mit einem Ehrenwort an ihn wandte.

Wie genau dieser für die *bdW* folgenreiche Termin zustande gekommen war, lässt sich nicht mehr nachvollziehen. Belegt ist, dass sich Michaelis im Winter 1933 hilfesuchend an Heß gewandt und dass der Anthroposoph Freiherr von Tucher versprochen hatte, seine Beziehungen zu NS-Kreisen für die biodynamische Sache einzusetzen. Er war in Kontakt mit Ilse Heß getreten.[91] Ausschlaggebend war am Ende wohl, dass „der“ nicht-anthroposophische Fürsprecher für die *bdW* im NS-Staat, Alwin Seifert, von Ilse Heß mit der Gartengestaltung ihrer Privatvilla in München beauftragt worden war.[92] Sie wurde unter Seiferts Einfluss rasch zu einer begeisterten Anhängerin und zum Mitglied in der eigens für Nicht-Anthroposoph:innen gegründeten *Gesellschaft zur Förderung der*

88 Ebenda.

89 Heynitz, Erinnerungen, 1978, S. 37.

90 Vgl. Görtemaker, Hess.

91 Vgl. BArch, R 58/5946, Bl. 1429–1471, Korrespondenz 1930–1932 von Karl Heyer, Oskar Franz Wienert, Georg Klenk und Baron Tucher und GOE, B.14.001.001, Ilse Heß an Tucher, 24. 1. 1934.

92 Dass Seiffert selbst „im letzten Augenblick eine Unterredung mit Rudolf Hess und von diesem eine Aufhebung des Verbotes“ erreichte, wie er 1947 vor einem Münchener Gericht aussagte, hält der Historiker Bert Becker für „überzogen“. Vgl. Becker, Michaelis, S. 666.

biologisch-dynamischen Wirtschaftsweise. Falls sie tatsächlich diejenige war, die die Entscheidung von Heß herbeigeführt hatte, wäre sie nicht die einzige Frau gewesen, die ihren Ehemann von der *bdW* überzeugte.

Heß war jedenfalls schon vor der Sitzung im Januar soweit über die *bdW* unterrichtet, dass er entschlossen war, seinen Einfluss geltend zu machen. Denn er empfing nicht nur die Vorstände des *Reichsverbands* – Michaelis, Bartsch und Dreidax – und einen Vertreter des Reichswirtschaftsministers, sondern beharrte offensichtlich auch auf der Teilnahme des höchsten Agrar-Manns im NS-Staat. Darré schien über diese „Vorladung" sichtlich ungehalten und machte – so Dreidax – mit wenigen Worten deutlich, weshalb: „Ihm sei die Sache [die *bdW*] hinlänglich bekannt, doch müsse er auf Beamte seines Ministeriums, der Landwirtschaftswissenschaft und der Industrie Rücksicht nehmen, die alle gegnerisch eingestellt seien."[93] Darré sollte sich – wie auch andere NS-Funktionäre – erst später zur *bdW* bekennen.

Das Versprechen von Heß am Ende der Sitzung, die *bdW* vor „einseitigen politischen Debatten" zu schützen, versetzte den *Reichsverband* in eine völlig neue Lage. Seine Anerkennung der *bdW* untermauerte Heß sogar noch einmal, indem er in der Januarausgabe der Zeitschrift *Demeter* eine seiner Reden abdrucken ließ.[94] Michaelis sprach erleichtert von „einer Art Burgfrieden", mit dem eine ruhige Weiterentwicklung der *bdW* möglich würde. Gleichzeitig war allen Beteiligten klar, dass dieser „Burgfrieden" mit einer entscheidenden Bedingung verknüpft war: Die *bdW* musste erforscht werden, eindeutige Beweise für ihre Wirksamkeit waren zu erbringen. Neben landwirtschaftlichen Versuchen musste auch der *Reichsverband* selbst inspiziert werden, Vertreter der Partei und der Landesbauernschaften sollten zukünftig an den Tagungen in Bad Saarow teilnehmen.[95]

Die einmalige Machtfülle der Stellung von Heß war wohl ausschließlich seiner Nähe zu Hitler geschuldet, der ihn damit für seine bedingungslose Ergebenheit belohnt habe.[96] Zwar war Heß am 1. Dezember 1933 zum „Reichsminister ohne besonderen Geschäftsbereich" ernannt worden, die Funktion eines „Stellvertreters des Führers mit ausführender Gewalt" gestattete ihm jedoch die Einflussnahme auf alle Parteiorganisationen und zudem einen gewaltigen

93 Zit. n. Becker, Michaelis, S. 666.

94 Vgl. Troßbach, Zeitalter, S. 14. Auch in der August-Ausgabe 1937 von *Demeter* erschien ein weiterer Artikel von Heß, vgl. Koepf/Plato, Wirtschaftsweise, S. 159.

95 Vgl. Heynitz, Erinnerungen, S. 37 f.

96 Vgl. Görtemaker, Hess. Erstaunlicherweise geht Görtemaker weder auf das Interesse von Heß an alternativer Medizin und Ernährung ein, noch auf die entsprechenden Absichten, die er mit dem *Sachverständigenbeirat für Volksgesundheit* verband.

Mitarbeiterstab. Tatsächlich habe sich Heß in wichtige Gesetzesvorhaben und Personalentscheidungen eingemischt, so Görtemaker.

Heß wusste also, dass er sich mit der *bdW* durchsetzen konnte, wenn er das wollte. Was aber hat ihn dazu bewogen, eine zu diesem Zeitpunkt deutlich unpopuläre Entscheidung zu treffen? Immerhin stellte er sich mit seinem eigenmächtigen Schritt der Haltung des gesamten NS-Agrarapparats und dessen mächtigen Verbündeten aus der Industrie in den Weg. War es möglich, dass der stets hitlertreue Heß im Fall der *bdW* eigenständig agierte? Wandte er sich insgeheim gegen den Willen des „Führers“? Oder setzte er sich sogar mit Hitlers Einvernehmen für die *bdW* ein? Letzteres scheint eher unwahrscheinlich.[97] Heß wurde, ebenso wie Himmler, ein Hang zur Esoterik nachgesagt, was bei beiden immer wieder zu Spekulationen über eine Nähe zu Rudolf Steiner oder der Anthroposophie führte. Unzweifelhaft waren beide von Ideen der Reformbewegung geprägt. Bei ihnen waren – wie bei vielen anderen frühen Nationalsozialisten insbesondere in München – Anfang der 1920er-Jahre ein deutlich radikalisierter Antisemitismus und zunehmend extreme politische Anschauungen feststellbar. Beide wurden Mitglieder der Artamanen, wo sie sich kennengelernt hatten, und beide interessierten sich besonders für alternative – im Fall Himmlers auch skurrile – Ansätze in der Wissenschaft.

Von Rudolf Steiner und der Anthroposophie hielt Heß mit großer Wahrscheinlichkeit nichts.[98] Als die *Anthroposophische Gesellschaft in Deutschland* 1935 verboten werden sollte, lehnte er jegliche Unterstützung rigoros ab und stimmte dem Verbot ohne Einwand zu.[99] Für die *bdW* interessierten sich Heß und Himmler dagegen gleichermaßen und suchten und fanden jeweils eine Möglichkeit, sie in ihrem jeweiligen Kompetenzbereich in einer Art Nische einzusetzen. Der Landwirt Himmler wollte für die Zeit „nach dem Krieg“ eine Wirtschaftsweise ohne Agrarchemie parat haben. Dafür benötigte er Erfahrungen und praktische Beweise und ließ sie von der *DVA* in seinen SS-Versuchsgütern – u. a. bei den Konzentrationslagern Dachau und Ravensbrück unter Einsatz von Häftlingen – einführen und prüfen. Heß verhalf der *bdW* zur Weiterexistenz, weil er an ihre Bedeutung für die „Volksgesundheit“ glaubte.

97 Aussagen Hitlers zur *bdW* sind uns nicht bekannt. Über Esoterik äußerte er sich generell negativ, so z. B. auf dem Reichsparteitag der NSDAP 1938: „Das Einschleichen mystisch veranlagter okkulter Jenseitsforscher darf daher in der Bewegung nicht geduldet werden. Sie sind nicht Nazis, sondern irgendetwas anderes, auf jeden Fall aber etwas, was mit uns nichts zu tun hat. An der Spitze unseres Programms steht nicht das geheimnisvolle Ahnen, sondern das klare Erkennen und damit das offene Bekenntnis.“ BArch, R 58/6197, Bl. 19.

98 Vgl. Werner, Anthroposophen, S. 74.

99 Vgl. ebenda, S. 91 f.

Selbst hatte er aus gesundheitlichen Gründen Erfahrungen mit Methoden wie der Homöopathie oder der anthroposophischen Medizin gemacht. Für diese engagierte er sich wiederholt. Von der *bdW* hätte er bereits Anfang 1930 im alternativmedizinischen Milieu hören können, wo sie sich im Rahmen der landesweiten Kampagne der Agrarchemie einen Namen als „gesunde" Wirtschaftsweise gemacht hatte. Aufgrund ihrer Bedeutung für die „Volksgesundheit" sollte die *bdW* in dem von ihm ins Leben gerufenen *Hauptamt für Volksgesundheit* angesiedelt werden.

Der *Reichsverband* profitierte von der Anerkennung durch Heß, zugleich war damit eine sukzessive Anpassung und Integrierung in die hierarchischen Strukturen des NS-Staates verbunden. Für die Biodynamiker war es, seitdem sie Ende der 1920er-Jahre mit der *bdW* an die Öffentlichkeit getreten waren, nichts Neues, dass sie von einem Großteil der Agrarwissenschaft abgelehnt wurde. Auch damals waren es eher alternative medizinische Kreise etwa in Kurheimen, die sich für die *bdW* und ihre Produkte interessierten. Die passionierten Missionare der *bdW* Bartsch und Dreidax ließen nach dem „Burgfrieden" nicht lange auf sich warten. Das Thema „Volksgesundheit" sollte sich bald in einer Vielzahl neuer Publikationen des *Reichsverbands* bemerkbar machen. Damit – so schien es – hatten sie im NS-Staat Erfolg. „Wir greifen jetzt die Aufgaben des gesamten Heilwesens auf", wie etwa fünf Jahre später Bartsch begeistert an den österreichischen Biodynamiker Heinrich Tomsche schrieb.[100]

Die Rolle des *Sachverständigenbeirats für Volksgesundheit* in der Reichsleitung der NSDAP beim Stellvertreter des Führers

Den *Sachverständigenbeirat für Volksgesundheit* gründete Heß, einer der maßgeblichen Architekten der Gleichschaltung von Partei, Staat und Gesellschaft, am 15. November 1933. Etwas später entstand das *Hauptamt für Volksgesundheit* der NSDAP. Der neue *Sachverständigenbeirat* sollte unter Leitung von Reichsärzteführer Dr. Gerhard Wagner für den Zusammenschluss sämtlicher zur Volksgesundheit zählenden Verbände sorgen. Er umfasste neben der Gruppe der Berufsverbände aller Ärzte, Apotheker und Heilpraktiker und einer weiteren Gruppe spezieller Sachverständiger als dritte Gruppe auch die sogenannten Laienbünde. Dazu zählten z. B. der *Kneippbund* oder der *Reichsverband für Homöopathie*, die in einem *Nationalverband für Volksgesundung e. V.* zusammengefasst waren.[101] Heilpraktiker und Laienbünde erfuhren damit eine deutliche Anerkennung und

100 Vgl. BArch, R 9349/3, Bartsch an Tomsche, 1. 3. 1939.

101 Vgl. BArch, NS 6/215, Bl. 56 ff., Der Stellvertreter des Führers, Rundschreiben vom 20. 11. 1933.

Aufwertung. Heß beabsichtigte, die zersplitterten und zum größten Teil verfeindeten Gruppen der Lebensreform- und alternativen Gesundheitsbewegung zu vereinen, um sie in den Dienst des NS-Regimes zu stellen.

Die Aufgaben des *Sachverständigenbeirats für Volksgesundheit* bestanden darin, „die Verbindung aufrechtzuerhalten zwischen Staat und Partei“. Er sollte darauf achten, dass keine wichtige staatliche Maßnahme auf dem Gebiet der Volksgesundheit ohne Einvernehmen mit der Partei erfolgte, und habe „dafür zu sorgen, dass in allen Berufsverbänden, die in der Volksgesundheit tätig sind, nach nationalsozialistischem Wollen gearbeitet wird, überall bewährte Nationalsozialisten an der Spitze stehen und die Verbände, die sich bisher teilweise feindlich gegenüber standen, gemeinsam nun im Interesse der Volksgesundheit friedlich nebeneinander arbeiten“.[102] Mit Hanns Georg Müller, einem Verfechter der Lebensreformbewegung – der ebenso wie Heß selbst Mitglied der ehemaligen antisemitisch-völkischen *Thule-Gesellschaft* und frühes Mitglied der NSDAP war –, hätte es der *Reichsverband* kaum besser treffen können. Müller sollte für Heß die Förderung und Koordinierung der Abteilung „Reformbewegungen“ übernehmen und war der erste Herausgeber der Zeitschrift für Lebensreform *Leib und Leben*.

Die umfangreichen Korrespondenzakten zwischen *Reichsverband* und *Sachverständigenbeirat* geben Einblick in das wachsende Beziehungsgeflecht. In einzelnen Phasen korrespondierten sie täglich miteinander.[103] Je nach Zuständigkeit bemühten sich Dr. Griesbeck, Dr. Hörmann, Hanns Georg Müller und Prof. Franz Wirz mit Zustimmung von Gerhard Wagner darum, Steine aus dem Weg zu räumen, die die Arbeit der *bdW* gefährden würden. Die Anerkennung und der zunehmend spürbare Schutz stärkten das Selbstbewusstsein des *Reichsverband*-Vorstands merklich.[104] Deutlich wird aber auch, dass sich die *bdW* ohne diesen Schutz nicht lange hätte halten können.

Bartsch und Dreidax knüpften offensichtlich nach dem schwierigen Jahr 1933 und der unverhofften Wende wieder an, woran sie bereits 1931 im Kontakt mit dem ersten prominenten nationalsozialistischen Mitglied im biodynamischen *Versuchsring*, Walter Granzow, gerne bereit waren zu glauben: Neben „radikalen rücksichtslosen“ gebe es auch „anständige“ Nationalsozialisten. Dreidax erinnerte im Nachhinein, es habe sich im Amtsbereich Heß „eine Reihe von Männern zu erkennen gegeben, die ‚wirklich sozial und antikapitalistisch gesinnt‘ gewesen seien und ‚ihren Abstand zu vielen peinlichen

102 Ebenda.

103 Vgl. BArch, R 9349/1, Korrespondenzakten des Sachverständigenbeirats für Volksgesundheit beim Stellvertreter des Führers mit dem Reichsverband.

104 Vgl. BArch, R 9349/1, Korrespondenzakten Griesbeck, Hörmann, Müller, Wirz, Wagner.

Vorgängen in der Gesamtbewegung des Nationalsozialismus zum Ausdruck gebracht' hätten".[105]

Erste größere Schwierigkeiten ergaben sich für den *Demeter-Verband* aufgrund der neuen Agrargesetzgebung schon bald. Im August 1934 wandte sich Bartsch an Müller und kündigte eine Zusammenstellung aller Probleme und ihrer Konsequenzen an. Diplomatisch lenkte Bartsch selbst ein, es müssten Wege gefunden werden, den Fortbestand von *Demeter* zu sichern und gleichzeitig die Grundlinien der Verordnung der Getreidewirtschaft nicht zu verletzen.[106] Hier zeigte sich, dass Heß mit seiner Entscheidung auf großes Unverständnis der Mehrzahl der zuständigen Funktionäre gestoßen war. Mit seinem Schutzschirm streute er gleichermaßen Sand in das Getriebe der nunmehr auf Masse und Effizienz ausgerichteten Behörden und Nahrungsmittelwirtschaft. Die Liste der nötigen Sonderregelungen, um Anbau und Absatz von *bdW*-Produkten nicht zum Erliegen zu bringen, wurde immer länger. Für die erhöhten Frachtkosten für *Demeter*-Roggen und andere landwirtschaftliche Produkte aus dem „Überschußgebiet" Ostpreußen nach Süddeutschland seien sie auf Frachtbeihilfen angewiesen, die sie jedoch nur dann bekämen, wenn „die medizinische und volksgesundheitliche Bedeutung der Demeter-Erzeugnisse anerkannt" würde.[107] Wegen der Bekämpfung des Apfelblattsaugers müssten sie von der Spritzung mit chemischen Mitteln befreit werden.[108] Reichsärzteführer Wagner machte deutlich, dass er zwar Interesse an der *bdW* vom Standpunkt der „Volksgesundheit" aus habe, lehnte es jedoch ab, sich für wirtschaftliche Fragen einzusetzen.[109]

Im April 1937 sandte Bartsch erneut einen Überblick über die Probleme an Müller und betonte wieder, dass das nicht als Kritik an den behördlichen Maßnahmen zu verstehen sei.[110] U. a. ging es nun um das neue Pflanzenschutzgesetz und „den Zwang von teer- und metallhaltigen Schädlingsbekämpfungsmitteln", die sich mit der *bdW* nicht vertrügen, oder um die Anerkennung von Spezialmehl und Spezialbrot, ohne die biodynamische Betriebe geschwächt würden. Aufgrund der Andienungspflicht für Getreide, nach der Getreidewirtschaftsverbände auf *Demeter*-Getreide zurückgreifen konnten, ginge es als *Demeter*-Mehl und -Brot verloren. Da die *Demeter*-Erzeugung auf spezielle Geschäftsbeziehungen angewiesen sei, wurde die Kontingentierung von Verarbeitungsbetrieben

105 Dreidax, Wirtschaftsweise, S. 22 und S. 24.
106 Vgl. BArch, R 9349/1, Korrespondenzakten Müller, Reichsverband an Müller, 11. 8. 1934.
107 Vgl. ebenda, Korrespondenzakten Hörmann, Reichsverband an Hörmann, 31. 1. 1935.
108 Vgl. ebenda, Dr. Lehnich an Reichsleitung NSDAP, 12. 4. 1935.
109 Vgl. ebenda, Hörmann an Bartsch, 18. 6. 1935.
110 Vgl. ebenda, 3. 4. 1937.

zum Problem. Ebenfalls im Jahr 1937 ergab sich das Problem der *Demeter*-Hafernährmittel. Eine neue Anordnung der Hauptvereinigung für Industriehafer verfügte, dass Hafer nur bis zum 31. Oktober 1937 gehandelt und geliefert werden dürfe. Das würden viele Bauern nicht schaffen, deshalb bat Dreidax Müller, einen entsprechenden Antrag des biodynamischen Anbauers Ernst Stegemann zu unterstützen.[111]

Um solche Sonderregelungen bei den uneinsichtigen Mitarbeitern einzufordern, drohte der *Sachverständigenbeirat für Volksgesundheit* im Zweifelsfall mit dem Machtwort des „Stellvertreters des Führers“: Heß habe angeordnet, dass die laufenden großzügigen Versuche in der Praxis nicht gestört werden dürften. Bei einem Konflikt aus dem Jahr 1935 etwa ging es um die Zubilligung von Aufschlägen von 1 auf 3 RM je 100 Kilo für *Demeter*-Mehle. „Eine Ablehnung dieser Zuschläge würde einer empfindlichen Störung der unternommenen Versuche gleichkommen. Es ist von größter Bedeutung für die Volksernährung auf deutschem Boden, daß diese Landwirte, die sich größte Mühe geben, im Demeter-Weizen Auslandsqualität zu erreichen, nachdrücklichst Unterstützung zuteil wird. Die beste Unterstützung ist die Zubilligung des Aufschlages von 3.– je 100 Kilo, der bei anderen Mehlen für die Beimischung von Auslandsgetreide erhoben werden kann.“[112] Bei Verhandlungen des *Demeter-Verbands* mit dem *Reichskommissar für Preisbildung* im August 1937 war es Prof. Franz Wirz, Reichshauptstellenleiter im *Hauptamt für Volksgesundheit* der NSDAP-Reichsleitung und Angehöriger des *Sachverständigenbeirats*, der aufgrund der von ihm vorgetragenen Haltung des Ernährungsministeriums ein Entgegenkommen bewirken konnte.[113] Im Juni 1935 dankte der *Reichsverband* ihm und auch Hörmann und Müller für ihre Hilfe bei der Sonderregelung für *Demeter*-Getreide.

Auch das Thema Schädlingsbekämpfung wurde immer wieder zum Problem. So meldete Dreidax im Februar 1939 aufgebracht an Müller, er habe die Hamburger Mitglieder des *Reichsverbands* angewiesen, den angedrohten Eingriff der Behörden so lange abzulehnen, bis es zu einem Abschluss der Verhandlungen mit dem *Hauptamt für Volksgesundheit* käme. „Es ist für die zahlreichen Mitglieder natürlich sehr schwer, immer wieder das Damokles-Schwert der behördlichen Schädlingsbekämpfung über sich zu haben und in der Unsicherheit zu leben, ob nicht eines Tages doppelte Kosten erwachsen und alle Mühe vergebens war.“[114]

111 Vgl. ebenda, 26.10.1937.

112 Vgl. ebenda, Sachverständigenbeirat für Volksgesundheit an die Hauptvereinigung der Deutschen Getreidewirtschaft, 28.5.1935.

113 Vgl. ebenda, Dreidax an Müller, 1.9.1937.

114 Vgl. BArch, R 9349/1, Dreidax an Müller, 2.2.1939.

Aus den Korrespondenzakten geht auch hervor, dass die oben genannten Heß-Mitarbeiter den *Reichsverband* nicht nur umfassend in Schutz nahmen, sie bauten Bartsch und Dreidax geradezu für ihre zukünftige Zusammenarbeit auf. Anfänglich ging es etwa um die Einhaltung von Kommunikationsregeln, Müller korrigierte z. B. Anschreiben von Bartsch an Behörden.[115] Insbesondere von dem zum Cholerischen neigenden Dreidax finden sich mehrere Hinweise auf Entschuldigungen in den Akten. Im Oktober 1935 räumte er gegenüber Müller ein, dass er einen vorgeschlagenen Brief nicht abgeschickt und sich offensichtlich am Telefon nicht deutlich genug ausgesprochen habe.[116] Auch schickte er Antwortschreiben an wissenschaftliche Kritiker als Entwurf zunächst an Müller mit der Frage, ob sie „unangreifbar genug" seien.[117] Insbesondere Prof. Wirz beriet Bartsch und Dreidax bei der Verfassung von Artikeln, forderte immer wieder mehr Zahlen und gab eindeutige wissenschaftliche Beweise oder Hinweise auf Fachliteratur.[118]

Diese Kontakte und die zunehmende Einbindung in das Amt eröffneten den beiden Biodynamikern auch Zugang zu fachlichen Netzwerken. Im Frühjahr 1938 erfuhr Dreidax etwa von der Planung einer neuen Abwasserverwertungsanlage in Hamburg. Er war überzeugt, zu einer besseren Lösung als der avisierten Abwasser-Frischverregnung beitragen zu können, und bat Wirz, ihn zu einer Besprechung zum Thema einzuladen.[119] Bereits im Oktober lag eine Einladung auf seinem Tisch.[120] Aus Korrespondenzakten zwischen Seifert und Dreidax geht hervor, dass auch sie in engem Austausch über Methoden und Planungen großer Abwasserverwertungskonzepte standen.[121] Der stets zur Übertreibung neigende Seifert war überzeugt, dass es 1937 sein Verdienst war, mit seiner Kampfschrift „Die Versteppung Deutschlands" – einem Generalangriff auf den staatlichen Wasserbau – Reichsminister Frick dazu angeregt zu haben, die Frage einer einheitlichen Wasserwirtschaft in Angriff zu nehmen.[122]

Im September 1938 hatte Reichsärzteführer Wagner die Erfassung sämtlicher zuständiger ärztlicher und biologischer Sachbearbeiter in den Ämtern für Volksgesundheit der Gaue sowie sämtlicher Verbände und Organisationen der Volksgesundheitsbewegung abgeschlossen. Alle örtlichen Leiter erhielten ent-

115 Vgl. ebenda, Müller an Bartsch, 28. 11. 1936.
116 Vgl. ebenda, 16. 9. 1935.
117 Vgl. ebenda, 15. 1. 1936.
118 Vgl. ebenda, 5. 8. 1936 und 22. 7. 1936.
119 Vgl. ebenda, Dreidax an Wirz, 12. 5. 1938.
120 Vgl. ebenda, 12. 9. 1938.
121 Vgl. GOE, D.02 Seifert.
122 Vgl. BArch, R 9349/3, Seifert an Bartsch, 2. 12. 1937.

sprechende Listen mit der Order, dass die Beteiligten untereinander Kontakt aufnehmen sollten. Auf diese Weise kamen die Vertreter des *Reichsverbands* mit anderen Mitgliedern der *Deutschen Gesellschaft für Lebensreform* in Kontakt.[123]

Die Rolle der *Deutschen Gesellschaft für Lebensreform*

Aus dem 1933 gegründeten *Nationalverband Deutscher Lebensreform-Unternehmen* sollte 1934 in München die *Deutsche Gesellschaft für Lebensreform* hervorgehen, deren korporatives Mitglied der *Reichsverband* noch im selben Jahr wurde.[124] Wirksam trat die Gesellschaft jedoch erst ab 1. Juli 1937 in Erscheinung, als ihr Leiter, Hanns G. Müller, einen Führerrat der *Deutschen Lebensreform-Bewegung* berief, dem er persönlich vorstand. In der Einführung ihres Statuts hieß es: „Die Weltanschauung der Deutschen Lebensreform-Bewegung ist der Nationalsozialismus.“[125] Neben dem *Reichsverband* gehörten zu ihren korporativen Mitgliedern u. a. „die Eden-Obstbaukolonie, die Reformhäuser-Vereinigung ‚Neuform‘, der ‚Deutsche Verein für Gesundheitspflege‘ oder der ‚Deutsche Bund für Körperkultur‘“.[126]

Die *Deutsche Gesellschaft für Lebensreform* stand unter der Aufsicht des *Sachverständigenbeirates für Volksgesundheit*, dem ihr Führer Müller als Mitglied angehörte. Dem *Reichsverband* verschaffte diese Mitgliedschaft durchaus praktische Vorteile. Sie konnte nicht nur für ihr eigenes Organ *Demeter* einen größeren Leserkreis erreichen, sondern zusätzlich ihren Publikationsradius im Müllerschen Verlag in Planegg erheblich erweitern.[127]

Dass der *Reichsverband* auch in der Lebensreform-Bewegung eine bedeutende Rolle einnehmen sollte, wird nicht nur an der zunehmenden und immer vertraulicher werdenden Korrespondenz zwischen Müller, Bartsch und Dreidax deutlich. Im Mai 1939 fand in Bad Saarow eine Sitzung der Mitglieder des *Reichsverbands* mit Vertretern der *Deutschen Lebensreformbewegung* mit dem Ziel einer engeren Kooperation statt.[128] Bartsch lobte laut Protokoll die fruchtbare

123 BArch, R 9349/1, Wagner an die Sachbearbeiter, 1. 9. 1938.

124 Vgl. BArch, R 58/6197, Bl. 40 ff., Bericht über die Prüfung des Reichsverbands, Paul Frohnhöfer.

125 Zit. n. Krabbe, Weltanschauung, S. 443.

126 Ebenda.

127 Vgl. Troßbach, Zeitalter, S. 17.

128 Anwesende Mitglieder des *Reichsverbands* waren Bartsch, Stegemann, Dreidax, Voegele, Willmann, Remer. Anwesende Mitglieder der *Deutschen Lebensreform e. V.* waren Hans Georg Müller, die Ärzte Dr. zur Linden, Dr. Suchantke, Dr. Schmidt und zwei Lehrer der Rudolf Steiner Schule Dresden, vgl. BArch, R 9349/2, Protokoll der Sitzung von Mitgliedern der Deutschen Lebensreform e. V. und des Reichsverbands, 14. 5. 1939.

Zusammenarbeit mit „dem Beauftragten der Partei für die Lebensreform". Müller habe die biodynamische Wirtschaftsweise beschirmt und betreut – umgekehrt sei jedoch auch die biodynamische Bewegung für die Aufbauarbeit der Lebensreform von nicht geringer Bedeutung. Man ringe um eine einheitliche Idee, was Lebensreform überhaupt bedeute – der *Reichsverband* sei in der Lage zu helfen. Dreidax ergriff hier einmal mehr die Chance, für die Möglichkeiten des Reformwirtschaftslebens in der Zukunft zu werben. Die Reformwirtschaft würde sich später nicht mehr nur auf den speziell gesundheitlichen Sektor beschränken – so Dreidax –, sondern auch Hauptfragen der Volkswirtschaft und Devisenfragen lösen können.[129] Ergebnis der Sitzung sollte die Bildung eines Studienkreises sein.

2.2.2 „Die Gegner in Schach halten"

Der Runderlass von Heß zum Schutz der *bdW* verfehlte seine Wirkung nicht. Einige Landwirte des *Reichsverbands* bestätigten selbst noch nach 1945, dass die Phase nach 1934 eine „Zeit ungestörten Aufbaus" war, in der die biodynamische Bewegung „einen mächtigen Schritt nach vorne gemacht" habe.[130] Allerdings brachte Heß die Kritiker keineswegs ganz zum Schweigen, weder in den Medien noch auf öffentlichen Veranstaltungen oder in den Behörden. Laut Darré waren immerhin das gesamte Landwirtschaftsministerium, der *Reichsnährstand* und die Agrarwissenschaften gegen die *bdW* eingestellt. So kam es, dass auch in den darauffolgenden Jahren in den Geschäftsberichten des *Reichsverbands* weiterhin jene Mitglieder lobend hervorgehoben wurden, denen es anscheinend gelungen war, die *bdW* auf öffentlichen Veranstaltungen zu verteidigen. 1934 hatte es z. B. Ehrenfried Pfeiffer mit einem Referat vor dem *Bund der Dipl.-Landwirte* in München verstanden, „die Gegner in Schach zu halten".[131] Franz Dreidax, Ernst Blume und Dr. Vogelsang hätten sich auf einer Sitzung im Reichsgesundheitsamt zum Thema Kunstdünger sogar gegenüber dem „Hauptgegner" gut behaupten können.[132]

Auch die Presse hielt sich seit dem Runderlass mit ihrer Polemik nur bedingt zurück, Artikel über „Mondscheinbrot",[133] „Brötchen aus dem Jenseits"[134] oder

129 Vgl. BArch, R 9349/2, Protokoll der Sitzung von Mitgliedern der Deutsche Lebensreform e. V. und des Reichsverbands 14. 5. 1939.

130 Zit. n. Jacobeit/Kopke, Wirtschaftsweise, S. 49.

131 Vgl. BArch, R 58/6197, Bl. 187, Geschäftsbericht des Reichsverbands, 9. 12. 1934.

132 Ebenda.

133 Vgl. BArch, R 9349/1, Müller an Thomalla, 26. 3. 1935.

134 Ebenda, Griesbeck an Reichsverband, 3. 4. 1935.

„dynamisches Brot“[135] erschienen allerdings nicht mehr so häufig. Auch auf Veranstaltungen des *Reichsnährstands* kam es – so ein Mitglied des *Reichsverbands* – wiederholt zu Diffamierungen der *bdW.* Ein Vertreter des „Kalkstoffsyndikats“ würde seine Vorträge auf den Bezirksversammlungen des *Reichsnährstands* dazu nutzen, die *bdW* lächerlich zu machen: „Die Anthroposophen schicken weissgekleidete Jungfrauen beim Mondschein zum Spritzen ihrer Präparate auf's Feld.“[136]

Um sich dagegen zur Wehr zu setzen, wandten sich Bartsch und Dreidax Anfang 1935 an den Lebensreformanhänger Robert Banfield, ein NSDAP-Mitglied, Mitarbeiter des *Hauptamts für Volkswohlfahrt* und späterer stellvertretender Leiter der *Deutschen Gesellschaft für Lebensreform.* Banfield empfahl ihnen dringend, auch in diesen Fällen den Führerrat Müller von der *Deutschen Lebensreform-Bewegung* zu informieren.[137] Es verging keine Woche, bis dieser dem *Reichsverband* mitteilte, dass er das Propagandaministerium instruiert habe. Müller verfügte außerdem, dass sich zukünftig Banfield um diffamierende Artikel in der Presse kümmern solle.[138] Banfield berichtete 1935 in der Lebensreformzeitschrift *Leib und Leben* über die biodynamische Wintertagung in Bad Saarow[139] und wurde 1936 eines der insgesamt 269 Mitglieder der *Gesellschaft zur Förderung der biologisch-dynamischen Wirtschaftsweise.*[140]

Die kritischen Stimmen zur *bdW* waren also nicht ganz verstummt, aber die Möglichkeiten des *Reichsverbands,* dagegen vorzugehen, hatten sich mit dem Runderlass erheblich verbessert. Auch gegen Presseangriffe standen den Biodynamikern nunmehr ihre Beschützer aus dem *Hauptamt für Volksgesundheit* zur Seite. Deren Hilfe nahmen Bartsch und Dreidax im Laufe der Zeit immer häufiger und selbstverständlicher in Anspruch. Wandten sie sich anfangs eher in Ausnahmefällen an das Amt, so forderten sie im Laufe der Zeit immer entschiedener die Ahndung jeglicher Verstöße gegen den Runderlass.[141] Im Februar 1938 etwa beschwerte sich Bartsch merklich erbost bei Dr. Albert Brummenbaum, dem Leiter der *Reichshauptabteilung II* im *Reichsnährstand,* über verschiedene

135 Vgl. BArch, R 9349/3, Deckhorn an die Schriftleitung des „Schwarzen Korps“, 25. 5. 1937.

136 Vgl. BArch, R 9349/2, Hirsch an Reichsverband, 24. 11. 1937.

137 Vgl. BArch, R 9349/1, Reichsverband an Müller, 21. 3. 1935.

138 Vgl. ebenda, Müller an Reichsverband, 26. 3. 1935.

139 Vgl. Robert Banfield, Landwirtschaftliche Tagung für biologisch-dynamische Wirtschaftsweise, in: Leib und Leben (1935) 1, S. 17–19.

140 Vgl. GOE, B.14.002.004, Mitgliederliste der Gesellschaft zur Förderung der biologisch-dynamischen Wirtschaftsweise.

141 Vgl. u. a. BArch, R 9349/1, Dreidax an Müller, 7. 5. 1937.

Zuwiderhandlungen: Eine Versammlung der *bdW*-Arbeitsgemeinschaft am Bodensee sei verboten worden,[142] die biodynamische Gutsverwaltung Bottschow habe sogar einen Drohbrief erhalten.[143]

An diesem Schreiben wird deutlich, wie sich Bartschs Tonfall in Behördenkorrespondenzen gegenüber den Anfangsjahren verändert hatte. Je mehr er und auch Dreidax sich infolge der umfassenden Unterstützung, die sie durch die Mitarbeiter von Heß erhielten, in ihrer Mission bestätigt sahen, desto mehr schienen sie sich den hierarchischen Machstrukturen des Behördenapparats anzupassen. Gegenüber einem Mitarbeiter des „Reichsbauernführers" wähnte sich Bartsch als Schützling des ranghöheren Heß eindeutig überlegen: „Ich halte es für geboten, Sie davon in Kenntnis zu setzen, weil es Ihnen wohl möglich sein dürfte, derartige Sonderaktionen nachgeordneter Stellen durch einen Runderlass in Zukunft zu verhindern."[144] Tatsächlich bestätigte Brummenbaum kurz darauf, dass solche Vorkommnisse zukünftig unterbleiben würden, er habe alle Landesbauernführer von der Abmachung zwischen Heß, Backe und dem *Reichsverband* in Kenntnis gesetzt. Im Gegenzug erinnerte Brummenbaum daran, dass sich der *Reichsverband* verpflichtet habe, keine Werbung für die *bdW* zu machen, „bevor die in der Abmachung vorgesehene Nachprüfung durchgeführt ist".[145] Bartsch bestätigte das.[146]

Für die Agrarwissenschaften – von Biodynamikern immer wieder als „der Hauptfeind" bezeichnet – und ebenso für die Funktionäre des agrarpolitischen Apparats und des *Reichsnährstands* genügte mit Verweis auf die „Erzeugungsschlacht" ein einziges Argument, um die *bdW* kategorisch abzulehnen: Sie galt als ertragsschwach. Umso mehr war der *Reichsverband* selbstverständlich bemüht, gegenteilige Ergebnisse mit eigenen Erhebungen zu belegen.[147] Tatsächlich wollte Bartsch im Sommer 1937 in Erfahrung gebracht haben, dass sich ein Gesinnungswandel bei Darré abzeichne. So zumindest stellte er es gegenüber Oberregierungsrat Lotar Eickhoff dar, einem Verwaltungsjuristen des *Reichsministeriums des Inneren*, als er bei diesem drei Denkschriften des *Reichs-*

142 Vgl. BArch, R 9349/2, Bartsch an Brummenbaum, 10. 2. 1938.

143 Vgl. ebenda.

144 Ebenda.

145 Ebenda, Brummenbaum an Bartsch, 19. 2. 1938.

146 Vgl. ebenda, Bartsch an Brummenbaum, 24. 2. 1938.

147 Vgl. u. a.: „Ich konnte bei den Vergleichen der Ernteergebnisse feststellen, daß die biologisch-dynamisch bestellten Früchte in ihrem Ertrage mengenmäßig hinter den chemisch gedüngten Früchten nicht zurückblieben, zum Teil dieselben übertrafen." Benno von Heynitz, Meine Erfahrungen mit der biologisch-dynamischen Wirtschaftsweise und dem Absatz ihrer Erzeugnisse, in: Demeter (1934) 9, S. 17 ff., zit. n. Jacobeit/Kopke, Wirtschaftsweise, S. 41.

verbands einreichte.[148] „Neuerdings“ – so Bartsch – erkläre auch Darré, dass die Erträge der *Demeter*-Bewegung nicht mehr zurückstünden.[149]

Das Netzwerk der Lebensreformanhänger schien zu funktionieren, denn kurz darauf meldete der Inhaber einer Privatklinik für Naturheilverfahren und Mitglied der *Deutschen Gesellschaft für Lebensreform,* Walter Zabel, dem *Reichsverband*, dass er demnächst Darré als Kurgast erwarte. Zabel bot sich an, Darré über die *bdW* zu unterrichten.[150] Dreidax schickte umgehend Informationsmaterial und instruierte den Kurarzt: „Es dürfte für Sie wichtig sein, dass der Reichsbauernführer Darré in der biologisch-dynamischen Wirtschaftsweise nicht ohne Unterrichtung ist. Er war schon mehrmals zu längerer Erholung in Landheimen oder Kuranstalten, in denen er fast ausschließlich Erzeugnisse der biologisch-dynamischen Wirtschaftsweise vorgesetzt erhielt, und wo sich auch manche Gespräche über die biologisch-dynamische Sache ergeben haben.“[151] Öffentlich bekannte sich Darré jedoch erst ab 1940 zur *bdW*, nachdem er wahrgenommen hatte, dass „einige Kreise in der obersten Führung der NSDAP zu einer Bejahung der biologisch-dynamischen Wirtschaftsweise übergegangen“ seien.[152]

Interesse an der *bdW* kam in wissenschaftlichen Kreisen hauptsächlich aus den Reihen der Medizin. Ähnlich wie Rudolf Heß empfahl der im NS-Staat weithin anerkannte Chirurg und Berliner Hochschullehrer August Bier, man solle „dieser Richtung Freiheit lassen, dass sie zeigen könne, was sie kann“. Bier stand mit dem anthroposophischen Forscher Ehrenfried Pfeiffer in Kontakt. Selbst an alternativen medizinischen Heilmethoden interessiert, begrüßte er die Forschungen von Pfeiffer und unterstützte ihn mit Empfehlungsbriefen. Pfeiffer betrieb um 1938 in Berlin für kurze Zeit ein dem *Reichsverband* angeschlossenes Laboratorium, in dem er an der von ihm entwickelten „Kupferchlorid-Kristallisations-Methode“ zum Nachweis von Krankheit und Gesundheit forschte.[153] Etwa zeitgleich hatte sich auch Alwin Seifert an Bier gewandt und um dessen wissenschaftliche Einschätzung gebeten. Seifert erhoffte sich von Bier zweifellos wissenschaftliche Schützenhilfe, die er als Vermittler der biodynamischen Sache zunehmend benötigen würde. Tatsächlich bestätigte Bier viele Gemeinsamkeiten zwischen den Ansätzen der *bdW* und seinen eigenen Versuchen. Er betrieb

148 Dabei handelte sich um die Denkschriften: 1. Sicherung eines ertragreichen Landbaus in der gefährdeten Landbauzone des Ostens Deutschlands; 2. Tiergesundheit in biologisch-dynamischen Betrieben; 3. Die Phosphorfrage – eine entscheidende, jedoch wenig bekannte Frage der deutschen Selbstversorgung, vgl. BArch, R 9349/2, Bartsch an Eickhoff, 22. 8. 1937.

149 Vgl. ebenda.

150 Vgl. BArch, R 9349/3, Zabel an Reichsverband, 15. 9. 1937 und 23. 9. 1937.

151 BArch, R 9349/3, Dreidax an Zabel, 23. 9. 1937.

152 Zit. n. Troßbach, Zeitalter, S. 25.

153 Vgl. BArch, R 9349/3, Bericht Pfeiffer über das Laboratorium des Reichsverbands, 23. 1. 1937.

auf seinem Forstgut in der Nähe von Marienhöhe seit mehr als 20 Jahren den Umbau eines Kiefernforstes in einen Mischwald. Hier empfing er auch immer wieder Besucher:innen der Tagungen des *Reichsverbands,* auf denen er selbst öfter Vorträge hielt. Seifert gegenüber bestätigte Bier, dass er aus eigener Erfahrung z.B. die Präparierung von Dünger mit Heilpflanzen teile, die in der Art der homöopathischen Heilmittel hergestellt würden. Wie Rudolf Steiner ging auch Bier von einem Einfluss der Lebewesen aufeinander aus, von Feindschaften und Freundschaften, von Wuchsstoffen – „Imponderabilien", wie er sie nannte –, die offensichtlich von Pflanzen selbst produziert würden, um sie dann anderen Pflanzen alljährlich in homöopathischer Dosis zuzuführen. Die Wirkung von Mondphasen könne er nicht beweisen, lehne sie aber nicht grundsätzlich ab. Am Ende seines Schreibens empfahl Bier die Leiter der biodynamischen Großbetriebe Stegemann, Heynitz und Jungclaussen als „ernste nüchterne Männer". Zudem versicherte er, dass solche Ansichten jetzt modern seien, und fügte eine Literaturliste entsprechender wissenschaftlicher Aufsätze hinzu.[154]

Zu Beginn des Jahres 1938 nahmen Presseangriffe gegen die *bdW* erneut stark zu. Ein Assistent von Carl Grund in der Auskunftsstelle Sachsen, Helmuth Härtelt, führte dies u. a. auf einen Presseartikel zurück, der eine bessere Qualität der Kartoffel durch Handelsdünger propagierte. Seine Mitstreiter fragten sich – so Härtelt an Dreidax –, warum sich die Gegner über den Runderlass von Heß hinwegsetzen dürften. „Man hört, dass diese Dinge in den Ortsbauernversammlungen weidlich ausgeschlachtet werden."[155]

Im April 1938 stellte Benno von Heynitz – entgegen der verbandspolitischen Erfolgsmeldungen des *Reichsverbands* – eine eher ernüchternde Bilanz der Lage der biodynamischen Landwirte auf. Ihnen stelle sich mittlerweile eine Vielzahl unterschiedlichster Erschwernisse in den Weg, die den vormaligen Aufschwung der biodynamischen Betriebe stagnieren ließen. Ein gedeihliches Wirtschaften sei – so Heynitz – grundsätzlich dann nicht möglich, wenn Besitzer und Beamte verschieden zur *bdW* stünden. Vor allem aber hätten Staat und *Reichsnährstand* die Praxis der *bdW* häufig erschwert oder unmöglich gemacht. So würden biodynamische Höfe in vielerlei Hinsicht benachteiligt, z.B. bei der Umschuldung im Osthilfeverfahren, dem Entschuldungsverfahren des *Reichsnährstands,* bei der Gewährung von Beihilfen, bei der Ausbildung und bei der Genehmigung eines Erbhofantrags. Infolge der Bekämpfung seitens des Staates, der Wissenschaft und der Düngerindustrie würden die Anhänger mit Lügen, Verleumdungen und Spott überschüttet. Als Folge entstünden Gegnerschaften innerhalb der

154 Vgl. BArch, R 9349/2, Bier an Seifert, 18.12.1937.
155 BArch, R 9349/1, Härtelt an Dreidax, 7.2.1938.

Familie und in Dorfgemeinschaften.[156] Tatsächlich finden sich in den Korrespondenzakten mehrere Berichte über Nachbarschaftsstreits, die teilweise vor Gericht gebracht wurden. Im April 1938 etwa schilderte der Anwalt des biodynamischen Landwirts Georg Soetebeer dem *Reichsverband* die näheren Umstände seines Falls. Seitdem Soetebeer 1936 mit der Umstellung auf die *bdW* begonnen hatte, wurde er durch die Familie seiner Frau und von Orts- und Kreisbauernführern bekämpft. Nachbarn warfen Kunstdünger herüber, rissen Bäume heraus, die er um den Kompost gepflanzt hatte, zerschlugen Fässer und hätten versucht, sein Vieh in den Hafer zu treiben.[157]

2.2.3 Agrarwissenschaftliche Versuche mit der biodynamischen Wirtschaftsweise

Abgesehen von den umfangreichen internen Untersuchungen auf den Gütern des biodynamischen *Versuchsrings*, die seit dessen Entstehung zu den selbstbestimmten Aufgaben seiner Mitglieder gehörten,[158] hatten auch schon vor 1933 amtliche Versuchsreihen zur *bdW* in verschiedenen Landwirtschaftskammern stattgefunden. Gut möglich, dass die von ihrer Mission überzeugten Biodynamiker Anfang 1934 die Hoffnung hatten, an ihre Erfolge mit den ersten Kammerversuchen in Brandenburg anknüpfen zu können. Dabei war der zunächst skeptische Forschungsleiter Martin Pfeiffer nach fünfjähriger Versuchstätigkeit zu einem überzeugten Anhänger der *bdW* und dann sogar Mitglied der *Anthroposophischen Gesellschaft* geworden.[159]

Eine wesentliche Bedingung für den von Heß erzwungenen „Burgfrieden“ mit dem Landwirtschaftsministerium war die Vereinbarung, dass die Wirksamkeit der *bdW* durch Versuche bewiesen werden müsse. Heß war mit dem Landwirtschaftsministerium übereingekommen, dass die Modalitäten der Untersuchung zwischen Staatssekretär Backe – seit 1936 Leiter der *Geschäfts-*

156 Vgl. BArch, R 9349/2, Benno von Heynitz, Warum greift die biologisch-dynamische Wirtschaftsweise in der Praxis nicht mehr um sich? Und warum mussten so viele Betriebe diese Wirtschaftsweise wieder aufgeben?, 25.4.1938.

157 Vgl. R 9349/3, Schauer an Reichsverband, 12.4.1938.

158 Anfang 2024 wurden erstmals Forschungsergebnisse des biodynamischen Pioniers Immanuel Voegele aus dessen umfangreichen biodynamischen Studien auf Gut Pilgramshain publiziert. Seine Aufzeichnungen unterlagen den Geheimhaltungsbestimmungen des *Versuchsrings*. Vgl. John Paull, Yields of biodynamic agriculture of Immanuel Voegele (1897–1959). Experimental Circle data of Pilgramshain, in: European Journal of Sustainable Development Research 8 (2024) 1, https://doi.org/10.29333/ejosdr/14124 [30.1.2024].

159 Vgl. Wistinghausen, Erinnerungen, S. 71 f. und FKI, Biographische Archiv-Notiz Martin Pfeiffer, https://biographien.kulturimpuls.org/detail.php?&id=1200 [25.10.2023].

Martin Pfeiffer, 1975
Forschungsring e. V., Darmstadt Archiv

gruppe Ernährung des „Vierjahresplans" und folgerichtig ein überzeugter Vertreter der industriellen Landwirtschaft – und dem *Reichsverband* ausgehandelt werden sollten. Backe delegierte die weitere Bearbeitung an Brummenbaum und Bartsch.[160] Die Aufnahme der Verhandlungen zog sich hin. Als sich Bartsch im Frühjahr 1937 um einen Termin bei Backe bemühte, wies ihn dessen Vorgesetzter Hermann Göring, in seiner Funktion als Beauftragter für den Vierjahresplan, mit klaren Worten zurück: Ein Zusammentreffen mit Backe sei „zurzeit nicht opportun", da sich das Landwirtschaftsministerium im Auftrag von Backe mit der *bdW* beschäftige.[161]

Lange bevor es 1938 dann tatsächlich zu Vergleichsversuchen kommen sollte, förderte die *[Deutsche] Forschungsgemeinschaft (DFG)* bereits ab 1934 kontinuierlich unterschiedliche Versuchsreihen zur Prüfung der *bdW*. Dr. Reinhold, Leiter der *Lehr- und Versuchsanstalt für Gartenbau* Großbeeren (ab 1939 Pillnitz), erhielt zunächst für Untersuchungen von verschiedenen organischen Düngemitteln eine mehrjährige Finanzierung. In den Jahren 1938 und 1939 wurden ihm u. a. auch für die „Prüfung der kosmischen Beziehungen im Pflanzenwachstum" 900 Reichsmark gewährt.[162] Dass die *DFG* auch noch nach dem Verbot des *Reichsverbands* 1941 Untersuchungen der *bdW* finanzierte, lässt

160 Vgl. BArch, R 9349/1, Müller an Bartsch, 13. 12. 1937.
161 Vgl. BArch, R 9349/2, Göring an Reichsverband, 15. 6. 1937.
162 Vgl. BArch, R 73/13890, Antrag und Versuchsplan Dr. Reinhold 1934 (Abschrift), 10. 12. 1943.

vermuten, dass die Agrarforschung trotz aller Skepsis interessiert war oder sich zumindest wissenschaftlich absichern wollte. Für die Untersuchung der Wirkstoffe der *bdW* erhielt Dr. Schmidt von der *Landwirtschaftlichen Versuchsstation Darmstadt* in den Jahren 1941 bis 1944 immerhin eine Summe von insgesamt ca. 60 000 Reichsmark von der *DFG*. Im Ergebnis bestätigten sowohl die Versuche von Reinhold als auch die von Schmidt im Wesentlichen die von den Agrarwissenschaften erwartete Wirkungslosigkeit der biodynamischen Präparate. Allerdings wiesen einige Teilversuche der Versuchsstation Darmstadt eine „gewisse Wirkung“ der biodynamischen Präparate nach. In seinem Zwischenbericht von 1942 kam Dr. Schmidt zu dem Ergebnis, dass die Düngepräparate Wirkstoffe enthielten, die Hefe zu starkem Teilungswachstum anregten. Es bestehe die Möglichkeit – so Schmidt –, „dass diese Teilungsstoffe auch auf höhere Pflanzen im gleichen Sinne einwirken und gewisse Wachstumssteigerungen auszulösen vermögen“.[163] Mit dieser Begründung beantragte Schmidt die Fortsetzung der Versuchsreihen, um „mit Hilfe exakter wissenschaftlicher Methoden diese Fragen zu klären und aus der Fülle des Mystischen und Geheimnisvollen den wahren Kern der Sache herauszuschälen“.[164]

Im Mai 1937 wandte sich Seifert alarmiert an Heß, weil man im Reichsernährungsministerium eine Verordnung zum Verbot des Anbaus von *Demeter*-Getreide vorbereitet habe. Die Begründung war, dass die Betriebe ihre Ablieferungspflicht nicht erfüllten. Seifert widersprach dem vehement und beschwor Heß mit großem Pathos zu helfen: „Wohl aber wird mit dieser Verordnung die einzige Quelle einer Wiedergesundung des deutschen Bodens, unserer Viehherden und damit auch des Bauernstandes selbst verschüttet, die bisher die Fähigkeit zu diesem Wiederaufbau tatsächlich erwiesen hat. [...] Können Sie nicht durch eine Verhinderung dieses Verbotes, das nur materialistischen Belangen einiger Wirtschaftsmächte von gestern aber ganz und gar nicht denen des dritten Reiches dient, das Verschütten dieser Quelle verhindern, auf die wir einmal noch bitter nötig angewiesen sein werden, [...].“[165] Vermutlich war es Seifert mit diesem Schreiben tatsächlich gelungen, Heß dazu zu bewegen, sich einmal mehr für den *Reichsverband* einzusetzen.[166] Heß wies den *Reichsnährstand* an, die Versuche endlich in die Wege zu leiten.

Aufgrund seiner Expertise bot sich Reinhold von der Versuchsanstalt Großbeeren als Versuchsleiter an, der *Reichsverband* war jedoch misstrauisch.

163 BArch, R 73/14422, Antrag des Landwirtschaftlichen Untersuchungsamts und der Versuchsanstalt Darmstadt, Sachbearbeiter Dr. B. Hasper, o. D.

164 Ebenda.

165 IfZ, ED 32–422/53 00100, Seifert an Heß, 10. 5. 1937.

166 Vgl. Werner, Anthroposophen, S. 269 ff.

Reinhold hatte sich bereits während seiner ersten Versuchsphase beim *Reichsverband* unbeliebt gemacht. Im März 1935 hatte sich Dreidax beim *Hauptamt für Volksgesundheit* über ihn beschwert. Reinhold habe sich für seine Versuche die biodynamischen Präparate auf Schleichwegen besorgt, noch gravierender aber sei ein Aufsatz in den *Mitteilungen für die Landwirtschaft* von einem Mitarbeiter Reinholds, Dr. Limbach, der das Kompostverfahren der *bdW* als neue Methode der Versuchsfelder Großbeeren hinstellen würde.[167] Zweieinhalb Jahre danach wandte sich Dreidax erneut wegen Reinhold an Müller, laut Presse würde er seine ersten vierjährigen Prüfungsreihen über Düngung und Gesundheit an der *Nationalpolitischen Erziehungsanstalt Potsdam* durchführen lassen. Dreidax bat Müller, sich in die Versuche in der Potsdamer Anstalt einzuschalten, da er vermute, dass Reinhold dabei auch die biodynamische Düngung einsetze.[168] Tatsächlich brachte Müller in Erfahrung, dass Reinhold eine neue Versuchsreihe zur Düngung mit ganzen Betrieben vorhabe, und schlug vor, den Kontakt zum *Reichsverband* herzustellen.[169]

Bevor Anfang 1938 die Verhandlungen über die Versuche stattfanden, bemühte sich Bartsch eindringlich, Seifert klarzumachen, dass er in dem Gespräch mit dem *Reichsnährstand* keine vorschnellen Zugeständnisse machen dürfe. Heß hatte Seifert als seinen Sonderbeauftragten bestimmt, seine Stimme würde also Gewicht haben. Reinholds Vorschlag könne vom *Reichsverband* nicht umgesetzt werden, so Bartsch. Es würde schwierig sein, Vergleichsbetriebe zu finden, da nie ein Betrieb dem anderen gleiche. U. a. zweifelte Bartsch auch an dem Vorschlag, nur solche Betriebe zum Vergleich zuzulassen, die auch vor der Umstellung in Ordnung waren. Gerade solche Betriebe wären umgestellt worden, die mit der herkömmlichen Landwirtschaft „Schiffbruch erlitten hätten".[170]

Als endlich die *Landwirtschaftliche Betriebsprüfungs GmbH* beauftragt und die Untersuchung nach zwei Prüfungsphasen im Frühjahr und Herbst 1938 abgeschlossen war, fiel das Ergebnis in Bezug auf die Mengenerträge vernichtend aus. Dem *Reichsverband* gelang es jedoch mit Unterstützung der beteiligten Mitglieder rasch, gravierende methodische Fehler bei der Untersuchung nachzuweisen. Der *Reichsverband* erhob daraufhin erfolgreich Einspruch, das geplante Verbot von *Demeter*-Getreide wurde abgewendet. Seifert konnte Bartsch auch wegen der befürchteten Folgen einer Bekanntmachung der negativen Ergebnisse beruhigen: Heß habe ihn sogar persönlich angerufen, er habe Darré geschrieben,

167 Vgl. BArch, R 9349/1, Reichsverband an Hörmann und Müller, 29. 3. 1935.
168 Vgl. ebenda, Reichsverband an Müller, 22. 10. 1937.
169 Vgl. BArch, R 9349/1, Müller an Reinhold, 17. 12. 1937.
170 Vgl. BArch, R 9349/2, Bartsch an Seifert, 18. 2. 1938.

dass die Untersuchungen kein eindeutiges Ergebnis gebracht hätten und dass er beabsichtige, die Versuche im nächsten Jahr durch einen anderen, von ihm selbst beauftragten Treuhänder wiederholen zu lassen.[171] Tatsächlich kam es 1939 erneut zu Betriebsbesichtigungen, die schließlich zu besseren Ergebnissen der *bdW* führten.[172] Infolgedessen gelang es Bartsch am 18. Juni 1940 endlich, Darré in Marienhöhe zu empfangen.

Anscheinend gab Heß im Jahr 1939 noch ein weiteres Gutachten über die *bdW* in Auftrag. Dr. Richert, Diplomlandwirt und Gutsbesitzer aus dem Stab Heß, wandte sich an den gut vernetzten Seifert. Heß habe ihm empfohlen, sich mit Pfeiffer und dem Chemiker und Mitglied des *Versuchsrings*, Dr. Caspari, ins Benehmen zu setzen.[173] Ob es dazu kam, ist unbekannt.

2.2.4 Verfolgung und Verbot der *Anthroposophischen Gesellschaft in Deutschland* 1935

Während Rudolf Heß dem *Reichsverband* ab Ende Januar 1934 mit Verweis auf die potenzielle „volksgesundheitliche“ Bedeutung der *bdW* eine wichtige Rolle im NS-Staat zubilligte, geriet die *Anthroposophische Gesellschaft in Deutschland (AG)* nahezu zeitgleich offiziell unter Verdacht, zu den politischen Gegnern zu gehören. Himmler hatte zu Beginn des Jahres 1934 veranlasst, die Verfolgung politischer Gegner auf „weltanschauliche Gemeinschaften und Geheimwissenschaftler“ auszudehnen und diese durch die ihm unterstehende Politische Polizei und den Sicherheitsdienst (SD) überwachen zu lassen.[174] Am schwersten wog der Verwurf gegenüber der *AG*, eine freimaurerähnliche Organisation zu sein (siehe Exkurs 2.4.4). Im November 1935 wurde dieser Vorwurf amtlich bestätigt, was zum reichsweiten Verbot der Gesellschaft führte. Die Geschichte des Verbots hat Uwe Werner quellenreich und detailliert beschrieben.[175] Im Rahmen unserer Studie war die Frage, welchen Einfluss das Verbot auf den weiteren Verlauf der Geschichte des *Reichsverbands* und seiner Stellung im NS-System hatte. Zunächst blieb der *Reichsverband* als Institution weitgehend unbehelligt,

171 Vgl. BArch, R 9349/3, Seifert an Bartsch, 24. 11. 1938.

172 Die ausführliche Darstellung der Untersuchungen vgl. Werner, Anthroposophen, S. 269 ff.

173 Vgl. BArch, R 9349/3, Seifert an Bartsch, 21. 8. 1939.

174 Die Sachakten des *Reichssicherheitshauptamts* wurden nach systematischen Aktenplänen angelegt, die sich an der Aufgabenverteilung orientierten, vgl. BArch, R 58, Bestandsgeschichte. Akten über die *AG* und ihre Gliederungen finden sich im Bestand BArch, R 58/ in insgesamt mehr als 20 Bänden. Vgl. u. a. BArch, R 58/6186, Reichssicherheitshauptamt, Verfolgung von politischen Gegnern/Religiöse und weltanschauliche Gemeinschaften/ Geheimwissenschaftler/Anthroposophen Bd. 11, 1934–1939.

175 Vgl. Werner, Anthroposophen.

einzelne Mitglieder sowie lokale Arbeitsgemeinschaften der *bdW* wurden jedoch als Anthroposoph:innen überwacht. Bei ihnen fanden Hausdurchsuchungen, Beschlagnahmungen und Verhöre statt.

Die Aufgabenverteilung zwischen SD und Gestapo erfolgte auf Anordnung Himmlers.[176] Die Gestapo sollte für die gesamte systematische Bekämpfung von politischen Gegnern des NS-Regimes zuständig sein und der SD für deren Ermittlung. Im Januar 1934 hatte die Gestapo das neue Referat „Juden-, Freimaurer-, Emigranten- und Kirchenfragen" eingerichtet. Das diesem zugeordnete Dezernat II F 2 – ab Juli 1934 Dezernat II 1 B 2 – sollte u. a. für die Überwachung der *AG* zuständig sein, seine Leitung hatte Dr. Karl Haselbacher inne.[177] Intern arbeiteten Gestapo und der Freimaurerreferent des SD-Amtes II 111, Theodor Christensen, zusammen. Christensen war beauftragt, die weltanschaulichen Verbotsbegründungen gegen die *AG* zusammenzustellen. Chef des Gestapo- und SD-Amts war Heydrich, der wiederum Himmler unterstand. SD und Gestapo befassten sich zunächst hauptsächlich mit der Auflösung von Freimaurervereinigungen. Am 5. Mai 1934 wies der Politische Polizeikommandeur, Zentralbüro I 1 A, die politischen Polizeien der Länder an, Erhebungen über Charakter, Betätigung und Ziele der *AG* durchzuführen und mitzuteilen.[178]

Der von Heß erzwungene „Burgfrieden" für den *Reichsverband* sorgte in den zuständigen Polizeistellen und Ämtern für Gegnerbekämpfung immer wieder für Unklarheit und Missverständnisse – ähnlich wie es bereits in der Agrarverwaltung aufgrund der zahllosen erforderlichen Sonderregelungen für die *bdW* der Fall war. Im Februar 1935 bat Haselbacher die Gestapo, Abteilung V, um Sachdarstellung: In Anbetracht des Umstandes, dass sich Heß für die *AG* interessiere, käme es nunmehr darauf an, den jüdischen und freimaurerischen Einfluss innerhalb der Gesellschaft nachzuweisen und näher darzulegen, dass die in ihr vertretenen Gedankengänge „mit der völkischen Weltanschauung des neuen Staates unvereinbar" seien.[179]

Im Sommer 1935 wurde es Himmler infolge der neuen Auslegung der „Reichstagsbrandverordnung" durch Innenminister Wilhelm Frick möglich, den bis dahin nur auf politische Gegner angewandten Begriff der Staatsfeindlichkeit nunmehr auf einen weltanschaulichen Gegner zu übertragen.[180] Am

176 Bis 1936 Geheimes Staatspolizeiamt (kurz: Gestapa), danach Geheime Staatspolizei, im Folgenden kurz Gestapo.

177 Vgl. ebenda, S. 50.

178 Vgl. R 58/6193, Bl. 396, Politischer Polizeikommandeur, Zentralbüro I 1 A, an die Politischen Polizeien der Länder, 5. 6. 1934.

179 Vgl. BArch, R 58/6193, Haselbacher an Gestapa, Abteilung V, 13. 2. 1935.

180 Vgl. ebenda, S. 50 u. S. 76 f.

1. November 1935 erklärte Heydrich mit der „notwendigen Zustimmung Fricks und dem – parteipolitisch wichtigeren – Einverständnis von Heß",[181] dass die *AG* „wegen ihres staatsfeindlichen und staatsgefährlichen Charakters aufzulösen" sei.[182] Eine Neugründung und die Schaffung von Nachfolgeorganisationen waren bei Androhung von Strafe verboten. Als Begründung wurden u.a. ihre „Beziehungen zu ausländischen Freimaurern, Juden und Pazifisten" angegeben, durch eine weitere Tätigkeit der Gesellschaft könnten „die Belange des nationalsozialistischen Staates geschädigt werden".[183]

Fassungslos und empört wandten sich in den folgenden Monaten zahlreiche Anthroposoph:innen an das *Reichsministerium des Innern*, um gegen die Anschuldigungen und das Verbot Einspruch zu erheben. Allen voran bat der Vorstand der *AG in Dornach*, Albert Steffen, Marie Steiner-von Sivers und Guenther Wachsmuth, den „Führer und Reichskanzler Adolf Hitler" sowie Reichsjustizminister Dr. Gürtner dringlich um „die Aufhebung der diskriminierenden Bezeichnung staatsfeindlich" und die Rückgängigmachung der Auflösung.[184] Anfang Dezember klärte Oberregierungsrat Lotar Eickhoff aus dem *Reichsministerium des Innern*, dem die Eingabe der *AG* zuständigkeitshalber übersandt wurde, Staatssekretär Dr. Ludwig Grauert über die Rechtslage auf: Ein Antrag auf Feststellung der Staatsfeindlichkeit gemäß Reichsgesetz vom 14. Juli 1933 sei bisher noch nicht gestellt worden. Eickhoff empfahl, die Eingabe nicht zu beantworten, sie jedoch zu den Akten zu nehmen „da auch ein Ablehnungsbescheid ohne jede weitere Begründung ins Ausland hinaus nicht tunlich erscheint".[185]

In die Akten gelangten somit auch die vielen Eingaben und Protestschreiben gegen das Verbot von den Mitgliedern der *AG*.[186] Diese Schreiben sind hinsichtlich der Haltung von Anthroposoph:innen gegenüber dem NS-Regime durchaus aufschlussreich, auch eingedenk der Tatsache, dass die Textsorte „Eingabe" mit Blick auf ihre Aussagekraft entschieden kritisch gelesen werden muss. Wenn sich Anthroposoph:innen über das Verbot ihrer Organisation an die Machthaber und Aggressoren selbst wandten, so geschah dies in erster Linie mit dem Ziel, ihre anthroposophischen Aktivitäten ungestört fortführen zu können. Werner geht davon aus, dass die Vorstände der *AG* und in Dornach die Mitglieder um

181 Zit. n. ebenda, S. 76.
182 Zit. n. ebenda.
183 Ebenda.
184 Vgl. BArch, R 58/6194, Vorstand der AG Dornach, Steffen, Steiner, Wachsmuth an Hitler, 17.11.1935.
185 Ebenda, Eickhoff an Grauert, 6.12.1935.
186 Vgl. u.a. BArch, R 58/6194.

möglichst unverfängliche Stellungnahmen baten und „auf persönliche Äußerungen zu verzichten, weil man Ausrutscher befürchtete".[187] An diese Empfehlung hielten sich allerdings nicht alle Mitglieder, wie dem umfangreichen Aktenwerk des *Reichssicherheitshauptamts* über die *AG* zu entnehmen ist.

Durch das Verbot „fühle ich mich auf das schwerste in meiner sozialen Stellung, wie auch als Deutscher und von besten [sic] Wollen für das deutsche Volk beseelter Mensch getroffen",[188] schrieb etwa der Heidenheimer Maschinenfabrikant Dr. Hanns Voith, Anthroposoph der ersten Stunde, in dem sechsseitigen „Gesuch um Nachprüfung der Begründung des Verbots". Voith hatte eine Firma von Weltruf mit über 3000 Gefolgschaftsmitgliedern, war langjähriger Förderer der *AG* und besonders der *bdW*. Er unterhielt gleich zwei firmeneigene Versuchshöfe, Talhof und Hof Rengoldshausen. Offensichtlich glaubte Voith, durch seine gesellschaftliche Stellung und durch ausführliche Schilderungen seines persönlichen Zugangs zu Rudolf Steiner und der Anthroposophie eine Prüfung der Staatsfeindlichkeit erreichen zu können. Das Gesuch enthält keinerlei juristische Argumente, etwa zu der Frage nach der Feststellung der Staatsfeindlichkeit gemäß Reichsgesetz.

Auch der Anthroposoph Max Pusch argumentierte in seiner Beschwerde an Innenminister Frick, dass das Verbot auf irrtümlichen Annahmen beruhe. Im Hinblick auf den Vorwurf über jüdische Mitglieder in der *AG* beteuerte er, dass es nur eine „geringe" Anzahl an jüdischen Mitgliedern in der *AG* gegeben habe, die aber gleich nach dem Regierungswechsel ausgetreten seien. Wo dies nicht der Fall war, sei die jeweilige anthroposophische Zweiggruppe nicht in der Lage, die jüdischen Mitglieder auszuschließen. Es habe jedoch „überhaupt nur ein sehr loser Zusammenhang zwischen den Mitgliedern" bestanden. „Ebenso wie im Theater, in Konzerten und öffentlichen Vorträgen es vorkommt, dass Juden zwischen Ariern sitzen, ohne dass sie einander nähertreten, so war es auch hier."[189]

Der meist offenherzige, mitunter naive Tonfall dieser Schreiben – Puschs Ausführungen über das Verhältnis zu jüdischen Mitgliedern erscheinen zu einem Zeitpunkt, als die Nürnberger „Rassegesetze" bereits verabschiedet waren, geradezu grotesk – war möglicherweise bewusst gewählt, um den Widerspruch gegenüber dem Aggressor gleichzeitig mit einem Moment von Unterwürfigkeit zu verharmlosen. Erstaunlich ist allerdings das wiederkehrende Argumentationsmuster in den Briefen einzelner Mitglieder und den offiziellen Schreiben der Vorstände. Sie alle stritten die Vorwürfe der Staatsfeindlichkeit, des

187 Werner, Anthroposophen, S. 11.

188 BArch, R 58/6194, Bl. 291 ff., Voith, Gesuch um Nachprüfung der Begründung des Verbots der *AG*, 23. 11. 1935, o. Adressat.

189 BArch, R 58/6194, Bl. 275, Pusch an Frick, 29. 2. 1936.

Internationalismus und der Zugehörigkeit zu Logen entschieden ab, ihre Erklärungen und Rechtfertigungen lesen sich jedoch ausnahmslos als klare Bekenntnisse zur Anthroposophie.

Tatsächlich meldeten die zuständigen staatlichen Polizeibehörden ab Dezember 1935 pflichtgemäß an das Gestapa Berlin die Auflösung der lokalen Arbeitsgruppen der *AG* und die Beschlagnahmung ihres Vermögens.[190] In einigen Fällen war kein Vermögen vorhanden, wie etwa in Glatz und Waldenburg, in den meisten Zweigen wurden vor allem Gegenstände und Bücher beschlagnahmt. Auf die Anfrage, ob die Einziehung des volks- und staatsfeindlichen Vermögens zugunsten des Landes Hamburg erfolgen könne, erhielt die Polizeibehörde Hamburg am 19. November 1935 die Antwort der Gestapo, dass sie es bei der Beschlagnahme belassen sollten. Die Regelung über die Einziehung der beschlagnahmten Gegenstände erfolge erst später.[191]

Auch bei mehreren Mitgliedern des *Reichsverbandes* fanden Hausdurchsuchungen statt. Am 12. Dezember 1935 meldete z. B. die Staatspolizei Hildesheim die Beschlagnahmungen bei dem Klostergutspächter Ernst Stegemann, der dem Beirat der *AG* angehörte. Er habe zudem Bücher über Landwirtschaft im Auftrag der *AG* in Dornach vertrieben. Die Einnahmen davon befänden sich bei der Kreissparkasse Nörten, die Einziehung sei angeordnet.[192] Es kam auch zu Verhaftungen. So meldete die Gestapo Kassel im Februar 1936, dass sich bei der Festnahme von 32 Personen, die am illegalen Aufbau der KPD beteiligt seien, auch drei Mitglieder der *AG* befunden hätten. Das beschlagnahmte Material beweise eine Verbindung zwischen der *AG* und der KPD.[193] Die Anwälte des Erbhofbauern Kurt Beyer aus dem Oderbruch berichteten dem *Reichsverband* im November 1937, dass dieser zu vier Monaten Gefängnis wegen Fühlung mit Bibelforschern[194] verurteilt wurde. Beyer bezog sich in seinem Gnadengesuch auf den Erlass von Heß. Er wirtschafte biodynamisch, sein Fernbleiben brächte große wirtschaftliche Nachteile mit sich. Auch die Anwälte gingen offensichtlich davon aus, dass der Hinweis auf Heß hilfreich sei, und forderten Erhard Bartsch auf, Informationsmaterial zur *bdW* zu schicken.[195]

190 Vgl. u. a. BArch, R 58/6193.

191 Vgl. BArch, R 58/6193, Bl. 532, Polizeibehörde Hamburg an Gestapa, 7. 12. 1935 und Bl. 533, Gestapo an Polizeibehörde Hamburg, 16. 12. 1935.

192 Vgl. BArch, R 58/6193, Bl. 588, Staatspolizei Hildesheim an Gestapo, 12. 12. 1935.

193 Vgl. R 58/6193, Bl. 272, Tagesmeldung der Gestapo (Nr. 22) Kassel, 27. 2. 1936.

194 Sogenannte Bibelforscher:innen (auch „Zeugen/Zeuginnen Jehovas“) wurden im NS verfolgt und in Konzentrationslagern inhaftiert. Dort erhielten sie als Häftlinge eine eigene Kennzeichnung, den lila Winkel.

195 Vgl. BArch, R 9349/2, Meitzel und Mudersbach an Bartsch, 1. 11. 1937.

Die Wiederzulassung der anthroposophischen Arbeit unter Auflagen – der *Studienkreis für die Gesellschaft Rudolf Steiners* in Bad Saarow

Auch nach dem Erlass zur Auflösung der *AG* im November 1935 kam es in einzelnen politischen Polizeiämtern der Länder aufgrund des verwirrenden Verbotsverfahrens immer wieder zu Unklarheiten. So erkundigte sich etwa der Landgerichtspräsident aus Schweidnitz im November 1936 nach der Sachlage: Die Entscheidung des *Reichsministeriums des Inneren* liege gerade einige Monate zurück, kürzlich sei sie jedoch wieder aufgehoben worden.[196]

Tatsächlich kam es im Frühjahr 1936 zu Verhandlungen um eine Wiederzulassung der anthroposophischen Arbeit in Deutschland. Dabei sollte der zuständige Referent im Innenministerium, Ministerialrat Lotar Eickhoff, eine entscheidende Rolle spielen. Eickhoff bekam anscheinend Zweifel an dem Verbotsverfahren der *AG*. Nachdem er mit Vertretern der anthroposophischen *Christengemeinschaft* gesprochen und eine anthroposophische Delegation, u. a. mit Erhard Bartsch und der Waldorfschullehrerin Dr. Elisabeth Klein, in seinem Büro empfangen hatte, wurde er aktiv.[197] Für ein Verbot liege nicht genügend Material vor – so Eickhoff in einer Besprechung im Innenministerium –, es müsse bewiesen werden, dass die *AG* dem NS gefährlicher sei als die evangelische oder die katholische Kirche, ansonsten könne sie mit Recht das Verbot der Kirchen verlangen.[198] Zudem hatten sich, wie Eickhoff in Erfahrung brachte, mehrere Persönlichkeiten aus dem näheren Umfeld von Hermann Göring, u. a. dessen Schwägerin, Gräfin Fanny von Wilamowitz-Möllendorf, für eine erneute Zulassung „geisteswissenschaftlicher" Forschung starkgemacht.[199]

Göring beauftragte Eickhoff schließlich mit Einverständnis des Reichs- und Preußischen Ministers des Inneren, Wilhelm Frick, die Begründung des Verbots zu überprüfen. Tatsächlich stellte Frick daraufhin in einem Vermerk klar, dass die Grundlage des Verbots, anders als von der Gestapo dargestellt, tatsächlich nicht stichhaltig gewesen sei. Der wahre Grund für das Verbot der *AG* sei vielmehr die Abhängigkeit von ihrer Zentrale in der Schweiz. Der NS-Staat könne unmöglich zulassen, dass „sich ein für ihn völlig unkontrollierbares geistiges Kraftfeld im Auslande bildet und von dort aus einen starken Einfluß nach Deutschland ausübt".[200] Auf einer Sitzung am 5. Mai 1936 gab Frick den

196 Vgl. BArch, R 58/6193, S. 621, Gestapo Berlin, Vermerk, 26. 11. 1936.

197 Vgl. Werner, Anthroposophen, S. 187 ff.

198 Vgl. BArch, R 58/6186, Bl. 271, Abt. I.3 an I.31, 18. 3. 1936.

199 Vgl. Werner, Anthroposophen, S. 188.

200 BArch, R 58/6194, S. 131 ff., Der Reichs- und Preußische Minister des Inneren, o. A. Mai 1936.

anwesenden Anthroposoph:innen Bartsch, Klein und Heidenreich sein Einverständnis, einer kleineren, überwachten Gruppe von Anthroposoph:innen eine Weiterarbeit in Deutschland unter Auflagen zu ermöglichen. Im Gegenzug müsse sich die Gruppe verpflichten, jede Verbindung nach Dornach und in das sonstige Ausland zu unterlassen und Juden, Freimaurer und führende Mitglieder der *AG* von der Mitgliedschaft auszuschließen. Die Aufgabe der Gruppe bestehe in geisteswissenschaftlichen Forschungen, „die mit Mitteln der exakten Naturwissenschaft nicht zu ergründen sind“,[201] okkulte, spiritistische oder hellseherische Strömungen würden abgelehnt.[202]

Der Vorstand in Dornach riet eindringlich von dem Angebot ab. Albert Steffen warnte davor, dass sich die Mitglieder einer solchen Gruppe in Staatskontrolle begäben, „das ist der Anfang von Politik“.[203] Während sich Klein zumindest vorläufig der Empfehlung von Steffen anschloss, war Bartsch offensichtlich fest entschlossen, auf das Angebot von Frick einzugehen. Noch im Mai 1936 stellte er einen Antrag auf Genehmigung eines *Studienkreises für die Gesellschaft Rudolf Steiners* in Bad Saarow. Wie in den Auflagen gefordert, gab er Haselbacher die Namen der Teilnehmer:innen des *Studienkreises* bekannt. Sichtlich um Glaubwürdigkeit bemüht, benannte er einen überschaubaren Kreis von Familienangehörigen (Erhard Bartsch, seine Frau Hemma, seinen Vater Moritz und seine Mutter Selma), engen Mitarbeiter:innen in Marienhöhe (Franz Dreidax, dessen Frau L. Dreidax, Nicolaus und Erica Remer, geb. Freiin von Massenbach) sowie zwei Angestellte (Friedrich Beckmann und Fräulein Chr. Hinrichsen).[204]

Bereits wenige Monate später teilte Bartsch der Gestapo mit, dass sich dem *Studienkreis* weitere Gruppen anschlossen, die ebenfalls Leseabende abhielten.[205] Die Mitglieder der aufgelösten *AG* waren offensichtlich beruhigt, die Überwachung des *Studienkreises* auf Marienhöhe schien keine negativen Folgen zu haben. Als Haselbacher am 14. Dezember 1936 dem *Studienkreis* den Gebrauch von zwei Schriften Steiners genehmigte, legten Bartsch und Klein das Schreiben taktisch geschickt als Genehmigung für eine Neuauflage in Deutschland

201 Zit. n. Werner, Anthroposophen, S. 198.

202 Vgl. BArch, R 58/6193, Stellungnahmen zur Behandlung der Anthroposophie, 25. 1. 1939. In diesem Schreiben waren die unterschiedlichen Positionen zur Frage über die Zugehörigkeit der Anthroposophie zur Freimaurerei chronologisch zusammengestellt worden. Demnach teilte Heß am 31. Januar 1939 seine Entscheidung mit, dass ehemalige Mitglieder der *AG* keine Ausnahmebehandlung erfahren sollten. Am 12. 12. 1935 hatte Heß jedoch geltend gemacht, dass jegliches Einschreiten gegen den *Reichsverband* und die *bdW* ausdrücklich untersagt werde.

203 Zit. n. Werner, Anthroposophen, S. 201.

204 Ebenda, FN 42.

205 Vgl. Werner, Anthroposophen, S. 202.

aus.[206] In Absprache mit Marie Steiner-von Sivers erschienen die beiden Bücher bereits Ende 1936 in einem Dresdener Verlag. Es kam sogar zu einer öffentlichen Vortragsreihe über „Methoden und Ergebnisse der Geisteswissenschaft Rudolf Steiners", zu der die Anthroposoh:innen Bartsch, Klein und Heidenreich ebenso wie die Vertreter von Gestapa und SD, Haselbacher und Christensen, persönlich einluden.[207] Eickhoff, der Haselbacher über die Veranstaltung Bericht erstatten sollte, betätigte am 19. Dezember 1936: „Nach allem glaube ich mit gutem Gewissen das Urteil abgeben zu können, daß diese Veranstaltung nicht im geringsten irgendwie für den nat. soz. Staat, sein Denken und seine Anschauungen abträglich war. Ich kann mir sogar vorstellen, daß wenn man dafür Zeit hätte, eine eingehende Auseinandersetzung mit diesen Leuten unter Umständen für den Nationalsozialismus irgendwelche Vorteile bringen könnte."[208]

Eickhoff geriet jedoch, indem er sich in zunehmendem Maße für den Erhalt anthroposophischer Einrichtungen starkmachte und dafür sogar die Regeln der Dienstwege verletzte, unter Verdacht. Haselbacher und ein weiterer Mitarbeiter der Gestapo denunzierten ihn – zunächst Anfang April 1937 bei Heß und einen Monat später offensichtlich mit Nachdruck bei dessen Stellvertreter, Reichsleiter Martin Bormann. „Wenn aber eine Überprüfung in dieser Hinsicht von Ihnen für wünschenswert gehalten wird, halte ich Ministerialrat Eickhoff für die Durchführung einer solchen Überprüfung für befangen, da sich Herr Eickhoff meines Wissens allzusehr von der biologisch-dynamischen Wirtschaftsweise hat bestechen lassen."[209] In Unkenntnis dieser Vorwürfe hatte Heß im Juni 1937 Himmler mitgeteilt, dass er bei Eickhoff einen Gesamtbericht über die bisherigen Feststellungen über die Anthroposophie, „was pos. oder neg. auf dem Gebiet der Anthroposophie zur Kenntnis kommt", und den Zusammenhang mit dem *Reichsverband* in Auftrag gegeben habe.[210] Auf den Verdacht gegen Eickhoff reagierte dessen Vorgesetzter, Wilhelm Frick, schließlich im Sommer 1938 mit einer Art befördernder Strafversetzung. Er ernannte ihn zum Regierungspräsidenten in Aurich, wo Eickhoff bis Kriegsende blieb.[211]

Als der Einfluss Eickhoffs ab Mitte des Jahres 1937 zu schwinden begann, griffen zwei weitere Mitarbeiter des NS-Überwachungsapparats in die Debatte

206 Haselbacher bestätigte Bartsch am 7. Oktober 1936 schriftlich, dass er den Gebrauch der beiden Bücher von Rudolf Steiner, „Mystik im Aufgange des neuzeitlichen Geisteslebens" und „Die Philosophie der Freiheit", genehmige. Vgl. Werner, Anthroposophen, S. 202.

207 Vgl. Werner, Anthroposophen, S. 204.

208 Zit. n. ebenda, S. 204.

209 Zit. n. ebenda, S. 216.

210 BArch, R 58/3556, Bl. 91, Heß an Himmler, 11. 6. 1937.

211 Vgl. NLA, OL Rep. 945 Best. 140-4 Nr. 737 Krieger/Eickhoff; BArch, R 9361-II/201767 und Werner, Anthroposophen, S. 217.

ein: SS-Sturmbannführer Otto Ohlendorf, Amtschef im *Reichssicherheitshauptamt*, und Prof. Alfred Baeumler, seit 1934 „Amtsleiter des Amtes Wissenschaft des Beauftragten des Führers für die Überwachung der geistigen Schulung und Erziehung der NSDAP“ im *Amt Rosenberg*. Auch sie vertraten die Auffassung, dass gewisse Aspekte der Anthroposophie für den NS nutzbar gemacht werden könnten. Während sich Baeumler für die Wiederzulassung einer ganzen Reihe von Werken Rudolf Steiners und bedingt auch für den Erhalt der Waldorfschulen einsetzte, gab Ohlendorf bekannt, dass er durch Heydrich zum Sachverständigen „in dieser Frage“ ernannt worden sei.[212] Ohlendorf argumentierte ähnlich wie Heß mit der *bdW*, die Weltanschauung der Anthroposophie lehne er „restlos“ ab, obgleich Steiner einer der „grimmigsten Gegner der Freimaurerei“ gewesen sei. Dennoch „solle man aber das Gute aus ihren Lehren wenn auch nicht gleich übernehmen, so doch zum mindesten prüfen. So habe die Anthroposophie Erfolge aufzuweisen.“[213] Ohlendorf bat darum, vorläufig keine Maßnahmen gegen die Anthroposophen zu treffen, um sie hinsichtlich ihrer Nutzbarkeit für den NS zu erforschen.[214]

Im November 1938 kam unter den zuständigen NS-Führern erneut die Debatte auf, ob Anthroposophen ebenso wie Freimaurer zu bewerten seien. Alfred Rosenberg musste sich mit dieser Frage an Heß wenden, da er beauftragt war zu beurteilen, ob eine Lockerung von beamtenrechtlichen Restriktionen möglich sei, die auch die Mitglieder der aufgelösten *AG* mit Freimaurern gleichstellten. Während Rosenberg das Verbot im November 1935 noch mitgetragen hatte, lenkte er nunmehr gegenüber Heß ein, dass Anthroposophen nicht pauschal, sondern von Fall zu Fall beurteilt werden müssten.[215] Es stellte sich jedoch bald heraus, dass sich Himmler und Heß einig waren, dass die Mitglieder der *AG* den Freimaurern völlig gleichzusetzen seien.[216]

2.2.5 Die Expansion des *Reichsverbands*

Die Einbindung in die Strukturen des NS-Parteiapparates verschaffte dem *Reichsverband* insgesamt wesentlich mehr Vorteile, als seine Vorstände es zunächst erhofft hatten. Es scheint paradox, aber im Fall der *bdW* diente die Eingliederung in das von Heß ins Leben gerufene *Hauptamt für Volksgesundheit* in erster Linie dazu, sie vor den neuen Agrargesetzen des NS-Regimes selbst zu

212 Vgl. BArch, R 58/6187, Bl. 82, SD Abt. II B4-L, Vermerk über die Sitzung 18. 12. 1937.
213 Vgl. ebenda.
214 Vgl. ebenda.
215 Vgl. R 58/6189, Rosenberg an Heß, 1. 11. 1938.
216 Vgl. ebenda. 27. 2. 1939.

schützen. Mit aller Macht stellte sich Heß vor den biodynamischen Verband, der – als landwirtschaftlicher Außenseiter und Provokateur – bei der auf Industrialisierung der Landwirtschaft ausgerichteten NS-Agrarpolitik alles andere als willkommen war. Befürworter der *bdW* etwa im Reichslandwirtschaftsministerium gaben sich als solche erst zu erkennen, nachdem Heß mit dem erzwungenen „Burgfrieden" die Voraussetzungen dazu geschaffen hatte. Der schützende Arm von Heß reichte noch weiter, bis in den Überwachungsapparat hinein. Auch hier war es vor allem seiner Initiative zu verdanken, dass der *Reichsverband* nach dem Verbot der *AG* im November 1935 weiterarbeiten durfte. Er würde als einer der letzten anthroposophischen Organisationen im NS-Staat übrigbleiben, die nicht verboten war und unter deren Dach sich Anthroposoph:innen noch offiziell treffen konnten. Viele Zweige der *AG* nutzten diese Möglichkeit tatsächlich und gaben vor, sich in ihren Gesprächskreisen mit der *bdW* zu befassen. Folglich entwickelte sich das biodynamische Zentrum Marienhöhe zu einer wichtigen Kontakt- und Anlaufstelle.

Es war vor allem Bartsch, der sich – neben der Waldorf-Lehrerin Elisabeth Klein – nach dem Verbot für die Fortsetzung anthroposophischer Arbeit eingesetzt hatte. Keineswegs alle Anthroposoph:innen hießen die Verhandlungen mit der Geheimpolizei und dem Sicherheitsdienst der SS gut, wie einem Brief zu entnehmen ist, den Elisabeth Klein im Februar 1937 an Marie Steiner-von Sivers schrieb: „Die Treibjagd in Deutschland auf Doktor Bartsch und mich wird nicht mehr lange gehen; denn wir stehen in diesen Monaten in den letzten Entscheidungen."[217] Das Waldorfschul-Kollegium in Berlin hatte Elisabeth Klein im Juni 1936 eine klare Absage an weitere Verhandlungen mit dem NS-Regime erteilt, sie wollten „von jetzt ab mit weiteren Initiativen und Unternehmungen von Frau Dr. Klein nichts mehr zu tun haben. […] Sie schafft unklare Zustände, wo einheitliche Klarheit der Gesamtlage – und sei diese noch so tragisch – auf jeden Fall geistig notwendig ist."[218] Auch im *Reichsverband* muss es Zweifel an den Zugeständnissen gegeben haben, zumindest deuten die neunseitigen Nachkriegserinnerungen über die Geschichte der *bdW* von Bartsch und Remer an, dass sie sich in dieser Frage gegenüber ihren Mitstreiter:innen rechtfertigen wollten: „Es stand die Frage offen: Was hat für das Schicksal des landw. Impulses und für den Bauern zu geschehen? Was wird für eine zukünftige Entwicklung eintreten, wenn eine Selbstaufgabe des Bauern und ein Wiederablösen des landw. Impulses vom Boden im dritten Jahrsiebt erfolgt? <u>Ist es Verrat an R. Steiner, im offenen Feld</u> seinen Impuls <u>vom Boden her zu verteidigen</u>, nachdem es vom Forschungspol

217 Zit. n. Martins, Büchenbacher, Klein an Steiner-von Sivers, S. 341, 10.2.1937.
218 Zit. n. Werner, Anthroposophen, S. 205.

nicht mehr möglich war? Und es lag doch seit 1935 ein Auftrag dafür, also nach dem Verbot der anthr. Gesellschaft Deutschland vom Vorstand (Steffen u. Wachsmuth) persönlich an Dr. Bartsch vor.“[219] Ob es tatsächlich zu einem entsprechenden Auftrag aus Dornach gekommen war, lässt sich nicht belegen.

Auch unter deutschen anthroposophischen Ärzten bildete sich im Umfeld von Dr. Friedrich Husemann in Bad Saarow eine Initiative, die sich für eine Gleichschaltung des „Reichsverbands der Naturärzte“ aussprach.[220] Nachdem Reichsärzteführer Gerhard Wagner im Rahmen der Gesundheitsreformpläne von Heß am 7. Oktober 1933 alle Ärzte, die sich mit biologischen Heilverfahren befassten, zur Bildung einer „Vereinigung biologischer Ärzte“ aufgerufen hatte, wandte sich die Gruppe um Husemann in einem Rundschreiben an die anthroposophische Ärzteschaft: „Wir müssen es begrüssen, dass Dr. Wagner sich nicht mit einer formalen ‚Gleichschaltung‘ begnügt, sondern die Absicht hat, die abseits der offiziellen medizinischen Schule entstandenen Richtungen zu prüfen und ‚das Wertvolle aus allen Lagern der ganzen Ärzteschaft‘ zu vermitteln.“[221] Husemann appellierte an seine anthroposophischen Mitstreiter:innen, die Bemühungen von Heß, die Naturheilkunde gegenüber der Schulmedizin aufzuwerten, auch als Chance für die anthroposophische Medizin zu nutzen. Anders als im Fall des biodynamischen Verbandes konnte sich die Initiative zur Gleichschaltung unter den anthroposophischen Ärzten jedoch nicht durchsetzen.[222] Allen voran war es die Leiterin der Medizinische Sektion, Ita Wegman, die sich dem Vorhaben in den Weg gestellt hatte. Wegman warnte nicht nur nachdrücklich vor einem Zusammenschluss mit dem NS-Regime, sie lehnte auch die Gleichsetzung von „biologisch“ mit der Anthroposophischen Medizin entschieden ab.[223]

Der *Reichsverband* war die einzige anthroposophische Organisation in Deutschland, die im Zuge der Gleichschaltung Teil einer parteiamtlichen Struktur wurde, und beschritt damit einen eigenen Weg. Aufgrund ihrer zunehmenden Einbindung in die NS-Strukturen wurden Bartsch und Dreidax zu wichtigen Informationsträgern. Aus den Korrespondenzakten des *Reichsverbands*

219 GOE, E.15.002.024, Nicolaus Remer, Zur Geschichte des Landwirtschaftlichen Impulses R. Steiners und seiner Weiterentwicklung, S. 6. Der Text wurde nach Angaben Remers im Februar 1952 nach ausführlichen Darstellungen von Bartsch durchgesehen, ergänzt und verbessert. Im Januar 1974 habe er den Text erneut durchgesehen und dann geschrieben. Vgl. ebenda, S. 9.

220 Vgl. Werner, Anthroposophen, S. 166.

221 GOE, A.02.001.028, Husemann, Schubert, Rundbrief an die Kollegen, 10. 10. 1933.

222 Eine ausführliche Darstellung der Geschichte der anthroposophischen Ärzteschaft im NS vgl. Selg/Gross/Mochner, Anthroposophie und Nationalsozialismus. Bd. 1.

223 Vgl. IWI, Wegman an Kolisko, 13. 10. 1933.

geht hervor, dass man sich an sie um Rat wandte. So wollte etwa der anthroposophische Arzt des *Heilpädagogischen Instituts Lauenstein* im Oktober 1937 wissen, ob es sinnvoll und für Anthroposoph:innen möglich sei, in die NSDAP einzutreten. Dreidax riet ihm abzuwarten: „So lange aber der Beamtenerlass noch besteht, scheint es nicht unrichtig, sich die Entscheidung so vom Leibe zu halten, dass spätere Entschlüsse frei bleiben. Es scheint für viele Verhältnisse darauf anzukommen, den Minderungsgrund in aller Höflichkeit klipp und klar auszusprechen und darauf hinzuweisen, dass an der Bereinigung der Sachlage gearbeitet wird, aber vorher einer offiziellen Zusammenarbeit trotz aller Hilfsbereitschaft moralische Schranken gesetzt sind. [...] Ich glaube, dass bei entsprechender Behandlung der Angelegenheit auch in Ihrem Fall die persönliche Zusammenarbeit und das tiefere Vertrauen gestärkt wird, wenn Sie noch etwas warten."[224] Kurz nach Kriegsbeginn bemühte sich Bartsch darum, den arbeitssuchenden anthroposophischen Künstler Arthur Hermes an das Stabsamt Heß zu vermitteln. Er teilte Hermes mit, dass er sich an Assessor Rauber im Stabsamt, Berlin, Tiergartenstraße wenden und seine besonderen Möglichkeiten (künstlerische bäuerliche Heimarbeit) darstellen solle. Rauber habe an einer Tagung in Saarow teilgenommen. Bartsch fügte seinem Schreiben 25 RM für die Reise zu und wünschte Erfolg.[225]

Nach dem Kontaktverbot mit Dornach – Die Entwicklung des *Reichsverbands* 1936–1939

Alle Verbindungen zu Dornach abzubrechen war eine der Auflagen, zu denen sich Bartsch spätestens nach den Verhandlungen mit Innenminister Frick, dem Sicherheitsdienst und der Gestapo verpflichtet hatte. Frick hatte deutlich gemacht, dass ein Aufrechterhalten dieser Verbindung jede Weiterarbeit verhindern würde. Bartsch hielt sich wohl penibel an die neuen Auflagen, wie sein Mitstreiter Dreidax später an Reichshauptamtsleiter Reischle im Zusammenhang mit Bartschs Verhaftung im Juni 1941 schrieb: „Er [Bartsch] wendete das Äusserste auf, um in seinen jeweiligen Schritten den Sicherheitsdienst ins Bild zu setzen und jeden denkbaren Einblick zu gewähren. Ich habe seine Sorgfalt in diesen Dingen oft gar nicht verstehen können."[226]

Skeptisch gegenüber Bartschs Entscheidung äußerte sich vor allem Ehrenfried Pfeiffer, Forschungspionier der *bdW* und bis Ende der 1930er-Jahre Leiter

224 BArch, R 9349/2, Dreidax an Hardt, 21.10.1937.
225 Vgl. BArch, R 9349/2, Bartsch an Hermes, 19.10.1939.
226 GOE, D.02 Seifert 002, Dreidax an Reischle, 23.6.1941.

des Forschungslaboratoriums am Goetheanum. „Hier sehe ich deutlich das Petrinische Motiv des Verleugnens, das dann mit allen möglichen Selbstillusionen vertuscht wird.“[227] Pfeiffer wandte sich Anfang 1938 aus den USA besorgt an Wachsmuth: Er hatte in Erfahrung gebracht, dass selbst das Arbeitsministerium in Deutschland sich eindeutig gegen die biodynamische Landwirtschaft wandte. Ein französisches Mitglied hatte von dort auf Anfrage nach einem biodynamischen Experten eine Absage erhalten: Man werde nichts unternehmen, was die Interessen der Phosphat- und Kaliindustrie schädige. In Frankreich spräche man das offen aus, so Pfeiffer, die Regierung stecke unter einer Decke mit der Industrie. In den industrieabgeneigten Teilen der Partei glaube man, mit der *bdW* einen Trumpf gegen die I.G. Farben ausspielen zu können. Pfeiffer war fassungslos, weil Bartsch diese Zusammenhänge nicht durchschaute. Pfeiffer selbst mache sich keine Illusionen: „Ich glaube nach den letzten Ereignissen nicht mehr, dass man noch irgend eine ‚objektiv‘, d.h. der Sache zu liebe interessierte Seele dort für uns finden wird.“[228]

Während sich Pfeiffer infolge seiner Einschätzung der Lage mehr und mehr von Deutschland abwandte, bekam der *Reichsverband* tatsächlich immer mehr Zuspruch von den „industrieabgeneigten Teilen der Partei“. Pfeiffer initiierte zunächst in England und nach seiner Emigration 1938 in den USA verschiedene biodynamische Einrichtungen und Aktivitäten im Ausland,[229] während Bartsch an seiner Mission in Deutschland festhielt: „Ohne hinter verschlossenen Türen in verbotenen Versammlungen zu sitzen, konnten vom Boden her Freund und Feind die Ergebnisse der [anthroposophischen] Geisteswissenschaft gezeigt werden. […] Der dem sozialen Impuls entsprechend gegliederte Aufbau der landw. Arbeit zog aus den verschiedensten Lebens- und Wirtschaftsgebieten Persönlichkeiten mit Initiative an, welche zu Stützen der Weiterarbeit wurden.“[230] Erst im Sommer 1941 würde sich erweisen, dass Pfeiffer mit seinen Warnungen recht behielt, als der *Reichsverband* entgegen aller Pläne einer Zusammenarbeit mit den „industrieabgeneigten Teilen der Partei“ mit einem Federstrich verboten wurde. Während die Publikation eines anderen ökologischen Landbaukonzepts, „Natürlicher Landbau“ von Dr. Wilhelm Büsselberg, bereits im November 1937 auf Antrag von Darré auf Grundlage der parteiamtlichen Prüfungskommission zum Schutze des NS-Schrifttums verboten und eingezogen wurde, blieb der *Reichsverband* bis nach dem Abflug von Heß nach England von einem Verbot

227 GOE, A.02.002.027, Pfeiffer an Wachsmuth, 22.4.1938.
228 Ebenda.
229 Vgl. Mark Moodie, Inspirations, in: Star & Furrow (autumn 2022) 138, S. 13.
230 GOE, E.15.002.024, Nicolaus Remer, Zur Geschichte des Landwirtschaftlichen Impulses R. Steiners und seiner Weiterentwicklung, S. 6.

verschont. Büsselberg, ein Günstling von Julius Streicher, wurde vorgeworfen, dass die vom *Reichsnährstand* propagierten Maßnahmen zur Ertragssteigerung in seiner Publikation angegriffen würden.[231] Derselbe Vorwurf sollte den *Reichsverband* erst vier Jahre später zu Fall bringen.

Im Jahr 1936 stellte Bartsch seine Mitstreiter:innen in Bezug auf die Entwicklung des *Reichsverbands* vor die Wahl: entweder Abbau und Auflösung oder ein engerer Anschluss an die volksgesundheitliche Richtung durch eine Eingliederung ihres Verbands in die *Deutsche Gesellschaft für Lebensreform.*[232] Auf der Hauptversammlung vom 14. März 1936 wurde die neue Verbandssatzung beschlossen und die Neuwahl des Vorstands bestätigt. Der Ausbau des *Reichsverbands* ginge insgesamt gut voran – so der Geschäftsbericht 1935/36. Man verzeichnete einen Anstieg von 39 auf 54 biodynamische Arbeitsgemeinschaften, das inhaltliche Spektrum war um waldbauliche Belange erweitert worden, es fanden lokale Fortbildungskurse der *bdW* statt, und der Verband beteiligte sich an der Ausstellung „Heilsäfte der Natur" beim *Verein für Deutsche Volksheilkunde.* Das Interesse der Öffentlichkeit, von Partei, Regierung, von landwirtschaftlichen Sachverständigen und Medizinern nahm zu.[233] Ihre Werbe-Strategien überließen die langjährigen Pioniere der *bdW* schon längst nicht mehr dem Zufall. Bartsch teilte dem Vorstand der *Deutschen Gesellschaft für Lebensreform* Müller im Juni 1936 mit, dass sie bei Besuchsanmeldungen in Marienhöhe Gruppen nach besonderen Gesichtspunkten auswählten, z. B. Politiker, Reformhausbesitzer oder Kreise der Lebensreform.[234]

So hatte man bereits am 28. April 1934 in Marienhöhe Wilhelm Frick mit seiner Gattin, Margarete Schultze-Naumburg, und seinem engen Berater, Prof. Dr. Siegmund Wilhelm von Kapff, einem Verfechter der Naturmedizin, empfangen. Es fanden Führungen des Reichsgesundheitsamtes, des Reichsinnenministeriums, des *Reichsnährstands*, verschiedener Landesbauernschaften und der *Deutschen Gesellschaft für Lebensreform* statt.[235] Polzer berichtete von nun an über die Tagungen des *Reichsverbandes* in der Verbandszeitschrift *Die Deutsche Lebensreform.*[236] Er stellte die Arbeit der Landwirte um Bartsch als Ausdruck tiefer Verbundenheit mit dem NS dar. Über die Wintertagung 1939 schrieb Polzer emphatisch, dass in Bad Saarow 250 Bauern in überhitzten Zelten begeistert den Vorträgen folgten, „die die von Rudolf Steiner im Sinne Goethes

231 Vgl. BArch, R 56-V/383.
232 Vgl. BArch, R 58/6197, Geschäftsbericht des Reichsverbands 1935/36.
233 Vgl. ebenda.
234 Vgl. BArch, R 9349/1, Bartsch an Müller, 19. 6. 1936.
235 Vgl. GOE, B.14.001.015.
236 Vgl. GOE, B.14.002.009, Reichsverband an die Mitglieder.

begründete Landwirtschaft und das Zusammenwirken von Boden, Pflanze, Tier und Mensch darstellten. Im Gegensatz dazu könne der materialistisch geschulte Agrikulturchemiker nur Teile des Lebendigen Ganzen sehen.“[237] Am 13. Juni 1935 lud Bartsch - erneut vergeblich - „Reichsärzteführer“ Wagner zur „Besichtigung der Betriebe von Graf Lerchenfeld Köfering und Gebelkofen“ ein. Wagner kam zwar nicht, schickte jedoch seinen Mitarbeiter Bernhard Hörmann, der im Folgenden ein umsichtiger Sachbearbeiter für *biologisch-dynamische Wirtschaftsweise* wurde.[238]

Ein weiterer Erfolg für die biodynamische Wirtschaftsweise im Jahr 1936 ging auf den „Reichslandschaftsanwalt“ und unermüdlichen Lobbyisten für die biodynamische Wirtschaftsweise, Alwin Seifert, zurück. Seifert war es gelungen, einige seiner Kollegen von den Vorzügen der *bdW* auch für den Landschaftsbau zu überzeugen. So kam es u.a. dazu, dass die Rasenflächen des „Reichssportfeldes“ für die Olympischen Spiele 1936 biodynamisch angelegt und gepflegt wurden. Prof. Heinrich Wiepking-Jürgensmann,[239] der für die Landschaftsgestaltung des Olympiageländes zuständig war, hatte den verantwortlichen Gartentechniker Milkert angewiesen, die wichtigsten Sportflächen, die aufgrund der starken Beanspruchung eine besondere Festigkeit der Grasnarbe erforderten, mit der *bdW* anzulegen. In seinem zweiseitigen Bericht beschrieb Milkert sein Vorgehen, den Einsatz der Präparate und lobte das Ergebnis: „Schon die Generalprobe beanspruchte das Feld in so starkem Maße, sodaß jeder Beschauer in größter Sorge war, die Fläche überhaupt bis zur Eröffnung der Olympiade wieder grün zu bekommen. Aber wenige Tage genügten für die Pflanzen wieder zu ergrünen und aus ihrer inneren Kraft heraus die Fläche zu erschließen. […] Nur so erscheint es mir möglich, schnellstens auf dem armen Untergrund zu Dauererfolgen bei Neuanpflanzungen, Bäumen, Sträuchern, Stauden und Grasflächen zu kommen.“[240] Allerdings kam es, nachdem die Olympischen Spiele längst beendet waren, zu Schwierigkeiten, als der Generalsekretär des Organisationskomitees der XI. Olympischen Spiele, Carl Diem, von der Anwendung der *bdW* erfahren hatte. Alarmiert wandte sich Wiepking-Jürgensmann „in streng vertraulicher Angelegenheit“ im Februar 1937 an Seifert: „Diem rief mich soeben an

237 Zit. n. Koepf/Plato, Wirtschaftsweise, S. 156.

238 Vgl. BArch, R 9349/1, Bartsch an Wagner, 14.2.1934.

239 Heinrich Wiepking-Jürgensmann war seit 1934 Professor für Garten- und Landschaftsgestaltung an der Friedrich-Wilhelms-Universität Berlin und wurde 1941 von Himmler als Sonderbeauftragter für den *Generalplan Ost* für die Landschaftsgestaltung der eroberten Gebiete im Osten ernannt.

240 GOE, B.14.002.004, Biologisch-dynamische Wirtschaftsweise auf dem Reichssportfeld, Milkert, 25.9.1936.

und teilte mir mit, daß der Reichs- und Preußische Minister des Inneren verboten hätte, die biologisch-dynamische Wirtschaftsweise auf dem Reichssportfeld zur Anwendung zu bringen."[241] Er müsse sich „aus Gründen der Staatsraison" fügen – obwohl die biodynamischen Mittel für 1937 bereits angeschafft waren – und bat Seifert dringlich, ihn zu informieren, wie „die Sachlage durch das Reich, bezw. durch die Parteileitung" angesehen werde. Er wolle dem Referenten im Reichsinnenministerium seine Stellungnahme so bald wie möglich übermitteln. Bereits drei Tage später bekam er Seiferts Antwort.[242] Dieses Verbot – so Seifert – verstoße gegen die Verfügung von Heß, solange der *Reichsverband* keine Werbung damit gemacht hätte, und das sei unwahrscheinlich. „Es ist für mich so gut wie selbstverständlich, daß die treibende Kraft, die hinter diesem Verbot steht, mit der chemischen Industrie zusammenhängt. Da die b.d. Wirtschaftsweise heute vom Reichsnährstand unabhängig ist und dem Vierjahresplan eingegliedert wurde, weil beim Reichsforstmeister und beim Heer ein wirkliches Verständnis für den tieferen Wert dieser Arbeitsweise vorhanden ist, muß bei den guten Beziehungen, welche die Führer des *Versuchsringes* zum preußischen Ministerpräsidenten haben, damit gerechnet werden, daß die für das Verbot Verantwortlichen sich von dieser Seite her Ungelegenheiten zuziehen."[243]

Das Beispiel des „Reichssportfeldes" macht – wie auch später etwa der Fall einer im letzten Moment verhinderten Anlage eines Flugplatzes der Arado-Flugzeugwerke GmbH in Bottschow[244] – noch einmal deutlich, dass die *bdW* Mitte der 1930er-Jahre im NS-Staat keineswegs allgemein anerkannt war. Immer wieder wurde es notwendig, den „Burgfrieden" zu verteidigen. Die Chronologie der Korrespondenzakten des *Reichsverbands* zeigt das dichte – oft tägliche – Nebeneinander von Überwachung und bedrohlichen Botschaften auf der einen und Erfolg auf der anderen Seite.

Die zuständigen Mitarbeiter im *Hauptamt für Volksgesundheit* bemühten sich darüber hinaus intensiv, Bartsch und Dreidax in ihre Strukturen zu integrieren. So empfahlen sie etwa Dreidax als guten Redner, der dann tatsächlich im Juli 1938 als einer von 21 Referenten auf der Tagung des *Hauptamts für Volksgesundheit*, Biologische Medizin und Laienverbände in der „Führerschule der Deutschen Ärzteschaft" in Alt-Rehse eingeladen wurde. Sein Beitrag sei übereinstimmend als Höhepunkt der Veranstaltung empfunden worden.[245] Bartsch blieb als Vorstand des *Reichsverbands* die umfangreiche Kommunikation mit den NS-

241 GOE, D.02 Seifert 001, Wiepking-Jürgensmann an Seifert, 3.2.1937.
242 Vgl. GOE, D.02 Seifert 001, Seifert an Wiepking-Jürgensmann, 5.2.1937.
243 Ebenda.
244 Vgl. R 9349/3, Wistinghausen an den Reichsverband, 4.5.1939.
245 Vgl. Troßbach, Zeitalter, S. 19.

Führern vorbehalten. Er verfasste während der NS-Zeit zahlreiche Denkschriften zur *bdW*, mit denen er sich immer wieder an unterschiedliche NS-Führer wandte.[246] Am 23. Dezember 1939 berichtete er kurz nach der Wintertagung in Bad Saarow dem Reichstagsabgeordneten der NSDAP, Hermann Schneider, von seinem Erfolg: Von den 250 Gästen der Tagung seien „30 führende Herren des Stabsamtes und Verwaltungsaktes des Reichsbauernführers“ anwesend gewesen. Dabei seien auch „gegnerisch eingestellte Teilnehmer“ überzeugt worden.[247]

Bartschs Korrespondenz mit Göring bestätigt einmal mehr seine unermüdliche Beharrlichkeit, von Abweisungen ließ er sich nicht beirren. Die regelmäßigen Einladungen an Göring nach Bad Saarow blieben unerhört, zwei seiner Versuche einer Kontaktaufnahme im Mai und Juni 1937 wurden sogar schriftlich abgelehnt.[248] Vielleicht infolge dieser steten Bemühungen erklärte sich Göring Anfang 1938 schließlich doch zu einem Treffen bereit und empfing Bartsch und Seifert am 3. März 1938 in München.[249] Im Gestapo-Verhör 1941 gab Barsch an, der Empfang habe über 50 Minuten gedauert, er habe die Gelegenheit gehabt, Göring die Grundlage der biodynamischen Arbeit und vor allem ihre Auswirkungen auf die Volkswirtschaft darzustellen. Göring habe gegen Schluss des Empfanges geäußert, dass er diese Wirtschaftsweise propagieren werde, wenn sie einer kritischen Nachprüfung standhielte.[250] Diese Einschätzung war wohl eher dem Wunschdenken von Bartsch geschuldet, der große Hoffnung mit dem Treffen verbunden hatte. Obwohl er sich bis weit ins Jahr 1939 immer wieder um einen erneuten Kontakt bemühte, erhielt er in der Folgezeit nur abschlägige Bescheide.

Scheinbar unerschüttert und wiederum vergeblich wandte er sich Anfang Oktober 1939 mit der Bitte an Göring, sich für das seit Ende der 1920er-Jahre biodynamisch betriebene Rittergut Pilgramshain einzusetzen. Unter der Mitwirkung der Landesbauernschaft Schlesiens würde das Gut zum Zweck der Aufsiedlung zerschlagen. Trotz Einspruch von Heß sei es dem *Reichsnährstand* bis heute nicht möglich gewesen, die Aufteilung zu verhindern.[251]

246 Vgl. u.a. Denkschrift über die Biologisch-dynamische Wirtschaftsweise in Landwirtschaft und Gartenbau, 1933; Denkschrift über die Beiträge zur Lösung der Fettfrage durch Betriebe der biologisch-dynamischen Wirtschaftsweise, 1937; Richtlinien für die Beschaffenheit und Ausnutzung der Nahrungsmittel, o.D., vermutlich 1939; Aufbau und Ergebnisse des Erbhofes Marienhöhe, 1940.

247 Vgl. BArch, R 9349/3, Bartsch an Schneider, 23.12.1939.

248 Vgl. BArch, R 9349/2, Gritzbach an Reichsverband, 4.5.1937 und BArch, R 9349/2, Beauftragter für den Vierjahresplan an Bartsch, 15.6.1937.

249 Vgl. Troßbach, Zeitalter, S. 19.

250 BArch, R 58/6223, Bl. 303f., Protokoll Verhör Bartsch, 20.6.1941.

251 Vgl. BArch, R 9349/2, Bartsch an Göring, 3.10.1939.

Bis zum Jahr 1939 sollte die Anzahl an biologisch-dynamisch arbeitenden Betrieben in Deutschland auf ca. 2000 Bauernhöfe, Baumschulen, Gärtnereien, Rittergüter und Saatzuchtanstalten anwachsen.[252] Im selben Jahr stieg auch die Zahl der biodynamischen Arbeitsgemeinschaften auf insgesamt 72 an.[253]

Trotz der immer enger werdenden Verflechtung des *Reichsverbands* insbesondere mit dem *Hauptamt für Volksgesundheit* weist Troßbach darauf hin, dass sich der *Reichsverband* nicht antisemitisch äußerte: „In der Publizistik des Reichsverbandes kam das Abgleiten ins Verbrechen nicht zum Ausdruck."[254] Als im Gefolge der Novemberpogrome das Propagandaministerium sämtliche Zeitschriften Deutschlands und auch *Demeter* nachdrücklich aufforderte, antisemitische Artikelserien zu publizieren, reagierte Bartsch mit einer Aktennotiz für Hanns Georg Müller, die Troßbach zu der Frage verleitet: „Sollte der ‚Tatenmensch' (Werner 1999: 285) Erhard Bartsch zu einer Schwejkiade fähig gewesen sein?"[255] Bartsch schrieb Müller, ihm sei bewusst, dass „der Jude" Haber für die Erfindung des künstlichen Stickstoffs verantwortlich sei. Gerade das dürfe er jedoch nicht öffentlich kritisieren. Eine öffentliche Darstellung dieser Zusammenhänge verbiete ihm der „Burgfrieden".[256]

2.2.6 Exkurs: Die I. G. Farben

Mit dem Zusammenschluss der bedeutendsten deutschen Chemieunternehmen war 1925 unter dem euphemistischen Namen „I. G. Farben" das weltgrößte Unternehmen seiner Art entstanden. Besonders nach der Machtübernahme expandierte das Unternehmen und war später in ungeheurem Maße in Kriegsverbrechen und Verbrechen gegen die Menschlichkeit verstrickt.[257]

Trotz seiner enormen ökonomischen, gesellschaftlichen und zunehmend auch politischen Bedeutung war das Unternehmen doch so weit sensibilisiert, dass es selbst auf kleine, im Gefüge der Weimarer Republik und des „Dritten Reichs" kaum ins Gewicht fallende Organisationen achtete, soweit sie als Seismograf für gesellschaftliche Befindlichkeiten angesehen werden konnten. Dies war unzweifelhaft bei vielen aus der Lebensreform stammenden Bewegungen

252 Vgl. Jacobeit/Kopke, Wirtschaftsweise, S. 38.

253 Vgl. BArch, R 58/6197, Bl. 29 f., Protokoll der Generalversammlung des Reichsverbands 1939.

254 Troßbach, Zeitalter, S. 39.

255 Ebenda.

256 Vgl. ebenda.

257 1947 mussten sich der gesamte Vorstand und mehrere leitende Angestellte vor einem amerikanischen Militärgericht wegen ihrer Verbrechen verantworten. Mehrere Haftstrafen wurden verhängt.

der Fall. So auch bei der *biologisch-dynamischen Wirtschaftsweise*. Die Ablehnung des modernen Industriekapitalismus und insbesondere seiner die Umwelt, die Natur und die Gesundheit beeinträchtigenden Produktionsweisen war weit verbreitet. Zahlreiche politische, religiöse, weltanschauliche, künstlerische u. a. Richtungen – von links bis rechts – suchten nach gesunden, alternativen und naturnahen Lebensformen.

All dies mag der Grund gewesen sein, dass insbesondere die Betriebe der Agrar- und Düngemittelindustrie gegen die *bdW* Front machten. Die Geschichte von David und Goliath mahnte, dass es nicht unbedingt der Mächtigere sein muss, der den gesellschaftlichen Diskurs steuert und bestimmt.

Um die eigene gesellschaftliche Akzeptanz zu befördern, gab das „Proko-Büro“ der I. G. Farben 1938 den opulenten Band „Erzeugnisse unserer Arbeit“ heraus. Hier wurde das Bild eines seriösen Konzerns entworfen, der stetig bemüht ist, neue Produkte zu entwickeln, die das Alltagsleben der Bevölkerung schöner, einfacher und lebenswerter machen. Ohne diese Erzeugnisse, so resümiert ein Ich-Erzähler am 1. Mai nach dem Treffen der „Betriebsgemeinschaft“, sei ein Leben nicht mehr denkbar. In allen Sphären seien, zum unbestreitbaren Vorteil der Menschen, die Produkte der I. G. Farben präsent. „Mein Nachdenken führt mich zu der Erkenntnis, daß meine Bindung an diese I. G. ja gar nicht nur durch den Beruf besteht, sondern daß eben diese I. G. auch sonst mit ihren Erzeugnissen mein und meiner Familie Leben und das meiner Kameraden ebenso wie das Leben aller meiner deutschen Volksgenossen auf Schritt und Tritt begleitet und daß diese Erzeugnisse wie selbstverständlich überall vorhanden sind.“[258]

Dass die überwiegende Mehrzahl der Produkte der I. G. Farben eine rüstungswirtschaftliche Bedeutung hatte, verschwieg die Publikation selbstverständlich. So wie auch die massive finanzielle Unterstützung des nationalsozialistischen Staates. Für diese zeigte sich das NS-Regime bei der Förderung der Expansion des Unternehmens später erkenntlich. Wohl wissend um die antikapitalistischen Stimmungen, die es auch in der NSDAP noch rudimentär gab, heißt es dazu: „Denn es sind gewiß keine Macht- oder Monopolgelüste gewesen, und es waren auch keine eigensüchtigen kapitalistischen Motive bestimmend, als man sich hier entschloß, einen ‚Konzern‘ ins Leben zu rufen.“[259]

Gerade das Kapitel „Das Reich der Farben“ sollte die rußgeschwärzten und gesundheitsschädlichen Industriestandorte vergessen lassen. Dass die neuen Chemiefarben eigentlich „natürlichen“ Ursprungs sind, wurde in einer bizarren

258 I. G. Farben, Erzeugnisse unserer Arbeit, Frankfurt a. M. 1938, S. 8.
259 Ebenda, S. 13.

und beschönigenden Argumentationskette „bewiesen", die von den realen industriellen Prozessen ablenkte:

„Daß wir mit unserer Chemie [...] doch wiederum auf den unvorstellbaren Farbenreichtum einer versunkenen Welt zurückgegriffen haben, sollen die folgenden Zeilen erläutern. In längst vergangenen Zeiten der Erdgeschichte bedeckten mächtige Wälder die Oberfläche der Erde. Diese Welt der gigantischen Farne und der seltsamen Tierriesen der Saurier wurde vor Millionen von Jahren durch Naturkatastrophen zum Untergang gebracht. Gewaltige Umschichtungen der Erdoberfläche ließen diese blühende, grünende, sonnengesättigte Welt in den Schoß der Erde versinken. Hier vollzog sich nun ein umfassender Umwandlungs-, also chemischer Prozeß. Denn unter dem ungeheuren Druck der lastenden Erdoberfläche entstand aus der versunkenen Welt die Steinkohle. An diesen schwarzen, glänzenden Kohlen, die jene ehemalige Farbenpracht der Urwälder verborgen bewahren, vollzieht sich heute vor unser aller Augen das Wunder der deutschen Chemie, das alle Märchen aus 1001 Nacht in den Schatten stellt. Beim Verkoken der Steinkohle gewinnt man den Steinkohlenteer. Und aus ihm zieht der Chemiker, was die Natur an Farben hervorgebracht hat und wieder versinken ließ, auf dem Weg der Synthese erneut ans Tageslicht als synthetische Farbstoffe."[260]

Im Weiteren werden die modernen Farben in eine natürliche Entwicklungsreihe seit der Verwendung von Farben in der Steinzeit gestellt. Der Mensch habe schon immer die verschiedensten Pflanzen bearbeitet, um Farben zu erhalten, was im Buch durch eine eindrucksvolle, grafisch gut gemachte Galerie illustriert wird. Analog wird die Geschichte des „weißen Goldes" erzählt, von der Baumwolle zur deutschen Zellwolle und der Kunstseide, die aus Holz nach mehreren chemischen Prozessen gewonnen werden. Der Band versuchte anhand verschiedenster Beispiele, Chemie als Natur und Natur als Chemie sowie Kohle als „toter Wald"[261] darzustellen, um damit propagandistisch den biologischen, ökologischen und naturorientierten Bewegungen im gesellschaftlichen Diskurs den Wind aus den Segeln zu nehmen: „Auf dem Wege durch die Stadt, an langen Häuserreihen vorbei, freuen wir uns, an ihnen allen die Chemikalien wiederzufinden, die wir an unserem eigenen Hause schon betrachtet haben. Wenn die letzten Häuser hinter uns liegen, nimmt uns dichter Buchen-, Kiefern- und Fichtenwald auf, und wir stehen mitten in der chemischen Industrie der Natur. Hier baut sie aus Erde, Luft, Wasser und Sonne die Bäume auf, die uns das Holz liefern, aus dem mit Hilfe unserer Chemikalien wiederum Zellstoff, Zellwolle,

260 Ebenda.
261 Ebenda, S. 93.

Papier und Kleidung gewonnen werden. Aber nicht nur das: diese chemische Fabrik im Walde zählt auch zu den Rohstofflieferanten der Lackindustrie, trägt also ebenfalls ihr Teil zur Verschönerung unseres Wagens bei."[262]

Gipfelpunkt in der Erzählung von der chemischen Industrie als „Naturproduktion" ist das Kapitel über das landwirtschaftliche Versuchsgut Limburgerhof, das die BASF bereits 1914 nach Inbetriebnahme der ersten Ammoniaksyntheseanlage gründete, die sowohl für die Produktion von Kunstdünger als aber auch für die von kriegswichtigem Sprengstoff diente. Auch dies, folgt man dem Text, ein „Naturstoff", da aus Luft gewonnen: „Wir dürfen wohl voraussetzen, daß es jedem I. G.-Kameraden bekannt ist, wie das Problem der Herstellung stickstoffhaltiger Düngemittel aus deutschen Rohstoffen gelöst worden ist, nämlich durch die Erschließung des Rohstoffes Luft, die der I. G. in einzigartiger Weise gelang. Dieser Griff in die Luft bleibt eine Großtat der deutschen chemischen Industrie von geschichtlicher Bedeutung."[263]

Chemie als Natur bzw. als „Nachbau" von Naturprodukten ist die immer wiederholte Aussage des Buches: „Eine bemerkenswerte Neuschöpfung war ferner der Harnstoff BASF. Mit dem Harnstoff im Harn von Mensch und Tier ist schon seit Urzeiten, als man noch gar nicht wußte, was Stickstoff ist, und was gerade er für die Pflanzenernährung bedeutet, dem Boden Stickstoff zugeführt worden. Wenn wir auch ihn jetzt auf chemischem Wege wirtschaftlich herstellen können, so ist es uns damit gelungen, ein Produkt des tierischen Stoffwechsels nach Bedarf zu erzeugen."[264]

Auf der einen Seite also stellte sich die I. G. Farben, die Realität verschleiernd, als naturnahe Produktionsstätte dar, um die gesellschaftliche Akzeptanz zu erhöhen. Die andere Seite ihrer „Öffentlichkeitsarbeit" waren die gleichzeitig bekannten Angriffe der Agrar- und Chemieindustrie in den einschlägigen Medien gegen die *biologisch-dynamische Wirtschaftsweise*, um den Einfluss ihrer Ideen in Grenzen zu halten. Der wichtigste Vorwurf hierbei, von der Großindustrie niemals fachlich seriös begründet, aber unter den zeitgenössisch gegebenen makroökonomischen Bedingungen nicht ohne Weiteres von der Hand zu weisen, war, mit der *bdW* könne das deutsche Volk nicht ausreichend ernährt werden. In ihrer öffentlichen Selbstdarstellung und der Polemik gegen ihre Gegner arbeitete die I. G. Farben eng mit industriefreundlichen Vertretern des NS-Regimes zusammen.

262 Ebenda, S. 92 f.
263 Ebenda, S. 159.
264 Ebenda, S. 163.

2.3 Die Zeitschriften

2.3.1 *Demeter* (1930–1941)

Die Anfänge

Die *Monatsschrift für biologisch-dynamische Wirtschaftsweise „Demeter"* erschien erstmalig 1930. Sie löste die bereits seit 1926 herausgegebenen internen Rundschreiben ab: *Mitteilungen des Versuchsrings anthroposophischer Landwirte*, später *Mitteilungen des Landwirtschaftlichen Versuchsringes der Anthroposophischen Gesellschaft*. Die *Monatsschrift* war nicht nur professioneller in der Machart, sondern auch auf eine breitere Zielgruppe ausgerichtet. Dies war wohl der Grund dafür, dass es im Titel keinen direkten Verweis auf die Anthroposophie mehr gab.

Die Geschäftsstelle sowohl der *Mitteilungen* als auch der *Monatsschrift* hatte ihren Sitz auf dem Gut Marienhöhe bei Bad Saarow (Mark Brandenburg). Die „Schriftleitung" hatte während der gesamten Erscheinungszeit Dr. Erhard Bartsch inne, bei *Demeter* zusammen mit Dipl.-Ing. Franz Dreidax. Der *Versuchsring* wurde 1933 im Rahmen der „Gleichschaltung" der deutschen Gesellschaft in der NS-Diktatur schrittweise in den *Reichsverband für biologisch-dynamische Wirtschaftsweise* integriert. Im Rahmen der Verbote nach dem Englandflug von Rudolf Heß musste auch *Demeter* das Erscheinen ab Juli 1941 einstellen.

Die verschiedenen Publikationsformen waren allein als fachliche Organe zur Verständigung über landwirtschaftliche Versuche sowie deren praktische Anwendungen und Erfahrungen angelegt. Landwirtschafts- und gesellschaftspolitische Debatten oder Positionierungen gehörten seit Publikationsbeginn nicht vordergründig zum Selbstverständnis der *bdW*, waren aber immer wieder mehr oder weniger explizit zu finden. Die Fokussierung auf Grundthemen der *bdW* ließ viele ihrer Vertreter die realen politischen Entwicklungen nur selektiv wahrnehmen.

Ebenso wenig war vorgeblich die „Missionierung" im Sinne der Anthroposophie gewollt. Die reale Publikationspraxis sah jedoch anders aus. Zahlreiche Beiträge, insbesondere von den Herausgebern und ihrem engeren Zirkel, bemühten sich um eine Verbreitung der Steinerschen Ideen über die *bdW* hinaus.

Die Herausgabe von *Demeter* war ein Schritt an eine breite Öffentlichkeit. Bislang hatten die Rundbriefe nur eingeschriebene Mitglieder und enge Sympathisanten erreicht. In der Weimarer Republik gab es ein ausgeprägtes Spektrum an Periodika, Zeitungen und Zeitschriften. Zu kaum einem anderen Zeitabschnitt der deutschen Geschichte hatten Printmedien eine solche gesellschaftliche Bedeutung. *Demeter* versuchte, sich in der Medienlandschaft zunächst mit einem eher weltanschaulichen bzw. theoretischen Ansatz der Beiträge zu profilieren, die nur selten praktische Hilfeleistungen oder Anweisungen einschlossen, auch wenn dies behauptet wurde. Ihr Hauptaugenmerk lag auf der Kritik an der herkömmlichen, konventionellen Landwirtschaft, insbesondere bei der Frage der Düngung.

Die Tatsache, dass die Biodynamiker eine professionellere und öffentlichkeitswirksamere Publikationsform für notwendig erachteten, wurde im Beitrag „Zur Einleitung" gleich in der ersten Ausgabe prononciert begründet. Gezeichnet war er lediglich mit „F. D.", war also von Franz Dreidax verfasst.

„Der ‚Versuchsring anthroposophischer Landwirte' hat sich bemüht, möglichst lange eine völlig interne Arbeit zu leisten. Aber bei der Natur der landwirtschaftlichen Arbeit war es bald unvermeidlich, daß Freunde, Nachbarn und Arbeiterschaft die neue Wirtschaftsweise wahrnahmen und sich erkundigten. Ihnen die Auskunft dauernd zu verweigern, wäre ein Unding gewesen."[265]

Die meisten Beiträge bezogen sich auf die Landwirtschaft und die Gärtnerei und waren doch in der Regel sehr weltanschaulich ausgerichtet. Immer wieder wurde Bezug genommen auf die Lehren von Rudolf Steiner und seinen Kurs von 1924. Dass der Koberwitzer Kurs die Grundlegung der *bdW* war, wurde gebetsmühlenartig wiederholt. Den Herausgebern mag bewusst gewesen sein, dass dies eine Einschränkung der öffentlichen Wahrnehmung und Wirkung bedeutete. Dreidax versuchte in seiner Einleitung des ersten Heftes daher gleich mehrfach, die Relevanz des Weltanschaulichen, sprich die Ideen der Anthroposophie, zurückzunehmen. *Demeter* solle allein ein Organ der *bdW* sein: „Ein Mittel zur Befriedigung des fachmännischen und sonstigen öffentlichen Interesses an der bdW frei von Weltanschauungs-Beeinflussung soll auch die vorliegende Zeitschrift sein."[266]

Hier bereits formulierte Dreidax auch eine Position, die später, nach der Machtübernahme der NSDAP, von großer Bedeutung sein sollte: „Selbstredend ist auch die Auskunft über die biologisch-dynamische Wirtschaftsweise eine rein fachmännische Angelegenheit und ist in keiner Hinsicht an eine Zustimmung oder an ein Bekenntnis zur Anthroposophie als Weltanschauung geknüpft."[267]

Franz Dreidax war es auch, der zusammen mit Erhard Bartsch den inhaltlichen Charakter der Zeitschrift prägte. Beide publizierten in den ersten Jahr-

265 Demeter (1930) 1, S. 7.
266 Ebenda.
267 Ebenda.

gängen oft die Titelbeiträge und waren meist auch die Einzigen, die politische, ideologische oder weltanschauliche Themen berührten. Bartsch trat im Laufe der Zeit immer mehr in den Hintergrund, war ab 1935 nur noch mit wenigen Beiträgen vertreten und ab 1939 gar nicht mehr. Dreidax war mit ca. sieben Beiträgen in jedem Jahrgang präsent. 1939 nur mit zwei, 1940 mit vier und 1941 mit einem. Dies hing wahrscheinlich nicht mit politischen Gründen zusammen, sondern rührte daher, dass beide beruflich und publizistisch zunehmend in zahlreiche andere Strukturen eingebunden waren.

In den Heften des Jahrganges 1930 wurden bereits alle Grundsatzpositionen und -theoreme der *bdW* eingeführt und behandelt:

- Düngung
- Strahlung
- Kraft und Stoff
- Einfluss der Mondphasen
- Überbewertung der Quantität landwirtschaftlicher Produktion
- Zusammenhang von Qualität und Gesundheit

Deren anthroposophischer Hintergrund war ständig präsent, wenn auch aus taktischen Gründen nicht immer allzu deutlich.

Ein gewisses Sendungsbewusstsein war in allen Heften zu allen Zeiten unverkennbar und vom Standpunkt der *bdW* auch verständlich. Meinte man doch, im Besitz des besseren landwirtschaftlichen Konzeptes zu sein und über realistische Methoden zu Verbesserung der Landwirtschaft und Lebensbedingungen zu verfügen, angesichts einer befürchteten Katastrophe der Landwirtschaft und der Ernährungswirtschaft.

„Zur Einleitung“ skizzierte das Selbstverständnis der neuen Publikation und ihrer Herausgeber und wies umgehend auf eines der landwirtschaftlich drängendsten Probleme hin, aus anthroposophischen Augen wohl gar das wichtigste Problem: „Die grundlegende Düngungsfrage ist nicht nur eine Frage des Landwirts und der dauernden Wirtschaftlichkeit seiner Betriebe. Da von der Düngung Gesundheit und Tragkraft des Bodens abhängt, so ist die Frage nach der Qualität der Düngung zugleich Volksangelegenheit, ja allgemeine Menschheits-Angelegenheit! […] Diese Frage ist heute eine öffentliche geworden.“[268]

Die Qualität des Bodens, die in der, nicht näher definierten, Vergangenheit sehr gelitten habe, insbesondere durch künstliche Düngung, stand stets im

268 Demeter (1930) 1, S. 2.

Mittelpunkt. Ebenso die Entscheidung für natürlichen und gegen chemischen Dünger. Gleich im Eröffnungsbeitrag postulierte Dreidax: „Schwere praktische Fehlschläge der Landwirtschaft haben bei ihrer wissenschaftlichen Bearbeitung zu der Erkenntnis geführt, daß die künstliche Düngung, so wie sie eben im allgemeinen benützt wurde, zur Bodenversauerung geführt hat."[269]

Ausgehend von ihrer anthroposophischen Grundlegung war die *bdW* nie national oder gar nationalistisch determiniert. Kulturell allerdings auch nie wirklich global, wie der oftmals verwendete Begriff „Menschheits-Angelegenheit" hätte vermuten lassen können. Die Autoren der *bdW* betonten mehrfach die Bedeutung ihrer Anschauung als relevant für die „Menschheit", ganz im Sinne Rudolf Steiners, der den Anspruch hatte, dass seine Lehre in alle Winkel der Erde ausstrahlen würde. Menschheitlich meinte in der ersten Hälfte des 20. Jahrhunderts in der Regel, und wohl auch bei den Anthroposophen, soziokulturell, gesellschaftlich und ökonomisch zumeist (west)europäisch.

Die Autoren verorteten sich und die betrachteten Ländereien/Landschaften in „Mitteleuropa", dieser Begriff war regelmäßig präsent, ohne wirklich definiert zu werden. Einzig Erhard Bartsch umriss in seinem Beitrag „Dr. Rudolf Steiner. Ein Beitrag zum Verständnis seiner Forschungsmethode" einmal 1932 „Mitteleuropa" geografisch real: „Die Vortragstätigkeit nahm Rudolf Steiner bald sehr stark in Anspruch. In vielen Ländern unseres Erdteils hörten die Menschen seine Vorträge, besonders in den Staaten Mitteleuropas: in Schweden, Norwegen, Dänemark, Schweiz, Österreich, Italien und vor allen Dingen Deutschland." Mitteleuropa hatte somit nichts mit großdeutschen Vorstellungen rechter Ideologen zu tun. Der Begriff wurde jedoch mehrfach ersetzt durch politisch scheinbar opportunere Bezeichnungen, wie „im Herzen Europas". Erst ab 1939 wurden „deutsch" und „Deutschland" bestimmendere Begriffe.

Viele diskutierte Themen des Beitrages „Zur Einleitung" und späterer Grundsatzartikel, die den Komplex landwirtschaftliche Produktion – Ernährung – Gesundheit behandelten, muten inhaltlich („ökologisch") sehr aktuell und modern an, wären sie nicht in einem etwas historisierenden Stil verfasst. Es ist nicht schwer, sie im Diskurs und sprachlichen Duktus der ersten beiden Jahrzehnte des 20. Jahrhunderts zu verorten. Deren Ende wurde von vielen Zeitgenossen, besonders auch unter den Biodynamikern, nicht als die Umbruchszeit wahrgenommen, die sie war. Viele Begriffe und Formulierungen scheinen beim ersten Lesen heute Ausdruck oder Reflex der politischen Kämpfe jener Zeit zu sein und sind doch bei genauerem Betrachten der Texte allein auf die

269 Ebenda, S. 1.

Landwirtschaft und ihre Probleme beschränkt. Ohne Kontext könnten Begriffe wie „Dämmerungszeitalter“[270] mit „Ende der Systemzeit“ im NS-Sinne interpretiert werden. Der Begriff meint aber das prophezeite Ende der Landwirtschaft, angesichts einer Verödung der Böden in den modernen Gesellschaften Europas. Der Begriff „Dämmerung“ tauchte bereits in der programmatischen Einleitung des ersten Heftes auf und meinte hier den Zustand mangelnder Wahrnehmung biologisch-landwirtschaftlicher Probleme, vor allem der durch die Düngung des Bodens entstandenen und weiter entstehenden. Diese Probleme traten in Deutschland wegen seiner langen Tradition einer intensiven Landwirtschaft deutlicher zutage als in den Lebensmittel nach Deutschland exportierenden Ländern, die „am Anfang moderner Raubbau-Methoden“ standen oder „überhaupt unter primitiven Verhältnissen“ produzierten.[271] Die Vertreter der *bdW* sahen hierin kein originär deutsches, sondern eben ein Menschheitsproblem (in den oben genannten Grenzen), was ihren missionarischen Eifer bei der Debatte erklärt. Dies ist, anders als bei anderen lebensreformerischen Bewegungen, keine allgemeine Zivilisationskritik, sondern eine Kritik daran, dass den Erscheinungen nicht durch das Befolgen der *bdW* die Brisanz genommen und damit die „Volksleistungsfähigkeit“[272] erhöht wird. Die Vertreter der *bdW* waren zutiefst davon überzeugt, und kommunizierten auch umfangreich, dass sie für die aktuell und historisch gewachsenen drängenden Probleme der Landwirtschaft Lösungen anbieten können. Für die in *Demeter* publizierten Beiträge war die Praxis das dominierende Feld, weniger die weltanschauliche Theorie.

In Heft 5/1930 wurden zum ersten Mal die Präparate erwähnt, 501 von Erhard Bartsch, 500 von Max Karl Schwarz.

Ein immer wieder zur Bezeichnung der (kulturell deutsch sozialisierten) Bevölkerung des Reiches gebrauchter Begriff ist der der „Volksgemeinschaft“. Dieser heute ausnahmslos mit der NS-Ideologie verbundene Begriff war vor 1933 in weiten konservativen, christlichen, aber auch einigen liberalen Kreisen üblich. Er fand insbesondere im Ersten Weltkrieg weite Verbreitung und (nationalistische) Akzeptanz. Da viele Biodynamiker der durch den Weltkrieg besonders geprägten Generation angehörten, findet sich der Begriff in den Beiträgen in *Demeter* häufig. Seine rassistische und „blutmäßige“ Aufladung setzte sich jedoch erst nach der Machtübernahme der NSDAP durch. Da in jener Zeit sprachphilosophische Reflexionen noch weithin unbekannt bzw. auf kleine Kreise begrenzt waren, wurde der Begriff auch von Biodynamikern weiterhin als

270 Ebenda, S. 4.
271 Ebenda, S. 2.
272 Ebenda, S. 3.

„Alltagsbegriff" verwendet. Die ideologische Aufladung bzw. Veränderung von Begriffen war in der NS-Zeit ein schleichender Prozess, den viele nicht bewusst wahrnahmen. Victor Klemperer hat dies in seinem Buch „LTI [Lingua Tertii Imperii]. Notizbuch eines Philologen" detailliert und überzeugend beschrieben.

Ob der Weg in die Öffentlichkeit allein der Nachfrage von „außen" und nicht doch dem eigenen Bedürfnis nach gesellschaftlicher Wirksamkeit geschuldet war oder aus beiden Interessenlagen rührt, lässt sich nicht einfach entscheiden. Besonders nicht mit der großen zeitlichen Entfernung von heute. Tatsache ist, dass Rudolf Steiner sich für seine Theorie eine große Öffentlichkeit wünschte. Er betonte jedoch selbst mehrfach, dass sich seine theoretischen Ansätze in der Praxis erst noch bewähren und praktisch ausgearbeitet werden müssen.

Die postulierte parteipolitische Zurückhaltung von Biodynamikern in der Öffentlichkeit war zumindest blauäugig. Da sich die *bdW* dezidiert und als eine ihrer Kernpositionen gegen künstlichen Dünger aussprach, war eine Konfrontation mit der chemischen Industrie sowie deren Profitinteressen und politischen Einflussnahmen vorprogrammiert. Nicht zuletzt durch den Ersten Weltkrieg hatte die chemische Industrie eine bedeutende Position in der deutschen Wirtschaft erreicht und war mit den politischen Eliten verbunden.

Tiefgreifende Analysen der politischen, kulturellen, sozialen und anderen Prozesse in der zeitgenössischen Gesellschaft waren Anfang des 20. Jahrhunderts wenig vorhanden, kaum verbreitet und wenig bekannt. So auch nicht bei Vertreten der *bdW*. Tagespolitik außerhalb eines engeren landwirtschaftlichen Umfeldes wurde bei ihnen oftmals ausgeblendet bzw. als nicht relevant für die eigene Tätigkeit angesehen. Was W. Conradt im Eröffnungsbeitrag von 1931 „Der Landwirt als ‚Bauer' und Kaufmann" für die Wirtschaftsführung formulierte, kann auch für die politische Kompetenz der Redaktion gelten: „Was in der Gegenwart so lähmend und niederdrückend wirkt, ist ja hauptsächlich die Undurchschaubarkeit der Verhältnisse."[273]

Häufig wurden in der Zeitschrift vorkapitalistische Verhältnisse idyllisiert, was durchaus anschlussfähig zur Ideologie des Nationalsozialismus war. Wenn *Demeter*-Beiträge tagespolitisch relevanter waren, kann man sie in der Regel rechts von der politischen Mitte verorten.

Bartschs Artikel „Landflucht – Stadtflucht" von 1931 richtete sich gegen eine Technisierung und Modernisierung der Landwirtschaft. In der Dichotomie Stadt–Land wurde konservatives und rückwärtsorientiertes Denken illustriert: „Es ist ja längst ein Ergebnis statistischer Untersuchungen, daß die Großstadtfamilie schon in wenigen Generationen unfruchtbar wird, wenn sie nicht

273 Demeter (1931) 1, S. 1.

zwischendurch bäuerliches Blut hereinnimmt."[274] „Die Stadt höhlt die Menschen seelisch-geistig aus."[275] „Der moderne Mensch erkennt nicht, dass er vor sich selber, vor seiner eigenen seelisch-geistigen Armut und Leere davonläuft."[276]

Auch Bartschs Ablehnung der Aufklärung, des „Materialismus" oder des „Liberalismus", die er unter dem programmatischen Titel „Was der Landwirtschaft jetzt nottut!" im Mai 1933 thematisiert, zeigt Schnittmengen mit der NS-Ideologie: „Wenn wir die Entwicklung der Landwirtschaft in den letzten hundert Jahren überblicken, so müssen wir feststellen, daß der Ungeist der ‚Aufklärung', der ‚Materialismus' als Weltanschauung auch in der Landwirtschaft Einlaß begehrte und Einlaß fand. Und wenn wir heute gerade auch in weitesten Gebieten der Landwirtschaft schmerzerfüllt und oft verzweifelt auf die Trümmer einer Jahrtausende alten Bauernkultur schauen müssen, so dürfen wir an der Tatsache des Einbruchs des Rationalismus in die Arbeit an Boden, Pflanze und Tier und des Liberalismus in die Wirtschaftsauffassung des Bauern nicht vorbeischauen. Da liegt die Wurzel zum Übel des tragischen Schicksals des deutschen Bauern und des Bauerntums der ganzen Welt."[277]

Bartschs gesellschaftspolitische Vorstellungen kulminierten im September 1933 schließlich in dem Satz: „Vorwärts zum Agrarstaat!"[278]

Das Hauptproblem der Landwirtschaft mit gesamtgesellschaftlichen Dimensionen sah die *bdW* bei der Entscheidung, wie die Felder gedüngt werden sollten. Fast kein Heft kam ohne die Popularisierung der eigenen natürlichen Düngung und der deutlichen Ablehnung von Kunstdünger aus, und zwar unter den unterschiedlichsten Aspekten: Pflanzensorten, geografische Besonderheiten, Bodenbeschaffenheit, Kreislaufwirtschaft, Gartenbau etc.

Durchaus ungewollt standen damit die Vertreter der *bdW* in den gesellschaftspolitischen Auseinandersetzungen jener Zeit, die im Laufe der Jahre deutlich härter wurden. Ihre Texte und Publikationen wurden entsprechend gelesen und interpretiert. War es ein Versäumnis oder eine bewusste Entscheidung, die Begrifflichkeiten vonseiten der Biodynamiker in der Kommunikation nicht ausreichend definiert und geklärt zu haben? Geschah dies, um sich in der Tagespolitik verschiedene Wege offenzuhalten?

Im Nationalsozialismus waren es besonders die Innovationskraft der chemischen Industrie und deren Bedeutung für die Führung moderner Kriege, die eine Verquickung mit der Diktatur vorantrieben.

274 Demeter (1931) 10, S. 177.
275 Ebenda, S. 179.
276 Ebenda.
277 Demeter (1933) 5, S. 84.
278 Demeter (1933) 9, S. 163.

Hauptgegner bei der Düngungsfrage war die (chemische) Industrie. Ihr galt von Anfang an die heftige Kritik der *bdW*: „,Hätte man nur den Namen Kunstdünger nicht so weit herumkommen lassen!' So jammert man im Kreise der Vertreter des Kunstdüngers. ,Dieser Kunstdünger ist ja in gar keiner Weise künstlich – er ist ja so natürlich!' Der Stickstoff in den synthetischen Salpeterarten (z. B. Leunasalpeter) und der Stickstoff im Kalistickstoff – er stammt ja aus der Luft, die uns natürlich überall umgibt; und der Stickstoff im schwefelsauren Ammoniak stammt aus der Steinkohle – gibt es eine natürlichere Herkunft? Dieser Stickstoff war sogar einmal Bestandteil von Pflanzen der Urzeit! Von Chilesalpeter, der auch direkt aus der Natur stammt, wollen wir gar nicht sprechen, denn dieses würde wohl an Landesverrat grenzen, denn diese Natur ist südamerikanisch – die übrigen Stickstoffdünger stammen sogar aus der deutschen Natur. Das Kali stammt ebenfalls aus der Natur, wenn auch die Bergwerke ziemlich tief sind und die meisten rohen Kalisalze noch unter Zuhilfenahme von chemischer Kunst zurecht gemacht werden müssen. Die Phosphorsäure des weiteren ist wiederum fast ausschließlich nicht nur aus der Natur, sondern sie stammt sogar letzten Endes aus den Knochen und Exkrementen von Tieren – wenn auch vorsintflutlichen! Der Phosphor in der Thomasschlacke endlich stammt auch aus der Natur – wo soll er denn sonst herkommen?"[279]

Obwohl die *bdW* in der deutschen Landwirtschaft nur eine vergleichsweise kleine Gruppe von Landwirten u. a. Vertretern hatte, wurde ihre Kritik offenbar von der chemischen Industrie durchaus ernstgenommen. In ihrer Werbeschrift von 1938 „Erzeugnisse unserer Arbeit" betonte und verteidigte die I. G. Farben genau diesen Ansatz. Als Beweis für die erfolgreiche Nutzung ihrer Produkte führte sie den firmeneigenen Limburgerhof auf, „der die Aufgabe hat, die von der I. G. herausgebrachten, technisch hergestellten Handelsdünger (wir wollen nicht in den Fehler verfallen, sie ,Kunstdünger' zu nennen!) auf ihre Brauchbarkeit und Wirkung zu prüfen und an dem eigenen, praktischen Beispiel zu zeigen, was sogar die magere Scholle unseres Vaterlandes herzugeben vermag, wenn man sie richtig düngt und bearbeitet".[280]

Die mageren deutschen Böden seien mit natürlichem Mist allein nicht zu bearbeiten, und ohnehin sei der Handelsdünger „natürlichen" Ursprungs.

Sowohl bei der Kritik der *bdW* als auch der Selbstdarstellung der I. G. Farben wird die Tatsache außer Acht gelassen, dass der extensive Ausbau der Salpeterproduktion in Deutschland nicht allein zum Zwecke der Herstellung von Kunstdünger erfolgte, sondern die Voraussetzung zur Produktion von Schießpulver

279 Demeter (1932) 10, S. 182.
280 I. G. Farben, Erzeugnisse, S. 156.

war, also auf ganz andere politische und gesellschaftliche Zusammenhänge verweist.

Da die Idee der *bdW* originär eine von Rudolf Steiner, also anthroposophisch geprägte war, gab es bei *Demeter* auch weltanschaulich-ideologische Passagen in einzelnen, durchaus nicht häufigen Texten zur Einordnung der *bdW* in das Welt- und Gesellschaftsbild. Dies war aber keine im Vordergrund stehende Konzeption, da nicht alle Biodynamiker auch Anthroposophen waren oder sein mussten. Erst im November 1932 wurde Steiners Biografie umfänglicher in *Demeter* vorgestellt, nicht ohne nachdrücklichen Verweis auf die geistige Patenschaft Goethes. Dieser Verweis war unzweifelhaft der Versuch, die eigenen Ideen in einer breiten Mitte der Gesellschaft zu verorten und zu verankern.

Konzipiert war die Monatsschrift *Demeter* als reines Fachorgan für den anthroposophisch orientierten Land- und Gartenbau. Alle Beiträge, die über rein praktische landwirtschaftliche und artverwandte Themen hinausgingen, waren vom anthroposophischen Gedankengut geprägt. Dies bedeutete auch, dass sowohl gesellschafts- aber besonders auch tagespolitische Fragen weitestgehend ausgeblendet blieben. Bereits der erste Jahrgang umriss die Themenbreite der kommenden Hefte: „Der Garten – Dein Arzt“,[281] „Sterneneinflüsse …“,[282] „Strauch- und Baumartiges als Begrenzung“,[283] „Der Organismus Landwirtschaft wird so zur geschlossenen Individualität“.[284]

Von Beginn an war ein Thema die gesellschaftliche Kritik an der *bdW*. Immer wieder wehrte man sich in *Demeter* gegen die häufigen Angriffe gegen die *bdW*. Diese Beiträge waren häufig nicht gezeichnet. Beiträge ohne Autorennennung waren selten und haben stets etwas damit zu tun, in aktuellen politischen Auseinandersetzungen anonym bleiben zu wollen. Die Gegner blieben in den oftmals polemischen Verteidigungen politisch-weltanschaulich und gesellschaftlich ebenso unkonturiert.[285] Namentlich wurden meist nur unbekannte Provinz-Gegner adressiert oder pauschal „die Industrie“.

Die *bdW* hatte selbstverständlich gesellschaftspolitische Dimensionen und griff mit den damit verbundenen Fragen in die Auseinandersetzungen der Tagespolitik ein. Erkennbar ist bei den meisten Autoren, dies jedoch niemals vordergründig werden zu lassen. Bereits im ersten Jahrgang, also bereits zwei Jahre vor der Machtübertragung an Hitler, war der Beitrag „Kann sich

281 Demeter (1930) 1, S. 13 f.
282 Demeter (1930) 3, S. 47–57.
283 Demeter (1930) 5, S. 105.
284 Demeter (1930) 6, S. 121.
285 Vgl. Demeter (1931) 8, „Wer macht Propaganda für die biologisch-dynamische Wirtschaftsweise?“, S. 157 ff.

die deutsche Landwirtschaft aus eigener Kraft den deutschen Markt sichern?" sichtlich „unpolitisch" formuliert, bzw. es wurden, wie so oft, politische Begrifflichkeiten vermieden. Allgemein fehlen in *Demeter* konkrete politische Zuschreibungen. So auch im November-Heft 1933 im Artikel „Das Ende einer Tendenzlüge". Die harschen Zurückweisungen von medialen Positionierungen gegen Rudolf Steiner richteten sich zweifellos gegen Kreise in der NSDAP. Zwar wurde hier keine politische Bewegung oder Partei genannt, der Adressat aber dürfte für den zeitgenössischen Leser dennoch deutlich gewesen sein. Die Härte der Kritik an den „gewissenlose Skribenten" war einmalig, der Beitrag (sicherheitshalber) nicht namentlich gezeichnet. „Kein Wunder, daß dunkle Mächte sein Lebenswerk zu vernichten suchen, nicht etwa durch Auseinandersetzung mit seinem Gedankengute, sondern durch Lügen und Verleumdungen. So wurde auch das Märchen von seiner jüdischen Abstammung erfunden und immer wieder aufgefrischt. […] Wenn diese ‚wissenschaftlichen' Oberflächlinge nur einen Blick in die Schriften Rudolf Steiners getan hätten, dann wäre ihnen zum Bewußtsein gekommen, wie Rudolf Steiner schon als junger Gelehrter in den achtziger Jahren des vorigen Jahrhunderts unter Hinweis auf Goethe und den deutschen Idealismus die Besinnung der Deutschen auf sich selbst und seine Mission zu wecken versuchte, weil er erkannte, daß die Verdrängung des deutschen Geistes durch westlichen Materialismus, östliche vorchristliche Geistigkeit und südliche Rechtsgestaltung Mitteleuropa in schwerste Nöte bringen müsse."[286]

Der Beitrag schloß mit dem Abdruck des „Ariernachweises" von Steiner.

Die in *Demeter* vertretenen Wertvorstellungen lassen bei den Autoren, insbesondere bei Erhard Bartsch, eine deutschnationale Einstellung vermuten, die breite Schnittstellen zum NS aufweist. So begrüßte er 1932 die „Regierungsumbildung" unter Reichskanzler Franz von Papen, die der NS-Diktatur den Weg ebnete.[287] Dies war eine in *Demeter* ungewöhnlich offene politische Positionierung.

Die Bedeutung der Ereignisse im ersten Halbjahr 1933, die Errichtung der nationalsozialistischen Diktatur in Deutschland, war als unmittelbare Gefahr oder zumindest Menetekel nicht wahrgenommen worden, höchstens als eine neue Phase der „Regierungsumbildung". Jedenfalls finden sich in *Demeter* keinerlei Bezüge zur politischen Entwicklung 1933. Was zu dieser Zeit noch möglich gewesen wäre, denn das *Ministerium für Volksaufklärung und Propaganda* befand sich als Zensurbehörde erst ab April im Aufbau.

286 Demeter (1933) 11, S. 214.
287 Demeter (1933) 9, S. 154.

Erst im August 1933 nahm der Titelbeitrag der Schriftleitung „Theorie und Praxis. Ein Beitrag zum Autarkieproblem“ Bezug auf das Regierungshandeln und lobte die Einstellung von Reichsminister Darré, der eine „völlige Unabhängigkeit des Volkes in seiner Ernährung“ forderte, mit den Worten: „Es ist mit der wünschenswerten Deutlichkeit ausgesprochen worden, daß es ein Unding sei, daß die Futtergrundlage für das deutsche Vieh in Ostasien, Afrika, Südamerika usw. sei.“[288] Ähnliche Äußerungen Darrés bezüglich der Ukraine waren später allerdings einer der Gründe für seine Entmachtung.

Hoffnungen auf die „Hilfe einer verbesserten Gesetzgebung“ durch die neue Regierung äußerte Dreidax in seinem sehr umfangreichen Beitrag „Heimatpflege und Landwirtschaft“ im Oktober 1933 anlässlich seines Besuches des ersten Reichstreffens des *Reichsbundes Volkstum und Heimat*, da er nicht nur die landwirtschaftlichen, sondern auch die soziokulturellen Traditionen des Bauerntums in Gefahr sah: „Wichtig und wirksam wird in vielen Angelegenheiten ein Vorgehen mit neuen gesetzgeberischen Hilfsmitteln sein. Doch wurde ein tieferliegender Punkt aufgezeigt! Es wurde von mehreren Rednern mit einer gewissen Urgewalt auf die geistig-seelische Grundlage hingewiesen, die für die Erhaltung alten Brauchtums, überlieferter Kunstschätze und der Naturschönheiten notwendig ist, die früher zur Verfügung stand, heutzutage aber immer dürftiger geworden ist.“[289]

Er schlug dabei auch den Bogen über Goethe zu Rudolf Steiner und den Kurs von 1924, um das Kernanliegen der *bdW*, die Gesunderhaltung des Bodens u. a. durch natürliche Düngung, biologische Anbaumethoden und Rückbesinnung auf altes bäuerliches Wissen zu propagieren.

Im Bericht zur Worpsweder Gartenbau-Tagung fasste der Autor – Jgm. – im Dezember 1933 den Vortrag von Dreidax ähnlich, wie folgt, zusammen: „Ein zusammenfassendes Bild entwarf F. Dreidax als Abschluß der Tagung und hoffnungsfrohen Ausblick für den biologisch-dynamischen Gartenbau, in dem für die Kultur und Natur neue, erlösende, verlebendigende Kräfte zur Wirkung gelangen, zur Gesundung von Volk und Boden.“

Es ist ein Charakteristikum nationalsozialistischer Propaganda, den Gesundheitsdiskurs grundlegend politisiert zu haben („Der Führer als Arzt am Volkskörper“). Hier passten sich die Argumente der *bdW* nahtlos ein.

Die Hoffnung auf eine kommende Verbesserung der Lage für und mehr Akzeptanz der *bdW* äußerten im zweiten Halbjahr mehrere Autoren in der Zeitschrift.

288 Demeter (1933) 8, S. 139.
289 Demeter (1933) 10, S. 188.

Punktuell sind die Beiträge auch dezidiert politisch, wenn sie sich beispielsweise mit der Landwirtschaftspolitik der Weimarer Republik und den Beziehungen von Politik und (chemischer) Industrie befassen. Letztere waren das hauptsächliche Feindbild der Vertreter der *bdW*, die einen permanenten Kampf gegen den massenhaften Einsatz von Kunstdünger führten. Die Kritik an Entwicklungen der modernen Gesellschaft, des zeitgenössischen Kapitalismus war verbunden mit Vorstellungen eines Bauerntums vergangener Jahrhunderte. Hier waren die Vertreter der *bdW* durchaus anschlussfähig an konservative, deutschnationale und rechte Milieus jener Zeit bis zum NS.

Die Wurzeln von Anthroposophie und *bdW* in der Lebensreformbewegung sind allenthalben sichtbar. Max Karl Schwarz veröffentlichte seinen Aufsatz „Der Garten – Dein Arzt", dessen Titel an den Bestseller des kommunistischen Lebensreformers Friedrich Wolf „Die Natur als Arzt und Helfer" erinnert, den er 1927 schrieb und der ein Bestseller in der Weimarer Republik wurde.

Dass sich die biodynamische Bewegung trotz einer konservativen Dominanz nicht einer politischen Strömung der Weimarer Republik zurechnen ließ bzw. zugehörig fühlte, kommt in einem in mehreren Teilen veröffentlichten Beitrag 1932 recht deutlich zum Ausdruck: „Grundsätzliches zur Bodenreform".[290] Verfasst wurde er von „Dr. Ing. Gessner, Oberregierungs- und Baurat, Kassel", einem Mitglied der biodynamischen Bewegung.

Bezugnehmend auf die Statuten des *Bundes deutscher Bodenreformer*, gibt es bei dem Autor keine Berührungsängste zu „marxistischen", präziser wohl kommunistischen Anschauungen. Selbstverständlich gibt es eine grundsätzliche Abgrenzung, Kommunismus sei „das Ende der persönlichen Freiheit".[291] Doch die linken Vorstellungen einer Bodenreform, wohl eher die der SPD als der KPD, stimmen in weiten Teilen überein mit denen des Autors und lassen sich nach dessen Meinung mit der Steinerschen Idee der Dreigliederung des sozialen Organismus verbinden. Diese Haltung rührte daher, dass die *bdW* als „Nische" stets um ausreichende Entfaltungsmöglichkeiten kämpfen musste, denen u. a. die Besitzstandswahrung der klassischen Großagrarier, aber auch staatliche Regulierungs- und Steuermaßnahmen im Wege standen. Gessner unterstützte die Forderungen des *Bundes deutscher Bodenreformer* und erläutert: „Im Grunde geht durch alle bodenreformerischen Gedanken die Tendenz, den Grund und Boden kommunistisch zu verstaatlichen. Jeder soll an ihm teilhaben, wie es der Sozialismus für die Produktionsmittel verlangt. Diese aber kann man beliebig vermehren, die einmal gegebenen Naturgrundlagen nicht. Jedes Anwachsen der Bevölkerung

290 Demeter (1932) 1, S. 11.
291 Ebenda, S. 13.

verändert den Anteil des Einzelnen am Boden und verschiebt damit die Grundlagen des ganzen wirtschaftlichen Organismus, der ja in fortwährender Entwicklung begriffen ist und rechnerisch erfaßt werden kann."[292]

Gessner näherte sich im weiteren deutlich sozialistischen Reformbemühungen, wenn er mit Rückgriff auf Arnold Wagemann ausführt: „Wagemann formuliert in Wiederherstellung des deutschen Bodenrechts als Forderung: ‚Der Grund und Boden steht in niemandes Eigentum.' ‚Die Privatrechte am Boden bleiben als Nutzungsrechte im vollen Umfange bestehen.' Er geht damit [...] erheblich weiter als die deutschen Bodenreformer."[293]

Ein Jahr später, 1933, veröffentlichte Max Karl Schwarz seine Schrift „Ein Weg zum praktischen Siedeln".[294] Hier finden sich ganz ähnliche Positionen zur Eigentumsfrage: „Ein weiterer Siedlungsgrundsatz kann gleichzeitig dann in seiner ganzen Wucht verstanden und entsprechend gewürdigt werden, der da heißt: ‚Der Boden soll dem gehören, der ihn am besten zu bebauen versteht'."[295] Der Kommunist Bertolt Brecht wird diesen allgemeinen Gedanken 1951 fast wortgleich in seinem „Friedenslied" aussprechen: „Friede auf unserer Erde! / Friede auf unserem Feld, / daß es auch immer gehöre / dem, der es gut bestellt."[296]

Rudolf Steiner wandte sich vehement dagegen, Grund und Boden als (kapitalistische) Ware anzusehen, auch wenn er die von ihm angestrebten Eigentumsverhältnisse nicht wirklich klar benennt: „Grund und Boden kann nicht produziert werden; er ist also von Anfang an keine Ware. Er unterliegt also niemals dem Prinzip der Ware, über die man Verträge abschließt. Grund und Boden geht also überhaupt das, worüber man Verträge abschließt, nichts an. Er muß allmählich übergeleitet werden in die soziale Struktur so, daß zunächst die Verteilung von Grund und Boden im Hinblick auf die Bearbeitung durch die Menschen eine demokratische Angelegenheit des politischen Staates ist und daß der Übergang vom einen zum anderen eine Angelegenheit des geistigen Gliedes des sozialen Organismus ist. Das lebendige Verhältnis im demokratischen Staate entscheidet darüber, wer an einem Stück Boden arbeitet zugunsten der Menschen. Boden ist niemals Ware. Er ist von Anfang an etwas, was man nicht kaufen und verkaufen kann."[297]

292 Demeter (1932) 1, S. 13.

293 Demeter (1932) 2, S. 35.

294 Max Karl Schwarz, Ein Weg zum praktischen Siedeln, Düsseldorf 1933.

295 Michael Beleites, Der Gärtnerhof. Selbstversorgung – ein Weg ins Freie, Neuruppin 2022, S. 70.

296 Bertolt Brecht, Große kommentierte Berliner und Frankfurter Ausgabe, Gedichte 5, Berlin/Weimar/Frankfurt 1993, S. 254.

297 Rudolf Steiner, Die Bodenfrage vom Standpunkt der Dreigliederung, https://www.dreigliederung.de/essays/1920-06-001 [27.3.2023].

Steiners Ideen haben hier etwas Zeitloses und scheinen wohl dem heutigen Leser ebenso vertraut und einleuchtend wie dem zeitgenössischen: „Die Bodenfrage ist ja etwas, was breite Kreise sehr interessiert, weil der Preis, auch die Erwerbbarkeit und Verwertbarkeit von Grund und Boden mit dem menschlichen Schicksal, mit den menschlichen Lebensverhältnissen eng zusammenhängt. Nicht wahr, wie man dasjenige, was Bodenpreise sind, sich einrechnen lassen muß in das, was man für seine Wohnung bezahlen muß, sich einrechnen lassen muß in die Lebensmittelpreise – das ist ja etwas, was jeder unmittelbar verspürt. Man braucht nur ein wenig nachzudenken, und man wird finden, daß das, was von Grund und Boden ausgeht, in wirtschaftlicher Beziehung seine Wirkungen hat auf alle übrigen Verhältnisse. Je nachdem, aus welchen Bodenpreisen heraus man seine Lebensmittel bezahlen muß, je nachdem muß man für irgendeinen Beruf, in dem man drinnensteht, vergütet werden und so weiter. Aber nicht nur diese den Menschen unmittelbar berührenden Lebensfragen hängen mit dem Verhältnis der Menschheit zu Grund und Boden zusammen, sondern auch viele weitergehende Kultur- und Zivilisationsverhältnisse."[298]

Ein permanentes, auch in *Demeter* von Bartsch, Dreidax u. a. diskutiertes Problem waren die Überschuldung landwirtschaftlicher Betriebe in Deutschland und eine übermäßige und kontraproduktive Steuerlast. Dies wurden allgemein und von Vertretern verschiedenster politischer Strömungen in der Weimarer Republik kritisiert. Wie bei vielen anderen populären Themen auch, widmeten die Nationalsozialisten der Verschuldung in ihrer Propaganda öffentlichkeitswirksam größte Aufmerksamkeit. Nach der Machtübernahme wurden ihre eklektischen, aus vielen Quellen gespeisten Ideen in ein Gesetz zur Entschuldung eingebracht. Dieses entsprach in einigen Bereichen auch den Forderungen aus biodynamischen Kreisen und wurde daher dort positiv aufgenommen.

Weiterarbeiten unter den Bedingungen der NS-Diktatur

Im März 1933 wurde das *Reichsministerium für Volksaufklärung und Propaganda* unter Leitung von Joseph Goebbels geschaffen. Seine Aufgabe war die vollständige Kontrolle des kulturellen Lebens und der Medien und die Indoktrinierung der Bevölkerung im Sinne der nationalsozialistischen Weltanschauung. Für die inhaltliche Lenkung der Presse war die Reichspressekonferenz zuständig. Hintergrundinformationen unterlagen in unterschiedlichem Maße der Geheimhaltung. Wurden vertrauliche Informationen weitergegeben oder

298 Ebenda.

gar veröffentlicht, konnten Zeitungen verboten oder Journalist:innen juristisch belangt werden. Mit dem Schriftleitergesetz gossen die Nationalsozialisten ihr Verständnis von Pressearbeit in Gesetzesform. Die Presse wurde als öffentliche staatliche Aufgabe definiert. Journalist:innen wurden fortan „Schriftleiter" genannt, Chefredakteure „Hauptschriftleiter". Sie unterstanden nicht mehr einem Zeitungsverleger, sondern dem Staat und damit dem NS-Regime. Das Schriftleitergesetz verpflichtete sie, aus den Zeitungen fernzuhalten, was die „Kraft des deutschen Volkes", seine „Wehrhaftigkeit" oder seinen „Gemeinschaftswillen" schwächen könnte. Schriftleiter durfte sein, wer in die sogenannte Schriftleiterliste eingetragen war. Voraussetzung dafür war nicht nur die deutsche Staatsangehörigkeit, sondern auch eine „arische Abstammung". Weder die berufsständischen Organisationen noch die bürgerliche Presse leisteten Widerstand gegen das Gesetz.

Jedes autoritäre Staatswesen und vor allem jede Diktatur fordern von ihren Bürgern Anpassung. Wie weit diese geht, ist bis zu einem gewissen Rahmen von den Bürgern mitzuentscheiden: Fundamentalopposition, Widerstand, Opportunismus, taktisches Verhalten deuten die Spannweite an. Die Anpassung wird im Laufe der Zeit größer, ohne dass das von den Bürgern auch so wahrgenommen wird. Das Verhalten zwischen Anpassung jenseits des Opportunismus, um Grundbestände eigener Anschauungen zu bewahren, und einem zum Verbot oder Schlimmerem führenden Widerstand ist ein Drahtseilakt.

Auf die Herausgabe und die Herausgeber von *Demeter* hatte die Machtübernahme der Nationalsozialisten zunächst keine Auswirkungen. Auch nicht auf die inhaltliche Gestaltung der Beiträge. Leider sind keine Dokumente vom Redaktionsalltag erhalten, die das untermauern oder problematisieren könnten. Größere ideologisch oder politisch determinierte Änderungen bzw. Anpassungen lassen sich im Vergleich der Jahrgänge 1932 und 1933 nicht feststellen. Auch kaum politische Vorsichtsmaßnahmen. Allerdings ist zu beobachten, dass die Formulierung politischer, weltanschaulicher und oder allgemein die Gesellschaft betreffender Positionen kontinuierlich bis 1941 abnimmt. Das heißt nicht, dass aus dem Gedankengut der *bdW* bzw. der Anthroposophie gespeiste Meinungen nicht mehr vorkommen. Sie sind aber vielfach für Außenstehende kaum mehr als solche erkennbar. Die Diskussion anthroposophischer Themen wurde ab 1933 reduziert. Allmählich wurden die Beiträge in *Demeter* praktischer orientiert und sind thematisch kleinteiliger, wie z. B. Franz Lippert in seinem umfangreichen Artikel „Von Primeln und Alpenveilchen".[299] Ob der weniger weltanschauliche bzw. theoretisierende Stil nun aber bereits aus Opportunismus

299 Demeter (1933) 6, S. 107 ff.

gegenüber den neuen Machthabern geschah oder um größere und neue Zielgruppen zu erschließen, ist schwer zu entscheiden.

Der Beginn der nationalsozialistischen Diktatur wurde – so scheint es – von führenden Vertretern der *bdW* nicht als solcher erkannt und die radikalen Veränderungen kaum zur Kenntnis genommen. Auch auf die Redaktionsmitglieder von *Demeter* trifft wohl die politische Einschätzung Benno von Heynitz' zu, der 1975 rückblickend formulierte: „Der Januar 1933 brachte in Deutschland endlich die große Wendung. Für die Landwirtschaft waren die neuen Agrargesetze von größter Bedeutung. Für uns, die wir biologisch dynamisch arbeiteten, erwuchs die Aufgabe, die notwendigen Vorbereitungen auf organisatorischem Gebiete zu treffen."[300]

Es gibt in *Demeter* ab 1933 sogar eine neue Rubrik, die dem deutsch zentrierten Taumel jener Zeit entgegensteht: „Aus aller Welt". Hier wird sachlich und kurz über positive Neuerungen im Ausland berichtet, aber auch über Fehlentwicklungen und Krisen. In den Jahren 1934 und 1935 ist die Rubrik nicht mehr in jedem Heft enthalten, bevor sie dann 1936 wieder ganz verschwindet.

Bei Dreidax lesen sich die politischen Veränderungen Deutschlands in seiner Argumentation gegen das US-amerikanische Rentabilitätsdenken 1934 wie folgt:

„Bei uns konnte sich durch das Gegengewicht guter Tradition der Rentabilitätsstandpunkt nur nicht so ungehemmt im Riesenmaß ausleben, als das in Übersee der Fall ist. [...] Teils ausgefahrene Denkgeleise, teils feine verstohlene Gedankenwege wollen immer wieder in die Methoden des Rationalismus einmünden, obwohl im Herzen Europas durch eine neue Rechtslage neue Möglichkeiten geschaffen sind! Diese praktischen Möglichkeiten sind noch gar nicht genügend begriffen, geschweige denn ausgeschöpft.

Es handelt sich darum zu erkennen, daß gleichzeitig ein Zeitalter neuen biologischen Bauens einziehen will. Die Schaffung eines neuen Bodenrechts schafft Befreiung für biologischen Schöpferwillen, wenn nicht aus anderen Ursachen heraus nachträglich Hemmungen entstehen."[301]

Allerdings verkannte Dreidax die strategischen Ziele des NS, die keineswegs auf eine höhere Anzahl von deutschen Arbeitskräften in der Landwirtschaft ausgelegt waren: „Würde die Naturdüngerbehandlung in der Landwirtschaft auf jene Stufe gebracht, die einzig und allein vor der Natur, der Wissenschaft und der Volkswirtschaft verantwortet werden kann, so würde das zu einem wesentlichen Hereinnehmen von Arbeitskräften in die Landwirtschaft führen.

300 Benno v. Heynitz, Sein Leben als Landwirt. Die Biologisch-dynamische Wirtschaftsweise im Lande Sachsen 1930–1945, Dresden 2019, S. 153.

301 Demeter (1934) 8, S. 129.

Die Menschen würden aus weniger naturnahen Berufen nach und nach in die Landwirtschaft hereingezogen werden können."[302]

Im Februarheft 1933 gab es einen Beitrag von Martha Noske, der Ehefrau des SPD-Politikers Gustav Noske. Sie beschrieb, dass der Übergang zur biodynamische Bewirtschaftung ihres Gartens große Erfolge zeitigte. Max Karl Schwarz informiert ausgiebig über die „Gartenbau- und Siedlerschule Worpswede", die auf dem von ihm 1933 gekauften Barkenhof(f)[303] ihren Sitz hat. Er erinnerte an den Vorbesitzer, den Maler Heinrich Vogeler, und dessen Meriten um die Anlage des Anwesens. Er verschweigt allerdings, dass Vogeler dort 1919–1923 eine kommunistisch orientierte Siedlungskommune, auch mit Unterstützung von Anthroposoph:innen, organisierte und den Hof später der Roten Hilfe übergab. Er erwähnt in seinen selektiven Beschreibungen den Aufenthalt des Dichters Rainer Maria Rilke auf dem Barkenhoff, nicht jedoch den des kommunistischen Schriftstellers Friedrich Wolf, der dort 1919/1920 mit seiner ersten Ehefrau, der Anthroposophin Kaethe Gumbold, und zwei Kindern lebte.

Der Barkenhoff war bis zum Ende von *Demeter* eines der meistbeschriebenen erfolgreichen Projekte der *bdW*. Immer wieder publizierte Max Karl Schwarz zu den unterschiedlichsten Aspekten der Entwicklung des Hofes als Vorbild für weitere Vorhaben der *bdW*.

Neben der klassischen Landwirtschaft sind Gärtnereien, häufig auch Klein- oder Stadtgärten, sogar Balkons ein bestimmender Betätigungsort für die *bdW*. Innovativ und besonders wirkungsvoll für die Verbreitung und Verankerung war, dass die Verbraucher von Anfang an in die Bewegung einbezogen wurden. Das Vertriebssystem und verschiedene Publikationsformen festigten die Kunden- und Mitgliederbindung der *bdW*. Das einheitlich angelegte System von Produktion, Distribution und Konsumtion mag einer der Gründe dafür gewesen sein, dass die *bdW* trotz übersichtlicher Mitgliederzahlen einen großen gesellschaftlichen Einfluss hatte.

„An der Schwelle zum Schicksalsjahr 1933"

Der Eröffnungsartikel des Jahrganges 1933 war beinahe eine Einladung zu Missverständnissen und Unterstellungen durch Zeitgenossen, vor allem aber durch Kritiker in der Zeit nach 1945. Der Titel war jedoch völlig anders gemeint, als er rückblickend von einigen Historikern interpretiert wurde. „Missverständnissen" und bewussten Verfälschungen war die *bdW* seit ihrem Beginn ausgesetzt.

302 Ebenda, S. 132.
303 Der Name Barkenhoff ist niederdeutsch und bedeutet Birkenhof.

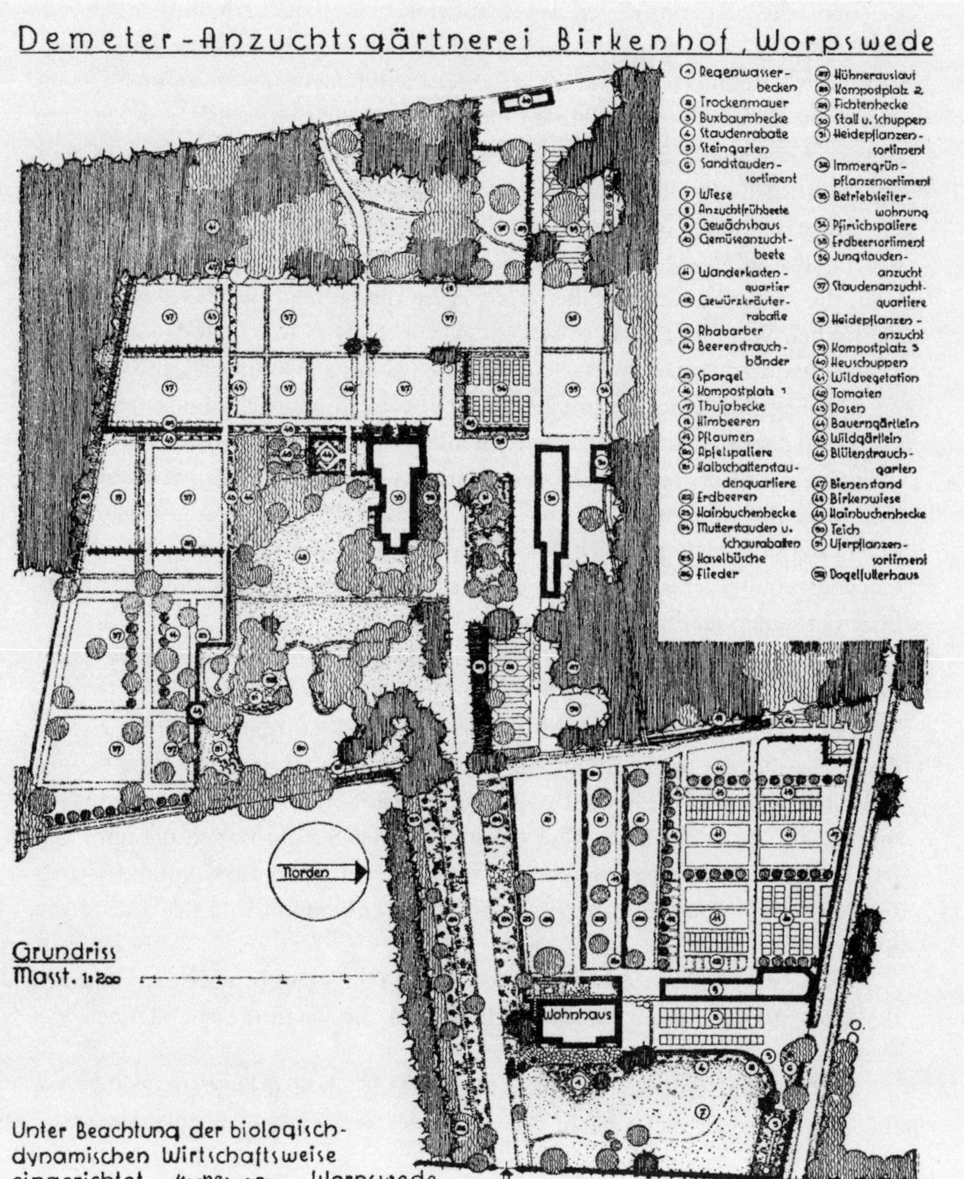

Birkenhof, Grundriss von Max Karl Schwarz,
in: Demeter 9 (1935) 5, S. 81

Befeuert wurden die medialen Auseinandersetzungen dadurch, dass in der ersten Hälfte des 20. Jahrhunderts viele Begrifflichkeiten nicht oder kaum allgemein verbindlich definiert waren, in verschiedenen Bedeutungszusammenhängen unterschiedlich verwendet wurden und es wenig Sensibilität für eine korrekte Ausdrucksweise gab. Begriffe wie „Rasse", „Weltanschauung", „Zivilisation" und andere wurden oftmals sogar widersprüchlich verwendet.

Selbstverständlich ist man bei „Schicksalsjahr" sofort geneigt, an die Machtübernahme durch die NSDAP und die damit beginnende Diktatur in Deutschland, die sich als „nationale Befreiung" gerierte, zu denken. Die gravierenden politischen Veränderungen, so scheint es, wurden von weiten Teilen der biologisch-dynamischen Landwirtschaftler jedoch kaum zur Kenntnis genommen.

Der Begriff „Schicksalsjahr 1933" war also nicht politisch, sondern allein in Bezug auf die Ernährungslage sowie vor allem Bodenbeschaffenheit und -fruchtbarkeit gemeint. Er verwies daher auf eine andere als die politisch-historische Zäsur, nämlich auf eine Zäsur in Landwirtschaft, Ernährung und Gesundheit und bezog sich geistesgeschichtlich auf die Lebensreform-Bewegung. „Das Dämmerungszeitalter ist gekennzeichnet durch beginnende Rücksicht auf das echte Leben in seinen mannigfaltigen Formen."[304]

Der Titel des Eröffnungsbeitrages „Schicksalsjahr 1933" war wohl der meist missinterpretierte Satz von Erhard Bartsch: Doch ähnlich alarmistische Titel und Kernsätze finden sich bereits in früheren Jahrgängen und auch von anderen Autoren: „Die Landwirtschaft steht heute im Zeichen größter Not. In vieler Beziehung ist die Schuld an der Not den äußeren Verhältnissen am Weltmarkt usw. zuzuschreiben. Aber ein gut Teil der Schuld tragen die ohne tiefere Einsichten betriebenen heutigen Intensivmethoden, die Konjunkturwirtschaft und die übertriebene Ausnutzung der Lebewesen und des lebendigen Bodens."[305]

„Ein Rückblick in das verflossene Jahr gibt ein recht betrübliches Bild von der Lage der deutschen Landwirtschaft, und die Zukunft scheint noch viel düsterer vor einem zu liegen."[306]

Die Verwendung des Begriffes „Nährstand" für den landwirtschaftlichen und Ernährungsbereich ist kein Verweis auf NS-Nähe. Die in der späteren Organisationsform *Reichsnährstand* verwendete Bezeichnung war ein Rückgriff beider geistig-politischen Strömungen auf einen altertümlichen Sprachgebrauch. „Nährstand" ist als Begriff bereits im Grimmschen Wörterbuch verzeichnet. Bei

304 Demeter (1933) 1, S. 4.
305 Demeter (1930) 1, S. 119.
306 Demeter (1931) 1, S. 24.

den Biodynamikern wurde er in einer über die ursprüngliche Bedeutung hinausgehenden Weise benutzt, als allgemeine Bezeichnung des bäuerlichen Berufsstandes und seiner gesellschaftlichen Stellung als Produzenten von Ernährung.

Der Beitrag bezog sich jenseits weltanschaulich-politischer Auffassungen auf die in den Augen der Biodynamiker dramatische Abnahme der Bodenfruchtbarkeit und einer daraus resultierenden verminderten Qualität der Lebensmittel. Die Warnungen vor einem Fortschreiten dieses Prozesses wurden sehr deutlich formuliert und prophezeien beinahe apokalyptische Verhältnisse, wird nicht die biodynamische Landwirtschaft in größeren Ausmaßen fortan in Deutschland betrieben: „Wir stehen vor einer biologischen Katastrophe. Vor uns tut sich ein Abgrund auf, in den die mitteleuropäische Menschheit zu versinken droht!"[307]

Diese Katastrophe wurde bereits von Steiner 1924 beschrieben. Die drastische Untergangserwartung, die in der Realität für die meisten Deutschen nicht greifbar war, mag einen Teil zur Ablehnung des biologisch-dynamischen Diskurses beigetragen haben. Der Beitrag gipfelte in einer Warnung vor dem „Untergang des Abendlandes" im Spenglerschen Sinne, der von der NS-Bewegung abgelehnt wurde.

Das Jahr 1934 zeigte, dass sich Prioritäten langsam verschoben und Diskurse verändert hatten, nicht zuletzt durch das Schutz-Abkommen für die *bdW* durch Rudolf Heß. In „Rückschau und Ausblick" des Januarheftes reflektierte – und begrüßte – Erhard Bartsch, wenn auch vorsichtig, die politischen Veränderungen: „Zeit der Wandlung und des Aufstiegs der deutschen Landwirtschaft". Er polemisierte, stets mit Bezug auf Steiner, „gegen die innere Zersetzung der deutschen Landwirtschaft durch die Auswirkungen eines liberalistisch-kapitalistischen Systems" und hatte sich damit der NS-Terminologie angenähert. Er rückte den Artikel „Schicksalsjahr 1933" deutlicher in Richtung der neuen Machthaber, wenn er den „Neuaufbau des Reichsnährstandes" als „Befreiung des Bauernstandes" und die neuen Aufgaben der „Erbhofbauern" lobt. Er sah den „Erbhof" als künftigen Ort biodynamischen Wirtschaftens.

Es war weit mehr als ein taktisches Zugeständnis an den neuen „Beschützer" der *bdW*, wenn nach Bartschs Überlegungen unmittelbar ein Beitrag von Rudolf Heß über Naturheilkunde im Heft zu finden ist.

Ab Februar 1934 wurden die Monate im Titel der Zeitschrift auch mit germanischen Namen benannt. Dies endete aber bereits ein Jahr später wieder.

Punktuell fanden sich häufiger Anpassungen an die „neue Zeit". Dr. A. Vogelsang schrieb über die erfolgreiche Nutzung der *bdW* im „Betrieb Rittergut Großböhla". Sein sachlicher Bericht über Bearbeitungsformen und Erträge

307 Demeter (1933) 1, S. 3.

endete fast unvermittelt und ohne Zusammenhang mit dem Hitler-Zitat „Das dritte Reich wird ein Bauernreich sein, oder es wird nicht sein!“[308]

Lippert zitierte in einem Artikel zur volkswirtschaftlichen Bedeutung des Arzneipflanzenanbaus „einige Zahlen, die dem Aufsatz von S. Wegener in Nr. 1 der ‚Volksgesundheitswacht‘, dem Organ des Sachverständigenbeirats für Volksgesundheit der NSDAP entnommen sind“.[309] Diese waren nicht besonders relevant, und er hätte sie sicher auch aus anderen Quellen beziehen können. Der Verweis würde eigentlich in eine Fußnote gehören.

Die neuen gesetzlichen Bestimmungen des NS-Regimes zum Erbrecht etc. wurden durchgängig als vorteilhaft auch für die *bdW* begrüßt. Die im Gesetz enthaltenen rassistischen Verfügungen und die Diskriminierung von Frauen wurden von Vertretern der *bdW* ignoriert. Sie nahmen nur zur Kenntnis, was den eigenen Vorstellungen entsprach.

Auffällig ist: Der NS-Staat war die erste staatliche Organisationsform, die in *Demeter* positiv konnotiert war. Vor 1933 kam „der Staat“ nur in kritikwürdigen Zusammenhängen vor.

Allgemein wurde der Nationalsozialismus namentlich nur in positiven Zusammenhängen erwähnt. Auch nach 1933 bestehende Kritikpunkte wurden an undefinierte gesellschaftliche Kräfte delegiert. Erhard Bartsch lobte im Januar 1934: „Das Jahr 1933 hat große Entscheidungen für die deutsche Landwirtschaft gebracht. Durch den Neuaufbau des Reichsnährstandes ist die rechtlich politische Befreiung des Bauerntums aus den Fesseln des liberalistisch-kapitalistischen Systems Tatsache geworden. Die wirtschaftlich-finanzielle Gesundung bahnt sich an.“[310]

Scheinbar fraglos gliederten sich die Vertreter der *bdW* in neu geschaffene Strukturen und Kampagnen des NS-Staates ein. So wie Heinrich Hirsch 1935 in seinem Beitrag „Erzeugungsschlacht und vier Jahre Erfahrung in der biologisch-dynamischen Wirtschaftsweise“ bekannte: „Betrachten wir die Erfolge und die Fehlschläge unserer Betriebsführung in den letzten Jahren, so ist zuerst nötig, daß wir zu uns selbst ehrlich sind und gewissenhaft alle Faktoren, mit denen wir es zu tun haben, in ihrer gegenseitigen Wirkung abwägen. In dieser Einstellung wollen gerade wir biologisch-dynamisch Wirtschaftenden dem Aufruf zur Erzeugungsschlacht gerne Folge leisten und damit auch unseren Teil zu dem großen Vorhaben beitragen.“[311]

308 Demeter (1934) 2, S. 23.
309 Demeter (1935) 1, S. 11.
310 Demeter (1934) 1, S. 2.
311 Demeter (1935) 5, S. 89.

Der vermeintliche[312] wirtschaftliche Aufschwung nach 1933 war auch bei der Redaktion von *Demeter* als solcher empfunden worden und führte zu einer Bejahung vieler staatlicher Regelungen des NS-Regimes. 1939 nannte Bartsch in diesem Zusammenhang auch erstmalig den Autobahnbau. „Aber erst mit der nach dem Umbruch im Deutschen Reich erwachten Emsigkeit im Aufbaugeschehen sind die Fragen der Landschaft so recht bewegt worden. In erster Linie tauchten sie auf beim Bau der Reichsautobahnen."[313]

Auch v. Heynitz sah nach 1935 einen Wechsel zum Positiven, an dem er sich mit „Arbeitsbeschaffung durch die biologisch-dynamische Wirtschaftsweise"[314] auf seine Art beteiligte. Er gebrauchte allerdings noch nicht den neuen Jargon, sprach von „Betriebsleiter" und Belegschaft statt von „Betriebsführer" und „Gefolgschaft".

Ende 1935 wurde die *Anthroposophische Gesellschaft* in Deutschland verboten. Dies findet keinerlei Niederschlag in den Beiträgen. Das Januarheft 1936 begann mit einem mit E. B. gezeichneten Titelbeitrag „Der in sich geschlossene Betriebsorganismus". Dieser bestand weitestgehend aus einem Auszug aus dem Artikel „Der Bauer im Umbruch der Wirtschaft" von Landwirtschafts-Staatssekretär Backe und sollte die Nähe der *bdW* zu den Ideen des NS dokumentieren.

Ansonsten schien sich für die Herausgabe der Zeitschrift wenig zu ändern. Lediglich die früher häufigen Verweise auf Rudolf Steiner bei der Beschreibung der biodynamischen Praxis fehlen. Erst im Titelbeitrag von Max Karl Schwarz und einem Aufsatz von Franz Dreidax in der Juni-Ausgabe 1936 wurde erneut Bezug auf ihn genommen. Ab da erscheint Steiners Name dann wieder öfter, allerdings seltener als in den Jahren zuvor.

Erstmals wurde 1936 in *Demeter* eine Rechtsverordnung – die zur Erhaltung von Wallhecken – abgedruckt, wohl weil sie von „Reichsforstmeister Göring" erlassen wurde.[315] Da Hecken einen wichtigen Teil im Konzept der *bdW* darstellen, sollte dieser prononcierte Abdruck einmal mehr die Nähe zum NS-System dokumentieren. Doch dieser Abdruck scheint eher ein Versuch der Annäherung an das System zu sein.

Vom gleichen Jahr an erfolgte der Abdruck von Werbeinseraten des *Winterhilfswerks*[316] und der *NS-Volkswohlfahrt*.[317] Andere Annoncen gab es zeitweise

312 Deutschland erreichte auch unter der NS-Diktatur nie das Niveau des Lebensstandards von 1928.

313 Demeter (1939) 4, S. 60.

314 Demeter (1935) 12, S. 212.

315 Demeter (1936) 1, S. 17.

316 Demeter (1936) 2, S. 36; (1936) 3; (1936) 12, S. 231.

317 Demeter (1936,) 7, S. 130.

nicht mehr. Ab 1937 gab es wieder Stellen- und Produktannoncen und weiterhin regelmäßig Werbeinserate von NS-Organisationen.

Das August-Heft 1937 wurde mit dem Abdruck der Rede von Rudolf Heß auf dem 12. Internationalen Homöopathen-Kongress eröffnet, gefolgt von einem Erfahrungsbericht des polnischen Senators Stanisław Karłowski. Eine ähnliche Abfolge gab es bereits, als 1934 im Bericht über die Tagung des *Reichsverbandes* unmittelbar nach der Erwähnung des Grußwortes des Heß-Beauftragten Schulte-Strathaus die ausländische Beteiligung, namentlich die von Karłowski, hervorgehoben wurde.

Im Titelbeitrag von Heft 1/1938 „Haltet den Boden gesund!", gezeichnet mit E. B., wurde offensiv der Schulterschluss der *bdW* mit Reichsminister und Reichsbauernführer Darré gesucht. Dass Darré in der NS-Hierarchie bereits geschwächt war, war den Biodynamikern offenbar entgangen. Ein neues Zentrum auch der Landwirtschaftspolitik war Görings Vierjahresplanbehörde. Da deren Kompetenzen „formell bzw. staatsrechtlich nicht klar definiert worden waren, hatte man ihrer offensiven Auslegung Tür und Tor geöffnet. In welchem Maße die bereits existente Verwaltungsordnung dabei zum Teil ad absurdum geführt werden konnte, machte die Stellung von Herbert Backe deutlich, der als Staatssekretär im Reichsernährungsministerium beschäftigt war und von nun an in Personalunion die Geschäftsgruppe Ernährung beim Vierjahresplan leitete. Aufgrund der durch Göring verliehenen Kompetenzen war er gleichzeitig in der Position, seinem Dienstvorgesetzten im Reichsernährungsministerium, Minister Walther Darré, Anordnungen zu geben."[318]

Die Krisenerfahrungen des Jahres 1938 (Annexion Österreichs, Münchner Abkommen, Judenverfolgung, Umstrukturierung der Wehrmacht etc.) fanden, wenn überhaupt, nur indirekt Niederschlag in *Demeter*. Immer wieder in der Publikationsgeschichte der Zeitschrift gab es Hinweise zu Goethes Leben und Werk sowie dessen Interpretation und Erforschung durch Rudolf Steiner. Im zweiten Halbjahr 1938 nun verstärkte sich der Bezug auf den „Genius", z. T. durch Abdruck von Texten als Titelbeitrag.[319] Dies mag ein Hinweis auf Krisenwahrnehmung und der Versuch gewesen sein, sich eines historisch-kulturellen Rückhalts zu versichern.

Die umfangreiche Beschäftigung mit Goethe wiederholte sich ein Jahr später anlässlich seines 190. Geburtstages und im Vorfeld des Zweiten Weltkrieges, dessen Ausbruch bereits greifbar war. Gipfelnd im Titel des August-Heftes, das

318 Paul Fröhlich, Der unterirdische Kampf. Das Wehrwirtschafts- und Rüstungsamt 1924–1943, Paderborn 2018, S. 246.

319 Demeter Hefte 8, 9 und 10 des Jahrgangs 1938.

mit einem Textauszug von Herman Grimm, dem Sohn von Wilhelm Grimm und Schüler Leopold von Rankes eröffnete.[320]

Im Oktober 1939, kurz nach Ausbruch des Zweiten Weltkrieges, verfasste Franz Dreidax einen historisch-weltanschaulichen Titelbeitrag: „Zur Geschichte unseres landwirtschaftlichen Verfahrens". Er beschrieb die Entwicklung zwischen Dreißigjährigem Krieg und Erstem Weltkrieg, ohne auf die aktuellen Ereignisse einzugehen. Der Beitrag gipfelte erneut in einer Berufung auf Goethe und Steiner. „Es liegt in der Persönlichkeit und im Werk Goethes – beide durch R. Steiner neu erschlossen – schon heute eine Gewähr, daß die Landwirtschaft wieder ausgebaut wird zu dem ebenso verantwortungs- als auch freudevollsten, zu dem vielseitigsten und gleichzeitig geistreichsten *Urberuf der Menschheit*!"

In der Verklärung der vorindustriellen und spätmittelalterlichen Epochen der deutschen Geschichte ähnelten sich *bdW* und NS. Doch beim NS stellte sich dies auf staatspolitischer Ebene nur als Fassade heraus. Der NS ist zwar konservativ, huldigte aber anders als die Vertreter der *bdW* einem konservativen bis reaktionären Modernismus, d.h. er forcierte durchaus moderne Rationalisierungsmaßnahmen in Industrie, Gesellschaft und Landwirtschaft bei gleichzeitiger Propagierung historischer Strukturen und überkommener Wertvorstellungen.

Hitlers Geburtstag

Die Maiausgabe 1939 brachte auf dem Titel ein Bild von Adolf Hitler in Zivil mit Kindern vor einem bayrischen Bergpanorama. Die Unterschrift lautet „Am 20. April feierte der Führer seinen 50. Geburtstag." Der 50. Geburtstag Hitlers war ein staatlich verordneter Feiertag im Deutschen Reich und wurde in allen Medien ausführlich gewürdigt. Unklar ist, wie frei die Redaktion bei der Auswahl des Fotos war. Grundsätzlich durften im „Dritten Reich" nur Fotografien von Hitlers Leibfotografen Heinrich Hoffmann veröffentlicht werden. Im Vergleich zu den heroisierenden, hymnischen, manchmal gar martialischen Varianten des Geburtstagsglückswunsches in Zeitschriften wie z.B. *Die Straße*, *Leib und Leben* oder *Odal* ist das Ideologische in *Demeter* recht zurückgenommen.

Bereits sieben Jahre früher, 1932, hatte *Demeter* den 75. Geburtstag von Reichskanzler a.D., Dr. Georg Michaelis, einem bedeutenden Förderer der *bdW*, ebenfalls auf dem Titel gewürdigt, ohne Foto, aber mit einem längeren Text. Ohne den Anlass eines Jahrestages gab es im November 1932 ein Foto von Rudolf Steiner auf dem Titel, gefolgt mit einem längeren Beitrag über sein Leben und Wirken von Erhard Bartsch.

320 Bezüge auf Goethe gibt es immer wieder in den Heften.

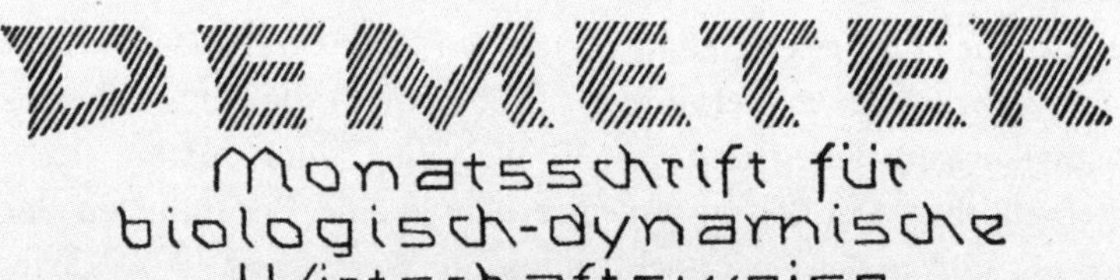

DEMETER

Monatsschrift für biologisch-dynamische Wirtschaftsweise

Herausgeber: Dr. Erhard Bartsch, Bad Saarow (Mark)
Schriftleitung: Dr. E. Bartsch, Bad Saarow (Mark)
Geschäftsstelle: Bad Saarow (Mark) Postscheckkonto: Breslau 36266

Heft 5 Mai 1939 14. Jahrg.

Aufn.: P. J. Hoffmann

Am 20. April feierte der Führer seinen 50. Geburtstag

79

„Am 20. April 1939 feierte der Führer seinen 50. Geburtstag“, in: Demeter 14 (1939) 5, S. 3

Drei Monate nach Hitlers Geburtstag gab es erneut eine Geburtstagsehrung auf der Titelseite: Es ist eine Würdigung Goethes zu dessen 190. Geburtstag – eine eher ungewöhnliche Jubiläumszahl.[321]

Autarkie

Einer der Schlüsselbegriffe bei der landwirtschaftlichen Produktion war sowohl bei der *bdW* als auch im NS der der Autarkie. Hier mag auch einer der Gründe für das Interesse des NS an der *bdW* gelegen haben. Doch ist dieser Begriff auch mit den gleichen Inhalten und Vorstellungen gefüllt?

Bereits im August 1932 widmete sich Erhard Bartsch dem Thema in „Neuaufbau der Wirtschaft von unten herauf": „Sehr interessant ist dabei festzustellen, wie Begriffe und Ideale, die Dr. R. Steiner für den Ausbau des einzelnen landwirtschaftlichen Betriebes als einem geschlossenen Organismus aufgestellt hat, heute als Forderung für den Aufbau der Volkswirtschaft hingestellt werden."[322]

Franz Dreidax verband die traditionellen Autarkie-Ideen 1934 mit einem neuen, aktuellen Inhalt, wobei zusätzlich die Vorstellung eines „Mitteleuropa" in Richtung „Deutschland" verschoben wurde. „In riesenhafter Willensanstrengung hat die Mitte Europas der weltwirtschaftlichen Sturmflut neue Rechtsverhältnisse entgegengetürmt. Mag ehedem Mitteleuropa ein Streben nach Autarkie aus notwendigem militärischen Denken hervorgegangen sein – jetzt trat der naturgeborene Selbsterhaltungswille machtvoll auf, um sich gegen den offenbaren Wahnsinn abzuschließen und den Haushalt der Lebensmittel aus der eigenen genügend fruchtbaren Scholle heraus zu ordnen."[323]

Das Januar-Heft 1940 begann mit dem Beitrag „Betriebsautarkie", gezeichnet von Dr. E. L. Obwohl sich das Thema dazu anbieten würde, gab es keinen Bezug auf den Krieg bzw. die Bewirtschaftung der eroberten Gebiete.

Krieg

Dem September-Heft 1939 wurde nachträglich ein Blatt vor dem Titel beigegeben: „Die Stunde der Bewährung ist angebrochen!"

Anders als 1914, und auch da nicht so euphorisch, wie die Geschichtsschreibung Jahrzehnte lange darstellte, gab es 1939 keine Begeisterung bei Ausbruch des Krieges. Der Text in *Demeter* ist ebenfalls eher zurückhaltend und griff

321 Demeter (1939) 8, S. 1.
322 Ebenda.
323 Demeter (1934) 5, S. 75.

die Argumentation des NS auf, dass sich Deutschland verteidigen müsse. Im Wesentlichen ging es jedoch darum, die *biologisch-dynamische Wirtschaftsordnung* für die Zeit der durch den Krieg bedingten Einschränkungen zu empfehlen. Bis Jahresende gab es keine weiteren Bezüge zum Kriegsverlauf.

Allerdings hatte der Krieg Einfluss auf den Umfang der Hefte. Sie wurden ab November dünner. Dies setzte sich in den beiden Folgejahren fort.

Auffällig ist bei *Demeter* besonders in den ersten Jahren die Breite und Vielfalt der Beiträger. Sowohl ihre berufliche Ausbildung als auch ihre gesellschaftliche und wirtschaftliche Stellung war sehr heterogen. Man findet eine Mischung aus professionellen Autoren, Praktikern, die unterschiedlich große Güter bewirtschaften, und Laien. Es gibt zahlreiche Autoren, meist einfache Landwirte und Bauern, die lediglich ein einziges Mal, zu einem bestimmten Thema, publizierten. Gerade diese Berichte zeigen den erheblichen Umfang der Bewegung. Viele Güter und Höfe haben keinerlei Quellen hinterlassen, bzw. diese sind im Laufe der Zeit verloren gegangen. So sind die Erfahrungsberichte aus vielen Teilen Deutschlands in *Demeter* oftmals der einzige Hinweis, wo und wie biodynamisch produziert und experimentiert wurde.

Erwähnenswert ist auch der für diese Zeit ungewöhnlich hohe Anteil von Frauen an den Autor:innen. Dies unterscheidet *Demeter* von anderen, thematisch ähnlich orientierten Zeitschriften wie etwa *Leib und Leben*.

Ähnlich wie der Seitenumfang der Hefte schwand auch die Breite der Autorenschaft mit Kriegsbeginn. Zunehmend wurden oftmals lediglich Vorträge abgedruckt, die bereits an anderer Stelle gehalten worden waren.

Bis Mitte 1940 war der Krieg eigenartig abwesend. Wiederum spielte Goethe eine größere Rolle. In Bartschs abgedrucktem Autarkie-Vortrag im Januar gab es lediglich zwei Formulierungen, die auf die Ereignisse der Gegenwart hinweisen: „jetzige Zeitforderungen“ und „Ernst der Zeit“.[324]

Erst ab Juni 1940 spielte der Krieg eine Rolle in *Demeter*. Auslöser scheint der Tod von Peter Remer, dem Sohn von Nicolaus Remer, gewesen zu sein. Erhard Bartsch veröffentlichte eine Todesannonce auf der Titelseite. Dem schloss sich ein Auszug aus einem Bericht des *Völkischen Beobachters* an, verfasst von dem prominenten NS-Propagandisten Gunter d'Alquen.

Am Ende des Heftes wies Alois Stockamp auf die Notwendigkeit hin, wegen der Kriegslage auch Kleingärten verstärkt als Versorgungsquelle zu nutzen.

Im Juli-Heft gab es erneut eine Annonce für einen Gefallenen, verfasst von Erhard Bartsch. Ihr folgte ein „Gruß an unsere Betriebe am Westwall“, der in dem Satz gipfelte: „Dankbar blicken wir mit Euch auf zu den gütigen Schicksals-

324 Demeter (1940) 1, S. 1.

mächten, dankbar zur Volksgemeinschaft, dankbar zum Führer, der zur rechten Stunde alle Kräfte zusammenfaßte, befeuerte und lenkte."[325]

Die zu große Annäherung der Führung des *Reichsverbandes* und damit auch der *Demeter*-Herausgeber an das NS-System waren – nach seinen eigenen Angaben – hatte Fritz Götte bereits 1940 im Zusammenhang mit diesem Beitrag benannt. Zumindest behauptet das Götte in seinen Erinnerungen aus dem Jahr 1978. Zeitgenössische Dokumente als Beleg gibt es dazu nicht. In der Tat ist dieser Titelbeitrag des Juli-Heftes 1940 ein Text, der nach dem schnellen Sieg den Krieg gegen Frankreich und die Dominanz Deutschlands verherrlicht. Er ist Ausdruck jenes gesellschaftssoziologischen Phänomens, dass Kriegshandlungen seit Jahrhunderten zu einem engeren „nationalen" Zusammenhalt führen und Antagonismen zur Ebene der politischen Macht bei weiten Kreisen der Bevölkerung in den Hintergrund drängen.

Deutlich zu widersprechen ist Peter Staudenmaiers Aussage: „Die anthroposophische Zeitschrift ‚Demeter' feierte die militärischen Siege Deutschlands in den ersten Jahren des Zweiten Weltkrieges und lobte Hitler."[326] Dies ist zumindest in dem verallgemeinernden Gestus falsch. Als Beleg findet sich bei Staudenmaier je ein Zitat aus dem erwähnten Beiblatt zum Kriegsbeginn 1939 und aus dem 1940 erschienen „Betriebsbericht aus Sachsen" des Bauern Bruno Bauch, den Staudenmaier als „Leitartikel" missinterpretiert. Zusammen mit dem „Gruß an unsere Betriebe am Westwall" sind dies die einzigen Belege für eine „Kriegsbegeisterung" der *Demeter*-Herausgeber.

Große Bedeutung für die weitere Entwicklung der *bdW* hatte der Besuch von Landwirtschaftsminister Darré auf Marienhöhe 1940. Insbesondere Erhard Bartsch verknüpfte damit große Hoffnungen. Umfänglich berichtet wurde im Juli-Heft auch unter Verwendung des Begriffes „lebensgesetzlich", den die NS-Führung anstatt biologisch-dynamisch gebrauchte. Dies war eine Ausnahme.

„Lebensgesetzlich" verwendete auch der Anthroposoph und NS-Funktionär Georg Halbe in seinem Beitrag im Dezemberheft 1940 zu Goethe. Halbe passte seinen Stil und seine Aussagen jedoch sichtlich der Zeitschrift an. Anders als in Artikeln bei anderen Publikationsorganen fehlen hier jegliche, wie sonst bei ihm übliche antisemitische, rassistische und chauvinistische Formulierungen.

Sprachlich passte sich *Demeter* nicht an die NS-Begrifflichkeit „lebensgesetzlich" an. Bis zum Schluss wurde der Terminus „biologisch-dynamisch" gebraucht.

325 Demeter (1940) 7, S. 1.

326 Peter Staudenmaier, Der deutsche Geist am Scheideweg, in: Uwe Puschner/Clemens Vollnhals (Hrsg.), Die völkisch-religiöse Bewegung im Nationalsozialismus, Göttingen 2012, S. 472–490, hier S. 484.

Die Gefallenen-Anzeige im August Heft von Erhard Bartsch war die letzte in *Demeter*. Es gab danach in diesem Jahrgang und auch im nächsten, dem letzten, keine Hinweise auf das Kriegsgeschehen mehr.

Das Ende

Das Jahr 1941 brachte das Ende aller Publikationen und (offiziellen) Betätigungen und Aktivitäten der biodynamischen Bewegung. Noch war die Kriegswende in Stalingrad Ende 1942/43 nicht absehbar, doch der Überfall auf die UdSSR im Juni 1941 verlief nicht wie von Hitler geplant und verschlang unerwartet viele Ressourcen, die überall eingespart werden mussten. Die Hefte wurden in diesem Jahr dünner, die Papierqualität schlechter. Nur noch wenige Autoren publizieren, meist mit bereits an anderer Stelle geäußerten Ideen, mehrheitlich mit verschriftlichten Vorträgen.

Es erschienen nur noch sechs Monatshefte. Doch der Grund für das Ende der Monatsschrift *Demeter* war ein anderer als die problematische wirtschaftliche Lage infolge der Kriegsereignisse. Nach dem Englandflug von Rudolf Heß beseitigte die NS-Führung radikal alle Strukturen und Themen, die prominent mit seinem Namen verbunden waren. Heß war einer der wichtigsten Förderer der *bdW* gewesen.

Auch die *bdW* fiel unter die Verbote im Rahmen der *Aktion gegen Geheimlehren und sogenannte Geheimwissenschaften*.

2.3.2 *Leib und Leben* (1933–1943)

Der am 29. Juli 1933 gegründete *Reichsverband für biologisch-dynamische Wirtschaftsweise in Landwirtschaft und Gartenbau e. V.* wurde in die im gleichen Jahr gegründete *Deutsche Gesellschaft für Lebensreform* eingegliedert. Auf den *Reichsverband* trifft somit zu, was Florentine Fritzen als Charakteristikum aller der Lebensreform verbundenen Organisationen konstatierte, die Mitglied in der NS-geleiteten Gesellschaft wurden: Sie waren „biegsam genug [...], sich in das ideologische Korsett pressen zu lassen“, und wurden „unter neu gegründeten Vereinen gleichgeschaltet“.[327]

Die *Deutsche Gesellschaft für Lebensreform*, deren Vorsitz Hanns Georg Müller innehatte, gab nach ihrer Gründung ab August 1933 die Zeitschrift *Leib und Leben* heraus. Erster Herausgeber war Dr. Bernhard Hörmann, der als

327 Florentine Fritzen, Gesünder leben. Die Lebensreformbewegung im 20. Jahrhundert, Stuttgart 2006, S. 64.

Reichskommissar im *Reichsministerium des Innern* für das gesamte Heilwesen zuständig war.

Die Zeitschrift erschien im Münchner Verlag *Volksgesundheitswacht*, zumeist mit dem Untertitel auf dem Deckblatt „Monatsschrift für deutsche Lebensgestaltung".

Im Jahr 1934 wurde der Leiter der *Gesellschaft für Lebensreform*, der Nationalsozialist Hanns Georg Müller, gleichzeitig Herausgeber des Periodikums. Es trug jetzt zusätzlich auf der ersten Seite den Untertitel „Die Zeitschrift der Reformbewegung" und auf der vorderen Umschlagseite „Zeitschrift für deutsche Lebensgestaltung".

Müller war Eigentümer der *Müllerschen Verlagshandlung* in Planegg bei München und Dresden (später nur noch Planegg). Die Zeitschrift erschien fortan im Verlag Müllers. Fachlich brachte Müller für diese Tätigkeiten ansonsten keinerlei besondere Voraussetzungen oder Fähigkeiten mit.[328] Sitz der Redaktion war München. Müller trat 1941 von seinem Posten als Leiter der Gesellschaft zurück, blieb aber bis 1942 Herausgeber der Zeitschrift.

Ab April 1935 vermeldete das Impressum als Herausgeber Hans Georg Müller nun „in Verbindung mit Prof. Dr. med. M. Vogel". Ab Juni des gleichen Jahres trat M[ax] Sesselmann in den Kreis der Herausgeber ein, ab Juli 1936 auch Prof. Dr. med. Franz Wirz. Komplettiert wurde das Kollegium schließlich im Juni 1938 durch Dr. med. Werner Zabel und Dr. Will Kraft. Im Januar 1941 wurde das Herausgeber-Gremium letztmalig erweitert durch Dr. med. Bruno Gondolatsch.

Auf dem Umschlag nannte sich die Zeitschrift ab März 1935 *Monatsschrift für biologische Lebensgestaltung*. Dies wurde ab Juli 1936 in *Zeitschrift für angewandte Lebenskunde* umgewandelt. Der Untertitel *Die Zeitschrift der Reformbewegung* fehlte ab Mai 1938. Ab April 1942 wurde *Die Zeitschrift der deutschen Lebensreform* durch *Monatsschrift für natürliche Lebensordnung* ersetzt.

Im Januar 1943, kurz bevor das Erscheinen wegen der prekären Kriegslage nach der verlorenen Schlacht um Stalingrad eingestellt wurde, änderten sich die Untertitel erneut: *Monatsschrift für natürliche Lebensgestaltung* auf dem Umschlag und auf der ersten Seite, unter dem Impressum „Die Zeitschrift der deutschen Lebensreform". Einen Monat vor der Einstellung wurde der Untertitel des Umschlags erneut verändert in *Monatsschrift für biologische Lebensgestaltung*.

328 Müller war bereits während der Niederschlagung der Bayerischen Räterepublik in rechtsradikalen Kreisen aktiv, z. B. der *Thule-Gesellschaft* und der Deutschsozialistischen Partei sowie im Vorläufer des *Völkischen Beobachters*. Vgl. Hermann Gilbhard, Die Thule-Gesellschaft – vom okkulten Mummenschanz zum Hakenkreuz, München 2015.

Leib und Leben

Februarheft 1936 / 4. Jahrgang / Verlagsort München / 40 Pf.

LL

Monatsschrift für biologische Lebensgestaltung

Aus dem Inhalt:

Fortschritte in der Ernährungswissenschaft . von Dr. Bircher-Benner: . . . Seite 28

Eine hygienische Betrachtung zur Fettknappheit . . . . von Dr. Wilhelm Schwake: . . . „ 31

Der Fettbedarf des Menschen . . . . von Dr. med. Dilcher: . . . „ 32

Entwicklungsstufen der Ernährungsreform . von Dr. H. Vorwahl: . . . „ 33

Die Kunst des Würzens . . . . von Hugo Hertwig: . . . „ 34

Die kritischen Probleme der Landreformsiedlung . . . . von Ewald Könemann: . . . „ 35

Die Kraft der Berge . . . . von F. Dreidax: . . . „ 37

Das Geheimnis japanischer Sportsiege . . von Hanns H. Reinsch: . . . „ 40

Nochmals Gesundheitspflege in katholischen Anstalten . . von —n.: . . . „ 41

Der Vitamin-B-Gehalt von Grassamen in Beziehung zur Düngung . . . . von E. HK.: . . . „ 44

Der Leser schreibt / Randbemerkungen / Blick in die Zeit / Wissenschaftliche Kurzberichte / Querschnitt / LL-Buchschau / Die Bewegung

Inhaltsverzeichnis der Monatsschrift *Leib und Leben* (LL) 4 (1936) 2

Ab Januar 1943 gab es auch ein neues Herausgeber-Gremium: Dr. Will Kraft, Dr. Hermann Polzer, Prof. Alwin Seifert, Prof. Dr. med. Martin Vogel und Dr. med. Martin Zabel.

Als letztes Heft erschien die April-Ausgabe von 1943 mit einer Hitler-Büste auf dem Umschlag, aber ohne Untertitel.

Ideologisch kontrolliert und „fachlich" angeleitet wurde die Zeitschrift durch das *Hauptamt für Volksgesundheit* der NSDAP (1934–1942), das bis zu seinem Flug nach England 1941 in seiner Eigenschaft als „Stellvertreter des Führers" Rudolf Heß unterstand. Die ideologische Orientierung wurde für den Leser bereits auf dem Titelblatt optisch offenbar: Die Monatsnamen erschienen neben den lateinischen bis 1938 auch in den (vermeintlich) altdeutschen Bezeichnungen.

Die Geschichte der Zeitschrift *Leib und Leben* wurde bisher wissenschaftlich kaum untersucht.

Das Selbstverständnis von *Leib und Leben* als *Die Zeitschrift der Reformbewegung*, so ihr häufigster Untertitel, lässt sich aus der Komposition der versammelten Artikel ableiten. Sie ist eine Mischung aus kulturellen, unterhaltenden, fachlichen und Ratgeber-Themen mit weltanschaulich und ideologisch aufgeladenen Grundsatz-Beiträgen. Mit Letzteren reagierte die Redaktion des Öfteren auf (tages)politische Ereignisse bzw. Diskussionen.

Die ersten Hefte 1933 dienten hauptsächlich der ideologischen und gesellschaftlichen Positionsbestimmung. Zur Eröffnung schrieb Herausgeber Bernhard Hörmann das Geleitwort: „Ernährung und Volksgesundheit".[329] Der anschließende, nicht gezeichnete Grundsatzartikel „Deutsche Lebensgestaltung" formulierte den allumfassenden Macht-, Deutungs- und Durchsetzungsanspruch des Nationalsozialismus. Der gesamte erste Jahrgang setzte thematisch die Landwirtschaft und die Ernährung als Prioritäten. Durch alle Jahrgänge zog sich die Diskussion der „Brotfrage". Im Mittelpunkt standen dabei die ausreichende Produktion von maximal nahrhaftem Brot, um die Ernährungslage zu sichern, sowie die Frage, welche Brotsorte am effektivsten sei. Die NS-Antwort war: das Vollkornbrot. Dieses Thema schien den NS-Machthabern so wichtig, dass sie eigens einen Reichs-Vollkornbrot-Ausschuss ins Leben riefen.

1933 schienen noch nicht alle Positionen von den neuen Machthabern festgeklopft worden zu sein. Bei ökologischen Ernährungsfragen stand am Anfang nicht die *bdW*, sondern eher der Gartenbaubetrieb *Eden* bei Oranienburg im Zentrum des Interesses.[330] Als Angebot zur Kooperation mögen die Vertreter der

329 LL (1933) 1, S. 3.

330 LL (1933) 7, „Eden eine vorbildliche Obstbausiedlung", S. 18 f.; (1934) 10, „Besuch in Eden", S. 32.

bdW Äußerungen von M. Sesselmann verstanden haben. Sesselmann schrieb unter dem Titel „Deutsche Wirtschaftsgestaltung“: „Für Deutschland, das eine höchst gefährliche Entwicklung zum Industrie- und Handelsstaat hinter sich hat und die inländische Naturproduktion wegen ‚Unrentabilität‘ verkümmern oder in falsche Bahnen geraten ließ, ist heute die einfache Erkenntnis von entscheidender Bedeutung geworden, daß seine Existenz ohne Ordnung im physischen Leben aus eigener Kraft in den bisherigen Bahnen auf die Dauer nicht gewahrt werden kann.“[331]

Ebensolche Anknüpfungspunkte bei ökologischen Fragen, die für Vertreter der *bdW* von Interesse sein könnten, beinhaltete der Aufsatz „Bodengesundung und Volksgesundung“ von Emil Gast[332] oder „Wie wird die zukünftige deutsche Volksernährung aussehen müssen?“.[333] Beide forderten eine „biologische Bodenbewirtschaftung, wie sie in früheren Jahrhunderten im deutschen Bauernstand bereits geübt wurde“, und waren damit dem wichtigsten Grundanliegen der *bdW* sehr nahe.

Im Jahr 1934 hatte die Zeitschrift unter ihrem neuen Herausgeber Müller ihre Form gefunden und erschien fortan in stets ähnlicher Struktur. Müller positionierte sich im September mit seinem Beitrag „Neuer Anfang“, zeichnete ihn jedoch nur mit H. G. M.

Im Oktober publizierte als erster Vertreter der *bdW* Franz Dreidax mit „Aufbau eines Reichtums an Leben“.[334] Die Ankündigungen und ersten Maßnahmen des NS-Regimes verbreiteten in der Landwirtschaft eine positive Erwartungshaltung. Dreidax sah die neuen Verhältnisse und die unter ihnen erhofften erweiterten Möglichkeiten ebenso: „Aus zahlreichen Strebungen des heutigen Lebens ist zu erkennen, daß ein Zeitalter neuen biologischen Bauens einziehen will. Ein gleichzeitiges Heraufkommen einer Ablehnung des Rationalismus und eine Sehnsucht nach Gesundheit und einem Leben gemäß der Natur wird immer stärker. Zahlreiche Menschen betrachten die Schaffung einer neuen Rechtsgrundlage auf dem Gebiete des Bodenrechts als eine Befreiung für biologischen Schöpferwillen und arbeiten an weiterer, segensreicher Entwicklung in dieser Richtung.“[335]

Die Gesundheit des Bodens war eines der Hauptanliegen der *bdW*. Eine dazu führende bzw. dies garantierende Bewirtschaftung verlangte ausreichend Arbeitskräfte, die es wegen der verstärkten Landflucht und der sozial prekären

331 LL (1933) 2, S. 6.
332 LL (1933) 4, S. 13.
333 LL (1935) 6, S. 165.
334 LL (1934) 10, S. 5 ff.
335 Ebenda, S. 5.

Lage auf dem Lande kaum gab. Vertreter der *bdW* wähnten sich in Übereinstimmung mit dem NS-Regime, wenn sie die Ausweitung des bäuerlichen Bereiches in der Struktur Deutschlands anstrebten. Doch der NS huldigte einem „reaktionären Modernismus", seine Politik war auf die Stärkung und den Ausbau der Industrie gerichtet. Die Vorstellung der *bdW*, die Landflucht einzugrenzen und mit vergrößerter landwirtschaftlicher Produktion das Problem der Arbeitslosigkeit eindämmen zu helfen, traf in *Leib und Leben* zwar auf ähnliche Positionen von nationalsozialistischen Beiträgern. Doch diese Vorstellung war unrealistisch und durchaus nicht im Sinne der NS-Führung, die die Arbeitskräfte, allen anderen Aussagen zum Trotz, für eine forcierte Industrialisierung und vor allem für einen Ausbau der Rüstungsindustrie benötigte. Dieser offensichtliche Widerspruch zwischen Propaganda und Realität wurde von Vertretern der *bdW* nicht nur bei diesem Thema übersehen, bzw. sie nahmen die grundlegenden Veränderungen des Jahres 1933 nicht wahr, auch wenn sie unmissverständlich formuliert wurden, so im nicht gezeichneten Artikel „Neuer Anfang": „Die Reformbewegung des Jahres 1934 stellt etwas anderes dar als diejenige des Jahres 1932. [...] Von unserem nationalsozialistischen Standpunkt aus, der allein gelten kann, haben manche Erkenntnisse und Fragen der Reformbewegung eine andere Bedeutung gewonnen."[336]

Dreidax entwickelte seine Vorstellungen, dass ein gesunder Boden von bodenstämmigen Bauern und nicht von ausländischen Saisonarbeitern bewirtschaftet werden solle, 1938 in seinem Vortrag „Lebendiger Boden – ewiges Volk":[337] „Die Frage nach einer genügenden Zahl Deutscher erhebt sich, die den Heimatboden selbst bearbeiten wollen. Denn sonst ergibt sich in Deutschland, in dem man mit Recht vom ‚Volk ohne Raum' spricht, in seltsamem innerem Widerspruch da und dort ‚Raum ohne Volk'".[338]

Der Vortrag wurde in *Leib und Leben* hochgelobt und vollständig abgedruckt, was selten geschah. Wegen Papier- und Platzmangels erschienen zumeist Auszüge aus Vorträgen. Doch Dreidax' Ideen eines starken und autarken landwirtschaftlichen Sektors im Deutschen Reich waren spätestens mit Kriegsbeginn obsolet. Seine Warnung vor dem „Raum ohne Volk" sollte bald Realität werden. Zwangsarbeit auch auf dem Lande, zumeist von verschleppten Arbeitskräften aus Osteuropa, war stets einer der grundlegenden und notwendigen Bestandteile der NS-Planungen zur Ernährung und Versorgung.[339] Welteroberungspläne waren mit einer bäuerlichen Gesellschaft nicht zu realisieren.

336 LL (1934) 9, S. 3f.
337 LL (1938) 8, S. 159f.
338 Ebenda, S. 159.
339 Vgl. Generalplan Ost.

Dreidax plädierte für eine organisch gewachsene und organsierte Landwirtschaft, die sich von der bisherigen Praxis grundlegend unterscheiden sollte. Der von ihm vertretene Reichtums-Begriff erinnert entfernt an die NS-Parole vom „schaffenden und raffenden Kapital“: „Dieser Sinn ist der Sinn für organischen Reichtum. Er unterscheidet sich wie Tag und Nacht von dem bisherigen Sinn für klingenden Reichtum.“[340] Bei Dreidax gab es jedoch keine antisemitischen Anklänge. Sein Vergleich war angesichts der erheblichen ökonomischen und finanziellen Probleme in vielen landwirtschaftlichen Betrieben jener Zeit Ausdruck der Hoffnung auf einen „befriedeten“ Kapitalismus, die von der NS-Propaganda vor und auch noch kurz nach der Machtübernahme genährt wurde.

Auf Franz Dreidax folgte im Dezember 1934 Nicolaus Remer mit dem unpolitischen Beitrag „Unsere Nahrungsfreiheit und die Sandböden“.[341]

Hermann Polzer, einflussreicher Sachbearbeiter im *Reichsnährstand*, der sich in späteren Jahren als hilfreicher Wegbereiter und mehr noch als kundiger Verfechter der *bdW* erweisen wird, versuchte einen – seltenen und sehr kollegialen – Brückenschlag zwischen NS und (ehemaligen) Anhängern der Lebensreformbewegung. „Das Leben aber als Ganzes betrachten, als ein großes herrliches Ganze, das uns trägt und dem wir dienen, das ist ja nationalsozialistisch. Und hier ist die große Berührungslinie, auf der Nationalsozialismus und gesunde, echte Lebensreform sich berühren und sich verstehen werden.“[342]

Dieses Kooperationsangebot – Polzer forderte nachdrücklich auch Parteimitglieder auf, ihrerseits Vorurteile abzulegen – klang deutlich anders als der im Januar-Heft formulierte Deutungsanspruch des NS in „Neuer Anfang“.

Heft 1 des Jahrganges 1935 stand unter dem Titel „Wir setzen unsere Bemühungen um die endgültige Klärung der Brotfrage fort“. Es entwickelte sich mit verschiedenen Beiträgen – „Das ideale Brot“, „Streitfragen um das Mehl“, „Von der Mühle zur Mehlfabrik“ – eine durchaus praktisch orientierte, fachlich fundierte und seriöse Diskussion, wenn auch unverkennbar ist, dass fortan der Effektivitätsgedanke in jeglichen Zusammenhängen eine zentrale Rolle bei der Ernährungspolitik spielte, was besonders für Krisen- und vor allem Kriegszeiten von besonderer Bedeutung ist. Hier wird ein früher Dissens zur *bdW* deutlich, wo der an Thaer anschließende Rentabilitätsgedanke vehement abgelehnt wurde. Der Dissens wurde jedoch von Vertretern der *bdW* entweder nicht wahrgenommen oder in einer Form selektiver Wahrnehmung ausgeblendet. Oder wurde er bewusst nicht thematisiert?

340 LL (1938) 8, S. 159.
341 LL (1934) 12, S. 4.
342 LL (1934) 11, S. 3.

In Heft 2 folgte mit „Lebensreform als organisatorische Aufgabe“ ein – nicht gezeichneter – Grundsatzartikel, der alle praktischen, als sinnvoll erachteten und bereits seit Langem bestehenden vielseitigen Reformideen, auch die biologisch orientierte Landwirtschaft, mit der NS-Ideologie auflud und die ursprüngliche Pluralität der Lebensreformbewegung im Sinne des NS-Staates vereinnahmte. Diese Entwicklung (sprich: Gleichschaltung) stehe erst am Anfang: „Noch aber bleibt unendlich viel zu tun, noch fehlt es an der Zusammenleitung aller Kräfte zu einem großen Strom aufbauender Arbeit, vor allem an einer einheitlichen Meinungs- und Willensbildung, wie sie dringend erforderlich ist, um die großen Grundgedanken der Bewegung in die Köpfe zu hämmern, sie allmählich im ganzen öffentlichen Leben Wirklichkeit werden zu lassen und die bewußten und unbewußten Widerstände wegzuräumen. Noch drängen sich vielfach unerwünschte Begleiterscheinungen und Mißbräuche in den Vordergrund, noch fehlt es an der Selbsterkenntnis und Selbsterziehung, die wir als erste Voraussetzung für eine gesammelte Kraftwirkung nach außen hin betrachten müssen. Diese brauchen wir aber, um noch weit stärker als bisher das zur Geltung zu bringen, was die Lebensreformbewegung am lebenschaffenden Gedanken dem Neuaufbau zur Verfügung zu stellen und an Zielen zu setzten vermag.“[343]

Noch deutlicher wurde der Titel-Beitrag in Heft 3, gezeichnet mit H. G. M., d. i. der Herausgeber Hanns Georg Müller. Das Regime sah sich nach zwei Jahren Diktatur und mehreren (außen)politischen Erfolgen in einer ausreichend gefestigten Position, um die politischen Verhältnisse strenger organisieren zu können.[344]

„Begebenheiten und Begegnungen der letzten Zeit lassen es dringend notwendig erscheinen, die Gesinnungsgemeinschaft der Reformbewegung von heute stärker zu betonen. Deshalb soll im vorliegenden Heft einmal Weltanschauung im Vordergrund stehen. Auch in der Folge wird der weltanschaulichen, nämlich der nationalsozialistischen Grundlage der deutschen Reformbewegung betonte Aufmerksamkeit zuzuwenden sein.

Wer nach 2 Jahren nationalsozialistischer Revolution noch nicht begriffen hat, daß die Lebensreform, die wir allein anerkennen können, nicht vom Ich, sondern vom Wir ausgeht, mag anderen Platz machen. Das klingt grob, aber es war ein Fehler, daß es nicht eher gesagt wurde.“[345]

Anschließend ergänzte Walter Groß, Leiter des *Rassenpolitischen Amtes* der NSDAP, unter dem Titel „Von der politischen zur geistigen Revolution“: „Wer da glaubt, daß die Revolution damit erfüllt sei, daß irgendwo ein paar Menschen

343 LL (1935) 2, S. 36–37.
344 Volksabstimmung Saarland, Umwandlung der Reichswehr in Wehrmacht, „Rassegesetze“.
345 LL (1935) 4, S. 67.

abgetreten und ein paar andere an ihre Stelle getreten sind, daß ein Gesetz außer Kraft gesetzt und ein anderes, besseres an seine Stelle gesetzt worden ist, daß im übrigen aber der Staat und die Wirtschaft und die Menschen das bleiben könnten, was sie vorher gewesen sind – wer da glaubt, das hieße Revolution, der weiß nichts von der Geschichte, nichts vom Geiste unserer Zeit, und der wird sich bitter enttäuscht sehen in den kommenden Jahrzehnten."[346]

Die „Maigedanken" in Heft 5 unterstützten und befestigten diese Sicht: „Es mag manche Lebensreformer alter Prägung befremden, daß wir uns in Verbindung mit dem Mai mit politischen Gedanken beschäftigen. Wir wollen aber gerade im Gegensatz zu einer so gern betonten Geistigkeit mancher lebensreformerischen Gruppen die deutsche Reformbewegung mitten hineinstellen in das politische Leben der Nation. Denn wenn wir schon so viel vom biologischen Denken sprechen, können wir unsere werte Person nicht vom Schicksal des ‚Volkes an der Arbeit' trennen. Uns ist die Maifeier Ausdruck des Willens zum totalen Staate, jenem totalen Staate, in dem alle Kräfte in eine Richtung gelenkt werden."[347]

Die Gleichschaltung der Lebensreform, die mehr als langwieriger Transformationsprozess denn als eine einmalige Entscheidung angesehen werden muss, vollzog sich weiter. Im Januar 1939 schließlich erklärte Hanns Georg Müller in einem Grundsatzartikel die Transformation und Neustrukturierung der *Gesellschaft für Lebensreform* als abgeschlossen. Mittlerweile waren auch Wirtschaftsunternehmen der Lebensreformbewegung der Gesellschaft beigetreten, gipfelnd in der „Treueerklärung der Genossenschaften Neuform und der Werbegemeinschaft Deutscher Reformwarenunternehmen".[348]

Nach Müller war damit „eine seit dem Jahre 1933 sich vollziehende Entwicklung äußerlich zum Abschluß gelangt. Nun begann die neue Aufgabe, diese Organisation in nationalsozialistischem Geiste auszurichten."[349] Der Artikel endete mit dem Satz: „Die Weltanschauung der Deutschen Lebensreform ist der Nationalsozialismus."[350]

Damit waren für alle Autoren der Zeitschrift Illusionen über eine eigenständige weltanschauliche Position äußerst klar ausgeräumt. Wer in *Leib und Leben* publizierte, wusste, woran er war. Letztlich aber wurde hier nur auf den Punkt gebracht, was bereits ab 1933, nach dem Reichstagsbrand und dem ihm folgenden „Ermächtigungsgesetz" unmissverständlich für die gesamte deutsche Gesellschaft absehbar war.

346 LL (1935) 3, S. 68.
347 LL (1935) 5, S. 131.
348 LL (1939) 1, S. 1.
349 Ebenda.
350 Ebenda, S. 3.

Zur ideologischen Formierung trugen die häufigen Grundsatzbeiträge von Dr. Walter Groß, dem Leiter des *Rassenpolitischen Amtes* der NSDAP, an prominenter Stelle bei. Neben Themen rund um das Brot und die Ernährung hatte besonders das Thema „Rasse“ in allen Jahrgängen eine zentrale Bedeutung.

In Kenntnis also der ideologischen Ausrichtung der Zeitschrift durch Vertreter der NS-Prominenz veröffentlichten mehrere bekannte Vertreter der *bdW* regelmäßig, wenn auch nicht übermäßig häufig in *Leib und Leben*. Sichtbar ist ihr Bemühen, sich mit möglichst nicht-ideologischen Texten zu Wort zu melden. Dies ist allerdings nicht wirklich als Opposition zu verstehen, denn auch NS-Beiträger publizierten zu nicht-ideologischen Alltagsthemen. Zudem gelang wohl gerade Beiträgen ohne vordergründige ideologische Relevanz die Mischung, mit der systemnahe Artikel breitere Aufnahme und Akzeptanz fanden. Denn *Leib und Leben* war nicht als Weltanschauungslektüre gedacht, sondern als Publikation, die eine „Faschisierung des Subjekts“[351] herzustellen bemüht war. Über Alltagsthemen wurde eine schleichende Ideologisierung des Alltagslebens betrieben.

Ganz anders als beispielsweise in *Demeter* spielte in *Leib und Leben* das Thema Krieg eine prominente Rolle. Bereits vor dem Überfall auf Polen wurden in einzelnen Beiträgen Probleme im Kriegszustand diskutiert, insbesondere solche der Lebensmittelversorgung, wie etwa 1937 in „Neuzeitliche Heeresverpflegung“[352] oder „Nahrung des Soldaten früher und heute“[353] oder 1938 in „Ernährung des deutschen Soldaten“.[354] Intensiviert wurde die Diskussion des Kriegsthemas in Bezug auf Fragen der Lebensgestaltung nach dem Überfall auf Polen 1939. Ab 1940 wurden auch Alltags- oder entferntere Themen zunehmend unter Kriegsaspekten diskutiert. Der Krieg durchdrang alle thematischen Sphären. Titelbilder kündeten immer häufiger von militärischen Ereignissen. Nach dem deutschen Überfall auf die Sowjetunion 1941 wurden die Texte nochmals ideologischer und im Ton martialischer.

Relativ früh schon, 1940, kam der Begriff „Totaler Krieg“ in der Zeitschrift vor.[355]

Ab 1940 wurde die *bdW* stets mit *lebensgesetzliche Landbauweise* bezeichnet.

Präsent war die *bdW* in der Zeitschrift regelmäßig durch Berichte über die Tagungen des *Reichsverbandes* in Bad Saarow. 1934 fiel dem Berichterstatter

351 Vgl. u. a. Manfred Behrens (und andere), Theorien über Ideologie: Projekt Ideologie-Theorie, Berlin 1979.

352 LL (1937) 2, S. 29.

353 LL (1937) 4, S. 79.

354 LL (1938) 11, S. 255.

355 LL (1940) 4, im Titelbeitrag von Fritz Hugo Hoffmann: „Totaler Krieg – Lebenskampf“, S. 25.

bei den Reden von Bartsch und vor allem Dreidax „auf, wie sehr diese z.T. leider noch stark angefeindete Bewegung seit langem und weitgehend das gleiche Ideengut vertritt wie der Nationalsozialismus in Bezug auf Bauerntum und seine Bedeutung für unser Volk, ja, daß die biologisch-dynamische Wirtschaftsweise altes deutsches Bauernbrauchtum wie sonst niemand vertritt und vor dem Untergang bewahrt".[356] Hervorgehoben wurde Seiferts „Riesenarbeit (Eingliederung der Reichsautobahnen in die Landschaft und ihre Bepflanzung fürs gesamte Reichsgebiet)".[357]

Im sehr wohlwollenden Bericht über die Tagung 1935 bemerkte der Berichterstatter zuerst die Anzahl der Teilnehmer, die zweieinhalbmal größer gewesen sei als ein Jahr zuvor. „Ein Zweites fiel auf: der einfach-gesunde, unbeschwerte Geist ernster Zusammenarbeit. Wohl wurde immer wieder Rudolf Steiner dankbar erwähnt als richtunggebender Lehrmeister auch auf diesem Gebiete. Doch war nichts zu merken von sektenhafter Geheimniskrämerei oder Isoliertheit."[358]

Im Weiteren folgte der mit H. P. (d.i. Hermann Polzer) zeichnende Autor bei der Diskussion der Düngerfrage weitgehend den Vorstellungen der *bdW*.

Noch betone das NS-Regime seine Friedfertigkeit und freundliche Verbundenheit mit den Nachbarländern: „Die auswärtigen Teilnehmer, an der Spitze die Senatoren Stellwag (Tschechoslowakei) und von Karłowski (Polen), bekundeten am Schlusse, dankbar für die großen und wertvollen Anregungen, die der Land- und Gartenbau ihrer Länder durch die biologisch-dynamische Wirtschaftsweise andauernd erfahre, dem Manne, der dieser im Deutschen Reiche den Burgfrieden gesichert hat, dem Reichsminister Heß, drahtlich ihre Ehrerbietung und ihren Dank."[359]

Die freundliche, umfangreiche und thematisch sowohl breite wie inhaltlich differenzierte Berichterstattung wurde in den folgenden Jahren weitergeführt. Unter der Überschrift „Erfolgreiche Auswirkungen der biologisch-dynamischen Wirtschaftsweise" wurde 1937 der Grund für das besondere und wiederholt so formulierte Interesse an der *bdW* deutlich: „Leitende Stellen der Partei, des Staates, auch eine Anzahl von Auslandsstaaten verfolgen diese Arbeit und ihre Ergebnisse mit anhaltendem Interesse: aufmerksam gemacht [...] durch die gerade auf geringen Böden erzielten Erträge."[360]

Im Jahr 1938 gelang dem Bericht über die Jahrestagung sogar der Sprung vom Referate- in den Hauptteil der Zeitschrift, unter dem Titel „Licht und

356 LL (1935) 1, S. 18.
357 Ebenda.
358 LL (1936) 1, S. 18.
359 LL (1936) 1, S. 19.
360 LL (1937) 2, S. 46.

Boden".[361] Er war lediglich mit Dr. H. P.-St. gezeichnet. Wahrscheinlich war dies wiederum Hermann Polzer.

Der Bericht ist hochgradig politisch-ideologisch aufgeladen und unterschied sich grundsätzlich von den eher sachlichen der vorangegangenen Jahre. Er reklamierte die gesamte *bdW* für die Welt des Nationalsozialismus, auch historisch rückblickend: „Was diese Männer, diese Frauen in den Jahren seit 1924 an ihre Arbeit trieb (einige ihrer Musterhöfe werden von Frauen geleitet, einer davon dicht an der äußersten Grenze deutschen Volkstums!), war die Sorge um den Boden der Heimat."[362]

Für den Berichterstatter war das Jahr 1938 der endgültige Durchbruch für die *bdW* im Deutschen Reich. Erstmals wurde die *bdW* in eine enge positive Verbindung zu Adolf Hitler gebracht: „Diese im Werke Adolf Hitlers naturläufige Entwicklung hat auch für die biologisch-dynamische Wirtschaftsweise eine vernünftige, der Wahrheit und Gerechtigkeit immer näherkommende Beurteilung möglich gemacht. [...] An den zuständigen Stellen wissen heute die Verantwortlichen: Die biologisch-dynamische Wirtschaftsweise ist nicht – wie Interessenvertreter und gewisse Wissenschaftler uns glauben machen wollten – eine Schöpfung des Teufels oder mindestens der Juden, sondern ein sehr ernst zu nehmender Versuch ernst zu nehmender deutscher Männer der landwirtschaftlichen und gärtnerischen Praxis, ein Versuch unseren Boden zwar nicht einige Jahre von Höchsterträgen, wohl aber in dauernder Folge das an Güte und Werten Höchste und Beste abzugewinnen."[363]

1939 überschrieb Polzer seinen Bericht von der Jahrestagung mit „Ein bäuerliches Kulturideal" und hob damit die *bdW* vom landwirtschaftlichen in den ideologisch-weltanschaulich relevanten Bereich. Die *bdW* schien im nationalsozialistischen Staat endgültig angekommen, wie Bartsch zur Eröffnung betonte: „Die biologisch-dynamischen Betriebe Großdeutschlands arbeiten einheitlich. Ihrer ganzen Arbeit gibt eine Idee die Richtung: die Idee der lebendigen, geschlossenen Betriebsindividualität. [...] Für all diese Arbeit ist richtungsweisend die Parole des Reichsbauernführers für 1938. [...] ‚Haltet den deutschen Boden gesund'."[364]

Die Veranstaltung war gut besucht. Wieder einmal erwies sich der (selektive) Bezug auf Goethe als Schulterschluss mit dem Regime: „Sechzehn Vorträge, z. T. in drangvoll überfüllten Räumen. [...] Wachste Stille aber herrschte bei zwei

361 LL (1938) 2, S. 27.
362 Ebenda.
363 Ebenda.
364 LL (1939) 2, S. 28.

Vorträgen bekannter Wissenschaftler. In deren Mittelpunkt – Goethe stand, der Seher und Fackelträger intuitiver, auf das Ganze gerichteter Naturforschung. Man denke: 200 Bauern, erfolgreich in ihrem Betrieb und voll Freude an ihm, die in überhitzten Sälen gespannt lauschen auf die Botschaft Goethes! Hier spürten wir die Kraft eines neuen bäuerlichen Kulturideals."[365]

Seine rhetorische Frage, „Warum berichten wir Jahr für Jahr hier so eingehend über diese Tagungen und die Arbeit, die dahintersteht?", beantwortete Polzer wie folgt und wies der *bdW* einen wichtigen, weltanschaulich untermauerten Platz in der NS-Gesellschaft zu:

„Weil sorgfältige Beobachtung und Erfahrung von mehr als einem Jahrzehnt uns und unseren ganzen Arbeitskreis überzeugt haben, daß sich hier eine große Hilfe für die Durchführung wichtigster nationaler Aufgaben vorbereitet.

Nationalsozialismus ist ungeheuer viel mehr, als die meisten heute noch meinen. Er ist Weltanschauung, umfaßt, durchdringt und beansprucht also nicht nur die Gebiete der Politik, des sozialen Leben, der Kultur, sondern das gesamte Leben und den gesamten Lebensraum der Nation. Biologisch begründet und aus Ganzheitsschau geboren, kann er Welt und Leben nur in ihrer Gesamtheit und nur als Ganzes auffassen. So sind ihm Boden, Pflanze, Tier, Mensch, Himmel mit Gestirnen usw. nicht Einzeldinge; er kann sie, da die Welt ihm sinnvolle Ordnung ist, nur als zum Zusammenwirken bestimmte und nach Zusammenwirken verlangende Glieder eines großen Ganzen schauen."[366]

Trotz oder wegen der vielen Kriegserfolge wurde die ökonomische Lage 1940 in Deutschland prekär. Dies zeigte sich auch an den Printmedien. Die Berichte in *Leib und Leben* werden kleinteiliger, es gab hauptsächlich Texte in den kleineren Rubriken. Im Januar und Februar gab es keine großen Leitartikel. Der alljährliche Bericht über die Tagung des *Reichsauschusses* fehlt.

Trotz einiger unverkennbarer Tendenzen der Anpassung an Sprache und Praxis des „Dritten Reiches" durch Autoren der *bdW* waren es in *Leib und Leben* Vertreter des NS-Systems wie Hermann Polzer, die die große Bedeutung der *bdW* für und ihre enge Verknüpfung mit dem Nationalsozialismus unterstrichen. Es waren Vertreter des NS-Regimes, die versuchten, die *bdW* zu assimilieren und ihre Methoden wegen der erwarteten Einschränkungen durch den Krieg nutzbar zu machen. Vertreter des Regimes bemühten sich dabei, zwar die praktischen Aspekte der *bdW* zu vereinnahmen, aber nicht ihre theoretischen. Dies war der Versuch, die *bdW* von ihren anthroposophischen Wurzeln und Voraussetzungen abzuschneiden.

365 Ebenda.
366 LL (1939) 2, S. 29–30.

Im Februar 1941 schrieb Polzer wieder einen Grundsatzbeitrag. In „Lebensgesetzliches Bauerntum“ betonte er die besondere Förderung der *biologisch-dynamischen Wirtschaftsweise* durch die *Gesellschaft für Lebensreform*. „Die Deutsche Lebensreform (vor ihr die Deutsche Gesellschaft für Lebensreform) war in der Tat der einzige Arbeits- und Gesinnungskreis, der sich von Beginn an rückhaltlos für diese Sache einsetzte. Damals, 1933, galt dies förmlich als Verrat am Volke oder wurde wenigstens in Presse und Vorträgen als das ausgeschrien.“ Praktisch sah das so aus: „Für umfangreichere Arbeiten hat unser Verlag die ‚Demeter-Schriftenreihe‘ gegründet.“[367] Dies war auch der Versuch, die *bdW* und NS-Strukturen institutionell zu verschränken.

Polzers Beitrag gipfelte in den Worten: „An dem endlichen Siege der biologisch-dynamischen Wirtschaftsweise haben wir nie gezweifelt. Er ist ihr sicher, weil sie wahr ist und deutsch und für unsere nationale Zukunft auf weitere Sicht um so naturnotwendiger, je weiter sich Land- und Gartenbau von der Natur entfernt haben.“[368]

In der Juli-Ausgabe, die offenbar noch vor dem England-Flug von Rudolf Heß im Mai 1941 geplant worden war, schrieb Polzer den Beitrag „Lebensreform beginnt beim Boden“ und thematisierte hiermit *das* Kernanliegen der biologisch-dynamischen Landwirtschaft.[369]

Zur Jahrestagung des *Reichsverbandes* im Januar 1941 erschien hingegen nur ein kleinerer Bericht. Berichterstatter war diesmal nicht Hermann Polzer, sondern F.H. [Fritz Hugo] Hoffmann. Zwar wurden noch die Erfolge der *bdW* und ihre Anerkennung durch Besuche von Partei- und Regierungsvertretern in Marienhöhe betont, doch der Umfang war deutlich geringer, der Platz in der Zeitschrift weniger prominent.

In wechselnden Rubriken wie z.B. „Rundschau“, „Der Querschnitt“, „Die Bewegung“ oder „Land- und Gartenbau“ wurde regelmäßig, sachlich und oftmals auch umfangreich über Themen der *bdW* berichtet oder es wurden Passagen aus *Demeter* kommentiert abgedruckt. Auffällig ist die Häufung dieser Berichte im Jahr 1936.[370] Die meisten Berichte in der Rubrik „Land- und Gartenbau“, die auch Fragen der *bdW* berührten, stammten von Ewald Könemann.

367 LL (1941) 10, 2, S. 19.

368 Ebenda.

369 LL (1941) 7, S. 87.

370 Vgl. LL (1936), S. 66 Immanuel Voegele über Pflanzenzüchtung; S. 68 Mutterbodenpflege beim Bau der Reichsautobahn; S. 71 Stellwag über Gartenbau im Weltkrieg; S. 95 Dreidax über Kreislauf der Kräfte; S. 116 Beispiele für Vermehrung künstlichen Düngers von Max Karl Schwarz und Franz Lippert; S. 139 Immanuel Voegele; S. 164 Erhard Bartsch; S. 202 *bdW* in Marienstein und Marienhöhe; S. 267 Tierzucht auf sandigen Böden in Marienhöhe.

In *Leib und Leben* ist die Anzahl der Beiträger deutlich geringer und ausgewählter als beispielsweise bei *Demeter*, obwohl beide Zeitschriften vom Seitenumfang her vergleichbar sind. Auffällig ist auch, dass es sich hier zumeist nicht um Autoren „aus dem Volk" oder „der Bewegung" handelt, sondern um solche in wichtigen Positionen, oft mit akademischen Titeln. Aus der Gruppe der *bdW* publizierten hier folgerichtig nur wenige prominente Vertreter. Erstaunlich ist, dass Erhard Bartsch nicht dazu gehörte. In der Zeitschrift veröffentlichten hauptsächlich Franz Dreidax und Alwin Seifert. Nicolaus Remer, Franz Lippert und Max Karl Schwarz sind nur mit wenigen Artikel vertreten.

Franz Dreidax beschäftigte sich zumeist mit Landwirtschafts- und Ernährungsfragen. 1937 betonte er die Sinnhaftigkeit des Konsums regionaler Produkte in einer auch damals schon globalisierten Welt: „Kauft man heute irgendwo in Deutschland Haselnüsse, so ist es eine große Seltenheit, einheimische zu erhalten. Das ist seit Jahrzehnten schon so. Spanien, Italien, Bulgarien, Anatolien, die Levante usw. senden Haselnüsse schiffsladungsweise zu uns. Ein ausgesprochenes Verlangen nach Nußkost ist in Mitteleuropa zu stillen. [...] Wer könnte sich ein deutsches Weihnachten ohne Haselnüsse denken? Einstens waren sie ja auch selbst deutscher Herkunft."[371]

Dreidax' Argumentation kam den Autarkie-Bestrebungen des NS entgegen und bediente sich zuweilen eines „bodenständigen" Vokabulars und einer nationalen Bildersprache, die das Wertesystem des gesamten konservativen, rechten bis nationalsozialistischen politischen Spektrums verbindet. Dies ist umso bemerkenswerter, weil Dreidax eigentlich aus einem anderen politischen Milieu kam als die meisten führenden Vertreter des *bdW*. Diese waren zumeist deutschnational orientiert, Dreidax aber hatte eine Vergangenheit als *USPD*-Mitglied. „Man kann zu der Anschauung kommen, daß sich in der Geschichte des Anbaus der Haselnuß ein Abbild des gesamten deutschen Schicksals in großen Strichen abzeichnet – immer wieder Abdrängung von den Kräften der Heimatscholle, immer wieder Neubesinnung! [...] Es wurde vorhin eine Verflechtung des Haselbaues mit dem deutschen Volksschicksal berührt. [...] Die Volksweisheit will von einem geheimen Zusammenhang zwischen dem Geraten der Haselnüsse und einem Geraten der Kinderzahl wissen! Haselhaine – Jugendland."[372]

So, wie er den „Anschluss" Österreichs begrüßte, heißt Dreidax nun die „Rückkehr" des „Egerlandes zusammen mit dem Sudetengau" in das Deutsche Reich gut. Im Rahmen seines Beitrages „Goethe – ein Mitschöpfer der deutschen Volkskunde" berichtete er über einen lokalen Polizeirat und Heimatforscher aus

371 LL (1937) 2, S. 34.
372 Ebenda, S. 35–37.

der Stadt Eger, der mit Goethe bekannt gewesen sein soll. Goethe seinerseits liebte die Gegend, sodass er „in eine tiefe, innige Beziehung zu jener deutschen Gegend trat, ja daß sie ihm zu einer zweiten Heimat wurde, ebenso lieb und vertraut wie Weimar".[373]

Dreidax vermied den nationalsozialistischen Jargon weitgehend, ebenso wie rassistische, chauvinistische oder Kriegs-Themen, die es häufig in *Leib und Leben* gab. Allerdings war er in einer zuweilen biologistischen und völkischen Einordnung seiner landwirtschaftlichen Gestaltungsideen, bei der Betonung des „Blutstrom des Volkes"[374] und auch in seiner Distanz zur Aufklärung dem NS-Weltbild in Teilen nahe, wie in seinem Beitrag „Die Kraft der Berge", dessen Titel auch eher unpolitisch anmutet, deutlich wird. Er begann ihn mit einem Zitat des vom NS-Regime hochgeschätzten Ernährungsreformers Max Bircher-Benner.[375]

Dreidax dokumentiert seine treue nationale Identität. Eine Verbundenheit mit großdeutschen Ideen war ihm nicht fremd. Ein grundlegender Dissens zu den Eroberungs- und den damit verbundenen Siedlungsplänen des NS-Regimes ist nicht erkennbar. Ein gewisses Sendungsbewusstsein für die eigene Kultur über die bestehenden Grenzen des Deutschen Reiches hinaus war bei Vertretern der *bdW* unverkennbar, wenn es sich auch aus anderen Quellen speiste als im NS. Goethe erschien hierfür vielfach geeignet und wurde in Denkschriften und Artikeln von Vertretern der *bdW* in Krisensituationen als nationaler Bezug auch immer wieder bemüht, quasi als nationale Klammer. Goethe stand für eine historische Periode, in der die deutsche Dominanz in Mitteleuropa unbestritten war.[376] Auch die Nationalsozialisten verehrten ihn. Seine Lobpreisung war ein Schulterschluss mit dem System. Goethe stand aber auch für die Wurzeln der Anthroposophie. Die anthroposophischen Grundlagen der *bdW* versuchte Dreidax in seinen Veröffentlichungen häufig unterzubringen, ohne den Begriff „Anthroposophie" explizit zu benutzen. So in Heft 4/1937, in dem eine grundsätzliche Auseinandersetzung der Zeitschrift mit Angriffen aus Kreisen der chemischen Industrie stattfand. Diese wurden von der Schriftleitung zurückgewiesen. Positionen der Industrie wurden von Martin Vogel in seinem Beitrag „Chemie – naturwidrig?" relativiert, widerlegt oder richtiggestellt. Dem schloss sich Dreidax mit seinem Plädoyer für natürliche Düngung und der Beachtung biologischer Regeln „Vom Zusammenwirken von Boden, Pflanze, Tier und Mensch im biologischen Neuaufbau" an. Eingängige Beispiele aus der

373 Ebenda.

374 LL (1936) 2, S. 37.

375 Die Äußerungen und Aktivitäten Bircher-Benners fanden in *Leib und Leben* viel positive Beachtung.

376 Heiliges Römisches Reich, Preußen, Habsburg.

Natur, insbesondere aus der Lebenswelt des für das Konzept der *bdW* wichtigen Regenwurms, wurden von ihm nicht nur theoretisch, sondern auch weltanschaulich untermauert.

Einer der seltenen Versuche, explizit die Lehren von Rudolf Steiner zu erwähnen, war Dreidax' Beitrag „Rechtes Düngen – ein Dienst an der Volksgesundheit" im Januar 1941.

Viele Beiträge von Dreidax waren betont unpolitisch, haben praktische Themen, etwa wenn er in seinem Aufsatz „Nutzung der Wildnatur durch Sammlertätigkeit"[377] „zeitgemäße Vorschläge" macht.

Besonders 1938 wurde deutlich, welch prominente Rolle Dreidax hingegen als Vertreter der *bdW* in der *Deutschen Lebensreformbewegung* in den Augen der Nationalsozialisten einnahm. Er vertrat den *Reichsverband* auf Tagungen und Lehrgängen.

In Anwesenheit von Gauleiter Julius Streicher, Dr. M. Nothnagel und Reichsamtsleiter Dr. Hörmann „fand in der Führerschule der Deutschen Ärzteschaft in Alt-Rehse ein Lehrgang des Hauptamtes für Volksgesundheit statt, der sich von den bisherigen Veranstaltungen besonders dadurch unterschied, daß außer biologisch eingestellten Ärzten und Zahnärzten auch Vertreter der dem Sachverständigenbeirat für Volksgesundheit angeschlossenen Reicharbeitsgemeinschaft für naturgemäße Lebens- und Heilweise (Volksgesundheitsbewegung) und der Deutschen Lebensreformbewegung einberufen wurde. Der Lehrgang stand unter Leitung von Prof. Dr. Wirz, dem Beauftragten des Reichsärzteführers für biologische Fragen. Der Reichsärzteführer Dr. Wagner hatte es sich nicht nehmen lassen, die Tagung selbst zu eröffnen."[378]

„Der Schlußtag dieses außerordentlich vielgestaltigen Lehrganges brachte noch einmal einen interessanten Höhepunkt durch den Vortrag von Dipl.-Ing. Dreidax. Was er zu dem Thema ‚Boden und Volk' zu sagen wußte, war in gleicher Weise für die Volksgesundheit wie für den Fortbestand unseres Volkes wichtig."[379]

Einen Monat später fand in Innsbruck die zweite Reichstagung der *Deutschen Lebensreformbewegung* statt. „Die Lebensreformbewegung gab auf dieser Tagung ein klares Bild ihrer selbst. Sie stellte sich, nach innen wie nach außen. Wer als Außenstehender noch skeptisches Vorurteil mitbrachte, dem wurde die straffe Ausgerichtetheit der deutschen Lebensreformbewegung unter einheitlicher nationalsozialistischer Führung deutlich und die Bereitschaft, sich mit der

377 LL (1937) 12, S. 230.
378 LL (1938) 8, S. 162.
379 Ebenda, S. 163.

Welt rundherum tapfer und ehrlich auseinanderzusetzen. Das wurde in allen Berichten und Vorträgen deutlich! […] Die Vortragsreihe ‚Die Herrschaft des Lebendigen' begann Dipl.-Ing. F. Dreidax, Bad Saarow, mit dem Thema ‚Lebendiger Boden – Ewiges Volk'."[380]

Auch Alwin Seifert war mit zahlreichen Beiträgen vertreten. Diese waren stets eine Mischung aus praktischen Ratschlägen und Argumentationen mit unterschwelliger ideologischer Ausrichtung. So in „Haus und Garten als lebendige Einheit". Neben Hinweisen auf die Bedeutung der Himmelsrichtungen für bestimmte Gestaltungen und die Zusammenstellung verschiedener Gehölze und Pflanzen findet sich unvermittelt Folgendes: „Die Sowjets wissen, warum sie den Arbeitern der neuen Industriestädte in der Steppe keine Gärten geben, denn mit dem Spaten würde auch der russische Mensch sich wieder zurückfinden zu Ewigem, würde er aufhören eine wurzellose Nummer zu sein."[381]

Von der *Deutschen Gesellschaft für Lebensreform* wurde ab 1939 eine eigene *Demeter*-Schriftenreihe mit Texten von Bartsch, Dreidax und anderen herausgegeben, in der Redaktion und Verantwortung von *Leib und Leben*. Dies stellte eine bedeutende Unterstützung für die *bdW* dar und erweiterte ihren Einflussbereich deutlich. Ein Jahr später begann die Herausgabe der Reihe auch in italienischer Sprache.[382]

Im Mai 1942, fast ein Jahr nach dem Verbot des *Reichsverbandes*, wurde im Beitrag „Biologische Landschaftsgestaltung" ein Neuzugang im Herausgeber-Gremium der Zeitschrift vermerkt: „Professor Alwin Seifert, den unsere Leser aus zahlreichen in ‚Leib und Leben' veröffentlichten Aufsätzen und vor allem durch das Werk ‚Im Zeitalter des Lebendigen' kennen, ist vor kurzem in den Mitherausgeberkreis unserer Zeitschrift eingetreten."[383]

Auch nach dem Verbot des *Reichsverbandes* konnten Dreidax und Max Karl Schwarz noch in *Leib und Leben* publizieren. Letzterer machte im Dezember-Heft 1942 einen „Vorschlag zur biologischen Regelung der städtischen Abfallwirtschaft", der auch heute noch erstaunlich modern anmutet.[384]

Annoncen sind auf den ersten Blick lediglich kommerzielle Angelegenheiten. Sowohl Stellen- als auch Produktanzeigen sind unter den Bedingungen einer staatlich regulierten, ideologisch ausgerichteten Presse aber auch Signale für Kooperation und Distanz. Umfang, Anzahl oder Häufigkeit ihres Erscheinens lassen Rückschlüsse auf thematische und gesellschaftliche

380 LL (1937) 9, S. 184 f.
381 LL (1937) 5, S. 93.
382 LL (1940) 5, S. V.
383 LL (1942) 5, S. 53.
384 LL (1942) 12, S. 108.

Werbung für Erzeugnisse der *Demeter Wirtschaftsbund G. m. b. H.* Bad Saarow in der Monatszeitschrift *Leib und Leben*

Positionierungen der Auftraggeber zu. In *Leib und Leben* wurden, in unterschiedlichem Umfang in den einzelnen Jahrgängen, Annoncen von Unternehmen, Verlagen und Einrichtungen geschaltet. Regelmäßig war auch der *Demeter Wirtschaftsbund* mit Annoncen für seine Produkte präsent, erstmalig im Dezember 1934. Ebenso ab April 1936 die Firma *Weleda* und ab März 1939 die Schule Loheland. Auch für die Zeitschrift *Demeter* wurde unregelmäßig geworben, bis zum Verbot. Annoncen von *Weleda* und Loheland gab es noch bis zur Einstellung von *Leib und Leben*. Parallel erschienen Annoncen zu der von der Redaktion von *Leib und Leben* herausgegebenen *Demeter*-Schriftenreihe und von einzelnen Publikationen von Erhard Bartsch, Alwin Seifert und Franz Dreidax.

Erwähnenswert ist, dass es in *Leib und Leben*, anders bspw. als in *Odal*, nie Werbung für oder Informationen über Kalidüngung und Kunstdünger gab.

2.3.3 *Odal* (1934–1944)

Die Zeitschrift *Odal. Monatsschrift für Blut Boden* ging im April 1934 aus der bereits seit 1932 bestehenden Publikation *Deutsche Agrarpolitik – Monatsschrift für Deutsches Bauerntum* hervor. Unter dem Haupttitel *Odal* existierte sie bis zum September 1942. Herausgeber war Richard Walther Darré, Hauptschriftleiter war bis zum Oktober 1941 Dr. Hermann Reischle. Ihm folgte Hans Bodenstedt. Die Redaktion hatte ihren Sitz in Berlin.

Ab Oktober 1942 bis zu ihrer Einstellung im Oktober 1944 erschien die Zeitschrift unter dem ursprünglichen Titel *Deutsche Agrarpolitik* weiter. Herausgeber war jetzt Herbert Backe, der die Redaktion nach München verlegte. Die Mischung der Themenfelder, die die Zeitschrift bediente, veränderte sich im Laufe der Jahre. Die ideologische Ausrichtung blieb trotz inhaltlicher Veränderungen stets streng nationalsozialistisch.

Die Zeitschrift vereinigte eine Mischung von juristischen Beiträgen zur landwirtschaftlichen Gesetzgebung und Organisation sowie Bemühungen zur Vertiefung einer „germanischen" Weltanschauung einschließlich rassistischer Aspekte und der Verbreitung der Darréschen Blut-und-Boden-Ideologie. Ergänzende Inhalte waren nationale und internationale Politik und Geschichte sowie betriebliche Abläufe in bäuerlichen Betrieben. Ebenso gab es Beiträge zu soziologischen Fragen, die meist pseudowissenschaftlich unterlegt waren, und solchen zu Konzepten der Jugenderziehung, insbesondere der „Leibeserziehung". Auch literarische und Texte zur Mythologie waren regelmäßig vertreten.

Eine eigene Rubrik informierte über aktuelle Buchveröffentlichungen im Umfeld der in *Odal* publizierten Sujets. Wie in vielen zeitgenössischen Zeitschriften üblich, gab es in der „Umschau" kurze Erörterungen tagespolitischer und gesellschaftlicher Themen und Informationen.

Die Geschichte der Zeitschrift *Odal* ist bis heute kaum wissenschaftlich untersucht worden.

Führende Vertreter der *bdW* bemühten sich stets um einen engen Kontakt zu NS-Agrarfunktionären. Besonderes Interesse galt dabei Walter Darré, der neben seinen vielen Aufgabenfeldern auch als Herausgeber von *Odal* zeichnete. Trotz der gesuchten Nähe zu Darré, die durchaus erwidert wurde, waren Repräsentanten der *bdW* nicht als Autoren in *Odal* vertreten. Einzig Erhard Bartsch publizierte hier einmalig im September-Heft des Jahres 1940. Sein Beitrag trägt den Titel „Der Erbhof Marienhöhe. Ein Beispiel lebensgesetzlicher Landbauweise".[385] Der Titel war eine Anpassung an die von Darré verordnete

385 Odal (1940) 9, S. 695–671.

Sprachregelung, wonach die *biologisch-dynamische Wirtschaftsweise* als *lebensgesetzlicher Landbau* zu bezeichnen sei. Doch bereits im zweiten Absatz kehrte Bartsch zum traditionellen anthroposophischen Begriff zurück: „Der Betrieb Marienhöhe bei Bad Saarow am Scharmützelsee war ein typischer Betrieb dieser gefährdeten Landbauzone, als im Jahr 1928 begonnen wurde, den Hof im Sinne der biologisch-dynamischen Wirtschaftsweise als einen in sich selbst geschlossenen Betriebsorganismus aufzubauen."[386]

Im Folgenden verwendete Bartsch „lebensgesetzlich" als eigenständiges synonymes Adjektiv, als eher alltagssprachlich gebrauchten Begriff und nicht als Konkurrenz zu „biologisch-dynamisch".

Seinem Text stellte Bartsch ein Zitat von Friedrich II. voran, der hier natürlich „der Große" genannt wird: „Der Ackerbau ist die erste der Künste, ohne die es keine Könige, Kaufleute, Poeten, Philosophen geben würde ... Nur das ist wahrer Reichtum, was die Erde hervorbringt. Wer seine Ländereien verbessert, ungebautes Land urbar macht und Sümpfe austrocknet, der macht Eroberungen von der Barbarei."[387]

Denkbar wäre natürlich auch ein Zitat eines NS-Vertreters gewesen, wie in vielen anderen *Odal*-Artikeln üblich. Selbst Darré gebrauchte in seinen Beiträgen Leitworte von Mitarbeitern, z. B. Hermann Reischle, und wurde selbst von anderen Beiträgern häufig als Leitwortgeber zitiert. Friedrich II., auch von den Nationalsozialisten verehrt, mag hier ein hilfreicher Kompromiss gewesen sein. Die Möglichkeit für Bartsch, in *Odal* zu publizieren, stand sicher im Zusammenhang mit der von Reischle im Frühjahr 1940 initiierten und mit Propagandaminister Goebbels abgesprochenen Pressekampagne, die einer größeren Öffentlichkeit die Ideen einer „lebensgesetzlichen Landbauweise" näherbringen sollte.

Bartschs Stil bildete einen, für den heutigen Leser, wohltuenden Gegensatz zu der ideologisierten Sprache anderer Autoren in *Odal*, wie sie sich in fast allen Beiträgen des Jahrganges findet: „Vom Geist der Preußen und der Samurai",[388] „Ehe und Rasseauslese bei Sanskrit-Indern und Iraniern",[389] „Blut und Boden – Erziehungsaufgabe der Hitler-Jugend"[390] oder „Das Reichserbhofgesetz und seine Bedeutung für die Sicherstellung wertvoller Blutstämme".[391]

Bartschs Bauernbild war weit entfernt etwa von dem Wilhelm Kirchers, der in „Erziehungsaufgaben der Landschule im Kriege" betont: „Der National-

386 Ebenda, S. 695.
387 Ebenda.
388 Ebenda, S. 519.
389 Ebenda, S. 530.
390 Ebenda, S. 537.
391 Ebenda, S. 619.

sozialismus erstrebt eine soldatische Lebensform. Der Bauer ist Soldat der Scholle, die Bauernschaft Sturmbataillon der Erzeugungsschlacht."[392]

Bartsch schrieb praktisch und fachlich orientiert, blieb stets eng am Thema, ohne weltanschauliche Abschweifungen. Er erklärte stringent und verständlich die Besonderheiten und Schwierigkeiten beim Aufbau, der Entwicklung und der aktuellen Bewirtschaftung des Gutes. So betonte er die positiven Wechselwirkungen des Betriebsorganismus: „Vom Feld strahlt Fruchtbarkeit in den Stall, vom Stall wirkt neue Fruchtbarkeit hinaus ins Ackerland."[393]

Bartsch versuchte bisweilen auch, seinem Text einen beinahe poetischen Hauch zu verleihen. „Als die ersten Pflugfurchen zu einem Heckenwall zusammengeschlagen wurden, in engen Abständen die Stecklinge und Jungpflanzen im kargen Sande anwuchsen und mühsam vor dem Verbiß des Wildes geschützt wurden, war nicht zu erwarten, daß schon nach zwölf Jahren ein so wunderbares Organ für die Fruchtbarkeit des ganzen Betriebes herangewachsen sein würde."[394]

Bemerkenswert ist, dass Bartsch gerade in seinem Beitrag in *Odal* mit seinem zutiefst in der NS-Ideologie verwurzelten Umfeld bei seinen Formulierungen auf Zugeständnisse an die Machthaber verzichtete. Selbst seine Schlussbemerkung, die ansonsten oft einen NS-Kernsatz enthielt, wie z. B. in einigen seiner Beiträge in *Demeter*, ist erstaunlich unideologisch, wenn er die „Besinnung auf die Schöpferkräfte im deutschen bäuerlichen Menschen" anmahnt.[395]

Bartsch ist z. T. in anthroposophischen Kreisen kritisiert worden, weil er Rudolf Steiner in seinem Beitrag nicht erwähnt habe. Doch damit hätte er wohl deutlich eine rote Linie überschritten. Der Ablehnung des Artikels durch den anthroposophischen Arzt Friedrich Husemann entgegnete sein Kollege Wilhelm zur Linden: „Zur Sache ist zu sagen: der Odalartikel beschreibt die Entwicklung des Erbhofes Marienhöhe klar gesagt durch die biol.[ogisch] dyn.[amische] Wirtschaftsweise. Kein Zweifel ist möglich."[396]

Zur Linden stand der Zeitschrift *Odal* aus anderen Gründen skeptisch gegenüber bzw. sah sie nicht hinreichend relevant. Er fand es taktisch richtig, dass Vertreter der *bdW* sich entschlossen hätten, Steiners Namen nur noch „bei Gelegenheiten zu nennen, die der Bedeutung Dr. St.[einers] entsprechend sind. Somit wird der Name nur noch in wissenschaftlichen Zeitschriften genannt werden, wozu Odal nicht rechnet."[397]

392 Ebenda, S. 513.
393 Ebenda, S. 700.
394 Ebenda, S. 696.
395 Ebenda, S. 701.
396 IWI, Teilnachlass F. Husemann, W. zur Linden an Husemann, 11. 10. 1940.
397 Ebenda.

In Heft 11 von 1941 wurden in *Odal* unter dem Titel „Lebensgesetze“ einige Kernsätze aus Alwin Seiferts damals viel beachtetem Buch „Im Zeitalter des Lebendigen“ abgedruckt.[398] Seiferts hymnische Verehrung der Natur und des naturnahen Bauerntums traf offenbar auch den Nerv der nationalsozialistischen Herausgeber und ihrer Anhänger, ohne dass sich „Parteigenosse“ Seifert des NS-Jargons oder bei den Verlautbarungen des Propagandaministeriums bediente. Eine solche Würdigung zeitgenössischer Autoren war ungewöhnlich in der Zeitschrift.

Wie weit *Odal* im Allgemeinen jedoch von den Positionen der *bdW*, aber auch von der *Gesellschaft für Lebensreform* und deren Publikation *Leib und Leben* entfernt war, sieht man u. a. im Annoncenteil. Hier gab es massive Werbung für Kali-Dünger. Und dies ganz im Allgemeinen, in der Regel ohne einen Verweis auf ein spezielles Produkt oder eine Hersteller- bzw. Vertriebsfirma, was eigentlich den Prinzipien eines erfolgreichen Marketings zu widersprechen scheint. Fast in jedem Heft war die letzte Seite der Werbung für den Gebrauch von Kali gewidmet. Die Produktion von Kali-, aber auch Stickstoffdünger lag seit Mitte der 1920er-Jahre hauptsächlich in den Händen von Konzernen der I. G. Farben. Diese vermied es jedoch, allzu deutlich für ihre chemischen Produkte zu werben, die in einer „gesunden“ Landwirtschaft Verwendung finden sollten. In der aufwendigen Eigendarstellung „Erzeugnisse unserer Arbeit“ von 1938 reagierte der Konzernzusammenschluss offensiv auf die noch aus der Lebensreformbewegung stammenden, von weiten Bevölkerungskreisen als positiv bewerteten Natur- und Gesundheitsvorstellungen. Auch die Erzeugnisse der I. G. Farben, die aus keinem Lebensbereich mehr wegzudenken waren, seien letztlich Naturprodukte, so eine der eingängigen Botschaften der Publikation.[399]

2.4 Aufstieg und Fall des *Reichsverbands* 1939 bis zum Sommer 1941

2.4.1 Die Siedlungsplanungen im *Reichsnährstand* am Vorabend des Zweiten Weltkrieges

Spätestens mit dem Münchener Abkommen vom September 1938 und der deutschen Annektierung von Teilen der Tschechoslowakei, die als Sudetenland dem deutschen Machtbereich eingegliedert wurden, sahen die nationalsozialistischen Akteure, die mit der „Siedlungsfrage“ befasst waren, konkreten

398 Vgl. Odal (1941) 11, S. 758.
399 I.G. Farben, Erzeugnisse.

Handlungs- und vor allem Planungsbedarf. In der Siedlungsfrage zuständig waren zunächst einmal das *Reichsministerium für Ernährung und Landwirtschaft* (*RMEL*) und der *Reichsnährstand*, somit Minister und Reichsbauernführer Walther Darré, dessen Ministerium – wie auch der *Reichsnährstand* – die „Landnot" der Bauern im Reich lösen sollte. Der *Reichsnährstand* teilte sich in zwei Ämter, das Verwaltungsamt und das Stabsamt; Letzteres war für Darré von zentraler politisch-ideologischer Bedeutung. Da es bei der nationalsozialistischen Siedlungspolitik von Beginn an um ein rassistisches Projekt ging, reklamierte auch das *Rasse- und Siedlungshauptamt der SS* (*RuSHA*) die Siedlungsfrage für sich. Das *RMEL* hatte auch zur SS enge institutionelle Verbindungen. Leitende Funktionäre des *RMEL* und des *Reichsnährstands* wurden gemäß einer Übereinkunft von Himmler und Darré in die SS kooptiert, dort in die Befehlsstruktur eingeordnet und erhielten eine Funktion in der SS und einen Dienstgrad in der Hierarchie.[400]

Als rechte Hand Darrés fungierte, ebenfalls seit 1931, der promovierte Volkswirt und Agrarfunktionär und SS-Gruppenführer Hermann Reischle. Seit 1931 hatte er Darrés Aufstieg in der NS-Agrarpolitik tatkräftig gefördert und vor allem auch durch seine unermüdliche publizistische Tätigkeit wirkungsvoll unterstützt.[401] Hierbei tat sich Reischle von Beginn an als gelehriger Schüler Darrés, als radikaler Vertreter der „Blut und Boden"-Ideologie und durch eine antisemitisch unterlegte kapitalismusfeindliche Terminologie hervor.[402] Reischle war es, der die „Rasse- und Siedlungspolitik" bis zur Entmachtung Darrés, also bis 1942, praktisch und theoretisch vorantrieb und zahlreiche Schlüsselpositionen besetzte. Er leitete bis 1942 das Stabsamt des *Reichsnährstands*, bis 1938 das Rassenamt im *SS-Rasse- und Siedlungshauptamt*, war Hauptamtsleiter im *Amt für Agrarpolitik* bei der Reichsleitung der NSDAP, Mitglied im *Deutschen Reichsbauernrat*, Reichskommissar im Reichsernährungsministerium und stellvertretender Kurator des *SS-Ahnenerbes*.[403] Reischle und sein Mitarbeiterstab

400 Bezeichnend für die sich überschneidenden Funktionen war die Ämterhäufung Hermann Reischles, der das Stabsamt im *Reichsnährstand* leitete und zugleich Führer im Persönlichen Stab des Reichsführers SS und Führer beim Stab des *SS-Personalhauptamtes* war. Vgl. BArch, R 9361 V/5498552, unpag.

401 Zu Reischles publizistischer Tätigkeit vgl. u.a. Publikationslisten, BArch, R 8034 III/370; vgl. v.a. Hermann Reischle, Reichsbauernführer Darré, der Kämpfer um Blut und Boden, eine Lebensbeschreibung, Berlin 1935 und ders., Aufgaben und Aufbau des Reichsnährstandes, Berlin 1934 (mit Wilhelm Saure). Zur Person von Reischle: Dornheim, Rasse, S. 74ff.

402 Vgl. u.a. Bauer gegen Nomade, in: Nationalsozialistische Landpost, 12.10.1933, BArch, R 8034 III/370, unpag.

403 Vgl. BArch, R 16 I/118; BArch, R 9361 V/5498552; Staudenmaier, Occultism, S. 243f.; Isabel Heinemann, Rasse, Siedlung, deutsches Blut. Das Rasse- und Siedlungshauptamt der SS und die rassenpolitische Neuordnung Europas, Göttingen 2003, S. 88f., S. 114–116 und S. 127f.

waren die Ersten, die 1937 in der Siedlungsfrage aktiv wurden. Sie waren es auch, die seit Anfang 1939 bis zum Zeitpunkt des Verbots des *Reichsverbands* im Sommer 1941 das Bündnis zwischen *bdW* und *RMEL* sowie *Reichsnährstand* schmiedeten und so versuchten, die *bdW* für ihre rassenpolitischen Ziele zu vereinnahmen.

Im Folgenden soll kurz auf die Siedlungsplanung und die Machtkämpfe zwischen Himmler und Darré eingegangen werden, um dann der Frage nachzugehen, warum die Vertreter des *Reichsnährstands* seit dem Sommer 1939 begannen, enge Kontakte mit dem *Reichsverband* zu knüpfen, die darin gipfelten, dass Darré im Sommer 1940 öffentlich verlautbaren ließ, die Ausrichtung seiner Landwirtschaftspolitik partiell zu ändern und der *bdW* in Zukunft seine Aufmerksamkeit zu widmen.[404]

Himmler – Darré

Bereits 1936 wurde die Landwirtschafts- und Ernährungspolitik in den Hermann Göring unterstellten Vierjahresplan einbezogen. Da der Staatssekretär Backe und nicht Darré zum Beauftragten des Vierjahresplans im *RMEL* bestimmt worden war, wurde Darrés Entscheidungsspielraum in der Landwirtschaftspolitik eingeschränkt, was aber Darré, der die Planung der Ernährungspolitik bereits zuvor völlig an Backe delegiert hatte, zunächst offenbar wenig tangierte. Seit der Proklamation der „Erzeugungsschlacht" 1934 war die Landwirtschafts- und Ernährungspolitik nun zunehmend auf Effizienz ausgerichtet, die industriell organisierte, mit Kunstdünger arbeitende Landwirtschaft gewann dementsprechend an Bedeutung. Ob es Walther Darrés herrisches und oft jähzorniges Wesen war, seine mangelnde Verlässlichkeit und Neigung zu politischen Alleingängen, seine wiederholten längeren Krankheitsphasen, seine Unfähigkeit, pragmatisches politisches Handeln und ideologische Ziele in Einklang zu bringen und Kompromisse mit den übrigen Mächtigen des Reiches zu finden, oder ob – wie in der jüngeren Sekundärliteratur angenommen – inhaltliche Differenzen der Himmler'schen und Darré'schen Siedlungsprojekte die Gründe waren, wird in der Forschung kontrovers diskutiert.[405]

Jedenfalls verlor Darré spätestens ab Ende 1938 allmählich an politischem Einfluss, bis er dann im Sommer 1942 beurlaubt, isoliert und völlig entmachtet

404 BArch, N 1094 II/1a, unpag., Schriftwechsel Darrés Sommer 1940.

405 Vgl. Dornheim, Rasse, S. 45 ff. Während Darré an seinem Konzept der „Aufnordung" des Bauerntums festhielt, so Uwe Mai, entwickelte Himmler immer stärker die Planung eines „großgermanischen Imperiums", eines „Germanischen Reiches", vgl. Uwe Mai, „Rasse und Raum". Agrarpolitik, Sozial- und Raumplanung im NS-Staat, Paderborn u. a. 2002, S. 125 ff.

wurde. Ende 1938 hatte Darré, verärgert über einen Personalstreit mit Himmler, diesem angeboten, die Leitung des *RuSHA* abzugeben. Himmler hatte diesem freiwilligen Verzicht rasch zugestimmt, wohl auch in dem Wissen, dass das zu diesem Zeitpunkt vor allem für Rasseprüfungen und -schulungen zuständige, noch nicht sehr bedeutsame SS-Hauptamt für ihn strategisch bedeutsam werden könnte. Mit der Hitler-Mussolini-Vereinbarung vom 23. Juni 1939 wurde Heinrich Himmler als Reichsführer SS mit den Umsiedlungsplänen für die deutsche Bevölkerung Südtirols beauftragt. Ein entscheidender Machtverlust für Darré in Bezug auf die Siedlungspolitik war der „Erlass zur Festigung des deutschen Volkstums", den Hitler kurz nach dem Überfall auf Polen anordnete. Mit der Durchführung dieser Aufgaben wurde Himmler beauftragt. In den Ausführungen hieß es: Die „dem Reichsführer-SS übertragenen Aufgaben werden, soweit es sich um die Neubildung des deutschen Bauerntums handelt, von dem Reichsminister für Ernährung und Landwirtschaft nach den allgemeinen Anordnungen des Reichsführers-SS durchgeführt". Selbst diese Bestimmung, eine klare Herabsetzung Darrés, war erst nach einer Intervention Darrés in den Erlass aufgenommen worden.[406] Sie bedeutete eine Degradierung des Reichsministers, der nun Himmler gegenüber weisungsgebunden war. Im August 1939 hatte Darré vergeblich versucht, Hitler davon zu überzeugen, ihm die „systematische Ostlandsiedlung wie überhaupt eine systematische Grenzlandsiedlung" zuzusprechen.[407] Auch wenn Darré ab 1938 sukzessive an Einfluss verlor, so kämpfte er doch energisch bis zu seiner Beurlaubung 1942 um seinen Einflussbereich auf die Siedlungsplanung, vor allem um die „Neubildung des deutschen Bauerntums", die er als Kern seines „Blut und Boden"-Programms sah.[408]

Mit Beginn des Jahres 1939 startete ein Wettlauf um die Macht über das, was die Siedlungsplaner euphemistisch als „Neuland" bezeichneten. Im polykratischen NS-Staat konkurrierten nun mehrere Institutionen der SS und das *RMEL* um die sogenannte Siedlungsfrage. Es trat damit eine unerwartete, aus der historischen Rückschau erstaunliche und für die Akteure der *bdW* wohl etwas märchenhaften Wende ein: War die *bdW* bislang von Gestapo und SD überwacht und von den Funktionären des *Reichsnährstands* oft drangsaliert worden

406 Vgl. Dornheim, Rasse, S. 116.

407 Darré an Hitler, 3. 8. 1939, zit. n. Mai, „Rasse und Raum", S. 124.

408 Vgl. Mai, „Rasse und Raum", S. 131. Zu Darrés erfolglosen Bemühungen, die er in enger Absprache mit Hermann Reischle unternahm, als er sogar versuchte, ein neues Reichsministerium für „Boden und Raumordnung" zu initiieren, und Hermann Göring anbot, den Bereich der Ernährung für ein solches neues Ministerium abzutreten, vgl. Mai, „Rasse und Raum", S. 133 ff.

und nur dank der Protektion des Amtes Heß mit der wirtschaftlichen Erholung der deutschen Landwirtschaft zu etwas Prosperität gekommen, begann nun ein wahrer Wettlauf um die Gunst des *Reichsverbandes* zwischen hohen SS-Funktionären: dem mächtigen Funktionär des *Reichsnährstands* Hermann Reischle, dem Führer des *Rasse- und Siedlungshauptamts (RuSHA)* Günther Pancke wie auch dem mächtigen und einflussreichen Führer des *Wirtschafts-Verwaltungshauptamts der SS* (*WVHA*) Oswald Pohl und dem ihm unterstellten Leiter der *Deutschen Versuchsanstalt* (*DVA*) Heinrich Vogel.

In seiner Protektion der *bdW* suchte Hermann Reischle von Anfang an den Schulterschluss mit der SS. Im Mai 1939 nahm er Kontakt mit Darrés Nachfolger im *Rasse- und Siedlungshauptamt* Günther Pancke auf und übermittelte seine Vorträge zur Siedlungspolitik, die er 1939 auf der Tagung auf der Ordensburg Vogelsang gehalten hatte, „mit der Bitte um unbedingt persönliche und vertrauliche Kenntnisnahme", und fügte „umfangreiches statistisch-kartografisches Material" hinzu.[409] In den beiden folgenden Jahren, bis Pancke im Sommer 1940 abgelöst wurde, kooperierten die beiden führenden Funktionäre von *Reichsnährstand* und *RuSHA* eng miteinander. Pancke betonte in seinen Stellungnahmen, dass die *bdW* von einem breiten Bündnis von *REML*, Rudolf Heß und dem einflussreichen *Wirtschafts-Verwaltungshauptamt der SS* unter Oswald Pohl gefördert wurde, und war bemüht, jede Kritik aus den eigenen Reihen zu unterbinden. Als z.B. in einer Publikation des *Ahnenerbes* kritisch über die *bdW* berichtet wurde, versuchte er den Autor einzuschüchtern, indem er die Phalanx der Unterstützer aufzählte und damit eine Drohkulisse aufbaute: Sowohl das *Reichsministerium für Ernährung und Landwirtschaft*, der Stellvertreter des Führers als auch „die Schutzstaffel, insbesondere auch das WVHA und das RSHA", hätten die *bdW* einer Prüfung unterzogen und seien zu der Überzeugung gekommen, „daß bei dieser Wirtschaftsweise nach erfolgter Reinigung von übernatürlichen und magischen Zutaten außerordentlich wertvolle Erkenntnisse und Vorteile sich ergeben haben".[410]

Im Januar 1940 wandte er sich an Heydrich im *RSHA* und schlug vor, Bartsch in die SS aufzunehmen, weil, so Pancke, die *bdW* „für die zukünftigen Wehrbauern und Bauern im Osten die einzig richtige Wirtschaftsweise" sei.[411] Heydrich lehnte dies im Februar 1940 mit der Begründung ab, er wolle keinen Präzedenzfall schaffen.[412] Die Initiative, Bartsch in die SS aufzunehmen, ging

409 BArch, R 9361 III/549852, unpag., Reischle an Pancke, 4.5.1939.

410 BArch, R 9361 III/546720, unpag., Pancke an die Forschungsgemeinschaft „Das Ahnenerbe", 19.4.1940.

411 BArch, R 9361 III/546720, unpag., Pancke an Heydrich, 8.1.1940.

412 BArch, R 9361 III /546720, unpag., Heydrich an Pancke, 29.2.1940.

offensichtlich von Oswald Pohl aus, der Carl Grund in einem Gespräch berichtete, er habe Bartsch als „höheren Führer" in die SS aufnehmen wollen. Dies sei jedoch abgelehnt worden, da, so Pohl, „der Obergruppenführer Heydrich die Anthroposophie Dr. Steiners als freimaurerisch bezeichnete und sie an offizieller Stelle so angesehen wurde".[413] Tatsächlich war die Frage, ob die *Anthroposophische Gesellschaft* analog zu den *Freimauern* als „logenähnlich" einzustufen sei, seit dem Verbot 1935 in der NS-Bürokratie über Jahre kontrovers diskutiert und der Umgang mit ihr endgültig 1939 festgeschrieben worden. Ein Mitglied einer 1935 verbotenen Loge durfte aber weder in die NSDAP noch in eine ihrer Gliederungen aufgenommen werden. – Ausführlich wird die Auseinandersetzung um die Logenfrage weiter unten erörtert (siehe Kapitel 2.4.4).

Schon zu Beginn des Jahres 1940 wurden, wohl auf Anweisung Himmlers, die Kompetenzen Panckes bezüglich der Zusammenarbeit mit dem *Reichsverband* eingeschränkt. In allen Fragen, die mit der Bewirtschaftung der *bdW* zusammenhingen, teilte Pancke Bartsch mit, sei nun Oswald Pohl vom *WVHA* der SS zuständig, lediglich die Durchführung der Schulungen bleibe Aufgabe des *RuSHA*.[414] Im Februar 1940 bestätigte Bartsch: „Mit Gruppenführer Pohl stehe ich bereits in konkreter Zusammenarbeit."[415] Tatsächlich kooperierte der *Reichsverband* seit Ende 1939 vor allem mit der zum Wirtschaftsimperium Pohls gehörenden *Deutschen Versuchsanstalt* in Dachau, die die biologisch-dynamische Umstellung des Kräuterbetriebes am Dachauer KZ durchführte. „Diese Arbeit hat sich im Jahre 1940 besonders fruchtbar entwickelt", hieß es im Geschäftsbericht des *Reichsverbands* vom 15. Dezember 1940.[416] Es kam sogar zu einem organisatorischen Zusammenschluss, und die *DVA* wurde „korporatives Mitglied" des *Reichsverbandes*. Planungen zu weiterer Kooperation zwischen *Reichsverband* und *WVHA* gab es wohl selbst noch zu dem Zeitpunkt, als der *Reichsverband* im Sommer 1941 im Zusammenhang mit der Gestapo-*Aktion gegen Geheimlehren und sogenannte Geheimwissenschaften* aufgelöst wurde. Nach seiner Verhaftung im Juni 1941 gab Bartsch in der Vernehmung der Gestapo an, ganz zuletzt sei ihm noch der Befehl des Reichsführers SS Heinrich Himmler übermittelt worden, „dass aus den bisher schon in Umstellung

413 BArch, R 9349/11, unpag., Bericht, 29.7.1940: Besichtigungstour Vogel, Beichl, Grund, Heynitz vom 23. und 24.7.1940.

414 BArch, R 9361 III/546720, unpag., Pancke an Bartsch, 30.1.1940: „Sie selbst Herr Bartsch werden in Zukunft sowohl mit dem SS-Gruppenführer Pohl in allen Fragen der Bewirtschaftung zu tun haben […] und zweitens mit mir bei der Aufstellung und Durchführung der Lehrgänge, soweit es sich um die Einführung der bdW handelt."

415 BArch, R 9361 II /45727, unpag., Bartsch an Pancke, 14.2.1940.

416 BArch, R 9349/3, unpag., Geschäftsbericht des Reichsverbands 1939/40.

begriffenen landwirtschaftlichen und gärtnerischen Betrieben der Reichsführung SS auch eine 18 000 Morgen grosse Wirtschaft in Auschwitz in b.-d. [biologisch- dynamische] Bewirtschaftung übernommen werden" sollte. Er sei bereits zu einer „Lokalbesichtigung des Ortes" aufgefordert worden.[417] Dazu kam es jedoch nicht mehr.

Die „Neuraum"-Planungen des *Reichsnährstands*

Zu Beginn des Jahres 1939 – die Expansion NS-Deutschlands war mit der Einnahme von Teilen der Tschechoslowakei und dem „Anschluss" Österreichs längst Realität, der Überfall auf Polen stand bevor – wurden die geheimen Siedlungsplanungen im internen Kreis publik gemacht. So hielt Hermann Reischle Ende März 1939 auf einer Schulungstagung des *Reichsamtes für Agrarpolitik* der NSDAP auf der Ordensburg Vogelsang eine programmatische Rede. Er berichtete über die zunächst streng geheimen Planungen im *Reichsnährstand* zur Siedlungsfrage, mit denen man 1937 im Stabsamt des *Reichsnährstands* begonnen hatte.[418] Mit diesen Planungen setzte eine „grundlegende Veränderung in der Siedlungs- und Bauernpolitik" ein.[419] Die Planungen zielten nun auf die Besiedlung von „Neuräumen außerhalb der augenblicklichen Reichsgrenzen". Die Größenordnung dieser Aufgabe habe die bisherigen Siedlungspläne weit in den Schatten gestellt.[420] Hermann Reischle war offenbar von Hitler selbst mit diesen geheimen Planungen beauftragt worden.[421] Im Februar 1937 hatte er eine Geheimakte mit dem Tarnnamen „S[iedlungs]-Planung" anlegen lassen und einen Arbeitskreis gebildet.

In seiner Rede im Januar 1939 stellte Reischle diese Planungen nun dem Auditorium vor. Am 20. Februar 1937 habe er den Auftrag erteilt, sofort eine „generalstäblerische Arbeit" in Angriff zu nehmen, die die Planung der Besiedlung eines „Neuraums außerhalb der augenblicklichen Reichsgrenzen" zum Gegenstand habe. Die Planung habe sich dabei auf alle auftauchenden Fragen „wie die der Blutsfrage, des Bodenrechts, der Ernährungswissenschaft usw." erstreckt.[422] Man habe damals „vor folgender grotesker Lage" gestanden: „Alles sprach in Deutschland hinter der hohlen Hand von dem Neuraum, den der

417 BArch, R 58/6223, Bl. 302, Protokoll Verhör Bartsch, 20. 6. 1941.

418 BArch, R 9361 V/5498552, Rede Reischle auf der Ordensburg Vogelsang 31. 3. 1939 („Vertraulich"); vgl. Dornheim, Rasse, S. 112 f.; Mai, „Rasse und Raum", S. 78–87.

419 Mai, „Rasse und Raum", S. 77 f.

420 Vgl. ebenda, S. 78.

421 Vgl. ebenda.

422 BArch, R 9361 V/5498552, Reischles Rede auf der Ordensburg, Vogelsang, 31. 3. 1939 („Vertraulich").

Führer einmal so oder so dem deutschen Volke sichern werde, […] so machte sich vollends kein Mensch irgendwie konkrete Gedanken darüber, was überhaupt nach dem kommenden Tage der Entscheidung zu geschehen habe, wie überhaupt die Frage der Sicherung eines solchen Neuraumes für alle Zeiten anzufassen sein würde." Das „Tor nach dem Osten" sei „erstmalig in fremdvölkisches Siedlungsgebiet hinein aufgestoßen". Die „wahre Grenze unseres Volkes" liege dort, „wo der deutsche Bauer den Pflug über die Erde führt". Die Frage des „germanisch-deutschen Lebensraum[s]" werde nicht „durch Germanisierung fremdvölkischer Menschen" gelöst, „sondern, wie der Führer in seinem Buch ‚Mein Kampf' sagt, durch ‚Germanisierung des Bodens'."[423] Er brauche ihnen „wohl nicht versichern", so Reischle zu den NS-Agrarexperten, dass er „die absolute innere Gewißheit" besitze, „hier im Sinne R. Walther Darrés zu arbeiten".[424]

Bevor die Bemühungen dargestellt werden, die das Stabsamt im *Reichsnährstand* unter Hermann Reischle unternahm, um die führenden Männer der *bdW* für sein Programm der „Neubildung des deutschen Bauerntums" einzunehmen, soll zunächst der Frage nachgegangen werden, wie der *Reichsverband* und sein Leiter Erhard Bartsch im Jahr 1939 agierten und wie sie auf den Kriegsbeginn im September des Jahres reagierten. Denn das Jahr 1939, in dem für Zeitgenossen, aber vor allem auch im historischen Rückblick alles auf den Krieg zusteuerte, hatte für Bartsch noch eine ganz andere Bedeutung, die für ihn handlungsleitend war.

2.4.2 Der *Reichsverband* in den Jahren 1939 und 1940

Bartsch und das dritte Jahrsiebt

Überzeugte Anthroposophen wie Erhard Bartsch waren Kinder ihrer Zeit, lebten aber gedanklich immer auch in einer Art anthroposophischen Parallelwelt, in der die Worte und Vorhersagen Steiners großes Gewicht hatten. Der Impuls von Koberwitz, mit dem Rudolf Steiner 1924 die neue Landwirtschaft aus der Taufe hob, hatte den zweiten Sieben-Jahre-Zyklus und damit die Geburtswehen und Kinderschuhe hinter sich gelassen und musste nun, gemäß einer für Bartsch evidenten Gesetzmäßigkeit, in eine neue Phase geführt werden. Da die Sieben-Jahre-Zyklen analog zur menschlichen Entwicklung gedacht wurden, war die *bdW* nach 14 Jahren dem Kinderstadium entwachsen. Was nun nottat, war ein

423 Ebenda, zur Rede vgl. Dornheim, Rasse, S. 112 f.; Mai, „Rasse und Raum", S. 78–87.
424 Mai, „Rasse und Raum", S. 78–87.

neuer, intensiver geistiger und pädagogischer Impuls, um die *bdW* im nächsten Jahrsiebt zu erwachsener Reife zu bringen. Diese neue Stoßrichtung nannte Bartsch den „Dorfschulimpuls", wobei dem „Impuls" als ideeller Kraft im anthroposophischen Denken eine zentrale Rolle für geistig-materielle Veränderung zukommt.

Neben der landwirtschaftlichen und vor allem der Arbeit als Leiter des *Reichsverbands* und Redakteur von *Demeter* verfasste Bartsch spätestens ab Ende 1938 bis zum Frühjahr 1941 etliche Denkschriften, die um die Themen gesellschaftliche Bedeutung der *bdW*, Landflucht, vor allem aber um die bäuerliche Bildung kreisten.[425] Er entwickelte hierbei ein umfassendes anthroposophisches Bildungsprogramm. „Es ging Bartsch offenbar darum", schreibt Uwe Werner in seiner Untersuchung „Anthroposophen in der Zeit des Nationalsozialismus", „wie von der Landwirtschaft aus ein Bildungsimpuls entwickelt werden könne, der sich heilend auf alle Lebensgebiete des Menschen auswirke. Unzweifelhaft legte Bartsch hier seine inneren Überzeugungen offen, die durch die unmittelbaren Erfahrungen mit der biologisch-dynamischen Landwirtschaft entstanden waren."[426] Zentrum der Forschungs- und Lehrtätigkeit sollte der „Erbhof" Marienhöhe sein, um dort die Idee der „lebendigen Betriebsindividualität" vorzuleben.[427]

Die Denkschriften variierten immer ähnliche Grundgedanken. Vor Beginn des Krieges, so Bartschs Zeitdiagnose, sei immer deutlicher in Erscheinung getreten, „dass die alten tragenden Kräfte des Bauerntums nicht mehr wirksam" seien. Mit Rekurs auf das 19. Jahrhundert griff er eine weitverbreitete Argumentation auf, die Agronomen Albrecht Daniel Thaer und Justus Liebig hätten durch die Idee der Rationalisierung die bäuerliche Wirtschaftsweise zu einem gewinnorientierten Gewerbe gemacht. Da menschliche Arbeitskraft durch Maschinen ersetzt werde, sei Landflucht eine notwendige Folge. Die Abwanderung von Landarbeitern in städtisch-industrielle Berufe habe dadurch weiter zugenommen, was zur Not der Bauern geführt habe. Der „immer bedrohlicher werdenden Lage" müsse ein „neuer idealistischer Impuls" entgegengesetzt werden. Aus diesem Grund habe der *Reichsverband* die „Dorfschul-AG" gegründet, deren Aufgabe es sei, in der bäuerlichen Wirtschaft ein Bildungssystem vom Kindergarten über die Dorfschule bis zur bäuerlichen Hochschule einzurichten. Ziel dieses Impulses sei die Schaffung einer neuen bäuerlichen Kultur,

425 Vgl. Werner, Anthroposophen, S. 277.
426 Ebenda.
427 Vgl. ebenda.

die aus der biologisch-dynamischen Arbeit heraus entwickelt werden sollte.[428] Die *bdW* bedeutete für Bartsch weit mehr als ein landwirtschaftliches Verfahren. Im Mittelpunkt stand die Idee des geschlossenen Betriebsorganismus, eine Art Kreislaufwirtschaft, die – und das war entscheidend – sich nicht vorrangig auf das Stoffliche bezog, sondern den wirtschaftenden Menschen als Teil des Organismus verstand und mit anthroposophischen Ideen unterlegt war. Daher lautete eine von ihm verfasste Denkschrift, in der er für die Organisation der Landwirtschaft in geschlossenen Betriebsorganismen plädierte, „Die Überwindung der Landflucht": „Das Problem der Landflucht ist die Frage nach einer schöpferischen, wahrhaft sozialen Arbeitsmethode in der Landwirtschaft und einheitlichen Erziehung des bäuerlichen Menschen von Kind an." „Altruismus" und „Sozialismus" entwickelten sich bei dieser Organisationsform von selbst.[429]

Bartschs Bildungsvorhaben wies deutlich antimoderne Züge auf und idealisierte die ländlich-bäuerliche Lebensweise. Es enthielt aber auch innovative Anteile, weil es eine nachhaltige Kreislaufwirtschaft sozial einbettete. Es beinhaltete praktische Siedlungskonzepte, in denen die Düngungsmethode, Heckenpflanzungen, Fruchtfolgen, Regelung der Größe des Viehbestandes genau festgelegt wurden. Was den Siedlungskonzepten jedoch fehlte, war ein Bezug auf die expansiven und rassistischen Vorstellungen der Nationalsozialisten. Wenn der Begriff Rasse überhaupt auftauchte, dann nur in Bezug auf die Tier- und Pflanzenzucht. Die Schriften mündeten in einem Konzeptpapier zur „Gründung einer Goethe-Hochschule für Forschung und Bildung aus bäuerlicher Lebensordnung", die am 12. August 1940 als eingetragener Verein in Bad Saarow ins Leben gerufen wurde. Die Initiative für die Gründung einer „Goethe-Hochschule"[430] ging inhaltlich und konzeptionell fast ausschließlich von Erhard Bartsch aus.[431] Das Konzept war weit ausgearbeitet, benannte unterschiedliche Themenfelder sowie eine Liste von Lehrkräften, die alle einen anthroposophischen Hintergrund hatten oder zumindest die Anthroposophie nicht ablehnten, wie z. B. Landschaftsarchitekt Alwin Seifert und der damals berühmte Chirurg Prof. August Bier, dessen unorthodoxe, naturheilkundliche Überlegungen Furore gemacht hatten.

428 BArch, R 9349/12, unpag., Geschäftsbericht 1939/40.

429 BArch, NS 15/304, Bl. 57123, Erhard Bartsch, Überwindung der Landflucht, 13. 1. 1939.

430 „Gründung einer Goethe-Hochschule für Forschung und Bildung aus bäuerlicher Lebensordnung in Bad Saarow/Mark durch den Versuchsring für biol-dyn. Wirtschaftsweise e. V." (12. 8. 1940) lautet der vollständige Titel der Denkschrift, die Bartsch am 12. 8. 1940 abschloss. Vgl. Werner, Anthroposophen, S. 405–408.

431 Vgl. Werner, Anthroposophen, S. 277.

Erhard Bartsch, Alfred Baeumler und die Idee der Fruchtbarkeit

Spätestens 1939 begann ein enger Austausch zwischen Bartsch und dem Pädagogikprofessor Alfred Baeumler, der als Leiter der Abteilung Wissenschaft im *Amt Rosenberg* 1938 ein umfangreiches Gutachten „Rudolf Steiner und die Philosophie“[432] verfasst hatte und sich nun auch der Frage der „weltanschaulichen“ Grundlagen der biodynamischen Wirtschaftsweise zuwandte. Infolge des teilweise erstaunlich positiven Gutachtens Baeumlers zur Person Rudolf Steiners war ein Großteil von dessen Schriften wieder zur Veröffentlichung freigegeben worden. Den offiziellen Bescheid hatte der *Reichsverband* im Januar 1939 vom Propagandaministerium erhalten.[433] Für Erhard Bartsch war diese Freigabe, für die er sich zusammen mit der Waldorflehrerin Elisabeth Klein starkgemacht hatte, ein bedeutsames Zeichen der Hoffnung, dass die Anthroposophie nun doch Raum im nationalsozialistischen Deutschland finden könne. Baeumler war „wohl der einzige nennenswerte Nationalsozialist, der sich *inhaltlich* näher mit Steiner auseinandergesetzt hat“, so Uwe Werner in seinem Aufsatz „Rudolf Steiner zu Individuum und Rasse“.[434] Als Mitarbeiter Alfred Rosenbergs war er seit 1939 häufig zu Besuch in Marienhöhe und verbrachte im Sommer 1940 einige Monate in Bad Saarow, wodurch es zu einem intensiven Gedankenaustausch mit Bartsch kam. Baeumler nahm an den Vorträgen teil, die Bartsch im internen Kreis hielt, las die Denkschriften, vor allem suchte er immer wieder das Gespräch mit Bartsch. Er versorgte Bartsch auch mit nationalsozialistischer Literatur und schickte ihm z. B. einen Sonderdruck der Rede „Gold und Blut“, die Alfred Rosenberg am 28. November 1940 in Paris gehalten hatte.[435] Ein Ergebnis dieses Austauschs war die Arbeitsvorlage zu einer Denkschrift „Über die biologisch-dynamische Wirtschaftsweise in weltanschaulicher Hinsicht“,[436] die er allerdings nicht fertigstellte.[437]

Sichtlich beeindruckt von seinen Gesprächen mit Bartsch schrieb Baeumler ganz im Stil des NS-Pathos: „Die Fruchtbarkeit zur tragenden Idee der Betriebs-

432 BArch, NS 15/305, Bl. 58409, veröffentlicht in: Wagner, Dokumente und Briefe, S. 74–80.

433 Vgl. BArch, R 9349/11, unpag., Mitteilung des Reichsministeriums für Volksaufklärung und Propaganda an den Reichsverband, E. Bartsch, 14. 1. 1939, enthält die Mitteilung über die Freigabe etlicher Schriften Steiners.

434 Werner, Individuum und Rasse, S. 764.

435 Alfred Rosenberg, Gold und Blut. Rede vom 28. November 1940 in der französischen Abgeordnetenkammer zu Paris (Hier spricht das neue Deutschland!, Heft 15), München 1941, https://dokumen.pub/qdownload/gold-und-blut.html [24. 5. 2024].

436 BArch, NS 15/305, Bl. 57711, Über die biologisch-dynamische Wirtschaftsweise in weltanschaulicher Hinsicht. Manuskript, 13. 12. 1940, gezeichnet: „B[aeumler]/Schae“, in: Wagner, Dokumente und Briefe, Bd. 3, S. 39–51.

437 Die Denkschrift enthält Streichungen und Verbesserungen und bricht am Ende mitten im Satz ab, vgl. ebenda.

individualität zu machen, ist ein großer Gedanke."[438] „Es ist wohl das erste Mal, daß die Tätigkeit des Bauern so in das Licht eines großen Gedankens gerückt wird, und es ist durchaus wahrscheinlich, daß dieser Gedanke eine große Anzahl Menschen zu einem Enthusiasmus hinreißen vermag, der zum praktischen Handeln führt und selbst Rückschlägen standhält."[439] Und doch, so der ideologische Einwand, sei der von Bartsch gewählte Ansatz für die Bestimmung des Bauerntums ungenügend. Es fehle die Einordnung in die Rassentheorie und die Geschichte des „völkischen" Kampfes der „Germanen". Der Bauer sei aber „zuerst und zuletzt ein Glied des völkischen Zusammenhangs".[440] Befremdet bemerkte der Autor: „In seiner charakterlichen und persönlichen Haltung verleugnet Dr. Bartsch den ehemaligen Offizier des Weltkrieges niemals. Es ist umso merkwürdiger, daß sein Begriff vom Bauerntum so gänzlich unpolitisch und unkriegerisch ist." „Das Politische" – gemeint ist der Rassenkampf – könne nicht vorkommen, „da die wehrhafte Gemeinschaftshaltung durch die erkennend-priesterliche Funktion ersetzt" sei.[441] Trotz dieses Mankos müsse „jeder Vorschlag zur Wiederherstellung des Bauerntums gründlichst geprüft werden",[442] da eine steigende Landflucht „die Gefahr des Volkstodes" bedeute. Auch wenn in Kriegszeiten eine effektive Landwirtschaft unerlässlich sei, dürfe die Erörterung einer naturgemäßeren Wirtschaftsweise daher nicht unterbunden werden.[443] Baeumler plädierte für „eine Wendung des Blicks": „Selbst wenn die Chemie Wunder vollbrächte, würde sie den deutschen Bauern nicht retten. [...] nur wenn das bäuerliche Leben wieder einen Sinn in sich trägt, der die Menschen vom ersten Tageslicht bis in die Nacht zu unermüdlicher Arbeit anspornt, nur wenn der kleinste bäuerliche Betrieb von einer Idee durchstrahlt ist, werden wertvolle deutsche Menschen die Arbeit des Säens und Erntens auf sich nehmen."[444]

Mit explizit positivem Bezug auf Rudolf Steiner, das unterscheidet diese Denkschrift von anderen nazistischen Einschätzungen, fuhr Baeumler fort, dass Steiner bewusst an die Überlieferung deutschen Bauerntums anknüpfe. Steiners Werk sei ein „Versuch zur Wiedergewinnung alter bäuerlicher Praxis auf dem Wege bewusster Forschung. Aus dem dynamischen, d.h. nicht auf Stoffe und Quantitäten, sondern auf Qualitäten und Kräfte bezogenen Erkennen der

438 Baeumler, Wirtschaftsweise, in: Wagner, Dokumente und Briefe, Bd. 3, S. 44.
439 Ebenda, S. 40.
440 Ebenda, S. 44.
441 Ebenda, S. 46.
442 Ebenda, S. 47.
443 Vgl. ebenda.
444 Ebenda, S. 50.

Welt heraus, hat Steiner die alte bäuerliche Praxis gerechtfertigt und vervollständigt."[445] Er habe ein Verfahren zur Beobachtung der Kräftewirkungen der Natur angeleitet und eine neue Methode der Düngung gewiesen. „Durch die Anwendung der Mittel, durch die ständige Beobachtung der Kräftewirkungen in der Natur, durch Berücksichtigung von Sonne und Mond wird die bäuerliche Arbeit interessant und spannend wie ein Roman."[446]

Baeumler teilte mit Bartsch die Angst vor einem bevorstehenden Untergang des Bäuerlichen, vor Landflucht und Verödung des Bodens, die zum „Volkstod" führen könne. In dieser fortschrittskritischen Verfallsgeschichte war die Wiederherstellung der bäuerlichen Welt ein Rettungsanker. Was ihn aber wohl eigentlich reizte, war die universale Idee, die nicht nur alle Menschen, sondern Natur und Kosmos in eine Meistererzählung einschloss und der landwirtschaftlichen Praxis einen vermeintlich tieferen Sinn gab. Der „große Gedanke" faszinierte ihn vor allem deshalb, weil er offenbar „Enthusiasmus" hervorrief und zu unermüdlicher Arbeit anspornte, die auch „Rückschlägen" standhielt. Dieses bedingungslose Engagement hatte Baeumler bei Bartsch und anderen *bdW*-Aktivist:innen beobachten können. Ihn fesselte die Mischung aus ständiger Beobachtung der Kräftewirkung der Natur und bäuerlich-traditionellem Wissen, das so gerechtfertigt und „vervollständigt" werde, eine Idee, die Baeumler gerne für die NS-Ideologie fruchtbar machen wollte. Er vermisste allerdings den Kampf der „Rassen". Den Widerspruch zwischen seiner Faszination und der Kritik konnte Baeumler letztlich nicht auflösen. Möglichweise gelang es ihm auch deswegen nicht, die Denkschrift abzuschließen. Wahrscheinlicher ist allerdings, dass er die Arbeit noch nicht abgeschlossen hatte, als die *bdW* im Sommer 1941 in Ungnade fiel.

Bartsch und der Kriegsbeginn

Während alle Denkschriften von Bartsch der Jahre 1939 und 1940 ein erstaunlich geschlossenes anthroposophisches Programm enthielten, bemühte er sich seit Beginn des Jahres 1939 immer wieder, seine Schriften allen den Vertretern des NS-Staats nahezubringen, von denen er annahm, dass sie in irgendeiner Form Interesse haben könnten. Am 13. Januar 1939 übermittelte Bartsch die Denkschrift „Darstellung über Wesen und Wert der biologisch-dynamischen Wirtschaftsweise" an Alfred Baeumler mit der Bitte um „Prüfung, ob diese Denkschrift geeignet ist, Reichsleiter Rosenberg vorgelegt zu werden". Er habe

445 Ebenda, S. 51.
446 Ebenda.

diese Denkschrift für Rudolf Heß zusammengestellt. Ein Exemplar könne auch an Heinrich Himmler gehen.[447] Am gleichen Tag schickte Bartsch diese Denkschrift an den Führer der *Deutschen Gesellschaft für Lebensreform*, Hanns Georg Müller, mit der Frage, „ob der Zeitpunkt gekommen" sei, „dem Führer über den Standpunkt unserer Arbeit zu berichten".[448] Dieser antwortete einige Tage später, er werde die Denkschrift über einen Gewährsmann Darré übermitteln und würde gerne Bartschs Abhandlung, obwohl er sie wunschgemäß „vertraulich behandelt" habe, allen Mitgliedern des Arbeitskreises der Deutschen Lebensreform überreichen.[449]

Mit dem Überfall auf Polen, der Besetzung Westpolens, dem Kriegseintritt Großbritanniens und Frankreichs erwachte in Erhard Bartsch der Militär, der als junger Mann im Ersten Weltkrieg als Offizier der Luftwaffe eine steile Karriere gemacht hatte. Nach der Kriegsniederlage hatte er in einer Reichswehreinheit das deutsch-polnische Grenzgebiet überwacht und im Rahmen der Steiner'schen Dreigliederungsbewegung für eine Volksabstimmung in den umstrittenen deutsch-polnischen Gebieten gekämpft. Tief enttäuscht von den Bestimmungen des Versailler Vertrages, hatte Bartsch 1920 seinen Wunsch, Berufssoldat zu werden, aufgegeben, den Militärdienst in der Reichswehr quittiert und ein Landwirtschaftsstudium begonnen. Auch Baeumler hatte ja beobachtet, dass Bartsch stets den ehemaligen Offizier des Weltkrieges erkennen ließ.

Als Offizier der Reserve wurde er offenbar noch im September 1939 kurzfristig mobilisiert, ohne jedoch aktiven Wehrdienst leisten zu müssen, und widmete sich in der Folgezeit ausschließlich dem einen Ziel, die unterschiedlichen Regierungsstellen und die Wehrmacht davon zu überzeugen, dass die *bdW* für den Krieg und den Sieg Deutschlands einen notwendigen Beitrag leisten könne und müsse. Schon ganz im militärischen Duktus „ordnete" Bartsch am 11. September 1939 an, dass Franz Dreidax während seiner militärischen Dienstzeit seine Funktionen im *Reichsverband* übernehme, den Anweisungen von Dreidax sei „Folge zu leisten".[450] Der Septemberausgabe 1939 der Zeitschrift *Demeter* wurde ein Flugblatt beigelegt, das die Anhänger der *bdW* zum „Einsatz" in der „Stunde der Bewährung" aufforderte: „Der Führer hat die Verteidigung der Ehre und der Lebensrechte des deutschen Volkes übernommen. Der Entscheidungskampf gegen Ungeist und Unrecht von Versailles hat eingesetzt. Friedliebend ist der Deutsche. Nur in der Verteidigung greift er zum Schwert. Dann aber schreitet

447 BArch, NS 15/304, unpag., Bartsch an Baeumler, 13. 1. 1939.
448 BArch, R 9349/3.
449 BArch, R 9349/3, unpag., Müller an Bartsch, 19. 1. 1939.
450 BArch, R 9349/2, unpag., Anordnung Bartsch vom 11. 9. 1939.

er als mutvoller Streiter zum Angriff. Die Bauern und Landwirte der biologisch-dynamischen Wirtschaftsweise haben fünfzehn Jahre ihre Einsatzbereitschaft für Ehre und Freiheit unter Beweis gestellt. Selbst kampferprobt, empfinden sie es tief und stark, wenn Recht und Freiheit durch Neid und Haß bedroht sind. [...] Im Schutze der Ordnung, die der Führer schuf, konnte eine verantwortungsvolle und gesegnete Aufbauarbeit zu Ende geführt werden. Ein urdeutscher Impuls in der Landwirtschaft ist ausgestaltet worden."[451]

„Betriebsautarkie" war nun der neue Schlachtruf, hinter dem die Begriffe „Betriebsorganismus" und „Betriebsindividualität" vollkommen verschwanden. Bartsch verließ für einige Zeit Marienhöhe und quartierte sich im Berliner Hospiz am Askanischen Platz ein; er verfasste mehrere Briefe und Eingaben, in denen er die Bedeutung der *bdW* für die Kriegswirtschaft, aber auch für die Landwirtschaft im eroberten Polen herausstrich. Er wandte sich nun dringlich und wiederholt, allerdings ohne Erfolg, an den Leiter des Vierjahresplans Hermann Göring, der eben erst zum Generalfeldmarschall erhoben worden war. Bereits am 10. September 1939 schrieb Bartsch an das Sekretariat von Göring und bat nachdrücklich um einen Termin. Er halte es für seine Pflicht, über die Bedeutung der Betriebsautarkie[452] aufzuklären, insbesondere auch für die Intensivierung der polnischen Landwirtschaft, wo der *Reichsverband* Erfahrungen aus der *bdW* einbringen könne.[453] Mitte September 1939 schrieb er in einem weiteren Brief, durch die Kriegssituation werde es zu Kunstdünger- und Phosphatausfällen und anderen Hemmungen in der Landwirtschaft kommen. Betriebe, die nach Grundsätzen der Betriebsautarkie aufgebaut seien – gemeint sind hier *bdW*-Betriebe –, würden jedoch von diesen Erschütterungen wenig getroffen. Deren Erfahrungen auf verschiedenen Böden mit unterschiedlichen Betriebsgrößen bis hin zu Kleingärtnern könnten nunmehr in der übrigen Landwirtschaft nutzbar gemacht werden. „Auch für die Intensivierung der Landwirtschaft in Polen wird das Prinzip der Betriebsautarkie eine entscheidende Rolle spielen, ebenfalls aus den oben dargestellten Zusammenhängen und vor allem wegen der menschlichen Voraussetzungen des polnischen Landvolkes."[454] Bartsch bezog sich im Übrigen hier durchaus positiv auf das „polnische Landvolk", wohl in der Annahme, dass in den weniger industrialisierten landwirtschaftlichen Regionen unverfälschtes Bauerntum anzutreffen sei. Auch ein

451 Demeter 14 (1939) 9, Beilage.

452 Betriebsautarkie hieß in diesem Zusammenhang, dass ein bäuerlicher Hof einen Großteil des eigenen Bedarfs selbst deckte, so Düngemittel, Tierfutter, Gemüse und Fleisch vor Ort produzierte und vor allem nicht auf den Ankauf von Kunstdünger angewiesen war.

453 BArch, R 9349/2, unpag.

454 BArch, R 9349/2, unpag., Bartsch an Göring, 16. 9. 1939.

vierter Vorstoß beim Sekretariat Göring Ende September 1939, bei dem er darauf hinwies, dass demnächst eine Besprechung über die „Umstellung der deutschen Landwirtschaft auf eine autarke krisensichere Betriebsweise" „unter der Federführung des Stellvertreters des Führers" stattfinde, führte nicht zum Erfolg.[455]

Tatsächlich hatte sich Heß mit Kriegsbeginn an Seifert gewandt und ihn aufgefordert, ein Gutachten zur Wirtschaftsweise zu verfassen. Dieser antwortete Heß umgehend bereits am 11. September 1939, er habe den Auftrag, eine kurze Denkschrift über das Wesen der *bdW* und den Schutz ihrer Betriebe vor kriegswirtschaftlichen Eingriffen abzufassen, „nach bestem Wissen und Gewissen" erfüllt und sei überzeugt, dass „die biologisch-dynamische Wirtschaftsweise mit stets steigendem Erfolg den jeweils notwendigen Ausweg aus den heutigen Nöten der Landwirtschaft und darüber hinaus den Weg zu einem wirklich natur- und bodenverbundenen Bauerntum zeigen" werde.[456] Obwohl Seifert in seiner Denkschrift ein flammendes Plädoyer für die *bdW* hielt, war er doch in einem Punkt realistischer. Während Bartsch den Krieg zunächst ausschließlich als Chance der Bewährung für diese Wirtschaftsweise begriff, sah Seifert die Gefahr „kriegswirtschaftlicher Eingriffe", die vor allem durch massenhafte Einberufung wehrpflichtiger Männer und den erhöhten ökonomischen Druck drohte. Letztlich war es dennoch Seifert, der Bartsch in seinen Träumen vom großen Durchbruch bestärkte. Im Oktober 1939 schrieb er ihm, er habe eine „freudige Mitteilung": Fritz Todt, der zu diesem Zeitpunkt Generalbevollmächtigter für die Bauwirtschaft war und den begehrten Zugang zu Adolf Hitler hatte, habe ihm mitgeteilt, „der Führer habe jetzt schon zweimal geäußert, er glaube nicht, dass der deutsche Boden sich die gegenwärtige Vergewaltigung durch Kunstdünger lange gefallen lasse".[457] Seifert interpretierte diese Äußerung als eine Verpflichtung, Mittel für kunstdüngerfreie Wirtschaft zur Verfügung zu stellen.[458] Bartsch antwortete ihm kurz darauf, die Nachricht von Dr. Todt sei wichtig, es gehe nun darum, ob, wo und wie dem Führer berichtet werden könne. Er habe seit Kriegsbeginn eine Reihe Vorschläge auf dem Gebiet der Ernährungssicherung gemacht, alle Denkschriften im Stab Heß abgegeben.[459]

Ein Treffen mit Göring kam nicht zustande. Bartsch scheiterte vielmehr am Vorzimmer des wichtigsten Mannes der Kriegswirtschaft. Auch der Wunsch, bei Adolf Hitler Gehör zu finden, blieb unerfüllt. Bartsch blieb dennoch optimistisch, weil er auf weitere tragfähige Netzwerke hoffte. So wandte er sich zur

455 BArch, R 9349/2, Reichsverband an Grundmann, Sekretariat Göring, 30.9.1939.
456 GOE, D02 Seifert 002, Seifert an Heß, 11.9.1939.
457 BArch, R 9349/3, unpag, Seifert an Bartsch, 3.10.1939.
458 BArch, R 9349/3, unpag., Seifert an Bartsch, 23.10.1939.
459 BArch, R 9349/3, unpag., Bartsch an Seifert, 4.11.1939.

Auffüllung der leeren Kassen des *Reichsverbands* am 4. Oktober 1939 an den anthroposophischen Mäzen Theodor Klein mit der Bitte um eine kurzfristige Finanzierung, weil die Kasse des *Reichsverbands* zurzeit leer sei. Er selbst sei für seine landwirtschaftlichen Aufgaben nunmehr vom militärischen Dienst beurlaubt und arbeite Tag und Nacht an den „vor uns stehenden Aufgaben".[460] Klein antwortete postwendend: Er freue sich, dass jetzt endlich, nach jahrelangem Ringen um Anerkennung, die positive Arbeit beginnen könne. Die Aufgaben seien riesengroß, Bartsch trage eine große Verantwortung. Aller Wissenschaft zum Trotz gäben Erkenntnisse und Erfahrungen, die in den letzten Jahren erarbeitet worden seien, das Fundament, auf welchem sich nun wirklich ein gesunder Gartenbau und eine gesunde Landwirtschaft aufbauen könnten. Er versprach schnelle finanzielle Hilfe. „Aller Voraussicht nach werden Sie ja bald der drückenden finanziellen Sorgen überhoben sein und werden mit einem eigenen, vom Reich finanzierten Etat arbeiten können." Er dankte Bartsch für seine aufopfernde und vorbildliche Arbeit, die gute Früchte für das deutsche Volk und für die Menschheit trage, Früchte, die gedeihen könnten, wenn die Menschen ihre Arbeit annehmen und unterstützen wollten.[461]

Unmittelbar nach Kriegsbeginn hatte sich Bartsch auch an den Reichstagsabgeordneten der NSDAP Hermann Schneider gewandt, der im Sommer des Jahres mit Vertretern des *Reichsnährstands* Marienhöhe besucht hatte. Schneider war zuvor „Generalinspekteur der Erzeugungsschlacht" und arbeitete nun im Auftrag Himmlers an einer Ausarbeitung über „Leben und Ernähren aus der Scholle Großdeutschlands". Schneider berichtete in einem Brief an Dreidax, dass er von Bartsch Anfang September 1939 in Berlin aufgesucht worden sei und man „die Sachlage ausführlich besprochen" habe.[462] Bartsch wandte sich nun am 21. September 1939 brieflich an Schneider: „wegen der vielseitigen Aufgaben, die die Entwicklung Polens uns allen stellt", schicke er ihm seine Denkschriften.[463] Einige Tage später, am 26. September 1939, berichtete ein Mitarbeiter aus Bad Saarow, Bartsch habe einen längeren Urlaub erhalten und fahre nun wieder in sein Büro im Berliner Hospiz in Berlin. Kurt Willmann, Nicolaus Remer und Carl Grund seien fast dauernd in Bad Saarow und arbeiteten an der „Ernährungssicherung des Deutschen Volkes". Die Dinge seien bei den zuständigen Stellen schon sehr weit gediehen. Vor allem solle die Idee der Betriebsautarkie volkswirtschaftlich ausgewertet werden, da Kunstdünger

460 BArch, R 9349/2, unpag., Bartsch an Th. Klein, 4.10.1939.
461 BArch, R 9349/2, unpag., Theodor Klein an Bartsch, 5.10.1939.
462 BArch, R 9349/3, Bl. 199, Schneider an Dreidax, 8.9.1939.
463 BArch, R 9349/3, unpag., Bartsch an Schneider, 21.9.1939; vgl. Troßbach, Zeitalter, S. 24.

gegenwärtig ausfalle und man gerade auf dem Ernährungsgebiet von England angegriffen werde.[464]

Die Ermordung von Stanisław Karłowski und der Streit um die Beute

Mitte November 1939, also zehn Wochen nach dem Überfall auf Polen, begab sich SS-Gruppenführer Günther Pancke, seit Ende 1938 Leiter des *Rasse- und Siedlungshauptamts*, auf eine Reise ins besetzte Polen. Sie führte ihn unter anderem in den Kreis Gostyń in Posen. Am 19. Oktober 1939 waren in Gostyń alle polnischen Gutsbesitzer, derer die SS habhaft werden konnte, verhaftet worden, unter ihnen Stanisław Karłowski, Besitzer des biodynamischen Landgutes Szelejewo.

Stanisław Karłowski, ein Geschäftsmann von internationalem Format, hatte ab 1933 einige Jahre als Senator in der polnischen Regierungspolitik gewirkt. Karłowski war ein Pionier der *bdW*, sein Gut war mit 5000 Morgen wohl die damals größte biodynamisch betriebene Landwirtschaft Europas.[465] Er hatte enge Kontakte nach Dornach, war Mitglied des *Versuchsrings* und Autor etlicher Broschüren zur biodynamischen Wirtschaftsweise[466] und hatte u.a. auch in der Zeitschrift *Demeter* (1937) publiziert. Auf der Tagung des *Reichsverbands* 1936 war Karłowski als anerkannter ausländischer Ehrengast begrüßt worden. So berichtete Hermann Polzer in der Zeitschrift *Leib und Leben* der *Deutschen Lebensreform*, dass die auswärtigen Teilnehmer, u.a. die Senatoren Stellwag (Tschechoslowakei) und Karłowski (Polen) Reichsminister Heß dankten.[467]

Karłowski war weder Anthroposoph noch ausgebildeter Landwirt, sondern Bankier und Politiker. Er hatte in Deutschland studiert und gearbeitet, sprach ausgezeichnet Deutsch und war von seinen polnischen Nachbarn, so der Bericht seiner Frau, wegen seiner „germanophilen" Ansichten oft angefeindet worden.[468] Im internationalen Bankgeschäft reich geworden, hatte er Anfang der 1920er-Jahre die Gelegenheit genutzt, das Landgut Szelejewo von dem deutschen Vorbesitzer Prinz von Schönburg-Waldenburg zu erwerben. Das Gut im Kreis Gostyń lag in der Provinz Posen, die vor dem Ersten Weltkrieg Teil des

464 BArch, R 9349/2, unpag., Sekretariat des Reichsverbands an [Friedrich] Beckmann, 26.9. 1939.

465 Stanisław Karłowski, Umstellung eines Großbetriebes, in: Demeter. Monatsschrift für biologisch-dynamische Wirtschaftsweise (1937) 8, S. 131–133.

466 Vgl. John Paull/Pawel Bietkowski, Stanisław Karłowski (1879–1939). Pioneer of Biodynamic Farming and Organic Agriculture in Poland, in: Advances in Social Sciences Research Journal (2023) 9, S. 358–387.

467 Vgl. LL (1936) 1, S. 19.

468 Paull/Bietkowski, Karłowski, S. 379.

Deutschen Reiches war und nach den Bestimmungen des Versailler Vertrags ab 1920 polnisches Staatsgebiet wurde. Deutschen Grundbesitzern blieb in dieser Situation nur die Wahl, ihren Besitz zu veräußern oder die polnische Staatsangehörigkeit anzunehmen. Prinz von Schönburg-Waldenburg hatte das Gut daher zu Beginn der 1920er-Jahre an Karłowski verkauft.[469] Da Untersuchungen des Bodens in Szelejewo dessen Verschlechterung durch einen geringen Humusgehalt ergeben hatten, entschloss sich Karłowski, das gesamte Anwesen auf die *biologisch-dynamische Wirtschaftsweise* umzustellen. Er konnte bald darauf in Bezug auf den Bodenertrag Erfolge vorweisen, hatte dies nicht nur in Polen publik gemacht. Am 19. Oktober 1939 wurde Karłowski verhaftet und am Morgen des 21. Oktober zusammen mit 30 weiteren Personen, führenden polnischen Politikern, Intellektuellen und weiteren Landbesitzern von einer Einsatzgruppe der SS auf dem Markplatz erschossen. Karłowski soll, laut einem Augenzeugenbericht, vor seiner Erschießung einen seiner Mörder geohrfeigt haben.[470]

Als der Chef des *Rasse- und Siedlungshauptamts* Pancke das Gut im November 1939 erreichte, wusste er, was geschehen war. Er traf auf die Witwe Karłowskis und ihren Sohn. Ein weiterer Gast war schon vor ihm eingetroffen; der Sohn des Vorbesitzers Prinz Heinrich von Schönburg-Waldenburg wollte offenbar ebenfalls die neue Lage prüfen. Panckes Meldung an Himmler vom 20. November 1939 zeigt, dass er Szelejewo gezielt aufsuchte, um das biodynamische Landgut für das *RuSHA* vereinnahmen zu können.[471] Sein Bericht ist geprägt von einer Mischung aus Servilität Himmler gegenüber, kalter Mitleidlosigkeit, dumpfem Rassismus und Hass auf diejenigen, die im Verhältnis zu ihm bezüglich Bildung und materiellem Besitz privilegiert waren: „In der Provinz Posen habe ich Szelejewo, Kreis Gostyn, das 5000 Morgen Land mit 4 Vorwerken umfasst und sich in einem außergewöhnlich guten Wirtschaftszustand befindet, vorläufig als Lehrgut vorgesehen und für diesen Zweck beschlagnahmen lassen. Der Besitzer, ein Senator Kalowski [sic!], wurde wegen Deutschfeindlichkeit in Gostyn vor einiger Zeit erschossen, seine Frau und sein Sohn befanden sich noch auf dem Gut. Der Sohn machte einen rassisch außerordentlich minderwertigen Eindruck, mongolisch-tatarischer Einschlag, Typ Friseur-Modejüngling, er sprach mit seiner Mutter nur französisch. Er wird mit seiner Mutter in ein Sammellager geholt und schnellstens evakuiert. […] Auch der Sohn des früheren Besitzers […] befand sich auf dem Gut […], aß mit den Polen an einem Tisch und ‚informierte' sich." Er, Pancke, habe ihm

469 Heinrich von Schönburg-Waldenburg, Erinnerungen aus Kaiserlicher Zeit, Leipzig 1929.

470 Paull/Bietkowski, Karłowski, S. 379–381.

471 BArch, NS 2/69, Bl. 50–59, hier Bl. 57, Pancke an Himmler: Bericht der Reise zu den Hohen SS- und Polizeiführern Posen, 14.–16. 11. 1939.

bedeutet, dass er „zunächst auf dem Gut nichts zu suchen“ habe und eventuelle Ansprüche nur über Himmler geltend machen könne. „Dieses Gut eignet sich besonders zu einem Lehrgut, weil es seit Jahren mit der sogenannten biologisch-dynamischen Wirtschaftsweise, d.h. nach einem natürlichen Düngeverfahren bewirtschaftet wird, das seit einigen Tagen vom *Reichsnährstand* für die Ostprovinzen besonders empfohlen wird, da dazu keine künstlichen Düngemittel gebraucht werden.“[472]

Zu diesem Zeitpunkt war keineswegs klar, wer sich das besetzte Land aneignen durfte. Pancke machte Himmler daher einen Vorschlag: „Falls Sie bereits heute darüber entscheiden, ob dieser oder jener Besitz in den Ostprovinzen in das Eigentum der SS übergehen soll, schlage ich dafür vor, daß der Deutsche Reichsverein für Volkspflege und Siedlerhilfe dafür bestimmt wird.“ Da auch seine eigene Stellung „bei der Durchführung dieser Aufgaben [...] eigentlich offiziell noch gar nicht geklärt“ sei, wäre er dankbar, wenn er „als persönlicher Beauftragter des Reichskommissars [...] ernannt“ werden könne.[473] Nicht einmal Pancke wusste, ob es in seiner Kompetenz lag, die Beschlagnahmung und die Deportation in ein Sammellager anzuordnen. Das Landgut Szelejewo ging jedenfalls in den Besitz der SS über. Vom 8. Dezember 1939 an wurden über 1000 Polinnen und Polen aus dem Bezirk Gostyń in ein Sammellager in der Nähe von Warschau deportiert, unter ihnen Pauletta Karłowska und ihr Sohn. Der Wunsch Panckes, persönlicher Beauftragter Himmlers in der Siedlungsfrage zu werden, ging nicht in Erfüllung. Schon im Dezember des Jahres wurde ihm von Himmler das Bestimmungsrecht über das Gut entzogen und dem Leiter des *Zentralen Bodenamtes der SS* Freiherr von Holzschuher zugesprochen, der kurz darauf Pancke im Siedlungsamt des *RuSHA* ablöste.[474]

Im Dezember 1939 begann auch Hermann Schneider sich für das Landgut Szelejewo zu interessieren und wandte sich – wie Pancke – direkt an Himmler. Am 9. Dezember des Jahres meldete er ihm brieflich, „dass die Bestrebungen zur Förderung der biologisch-dynamischen Wirtschaftsweise in aller Ruhe weitergeführt werden“. Im Dezember 1939 „fanden Tagungen in Bad Saarow statt, an denen offizielle Persönlichkeiten aus Partei, Staat, Reichsverband und Wehrmacht teilgenommen haben“. Schneider ging davon aus, dass die Annäherung des *Reichsnährstands* an den *Reichsverband* im Sinne Himmlers sei. Schneider bat Himmler um ein Geleitwort seiner noch unfertigen Schrift und kam dann

472 Ebenda, Bl. 57.
473 Ebenda, Bl. 58.
474 Vgl. BArch, R 9349/3, unpag., Nicolaus Remer an den Reichsverband: Bericht Szelejewo, 19.12.1939.

zu seiner eigentlichen Bitte: Von 1914 bis 1921 habe er die Besitzung des Prinzen Schönburg-Waldenburg in Szelejewo geleitet. „Ein schöner geschlossener Besitz von ca. 6900 Morgen mit gutem z. T. schwerem Boden. [...] Dieser Besitz mit grossem, neuen Herrenhaus würde sich sehr gut zur Ausbildung von SS-Männern zu Neubauern und Ansiedlern im Warthegau eignen. Seit zehn Jahren wird in Szelejewo die biologisch-dynamische Wirtschaftsweise durchgeführt. Meine Bitte, Reichsführer SS, die ich mir erlaube hier zu äußern, geht dahin, mir Szelejewo treuhänderisch oder als Pachtland zu übergeben, um die dynamische Wirtschaftsweise exakt und unvoreingenommen zu prüfen, SS Männer zu wirklich bodenständigen, richtigen Bauern ausbilden zu lassen und ihnen in jeder Hinsicht weiterzuhelfen. Ich möchte so gern noch mithelfen am Aufbau Großdeutschlands und den deutschen Bauern den richtigen Weg führen."[475] Eine Abschrift des Briefes sandte Schneider an Bartsch, mit dem er seit Kriegsbeginn in Kontakt war, zur „persönlichen Kenntnisnahme", bat „aber keinen Gebrauch davon zu machen, bevor eine Antwort vorliegt" [Hervorh. d. Verf.]. Im Nachsatz bat er Bartsch, für seine Schrift „einiges von Ihren Aufzeichnungen, besonders über Polen mitverwenden" zu dürfen, die Quelle werde er natürlich angeben.[476]

Bartsch antwortete erst zwei Wochen später am 23. Dezember 1939. Die Wintertagung, heißt es in seiner Antwort, sei als ein „besonderer Erfolg unserer Arbeit" erlebt worden. Zu Schneiders Anfrage an Himmler zum Gut Szelejewo verlor Bartsch kein Wort. Bezüglich der Anfrage Schneiders nach seinen Publikationen verhielt sich Bartsch zum ersten Mal zurückhaltend. Seine Schriften seien größtenteils auf Anforderung für den Dienstgebrauch erstellt worden. „Es besteht für mich die Frage, ob die Verwendung in einer öffentlichen Schrift zulässig ist, solange der Krieg nicht beendet ist."[477] In den Monaten zuvor hatte Bartsch Schneider oft noch am Folgetag geantwortet und dienstfertig seine Schriften beigefügt. Möglicherweise zeigt sich darin eine hilflose Distanzierung, die mit jüngsten Ereignissen zusammenhing. Der Briefwechsel endet hier.

Die Nachricht vom Tod ihres Mitstreiters Stanisław Karłowski muss große Unruhe im *Reichsverband* ausgelöst haben. Zum einen kannte man den prominenten polnischen *bdW*-Mitstreiter, den man geschätzt hatte, persönlich. Hinzu kam, dass man beunruhigt war, weil sich ein so großes *bdW*-Landgut nun in den Händen der SS befand. Im Dezember 1939 traf jedenfalls Nicolaus Remer, langjähriger Aktivist der biodynamischen Bewegung und enger Mitarbeiter

475 BArch, R 9349/3, unpag., Anschreiben 9. 12. 1939 Schneider an Bartsch zum Brief Schneider an Himmler, 9. 12. 1939.

476 BArch, R 9349/3, unpag., Schneider an Himmler, 9. 12. 1939.

477 BArch, R 9349/3, Bartsch an Schneider, 23. 12. 1939.

Bartschs, auf dem Landgut Szelejewo ein. In den Unterlagen des *Reichsverbands* findet sich ein von ihm unterschriebener interner Bericht „Betrifft Szelejewo Kr. Golzyn". Wahrscheinlich für den *Reichsverband*, dem er ja auch Bericht erstattete, offiziell aber wohl im Auftrag von Pancke[478] nahm Remer Kontakt zu den SS-Einheiten vor Ort auf. Ziel der Reise war es, einen biologisch-dynamisch versierten ständigen Verwalter auf dem Gut einzusetzen. Der Versuch scheiterte jedoch, weil sich vor Ort die Zuständigkeiten verändert hatten und das SS-Bodenamt die „Treuhänderschaft" für das Gut übernommen und Pancke keine Befugnisse mehr hatte.[479]

Welche SS-Stelle sich letztlich das Landgut Szelejewo – das erste große biodynamische Gut in Polen – aneignete, ist den Akten nicht zu entnehmen. Günther Pancke, der bald darauf als Leiter des *RuSHA* abberufen wurde, und Hermann Schneider waren es nicht. Auch dem *Reichsverband* gelang es nicht, dort einen Verwalter einzusetzen. Ebenfalls nicht schriftlich überliefert, aber durch Zeitzeugen verbürgt, ist, dass Remer mitten im Krieg Mutter und Sohn Karłowski aus dem Lager herausholen konnte und sie nach Deutschland brachte. Remer zählte Stanisław Karłowski später zu den ersten Opfern, die die biodynamische Bewegung im Nationalsozialismus zu beklagen hatte.[480] Wie es gelang, die Flucht zu organisieren, ist nicht bekannt.

Die „Neubildung des deutschen Bauerntums" – „Zeitenwende" im *Reichsnährstand*?

Spätestens Mitte 1939 begannen gleich mehrere hochrangige Mitarbeiter im *Reichsnährstand* aus dem Stab von Hermann Reischle, sich auf eine ganz neue Art für die *bdW* zu interessieren. Sie knüpften Kontakte zum *Reichsverband*, ließen sich von Erhard Bartsch informieren, nahmen wiederholt in unterschiedlichen Zusammensetzungen an Begehungen in Marienhöhe, aber auch auf weiteren biodynamischen Höfen teil, besuchten die Tagungen des *Reichsverbands*

478 Ohne eine Beauftragung von SS oder Wehrmacht bzw. die entsprechenden Passierscheine hätte sich Remer nicht im besetzten Gebiet bewegen können. Für die Annahme, dass er im Auftrag des *RuSHA* reiste, spricht ein Brief des *Reichsverbands* vom 30.12.1939, in dem noch einmal der Gutshof Szelejewo erwähnt wird: Leider seien Remer und Gerhard Kremers in Posen von einem Herrn Tschoppe abgewiesen worden, die Abmachungen mit Gruppenführer Pancke seien ungültig geworden. Er sei betroffen, zumal Kremers nun ohne Beschäftigung sei. Pancke hoffe, die Angelegenheit nochmals ordnen zu können. Vgl. BArch, R 9349/3, unpag.

479 BArch, R 9349/3, unpag., N. Remer: Betrifft Szelejewo, 19.12.1939.

480 GOE, E.15.002.024, Nicolaus Remer, Zur Geschichte des landwirtschaftlichen Impulses R. Steiners und seiner Weiterentwicklung, 1952, S. 7.

und organisierten Ende 1939 sogar eine gemeinsame Tagung von Vertretern der Bewegung und des *Reichsnährstands*, von der Hermann Schneider Himmler berichtete. Als Hermann Reischle vorschlug, eine gemeinsame Tagung durchzuführen, zögerte Bartsch zunächst,[481] stimmte letztlich aber zu und entschloss sich, vor den Staats- und Parteigrößen in seinem Redebeitrag zu diesem Anlass den anthroposophischen Hintergrund der *bdW* besonders hervorzuheben.[482] Im Nachhinein schätzte er die Tagung, die vom 6. bis zum 9. Dezember 1939 in Bad Saarow stattfand, als einen großen Schritt nach vorn ein: „30 führende Herren des Stabsamts und Verwaltungsamts des Reichsbauernführers" hätten teilgenommen, berichtete er Hermann Schneider. Ein „besonderer Erfolg" sei es gewesen, dass die Beauftragten des Stellvertreters des Führers und des Reichsbauernführers „im positiven Sinn" das Wort ergriffen hätten.[483] Erhard Bartsch schien es, als bahne sich eine Koalition der „Herren" vom Reichsbauernführer und des Amtes Heß an, zwei mächtige Spieler im NS-Staat.

Das Presseecho zur Tagung war positiv. So betonte etwa Hermann Polzer von der *Deutschen Gesellschaft für Lebensreform* in *Leib und Leben* anerkennend, auf der Tagung seien 250 Bauern in überhitzten Zelten begeistert den Vorträgen gefolgt.[484] Einer der Teilnehmer, Wilhelm Rauber, Assessor im Stabsamt im Amt Heß, berichtete im Anschluss mit großem Wohlwollen über dieses Zusammentreffen und lobte die biodynamische Wirtschaftsweise: Ihr Wesen, so Rauber, bestehe in der Verwirklichung der Idee des Hofs als eines in sich geschlossenen lebendigen Organismus. Pflege und Zuordnung der in Boden, Pflanze und Tier lebenden Kräfte des Hoforganismus könnten aus sich heraus zu steigender Fruchtbarkeit und entsprechenden volkswirtschaftlichen Leistungen führen. „Die Erfolge des Betriebs sprechen für die Richtigkeit dieser Überzeugung."[485] Ebenso wie Polzer war auch er beeindruckt von der Aufmerksamkeit, mit der die nicht einfach zu verstehenden Vorträge von Anhängern der Bewegung auf der Tagung aufgenommen wurden. Teile der biodynamischen Ideen hielt er für anschlussfähig an die nationalsozialistische Agrarpolitik. So sei der geschlossene lebendige Organismus des Hofs auch ein Kerngedanke nationalsozialistischer Agrarpolitik. Erhard Bartsch sprach – so der Bericht – auf der Tagung davon, dass die Idee des Betriebsorganismus von Rudolf Steiner entwickelt worden sei,

481 BArch, N 1094 II/1, unpag., Georg Halbe, Bericht über die Entwicklung der Beziehungen zwischen dem Stabsamt des Reichsbauernführers und dem Reichsverband, o. D.

482 Bericht von Wilhelm Rauber, unveröffentlicht, zit. n. Koepf/Plato, Wirtschaftsweise, S. 164 f.

483 BArch, R 9349/3, unpag., Bartsch an Hermann Schneider, 23. 12. 1939.

484 Vgl. ebenda.

485 Alle weiteren Zitate aus: Bericht von Wilhelm Rauber, unveröffentlicht, zit. n. Koepf/Plato, Wirtschaftsweise, S. 164 f.

eine Tatsache, die im Schrifttum „stets offen bekannt" werde. Die oft gehörten Äußerungen über „anthroposophischen Schwindel" und „Mystizismus" und dergleichen bedürften „auch unsererseits einer Klärung [...]. Das Lebenswerk Dr. Rudolf Steiners, dessen rein arische Abstammung übrigens außer Zweifel steht", werde von zuständiger Seite eher positiv als negativ eingeschätzt.

Abschließend beurteilte Rauber den *Reichsverband* als möglichen Bündnispartner der NS-Agrarpolitik: „Die biologisch-dynamische Wirtschaftsweise ist eine eigenständige Bewegung, die sich durch ihre positive Einstellung zum NS-Staat von manchen früheren Anthroposophen gelöst hat. Im Übrigen unterscheidet sie sich, was auch auf den von Goethe geschaffenen Grundlagen in Deutschland vorlag, von der bunten Anhängerschaft Steiners im Ausland. Man kann den Impuls, den Steiner der deutschen Landwirtschaft gegeben hat, ruhig anerkennen." Eine derart weitgehende Anerkennung der *bdW* und ihrer anthroposophischen Wurzeln war selbst für die Jahr 1939/40 erstaunlich. Das Urteil „der Herren" fiel allerdings nicht durchweg positiv aus. In einem anderen Bericht über die Wintertagung, den Rauber zusammen mit Wilhelm Driehaus und dem Mitarbeiter Wiegand zeichnete, liest man – neben anerkennenden Worten: „Auffallend war, daß in der gesamten Vortragsreihe die Rassen- und Vererbungsfragen in keiner Weise angeschnitten wurden, vielmehr der Eindruck vermittelt entstand, daß allein von der Umwelt her Verbesserungen des gesamten Lebens möglich ist [...]. Ebenso war auffallend, daß der Begriff der Menschheit, der bekanntlich in der Anthroposophie eine Rolle spielt, immer wieder fiel und der Begriff ‚Volk' im nationalsozialistischen Sinne nur am Rande erwähnt wurde."[486]

Wie Rauber setzten sich ab 1939 auch andere Referenten des *Reichsnährstands* ernsthaft mit den Standpunkten der *bdW*-Bewegung auseinander. Es scheint tatsächlich bei einigen eine Art Neuorientierung eingesetzt zu haben. Bezeichnend für diese veränderte Einschätzung zu Beginn des Krieges ist die Denkschrift eines Referenten im *Reichsnährstand*, Wilhelm Driehaus, mit dem Titel „Geht das Zeitalter Liebigs zu Ende? Bericht über die Besichtigungen des Stabsamtes",[487] die die Besuche der *Reichsnährstands*-Vertreter auf dem „Erbhof" Marienhöhe und anderen *bdW*-Höfen erwähnt. In dieser über 50-seitigen Denkschrift spricht Driehaus von der möglicherweise spektakulären „Wende" in der Agrarpolitik – sogar eine „Zeitenwende?", fragt er im vierten Kapitel: „Der Bericht des Stabsamtes des Reichsbauernführers ist von besonderem Interesse, da die Erfolge der biol. dyn. Methode anerkannt werden müssten, obwohl

486 Wilhelm Driehaus, Rauber & Wiegand: Berichte über die Tagung des Reichsverbands in Bad Saarow, Dezember 1939, zit. n. Vogt, Entstehung, S. 149 f.

487 FRA, Wilhelm Driehaus, Geht das Zeitalter Liebigs zu Ende? 1940, 51 Seiten (ohne statistischen Anhang).

der Schöpfer derselben, Dr. Rudolf Steiner als Judenfreund, Anti-Nationalist und Mystiker abgelehnt wurde und daher später diese Arbeiten verboten wurden."[488]

Seit einiger Zeit, so Driehaus im Vorwort, „mehren sich die Stimmen für das ‚Organische', ‚Lebendige'. [...] Seit Jahren ist die Landwirtschaft in der Erzeugungsschlacht. Wie nie zuvor ist sie aufgerufen zu höchsten Leistungen. Da muss das ‚Letzte' aus dem Boden herausgeholt werden. Höchste Handelsdüngermengen kommen deshalb zum Einsatz. [...] ‚Organisch' und ‚anorganisch' heißen die Fronten".[489] Die Verantwortung für die „Erhaltung der Quelle aller Erträge, der Bodenfruchtbarkeit", verlange, dass diesem Vorgang „ernsteste Aufmerksamkeit" entgegengebracht werde.[490] Der Autor fragt: „Befinden wir uns im wahrsten Sinne des Wortes an einer ‚Wende' der landwirtschaftlichen Entwicklung etwa wie zu Zeiten Thaers und Liebigs?" Durch eine neue und methodisch andere Auswertung lange vorliegender Ertragsergebnisse der biodynamischen Betriebe und auf Grundlage von zwei Besichtigungen, die Vertreter des *Reichsnährstands* im Sommer 1939 und 1940 durchführten, kommt Driehaus, anders als alle Berichte des *Reichsnährstands* zuvor, zu einem abwägend positiven Schluss und kritisiert die zuvor üblichen Parzellenversuche des *Reichsnährstands.*[491]

Konventionelle und *bdW* könnten, so Driehaus' Ergebnis, durchaus gleiche Ergebnisse erzielen, wenn auch keine „Höchsterträge" von der *bdW* zu erwarten seien. Einschränkend fügt er allerdings hinzu, vom Standpunkt der „Erzeugungsschlacht" sei die *bdW* zunächst vor allem als „Heilmethode" kranker Betriebe anzusehen oder in Gebieten einzusetzen, wo Kunstdünger noch nicht verbreitet oder nicht zu haben sei. Perspektivisch scheint dem Autor die *bdW* das erstrebenswerte Ziel: „Nach dem Kriege[492] aber, für jene Zeit, da auch in landwirtschaftlicher Hinsicht ein Blick über die Grenzen erlaubt ist, wird die biol.-dyn. Wirtschaftsweise als der Weg zu einem lebensgesetzlichen Landbau betrachtet werden müssen, während der Handelsdünger in seine Schranken verwiesen wird. Damit aber könnte die Bahn gebrochen werden für eine Wirtschaftsweise, welche dem Erbhofgesetz entspräche. Die biol.-dyn. W. stellt gewissermaßen den landwirtschaftlichen Anteil dar am ‚Kampf der Geister' um das ‚Lebendige'. [...] Damit enthüllt sie zugleich die Stärke wie die Schwäche des Liebig'schen Zeitalters und weist aus dem Zwang des mechanistischen ‚Wiedereinsatzes der Nährstoffe'

488 Ebenda, S. 1.
489 Ebenda, S. 3.
490 Ebenda.
491 Ebenda, S. 26f.
492 Später wurde die Formulierung „nach dem Kriege" zu einer Floskel für alles, was in absehbarer Zeit nicht realisiert werden sollte, 1940 jedoch schien ein baldiger Friedensschluss nach den siegreichen Eroberungen vielen Deutschen zum Greifen nah.

und somit aus der Fron des Marktes den Weg zu ‚schöpferischer', im wahrsten Sinne ‚bäuerlicher Arbeit'."[493]

Diese Denkschrift bezog ihre Argumente und Statistiken zweifellos aus den vielen Stellungnahmen, die die Akteure der *bdW* über Jahre im Abwehrkampf gegen die bisherigen Einschätzungen der *Reichsnährstands*-Prüfer erstellt hatten. Der Text von Driehaus ist aber vor allem deshalb von Bedeutung, weil er die *bdW* mit den Formulierungen, diese nehme am „Kampf der Geister" teil, entspreche dem „Erbhof-Gesetz" und sei der Weg zum „lebensgesetzlichen Landbau", perspektivisch zu einer vom Nationalsozialismus gewollten Form der Landwirtschaft erklärte. „Lebensgesetzlicher Landbau" war eine Wortschöpfung, die Darré statt des Begriffs *biologisch-dynamische Wirtschaftsweise* gewählt hatte. Unter „Lebensgesetz" verstand Darré neben „natürlichem" Landbau allerdings zweifellos die Hierarchie der „Rassen". Ihrem Schöpfer Rudolf Steiner zum Trotz sollte die *bdW* somit zu der Landwirtschaftsform erklärt werden, die perspektivisch mit dem NS kompatibel sei. Dass man die *bdW* in „Gebieten" einsetzen könne, „wo Kunstdünger noch nicht verbreitet oder nicht zu haben" sei, heißt wohl, dass Driehaus dafür plädierte, sie zwar vorerst nicht im deutschen Reichsgebiet, wohl aber „über die Grenzen" hinaus im sogenannten „Neuland" einzusetzen. Die Einschränkung, dass man während des Krieges die auf Kunstdünger basierende Agrarwirtschaft keinesfalls infrage stellen durfte, war eine strikte politische Vorgabe, die von den Wirtschaftsmächtigen des Vierjahresplans, Hermann Göring und dessen Bevollmächtigtem im *RMEL* Staatssekretär Backe, vehement vertreten wurde. Diese Denkschrift war nicht die einzige Positionsbestimmung, die im *Reichsnährstand* zum Thema verfasst wurde. Es wurde vielmehr intensiv an einer Neueinschätzung der *bdW* gearbeitet. Im Herbst 1940 lagen mindestens zwei weitere Gutachten von Mitarbeitern des *Reichsnährstands* auf dem Schreibtisch von Reichsbauernführer Darré.[494]

Im Frühjahr 1940 initiierte Stabsamtleiter Hermann Reischle zudem eine Pressekampagne, um eine breitere Öffentlichkeit für den „lebensgesetzlichen Landbau" zu gewinnen, ein Begriff, mit dem vorerst nur die *bdW* bezeichnet werden sollte.[495] Im März 1940 nahm er Kontakt mit dem Reichsminister für Volksaufklärung und Propaganda, Joseph Goebbels, auf und verabredete eine

493 Driehaus, Zeitalter Liebigs, S. 51.

494 Albert Brummenbaum, Hauptabteilungsleiter der Reichshauptabteilung II im Reichsnährstand, Dossier zum ökologischen Landbau, BArch, N 1094 II/1a, Günther Pacyna, Geschichtliche Grundlagen der lebensgesetzlichen Landbauweisen (nur Hinweis, nicht überliefert). Pacyna nahm schon seit 1936 an den Tagungen des *Reichsverbands* teil.

495 BArch, N 1094 II/1a, Politisches Büro Reischle an NSDAP, Reichsleitung, Hauptamt für Volksgesundheit, 10. 12. 1940.

publizistische Offensive zum Thema,[496] die zu einer „Neueinschätzung“ der Wirtschaftsweise und zu „einer vorsichtigen und pfleglichen Einführung der Lebensgesetzlichen Landbauweise in die breitere Praxis der Landwirtschaft“[497] führen sollte. Positive Presseberichte wurden lanciert, kritische Äußerungen von Amts wegen gerügt.[498] Mitarbeiter des *Reichsverbands*, aber auch des *Reichsnährstands* wurden aufgefordert, Aufsätze in unterschiedlichen Zeitschriften zu publizieren.[499] Ende September 1940 durfte Erhard Bartsch in einem längeren Rundfunkbeitrag „Die Stunde des Bauern“ sprechen, der Teil einer Hörfolge von drei Berichten zum Thema im Landfunk des Deutschlandsenders war.[500] Im Zusammenhang mit dieser Kampagne erschienen 1940 und im ersten Halbjahr 1941 etliche Zeitungsartikel zur *bdW*, meist wurde der „Erbhof Marienhöhe“ porträtiert. Die *bdW*, heißt es im Geschäftsbericht des *Reichsverbands* 1939/40, wurde „damit stärker als bisher an das Bewusstsein des deutschen Volkes herangebracht“.[501] Bartsch durfte nun erst- und einmalig in Darrés Hauszeitschrift *Odal. Monatsschrift für Blut und Boden* publizieren.[502] Auch der langjährige Protektor der *bdW*, Landschaftsanwalt Alwin Seifert, durfte einen Artikel zu Heckenlandschaft in *Odal* publizieren.[503]

„Lebensgesetzlicher Landbau“ heißt dann auch ein Artikel, der im November 1940 in *Westermanns Monatsheften* erschien.[504] Der Autor, Georg Halbe,

496 Werner Troßbach spricht von einer „Propaganda-Kampagne“. Troßbach, Zeitalter, S. 28.

497 BArch, R 9349/III, Reischle, Stabsamt Reichsnährstand an Goebbels, 17.4.1940.

498 Als der Agrarwissenschaftler Prof. Konrad Meyer, der im Reichsforschungsrat die Abteilung Biologie und Landwirtschaft vertrat, sich in einem Vortrag kritisch über die *bdW* äußerte, reagierte man vom *Reichsnährstand* mit dem Hinweis auf die Presseerklärung von Darré und Heß aus dem Jahr 1934, die jede Werbung für, aber auch Kritik an der *bdW* untersagte. Pressemitteilung, Ritter Reichsnährstand, 15.1.1940, BArch, N 1094 IIa. Konrad Meyer berichtete in seiner Autobiografie aus den 1970er-Jahren, aus Kreisen um Heß habe man ihm damals in dieser Angelegenheit mit einem Parteiausschlussverfahren gedroht. Konrad Meyer, Höhen und Tiefen. Ein Lebensbericht. Manuskript, S. 118, zit. n. Jacobeit/Kopke, Wirtschaftsweise, S. 64.

499 Vgl. BArch, R 58/6197, Bl. 141, Geschäftsbericht des Reichsverbands 1939/1940.

500 Vgl. BArch, R 9349/2, unpag., Bartsch an Theodor Klein, 4.10.1939.

501 BArch, R 58/6197, Bl. 141, Geschäftsbericht des Reichsverbands 1939/1940.

502 Erhard Bartsch, Vom Wesen des Betriebsorganismus. Der Erbhof Marienhöhe. Ein Beispiel lebensgesetzlicher Landbauweise, in: Odal. Monatsschrift für Blut und Boden (1940) 9, S. 695–701.

503 In einem Brief an Dreidax berichtet Seifert bei einem Treffen mit Reischle: Am 9.6.1940 sei er überraschend zu Darré gebeten worden. Darré habe sich gerechtfertigt, weshalb er in den letzten Jahren Massenerzeugung vorwärtstreiben musste, dass er aber mit Seiferts Aufsätzen einig gehe. Er teilte ihm auch vertraulich mit, weshalb seine Dienststelle sich anders äußere. Um Frieden zwischen ihnen zu zeigen, solle Seifert in *Odal* veröffentlichen. GOE, D.02 Seifert, Seifert an Dreidax, 11.6.1940.

504 Vgl. Westermanns Monatshefte, November 1940, S. 128–130.

war infolge mehrerer flammender Zeitungsbeiträge des Jahres 1934 über die Landwirtschaftspolitik Darrés 1935 von Hermann Reischle im Stabsamt als Sachbearbeiter mit den Arbeitsgebieten „Schrifttum und Weltanschauung" eingestellt worden. Er betreute die Zeitschrift *Odal* und war für den hauseigenen *Blut und Boden Verlag* zuständig. Halbe hatte, wie alle Mitarbeiter im Staatsdienst, im Fragebogen zur Einstellung angeben müssen, ob er je in einer „logenähnlichen Vereinigung" gewesen sei, und eingeräumt, von 1925 bis 1927 der *Anthroposophischen Gesellschaft* angehört zu haben.[505]

In seinem Artikel schlug Halbe einen Bogen von der Naturanschauung Goethes zur *bdW*, die er gemäß der neuen Sprachregelung Darrés als „lebensgesetzlicher Landbau" bezeichnet. Rudolf Steiner und die Anthroposophie blieben unerwähnt. Halbe bezog sich vielmehr ausschließlich auf Goethe; dieser habe versucht, „dem materialistischen Verstandesdenken, das aus England kam", etwas entgegenzusetzen. „Die deutsche Wissenschaft ist ihm nicht gefolgt. Sie verfiel dem westlerischen Intellektualismus, den das Judentum in der Folgezeit so virtuos gehandhabt hat. Vom Judentum hat der Deutsche sich befreit, aber die materialistische Denkart ist – namentlich in der Wissenschaft – geblieben. [...] Seit sieben Jahren erfahren wir im Politischen täglich, was es heißt, für eine Idee zu leben. Warum sollten wir im Landbau davor zurückschrecken? Der Deutsche hat in großen Zeiten immer in der Idee gelebt. Im Gegensatz zum Engländer und Juden hat er für die Idee gekämpft, gestritten und den Tod auf sich genommen. [...] Die Polarität von Blut und Boden ist erkannt und Anschauung geworden. Sorgen wir dafür, daß diese durch unser Denken aus Goethischer Geistesart ihre höchste Steigerung erfährt."[506]

An dem Diktum von Halbes Artikel kann man recht deutlich die Differenz zu den Texten der biodynamischen Bewegung erkennen, bei denen die Einbindung der eigenen Anschauung in ein antisemitisches Konzept fehlte. Der Rekurs auf Goethe hingegen zeigt Halbes anthroposophische Prägung. Ende 1940 publiziert Halbe auch einen Artikel in *Demeter*.[507] Auch hier plädierte er für ein durch Goetherezeption geprägtes Naturverständnis. Auffällig ist, dass Halbe – anders als in *Westermanns Monatsheften* – hier auf eine antisemitische Argumentation verzichtete. Ob es redaktionelle Richtlinien gab oder Halbe sich den unterschiedlichen Erwartungen des jeweiligen Auftraggebers anpasste, bleibt unklar.

505 Georg Halbe wurde 1927 auch als Mitglied der Landwirtschaftlichen AG aufgeführt.

506 Westermanns Monatshefte, November 1940, S. 128–130.

507 Goethes Naturanschauung und lebensgesetzlicher Landbau, in: Demeter (1940) 12, S. 116–118.

1940 ließ Reischle Georg Halbe, den er aufgrund seiner anthroposophischen Vergangenheit wohl für den richtigen Mann hielt, nach Bad Saarow abordnen, „um die dortigen Arbeiten im Sinne eines lebensgesetzlichen Landbaus zu beobachten und kennenzulernen". Im Sommer 1940 lieferte Halbe seinem Dienstherrn einen „Bericht über die Entwicklung der Beziehungen zwischen dem Stabsamt des Reichsbauernführers und dem Reichsverband für biologisch-dynamischen Wirtschaftsweise".[508] Um die Jahreswende 1938/39, so Halbe, habe sich Erhard Bartsch mit der Bitte an ihn gewandt, ihm in Angelegenheiten der *bdW* bei den Dienststellen Darrés behilflich zu sein. Er habe sich dann 1939 zweimal mit Bartsch getroffen und später Stabsamtführer Reischle berichtet, der ihn daraufhin beauftragt habe, „mit dem *Reichsverband* Verbindung zu halten und ihn über Wesentliches fortlaufend zu unterrichten". Daraufhin habe er zwei Begehungen auf Marienhöhe mit mehreren Mitarbeitern des Stabsamtes organisiert und Reischle über den „unbestreitbaren Erfolg für das auf Marienhöhe geleistete" Bericht erstattet. Dies habe Reischle „zu dem Auftrag" veranlasst, den früheren Generalinspektor der Erzeugungsschlacht und Reichstagabgeordneten Schneider zu bitten, an einer weiteren Besichtigung auf Marienhöhe teilzunehmen. Dieser habe dort im Garten ganz spontan von einem „Wunder" gesprochen. Als Reischle Bartsch im Herbst 1939 eine gemeinsame Tagung in Bad Saarow vorschlug, „an der mehrere Herren des Reichsnährstands teilnehmen sollten", reagierte Erhard Bartsch zurückhaltend und meldete Bedenken an, die er jedoch, berichtet Halbe, später fallen ließ: „Die Tagung fand im Dezember 1939 statt. Der Erfolg gab dieser Veranstaltung recht."[509]

Nach dem Bericht von Halbe bat Reischle im Frühjahr 1940 Bartsch zu einem Treffen ins Stabsamt. Im Sommer 1940 sei dann eine erneute Besichtigung von Marienhöhe „durch den Stabsamtsführer und Herren seiner Umgebung" erfolgt. Halbes Bericht gipfelt in und endet mit dem auch in der Presse Aufsehen erregenden Besuch Darrés: „Die Besichtigung Marienhöhe durch den Reichsbauernführer und Reichsminister Darré fand am 18. Juni 1940 statt. Sie hatte das Ergebnis, daß der Reichsbauernführer den Erbhof Marienhöhe als eine Beispielwirtschaft im Sinne einer lebensgesetzlichen Landwirtschaft bezeichnete."[510] Im Geschäftsbericht des *Reichsverbands* des Jahres 1939/40 liest man: Durch die Unterstützung des Stabsamts des Reichsbauernführers habe man „entscheidende Fortschritte" machen können. Gemäß der Erklärung des Reichsministers sollten jetzt im Krieg

508 Der Bericht Georg Halbes findet sich ohne Datum und Briefkopf als Abschrift im Nachlass von Darré, BArch, N 1094 II/1, unpag.

509 BArch, N 1094 II/1, unpag., G. Halbe, Bericht über die Entwicklung der Beziehungen zwischen dem Stabsamt des Reichsbauernführers und dem Reichsverband.

510 Ebenda.

„die Vorzüge sowohl der statischen und biodynamischen Landwirtschaft in vernünftiger und undogmatischer Form zugunsten der Erhaltung und Steigerung der Erzeugungskraft des deutschen Bodens ausgewertet werden".[511]

Mit Georg Halbe hatte der Stabsamtleiter einen Verbindungsmann platziert, der bei allen einschlägigen Treffen und Begehungen dabei war und 1940 dann sogar als persönlicher Informant nach Marienhöhe abgeordnet wurde.[512] Halbes Bericht ist zu entnehmen, dass Hermann Reischle spätestens seit Anfang 1939 einen gut durchdachten strategischen Plan verfolgte, dessen medienwirksamer Höhepunkt Darrés Besuch auf Marienhöhe war. Reischle gelang es, eine Übereinkunft mit Goebbels und die passende Presseorchestrierung zu erreichen und Erhard Bartsch Zugang zu *Odal* und zum Rundfunk zu verschaffen. Er setzte seinen wissenschaftlichen Mitarbeiterstab in Bewegung, es folgten Begehungen, Tagungen, neue Untersuchungen mit neuen Ergebnissen. Er stellte im Herbst auch den Kontakt zu Hermann Schneider her, der im Auftrag Himmlers zur Siedlungsfrage arbeitete. Zu Reischles Strategie gehörte es, dass Darré, der mit Widerständen in seinem Ministerium von Staatssekretär Backe, aber auch von Bormann, Stabsleiter im Amt von Rudolf Heß, rechnen musste, möglichst lange im Hintergrund bleiben sollte. Bormann und Backe hatten deutlich gemacht, dass sie bei der Frage des Umgangs mit Anthroposophen einen harten Ausgrenzungskurs befürworteten. Dass Darré versuchte amtsintern die Fäden in der Hand zu halten, zeigt seine Anweisung vom 7. Dezember 1939: „Jede Stellungnahme zu den Fragen der bdW muss grundsätzlich von mir gebilligt sein, ehe sie das Haus verlässt."[513]

Nach dem Besuch Darrés gaben sich die hohen Besucher in Marienhöhe die Klinke in die Hand. Einer von ihnen war Reichsleiter Alfred Rosenberg, der sich weniger wegen der Landwirtschaft, sondern wegen seines Projekts der „Hohen Schule" für Bartschs Goethe-Hochschule interessierte. An Führungen nahmen teil: Robert Ley, der Chef der *Deutschen Arbeitsfront*, der eine Villa in Bad Saarow hatte, Landesbauernführer Peuckert, der stolz darauf war, als Einziger in Thüringen seinen Hof biodynamisch zu bewirtschaften,[514] die SS-

511 BArch, R 58/6197, Bl. 141, Geschäftsbericht des Reichsverbands 1939/1940.

512 Die Tatsache, dass Halbe später nach dem Verbot des *Reichsverbands* seine Abordnung nach Bad Saarow in seinen Bewerbungen für das *Reichsministerium für Volksaufklärung und Propaganda* 1942 und 1944 eigens hervorhebt, legt den Verdacht nahe, dass er weniger Sympathisant der *bdW*, sondern vor allem Informant des *Reichsnährstands* war. Vgl. BArch, R 1501/206985, Lebenslauf G. Halbe 10. 1. 1942.

513 BArch, N 1094 II/1a.

514 In einem Brief Peuckerts vom 22. 8. 1940 an Bartsch bedankt er sich für Schriftenzusendung, er sei dabei, seinen Hof umzustellen: „Meine Wirtschaft würde wohl in ganz Ost-Thüringen die einzige biologisch-dynamische sein." BArch, R 58/6223, Bl. 330.

Gruppenführer Pohl vom *Wirtschafts-Verwaltungshauptamt* und Pancke vom *Rasse- und Siedlungshauptamt*, die sich beide für Siedlungspläne Himmlers verantwortlich fühlten. Pohl war die *DVA* unterstellt, die in verschiedenen Betrieben u.a. im KL Dachau ihre Heilpflanzen biologisch-dynamisch bearbeiten ließ und 1940 beitragspflichtiges korporatives Mitglied des *Reichsverbands* geworden war. Der Geschäftsbericht des *Reichsverbands* des Jahres 1939/40 berichtet über die schnelle Abfolge der hohen Besucher und fährt fort, „eine Zusammenarbeit mit diesen Persönlichkeiten ist inzwischen in Gang gekommen. Besonders interessiert an unserer Arbeit ist auch die DVA [...]. Im Rückblick auf das in diesem Jahr Erreichte können wir einen großen Fortschritt in der Entwicklung unserer Arbeit feststellen. Neue größere Aufgaben stehen vor uns."[515]

Der *Verein für Bauernkunde* und das *Demeter-Haus*

Wohl zu Beginn des Jahres 1940 begann Reischle zudem mit einem weiteren organisatorischen Vorstoß und initiierte die Gründung des *Vereins für Bauernkunde* und flankierend eine *Gesellschaft für die Freunde des Deutschen Bauerntums*, die unter der Schirmherrschaft Darrés standen. In der *Gesellschaft* wurden einflussreiche NS-Agrarfunktionäre versammelt. Der *Verein für Bauernkunde* war in mehrere Arbeitsgebiete untergliedert. Das „Arbeitsgebiet 1" sollte sich mit dem „Zuchtgedanken als Grundlage der germanisch-deutschen Weltanschauung, Ahnenverehrung und Nachkommenschaft unter dem Gesetz des Blutes" befassen.[516] Nachgeordnet war das „Arbeitsgebiet 5: Lebensgesetzlicher Landbau" unter kommissarischer Leitung Hermann Reischles. In diese Arbeitsgemeinschaft sollten nach dem Willen Reischles vor allem Vertreter des *bdW* berufen werden. Am 2. August 1940 schlug Reischle dem Schirmherrn des Vereins Darré vor: „Angesichts der Tatsache, daß die arbeitsgemeinschaftliche Zusammenarbeit mit dem Bauern Dr. Bartsch zwischenzeitlich sich sehr gut entwickelt hat", bitte er darum, „den Bauern Dr. Bartsch zu meinem Stellvertreter zu ernennen".[517] Diese neu geschaffene nichtstaatliche Struktur war mit der Zerschlagung des *Reichsverbandes* im Frühsommer 1941 schon wieder passé. Konkrete Ergebnisse hat der *Verein für Bauernkunde* wohl nie hervorgebracht. In den Quellen finden sich keine Belege, dass das *AG 5 Lebensgesetzlicher Landbau*

515 BArch, R 58/6197, Bl. 141, Geschäftsbericht des Reichsverbands 1939/1940.

516 BArch, N 1094 II/1d, Reichsgeschäftsführer [Rust] an den Schirmherrn der Gesellschaft für die Freunde des Deutschen Bauerntum, Darré, 25.9.1940.

517 BArch, N 1094 II/1, unpag., Reischle an den Schirmherrn des Vereins für Bauernkunde [Darré], 2.8.1940.

überhaupt jemals tagte. Und dennoch ist diese Vereinsgründung ein beredtes Zeugnis dafür, wie strategisch durchdacht Reischle versuchte, die biodynamische Bewegung in die hierarchische Struktur der NS-Agrarpolitik mit ihren rassistischen Zielen einzubauen.

Im April 1940 kam es zu einer weiteren Verschränkung zwischen dem *Reichsnährstand* und dem *Reichsverband*. Am 20. April 1940 wurde der *Verein Demeter-Haus* und damit der Plan eines umfassenden bäuerlichen Bildungsprojektes aus der Taufe gehoben. „Die Ausweitung der Arbeit", so der Geschäftsbericht des *Reichsverbands*, „machte eine verstärkte Schulungsarbeit notwendig." Das habe die Schaffung einer eigenen Schulungs- und Tagungsstätte erforderlich gemacht. Es sei daher begrüßt worden, als sich die Möglichkeit ergab, das frühere Kurhaus Esplanade als Schulungs- und Pflegestätte für die biologisch-dynamische Arbeit zu erwerben. Anfang April 1940 hätten die Verhandlungen zum Erwerb begonnen. Weiter heißt es im Geschäftsbericht des *Reichsverbandes*: „Am 20. April, am Geburtstag des Führers, fand die Gründungsversammlung [des *Vereins Demeter-Haus*] statt. [...] Am 26.4. erfolgte der Kaufabschluss."[518]

Tatsächlich hatte der *Reichsverband* das Kurhaus Esplanade schon seit vielen Jahren als Tagungsort genutzt. Aber wie war es möglich, dass ein solch repräsentatives Gebäude mitten im Krieg von einem an chronischer Geldnot leidenden Verband in derart kurzer Zeit erworben werden konnte? Ein Blick auf die Gründungsmitglieder des Vereins zeigt, dass das *Demeter-Haus* auch ein Kind des *Reichsnährstands* war. Zu den Gründungsmitgliedern gehörten – neben *Reichsverbands*-Mitgliedern wie Erhard Bartsch, Franz Dreidax, Ernst Stegemann der Mäzen der Bewegung Theodor Klein – vonseiten des *Reichsnährstands* wenig verwunderlich Stabsamtleiter Hermann Reischle und zwei weitere hohe Beamte, Wilhelm Kinkelin (*Verein für Bauerntumskunde*), Referent im *Reichsnährstand*, und Hans Merkel, Jurist in gehobener Stellung im *RMEL* als Vertreter der *Studiengesellschaft für Bauernrecht und Wirtschaftsordnung*. Ziel des Vereins war der Erwerb einer Bildungsstätte und der Aufbau einer bäuerlichen Hochschule. Der schnelle Kaufabschluss wurde von den Mäzenen der *AG* getragen, neben Theodor Klein spendete z. B. auch der Industrielle Hanns Voith.[519] Ohne die Unterstützung des *Reichsnährstands*, der sich offenbar viel von der Bildungsoffensive des *Reichsverbands* versprach, wäre ein

518 BArch, R 9349/12, unpag., Satzung Demeter-Haus, 20.4.1940 unterzeichnet von Bartsch, Reischle, Merkel, Kinkelin, Stegemann, Theodor Klein, Fritz Ulrich; Dreidax, Kirsch u.a.

519 Hanns Voith versicherte Bartsch in einem Brief zu helfen, gratulierte zu bevorstehender Tagung und teilte mit, dass er morgen einen Termin mit Dr. Todt habe. BArch, R 9349/3, unpag., Voith an Bartsch, 8.3.1940.

solcher Abschluss im Frühjahr 1940 – mitten im Krieg – kaum zustande gekommen.[520]

Das Kurhaus war Ende 1938 unter Wert an die *NSV* verkauft worden, die hier ein „Reichsseminar" für Führungskräfte errichten wollte.[521] Dieser Plan war jedoch nicht realisiert worden, sodass das Gebäude, das zum Zeitpunkt des Verkaufs als Lazarett genutzt wurde, wieder veräußert werden sollte. Möglich wurde der Kauf aber erst durch ein Darlehen der Deutschen Renten- und Kreditbank. Eine wichtige Rolle bei dem schnellen Kaufabschluss spielte der Präsident dieser Bank, Walter Granzow, Agrarfunktionär und Reichstagsabgeordneter der NSDAP, der mit Erhard Bartsch über den Kaufabschluss verhandelte.[522] Granzow war in der Anfangsphase der *bdW* einer der frühen nationalsozialistischen Aktivisten, die es in der *bdW* durchaus auch schon vor 1933 gegeben hatte. Er war von 1931 bis 1932 Mitglied im *Versuchsring anthroposophischer Landwirte.*[523] In den Folgejahren bis 1940, in denen Granzow hohe Funktionen im NS-Staat einnahm, gab es kaum Kontakte zwischen Granzow und dem *Reichsverband*, nach der Umorientierung im *Reichsnährstand* wurden alte Beziehungen offenbar neu geknüpft. Im Gestapoverhör gab Erhard Bartsch später an, auch der Leiter der *DAF* Robert Ley habe den Kauf finanziell unterstützt.[524] Auch im *Demeter-Haus* sollte – ähnlich wie im *Verein für Bauernkunde* – die Arbeit nicht mehr aufgenommen werden. Hermann Reischle setzte sich zwar im Herbst 1940 bei Generalfeldmarschall Keitel energisch für die Räumung des Lazaretts ein und drohte Keitel: „Ich darf mir dabei noch den Hinweis erlauben, daß der Führer der bdW sehr positiv zugewandt ist."[525] Tatsächlich fanden im *Demeter-Haus* bis zum Sommer 1941 keine Veranstaltungen statt. Das ehemalige Kurhaus wurde nach dem Verbot des *Reichsverbands* erstaunlicherweise nicht vom Staat konfisziert, sondern im Verlauf des Jahres 1942 verkauft.

520 So bezog sich Bartsch in einem Brief vom 11. 3. 1940 an den Leiter des *Hauptamts für Volkswohlfahrt*, Hilgenfeldt, auf einen Anruf von Reischle wegen der Liegenschaft in Bad Saarow für ein künftiges Schulungs- und Tagungsgebäude und bat um Übersendung der für einen Kaufbeschluss notwendigen Unterlagen. BArch, R 9349/2.

521 Diese Hinweise verdanken wir Matthias Georgi, Neumann & Kamp, der 2011 zusammen mit Michael Kamp das Gerichtsgutachten „Der verfolgungsbedingte Verkauf des Kurhauses Esplanade in Bad Saarow durch Richard Schäfer im Jahr 1938" verfasste und uns Informationen aus seiner Recherche zur Verfügung stellte.

522 Vgl. Becker, Michaelis, S. 662 f.

523 Vgl. ebenda. Walter Granzow war landwirtschaftlicher Gaufachberater der NSDAP in Mecklenburg-Lübeck, kurzfristig Ministerpräsident von Mecklenburg-Schwerin, später Präsident der Deutschen Rentenbank.

524 BArch, R 58/6223, Bl. 298–305, Stapo C, Verhör Erhard Bartsch.

525 BArch, NS 15/304, unpag., Reischle an Keitel, 25. 10. 1940.

Darrés Besuch in Marienhöhe

Der Höhepunkt der wohldurchdachten Kampagne Hermann Reischles war zweifellos der Besuch Darrés auf Marienhöhe am 18. Juni 1940. Zwei Tage danach wandte sich Darré in einem Rundschreiben an den Reichsbauernrat und erklärte, da die Gefahr einer Hungerblockade durch den Waffenstillstand mit Frankreich gebannt sei, könne er seine Aufmerksamkeit nun auch der *bdW* zuwenden: Er habe in Marienhöhe festgestellt, dass die von Dr. Bartsch angewandten Methoden auf dem richtigen Wege seien, denn die Ergebnisse seiner Wirtschaftsweise sprächen zu eindeutig zu seinen Gunsten. „Wenn die Wissenschaft und unsere bisherige landwirtschaftliche Betriebslehre für diese Erfolge keine Erklärung haben, so ist das deren Angelegenheit.“[526]

Vertreter des *Reichsverbands* und ihre Unterstützer erhofften sich durch das Interesse des Ministers die in ihren Augen überfällige Anerkennung durch den NS-Staat. Die Reaktion auf Darrés Erklärung vonseiten des *Reichsverbands* war entsprechend überschwänglich. Für Erhard Bartsch als Leiter des *Reichsverbands* war die Bewegung mit der Erklärung des Reichsministers im nationalsozialistischen Staat angekommen. 1940 war das nationalsozialistische Deutschland nach den schnellen militärischen Siegen auf dem Höhepunkt seiner Macht. Viele befanden sich in einem regelrechten Siegesrausch. Die Ansprache, die Bartsch zum Jahreswechsel 1940/41 vor den Mitarbeiter:innen auf Marienhöhe hielt, war Ausdruck dieser Stimmung. Im soldatisch-patriotischen Stil adressierte er seine Mitarbeiter als „Kameraden“ – und nicht wie früher üblich als „Freunde“ – und verknüpfte die militärischen Siege Deutschlands mit dem Sieg, den die biodynamische Idee in seinen Augen errungen hat.

„Marienhöhe, Sylvester 1940/41“[527]

„Liebe Kameraden, das Kampfjahr 1940 ist ausgeklungen. Wir wenden noch einen Blick zurück! Mit dem einzigartigen Sieg der deutschen Waffen über einen vom westlichen Ungeist irregeleiteten Gegner in Europa verbindet sich in der Heimat der geistige Durchbruch der Ideale des Lebensgesetzlichen Landbau, der Idee des geschlossenen Betriebsorganismus.“[528] Die Erklärungen des Reichsministers für Ernährung und Landwirtschaft und seine Besichtigung des „Erbhofs Marien-

526 Rundschreiben Darré, 20.6.1940, veröffentlicht in: Wagner, Dokumente und Briefe, Bd. 3, S. 16f.
527 BArch, R 9349/12, unpag., Bartsch, Marienhöhe, Sylvester 1940/41.
528 Ebenda.

höhe“ am 18. Juni 1940 hätten „die Tore für die weitere Entwicklung des deutschen Bauerntums weit geöffnet“. Für „alle Beweise des Vertrauens und der Förderung unserer Arbeit“ danke man „von ganzem Herzen“ und „mit dem Gelöbnis des letzten Einsatzes im Kampf um die Ernährungssicherung unseres Volkes.“ Man wisse, fuhr Bartsch fort, „daß der Führer selbst mit wachsender Aufmerksamkeit auf unsere Arbeit hinschaut. Das soll uns immer wieder hinreissen, wenn wir in den Stunden der Not und der Sorge einmal wieder schwach werden sollten.“ Er erinnerte an Hitlers Ernennung zum Reichskanzler 1933: „Als im März die Glocken der Kirchen in Potsdam läuteten, da riefen sie nach vierzehnjähriger Schmach das deutsche Volk zu seinen soldatischen-politischen Pflichten, die jetzt ihre höchste und letzte Bewährung finden.“ Und er beendete seine Rede mit einer Art Schlachtruf: „Deutscher Geist und deutsches Schwert werden dem kulturschaffenden Bauern die Zukunft sichern. Heil dem Führer“.[529] Pathos, ein kriegerischer Duktus, Durchhalteparolen und ein Bekenntnis zum NS-Staat und zu Adolf Hitler fanden sich auch in früheren Statements von Erhard Bartsch, Töne, die sich mit Kriegsbeginn 1939 verstärkt hatten. Jetzt aber, da er glaubte, die *bdW* sei durch die Entwicklungen im Verlauf des Jahres 1940 letztlich doch im NS-Staat angekommen, wurde das Bekenntnis flammender und unbedingter.

Auch bei den Unterstützern der *bdW* – wie Seifert – löste der Besuch Darrés auf Marienhöhe große Hoffnungen aus. Im Juni 1940 schrieb er an Rudolf Heß: Darrés Besuch und sein Rundschreiben an seine Dienststellen, der *bdW* mehr Aufmerksamkeit zu widmen, habe „die Lage bereits grundlegend verändert. [...] Bei den Kunstdüngerleuten hat dieses Schreiben wie eine Bombe eingeschlagen. Es wird einer sehr starken Hand bedürfen, die chemische Industrie davon zu überzeugen, daß zu dem Übergang auf Friedenswirtschaft auch ein allmählicher Abbau der Kunstdüngererzeugung gehört.“[530] Auch wenn sich Seiferts Optimismus als trügerisch herausstellen sollte, seine Einschätzung, Darrés Schreiben sei „wie eine Bombe“ eingeschlagen, traf zu.

2.4.3 Die Gegner der biodynamischen Wirtschaftsweise formieren sich

Während Darrés öffentliche Auftritte im Jahr 1940 bei den führenden Vertretern der *bdW* die Hoffnung auf einen großen Durchbruch nährten, formierten sich zeitgleich deren Gegner, an erster Stelle die Agrarindustrie. Tatsächlich ließ die Erklärung Darrés bei den Vertretern der Agrarindustrie die Alarmglocken läuten. Auch wenn die *bdW* nur ein kleines Segment der deutschen Landwirtschaft

529 Ebenda.
530 GOE, D.02 Seifert 002, Seifert an Heß, 7. 7. 1940.

ausmachte, das ökonomisch kaum ins Gewicht fiel, so konnte der Umstand, dass eine Wirtschaftsweise, die Kunstdünger, industrialisierte Landwirtschaft und Massentierhaltung ablehnte, zur politisch im NS-Staat gewollten Musterwirtschaft erklärt werden könne, durchaus zu einem empfindlichen Imageschaden führen. Zudem machte diese Bewegung auch noch unter dem Markenzeichen „*Demeter*" Qualität und Gesundheitsförderung für sich geltend und warf der Agrarindustrie vor, den Boden, die Grundlage allen Lebens, zu zerstören und der Gesundheit abträglich zu sein. Da war Gefahr in Verzug! Man mobilisierte offenbar seine Lobbyisten und ließ z. B. umgehend Gutachten über die *bdW* in Auftrag geben, die – wie alle Stellungnahmen von dieser Seite zuvor – vernichtend ausfielen.

Vertreter der Agrarindustrie und Agrarwissenschaft gegen die biodynamische Wirtschaftsweise

Darrés Erklärung, der *bdW* in Zukunft mehr Aufmerksamkeit zu schenken, wurde tatsächlich zur Initialzündung einer Offensive vonseiten der Agrarindustrie. Durch den Besuch des Ministers auf Marienhöhe, so Alfred Steven, der von der Landwirtschaftlichen Abteilung der I. G. Farben (Ludwigsburg) zu einer Streitschrift gegen die *bdW* beauftragt worden war, sei „die bdW [...] sozusagen über Nacht zu einer hochaktuellen, wenn nicht gar prinzipiellen Frage der deutschen Landwirtschaft geworden".[531] „Dieses Ereignis und andere Vorzeichen", so die I. G.-Farben-Vertreter, hätten darauf hingedeutet, dass dem „Meinungsstreit über die biologisch-dynamische Wirtschaftsweise nach dem Kriege durch eine endgültige Entscheidung ein Ende gemacht werden solle". Daher habe man sich veranlasst gesehen, „aufgrund eines intensiven Studiums [...] den Ursprung, die tiefere Wesensart und die Entwicklung der biologisch-dynamischen Landwirtschaf zu untersuchen" und gestützt auf wissenschaftliche Arbeiten kritisch Stellung zu nehmen.[532] Zu Beginn des Jahres 1941 erschien dann die 140 Seiten umfassende *Stellungnahme zur Biologisch-Dynamischen Wirtschaftsweise* von Alfred Steven.[533] Die Studie versammelte sämtliche immer wieder, z. T. bis in die Gegenwart gegen die *bdW* verwandten Argumente. Mit ausgewählten Zitaten aus dem *Landwirtschaftlichen Kurs* versuchte Steven, die Irrationalität der Wirtschaftsweise nachzuweisen und sie der Lächerlichkeit preiszugeben. Vor allem aber – so die Hauptargumentation – sei die *bdW* weniger ertragreich und so – besonders

531 Zit. n. Vogt, Entstehung, S. 140.
532 Zit. n. Werner, Anthroposophen, S. 273 f.
533 BArch, R 3602/2609, unpag., Stellungnahme zur Frage: Biologisch-Dynamische Wirtschaftsweise, bearbeitet von Dr. Alfred Steven, Ludwigshafen.

in Kriegszeiten – volkswirtschaftlich gefährlich. Stevens Schrift wurde nicht nur allen staatlichen und parteiamtlichen Stellen, die mit Agrarpolitik befasst waren, zugesandt, sondern auch an Gestapo und SD-Vertreter. Welche große Wirkung dieser Bericht hatte, lässt sich daran erkennen, dass Passagen der Streitschrift nach dem Verbot in den Berichten von SD und Gestapo auftauchten.[534]

Durch Darrés Haltung verschärfte sich seit dem Sommer 1940 der Machtkampf im Ministerium mit Staatssekretär Backe. Ein Konflikt, den die Lobbyisten der Agrarindustrie ganz offenbar gezielt forcierten. Steven zeigte sich jedenfalls über jede Meinungsverschiebung im Ministerium sehr genau informiert. Im Schlusswort seiner Streitschrift referierte er Darrés Stellungnahme auf einer Kundgebung vor dem Landvolk am 14. Dezember 1940. Der Reichsminister habe versichert, „dass alle bisherigen seit 1934 ausgegebenen Parolen der Erzeugungsschlacht auch für das neue Jahr ihre volle Gültigkeit behalten".[535] Backe stellte er als unbedingten Parteigänger der Agrarindustrie dar: „Staatssekretär Backe hat außerdem betont, daß die deutsche Landwirtschaft nach dem siegreichen Kriege den Weg zu weiteren Erntesteigerungen nicht verlassen darf. Wir werden viel mehr denn je gezwungen sein, die Erzeugungsschlacht konsequent sowohl nach der Tiefe als auch nach der Breite im Sinne einer Großraumwirtschaft fortzusetzen; denn wir sind und wollen ein wachsendes, unabhängiges Volk bleiben, dessen Ansprüche an das Leben und nicht zuletzt an die Ernährung ständig steigen werden."[536] Steven resümierte: „Daß dieses Ziel kaum nach dem Prinzip der biologisch-dynamischen Wirtschaftsweise zu erreichen sein wird, haben diese Ausführungen wohl zur Genüge bewiesen. [...] Die Gefahr, die uns sonst droht, liegt darin, daß Mängel aller Art zu einer Verarmung des deutschen Bodens und zu einer Gefährdung unserer Volksernährung führen."[537]

Zeitgleich mit der *Stellungnahme* der Agrarindustrie geriet die *bdW* aber auch vonseiten der Agrarwissenschaft unter Beschuss. 1940 hatte der einflussreiche Agrarwissenschaftler Konrad Meyer,[538] Professor der Berliner Universität,

534 Vgl. Werner, Anthroposophen, S. 274.

535 BArch, R 3602/2609, Steven, Stellungnahme.

536 Ebenda.

537 Ebenda.

538 Konrad Meyer (1901–1973) war ein deutscher Agrarwissenschaftler. Er trat 1932 der NSDAP bei, war 1933 Stadtverordneter der NSDAP und seit 1933 Mitglied der SS. Es folgte eine steile Karriere in der Wissenschaft. 1934 übernahm er eine Professur für Agrarwissenschaft an der Universität Berlin und wurde Direktor des Instituts für Agrarwesen und Agrarpolitik. 1945 wurde Meyer interniert, im Prozess gegen das *RSHA* jedoch von den Vorwürfen wegen Verbrechen gegen die Menschlichkeit und Kriegsverbrechen entlastet und 1948 aus der Haft entlassen. 1965 wurde er als Professor auf den Lehrstuhl für Landesplanung und Raumforschung der Universität Hannover berufen, wo er bis zu seiner Emeritierung 1968 tätig war.

neben anderen Ämtern Direktor des *Instituts für Agrarwesen und Agrarpolitik*, in einem Vortrag „energisch gegen die sogenannte biologisch-dynamische Wirtschaftsweise Front gemacht".[539] 1936 war Meyer Vorsitzender der *Deutschen Forschungsgemeinschaft* geworden und sicherte sich große Teile der Forschungsmittel des *Reichsforschungsrats* im Bereich der Agrarwissenschaft. Am 18. Januar 1941 veröffentlichte Meyer in der Presse ein Plädoyer gegen die *bdW*. Im März 1941 hielt er einen Vortrag auf der Kriegstagung des Forschungsdienstes, in dem er die *bdW* massiv angriff und als „staatsgefährlich" bezeichnete.[540] In einem Brief an Alwin Seifert vom Mai 1941 berichtete Franz Dreidax, Darré sei „von Seiten der sogenannten Wissenschaft sehr bearbeitet worden".[541]

Seit Kriegsbeginn wurde Konrad Meyer zunehmend zu einem zentralen Akteur in der SS-Siedlungspolitik. Schon 1935 hatte der Berliner Professor die *Reichsarbeitsgemeinschaft für Raumforschung (RAG)* gegründet und entwickelte mit dem Begriff der „Raumpolitik" einen moderneren Rahmen für Fragen, die zuvor unter dem Topos „Siedlungspolitik" abgehandelt worden waren. Im September 1939 wurden Meyer und seine Mitarbeiter Teil des Planungsstabs von Himmlers Vertreibungs- und Vernichtungspolitik. Als SS-Oberführer wurde er Leiter des Planungsamtes beim *Reichskommissar für die Festigung Deutschen Volkstums* und trug in enger Zusammenarbeit mit Staatssekretär Backe, der im Sommer 1942 Darré ablöste, entscheidend zu den Ausarbeitungen des „Generalplans Ost" bei. Folgerichtig wurde Meyer nach der Beurlaubung Darrés im Mai 1942 Planungsbeauftragter für Siedlung und ländliche Neuordnung im *RMEL*.

Schon Darrés Verlautbarung im Dezember 1940 hatte deutlich gemacht, dass erheblicher Druck auf ihn ausgeübt wurde. Eine interne Dienstanweisung an Staatssekretär Backe vom 6. Januar 1941 zeigte, dass er im Machtkampf im Ministerium in die Defensive geraten war. In dieser Anweisung formulierte er nun erheblich vorsichtiger: Der „Kurs" in der Düngelehre sollte auf keinen Fall geändert werden. Aber „da die Tatsache feststeht, daß maßgebliche Männer in Partei und Staat glauben, sich positiv zu den Fragen der biologisch-dynamischen Wirtschaftsweise stellen zu sollen, so erfordert es der selbstverständliche Takt, daß wir eine solche Einstellung der Betreffenden zu diesen Fragen auch achten [...]. Um jede Unruhe zu vermeiden und um Mißverständnissen vorzubeugen, beauftrage ich Sie [Herbert Backe], in der Abteilung II ein Referat einzurichten,

539 BArch, N 1094 II/1a.
540 GOE, D.002 Seifert, Seifert an Dreidax 28.3.1941.
541 GOE, D.002 Seifert, Dreidax an Seifert, 8.5.1941.

welchem alle vorkommenden Fragen über die biologisch-dynamische Wirtschaftsweise zugeleitet werden […].“[542]

Damit hatte Darré die ministerialen Abläufe zur Frage der *bdW* an seinen Staatssekretär, einen erklärten Gegner der *bdW*, abgetreten. Im Frühjahr des Jahres zog Darré sich mehr und mehr aus dem Tagesgeschäft des Ministeriums zurück. Paradoxerweise widmete er sich nun mit erstaunlicher Energie außerhalb der Strukturen des Ministeriums den Fragen der *bdW*.[543] Die Wirtschaftsweise schien ihm zunehmend eine Art Rettungsanker in einer ausweglosen Situation zu sein. Er beschloss, nun sein Vorhaben mittels der Parteistrukturen über das *Reichsamt für Agrarpolitik*, dem er ebenfalls vorstand, voranzutreiben. Darré initiierte eine aufwendige Befragung aller Gauleiter reichsweit zum Thema *bdW*. Im Mai verfasste er darüber hinaus zu diesem Thema ein Rundschreiben an die Mitglieder des *Reichsbeirats für Ernährung*.[544] Selbst an Martin Bormann richtete Darré am 7. Juni 1941 ein mehrseitiges Schreiben, in dem er seine Position zur *bdW* darlegte. Er wolle aber keine Unruhe in die Kriegsernährungswirtschaft bringen und das Problem vorläufig parteiintern bearbeiten lassen; er wolle feststellen, ob Bormann ihm helfen könne und helfen wolle, oder dieser sich schon ein Urteil gebildet habe.[545]

Am 6. Mai 1941 wandte sich Darré an Heß und an Alwin Seifert und bat diesen, an einem Gespräch mit Heß „über die biologisch-dynamische Landbauweise“ teilzunehmen. Heß habe seine Teilnahme bereits zugesagt. Er wolle Rudi Peuckert mitbringen, „welcher seit Jahr und Tag mein Vertrauensmann für die biologisch-dynamische Landbauweise ist, und der auch seinen väterlichen Hof auf die biologisch-dynamische Landbauweise umgestellt hat“.[546] Schon zwei Tage zuvor hatte Seifert Bartsch von dem bevorstehenden Treffen in Kenntnis gesetzt und hinzugefügt „Ich werde RM Darré bitten bei dieser Gelegenheit sich auch meinen eigenen Garten anzusehen.“[547] Da Bartsch verreist war, antwortete

542 Darré an Backe, 6. 1. 1941, zit. n. Wagner, Dokumente und Briefe, Bd. 3, S. 20 f.

543 Auch Vogt sieht einen Zusammenhang mit Darrés Machtverlust als Minister und seinem Engagement für die *bdW*: „R. Walther Darrés plötzliches Eintreten für die bdW um die Jahreswende 1939 könnte darauf zurückzuführen sein, daß er – nach seiner faktischen Entmachtung als Minister 1939 sich wieder auf sein eigentliches Anliegen, die Grundlagen für eine bäuerliche Elite im Rahmen seiner ‚Blubo.‘ Ideologie zu schaffen, konzentrierte.“ Vogt, Entstehung, S. 139.

544 BArch, N 1094 II/1, Rundschreiben Darré an die Mitglieder des Reichsbeirats für Ernährung, betrifft: bdW vom 9. 5. 1941.

545 BArch, NS 19/3122.

546 BArch, N 1094/1a, Darré an Seifert, 6. 5. 1941.

547 GOE, D.02 Seifert, Seifert an Bartsch, 4. 5. 1941.

Dreidax am 8. Mai 1941, offenbar chiffriert, zur „Besprechung „H./D." [Heß/Darré.]" deutlich verhaltener als Seifert: Es sei immerhin möglich, dass „D. nicht nur politische Hilfe, sondern auch eine gewisse innere Aufrichtung" brauche. „Ich habe erst gestern in Berlin erfahren, wie er bearbeitet worden ist, namentlich von der sogenannten Wissenschaft, von der wir ja wissen, wer dahintersteht. [...] Es ist sicherlich gut, wenn Sie D. in Ihren Garten bringen und ihm auch sonst einige größere Ausblicke vermitteln."[548]

Zu dem Treffen zwischen Heß und Darré sollte es nicht mehr kommen. Die Nachricht von Heß an Darré, worin er das Treffen absagte, da er eine längere Reise plane, ist die letzte überlieferte schriftliche Nachricht vor seinem Verschwinden. Heß hatte am Abend des 10. Mai 1941 das nationalsozialistische Deutschland in eigener „Friedensmission" mit Großbritannien mit einem Geheimflug nach Schottland verlassen. Er wurde am folgenden Tag verhaftet und verbrachte die Zeit bis 1945 in britischer Kriegsgefangenschaft. In der Forschung sind das eigentliche Ziel und die Hintergründe dieses Fluges nach wie vor umstritten. Es wird jedoch davon ausgegangen, dass es ein politischer Alleingang war.[549] Heß hatte nicht nur persönlich, kraft seiner Stellung als Stellvertreter des Führers, sondern auch durch seine Administration, hier vor allem das Amt für Volksgesundheit, die *bdW* seit 1934 kontinuierlich unterstützt. Dass dieser mächtige Protegé nun nicht nur nicht mehr da war, sondern sein Versuch, mit Großbritannien Friedensverhandlungen aufzunehmen, schon bald als feindlicher Akt, Verrat oder Akt geistiger Umnachtung ausgelegt wurde, machte sein Umfeld politisch verdächtig. Seine beiden Adjutanten Karlheinz Pintsch und Alfred Leitgen, die die Nachricht von der Aktion und einen Brief von Rudolf Heß Adolf Hitler überbrachten, wurden noch vor Ort verhaftet und der Gestapo übergeben. Umgehend verhaftet wurde Ernst Schulte Strathaus, Amtsleiter im Amt Heß. Er wurde – ebenso wie Alfred Leitgen – aus der NSDAP und SA ausgeschlossen und nach Vernehmung in Polizeihaft im KZ Sachsenhausen festgehalten.[550]

Für die biodynamische Bewegung sollten die Machtverschiebungen im inneren Kreis der NS-Führung durch die vakante Stelle des „Stellvertreters des

548 GOE, D.02 Seifert, Dreidax an Seifert, 8. 5. 1941.

549 Vgl. Peter Longerich, Hitlers Stellvertreter. Führung der Partei und Kontrolle des Staatsapparates durch den Stab Heß und die Parteikanzlei Bormann, München 1992, S. 153 f.; Armin Nolzen, Der Heß-Flug vom 10. Mai 1941 und die öffentliche Meinung im NS-Staat, in: Martin Sabrow (Hrsg.), Skandal und Diktatur, Göttingen 2004, S. 130–156.

550 BArch, R 58/6194/2, Bl. 17–18, Leitgen, Vernehmung, in der er zum Verhältnis zur Anthroposophie, *bdW* und zur Person Erhard Bartsch befragt wurde. BArch, R 9361/III; BArch, R 9361/II-628925, Ausschluss Leitgens aus der SA und NSDAP.

Führers“ schon bald weitreichende Folgen haben. Zunächst waren die Vertreter des *Reichsverbands* zwar beunruhigt, wähnten sich aber durch die Kontakte zum *Reichsnährstand* durch Reichsminister Darré und vor allem auch durch die geplante Zusammenarbeit mit dem Chef des *WVHA* Pohl und dessen Mitarbeiter, dem *DVA*-Chef Vogel, vergleichsweise sicher. Wie immer optimistisch blieb Alwin Seifert. Er schrieb am 19. Mai 1941 an Dreidax, im Auftrag Darrés habe er Landesbauernführer Peuckert zu einer Aussprache über das weitere Vorgehen in der *bdW* getroffen. „Reichsminister Darré hat die Absicht, sich gerade jetzt und erst recht vor die bdW zu stellen und will Peuckert die Aufgabe eines neuen Bauerntums übertragen. Es scheint, daß Darré mir dieselbe Vertrauensstellung eines unabhängigen Sachkenners zubilligen will, die ich bisher bei Heß einnahm. Ich hoffe sie in derselben im Ganzen doch erfolgreichen Weise ausfüllen zu können.“ Wenn aus taktischen Gründen darauf verzichtet werde, mit der Anerkennung der *bdW* „unbedingt sofort eine Rechtfertigung des Lebenswerkes von Dr. Rudolf Steiner zu verbinden, steht meines Erachtens einer sehr raschen Ausbreitung der bdW nichts im Weg. Ich glaube auch, daß Bormann keine ernsthaften Schwierigkeiten machen wird“.[551]

Mit seiner Einschätzung von Bormanns Haltung irrte sich Seifert grundlegend. Bormann sollte vielmehr bei den staatlichen Maßnahmen gegen die *bdW*, die schon bald einsetzten, eine Schlüsselrolle spielen. Die Leerstelle, die der seltsame Abgang von Heß hinterließ, führte zu weitreichenden Verschiebungen im Machtgefüge in der NS-Führung. Im nun einsetzenden Machtkampf gewann die Frage, welche Position man im Verhältnis zu den verbleibenden anthroposophischen Einrichtungen einnahm, an strategischer Bedeutung. Im Verlauf der Auseinandersetzungen kam es zu einem Bündnis zwischen Bormann, der deutlich an Macht gewonnen hatte, und dem ehemaligen Staatssekretär Backe im *RMEL*, der nach Darrés Beurlaubung im Sommer 1942 dessen Stellung übernahm. Das Amt Heß wurde aufgelöst. Bormann, der ehemalige zweite Mann im ehemaligen Amt Heß, rückte als Leiter der Parteikanzlei zu einem der engsten Berater Hitlers auf und hatte fortan entscheidenden Einfluss auf die Organisation der Partei und den Zugang zu Hitler.

Bereits in den Auseinandersetzungen um die sogenannte Logenfrage, die die NS-Führung über Jahre beschäftigte, hatte sich Martin Bormann als ein entschiedener Gegner der Anthroposophie erwiesen. Nach dem Verbot der *AG* 1935 war es bei den unterschiedlichen NS-Institutionen, die sich mit der Frage beschäftigten, umstritten, ob die *AG*, analog zu Freimaurerlogen, als logenähnliche Vereinigung einzuschätzen sei – eine Einstufung, die für die betroffenen

551 GOE, D.02 Seifert, Seifert an Dreidax, 19. 5. 1941.

Anthroposophen durchaus folgenreich war. Bormann trug, wie im Folgenden gezeigt wird, entscheidend dazu bei, dass das Logenverdikt für die *AG* 1939 festgeschrieben wurde. Zunächst soll jedoch dargestellt werden, welch zentrale Rolle die Vorstellung von einer Verschwörung geheimer Logen im Nationalsozialismus spielte.

2.4.4 Exkurs zur Logenfrage

Während die Mitglieder des *Reichsverbands* im Verlauf der Jahre 1939 und 1940 glaubten, endlich die staatliche Anerkennung gefunden zu haben, setzte parallel in der NS-Spitze eine politische Debatte ein, die sich um die Frage drehte, ob Anthroposoph:innen als ehemalige Mitglieder „logenähnlichen" Vereinigungen einzustufen seien. Um zu verstehen, was sich hinter dieser Zuschreibung verbarg, ist ein kurzer Exkurs zum Thema notwendig.

Mit dem Verdikt, zu den „logenähnlichen Organisationen" zu zählen, war die *AG* einige Monate nach dem Verbot der „Freimaurerei" im November 1935 verboten worden. Gegen diese Einordnung setzten sich Anthroposophen seit Beginn der NS-Herrschaft immer wieder zur Wehr. Die Rechtslage war allerdings vergleichsweise eindeutig, seit die *AG* durch den Erlass des Reichsinnenministeriums im Dezember 1936 auf die Liste der „freimaurerähnlichen Organisationen" gesetzt worden war.[552] Wie Uwe Werner hausgearbeitet hat, sollten sich die Auseinandersetzungen um die „Logenfrage" zwischen Geheimdienst, Staat und Parteiapparat bis Anfang der 1940er-Jahre hinziehen.[553] Die Frage, ob die *Anthroposophische Gesellschaft* als logenähnliche Vereinigung einzustufen sei – ihr also wie den Freimaurerlogen der Charakter einer Geheimgesellschaft unterstellt wurde –, beschäftigte Anthroposophen, vor allem aber ihre mächtigen Gegner über das Verbot der *AG* 1935 hinaus bis 1941.

Es war der Logenvorwurf, den die Gegner der Anthroposophie im NS-Staats-, Partei- und Geheimdienstapparat ab 1939 erneut starkmachten, um im Kontext der *Aktion gegen Geheimlehren und sogenannte Geheimwissenschaften* am 9. Juni 1941 in einer reichsweiten Gestapo-Aktion u. a. gegen anthroposophische Einrichtungen, so auch gegen den *Reichsverband*, vorzugehen. Wer als Anhänger einer Loge eingeschätzt wurde, war nicht einfach nur ein „weltanschaulicher Gegner", er war als potenziell gefährlicher, subversiver Verschwörer im Inneren des Reiches markiert – ein Damoklesschwert, das über jedem

552 Vgl. Werner, Anthroposophen, S. 242.
553 Vgl. ebenda, S. 242–265.

einzelnen Anthroposophen hing. In der Logik von Gestapo und SD hieß dies darüber hinaus, dass konkrete staatsfeindliche Äußerungen oder Aktivitäten gar nicht nachgewiesen werden mussten. Das Fehlen widerständiger Handlungen konnte vielmehr zum Beleg für den der „Loge" zugeschriebenen konspirativen, somit geheimen und umso gefährlicheren Charakter werden. Der angeblich subversive Charakter war die Begründung, warum die NS-Führung ehemalige Logenmitglieder von höheren staatlichen Stellen kategorisch ausschloss, da sie eine Unterwanderung von Staat und Bewegung fürchtete. Um zu verstehen, warum diese Frage politisch derart brisant war, muss kurz auf die Entstehung des Feindbildes „Freimaurerei" eingegangen werden.

Das Gespenst der Freimaurerei

Seit der Französischen Revolution gewann das Narrativ von der jüdischen Weltverschwörung als eine Gegenerzählung zur Aufklärung in nationalistischen Kreisen, die den jeweiligen Demokratien und Regierungen misstrauten, in ganz Europa immer wieder an großer Popularität und beherrschte, vor allem in Krisenzeiten, in Wellen die öffentlichen Debatten. 1918 machten nationalistische Gruppierungen neben der Sozialdemokratie auch das „Weltjudentum" und Freimaurer sowohl für den Ausbruch des Weltkriegs als auch für die deutsche Niederlage verantwortlich und bündelten sie in der sogenannten Dolchstoßlegende. Die Legende vom im Feld unbesiegten Heer, dem Kräfte in der „Heimat" in den Rücken gefallen seien, fand über das rechtsnationale Umfeld hinaus im geschlagenen Deutschland breite Resonanz.

Die große Erzählung von der jüdischen Weltverschwörung, deren Ziel die Vernichtung der germanischen „Rasse" sei, war ein Kernstück der nationalsozialistischen Weltanschauung.[554] 1921 publizierte der Ideologe der NS-Bewegung Alfred Rosenberg sein Pamphlet „Das Verbrechen der Freimaurerei. Judentum, Jesuitismus, Deutsches Christentum", das von der „jüdisch-freimaurerischen Weltverschwörung" sprach, die „die Existenz anderer Völker zu unterminieren" trachte und zu diesem Zweck den Ersten Weltkrieg herbeigeführt habe.[555] „Der Jude", schrieb Hitler 1925 in „Mein Kampf", „hat in der ihm vollständig verfallenen Freimaurerei ein vorzügliches Instrument zur Verfechtung und

554 Vgl. Armin Pfahl-Traughber, Der antisemitisch-freimaurerische Verschwörungsmythos in der Weimarer Republik und im NS-Staat, Wien 1993; Volker Knüpfer, Hakenkreuz und Winkelmaß. Zur antifreimaurerischen Politik und Propaganda in Sachsen 1933–1945, in: Sächsische Heimatblätter (2019) 4, S. 383–402.

555 Alfred Rosenberg, Das Verbrechen der Freimaurerei. Judentum, Jesuitismus, Deutsches Christentum, München 1921.

Durchschiebung seiner Ziele."[556] Wie der Marxismus, so müsse auch die Freimaurerei „weltanschaulich und organisatorisch zerschlagen" werden, so Rosenberg 1929.[557]

In den ersten Jahren nach dem verlorenen Ersten Weltkrieg geriet Rudolf Steiner aufgrund seiner Kontakte zu dem 1915 verstorbenen Generalstabschef Helmuth von Moltke ins Visier rechter Ideologen, die den Rückzug an der Marne im August 1914 mit einem Treffen zwischen Moltke und Steiner in Verbindung brachten und, ganz im Sinne der Verschwörungstheorie, die militärische Schlappe auf eine spirituelle Beeinflussung des „Logenanhängers" Steiners zurückführten. Die Annahme der jüdisch-freimaurerischen Weltverschwörung wurde nach der Machtübernahme der Nationalsozialisten in die Konzepte von Gestapo und vor allem der Mitarbeiter des Sicherheitsdienstes der SS (SD) übernommen, die Freimaurer und „logenähnliche" Vereinigungen und damit auch die *AG* als „weltanschauliche Gegner" ausmachten.

Es war wohl dem großen gesellschaftlichen Umbruch 1918 geschuldet, dass Steiner und mit ihm zumindest Teile der *Anthroposophischen Gesellschaft* sich nicht länger darauf beschränkten, Anhänger für die anthroposophische „Geisteswissenschaft" zu gewinnen, sondern sich am gesellschaftlichen Veränderungsprozess mit eigenen Vorschlägen zu Verfassung von Staat und Gesellschaft aktiv beteiligten. Schon 1917 hatte Steiner – allerdings ohne nennenswerte Resonanz – ins kriegspolitische Geschehen einzugreifen versucht und in einem „Memorandum"[558] die österreichische und deutsche Regierung zu einem Friedensangebot aufgefordert, indem er zum ersten Mal das Konzept der „Dreigliederung des sozialen Organismus" umriss. Steiner verstand sein Programm als Gegenentwurf zum 14-Punkte-Programm zur Selbstbestimmung der Nationen des amerikanischen Präsidenten Woodrow Wilson.

Am 15. März 1921 griff Adolf Hitler im *Völkischen Beobachter*, in einem gegen den Außenminister Walter Simons gerichteten Artikel „Staatsmänner und Nationalverbrecher", Rudolf Steiner massiv an. Er bezichtigte den „Gnostiker und Anthroposophen Steiner", der angeblich ein „intimer Freund" des Außenministers sei, als eigentlichen Drahtzieher hinter Simons' Außenpolitik. Steiner, so Hitler, sei „Anhänger der Dreigliederung des sozialen Organismus und wie diese ganzen jüdischen Methoden der Zerstörung der normalen Geistes-

556 Adolf Hitler, Mein Kampf, Bd. 1, Eine Abrechnung, München 1925, S. 333.

557 Alfred Rosenberg, Freimaurerische Weltpolitik im Lichte der kritischen Forschung, München 1929, S. 70 f.

558 https://rudolf-steiner-gesellschaft.de/wp-content/uploads/2017/05/Memorandum-1917.pdf [27. 10. 2023].

verfassung der Menschen heißen“.[559] Dass die Dreigliederungsbewegung gegen eine nationale Option votierte, kam dem eben erst zum Parteivorsitzenden der NSDAP gekürten Hitler einem Verbrechen gegen die Nation gleich. Bereits zu einem Zeitpunkt, drei Jahre nach der Kriegsniederlage, als die völkische Rechte eben erst ihre politische Speerspitze in der radikal-antisemitischen neuen Partei, der NSDAP gefunden hatte, wurden die Anthroposophen somit als Feinde der Nation ausgemacht. Auch der frühe Ideologe der NS-Bewegung Alfred Rosenberg sah Steiners Einfluss hinter der Außenpolitik Simons’ und sprach vom „Pestbazillus“, der in der Philosophie unter dem Namen Anthroposophie groß geworden ist.[560] Es kam in den Folgejahren wiederholt zu rechtsnationalen Störungen der Vorträge Steiners bis hin zu Angriffen auf seine Person. In der Phase, als sich die völkischen Nationalisten zur NS-Bewegung formierten, kam es somit zu einer Frontstellung gegenüber Rudolf Steiner, der als „Logenanhänger“, „Jude“ und Feind der Nation bezeichnet wurde. Steiner wiederum warnte in seinen Vorträgen zunehmend vor übersteigertem Nationalismus und Rassenzuschreibungen.

Wurde Steiner vonseiten rechtsnationaler Kräfte zum Freimaurer oder Logenmitglied erklärt, so hatte er sich selber seit seinem Bruch mit der *Theosophischen Gesellschaft*[561] immer wieder gegen „westliches“ Freimaurertum und Logen abgegrenzt. Noch während des Ersten Weltkrieges kam es offenbar zu Kontakten mit dem Schweizer Autor Karl Heise, Verfasser sensationsheischender okkulter verschwörungstheoretischer Publikationen. Heise war Mitglied unterschiedlichster okkulter Vereinigungen, der Theosophen, der *Ariosophischen Gesellschaft Guido von List*, war Aktivist der Mazdaznan-Bewegung und trat 1916 zudem der *AG* bei.[562] In seiner 1918 erstmalig erschienenen antisemitischen Verschwörungstheorie „Entente-Freimaurerei und Weltkrieg“[563] gab Heise später an, sie auf Anregung Steiners verfasst zu haben, der die Publikation durch ein Vorwort (allerdings ohne mit seinem Namen zu zeichnen) unterstützt habe.[564]

559 Adolf Hitler, Staatsmänner und Nationalverbrecher, in: Eberhard Jäckel/Axel Kuhn (Hrsg.), Hitler. Sämtliche Aufzeichnungen 1905–1924, Stuttgart 1980, S. 349.

560 Vgl. Peter Selg, Im Fadenkreuz der NS-Propaganda, 15. 4. 2021, in: Das Goetheanum.com, https://dasgoetheanum.com/im-fadenkreuz-der-ns-propaganda/ [27. 10. 2023].

561 Uwe Werner weist daraufhin, dass Steiner von 1906 bis 1914 tatsächlich Mitglied einer logenähnlichen Gruppierung namens „Mystica Aeterna“ war, die freimaurerische Formen verwandte. Vgl. Werner, Anthroposophen, S. 70.

562 Vgl. Staudenmaier, Occultism, S. 84.

563 Karl Heise, Entente – Freimaurerei und Weltkrieg, Basel, 1920.

564 BArch, NS 15/302, Bl. 58025, Heise an Klein, 24. 3. 1937.

Die Logenpolitik der NS-Regierung

Zusammen mit vielen größeren, aber auch kleinen esoterischen Vereinigungen geriet auch die *AG* gleich zu Beginn der NS-Herrschaft ins Fadenkreuz von Gestapo und SD. Hierbei spielte der Verdacht, Verbindungen mit freimaurerischen Organisationen zu pflegen, eine zentrale Rolle.[565]

Der großen Verschwörungserzählung folgend, gerieten Freimaurer und damit alle Organisationen, denen die neuen Machthaber einen logenähnlichen Charakter in Deutschland nachsagten, mit dem Machtantritt der Nationalsozialisten unter massiven politischen Beschuss. „Freimaurerei" wurde im Sommer 1935 von Innenminister Frick verboten. Bereits im Januar 1934 hatte das Oberste Parteigericht beschlossen, dass Logenanhänger von der Mitgliedschaft in den Parteiorganisationen ausgeschlossen bleiben sollten.[566] In dem Bericht des SD-Hauptamtes vom 8. Mai 1935, der wohl ausschlaggebend für das Verbot der *AG* wurde, nimmt der Logenvorwurf gegen Steiner zentralen Raum ein: Als Anthroposoph sei Steiner „internationaler Pazifist und Weltverbrüderer" gewesen. Er propagiere offen die Abkehr vom Rassenprinzip, habe enge Beziehungen zu ausländischen Freimaurern, Juden und Pazifisten und sei selbst Generalgroßmeister der internationalen Loge. „Anthroposophie ist im innersten Wesen mystische Freimaurerei, verbunden mit okkulter Dressur und sexueller Magie."[567] Auf der Grundlage des Verbots der Freimauerei des Reichsinnenministeriums vom Sommer 1935 wurde auch die *AG* am 1. November des Jahres verboten.

Als folgenreich für die weitere Entwicklung sollte sich herausstellen, dass die *AG* nach dem Verbot auf die Liste der „Freimaurerähnlichen Organisationen" gesetzt worden war, die das Reichsinnenministerium am 7. Dezember 1936 herausgegeben hatte.[568] Damit wurden das Verbot zum NSDAP-Eintritt, vor allem aber beamtenrechtliche Einschränkungen auch für Anthroposophen wirksam. Neben Gestapo und Sicherheitsdienst waren nun zusätzlich das Oberste Parteigericht und alle Instanzen, die mit beamtenrechtlichen Fragen betraut waren, mit der *AG* befasst. Für Beschäftigte des Öffentlichen Dienstes, die Mitglied der *AG* gewesen waren, hatte dieser Listeneintrag schwerwiegende Konsequenzen. Vor allem wurde jeder, der eine Stelle im Öffentlichen Dienst antrat, gezwungen, eine Art Bekenntnis abzulegen. So musste im Personalbogen

565 Poppelbaum an Mitglieder der Initiativgruppe vom 8. 10. 1934, zit. n. Werner, Anthroposophen, S. 65.

566 Vgl. Werner, Anthroposophen, S. 52.

567 Bericht des SD-Hauptamts vom 8. 5. 1935, zit. n. Werner, Anthroposophen, S. 373.

568 Vgl. Werner, Anthroposophen, S. 242.

des Öffentlichen Dienstes neben Fragen zu früheren Parteimitgliedschaften die Frage beantwortet werden, ob man Mitglied einer „logenähnlichen Vereinigung" gewesen sei. War es sonst oft nicht mal den lokalen Gestapo-Dienststellen bekannt, wer Mitglied der *AG* gewesen war, so mussten nun keinesfalls nur hohe Beamte, sondern selbst Lehrerinnen oder Postbeamte Auskunft über eine Zugehörigkeit zur *AG* zu geben. Von dieser Verordnung waren ab 1937 auch Waldorflehrer:innen betroffen.[569] Von der „Logenfrage" hing es ab, ob und inwieweit Anthroposoph:innen im NS-Staat mitmachen durften oder im Gegenteil immer wieder Zurücksetzungen und Schikanen ausgesetzt sein konnten. Von ihr hing ab, ob man Mitglied der NSDAP, der SS, Beamter oder Beamtin werden und welche Funktionen man im Militär oder in Ministerien einnehmen durfte.

In der Auseinandersetzung um die „Logenfrage" agierten unterschiedliche Institutionen im NS-Staat. In der „Gegnerbekämpfung" waren zunächst das Geheime Staatspolizeiamt (Gestapa), aber auch der Sicherheitsdienst der SS (SD) tätig. War die Gestapo für die exekutiven, polizeilichen Vollzugsmaßnahmen zuständig, so arbeiteten die in der Regel wissenschaftlich ausgebildeten Mitarbeiter des SD an der argumentativen Fundierung und Profilierung des Bildes „weltanschaulicher Feind". Diese systemische Konkurrenz befeuerte und radikalisierte die Feindbilder.[570] In der Logenfrage agierten aber darüber hinaus das *Reichsministerium des Inneren*, mehrere Parteiinstanzen wie die Ämter von Rosenberg und Heß und das Oberste Parteigericht teilweise gegeneinander. Innerhalb dieser Institutionen gab es wiederum Fraktionen, die zur Logenfrage unterschiedliche Positionen einnahmen. Während in den Berichten der zuständigen Mitarbeiter des Hauptamtes des SD ein Logencharakter der *AG* angenommen wurde, stellte Otto Ohlendorf, der als Leiter des Nachrichtendienstes zum Führungspersonal des SD gehörte, diesen infrage. Ausgerechnet Alfred Rosenberg, durch dessen Schriften die „Freimaurerverschwörung" im nationalsozialistischen Diskurs popularisiert worden war, nahm in der Debatte in Bezug auf die Frage, ob Anthroposoph:innen als Logenmitglieder einzustufen seien, ab 1938 einen zumindest abwägenden Standpunkt ein.[571] Im Amt Heß, von dessen Protektionismus vor allem die *bdW* seit 1934 hatte profitieren können, spielte der zweite Mann hinter Heß, Staatssekretär Martin Bormann, eine entscheidende Rolle, um die Logenzuschreibung zu zementieren.

569 Ebenda, S. 245.

570 Im Zusammenhang mit dem „Funktionstrennungserlass" vom 1. Juli 1937, der die Aufgaben von Gestapa und SD trennen sollte, gingen sämtliche die Anthroposophie betreffenden Akten an das SD-Hauptamt über. Vgl. Werner, Anthroposophen, S. 248.

571 BArch, R 58/6189, Rosenberg an Heß, vom 1. 11. 1938.

Zu Beginn des Jahres 1939 gelang es Bormann, eine Art Parteibeschluss durchzusetzen, der die Debatte um die Logenfrage zum Nachteil der *AG* entschied. Im Rahmen des sogenannten Amnestieerlasses vom April 1938 sollte auch der Freimaurererlass abgemildert und überarbeitet werden. In einem von Martin Bormann unterzeichneten Schreiben vom 1. Februar 1939 an Himmler wurde dies nun zum Anlass für folgende Festschreibung: „Betrifft *AG*: Unter Hinweis auf verschiedene fernmündliche Unterredungen unserer Sachbearbeiter teile ich Ihnen die Entscheidung des Stellvertreter des Führers mit, wonach eine Änderung der bisherigen Anordnungen, in denen die *AG* als logenähnliche Organisation aufgeführt ist, von der Partei nicht beantragt wird."[572] Mit diesem Schreiben setzte er sich gegen Rosenberg durch, der sich im November 1938 und auch in den Folgejahren für Sonderregelungen starkgemacht hatte.[573]

Schon im Januar 1937 hatte Erhard Bartsch in einem Schreiben an Heinrich Himmler gegen die Aufnahme der *AG* in die Liste der freimaurerähnlichen Organisationen Einspruch erhoben.[574] Als sich die Diskussion um die Logenfrage erneut zuspitzte, unternahm er 1940 einen letzten vergeblichen Vorstoß, Rudolf Steiner vom Vorwurf der Logenzugehörigkeit freizusprechen, und verfasste eine Denkschrift: „Rudolf Steiner und die Aufgaben des Deutschen Volkes."[575] In dieser Denkschrift vom 7. Juli 1940 versuchte Bartsch, die Anthroposophie und Steiner vom Logenvorwurf zu befreien, indem er Steiner als grimmigen Logenfeind zeichnete. Aus seinen Vorträgen und vor allem aus Steiners Memorandum von 1917 stellte er Zitate zusammen, in denen Steiner „von eingeweihten englischen Kreisen" oder „okkulten Mächten des Westens" sprach, die schon lange vor Kriegsbeginn den Weltkrieg vorhergesagt und eine angloamerikanische „Weltherrschaft" hätten installieren wollen. Bartsch griff dabei zusätzlich auf Karl Heises antisemitische Publikation „Entente-Freimaurerei und Weltkrieg"[576] zurück, wiederholte in weiten Teilen Heises These vom geheimen Kampf des westlichen Weltlogentums gegen Deutschland, interessanterweise ohne Heises Verknüpfung mit der „jüdischen Weltverschwörung" zu übernehmen. Mit gesperrten Buchstaben hob Bartsch am Ende des Textes seine Sicht auf Steiner hervor: „Es liegt eine tiefe Tragik in der Tatsache, daß das deutsche Volk einen seiner treuesten Söhne mit dem Vorwurf belastet, zu den Mächten zu gehören,

572 Zit. n. Werner, Anthroposophen, S. 262.

573 BArch, R 58/6189: In einem Schreiben vom 1. 11. 1938 an Heß machte sich Rosenberg dafür stark, ehemalige Mitglieder der *AG* nicht generell als Logenanhänger zu bewerten.

574 Vgl. Werner, Anthroposophen, S. 245, FN 180.

575 BArch, R 58/6223, Bl. 334–346, Erhard Bartsch, Rudolf Steiner und die Aufgaben des deutschen Volkes, 7. 7. 1940.

576 Heise, Entente.

deren verbrecherische Ziele er selbst als wirklich Wissender seiner Zeit entlarvte und gegen die er mit dem Einsatz seines Lebens heldenhaft gekämpft hat."[577] Auch wenn er antisemitische Deutungen offenbar bewusst ausließ, bediente er sich doch aus dem Arsenal rechter Verschwörungsmythen gegen die Freimaurer.

Mit diesem Text wandte er sich an Baeumler im *Amt Rosenberg*, der in der Logenfrage allerdings bereits an Einfluss verloren hatten. Bartsch gab indes nicht auf und suchte im November 1940 das Gespräch mit dem Adjutanten von Rudolf Heß, Alfred Leitgen, und protokollierte die Unterredung. Durchaus selbstbewusst forderte Bartsch die Korrektur eines Eintrags zur „Anthroposophie" in Meyers Lexikon (Ausgabe von 1936), in dem eine Verbindung Steiners zum Freimaurertum hergestellt wurde. Darüber hinaus schlug er die Gründung einer Treuhandstelle innerhalb der Partei zur Fortführung des Lebenswerks Rudolf Steiners vor. Bartsch schloss mit den Worten: „Es ist mit allen Mitteln dahin zu streben, daß der Führer Gelegenheit nimmt, sich einen persönlichen Eindruck von den aufbauwilligen Kräften früherer Schüler R. Steiners zu verschaffen, um die berechtigten Zweifel an der Brauchbarkeit anthroposophischer Kreise im nationalsozialistischen Evolutionskampf gegenüber diesen neuen ihm unbekannten Kräften aufgeben zu können."[578]

Eine Eingabe von Almar von Wistinghausen, einem einflussreichen Pionier der *bdW*, wurde zum letzten Auslöser, durch den sich die Anthroposoph:innen in der „Logenfrage" im Juli 1939 durch ein Statement des „Führers" eine Niederlage mit fatalen Folgen zuzogen. Von Wistinghausen war zum Militärdienst eingezogen und gleich darauf freigestellt worden. 1939 wurde ihm sein „Beurlaubtenstand", den er als Offizier beanspruchen konnte, mit der Begründung verweigert, dass er Mitglied der verbotenen *Anthroposophischen Gesellschaft* gewesen sei. Von Wistinghausen hatte sich daraufhin über einen Mittler, den Adjutanten der Luftwaffe Hauptmann von Below, mit einer Beschwerde direkt an Adolf Hitler gewandt, in der Hoffnung auf Aufhebung dieser Entscheidung. Nun finden sich in Akten zahlreiche Denkschriften, Eingaben und Beschwerden, auch von Anthroposoph:innen, die sich direkt an Adolf Hitler richteten, ihn aber in der Regel nie erreichten, sondern wohl im Amt Heß abgeheftet oder bisweilen an den SD weitergeleitet wurden. Von Wistinghausens Eingabe erreichte Adolf Hitler wahrscheinlich auch nur deshalb, weil Bormann sie für seine Strategie nützlich fand.

In einer Mitteilung vom 7. Juli 1939 an Heydrich über das Gespräch zum Fall von Wistinghausen referierte Bormann nun Hitlers Position wie folgt:

577 BArch, R 58/6223, Bl. 334–346, Erhard Bartsch, Rudolf Steiner und die Aufgaben des deutschen Volkes, 7.7.1940.

578 Bartsch an Leitgen, 15.11.1940, zit. n. Werner, Anthroposophen, S. 265.

„Mitglieder der Anthroposophie sind wie Logen-Angehörige zu behandeln; sie sind nach Meinung des Führers oft noch gefährlicher als Logen-Angehörige, weil sie mit ihren Ideen viel mehr Leute anstecken. Wenn ein Straßenkehrer Mitglied der *Anthroposophischen Gesellschaft* gewesen sei, dann spiele das auch heute keine Rolle. In der Partei oder Wehrmacht wolle der Führer dagegen frühere Mitglieder der *Anthroposophischen Gesellschaft* nicht haben."[579] Schon in der vorangegangenen Auseinandersetzung um die „Logenfrage" hatte Martin Bormann, ein genereller Feind jeglicher Form von Esoterik und Spiritualität, stets zuungunsten der Anthroposophen taktiert, wohl auch, um Rudolf Heß, seinen Vorgesetzten, der nicht nur die *bdW*, sondern auch die alternative Medizin schützte, zu schwächen.[580] Es muss zudem durchaus als Kampfansage verstanden werden, wenn Bormann eine ähnlich lautende Mitteilung wie die an Heydrich an Rosenberg schickte.[581]

In der Folgezeit wusste Bormann das „Wort des Führers" taktisch geschickt zu nutzen. Vom Stabsamtleiter des Stellvertreters des Führers entwickelte er sich zunehmend zum „Interpreten des Führerwillens".[582] In seinem Kampf gegen die Anthroposophie konnte er als Bündnispartner auf Backe zählen, ursprünglich Staatssekretär i*m RMEL*, der als Ernährungsbeauftragter Görings inzwischen gegenüber seinem Vorgesetzten Darré erheblich an Macht gewonnen hatte. Backe hatte wohl erkannt, dass das neu erwachte, schwärmerische Interesse seines Vorgesetzen für den „lebensgesetzlichen Landbau" kurz vor der Eskalation des militärischen Geschehens – des bevorstehenden Überfalls – Darré schaden könnte. Der wichtigste Bündnispartner Bormanns war aber zweifellos Heydrich, dem möglicherweise das Verdikt gegen die Anthroposophen strategisch gegen seinen Vorgesetzten Himmler zupass kam, der die Anthroposophie zwar ablehnte, aber seit 1939 sein Interesse an der biodynamischen Wirtschaftsweise offenbarte. Der Versuch Rosenbergs, eine Vorsprache bei Adolf Hitler zur Logenfrage zu bekommen, schlug fehl.[583] Alfred Baeumler geriet unter Druck und sah sich gezwungen, sich in Auseinandersetzungen von der Anthroposophie abzugrenzen.[584] Die Einstufung der *AG* als „logenähnliche Vereinigung" wurde somit im Verlauf des Jahres 1939 definitiv festgeschrieben. Mit dem „Führerwort" war jede Gegenrede so gut wie unmöglich geworden.

579 Bormann an Heydrich, 7.7.1939, zit. n. Werner, Anthroposophen, S. 262.
580 Vgl. Longerich, Stellvertreter, S. 152.
581 Vgl. Werner, Anthroposophen, S. 263.
582 Vgl. Longerich, Stellvertreter, S. 151 f.
583 Vgl. Werner, Anthroposophen, S. 302.
584 Vgl. ebenda, S. 263 f.

In den Jahren 1939 und 1940 lässt sich eine paradoxe Entwicklung beobachten, die folgenreich für die Entwicklung im Jahr 1941 wurde. Einerseits wurde die biodynamische Bewegung vonseiten des *Reichsnährstands* vor allem im Jahr 1940 regelrecht hofiert. Mächtige Vertreter des SS-Imperiums, wie Pohl vom *WVHA*, bemühten sich um Kooperation mit dem *Reichsverband*, die SS-eigene *DVA* wurde sogar kooperatives Mitglied im *Reichsverband*. Andererseits wurde die *Anthroposophische Gesellschaft* und damit auch jedes anthroposophische Praxisfeld durch die Logenzuschreibung erneut als potenziell staatsfeindlich markiert. Als sich die Machtverhältnisse im engen Kreis der NS-Führung nach dem England-Flug von Heß im Mai 1941 verschoben, gab diese Zuschreibung dann auch die Handhabe, um anthroposophische Einrichtungen und damit den *Reichsverband bdW* im Juni 1941 auflösen zu können.

2.5 Verbot und Fortsetzung (1941–1945)

2.5.1 Die Gestapo-*Aktion gegen Geheimlehren und sogenannte Geheimwissenschaften*

Am 9. Juni 1941 wurde der *Reichsverband* per geheimpolizeilichen Erlass aufgelöst. An diesem Tag, zwei Wochen vor dem Überfall auf die Sowjetunion, fand eine reichsweite *Aktion gegen Geheimlehren und sogenannte Geheimwissenschaften* statt. Sie richtete sich keineswegs vorrangig gegen anthroposophische Einrichtungen, sondern gegen die unterschiedlichsten esoterischen Vereine, gegen theosophische Vereinigungen sowie gegen Wahrsager:innen und Astrolog:innen. Peter Staudenmaier weist darauf hin, dass es gegen Anhänger von Mazdaznan und andere theosophisch beeinflusste Organisationen zu einem härteren Vorgehen – wie KZ-Einweisung und Konfiszierung des Eigentums – kam als gegen die Anhänger der anthroposophischen Einrichtungen, die mehrheitlich – falls sie in Haft genommen wurden – nach einiger Zeit wieder auf freiem Fuß waren.[585] In der groß angelegten Aktion wurden Verbände und Vereine verboten, Einrichtungen durchsucht, Bücher konfisziert, nach Vernehmungen Betätigungsverbote ausgesprochen und Verhaftungen durchgeführt. Es gab auch Einweisungen in Konzentrationslager. Mitglieder des *Reichsverbands* wurden jedoch nur vereinzelt verhaftet und blieben, mit Ausnahme von Erhard Bartsch, nur kurz in Haft.

Infolge des England-Fluges von Heß am 10. Mai 1941, der von der NS-Presse in Zusammenhang mit okkulten Beeinflussungen gebracht worden war, hatte

585 Vgl. Staudenmaier, Occultism, S. 224 ff.

der Kampf gegen „Geheimlehren“ Fahrt aufgenommen. Bormann hatte bereits einige Tage zuvor, am 7. Mai 1941, in einem Rundschreiben an alle Gauleiter vor „Aberglaube, Wunderglaube und Astrologie als Mittel staatsfeindlicher Propaganda“ gewarnt und dabei ausdrücklich „konfessionelle und okkulte Kreise“ als Verbreiter solch schädlichen Gedankenguts benannt. Er berief sich dabei ausdrücklich auf Adolf Hitler.[586] Vor dem Hintergrund der geheimen Planungen des Überfalls auf die Sowjetunion und des drohenden Kriegseintritts der USA verstärkte sich offenbar 1941 die Angst vor der Macht geheimer Bünde und Logen. Symptomatisch hierfür war eine zügellose Hetze gegen US-Präsident Franklin D. Roosevelt, den die NS-Presse bezichtigte, „Werkzeug der jüdischen Weltfreimaurerei“ zu sein. Obwohl Roosevelts Logenzugehörigkeit allgemein bekannt war und er diese nie abgestritten hatte, wurde ein angeblich geheimes Foto in der deutschen Presse lanciert, das Roosevelt 1935 in der Architekt-Loge zeigte, als „Beweismittel“ für den „jüdisch-freimaurerischen Kreis, der die Politik des Kriegshetzers Roosevelt“ beherrsche.[587]

Schon einige Tage nach dem England-Flug hatte die Presse das Narrativ verbreitet, Heß habe unter dem Einfluss okkulter Kräfte gestanden. Am 14. Mai 1941 wurde zudem angedeutet, Heß habe an Wahnvorstellungen gelitten. Seit Jahren sei es in der Partei bekannt, dass er „körperlich schwer litt“, in letzter Zeit zunehmend „seine Zuflucht zu den verschiedensten Hilfen, Magnetiseuren, Astrologen gesucht habe“. Es müsse geprüft werden, inwiefern diese Personen eine Schuld träfe, die die geistige Verwirrung gefördert hätten.[588] Ebenfalls am 14. Mai 1941 telegrafierte Martin Bormann, der nun Heß’ Machtposition eingenommen hatte, an den Chef des *RSHA* Reinhard Heydrich, Hitler wünsche, „daß mit den schärfsten Mitteln gegen Okkultisten, Astrologen, Kurpfuscher und dergl., die das Volk zur Dummheit und Aberglauben verführen, vorgegangen“ werde.[589] Am nächsten Tag, dem 15. Mai 1941, erließ Joseph Goebbels als Reichsminister für Volksaufklärung und Propaganda eine Anordnung, die alle okkultistischen, hellseherischen, telepathischen oder astrologischen Vorführungen untersagte. Am 16. Mai notierte er in seinem Tagebuch: „Dieser ganze obskure Schwindel wird nun endgültig ausgerottet. Die Wundermänner, Heß’ Lieblinge, werden hinter Schloß und Riegel gesetzt.“[590]

Der Heß-Flug rief auch einen scharfen Gegner der Anthroposophie, den Indologen und Religionswissenschaftler Jakob Wilhelm Hauer, wieder auf den

586 Zit. n. Longerich, Stellvertreter, S. 153.
587 Vgl. Knüpfer, Hakenkreuz, S. 387.
588 Vgl. Nolzen, Heß-Flug, S. 145 f.
589 BArch, R 58/6197/1.
590 Joseph Goebbels, Die Tagebücher von Joseph Goebbels, München 1998, S. 311.

Plan. Hauer war schon 1933 für ein Verbot aller anthroposophischen Einrichtungen eingetreten und hatte bereits in den Folgejahren bis 1935 mit der Gestapo kooperiert. Er wandte sich am 13. und 16. Mai 1941 an Himmler und stellte einen direkten Bezug zur Anthroposophie her. Ihn bedrücke „die schreckliche Vermutung, daß auch Rudolf Heß dieser furchtbaren Verwüstung durch die Anthroposophie anheimgefallen" sei, was er als „Hauptursache des entsetzlichen Geschehens" [das Verschwinden von Heß] ansehe. Er halte es auch nicht für unmöglich, dass „von der Zentrale in Dornach auf Rudolf Heß eingewirkt worden sei".[591] Er resümierte: „Heß ist ein Opfer der Anthroposophie geworden."[592] In dem „Bericht über die Anthroposophie" des *RSHA* vom 16. Mai 1941 wurden Teile von Hauers Argumentation übernommen. Der Bericht nahm zusätzlich Bezug auf die bereits erwähnte „Stellungnahme" Alfred Stevens und referierte dessen Behauptung, bei einer Verbreitung der *bdW* könnten 30 Prozent der deutschen Bevölkerung nicht mehr aus eigener Erzeugung ernährt werden.[593]

Während am 14. Mai 1941 bei den Beratungen im *RSHA* noch keine Einigung darüber erreicht wurde, welche Gruppen nun zum Ziel der Gestapo-*Aktion gegen Geheimlehren und sogenannte Geheimwissenschaften* werden sollten, nutzte Herbert Backe die Gunst der Stunde und organisierte hinter dem Rücken Darrés eine Besprechung im *RMEL* mit dem Ziel, die *bdW* in die Schusslinie der Verfolgung zu bringen. Zudem denunzierte er den Stabsamtsleiter Hermann Reischle sowie Hans Merkel, Jurist im *RMEL*, als Parteigänger der biodynamischen Wirtschaftsweise und betonte, dass es Rudolf Heß gewesen sei, der den *Reichsverband* bislang geschützt habe.[594] Einige Tage später kam es zu einer entscheidenden Sitzung unter Leitung von Heydrich, an der Staatssekretär Backe, Gerhard Klopfer als Vertreter Bormanns und Otto Ohlendorf als Vertreter des SD teilnahmen. Glaubt man der Darstellung, die Ohlendorf nach dem Krieg in seiner Eidesstattlichen Erklärung gab, dann wurde auf dieser Sitzung darum gestritten, inwieweit anthroposophische Einrichtungen in die Gestapo-Aktion eingebunden werden sollten. Dabei sollen vor allem Backe und Bormann die Einbeziehung anthroposophischer Einrichtungen gefordert haben.[595]

Ein von Ohlendorf und anderen der Abteilung III des *RMEL* am 20. April 1941 gezeichneter Bericht „Betr.: Aktion gegen die Geheimlehren und sog. Geheimwissenschaften" befürwortete die „sofortige Beseitigung folgender Gruppen: [...] a. Astrologie, b. Spiritismus und Okkultismus, c. Strahlenhypothetiker

591 BArch, R 58/6194/2, Bl. 2–9, Brief Hauer an Himmler vom 16. 5. 1941.
592 BArch, R 58/6194/2, Hauer an Himmler, vom 13. 5. 1941.
593 RSHA, Bericht über Anthroposophie, 16. 5. 1941, zit. n. Werner, Anthroposophen, S. 305.
594 Vgl. Werner, Anthroposophen, S. 304 f.
595 GOE, E.15.002.020, Ohlendorf, Eidesstattliche Erklärung, Landsberg o. D., S. 6.

[…], d. Wahrsagerei […], e. Christian Science und Gesundbeterei".[596] In diesem Bericht wurde aber in Bezug auf die Anthroposophie ein anderer Weg vorgeschlagen: Im „deutschen Lebensraum" lasse sich „eine tragische und zugleich merkwürdige Verknüpfung von echten deutschen Anschauungen von der Ganzheit des Lebens und dem Lebenszusammenhang der Natur mit diesen orientalischen, wesensfremden, magischen und mystischen Geheimlehren" beobachten. Bei der Geheimdienstaktion müsse daher berücksichtigt werden, dass „einerseits dieses dem deutschen Menschen wesensfremde mit Stumpf und Stiel ausgerottet […] aber gerade andererseits die fruchtbaren schöpferischen Impulse des deutschen Menschen gegen die Mechanisierung des Lebens und des menschlichen Daseins nicht mit vernichtet werden."[597] In der Anthroposophie seien „wesensfremder Aberglauben mit der Erhaltung und Pflege würdigen Anschauungen" vermengt, und deren Entwirrung sei bisher noch nicht möglich gewesen.[598] Dies gelte auch für die biologisch-dynamische Landwirtschaft oder gewisse Methoden der Medizin. Hier, so der Bericht, erscheine es möglich „über eine Arbeitsgemeinschaft aus Sachverständigen in einigen Wochen zu einem Vorschlag über die Maßnahmen gegen diese Gruppen zu kommen".[599]

Dieser Bericht versuchte eindeutig, die anthroposophischen Einrichtungen wenigstens für eine gewisse Frist aus der Schusslinie der Verfolgung zu ziehen. In der Eidesstattlichen Erklärung, die Ohlendorf während seiner Haft als einer der Hauptangeklagten im „Einsatzgruppen-Prozess" 1947 abgab, schilderte er die Vorgänge folgendermaßen: Nach Heß' Verschwinden habe Bormann verbreitet, Heß sei ein Gefangener okkulter Mächte, insbesondere der Anthroposophie gewesen. Bormann habe dann „einen Befehl des Führers" erwirkt oder vorgetäuscht, „der die Auflösung aller anthroposophischen Einrichtungen und die Verhaftung der führenden Personen herbeiführte". In der entscheidenden Sitzung „aller beteiligten Ressorts unter dem Vorsitz von Heydrich" habe Staatssekretär Gerhard Klopfer die Forderungen Bormanns vorgetragen, die von Herbert Backe und Karl Brandt „lebhaft unterstützt" worden seien. Er selbst, so Ohlendorf weiter, habe „noch einmal alle Gründe, die gegen die Durchführung dieser Forderung einzuwenden waren", erfolglos vorgetragen. Ihm sei nach dieser Sitzung die Bearbeitung entzogen worden. Mit der weiteren Bearbeitung sei dann die Abteilung IV des *RSHA* (Gegnerforschung und Bekämpfung) unter Gruppenführer Heinrich Müller betraut worden.[600]

596 BArch, R 58/6197/1, Bl. 018–027, hier Bl. 021.
597 Ebenda.
598 Ebenda.
599 Ebenda, Bl. 022.
600 Vgl. GOE, E.15.002.020, Ohlendorf, Erklärung, S. 6.

Es war dann der Bericht der Abteilung „Gegnerforschung“ vom 22. Mai 1941,[601] einige Tage nachdem Ohlendorf die Bearbeitung entzogen worden war, der handlungsleitend für das weitere geheimpolizeiliche Vorgehen wurde. Die anthroposophischen Einrichtungen rückten hier in den Fokus der bevorstehenden Aktion. Das Verbot der Theosophischen und Anthroposophischen Gesellschaften, hieß es im Bericht, seien nur „Teilerfolge“ geblieben. Diese Organisationen hätten es verstanden, sich einen christlich-religiösen oder wissenschaftlichen Anstrich zu geben. Es sei ihnen gelungen, NSDAP-Mitglieder als Förderer und Schirmherren für sich zu gewinnen. Insbesondere Heß habe staatspolizeiliche Vorstöße gegen diese Gruppen verhindert. Einer der Förderer sei Prof. Baeumler, Reichsamtsleiter im *Amt Rosenberg*, gewesen. Trotz des Verbotes der *AG* würden die Lehren Steiners weiterverbreitet, Beweis sei die bisher unangetastete *Christengemeinschaft*. Auch Waldorf- und Lohelandschulen seien Gründungen Rudolf Steiners, ein Verbot sei am Widerstand von Heß gescheitert. Auf wirtschaftlichem Gebiet, hieß es in dem Bericht weiter, sei es der *Reichsverband*, der anthroposophische Lehren praktisch verwerte. Heß habe sich ebenfalls für diesen eingesetzt und angeordnet, in dem nach ihm benannten Krankenhaus in Dresden biodynamische Erzeugnisse zu verabreichen. Auch Darré habe sich von der vom *Reichsverband* propagierten Landbauweise überzeugen lassen. Vorgeschlagen werden „Verbot und Auflösung sämtlicher okkultistischen, astrologischen und anthroposophischen Gruppen einschl. der Christlichen Wissenschaft, und der Christengemeinschaft“ und die „Festnahme und Vernehmung der in diesen Kreisen führenden Personen“ sowie „Einziehen sämtlichen Schrifttums“.[602]

9. Juni 1941

Am 4. Juni 1941, ungefähr drei Wochen nach dem Verschwinden von Rudolf Heß, erreichte alle Leiter der Staatspolizei, der Kriminalpolizeistellen und der SD-Abschnitte ein geheimer Schnellbrief Heydrichs zur reichsweiten *Aktion gegen Geheimlehren und sogenannte Geheimwissenschaften*, die für den 9. Juni, möglichst zwischen 7 und 9 Uhr morgens, angeordnet wurde. Zur Begründung hieß es einleitend: Im „gegenwärtigen Schicksalskampf des Deutschen Volkes“ sei es erforderlich, die seelischen Kräfte des Einzelnen wie des gesamten Volkes gesund und widerstandskräftig zu erhalten. „Okkulten Lehren, die vorgeben, daß das Tun und Lassen des Menschen von geheimnisvollen magischen

601 Vgl. BArch, R 58/6197, Bl. 13–17.
602 BArch, R 58/6197, Bl. 13–17.

Kräften abhängig sei, kann das deutsche Volk nicht weiter preisgegeben werden. Es ist daher gegen diese Lehren und Wissenschaften mit den schärfsten Sofortmaßnahmen vorzugehen."[603] Hierbei wurden neben den „Anhängern der Anthroposophen" neun weitere Gruppen – Astrologen, Okkultisten, Spiritisten, Strahlentheoretiker, Wahrsager, Gesundbeter, Anhänger der Christian Science, Theosophen und Ariosophen – als Ziel der Aktion genannt.[604] Wie geplant, begannen die Großrazzien am Morgen des 9. Juni 1941 mit Hausdurchsuchungen, Vernehmungen, Beschlagnahmungen von Literatur und Schriftwechseln und Festnahmen. Vor dem Hintergrund des Krieges, der mit dem bevorstehenden Überfall auf die Sowjetunion in eine weitere Phase eintreten würde, sollte eine potenzielle Gegenöffentlichkeit, die sich der Kontrolle staatlicher Überwachung entzog, mundtot gemacht werden. Es gerieten praktisch alle anthroposophischen Einrichtungen ins Visier der Gestapo. In Gemeinden der *Christengemeinschaft* kam es sogar zu einer regelrechten Verhaftungswelle, wie man bei Uwe Werner nachlesen kann.[605]

Hier geht es im Folgenden aber vor allem darum, welche Auswirkungen die Gestapo-Aktion vom 9. Juni 1941 für die biodynamische Bewegung hatte. Auf den größeren biodynamischen Gütern, auf Marienhöhe, in Pilgramshain, auf den Heynitz-Gütern, dem Kammergut Lohmen, aber auch in Worpswede und in Loheland kam es zu Razzien, bei denen die Mitarbeiter:innen verhört und anthroposophische Schriften beschlagnahmt wurden. In der Regel mussten die Mitarbeiter:innen abschließend ein Vernehmungsprotokoll mit einer „Belehrung" unterschreiben, dass jede Betätigung im anthroposophischen Sinne zu unterlassen sei und eine Übertretung dieser Anordnung Schutzhaft nach sich ziehen könne.[606] Anders als in den Gemeinden der *Christengemeinschaft* wurden jedoch nur wenige Vertreter der biodynamischen Bewegung verhaftet. In Marienhöhe konfiszierte die Gestapo die gesamten Geschäftsunterlagen, ordnete die Auflösung des *Reichsverbands* an, vernahm Erhard Bartsch. Die Mitarbeiter, vor allem die beiden wichtigsten Vertreter des *Reichsverbands*, Bartsch und Dreidax, wurden bei der ersten Razzia nicht verhaftet. Die Gestapobeamten agierten lokal unterschiedlich. Im Kammergut Lohmen und dem Gut Heynitz wurden Carl Grund und Benno von Heynitz im Rahmen der Aktion vorläufig festgenommen. Immanuel Voegele, Pächter in Pilgramshain, entging wegen seiner zufälligen Abwesenheit einer Verhaftung, während seine Mitarbeiterin

603 Zit. n. Werner, Anthroposophen, Anlage 18, S. 414–418: Schnellbrief vom 4. 6. 1941.

604 Ebenda, S. 414.

605 Vgl. Werner, Anthroposophen, S. 309–329.

606 Vgl. ebenda, S. 419 f.: Beispiel eines Vernehmungsprotokolls aus der Gestapo-Aktion vom 9. 6. 1941 (Anlage 19).

Brunhild Erika Windeck in Haft gesetzt wurde.[607] In Worpswede und Loheland blieb es bei Vernehmungen, die sich hier allerdings über drei Tage hinzogen, dem Verbot anthroposophischer Betätigung und beschlagnahmten Büchern.

Ein als „Geheime Reichssache“ deklariertes Schreiben des SD-Mitarbeiters Edgar Stiller berichtete am 17. Juni 1941 von der Razzia auf Marienhöhe und der ersten Vernehmung von Erhard Bartsch. Dieser habe erklärt, seine Gedankengänge in den letzten Jahren mehrfach führenden Männern des Staates und der Partei vorgetragen und v.a. folgende Namen genannt zu haben: „Rudolf Heß und Frau Heß, Reichsmarschall Göring, Reichsminister Darré, Reichsminister Todt, Reichsleiter Dr. Ley, Reichsleiter Rosenberg, SS-Standartenführer Ohlendorf, Prof. [Alfred] Bäumler. [...] Im Anschluß an die Ausführungen des Dr. Bartsch wurden die Geschäftsräume eingehend durchsucht und dabei 5 Ordner, von denen einer die Aufschrift trägt: 1.) R. Heß, 2.) Leitgen, 3.) Ohlendorf sichergestellt.“[608]

In einem der ersten Auswertungsberichte des SD zum Thema „Anthroposophen“ liest man: „Eine bedeutende Steigerung der Anhängerzahl konnte die A. durch die Propagierung der sog. biologisch-dynamischen Düngung erreichen. Sie schritt bei der Organisation dieser Erfolge zur Bildung einer eigenartigen ‚Vorhofgemeinde‘ [...] Wie weit gerade die ‚Intelligenz‘ von der Steiner’schen Lehre beeinflusst war, wird durch den bekannten Fall des Generalstabchef Moltke im Weltkrieg bewiesen. [...] Die Parallele zum Fall Rudolf Heß liegt auf der Hand.“[609] Der Zusammenhang zwischen dem Verschwinden von Heß und dessen Verbindung zu verschwörungstheoretischen Konstrukten der Vergangenheit schien den Beamten bedeutungsvoll.

Bei der Gestapo wurden die in Marienhöhe konfiszierten Ordner umgehend ausgewertet. Die Beamten stießen auf Material, das ihnen verdächtig vorkam, so eine Erklärung von Rudolf Heß aus dem Jahr 1940, die Bartsch eine politisch unbedenkliche Gesinnung bescheinigte.[610] Eine Geburtstagskarte von Bartsch

607 BayHSta, 2 EA/39927, Entschädigungsakte Erika Windeck. Sie blieb 9 Tage in Haft, durfte Pilgramshain nicht wieder betreten und wurde zu harter Arbeit in einer Gärtnerei verpflichtet, konnte dann gesundheitlich schwer geschädigt in ihre Heimat nach Holzhausen zurückkehren.

608 BArch, R 58/6223/1, Bl. 306.

609 BArch, R 58/5563, Bl. 91 f., Bericht, „Anthroposophen“ vom 16.6.1941.

610 BArch, R 58/6223, Bl. 249, Bescheinigung Heß vom 6.12.1939: „Herrn Dr. Erhard Bartsch [...] bescheinige ich hiermit, dass ich ihn seit Jahren persönlich kenne, dass er mir auf dem Gebiete neuer natürlicher Wirtschaftsmethoden in der LW beratenderweise gute Dienste geleistet hat und er politisch in jeder Beziehung als unbedenklich anzusehen ist.“ Kurz nach der Verhaftung von Bartsch verhörte man Alfred Leitgen, den man unmittelbar nach dem Verschwinden von Heß festgenommen hatte, wie es zu Heß’ politischem Leumundszeugnis für Erhard Bartsch habe kommen können. BArch, R 58/6194, Bl. 17, Vernehmung Alfred Leitgen vom 22.6.1941.

an Heß, eine Postkarte von Günther Pancke, der für eine Ente dankte, die er 1940 zum Weihnachtsfest bekam,[611] Bartschs Denkschriften, unter anderem die Denkschrift „Rudolf Steiner und die Aufgaben des deutschen Volkes",[612] in der Bartsch sich mit der Logenfrage auseinandergesetzt hatte. Briefwechsel von Bartsch mit Heß und dessen Adjutanten Alfred Leitgen, mit Alfred Baeumler, Hermann Reischle. In den Augen der Ermittler waren diese Dokumente Belege für eine mögliche Konspiration, mit der sie das Narrativ von der spirituellen Beeinflussung von Rudolf Heß stützen konnten. Am 20. Juni 1941 wurde Bartsch verhaftet.

Am Tag seiner Verhaftung wurde Bartsch von der Gestapo-Abteilung Stapo C vernommen. Das Verhör entbehrte nicht einer gewissen Absurdität. Im Sinne ihrer Verschwörungstheorie, die anthroposophische Bewegung könne die Partei unterwandert und insbesondere Rudolf Heß manipuliert haben, wurde im Verhör gezielt nach Kontakten zu Staats- und Parteistellen gesucht, um den Beschuldigten belasten zu können. Bartsch gab nun einen rasanten Abriss seiner vielfältigen Kontakte, die über die Unterstützung vom Amt Heß hinausgingen. 1939 sei im Stabsamt des *Reichsnährstands* eine Wandlung eingetreten. „Mein Erbhof wurde im Auftrage des Reichsbauernführers von Vertretern des Stabsamtes wiederholt besucht. [...] Das Interesse für die biodyn. Arbeit wuchs gerade jetzt durch die Kriegsverhältnisse." So habe auch das OKW – Wehrwirtschaftsstab „sein besonderes Interesse an der Verbreitung der b.d. Wirtschaftsweise im Kriege mit Rücksicht auf die Rohstofflagen" gezeigt.

Bezüglich seiner Kontakte zur SS sagte Bartsch aus: „Im Dezember 1939 fand auch der erste Besuch bzw. Vortrag bei SS-Gruppenführer Pohl statt. Aus dieser Besprechung entwickelte sich die Zusammenarbeit derart, dass die Deutsche Versuchsanstalt korporatives Mitglied des Reichsverbandes wurde und der Reichsverband die Umstellung der landwirtschaftlichen und gärtnerischen Betriebe der Versuchsanstalt auf bdW. übernahm. Diese Arbeit hat sich im Jahr 1940 besonders fruchtbar entwickelt."[613] Darrés Besuch auf Marienhöhe habe dann Alfred Rosenberg und Robert Ley zu Besichtigungen veranlasst. Der Ankauf des *Demeter-Hauses* sei „nach vorheriger Fühlungnahme" mit Heß und Darré zustande gekommen. Neben Spenden „begüterter Freunde der biologisch-dynamischen Arbeit" habe Ley aus dem Fonds der *Deutschen Arbeitsfront* 100 000,– Reichsmark als Spende im Laufe von 5 Jahren zur Verfügung gestellt. Auch der Präsident der Rentenbank Granzow habe dem *Demeter-Haus* eine

611 BArch, R 58/6223, Bl. 326, Pancke an Bartsch vom 6. 1. 1941.
612 BArch, R 58/6223, Bl. 334–347.
613 BArch, R 58/6223, Bl. 298–305, Stapo C, Verhör Erhard Bartsch.

jährliche Spende von 20–30 000,– RM in Aussicht gestellt. Gegen Ende der Vernehmung glaubte Bartsch, wohl mit Verweis auf einen Großauftrag Himmlers, einen Trumpf gegen die Ermittler ausspielen zu können: „In allerletzter Zeit ist mir ein Befehl des Reichsführers SS übermittelt worden, dass ausser den bisher schon in Umstellung begriffenen landwirtschaftlichen und gärtnerischen Betrieben, auch die 18 000 Morgen große Wirtschaft in Auschwitz in b. d. übernommen werden soll. Zu einer Lokalbesichtigung bin ich bereits aufgefordert."[614]

Während Bartsch mit der Aufzählung seiner Kontakte auf potenzielle Unterstützer hinweisen wollte, machte er sich in den Augen der Vernehmer einer Unterwanderung staatlicher Strukturen und einer heimlich-logenhaften Beeinflussung der Mächtigen verdächtig. Dennoch wurde er am 2. Juli 1941 erst einmal wieder entlassen, um dann jedoch im September auf dem österreichischen Bauernhof seiner Frau recht spektakulär erneut verhaftet und im Berliner Polizeigefängnis bis Ende November in Einzelhaft festgehalten zu werden. Benno von Heynitz und Carl Grund wurden nach zweiwöchiger Haft wieder entlassen. Obwohl Bartsch in Bezug auf seine Kontakte zu hohen Funktionären der NS-Elite von 1939 bis zum Frühjahr 1941 zweifellos große Namen vorweisen konnte, hatte die Gestapo-Aktion eine solche Eigendynamik und war das Zusammenspiel vor allem von Heydrich und Bormann in der Abwehr der *bdW* so perfekt, dass Bartsch keine Fürsprecher fand. Lediglich von Robert Ley ist überliefert, dass er nach der ersten Verhaftung von Bartsch versuchte, Heydrich zu erreichen.[615]

Der letzte verlorene Kampf Walther Darrés

Tatsächlich war insbesondere Darré nicht bereit, sich für Bartsch einzusetzen. Als Reischle kurz nach der ersten Verhaftung von Bartsch bei Darré telefonisch anfragte, wie man sich im diesem Fall verhalten solle, und Robert Ley fragen ließ, ob „der Herr Reichsminister etwas zu unternehmen gedenke", vermerkte Darré auf der Gesprächsnotiz: „Mich geht das zunächst gar nichts an."[616] Dabei

614 Ebenda.

615 BArch, R 58/6223, Bl. 276, Stapo C-Sonderaktion Vermerk, 30. 6. 1941 „Ley hat sich nach der Verhaftung von Bartsch erkundigt, will mit Heydrich sprechen, Darré wolle sich nicht einmischen."

616 BArch, N 1094 II/1a, Handschriftliche Notiz vom 22. 6. 1941, die mit Sebald unterzeichnet ist: „Anruf Zielke 16.00 Dr. Bartsch, Marienhöhe gestern im Zusammenhang mit dem Fall Heß verhaftet/Mitteilung von Dr. Ley u. Dr. Reischle/Dr. Ley will sich von sich aus mit Gruppenführer Heydrich in Verbindung setzen/Dr. Reischle erbittet Verhaltensmaßnahmenregeln/Dr. Ley hat um Nachricht gebeten, ob Sie Herr Reichsminister etwas zu unternehmen gedenken." Den Hinweis auf diese Quelle verdanken wir Werner Troßbach.

hatte sich Darrés Interesse an der biodynamischen Landwirtschaft, auch nachdem er durch das Verschwinden von Rudolf Heß einen wichtigen Bündnispartner verloren hatte, offenbar noch verstärkt. Darré, der im Ministerium die Verantwortung an Backe delegiert hatte, schien in der Folgezeit für das Thema *bdW* dennoch viel Energie aufzuwenden. Er schrieb lange Briefe, in denen er seine Haltung zum Thema darlegte, an alle diejenigen, die er glaubte für sein Anliegen gewinnen zu können. So schrieb er z. B. am 7. Juni 1941 einen fünfseitigen, engagierten Brief an Wilhelm Frick, in dem er betont, er sei zu der Erkenntnis gekommen, dass die „derzeitige landwirtschaftliche Betriebsweise gut und richtig“ sei, „um diesen Krieg durchzuhalten, aber sie birgt auf weite Sicht gesehen die Gefahr in sich, die Landwirtschaft in eine Sackgasse hineinzuführen“. Es drohe die Gefahr „rapider Verödung und Versteppung. […] Wir werden die Chemie zugunsten der Gesetze des Lebendigen entthronen müssen und werden sie zur Dienerin im Leben unseres Volkes machen. Es ist zweifellos ein Parallelprozess, wie wir ihn in den Jahren seit 1933 bei der Entthronung der Wirtschaft zugunsten der Lebensgesetze unseres Volkes vollzogen, als es galt, die Herrschaft des liberalistischen Wirtschaftsdenkens zu brechen. Die biologisch-dynamische Wirtschaftsweise ist vielleicht der, wahrscheinlich aber auch nur ein Weg, um aus dieser Sackgasse […] herauszufinden.“ Sein Schreiben habe den Zweck, „festzustellen, ob Sie mir hierbei helfen können und helfen wollen“.[617]

In einem Brief an Alwin Seifert, mit dem er seit Anfang Mai in regem Briefkontakt zum Thema *bdW* stand, kam die Heilserwartung, die Darré in die *bdW* setzte, noch deutlicher zum Ausdruck. „Ich sehe ein“, schrieb er am 28. Mai 1941, „daß die Grundrichtung der bdW richtig sein muß, und ich habe erkannt, daß die biologische Erneuerung und sehr wahrscheinlich sogar die biologische Rettung des Abendlandes nur durch dieses Tor führt.“[618]

Dass Darrés Positionen durchaus auf Resonanz stießen, zeigte die Antwort von Hjalmar Schacht vom 30. Mai 1941. Er habe „mit tiefstem Bedauern verfolgt“, schrieb der ehemalige Reichsbankpräsident und Wirtschaftsminister Schacht, wie sich die nationalsozialistische Agrarpolitik in ihr „krasses Gegenteil“ verwandelt habe. „Niemals haben wir eine solche Hypertrophie der Industrie erlebt, niemals eine solche kapitalistische Konzentration in Einzelhänden wie in den letzten Jahren.“ Er würde es deshalb auf das Lebhafteste begrüßen, wenn Darrés Bestrebungen zum Erfolg führten, „und bin gerne bereit mitzuhelfen“.[619] Nach dem Verbot des *Reichsverbands* und der Verhaftung Erhard Bartschs sah

617 BArch, N 1094 II/1a, unpag., Darré an Frick vom 7. 6. 1941.

618 Ebenda, Darré an Seifert, 28. 5. 1941.

619 Ebenda, Schacht an Darré, 30. 5. 1941.

Darré offenbar seine Chance, die nun führungslosen Bauern der *bdW* in die NSDAP quasi zu übernehmen und vom Reichsamt der NSDAP für Agrarpolitik betreuen zu lassen. Am 28. Juni 1941, eine Woche nach der Verhaftung von Bartsch, schrieb er an Robert Ley, er habe Rudi Peuckert, den neuen Leiter des Reichsamtes, beauftragt, *bdW* Bauern zu betreuen.[620] Am gleichen Tag wandte er sich direkt an Himmler mit der Bitte, ihm für dieses Projekt eine Liste „politisch einwandfrei[er]" *bdW*-Bauern zukommen zu lassen.[621]

Bei Bormann stießen Darrés Initiativen allerdings auf massiven Widerstand. Als er von Darrés Befragung der Gauleitungen zur *bdW* erfuhr, schrieb er Darré am 26. Juni 1941 in scharfem Ton: „Zu Ihrer Unterrichtung teile ich Ihnen mit, dass der sogenannte Reichsverband für die biologisch-dynamische Wirtschaftsweise auf Anordnung des Führers aufgelöst wurde. In dem gegenwärtigen Entscheidungskampfe des deutschen Volkes sind ausreichende Ernten von entscheidender Wichtigkeit; die Propaganda gegen die Verwendung von Kunst-Düngemitteln konnte daher nicht länger geduldet werden. [...] Die Weltanschauungs-Lehren Steiners werden vom Führer rundweg abgelehnt." Daher sei inzwischen die gesamte Literatur Steiners beschlagnahmt worden.[622] Auch in den folgenden Briefen berief sich Bormann immer auf einen Befehl Adolf Hitlers. Jeder der Briefe, die Bormann in der Folgezeit von Darré erhielt, wurde umgehend in Abschrift an den SD oder auch direkt an Heydrich weitergeleitet.

2.5.2 Machtverschiebungen in der NS-Führung

Peter Staudenmaier hat darauf hingewiesen, dass die *Aktion gegen Geheimlehren und sogenannte Geheimwissenschaften* ihre Wucht vor allem aus der Zielsetzung bezog, die – zuvor um Heß gruppierte – Fraktion unter den Mächtigen, die anthroposophischen Einrichtungen unterstützten, zu schwächen. Die Aktion habe sich genauso gegen die Fraktion der Unterstützer wie gegen die Anthroposophen selbst gerichtet.[623] Tatsächlich wurde bei den Auseinandersetzungen um die Anthroposophie ein Kampf der Stellvertreter um mehr Macht ausgefochten. Es waren die Pragmatiker in der NS-Regierung, die zuvor in der zweiten Reihe gestanden hatten, wie Staatssekretär Backe für die Landwirtschaft und Stabsleiter Bormann, zuvor zweiter Mann hinter Heß, die vor allem die Kriegsziele im Auge hatten und das Interesse ihrer Vorgesetzten an der *bdW* ablehnten.

620 BArch, N 1094 II/1a., unpag.
621 BArch, N 1094 II/1, unpag.
622 BArch, R 58/6223, Bl. 223 f.
623 Staudenmaier, Occultism, S. 215.

Auch der aufstrebende Reinhard Heydrich, der als neuer Leiter des *RSHA* seinen Machtbereich Himmler gegenüber erweitern wollte, versuchte offenbar einige Zeit lang, Himmlers biodynamische Projekte zu behindern, indem er die Mitarbeit von ehemaligen *Reichsverbands*mitgliedern für dessen SS-Arbeiten verbot. Hier kam man offenbar schnell zu einem Kompromiss, im Endeffekt konnten Pohl und Vogel Mitarbeiter des *Reichsverbands* einstellen, unter der Maßgabe, dass die Arbeiten nicht öffentlich wurden. Himmler, der sich aus den Auseinandersetzungen weitgehend heraushielt, war zweifellos erfreut, dass Darré das Feld nun ganz räumen musste. Backe gelang es, Darré so weitgehend auszuschalten, dass dieser 1942 beurlaubt wurde. Martin Bormann, zuvor zweiter Mann hinter Heß, hatte als neuer Chef der Reichskanzlei enorm an Macht gewonnen und konnte kritische Stimmen wie etwa Alfred Baeumler mundtot machen.

Tatsächlich hatten der England-Flug von Heß und die *Aktion gegen Geheimlehren und sogenannte Geheimwissenschaften* weitreichende Folgen für alle diejenigen, die sich für anthroposophische Einrichtungen eingesetzt hatten. Alfred Leitgen, zuvor Adjutant im Amt Heß, wurde als enger Mitarbeiter von Heß inhaftiert und später ins KZ Sachsenhausen überführt. Alfred Baeumler verlor, wohl durch Intervention Bormanns, die Leitung der Abteilung Wissenschaft im *Amt Rosenberg* – eine deutliche politische Maßregelung, auch wenn er seine Professur behielt. Infolge des Machtübergangs im *RMEL*, in dem Backe 1942 faktisch die Ministerfunktion innehatte, wurden die Abteilungen des *Reichsnährstands* umstrukturiert und die politischen Aufgaben vom *Reichsamt für Agrarpolitik* der NSDAP übernommen. Hermann Reischle verlor seinen Rang als Führer des Stabsamts, nahm ab August 1942 als Hauptmann am Zweiten Weltkrieg teil und arbeitete ab 1944 im *SS-Personalhauptamt*. Seine enge Bindung an Darré und sein Engagement für die *bdW* gaben seiner Karriere offenbar einen Knick. Auch Hans Merkel wurde infolge der Umstrukturierung im *Reichsnährstand* einer neuen Abteilung zugeteilt, blieb aber gut dotierter Jurist im *RMEL*. Georg Halbe verließ das *RMEL* 1942 und bewarb sich erfolgreich beim Propagandaministerium, wo er fortan nicht mehr als Sachbearbeiter, sondern als Referent tätig war.[624]

Ohlendorf, der 1937 in Fragen der Anthroposophie im SD ein gewichtiges Wort hatte mitsprechen können, wurde die Verantwortung für das Thema entzogen, ein Zeichen dafür, wie stark die Fraktion der Gegner der Anthroposophie inzwischen war. Kurz darauf wurde Ohlendorf vom *Reichssicherheitshauptamt* abgezogen und als Chef der Einsatzgruppe D an die Ostfront abgeordnet. Die Einsatzgruppe, ein mobiles Mordkommando unter der Leitung Ohlendorfs

624 BArch, R 1501-206985 und BArch, R 1501-206985, Die Personalakten Georg Halbe, hier: Lebenslauf G. Halbe, 10. 1. 1942.

(Beauftragter des Chefs der SIPO und des SD bei der 11. Armee) agierte in Rumänien, der Ukraine und auf der Krim und war im Zeitraum von Juni 1941 bis Juli 1942 für die Ermordung von über 91 000 Menschen verantwortlich.[625] 1947 wurde er für seine Taten von einem amerikanischen Militärgericht zum Tode verurteilt. Im Kontext eines Gnadengesuchs führte Ohlendorf in einer Eidesstattlichen Erklärung aus dem Jahr 1950 sein Eintreten für die Anthroposophie an. Er hoffte so, sein Engagement für eine Gruppe, die im NS verfolgt worden war, zu betonen, und versuchte, seine Versetzung zum Chef der Einsatzgruppe als eine Art Strafaktion Heydrichs und Himmlers darzustellen.[626]

Ob seine abweichende Haltung zur Anthroposophie mit zu seiner Abordnung zu diesem Zeitpunkt beitrug, lässt sich nicht belegen. Tatsächlich hatte Ohlendorf, so der Historiker Andrej Angrick, bereits zweimal Aufforderungen zum Osteinsatz abgelehnt und konnte sich einer weiteren kaum entziehen. Zudem hatte sich seine Machtposition nach seiner Rückkehr nach Berlin gefestigt. Seine Stellung als Leiter der Abteilung III im SD behielt er bis zum Kriegsende. Er übernahm Ende 1943 zusätzlich die Stelle des stellvertretenen Staatssekretärs im Reichswirtschaftsministerium. Letztlich half ihm seine Funktion als Leiter der Einsatzgruppe, seine Machtstellung im SD zu festigen und auszubauen. Für seinen Einsatz zeichnete ihn Himmler mit dem Orden „Stern Rumäniens" aus.[627] Im August 1942 wurde Ohlendorf zum Generalmajor der Polizei und zum Brigadeführer im *RSHA* ernannt. Selbst wenn seine Haltung zur Anthroposophie einer der Gründe für den Zeitpunkt seiner Einberufung gewesen sein sollte, seinem weiteren Aufstieg im „Dritten Reich" stand dies nicht im Wege. Trotz einer Gnadengesuchkampagne, an der sich hohe kirchliche Würdenträger und Bundespolitiker wie auch mehrere Anthroposophen beteiligten, wurde Ohlendorf am 7. Juni 1951 im Kriegsverbrechergefängnis Landsberg durch den Strang hingerichtet.

Walther Darré wurde im Mai 1942 beurlaubt, Herbert Backe übernahm alle Funktionen im Ministerium und wurde 1944 zum Minister ernannt. Seine Position im Streit um die *bdW* und der Konflikt mit Bormann waren aber allenfalls ein letzter Schritt der politischen Entmachtung Darrés. Einen Teil der Macht im Ministerium hatte dieser bereits verloren, als Görings Vierjahresplanbehörde die Ernährungsfragen an Staatssekretär Backe delegierte. 1938 hatte er die Leitung im *RuSHA* abgeben müssen. Mit der Ernennung Himmlers zum *Reichskommissar für die Festigung Deutschen Volkstums* hatte Darré nicht nur Kompetenzen

625 Vgl. Andrej Angrick, Besatzungspolitik und Massenmord. Die Einsatzgruppe D in der südlichen Sowjetunion 1941–1943, Hamburg 2003, S. 520.

626 GOE, E.15.002.020, Eidesstattliche Erklärung, Juli 1950 (Kopie).

627 Angrick, Besatzungspolitik, S. 94.

verloren, sondern befand sich in steter Konfrontation mit dem mächtigen SS-Führer. Horst Gies, einer der Biografen Darrés, zieht das Fazit: „Darrés Weg im ‚Dritten Reich' war ab 1936 eine einzige Geschichte des Scheiterns."[628]

2.5.3 „Die Wirtschaftsweise" – Fortsetzung der biodynamischen Wirtschaftsweise durch die SS

Mit dem Verbot des *Reichsverbandes* wurde auch das System von Produktion, Distribution und Konsumtion des biologisch-dynamischen Netzwerkes in Deutschland zerstört. Die Produkte konnten nicht mehr ihre Kunden erreichen. Die Betriebe besaßen deutlich weniger Planungssicherheit. Werbung für und Information über biodynamische Erzeugnisse war nicht mehr möglich. Die Zeitschrift *Demeter* musste im Juni 1941, wie Erhard Bartsch es später diplomatisch formulierte, „auf höhere Veranlassung" ihr Erscheinen einstellen.[629] Damit entfiel einer der wichtigsten Kommunikationswege der *bdW*. Auch die Werbeannoncen für *Demeter*-Produkte in *Leib und Leben* verschwanden. Lediglich *Weleda* und Loheland konnten noch annoncieren und so auch neue Arbeitskräfte anwerben, da sie als Wirtschaftsbetrieb bzw. als Bildungseinrichtung nicht unter das Verdikt gegen die „Geheimlehren" fielen. Es dauerte ohnehin einige Zeit, bis das Verbot überall im Reich real und vollständig umgesetzt wurde – ganz anders als seinerzeit bei den Verboten gegen die Kommunisten, Sozialdemokraten oder Gewerkschaftler. So lässt sich erklären, dass die „Landschafter" noch vom 10. bis 12. Juni 1941 in Bad Saarow unbehelligt eine Tagung zur *bdW* durchführen konnten, wie Carl Grund in seinem Gefängnistagebuch vermerkte. Hatte er mit folgender Bemerkung recht? „Sollte Ohlendorf (Obersturmbannführer in der obersten SS-Leitung) dafür gesorgt haben, daß in Saarow keine Verhaftung erfolgte? Abwarten!"[630]

Auch eine von der *Deutschen Gesellschaft für Lebensreform* veranstaltete Führung auf Gut Marienhöhe fand am 22. Juni – zwei Tage nach der Verhaftung von Bartsch – erstaunlicherweise noch statt, allerdings mit unerbetenen „Gästen", wie Dreidax am folgenden Tag an Reischle schrieb: „Das Interesse, das vermöge der Erklärung des Erbhofes Marienhöhe zur Beispielwirtschaft für lebensgesetzlichen Landbau durch den Reichsbauernführer ganz besonders groß ist, hält an. Nun hat sich am gestrigen Sonntag zum erstenmal ereignet, dass plötzlich vier Beamte der Geheimen Staatspolizei erschienen und bei einer

628 Gies, Darré, S. 666.
629 Vgl. BArch, R 9361-V/13284, E. Bartsch an die Reichsschrifttumskammer, 5. 2. 43.
630 GOE, E.15.002.039, unpag.

grossen Führung von etwa 120 Menschen die Ausweise verlangten und alle Namen feststellten."[631]

Der Einsatz der Gestapo auf Marienhöhe blieb weitgehend ohne Folgen. Ihre Aktionen gegen die *bdW* waren stets eine Mischung aus Repression und Gewährenlassen. Die Beamten informierten den anwesenden Hermann Polzer, der zu dieser Zeit Vorstand der *Deutschen Gesellschaft für Lebensreform* war, lediglich über den Grund der Überprüfung der Veranstaltung: „Es handele sich darum, dass hier keine Nachfolgeorganisation der ehemaligen Anthroposophischen Gesellschaft tätig sei." Dies soll Polzer dann auch energisch zurückgewiesen haben. Dreidax verteidigte den mittlerweile inhaftierten Bartsch im Folgenden gegen den Vorwurf, eine anthroposophische Nachfolgeorganisation auch nur angestrebt zu haben, betonte jedoch in Bezug auf Bartschs Aktivitäten: „Im Sinne der Verhandlungen mit der Geheimen Staatspolizei vom Mai 1936 hatte er geradezu den Auftrag, das Lebenswerk Rudolf Steiners für das neue Reich fruchtbar zu machen."[632] Verklausuliert bat Dreidax, der Durchschläge des Briefes auch an Frick, Ley und Rosenberg schickte, am Schluss Reischle um Hilfe: „Noch bin ich auf freiem Fuß und wollte mein Zeugnis für Dr. Bartsch Ihnen an die Hand geben. Vielleicht können Sie etwas damit anfangen."[633] Doch er erhielt auf seinen Brief von keiner Dienststelle, die er informiert hatte, eine Antwort.

Die landwirtschaftlichen Güter und Höfe, die biodynamisch produzierten, konnten dies jedoch weiterhin tun, solange es nicht in der Öffentlichkeit propagiert wurde. Daher ist über ihre weitere Existenz nur wenig bekannt. Unser heutiges Wissen über diese Zeit stammt zumeist aus Erinnerungen, Memoiren und anderen Aufzeichnungen der Nachkriegszeit, deren politische Determiniertheit und persönliche Betroffenheit die Inhalte der Quellen oftmals verzerren. Aus den Texten der Nachkriegszeit lassen sich nicht unbedingt immer „harte" Fakten ableiten, eher „Wahrnehmungen" und im Nachhinein individuell gefärbte Erlebnisse, die im Laufe der Zeiten dann nicht selten zu „Tatsachen" geronnen sind.

„Hinter den Kulissen"

Das Verbot des *Reichsverbandes* im Rahmen der *Aktion gegen Geheimlehren und sogenannte Geheimwissenschaften* war eindeutig. Trotzdem versuchten Vertreter der *bdW* zu retten, was zu retten war. Ohne wirklich Einsicht in die realen, nach dem Heß-Flug zudem veränderten Machtstrukturen des NS-

631 GOE, D.02 Seifert 002, Dreidax an Reischle, 23.6.1941.
632 Ebenda.
633 Ebenda.

Regimes zu haben, glaubten sie bei einigen hochrangigen NS-Funktionären und auch Ministern noch Hilfe erhalten zu können. Doch die NS-Führung, insbesondere natürlich Hitler, war zu dieser Zeit hauptsächlich mit dem nur wenige Tage vorher erfolgten Überfall auf die UdSSR und dem Vormarsch der deutschen Truppen befasst.

Seifert, der auch die Hintermänner und -gründe des Verbots zu kennen glaubte, wandte sich am 23. Juli 1941 an Fritz Todt. Er hatte sich dafür in einem längeren Gespräch mit Darré am 5. Juli Rückendeckung geholt.[634]

„Auf Grund einer langen Unterredung mit Staatsrat Peuckert, dem thüringischen Landesbauernführer, dem der Reichsbauernführer zunächst die Obhut für die biologisch-dynamisch arbeitenden Betriebe übertragen hatte, übergebe ich Ihnen beiliegend auch zu meiner eigenen Rechtfertigung jene Denkschrift über die ‚bäuerlich-unabhängige Landbauweise', die ich im Jahre 1940 im Auftrage des Stellvertreters des Führers mit der größten Sorgfalt abgefaßt habe und die dazu bestimmt war, dem Führer und dem Reichsmarschall vorgelegt zu werden. Die ganze Aktion gegen die biologisch-dynamische Wirtschaftsweise läuft genau nach dem von der chemischen Industrie vorgeschlagenen Plan ab. Sie ist nur dadurch möglich geworden, daß irgendjemand dem Führer berichtet hat, die biologisch-dynamisch wirtschaftenden Betriebe würden nur 30 % der sonst üblichen Erträge liefern. Dies ist eine offenkundige Lüge, wie allein schon aus den der Denkschrift anliegenden Ergebnissen der Prüfung von sechzig sächsischen landwirtschaftlichen Betrieben durch das Stabsamt des Reichsbauernführers hervorgeht.

Dem Reichsbauernführer sind durch eindeutige Weisung von Reichsleiter Bormann gegenwärtig die Hände gebunden. Staatsrat Peuckert würde es sehr begrüßen, wenn Sie bei einem unverbindlichen Tischgespräch im Hauptquartier des Führers die Rede auf die biologisch-dynamische Wirtschaftsweise bringen und dabei jene hinterhältige Lüge berichtigen könnten."[635]

Bemerkenswert an diesem Schreiben ist, dass Seifert trotz der existenzbedrohenden Lage für die *bdW* stets von „biologisch-dynamischer Wirtschaftsweise" spricht. Dieser Begriff war den NS-Größen suspekt. Darré oder Himmler bspw. favorisierten alternative Bezeichnungen. Eine solche („bäuerlich-unabhängige Landbauweise") verwendete Seifert wiederum nur in Anführungszeichen und signalisierte damit seine Distanz zur NS-Terminologie. In dem genannten Gespräch konnte Seifert offenbar Darré für eine weitere Unterstützung der *bdW* gewinnen, die aber, so sollte sich zeigen, für die realen Entwicklungen nicht mehr von Belang war.

634 Vgl. GOE, D.02 Seifert 002, Bl. 4.
635 Ebenda, Bl. 1.

Die zunehmend prekäre Wirtschaftslage, die stockende Versorgung mit Rohstoffen und die knapper werdende Elektroenergie ließen Franz Dreidax für die *bdW* wieder hoffen. In einer undatierten handschriftlichen Stellungnahme an Alwin Seifert schrieb er mit dem Vermerk „Streng vertraulich, gegebenenfalls für Reichsminister Dr. Todt": „Zufällig erfahren: Besorgnisse über die amerikanischen Flugzeuglieferungen. Die deutsche Flugzeuganfertigung soll durch die deutsche Möglichkeit, Aluminium (auch andere Leichtmetalle) zu gewinnen, fühlbar begrenzt sein. Die Grenze für die Leichtmetall-Erzeugung soll liegen in der verfügbaren elektrischen Energie."[636]

Dreidax' Idee: Man könne die chemische Industrie in Deutschland, die ebenfalls viel Energie für die Stickstoffproduktion benötigt, entlasten, denn Stickstoff würde für Sprengstoff und für chemischen Dünger produziert. „Der Anteil an elektr. Energie, der für Düngezwecke benötigt wird, ist wesentlich. [...] Bei Kenntnis neuerer landw. Verfahren, welche die notwendigen Ertragsleistungen ohne künstlichen Dünger bringen, könnte an Umlenkung dieses Teils elektr. Energie auf Leichtmetall-Erzeugung gedacht werden."[637]

Diese Ansicht vertrat auch Carl Grund, der am 19. September 1941 an Seifert schrieb: „Ich habe inzwischen erfahren, daß man bei denjenigen Stellen, die für die Zuteilung von Kohle und Eisen der IG-Farben gegenüber zuständig sind, für Material sehr dankbar wäre, aus dem hervorgeht, daß die Erhöhung der Stickstoffdüngung für die Erhaltung der Fruchtbarkeit sehr zweifelhafte Wirkung besitzt. Kohle sowohl wie Eisen sind gegenwärtig mit die wichtigsten Rohstoffe und werden an anderen Punkten entscheidend benötigt."[638]

Diese Überlegungen zeigen, dass die Biodynamiker nicht glauben wollten oder konnten, dass die Würfel offiziell bereits gefallen waren. Selbst die mögliche Energieersparnis brachte da keine Änderung.

Rückzugsgefechte im NS-System

Erstaunlich genug: Mit dem Verbot des *Reichsverbands* und der vorübergehenden Inhaftierung einzelner prominenter Mitglieder war das Thema *bdW* nicht beendet. Innerhalb des NS-Systems hatten sich zu viele mit dem Thema beschäftigt und ihm gewisse Sympathien entgegengebracht, nicht zuletzt in schriftlichen Äußerungen, auch öffentlich gedruckten. Unbemerkt von der Allgemeinheit gab es in den Partei- und Staatsstrukturen weiterhin Diskussionen, zumeist

636 Ebenda, Bl. 5.
637 Ebenda.
638 Ebenda, Bl. 55.

Rückzugsgefechte bzw. Versuche, wenigstens die Methode und Teile der Strukturen zu bewahren. Jetzt erwies sich als vorteilhaft, dass auf Anregung Darrés die *bdW* als „lebensgesetzliche" bzw. von Himmler als „naturgemäße" Landwirtschaft umbenannt worden war. Beide NS-Begriffe waren nicht definiert, man konnte sie nun also auch als Deckmantel benutzten.

Darré fühlte sich mit den Vertretern der *bdW* immer noch so verbunden, dass er nach dem Verbot offenbar Heydrich bat, Bauern höchstens im Einzelfall zu überprüfen, was dieser in einem Schreiben bestätigte.[639] Sicher hatte ihm auch geschmeichelt, dass Vertreter der *bdW* in ihm lange einen einflussreichen Mann im NS-System sahen und ihm auch so begegneten, als er bereits durch Staatssekretär Backe quasi entmachtet worden war.[640] Dies wiederum war den Biodynamikern wohl nicht bewusst bzw. bekannt. Dazu fehlte ihnen der wirkliche Zugang zum „inner circle" des Regimes.

Die veränderten Verhältnisse nach dem Flug von Heß waren auch im Staats- und Parteiapparat offenbar nicht sofort bis in alle Winkel und Ebenen des Reiches bekannt. Noch im September antwortet Gauleiter Murr (Württemberg/Hohenzollern) Darré auf dessen Brief vom 7. Juni 1941, die Förderung der *bdW* betreffend. Murrs Antwort dokumentiert, dass es durchaus (noch) einige Sympathien auf politischer und auch wissenschaftlicher Ebene gab. Er habe sich mit dem „Rektor der Landwirtschaftlichen Hochschule Hohenheim, einem alten Parteigenossen, in Verbindung gesetzt, [...] der aber seine Meinung mir gegenüber dahin kundtat, daß eine rein rationalistische Bewirtschaftung in der Landwirtschaft nicht angestrebt werden dürfe, sondern sich das biologische Denken und eine lebensgesetzliche Landbauweise allmählich durchsetzen müsse."[641]

Ähnliches hatte schon im August der Münchner Oberbürgermeister, Reichsleiter Karl Fiehler, vermeldet. Gegensätzliches stammte hingegen aus der Feder des im Range eines Wehrmachtsgenerals stehenden Chefs des NSKK,[642] Korpsführer Adolf Hühnlein. Der „Gauleiter und Reichstatthalter Niederdonau", Hugo Jury, befürwortete noch im November des Jahres eine um differenzierte Sichtweisen bemühte Beschäftigung mit konventionellen und biologisch-dynamischen Methoden und deren Leistungsfähigkeit.

Wie widersprüchlich die Positionierungen in den ersten Monaten nach Heß' Flug noch waren, zeigte die Reaktion Reinhard Heydrichs. In seinem Schreiben

639 Vgl. Wagner, Dokumente und Briefe, Bd. 3, S. 35, Heydrich an Darré, 18.10.1941.

640 Auch nach 1945 sprachen führende *bdW*-Vertreter Darré in Briefen noch mit „Herr Reichsminister" an. Vgl. BArch, N 1094 II/1.

641 BArch, N 1094 II/1, unpag., Murr an Darré, 24.9.1941.

642 Nationalsozialistisches Kraftfahrkorps.

an Darré vom 18. Oktober 1941, das eine Antwort auf Darrés Bitte vom 28. Juni war, ihm eine Liste mit politisch einwandfreien Vertretern der *bdW* zukommen zu lassen, ließ Heydrich keinen Zweifel an der Schädlichkeit der *bdW* und der Feindlichkeit der mit ihr verbundenen Weltsicht aufkommen. Allerdings sah er von einer Verfolgung der Anhänger der den „Nationalsozialismus gefährdenden Sonderlehre" ab, da er sie als einen „eng begrenzten Personenkreis" einschätzte: „Eine politische Belastung der einzelnen kleinen Anhänger der biologisch-dynamischen Wirtschaftsweise könnte auch deshalb nur schwer festgestellt werden, weil es zur ganzen Haltung der Anthroposophen gehört, dass sie sich zur Zeit sehr national und deutschbetont gibt und nach aussen den Eindruck einwandfreier politischer Haltung erweckt, in ihrem tiefsten Wesen aber einen gefährlichen Faktor orientalischer Zersetzung der germanischen völkischen Art darstellt."[643]

Die seit Langem bestehenden Animositäten und Machtkämpfe innerhalb der NS-Führung, z. B. zwischen Darré und Bormann, wurden auch über die *bdW* ausgetragen. Der ehrgeizige Bormann, bislang Stellvertreter von Heß sowie Freund der chemischen und Düngemittelindustrie, stieg in der Hierarchie auf und sah die Zeit gekommen, mit Darré und dessen Sympathien für die *bdW* abzurechnen, zumal Darré durch seinen Stellvertreter, Backe, bereits demontiert worden war. In belehrendem Ton, wohl auch als Warnung gemeint, schrieb Bormann am 26. Juni 1941 nur allgemein Bekanntes an Darré – dass der Reichsverband für biologisch-dynamische Wirtschaftsweise „auf Anordnung des Führers aufgelöst" worden sei, „ausreichende Ernten von entscheidender Wichtigkeit" seien, die Anwendung von Kunst-Dünger „nicht länger geduldet werden" könne usw.[644]

Unbeeindruckt von Bormanns Zurechtweisung adressierte Darré sein Anliegen am darauffolgenden Tag an Adolf Hitler direkt und bat um Erlaubnis, die Bauern der biodynamischen Bewegung durch das *Reichsamt für Agrarpolitik* betreuen zu lassen. Deutlich pikiert und wohl in Fehleinschätzung seines noch bestehenden Einflusses schrieb er an Bormann drei Tage später:

„Ich bestätige Ihr Schreiben vom 26. ds. Mts., betr. die biologisch-dynamische Wirtschaftsweise, und bemerke dazu, dass mir Ihre Auffassung durchaus bekannt gewesen ist.

Zur Sache selbst werde ich mir vom Führer in meiner Eigenschaft als Reichsleiter persönlich Anweisung erbitten."[645]

643 BArch, N 1094 II/1, unpag.
644 Vgl. BArch, R 58/6223, Bl. 223.
645 Ebenda, S. 270.

Doch Bormann gelang es, eine solche Zusammenkunft zu verhindern, und er antwortete vorgeblich im Auftrag Hitlers: „Der von Ihnen erbetene Vortrag könne, da sich der Führer jetzt wirklich mit anderen Dingen beschäftigen müsse, nicht stattfinden.“[646]

Von Tag zu Tag festigte sich Bormanns Position in der NS-Hierarchie. Am 1. Juli wandte er sich an Heydrich, dem er zuvor eine Abschrift der Briefe Darrés hatte zukommen lassen: „Nach meiner Auffassung ist es keinesfalls möglich, dass die Mitglieder des aufgelösten Reichsverbandes für biologisch-dynamische Wirtschaftsweise nun neuerdings durch Herrn Reichsminister Darré oder seinen Beauftragten zusammengefasst und ‚betreut‘ werden. Dies würde nach meiner Auffassung durchaus eine Fortsetzung des verbotenen Verbandes bedeuten.“[647]

Er erbat eine „umgehende Stellungnahme“. Darrés Vorstoß war endgültig gescheitert, als Landesbauernführer Rudolf (Rudi) Peuckert, dessen Briefkopf stets die euphemistische Bezeichnung „Bauer“ führte, selbst ins Visier von Heydrichs Mitarbeitern geriet: „Die Auswertung der beim Reichsverband beschlagnahmten Akten hat bewiesen, daß Peuckert (SS-Oberführer) Anhänger der biologisch-dynamischen Wirtschaftsweise ist und seinen Hof nach dieser Methode bewirtschaftet. Es hat sich jedoch bisher nicht feststellen lassen, daß Peuckert auch Anthroposoph ist.“[648]

Allerdings empfahlen Heydrichs Mitarbeiter, die geplante „Betreuung“ biologisch-dynamisch arbeitender Bauern vorläufig stillschweigend zu dulden.[649] Peuckert distanzierte sich – offenbar nach einer Vorladung zum Gespräch bei der Gestapo – umgehend und positionierte sich in Briefen an verschiedene Funktionsträger eindeutig gegen die von Darré initiierte Untersuchung der *bdW*-Güter und deren weitere Betreuung: „Ich persönlich halte es nicht nur für falsch, sondern auch für grotesk und sogar politisch gefährlich, daß jetzt, nachdem der Reichsverband aufgelöst ist, der Führer eine Betreuung der Bauern und Landwirte und damit eine Diskussion in dieser Frage nicht wünscht, Darré seit langem verboten hat, daß REM. und der RNSt. sich mit der biologisch-dynamischen Wirtschaftsweise befassen, jetzt noch diese Aktion läuft.“[650]

An den Hauptabteilungsleiter im *Reichsnährstand*, SS-Obersturmbannführer Albert Brummenbaum, schrieb Peuckert „persönlich“, mit dem Hinweis, Gleiches sei an Backe abgegangen: „Nachdem ich nunmehr weiß, daß der Führer eine Diskussion dieser Dinge im Kriege nicht wünscht, wird von mir in Fragen

646 Ebenda, S. 272.
647 BArch, R 58/6223, Bl. 211.
648 Ebenda, S. 273.
649 Ebenda, S. 274.
650 BArch, N 1094 II/1, Peuckert an Rust, 25. 7. 1941.

der biologisch-dynamischen Wirtschaftsweise weder persönlich, noch als Stabsleiter des Reichsamtes für Agrarpolitik das geringste unternommen."[651]

Eine private Hintertür die *bdW* betreffend hielt sich Peuckert aber dennoch offen: „Hinsichtlich meines eigenen Hofes werde ich zukünftig so arbeiten, wie es Reichsleiter Dr. Ley auf seinem Hof und Reichsführer SS auf seinen SS-Gütern für richtig hält."[652]

Bormann bemühte sich auch, ihm gefährlich erscheinende Gerüchte bezüglich des Einsatzes der *bdW* auszuräumen. In seiner Position als Verwaltungsleiter des Obersalzbergs schrieb er am 3. Juli 1941 an den „lieben Parteigenossen Heydrich". Seine Distanzierung von der *bdW* und ein denunzierender Ton ist dabei unverkennbar: „Nach der Auflösung des sogenannten Reichsverbandes für die sogenannte biologisch-dynamische Wirtschaftsweise hatte Reichsminister Darré in einem Brief [...] darauf hingewiesen, auf dem Obersalzberg und in Alt-Rehse würde nach einer Darré früher einmal gemachten Angabe biologisch-dynamisch gewirtschaftet. Ich habe dem Herrn Reichsminister Darré daraufhin auf das mir vom Führer zur Beantwortung übergebene Schreiben erwidert, weder bei der Gutsverwaltung Obersalzberg noch bei der Gutsverwaltung Alt-Rehse seien je auch nur Versuche mit der biologisch-dynamischen Wirtschaftsweise gemacht worden. Abschrift des Schriftwechsels liess ich Ihnen zugehen."[653]

Am Umgang mit Darrés Vorstößen wird deutlich, wie eng Bormann, Heydrich und die ermittelnden Beamten des SD und der Gestapo kooperierten und eine geschlossene Front gegen die *bdW* und Darré bildeten. Darrés Plan musste scheitern. Zum einen, weil er zu diesem Zeitpunkt politisch bereits sehr isoliert war. Vor allem aber, weil Himmler bereits entschieden hatte, mittels seiner Mitarbeiter Pohl und Vogel, ohne öffentliches Aufsehen zu erregen, einige der ehemaligen Mitglieder des *Reichsverbandes* für die *DVA* zu rekrutieren, auch gegen die Widerstände von Heydrich.

Weiterarbeiten unter dem Verbot

Die traditionellen Orte biodynamischer Produktion des *Reichsverbandes* existierten nunmehr weitgehend ohne Kontakte untereinander. Wenn weiterhin welche bestanden, so ergaben sie sich aus den gewachsenen privaten Beziehungen der letzten Jahrzehnte und im Rückgriff auf ehemalige Verbandsstrukturen und

651 Ebenda, Peukert an Brummenbaum, 25.7.1941.
652 Ebenda.
653 BArch, R 58/6223, Bl. 269.

alte Netzwerke. Benno von Heynitz beispielsweise erzählt in seinen Memoiren vom unproblematischen Weiterführen seiner Güter unter den bisherigen Strukturen und Handlungsweisen. „Unsere Betriebe konnten trotz alledem biol.dyn. weiterarbeiten und taten es auch. Ein Eingriff der Partei erfolgte nicht mehr."[654]

Allerdings gab es eine wichtige Einschränkung. Die Auskunftsstellenleiter durften nicht mehr tätig werden. Wer nicht selbst in der Lage war, die Präparate herzustellen, konnte also keine mehr beziehen. Ähnliche Erfahrungen hatte Nicolaus Remer gemacht. Rückblickend schrieb er in der Nachkriegszeit: „1941 habe ich trotz Arbeitsverbot u. persönl. Gefährdung umgestellten Betrieben die Herstellung der Düngehilfsmittel, die bis dahin von den Auskunftstellen als Grundlage ihrer Tätigkeit ausgeübt worden war, schriftlich in einer [...] Anleitung bekannt gegeben. Später ist von Dr. Heinze die Autorenschaft Herrn Lippert, der auch ein Exemplar von mir erhielt u. der Weleda zugeschrieben worden u. trotz Hinweis von Gerhard Schwarz nicht richtiggestellt worden. Durch Obergruppenleiter Pohl hatte Himmler die Weiterarbeit auf Höfen zu Recht erklärt. So konnte der Impuls von einigen Betrieben am Boden bis Kriegsende [...] erhalten werden. Damit sicherte die anhaltende Fruchtbarkeit umgestellter Höfe die Sicherheit der neuen umwälzenden Idee der Landwirtschaft für die Zukunft gesunder Ernährung und das Leben der Erde."[655]

Doch nicht alle Höfe und Güter konnten so versorgt werden. Einige mussten wahrscheinlich notgedrungen konventionell weitergeführt werden. Einen wichtigen Einschnitt bedeutete auch, dass nunmehr der vom *Reichsverband* ausgehandelte finanzielle Bonus für biodynamische Produkte wegfiel.

Auch das prominente Gut Marienhöhe konnte weiterarbeiten. Sein Leiter, Erhard Bartsch, wurde allerdings nach seiner Haftentlassung hier unter Hausarrest gestellt, da die SS in ihm den führenden Kopf der Bewegung sah. Geprägt vom eigenen Denken in Hierarchien glaubten die NS-Funktionäre wohl, somit die ganze Bewegung auf einfachem Wege lahmlegen zu können. Am 20. März 1942 informierte das Büro von Reinhard Heydrich das Stabsamt von Reichsmarschall Göring über die Causa Bartsch:

„Dr. Erhard Bartsch befand sich vom 26.6. bis 2.7.1941 und vom 16.9. bis 29.11.1941 in Schutzhaft. Dr. Bartsch war Leiter des am 9.6.1941 aufgelösten Reichsverbandes für biologisch-dynamische Wirtschaftsweise in Bad Saarow. Dieser Verband ist aus der ehemaligen ‚Vereinigung anthroposophischer Landwirte' hervorgegangen. Zweck und Ziel dieses Verbandes war die Propagierung und praktische Durchführung der Anweisungen des 1926 [sic] verstorbenen

654 Heynitz, Erinnerungen, S. 72.
655 Vgl. Familienarchiv Nicolaus Remer.

Gründers der anthroposophischen Gesellschaft Dr. Rudolf Steiner auf landwirtschaftlichem Gebiet.

Um Dr. Bartsch sammelten sich alle diejenigen Kreise, die vor 1935 in irgendeiner Beziehung zur Anthroposophie, sei es im Sektor Erziehung, Wirtschaft, Kunst, Eurythmie oder Medizin, gestanden haben und noch heute stehen. Bartsch übernahm es dann, die Interessen dieser Kreise auf dem Umwege über die *biologisch-dynamische Wirtschaftsweise* an die ihm für seine Ziele geeigneten und zuständigen Stellen heranzutragen. Er beschäftigte sich neben seinen Aufgaben als anthroposophischer Landwirt mit der Abfassung von Denkschriften über die Errichtung von Schulen auf anthroposophischer Grundlage und über medizinische Probleme nach Steinerschen Erkenntnissen. Die entstandenen Beziehungen und Verbindungen zu führenden Persönlichkeiten benutzte Bartsch dazu, um die den Anthroposophen mit der Auflösung der Anthroposophischen Gesellschaft im Jahre 1935 als Mitgliedern logenähnlicher Einrichtungen auferlegten Beschränkungen aufzuheben. In Befolgung des vom Führer erteilten Befehls, den schädlichen Einfluss der Anthroposophie im Interesse der einheitlichen weltanschaulichen Ausrichtung des Deutschen Volkes auszumerzen, musste auch Dr. Bartsch für einige Zeit in Haft genommen werden."[656]

Von allen *bdW*-Vertretern war es wohl Erhard Bartsch, der am meisten unter den Zwangsmaßnahmen des Regimes zu leiden hatte. Er war am längsten in Haft, stand anschließend unter Hausarrest und wurde gesellschaftlich isoliert. Erneut, wie schon 1936, bemühte er sich, als Luftwaffenoffizier reaktiviert zu werden. Er tat dies mit großer Wahrscheinlichkeit auch, weil er glaubte die Zugehörigkeit zur Wehrmacht könne ihn vor einer erneuten Verhaftung schützen. Tatsächlich war Bartsch, als er im Juni 1941 zum ersten Mal verhaftet wurde, durch Intervention eines Generals nach kurzer Zeit entlassen, dann aber im September 1941 ein zweites Mal verhaftet worden. Erneut jedoch wurde Bartschs Gesuch wegen seines anthroposophischen Hintergrundes abgelehnt. Seine Ehefrau hatte sich hilfesuchend sogar an Emmy Göring gewandt. Mehrere Stellen waren mit der Angelegenheit befasst. Das zuständige Luftgaukommando III teilte dem Luftfahrtministerium noch am 12. Januar 1942 mit: „Die Gründe, die zu der Entscheidung des R-L-M führten, sind Luftgaukommando nicht bekannt."[657]

In einem als geheim eingestuften Schreiben vom 31. Januar wurde der Luftgau schließlich vom Luftwaffenpersonalamt über die Hintergründe informiert: „Zu obigem Bezug wird darauf hingewiesen, dass sowohl die Anstellung des Hptm. (a. D.) Bartsch als Offizier d. B. der Luftwaffe, wie auch seine Verwendung

656 BArch, PERS 6/188627, Bartsch, Erhard, Dr., unpag.
657 Ebenda.

als Offizier während des Krieges mit Rücksicht auf die Tatsache abgelehnt wurde, dass B. in der ‚Anthroposophischen Gesellschaft' führend tätig gewesen war und nach Auflösung derselben den ‚Studienkreis für Geisteswissenschaft Rudolf Steiners' gegründet hatte."[658]

Schließlich erhielt Bartsch am 25. April 1942 vom Luftwaffenpersonalamt den Bescheid, dass die „Wiederverwendung als Offizier im Bereich der Luftwaffe aus grundsätzlichen Erwägungen nicht in Betracht gezogen werden kann".[659]

Die Ablehnung Mitte 1942 ist insofern interessant, als viele andere Männer, auch aus anthroposophischen Kreisen, um ihre u.k.-Stellung bangten, da die Wehrmacht durch die unerwartet hohen Verluste im „Russlandfeldzug" zunehmend Personalprobleme insbesondere bei Offizieren bekam.

Otto Ohlendorf, der den biologisch-dynamischen resp. anthroposophischen Ideen bis 1941 vergleichsweise offen begegnet war, bestätigte in seiner 1947 in der Haft verfassten „eidesstattlichen Erklärung" die Möglichkeiten der Weiterarbeit nach dem Verbot, wie sie von Remer und Heynitz erlebt und beschrieben worden waren: „Nach meiner Rückkehr aus Rußland nach dem Tode Heydrichs – Mitte 1942 – fand ich unter der fördernden Leitung des SS-Sturmbannführers Vogel Reste der biologisch-dynamischen und naturwissenschaftlichen Forschungen im SS-Wirtschaftsverwaltungs-Hauptamt vor. Himmler setzte unter seiner Verantwortung diese Arbeiten fort. Neben einer Hilfestellung hier konnte ich 1943 als Ministerialdirektor im Reichswirtschaftsministerium die von der pharmazeutisch-chemischen Großindustrie versuchten Produktionsverbote gegen die Weleda-Produkte usw. noch verhindern. Tatsächlich aber war Mitte 1941 die anthroposophische Breitenarbeit in Deutschland zu Ende."[660]

Bereits seit seiner Gründung 1933 hatte des *RMEL* bindende und einengende Richtlinien für die landwirtschaftliche Produktion, die Distribution der Produkte und deren Preise erlassen. Diese wurden ab 1941 schrittweise verschärft. Auch ohne Verbot wären die Bedingungen für die biodynamische Produktion ab 1941 also deutlich erschwert, wenn nicht gar unmöglich gemacht worden. Das NS-System schien politisch und militärisch zwar auf dem Gipfel seiner Macht, doch die wirtschaftlichen Begrenzungen und Probleme waren zunehmend überall greifbar. Bis 1941 wurde die Versorgungslage von der Bevölkerung noch als befriedigend hingenommen. Doch schon 1942 kam es zu drastischen Einschnitten, die „niederschmetternd" gewirkt haben, wie ein SD-Bericht betont.[661] Die

658 Ebenda.
659 Ebenda.
660 BArch, N 1634/2, unpag.
661 Heinz Boberach (Hrsg.), Meldungen aus dem Reich, Herrsching 1984, Bd. 9, S. 3505.

einigermaßen solide Versorgung der Bevölkerung mit Lebensmitteln war nur durch das extreme Ausplündern aller besetzten Gebiete in Europa möglich, besonders aber jener im Osten. Dies geschah nicht nur durch staatliche und Wehrmachts-Dienststellen, sondern auch ganz „privat". „Und was bekam des Soldaten Weib …"[662] – diese Zeile eines Gedichtes von Bertolt Brecht wird sehr eindrucksvoll nicht nur im Briefwechsel des Wehrmachtgenerals Walther von Seydlitz mit seiner Frau illustriert.[663] In fast allen Feldpostkorrespondenzen, insbesondere von und an die Westfront, finden sich zahllose Belege dafür, dass deutsche Soldaten die besetzten Länder quasi leerkauften.

Dem absehbaren Mangel an Lebensmitteln versuchte die NS-Führung durch die zunehmende Zentralisierung von Erfassung und Verteilung landwirtschaftlicher Produkte zu begegnen. So hätte es nach dem Überfall auf die Sowjetunion 1941 ohnehin kaum mehr eine Möglichkeit gegeben, die biodynamischen Strukturen des *Demeter*-Systems von Produktion, Distribution und Konsumtion aufrechtzuerhalten. Die biodynamischen Güter und Höfe wurden von den landwirtschaftspolitischen Dienststellen in der Regel wie alle anderen behandelt. Auch sie bekamen z. B. Zwangsarbeiter zugeteilt. Auch sie hatten ein gleiches Ablieferungssoll, gleiche Auflagen. Restriktionen gab es nicht, dazu war die Versorgungslage zu angespannt und die Agrarproduktion ideologisch wohl zu unwichtig.

„Die Wirtschaftsweise" unter SS-Ägide

Nach dem Verbot des *Reichsverbandes* 1941 entstand die absurde Situation, dass es nun die SS war, die die verbotene *biologisch-dynamische Wirtschaftsweise* hauptsächlich förderte und fortführte. Selbst die inkriminierte Bezeichnung *bdW* lebte in ihren Akten fort, obwohl sie doch von führenden Vertretern des NS-Regimes in *lebensgesetzlicher Landbau* umbenannt worden war, um sie in die Welt des Nationalsozialismus einbeziehen können. Es waren die von der SS-Organisation *Deutsche Versuchsanstalt für Ernährung und Verpflegung GmbH* betriebenen 23 biodynamischen Einrichtungen, die nach 1941 ohne Beschränkungen aktiv blieben. Es handelte sich hierbei hauptsächlich um Betriebe und Güter im Umfeld der Konzentrationslager Ravensbrück, Dachau und Auschwitz. Kleinere Berghöfe in der Steiermark gab es als Außenlager des KZ Mauthausen.[664]

662 Erstmals gedruckt 1942.

663 Torsten Diedrich/Jens Ebert (Hrsg.), Nach Stalingrad. Walther von Seydlitz' Feldpostbriefe und Kriegsgefangenenpost 1939–1955, Göttingen 2018.

664 Z. B. im Bretsteintal.

Die *DVA* wurde am 23. Januar 1939 nach einem Auftrag von Himmler auf Anweisung von SS-Obergruppenführer Oswald Pohl gegründet, der in Personalunion auch das *Wirtschafts- und Verwaltungshauptamt* der SS (*WVHA*) leitete. Bereits seit 1937 hatte es im KZ Dachau Anfänge einer landwirtschaftlichen Betätigung innerhalb der SS-Strukturen gegeben.

Der gelernte Landwirt Himmler hatte bereits Anfang der 1920er-Jahre landwirtschaftliche und Siedlungserfahrungen u. a. als Artamanen-Funktionär gemacht. Aus dieser Zeit rührte auch seine Abneigung gegen die chemische und Düngemittelindustrie her, mit der er als junger Landwirt, wie viele andere auch, negative Erfahrungen gemacht hatte. Die Beschäftigung mit der biodynamischen Landwirtschaft und die Suche nach Alternativen zum konventionellen Betrieb war über alle Zeiten hinweg ein „Steckenpferd" des ansonsten vielfach beschäftigten SS-Führers. Geschäftsführer der *DVA* wurde der Diplom-Landwirt und SS-Hauptsturmführer Ludwig Wilhelm Heinrich Vogel.

Im Gegensatz zu herkömmlichen und bestehenden Versuchsanstalten war bereits die Gründung der *DVA* nicht primär fachlich, sondern von Anfang an politisch motiviert und ideologisch ausgerichtet. „Die Wirtschaftsbetriebe der SS haben zur Hauptaufgabe, Probleme zu lösen, die der Staat selbst nicht lösen konnte."[665] Die *DVA* war trotz ihrer permanenten Aufgabenerweiterung nach Kriegsbeginn und nach dem Überfall auf die Sowjetunion personalmäßig immer eine eher überschaubare Organisation. In den verschiedenen Stärkemeldungen wurde die Anzahl der Mitarbeiter mit zwischen 47 und 63 angegeben. Hinzu kamen, solange die Besetzung fremder Gebiete dauerte, zwischen ca. 200 bis ca. 600 Mitarbeiter in Außenstellen. Genaue Zahlen über Zwangsarbeiter, die es aber sicher in großer Zahl gab, sind nicht bekannt. Einer der wirtschaftlichen Grundpfeiler des *WVHA* im Allgemeinen und der *DVA* im Besonderen war die Ausbeutung kostenloser bzw. billigster Arbeitskräfte. In Deutschland waren dies seit 1933 KZ-Häftlinge. Deren Ausbeutung wurde nach Kriegsausbruch ein immer wichtiger werdender Wirtschaftsfaktor.

Die Anwendung der *bdW* fand nach dem Verbot mit wohlwollender Förderung durch Himmler statt. Er hatte die Gunst der Stunde genutzt und einige von der Gestapo verfolgte Mitglieder des *Reichsverbandes*, die große Kompetenzen besaßen, für seine Projekte rekrutiert. Erhard Bartsch gehörte nicht zu ihnen, weil er zu prominent war. Himmler suchte mit der *bdW* nach Alternativen insbesondere für die spätere Bewirtschaftung der eroberten Ostgebiete. Die biodynamischen Ideen der Betriebsautarkie und der Kreislaufwirtschaft sowie die Tatsache, dass in den Weiten des Ostens keine Düngemittelindustrie und

665 BArch, NS 3/718, fol.-3.

kaum Infrastruktur existierten, ließen sie in Himmlers Augen besonders für Gebiete mit unterentwickelter Infrastruktur sinnvoll erscheinen. Er hielt aber sein anhaltendes Interesse an alternativer Landwirtschaft möglichst geheim. Anders als in seinen umfangreichen Korrespondenzen tauchen Bezüge zur *bdW* und ihren Protagonisten in seinem Dienstkalender nicht auf.[666] Selbst der Leiter der *DVA*, Heinrich Vogel, mittlerweile SS-Sturmbannführer, wird nur dreimal erwähnt.

Der Einsatz von Vertretern der *bdW* mit oder ohne anthroposophischem Hintergrund war innerhalb der SS heftig umstritten. In einem Brief aus der Adjutantur des „Chefs der Sicherheitspolizei und der SS", dies war zu dieser Zeit Reinhard Heydrich, hieß es: „Auf den Bericht, daß der Mitarbeiter des Dr. Bartsch im Reichsverband für biologisch-dynamische Wirtschaftsweise, Dr. Remer, von der Deutschen Versuchsanstalt für Ernährung und Verpflegung des RFSS zur Mitarbeit aufgefordert worden sei, entschied CdS, daß eine Verwendung von Anthroposophen innerhalb der Einrichtungen der SS nicht in Frage komme. Dieser Entscheid soll SS-Gruppenführer Pohl mitgeteilt werden."[667]

Direkt an Pohl heißt es weiter: „Wie mir berichtet wird, sind die Mitarbeiter des Reichsverbandes, Dr. Remer aus Bad Saarow und M. K. Schwarz aus Worpswede, von der Ihnen unterstellten Deutschen Versuchsanstalt für Ernährung und Verpflegung zur Mitarbeit in dem landwirtschaftlichen Betrieb der SS in Gleiwitz-Auschwitz aufgefordert worden, dort Versuchsarbeiten im Sinne der biologisch-dynamischen Wirtschaftsweise durchzuführen. Ich halte die Verwendung dieser Personen, die langjährige Mitglieder der ‚Anthroposophischen Gesellschaft' waren und auch heute noch als gläubige Anhänger Rudolf Steiners bezeichnet werden müssen, in einem SS-Betrieb für durchaus unerwünscht."[668]

Drei Tage später wandte sich Vogel an das Büro von Heydrich, weil er Lippert, Grund und Schwarz beschäftigen wollte. Vogel übernahm in seinem Schreiben die Garantie, dass sie in der *DVA* „keine Gelegenheit anthroposophischer Betätigung haben werden".[669] Dies wurde abschlägig beschieden: „Handelt es sich bei diesen Leuten um Anthroposophen? Wenn ja, kommt ihre Wiederverwendung in einer Versuchsanstalt nicht in Frage!"[670]

Doch die Angelegenheit war schon auf höherer Stelle, durch Himmler selbst, anders entschieden worden. Da Heydrich bekannt gewesen sein dürfte, dass die

666 Der Dienstkalender Heinrich Himmlers 1941/42, Hamburger Beiträge zur Sozial- und Zeitgeschichte, Quellen Bd. 3, Hamburg 1999.

667 BArch, R 58/6223, Bl. 202.

668 Ebenda, Bl. 203.

669 BArch, R 58/6223, Bl. 208.

670 Ebenda, Bl. 207.

Anordnungen Pohls auf Wunsch von Himmler erfolgten, könnte es sich hier um die Anbahnung eines Machtkampfes gehandelt haben, in dem Heydrich frühzeitig seine Positionen abstecken wollte.

Durch die Kontakte und die Zusammenarbeit vor dem Verbot waren sich Alfred Baeumler, der Philosoph im Solde des *Amtes Rosenberg*, und Bartsch scheinbar geistig nähergekommen. Nach den Gestapo-Aktionen erkundigte sich Baeumler offensichtlich sehr besorgt bei seinem Vorgesetzten im Amt, Stabsleiter Dr. Helmut Stellrecht, zum Befinden Bartschs. Stellrecht konnte ihn am 23. Januar 1942 beruhigen: „Bei einer Rücksprache mit Obergruppenführer Heydrich teilte er mir mit, daß der Herr Bartsch, der im Zusammenhang mit der Heß-Affäre verhaftet wurde und führend in der Frage der biologisch-dynamischen Düngung war, aufgrund seines Gesundheitszustandes aus der Haft entlassen wurde.“[671]

Die ehemaligen Mitglieder des *Reichsverbandes* Carl Grund, Martha Künzel, Franz Lippert und Herbert Beichl arbeiteten in unterschiedlichem Ausmaß und aus unterschiedlichen Gründen fortan für die SS, u. a. in Konzentrationslagern, also an Orten, an denen der verbrecherische Kontext des eigenen Tuns offen zutage trat. Eine von Benno von Heynitz vermutete Tätigkeit einer der Voegele-Brüder im KZ Ravensbrück bzw. in den vom KZ verwalteten Gütern konnte durch Angaben in den Akten nicht bestätigt werden.[672]

Die scheinbar unermesslichen Möglichkeiten und enormen Ressourcen, die die *DVA*, d. h. die SS, ihnen bot, mögen sie fasziniert und motiviert haben. Mit der Arbeit für die *DVA* endete für die Biodynamiker aber auch das Versteckspiel vor missgünstigen Behörden und Mitgliedern des Regimes. Preis dafür war allerdings die direkte Einbeziehung in den Terrorapparat der SS, die Arbeit in Konzentrationslagern und den besetzten Gebieten, der tägliche Kontakt mit Zwangsarbeitern, das Wissen um und das Erleben von Verbrechen, auch wenn sie an diesen nicht direkt beteiligt waren.

Die verschiedensten, häufig recht intensiven Kontakte von Vertretern:innen der *biologisch-dynamischen Wirtschaftsweise* mit der SS, namentlich Himmler und Vogel, wurden erst 1945 beendet. Die *DVA* betrieb bis zum Kriegsende Güter mit den Methoden der *bdW*. Noch in einem Bericht über den Besuch von Oswald Pohl 1943 bei der mittlerweile ins Mecklenburgische Feldberg verlegten Zentrale der *DVA* heißt es:

671 BArch, NS 15/304, Bl. 366.

672 Bei den Recherchen zum Buch „Die Versuchsanstalt“ hatten die Autor:innen noch vermutet, die Angaben von Heynitz seien korrekt. Damals lagen noch nicht alle diesbezüglichen Akten vor.

„Die von der DVA selbst, d. h. auf eigene Rechnung bewirtschafteten Güter, sind in 2 Gruppen geordnet:

a) Solche Güter, die nach der biologisch-dynamischen Wirtschaftsweise bewirtschaftet werden (14 Güter),
b) Solche Güter, die unter Anwendung neuzeitlicher Bewirtschaftungsmethoden, d. h. unter Gebrauch von Kunstdünger bewirtschaftet werden (4 Güter).“[673]

Sogar 1944 finden sich in einem Prüfbericht zu den Jahresabschlüssen der *DVA* noch Hinweise, dass die Beschäftigung mit der *biologisch-dynamischen Wirtschaftsweise*, nunmehr „natürliche Landbauweise“ genannt, weitergeführt wurde, und das, obwohl wegen der Kriegsereignisse viele Versuchsarbeiten und andere nicht kriegswichtige Betätigungen radikal eingeschränkt worden waren. „Dagegen ist auf die Erprobung der biologisch-dynamischen (natürlichen) Landbauweise nach wie vor größter Wert gelegt worden. Nach der uns erteilten Auskunft des 1. Geschäftsführers der DVA ist auch noch in jüngster Zeit vom Hauptamtschef des WVHA die Forderung erhoben worden, die natürliche Landbauweise weiter zu erproben.“[674]

Der Dachauer „Kräutergarten“

Größter und wichtigster Ort, an dem 1941 weiterhin biodynamisch produziert, aber auch geforscht wurde, waren die euphemistisch „Kräutergarten“ oder „Plantage“ genannten Anbaufelder im KZ Dachau. Dachau war das erste deutsche Konzentrationslager und wurde bereits im Frühjahr 1933 errichtet. Selbstverständlich geschah hier die biologisch-dynamische Bewirtschaftung nicht offen, aber auch nicht wirklich geheim.[675] Franz Lippert hatte auch wegen anderer Projekte (z. B. Heilkräuteranbau in Tirol) regelmäßige Verbindungen zu Heinrich Vogel. Dessen unmittelbarer Vorgesetzter, Oswald Pohl, wiederum stand wegen der biodynamischen Projekte in engem Kontakt mit Himmler. Benno von Heynitz erinnert das Weiterführen der *bdW* in den Konzentrationslagern äußerst verharmlosend.

„Statt dessen griff zu unserer großen Überraschung Himmler ein. Er hatte natürlich vom Sicherheitshauptamt in Berlin von unserer landwirtschaftlichen Methode und der Qualität der Demeter-Erzeugnisse erfahren und forderte von uns Fachkräfte für die ihm unterstehenden Lager an. Er wollte für seine SS-

673 BArch, NS 3/751, Bl. 6 f.
674 BArch, NS 3/722, Bl. 8.
675 Vgl. Ebert u. a., Versuchsanstalt.

Führung diese Erzeugnisse haben. So kam es dazu, daß unser Reichsverband Gärtner und landwirtschaftliche Berater an die SS abgeben mußte. Als Beispiel möchte ich nur das Lager Dachau bei München anführen. Der Gartenmeister Franz Lippert und die Gärtnerin Martha Künzel siedelten nach Dachau über als Leiter des Anbaues von Heil- und Gewürzpflanzen, der dort in großem Umfang betrieben wurde. Lippert war Fachmann auf diesem Gebiet. Ihm standen viele Akademiker im Lager zur Verfügung, mit denen er bald guten Kontakt erhielt. Es ging hier nicht nur um den Anbau, sondern auch um wissenschaftliche Untersuchungen im Labor."[676]

Heynitz' Erinnerungen, immerhin erst 1978 veröffentlicht, klingen verstörend. Doch solche bagatellisierenden Ansichten waren offenbar unter den führenden Vertretern der *bdW* nicht selten. Sie nahmen die menschenverachtenden Verhältnisse in den Konzentrationslagern entweder nicht wahr oder verdrängten die Verbrechen des NS-Regimes.

Von Lippert sind keinerlei Dokumente, nicht einmal aus der Nachkriegszeit, überliefert, die ein Problembewusstsein erkennen lassen, dass er im KZ Dachau im Umfeld eines extrem verbrecherischen Systems tätig war oder wie skandalös diese Tätigkeit von außen gesehen werden musste. Ähnlich bei Martha Künzel. Sie versuchte allerdings einmal und erfolglos, woanders eine Möglichkeit zu finden, um ihre Forschungen fortsetzen zu können, und schüttete in einem Gespräch mit Götte ihr Herz aus. Dieser kommentierte Künzels Situation in einem seiner Wochenberichte 1944 wie folgt: „Auf der einen Seite eine Arbeit, die zum christlichsten Teile – wenn man das so sagen darf – der anthroposophischen Arbeiten gehört mit geradezu glanzvollen äusseren Arbeitsbedingungen, auf der anderen Seite das Bekenntnis, dass man Dinge gesehen und gehört hat, denen gegenüber man Abend für Abend sich nur noch durch Tränen erleichtern konnte."[677]

Sowohl Lippert als auch Künzel profitierten von den im KZ Dachau erworbenen Erkenntnissen in der Nachkriegszeit. Sie publizieren die Versuchsergebnisse ihrer damaligen Arbeit, u.a. in *Lebendige Erde* und den *Mitteilungen des Forschungsrings für biologisch-dynamische Wirtschaftsweise*, ohne Ort, Zeit und Umstände der ausgeführten Versuche zu erwähnen. Zahlreiche Aufsätze aus den *Mitteilungen* der Jahre 1947 bis 1949, darunter solche von Künzel und Lippert, fasste Hans Heinze Ende der 1970er-Jahre in einem Sammelband zusammen.[678]

676 Heynitz, Erinnerungen, S. 72.

677 RSA, Fritz Götte, Wochenberichte Weleda 1944f.

678 Forschungsring für biologisch-dynamische Wirtschaftsweise Darmstadt, Neuaufbau Biologisch-Dynamischer Landbau 1945–1949. Sammlung der Erfahrungen, Erweitern des Verständnisses und Planen der zukünftigen Entwicklung, Schriftenreihe Lebendige Erde. Mit einem Vorwort von Hans Heinze, Stuttgart/Darmstadt 1976.

Sogar in dieser mit deutlichem zeitlichen Abstand zu den Ereignissen herausgegebenen Publikation findet sich kein Wort der Auseinandersetzung mit der Zeit vor 1945, selbst nicht im Vorwort „Neubeginn nach Verbot, Not und Zerstörung“ des Herausgebers. Franz Lippert ist in diesem Band mit mehreren Beiträgen vertreten. Keiner verrät einen kritischen Rückblick auf die Zeit in Dachau. Hingegen kann man folgendes lesen:

„Wenn man wie ich die Möglichkeit hatte durch viele Jahre hindurch ein selten reichhaltiges Material von Pflanzenabfällen aus einem vielseitigen Heilkräuteranbau zur Verfügung zu haben, bietet sich ein weites Feld für die Anlage und Auswertung von Sonderkomposten. Diese günstigen Voraussetzungen wurden demensprechend auch reichlich genutzt und aus den gemachten Ergebnissen dürften sich eine Reihe von praktischen Winken für Gartenbau und Landwirtschaft ableiten lassen.“[679]

Mit Gründung der „Plantage“ betrat die SS-Führung nicht nur hinsichtlich des Großanbaus von Heilkräutern in Deutschland Neuland. Der wirtschaftliche Einsatz von KZ-Häftlingen als billige Arbeitskräfte war dabei – laut Geschäftsbericht der *DVA* – Teil des Modellversuchs, um zukünftig ein gewinnorientiertes Wirtschaften zu erreichen. Lippert wurde am 1. September 1941 von der *DVA* als Spezialist für den Heil- und Gewürzpflanzenbau im „Kräutergarten“ Dachau zur Durchführung von Versuchsarbeiten zur *biologisch-dynamischen Wirtschaftsweise* eingestellt. In den Akten seines Spruchkammerverfahrens von 1948 ist vermerkt, dass er diesen Entschluss nicht alleine getroffen, sondern mit dem *Reichsverband* vereinbart habe. Wichtigster Beweggrund sei gewesen, die von der SS geplanten Versuche sie nicht selbst durchführen zu lassen, weil die Gefahr bestand, dass nichtsachkundige Prüfer die Ergebnisse verfälschten. Lipperts damalige Bedingungen gegenüber der *DVA* – zivile Kleidung und keine militärische Ausbildung – seien vor Aufnahme seiner Tätigkeit akzeptiert und bis zum Schluss nicht infrage gestellt worden. Zu Kriegsende habe er sich nicht an der Verteidigung von Dachau beteiligt.[680] Der Spruchkammerbescheid vom 17. September 1948 ordnete Lippert „folgerichtig“ trotz seiner SS-Mitgliedschaft und der Arbeit im KZ in die Kategorie „überhaupt nicht belastet“ ein. In der Begründung heißt es, er sei nicht aus freien Stücken in die Waffen-SS eingetreten, sondern unter dem Zwang der Verhältnisse. Als Anthroposoph sei er Mitglied einer verfolgten Gruppe gewesen. Zahlreiche eidesstattliche Erklärungen ehemaliger Häftlinge bezeugten, dass sie ihn, als er vor die Wahl gestellt wurde, an die Front zu gehen oder in die Waffen-SS einzutreten, gebeten hätten

679 Ebenda, S. 181.
680 Vgl. GOE, D.02 Lippert, unpag., K. Lippert an Werner vom 22. November 1996.

zu bleiben, da sich ohne seine Hilfe ihre Lage in der Plantage verschlechtern würde.

Es gibt keinerlei Hinweise in den Quellen, dass Lipperts Eintritt in die SS unter wirklichem Zwang und alternativlos erfolgt sei. Auch die ehemalige Mitgliedschaft in der *Anthroposophischen Gesellschaft* allein stellte in der Regel keinen besonderen Verfolgungsdruck im „Dritten Reich“ dar. Generell sind die Entscheidungen der Spruchkammern in Bezug auf ihre realistische Einschätzung und ihre Aussagekraft bis in die Gegenwart zumindest umstritten. Die Rechtslage würde man heute deutlich anders bewerten.[681]

Lipperts ehemaliger Arbeitgeber bei der Weleda AG, Fritz Götte, berichtete in seinem Erinnerungsmanuskript von 1973, dass Lippert im Rahmen seiner damaligen Kündigung ihm gegenüber „die neuen Machthaber“ verteidigt und Götte als einen zu den „Fußkranken“ Gehörenden bezeichnete habe, „die in dem großen Aufbruch nicht mitkommen“.[682]

Belegt ist hingegen, dass Lippert wohl einen positiven Einfluss auf den Umgang mit den Häftlingen hatte. So bestätigte der polnische katholische Priester Dr. Ferdinand Schönwälder Lipperts Freundlichkeit gegenüber den Häftlingen, Lippert sei „nur zum Schein“ in der SS gewesen, um die biodynamischen Arbeiten zu Ende führen zu können.[683] Schönwälder bestätigte auch Lipperts eigene Aussagen bezüglich des Eintritts in die Waffen-SS, der allerdings erst im Jahr 1943 auf Vorschlag von Vogel als Schutz vor einer drohenden Einberufung zur Wehrmacht erfolgt sein soll:[684] „Als Herr Lippert vor die Alternative gestellt wurde, entweder der SS beizutreten, oder an die Front zu gehen, riet ich ihm selbst im Namen vieler Kameraden das erstere zu wählen, da seine Anwesenheit auf der Plantage für viele eine Frage des Seins oder Nichtseins war.“[685]

Im Widerspruch zu dieser Erzählung steht die Tatsache, dass die Spruchkammerakte Lipperts Mitgliedschaft in der Waffen-SS bereits für das Jahr 1942 vermerkt. Es ist auch nicht unwahrscheinlich, dass Lippert, so wie auch Carl Grund, bereits mit Beginn der Tätigkeit 1941 Mitglied der SS wurde.

Im „Kräutergarten“ arbeitete ab dem Frühjahr 1942 auch Martha Künzel. Warum sie ihre durchaus lukrative und interessante Stelle in Loverandale in den

681 Wegen Beihilfe zum Mord in mehr als 10000 Fällen sprach bspw. das Landgericht Itzehoe 2022 eine ehemalige Sekretärin des NS-Konzentrationslagers Stutthof schuldig und verurteilte sie zu zwei Jahren auf Bewährung.

682 GOE, D.02 Lippert, unpag., Aufzeichnungen vom März/April 1948.

683 GOE, D.02 Lippert, unpag., Schönwälder an Lippert, 12.7.1946.

684 Vgl. Werner, Anthroposophen, S. 333.

685 STAM, Spruchkammern, Lippert, Franz, Karton 3902, Eidesstattliche Erklärung vom 21. September 1946.

Niederlanden aufgab, konnte nicht eindeutig geklärt werden. Sie übernahm „als Zivilangestellte Heinrich Himmlers die Leitung der biologisch-dynamischen Forschungsabteilung des Werks Dachau", allerdings ohne ihre Kontakte nach Loverendale ganz abzubrechen. Nach 1945 bemühte sie sich sehr, die Tätigkeit in Dachau zu verschleiern. Das Jahr 1942 war eines der schlimmsten Jahre in der Geschichte des KZ Dachau mit Sterblichkeitsraten um 10 Prozent.

Künzel wechselte Ende des Jahres 1943 auf das SS-Gut Malta, welches der Gütergruppe Oberliebich angeschlossen war, und widmete sich dort „speziellen pflanzenzüchterischen Versuchsaufgaben".[686]

Bereits im Juli 1940 hatte Heinrich Himmler seinem Hausarzt und Intimus Dr. Karl Fahrenkamp „alle Aufsätze und Abhandlungen über die biologisch-dynamische Wirtschaftsweise" mit der Bitte zukommen lassen, „diese Dinge einmal zu studieren".[687] Noch im selben Jahr verfügte Himmler, das Werk Dachau auf die empfohlene Wirtschaftsweise umzustellen. Sein Interesse galt dabei nicht dem anthroposophischen Hintergrund der Methode, vielmehr ergriff er auf der Plantage die Chance, verschiedene Dünger-Alternativen wissenschaftlich untersuchen zu lassen. Gegenüber Pohl äußerte sich Himmler im Jahr 1942: „Zur biologisch-dynamischen Düngung selbst kann ich nur noch einmal sagen: Ich stehe ihr insgesamt als Landwirt sympathisch gegenüber."[688] Den „Fachmann" Himmler soll jedoch nur deren „biologischer" Aspekt interessiert haben, den „dynamischen" lehnte er ab.

DVA-Geschäftsführer Heinrich Vogel stellte die in seinen Augen erstaunliche Erfolgsbilanz der „Plantage" im September 1942 vor prominenten Gästen – Vertretern des Heeres, verschiedener Reichsministerien und natürlich der Waffen-SS – vor und betonte, dass sämtliche Erwartungen übertroffen worden seien: „Nach Fertigung des Gesamtplans und Entwürfen für die Gebäude entstand unter den Beteiligten die Frage, ob die Planung nicht für ein so abgelegenes Gebiet zu groß und umfangreich sei. Es wurde aber nichts abgestrichen, sondern im Vorsommer 1939 mit den Bauarbeiten begonnen. Heute sind die Gebäude zu klein."[689]

Das Forschungs- und Versuchskonzept der *DVA* hatte sich in der Wahrnehmung Vogels mit dem Aufbau und dem Betrieb der Anlage bewährt. Der

686 Heide Inhetveen, Biologisch-dynamische Pflanzenforschung im Dienste des Nationalsozialismus? Leben und Werk der Ökopionierin Martha Emma Künzel (1900–1957), in: Ira Spieker/Heide Inhetveen (Hrsg.), BodenKulturen. Interdisziplinäre Perspektiven, Leipzig 2021, S. 160.

687 BArch, NS 19/3122, Bl. 78.

688 Ebenda, Bl. 41.

689 DaA, 6160, unpag., S. 127.

Großanbau von Kräutern, ihre Verarbeitung und auch die wissenschaftliche Erforschung blieben in einem nahezu perfekt funktionierenden Vertriebs- und Absatzsystem in einer Hand.

Schlimmeres verhütet?

Sowohl die überlieferten Versuchsaufbauten von Franz Lippert im KZ Dachau als auch die Berichte des katholischen Priesters und Häftlings Albert Riesterer belegen, dass dort entgegen Himmlers Anweisungen die biologisch-dynamische Methode in ihrer Ganzheit, also auch unter Einschluss anthroposophischer Ideen, praktiziert und erprobt wurde. Die in der unmittelbaren Nachkriegszeit entstandenen Erinnerungen Riesterers sind eine wichtige Quelle für tiefere Einblicke in die Praxis der *bdW* in Dachau.

Riesterer wurde 1942 Martha Künzel zugeteilt. Aus der Perspektive des überzeugten Katholiken dokumentierte er seine Begegnung mit der ihm bis dato fremden Anthroposophie und ihrer landwirtschaftlichen Ausrichtung und auch der für ihn offensichtlich unbekannten Erfahrung der Zusammenarbeit mit einer weiblichen Chefin: „Mein Lehrjahr bei Fräulein Martha Künzel: Das war eine Suppe, die gegessen sein wollte.“[690] Zunächst betrachtete Riesterer sein Arbeitsfeld skeptisch: „Wenn zufällig einmal die Türe dieser geheimnisvollen sogenannten ‚Dynamisch-biologischen Versuchsabteilung‘ offen stand, sah man ein Kuh-Horn auf dem Tisch liegen und einen Häftling rhythmisch rühren. In verborgenen Fächern lagerte Literatur des ‚Ringes anthroposophischer Landwirte‘, besonders die Abhandlung Rudolf Steiners aus dem Goetheanum zu Dornach, und Sternebüchlein zum Berechnen der Planetenstellung.“[691]

Nachdem er Künzel vorgestellt worden war, war er jedoch froh. Er beschrieb sie als allgemein freundlich gegenüber den Häftlingen, in ihrem Fach tüchtig. Ihre Arbeitsweise empfand er als „einen Schuss ins Okkulte“, war jedoch beruhigt, weil sie in Ehrfurcht von Christus sprach. Gleichzeitig erkannte er in Künzel aber auch die NS-Anhängerin. Als zur großen Freude der Häftlinge im Lager bekannt wurde, dass Mussolini abgedankt habe, reagierte Künzel verstört: „Warum spricht auch der Führer nicht! Jetzt müßte doch der Führer sprechen!“[692] Riesterer berichtete, wie Künzel auf die tagtäglichen Gräuel im KZ reagierte: „Im Lager war ein Transport von mehreren hundert Elendsgestalten aus dem Lager

690 Albert Riesterer, Auf der Waage Gottes. Bericht des Priesters Albert Riesterer über seine Erlebnisse in der Gefangenschaft 1941 bis 1945, Dachau 1945.

691 Ebenda, S. 33.

692 Ebenda.

Stutthof bei Danzig angekommen. [...] Viele kamen nur tot in Dachau an [...] Ich komme in die Abteilung an diesem Mittag zu Fräulein Künzel, erzähle ihr das! ‚Da ist halt nichts zu machen', sagt sie. Sie nahm dann die Kröte [die sie zu Forschungszwecken im Gewächshaus hielt] liebevoll in die Hand und sagte: ‚Du armes Krottle du, du ganz armes, hast du auch genug zu essen?'" Ihre Reaktion befand Riesterer als SS-typisch: „Nichts kann die Perversität der SS-Kreise besser beleuchten".[693] Sein Urteil über die *biologisch-dynamische Wirtschaftsweise* war ambivalent: „Wenn ich auch als Priester zu vielen Dingen, die in der Versuchsabteilung umgingen, eine andere Haltung einnehmen muss, so möchte ich doch nicht ehrfurchtslos davon sprechen. Der Grundgedanke war: die Heilkräfte der Heilpflanzen sollten auf die lebenden Pflanzen angewendet werden. Kranker Boden, erschöpfte Erde soll auf natürliche Weise, ohne chemische Mittel oder Mineraldünger wieder gesunden. Die tierischen und pflanzlichen Schädlinge werden mit natürlichen Mitteln bekämpft. Die Einflüsse des Mondes und der Sterne auf Wetter, Pflanzenkeimung und Entwicklung werden miteinbezogen."[694]

Konkreter äußerte sich Riesterer in einem Bericht, der die „dynamisch-biologischen Versuche in Dachau" behandelte und den er 1973 dem *Institut für Grenzgebiete der Psychologie und Psychohygiene* in Freiburg übergab.[695] Hier ging er auch auf die Umstände von Martha Künzels Arbeitsverhältnis auf der „Plantage" ein. Sie arbeitete ursprünglich als biologisch-dynamische Roggenzüchterin auf einem anthroposophischen Versuchsgut auf der niederländischen Halbinsel Walcheren und lebte dort, als die Niederlande 1940 von der Wehrmacht besetzt wurden. Ihre Tätigkeit war schlecht bezahlt, ihre Lebenssituation prekär. Mitglieder des *Reichsverbandes* hatten daher – erfolglos – versucht, eine andere Arbeitsstelle für sie zu finden, u. a. in Loheland. Auf den Tagungen des *Reichsverbandes* war Künzel offenbar Vertretern der *DVA* begegnet, sodass auch Himmler von ihr erfahren und sie durch seine Mitarbeiter veranlasst haben soll, ihre Studien im KZ Dachau als Zivilangestellte der SS fortzusetzen.

Riesterer beschrieb ebenfalls die sieben biologisch-dynamischen Präparate, die für die Versuche verwendet wurden, ihren zeitaufwendigen Herstellungsprozess und das Abfüllen, Ein- und Ausgraben von Kuhhörnern. Er konnte einige der Versuchsprotokolle in die Nachkriegszeit retten. Im Versuch mit dem Bergkristallpräparat erkannte er sogar eine Art Brücke zu älteren katholischen Ritualen mit Weihwasser: „Das Präparat 01 bestand aus gemahlenem Bergkristall." 20 g wurden gemahlen und in ein „Zweiliter-Einmachglas" mit Regenwasser

693 Ebenda, S. 34.
694 Ebenda, S. 28 f.
695 Vgl. IGPP, Bestand E / 21, Nr. 32a, Riesterer.

aufgefüllt, und „der Häftling musste nun genau 60 Minuten, in der Sonne sitzend im Glas mit einem Holzstab rühren, wobei ein Trichter erzeugt werden musste, je tiefer desto besser, damit der Lichtstrahl der Sonne das ganze durchdringe. Dieses Präparat […] wurde in einem Holzgefäß in unsere Versuchspflanzungen getragen. Frl. Künzel nahm einen Handbesen und sprengte das Wunderwasser aus, aber nur ganz leicht, wie ein kath. Priester früher mit Weihwasser die Leute besprengte."[696]

Differenzierte Erfahrungen

Die beiden anderen Anthroposophen, die für die SS auf der „Plantage" tätig waren – Carl Grund und Franz Lippert –, schätzte Riesterer bezüglich ihrer Haltung gegenüber dem NS anders ein:

„Zu Besuch kommt öfters Herr Diplomlandwirt Carl Grund aus dem SS-Wirtschaftsamt in Berlin, ein Obersturmführer. Ich habe selten einen edleren Menschen kennengelernt. […] Er war anläßlich der Rudolf-Heß-Aktion auch drei Wochen gesessen, und es ist nur Zufall, daß er nicht als Häftling bei uns ist."[697]

„Obergartenmeister Franz Lippert ist landwirtschaftlicher Berater der Plantage, ein ziviler Herr, ein ganz prächtiger Mann, er wandelt anthroposophische Pfade, was ihn aber nicht hindert, Christus zu verehren und die hl. Sakramente zu schätzen, wenn auch in seiner Art. Er hat vielen von uns Priestern viel Gutes getan."[698]

Bei den Zeitzeugen ist selbst noch bei der Formulierung positiver Zeugnisse immer der Horror des SS-Systems spürbar, wenn es bspw. bereits erwähnenswert war, dass man nicht geschlagen wurde: „Sehr wohl tat es mir immer, dass uns Herr Lippert, obwohl wir schutzlos preisgegeben waren, nie hart anfuhr. Auch wenn die Arbeit nicht nach seinen Wünschen ausfiel oder wenn nicht genug gearbeitet war, gebrauchte er nie ein hartes Wort, geschweige denn, dass er sich je zu Tätlichkeiten hinreißen ließ. Darin unterschied er sich wesentlich und sehr vorteilhaft von den meisten unserer SS-Vorgesetzten."[699]

Im Umfeld des KZ Ravensbrück gab es die Güter Comthurey und Brückentin, die ab 1939 biodynamisch betrieben wurden. Das einzige Frauen-KZ in Deutschland wurde 1938/1939 nahe der Stadt Fürstenberg/Havel im Norden der Provinz Brandenburg errichtet. Unklar war bislang, welchen Anteil Immanuel

696 Riesterer, Waage Gottes, S. 28 f.
697 Ebenda, S. 28.
698 Ebenda, S. 33.
699 STAM, Spruchkammern, Lippert, Franz, Karton 3902, Aussage P. Dr. Sales Hess.

Voegele an der Leitung des SS-Gutes Comthurey hatte. Über ihn schreibt Benno von Heynitz in seinen Erinnerungen: „Himmler forderte vom Reichsverband Kräfte für die Konzentrationslager an. So übernahm der ältere Vögele die Arbeiten in einem norddeutschen Lager.“[700] Gemeint ist wohl das KZ Ravensbrück. Doch ein Aufenthalt Voegeles dort ist durch andere Quellen nicht belegt. Wir gehen daher von keiner Tätigkeit Voegeles im oder im Umkreis des KZ Ravensbrück aus.[701]

Nach dem deutschen Rückzug aus der Ukraine war Carl Grund in Dachau und später vor allem in Comthurey tätig. 1945 übergab er das Gut in landwirtschaftlich weiter nutzbarem Zustand der heranrückenden Roten Armee. Grund wollte sich bewusst nicht an den Zerstörungsorgien der SS in den letzten Kriegsmonaten beteiligen und reiste daher extra aus Lohmen an. Vor seiner Abreise dort begründete er die unversehrte Übergabe von Comthurey gegenüber seiner Familie: „Auch die Russen werden Hunger haben.“[702] Als SS-Offizier wurde Grund sofort verhaftet. Er starb wenig später an einer grassierenden Seuche im Kriegsgefangenen-Sammellager Rüdersdorf bei Berlin.

„Interessengebiet" Auschwitz

Die landwirtschaftlichen Betriebe im sogenannten Interessengebiet des KZ Auschwitz sollten formell von der *DVA* betreut werden.[703] Hier blieb es allerdings lediglich bei Planungen. Dieses „Interessengebiet“ der SS ist jedoch nicht mit dem Vernichtungslager Auschwitz-Birkenau gleichzusetzen. Errichtet wurde das KZ Auschwitz (später KL Auschwitz I oder Stammlager genannt) im Jahr 1940. Die Spezifik der Güter im Umfeld des KZ Auschwitz, in denen keine regulären Mitglieder des ehemaligen *Reichsverbandes* tätig waren, die aber dennoch unter Leitung von Joachim Caesar[704] z. T. biodynamisch bewirtschaftet werden sollten, beschrieb Tanja Kinzel wie folgt: „Das Lager fungierte spätestens seit Juni 1940 als Quarantäne- bzw. Durchgangslager. Die Absicht, um das Lagerareal von Auschwitz einen sog. Sicherheitsgürtel anzulegen, der das Lager von der polnischen Bevölkerung in der Umgebung abgrenzte, wurde vermutlich durch die erste Flucht im Juli 1940 befördert. Auf der Grundlage der Konzepte von Umsiedlung, Eindeutschung und Betriebszusammenlegung in der

700 Ebenda, S. 39.

701 Das Forscherteam von „Die Versuchsanstalt“ hielt 2021 eine Tätigkeit Voegeles im KZ Ravensbrück noch für möglich.

702 Renate Peuker-Kiefl im Gespräch mit Jens Ebert am 5. 6. 2019 in Wolfratshausen.

703 BArch, NS 3/129, Bl. 212.

704 Zur Biografie von Joachim Caesar vgl. Ebert u. a., Versuchsanstalt, S. 44 ff.

Landwirtschaft erfolgte die sog. Aussiedlung der jüdischen und nicht-jüdischen Bevölkerung aus der Stadt Auschwitz und aus dem sog. Interessengebiet ins Generalgouvernement. Die sog. Umsiedlungen vereinten Anforderungen der Industrie (Buna-Werke der I. G. Farben) mit ideologischen Vorstellungen und dem Ausbau des KZ. Diese Maßnahmen sollten nicht nur der Verminderung von Fluchtmöglichkeiten dienen, sondern auch größere landwirtschaftliche Produktionszusammenhänge mit der Ansiedlung von Deutschen in dem Gebiet befördern."[705]

Zwischen den Konzentrationslagern Ravensbrück und Auschwitz gab es eine rege Zusammenarbeit, die sich neben gleichen Zuständigkeiten in Interessens- und wiederholt von Himmler angeregten Forschungsschwerpunkten zeigt, aber auch im Austausch von Menschen (Fachpersonal, Häftlinge) und Material (Saatgut, Setzlinge).

2.5.4 „Lebensraum"

Himmler war nicht nur weiter an der Erprobung der biodynamischen Wirtschaftsweise interessiert, sondern sogar an deren Ausweitung mit den nun aus Gestapo-Haft rekrutierten Fachleuten. Benno von Heynitz: „Unsere Berater Carl Grund und Herbert Beichl stellten sich auch der SS zur Verfügung."[706] Eine offene Weiterführung der wie immer auch gearteten oder bezeichneten biologisch-dynamischen Landwirtschaft war nach dem Verbot 1941 offiziell im Reich jedoch nicht mehr möglich. Daher verfügte Himmler, „dass die zuständigen Leute [...] nur schweigend arbeiten und nicht über die naturgemässe Landbauweise an einigen Stellen so viel herumreden. [...] Unsere Herren Landwirte, die sich mit dieser Frage befassen, sollen als Bauern schweigend arbeiten und nicht wie städtische ‚Intellektbestien' darüber reden, Verbindungen suchen, Besprechungen abhalten und ähnliches. Es würde sich kein Mensch um uns kümmern, wenn wir still und anständig und mit Erfolg unseren Boden bestellen."[707]

Da Himmler an weiteren Versuchen interessiert war, schien es am sichersten, dies nicht im Reich, sondern in den nunmehr besetzten Gebieten der Sowjetunion zu tun. In einem Brief an den Geschäftsführer der *DVA*, Vogel, heißt es dazu im März 1942: „Zum Schluss meinte der Reichsführer-SS noch, dass er dem Bearbeiter für die naturgemäße Landbauweise in Ihrem Amt, Berlin als

705 Ebert u. a., Versuchsanstalt, S. 148.
706 Ebenda.
707 BArch, NS 19/3122, Bl. 38.

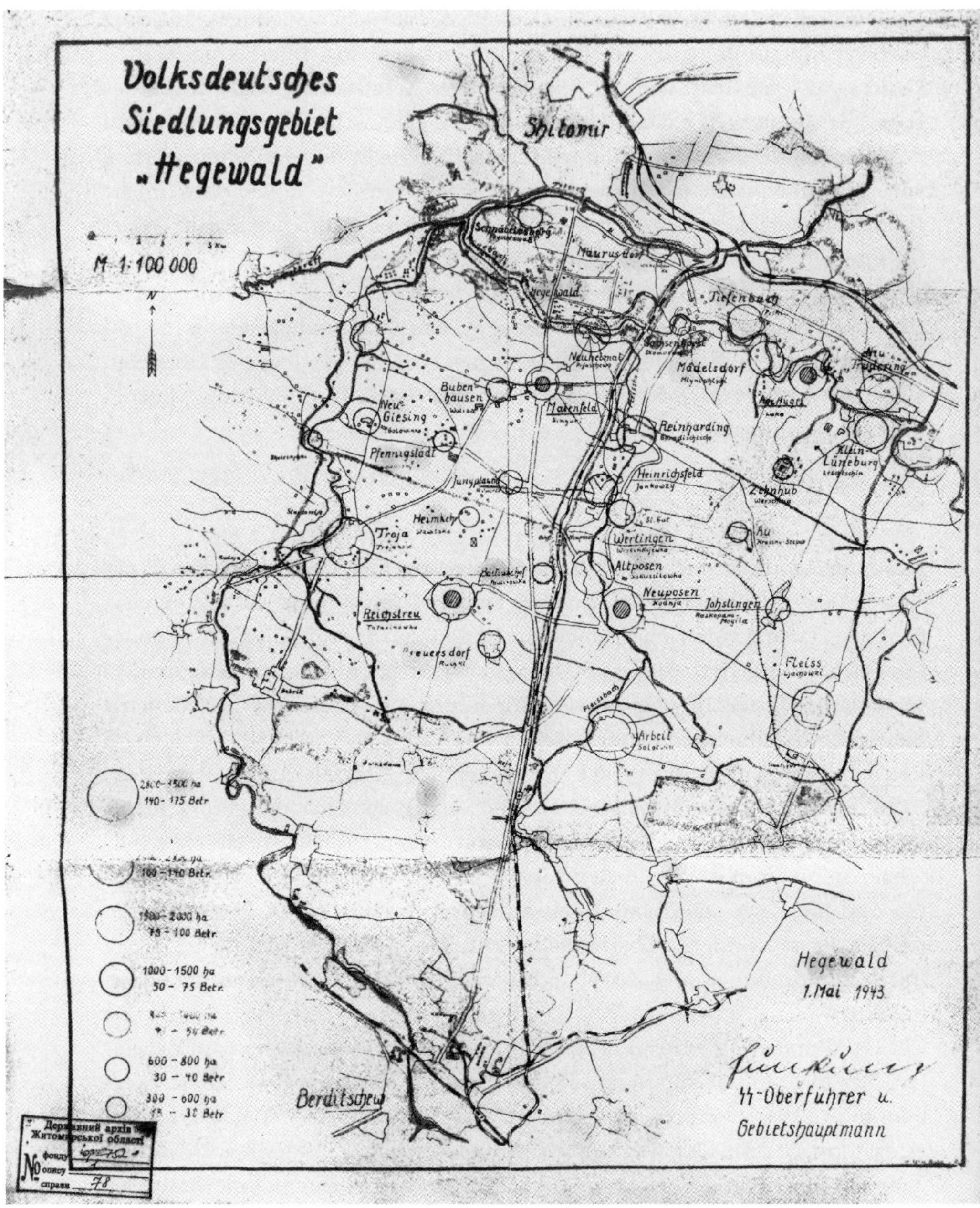

Siedlungsgebiet Hegewald, Planungskarte der deutschen Besatzungsverwaltung
Staatsarchiv der Region Schytomyr, F 752-01

Dienstsitz verbieten würde. Als Dienstsitz sollte eines unserer Güter, möglichst im Osten, genommen werden."[708] Als Dienstsitz wurde dann aber doch kein Gut im Osten, wie z. B. das ukrainische Wertingen gewählt, sondern das abseits gelegene Feldberg in Mecklenburg.

Mit der Eroberung der Ukraine 1941 begannen erste Aktivitäten, um das besetzte Gebiet zu „germanisieren". Nach der Niederlage Polens war Himmler von Hitler zum *Reichskommissar für die Festigung Deutschen Volkstums* (*RKF*) bestallt und mit der Leitung der Siedlungspolitik in den besetzten Gebieten beauftragt worden. Es begannen umfangreiche Um- und Ansiedlungsaktionen in und um die ukrainische Stadt Schytomyr. Parallel wurde hier das Vorhaben „Hegewald" realisiert. Hegewald war sowohl die Tarnbezeichnung für Himmlers vorgeschobenes Hauptquartier in der Ukraine als auch für ein geplantes und zum größten Teil auch realisiertes deutsches Siedlungsbiet südlich der Stadt Schytomyr. Am 1. Januar 1943 betrug das Gebiet von Hegewald als eigenständige Verwaltungseinheit im Generalbezirk Schytomyr 481 km^2.[709] Mit „Försterstadt" sollte nördlich später ein weiteres Siedlungsgebiet entstehen, was durch die Kriegsereignisse nur in Ansätzen realisiert wurde. Hegewald lag ca. 130 km entfernt vom „Werwolf", dem vorgeschobenen Hauptquartier Hitlers bei Winniza und stellte neben dem polnischen Zamość den einzigen realisierten größeren Versuch der deutschen Siedlungspolitik dar. Es gab zahlreiche Verbindungen beider fast zeitgleich entstandener Siedlungsgebiete. So wurden die deutschen Neusiedler:innen in Hegewald mit Gegenständen und Kleidung aus Sammeleinrichtungen in Zamość versorgt. Diese sollen zum Teil von den in Auschwitz-Birkenau ermordeten Jüdinnen und Juden gestammt haben.

Die umfangreichen Aktenbestände der deutschen Besatzungsbehörden von 1941 bis 1943 im *Staatsarchiv der Region Schytomyr* (Державний архів Житомирської області) wurden für diese Studie erstmals umfassend ausgewertet.[710] Sie geben einen tiefen Einblick in den „Alltag" unter deutscher Besatzung, der Drangsalierung und Terrorisierung der ukrainischen Bevölkerung einschloss. Ergänzt wurden die Recherchen durch Arbeiten mit den bekannten deutschen Dokumenten, die im *Zentralen Staatsarchiv der Obersten Regierungs- und Verwaltungsorgane der Ukraine* (Центральний державний архів вищих органів

708 Ebenda.

709 ZSU, f. 3676, op. 4, op. 43, Bogen 7.

710 Wendy Lower erzählt von ihrem Besuch im Archiv Schytomyr in „Nazi Empire-Building and the Holocaust in Ukraine", Chapel Hill 2005 und zitiert aus wenigen Konvoluten. Auch Johannes Spohr gibt in „Die Ukraine 1943/44. Loyalitäten und Gewalt im Kontext der Kriegswende", Berlin 2021, im Quellenverzeichnis allgemein den Bestand R-1151 an, der jedoch aus sehr zahlreichen und sehr unterschiedlichen Konvoluten besteht.

влади та управління України) in Kiew lagern.[711] Auch die wissenschaftlichen Arbeiten des Regionalhistorikers Sergej Stelnikowitsch,[712] Dozent an der Staatlichen Ivan-Franko-Universität Schytomyr (Житомирський державний університет імені Івана Франка), wurden für diese Studie als Hintergrundinformationen erstmals im deutschsprachigen Raum erschlossen.

„Raum ohne Volk"

Mit den Erfahrungen aus den Um-, Aus- und Ansiedlungen im Generalgouvernement wurden analoge Vorhaben des *Generalplans Ost* umgehend auch nach dem Überfall auf die Sowjetunion in nunmehr erheblich größerem Umfang geplant, zum großen Teil jenseits realistischer Parameter. Auch alle moralisch-ethischen Grenzen fielen. „Auf den Planungsentwürfen für die annektierten westpolnischen Gebiete aufbauend, schossen die destruktiven Phantasien ins Unermeßliche."[713] Während die Ideen des *Generalplans Ost* kaum über die Planungsphase hinauskamen, realisierte die SS auf den Gütern der *DVA* bereits Modelle, die für die Besiedlung des Ostens richtungsweisend werden sollten. Dazu gehörten Güter im Deutschen Reich, den besetzten polnischen und tschechischen Gebieten, etwa 39 Betriebe im Generalgouvernement und an die 100 Betriebe in der Sowjetunion, die von der *DVA* verwaltet wurden. Für die Ukraine war die Schaffung riesiger Anbauflächen vorgesehen. Landwirtschaftliche Erträge und Bodenschätze sollten mithilfe der Arbeitskraft der dort ansässigen Bevölkerung ausgebeutet werden. Aufgrund des Kriegsverlaufs wurden meist nur erste Ansätze und damit ein Bruchteil der Planungen umgesetzt.

Im sowjetischen Oblast Schytomyr gab es bereits zahlreiche „deutsche" Dörfer oder Dörfer mit größerem Anteil einer deutschstämmigen Bevölkerung, auf die die SS bei ihren gigantomanischen Siedlungsplänen setzte. „Von den volksdeutschen Dörfern sind 186 zur Kennzeichnung als ‚Deutsche Siedlung' vorgesehen."[714]

Die „deutschen" Siedlungen waren im Rahmen der Auswanderungswellen hauptsächlich in der Mitte des 19. Jahrhunderts entstanden. Nach der deutschen Okkupation stellte die Besatzungsverwaltung umgehend umfangreiche Listen

711 ZSU, Bestände Rosenberg-Ministerium, Generalkommissariat Koch.

712 Сергій Володимирович Стельникович [Sergej Wolodimirowitsch Stelnikowitsch], Publikationen u. a.: The Zhytomyr and Vinnytsia Region in the conditions of the Nazi Occupation (1941–1944), Dissertation, Zhytomyr „Yevenok" 2016.

713 Christoph Dieckmann, NS-Lebensraumideologie und deutsche Besatzungsrealität in Polen und der Sowjetunion, in: Peter Jahn/Florian Wieler/Daniel Ziemer (Hrsg.), Der deutsche Krieg um „Lebensraum im Osten" 1939–1945, Berlin 2017, S. 69–90, hier S. 76.

714 SRS, P 1151 c-01-120, Bl. 11.

mit Angaben zur deutschstämmigen Bevölkerung auf, in denen auch die von Stalin nach Sibirien oder Kasachstan Deportierten vermerkt wurden.[715] Es war geplant, diese im Laufe des Krieges, soweit möglich, wieder zurückzuholen.

Die deutschen Siedlungspläne entsprachen aber keineswegs und zu keiner Zeit den privaten, sozialen oder wirtschaftlichen Bedürfnissen der „deutschen" Siedler, sondern entsprangen allein den rassistischen und imperialistischen Fantasien der SS- und NS-Führung. Die Realität sah anders aus. Keineswegs waren die Siedlungsgebiete in der Ukraine jedoch, wie von Wendy Lower beschrieben, Hitlers „Garden of Eden",[716] „new Aryan paradise"[717] oder „Himmler's ‚Garden'".[718] Im Regionalmuseum Schytomyr (Житомирський обласний краєзнавчий музей) gibt es Berichte, wie unglücklich die aus wolhynischen Klein- und Mittelstädten in die Dörfer bei Hegewald umgesiedelten deutschstämmigen Familien waren. Sie konnten, aus kleinbürgerlichen Verhältnissen kommend, mit ihrem neuen bäuerlichen Lebensraum nichts anfangen.[719]

Die Schaffung eines „deutschen" Siedlungsgebietes mit funktionierender („deutscher") Infrastruktur erwies sich also schwieriger als erwartet.[720] Es gab keine ausreichende Anzahl von freiwilligen Siedlern aus dem Reich, und die umzusiedelnden Deutschstämmigen in der Sowjetunion waren als bäuerliche Siedler zumeist völlig ungeeignet. Die Kinder der deutschstämmigen Landbevölkerung hatten wie alle anderen Kinder in der Ukraine auch nur eine vierjährige Schulpflicht absolviert und waren allein in Ukrainisch, nicht einmal in Russisch unterrichtet worden. Lediglich zu Hause wurde noch Deutsch gesprochen. Bei vielen Familien waren aber nur noch rudimentäre deutsche Sprachkenntnisse vorhanden. Deutsch schreiben konnte kaum noch jemand. Ein noch größeres Problem war, dass die deutschstämmigen „Bauern" meist keinerlei Erfahrungen mehr in der Bewirtschaftung eines Bauernhofes besaßen. Auf sie traf ebenfalls zu, was im Bericht des Hauptmanns Graf Yorck zu Wartenburg über die einheimische ukrainische Bevölkerung festgestellt wurde: „Selbst wer das Streben hätte, zu Wohlstand zu kommen, würde aus Mangel an Können mit einer Bauernwirtschaft nicht fertig werden. Die Landbevölkerung besteht heute nicht mehr aus ehemaligen Bauern, sondern aus unselbständigen Kleingärtnern, die in allem und jedem an Befehl gewöhnt sind. Würde man sie plötzlich zu

715 SRS, P1151 c-01-120.

716 Lower, Nazi Empire-Building, S. 13.

717 Ebenda, S. 19.

718 Ebenda, S. 171.

719 Recherchen der Museumsmitarbeiterin Julia Kaplun. Gespräch von Meggi Pieschel und Jens Ebert mit ihr am 27. 10. 2021, unveröffentlicht.

720 Zuweilen wurde nur noch von „Siedlungspunkten" gesprochen. Vgl. SRS, F 1151-1, 48.

Bauern machen, so würde selbst ein Beamtenapparat von dem Umfang des sowjetischen nicht ausreichen, um eine nennenswerte Ablieferung von Erzeugnissen aus ihnen herauszuholen."[721]

In den zeitgenössischen Berichten der deutschen Besatzungsbehörden liest sich all dies erwartungsgemäß anders, d. h. realitätsferner, eher wie ideologisches Wunschdenken. Nach einer Zählung der „Volksdeutschen" in einem Gebiet, das ungefähr ein Drittel der Ukraine umfasste, kam man auf ca. 40 000 Personen, die sich „völkisch durchaus anständig gehalten" haben.[722] „Es wurde übereinstimmend festgestellt, dass das Zusammenleben mit den Ukrainern bisher kaum getrübt ist. Teilweise wünschen diese geradezu die Führung der Gemeinden und Kolchose durch die Volksdeutschen. Sie erkennen damit den deutschen Führungsanspruch an."[723]

Unterschiedliche NS-Modelle landwirtschaftlicher Strukturen

Für die besetzten Gebiete der Sowjetunion wurde perspektivisch hauptsächlich das landwirtschaftliche Siedlungswesen bevorzugt. Da rasch klar wurde, dass es nicht genügend Siedler geben würde, die die großen Flächen im Osten bewirtschaften können, musste die Landwirtschaft extrem effektiv organisiert werden, was neue Züchtungen von Pflanzensorten und Tierrassen erforderlich machte. Da keine flächendeckende Besiedelung realisierbar war, sollten sogenannte Volkstumsbrücken entstehen. Die Landwirtschaft bekam damit von Anfang an eine militärische Komponente. Wie realistisch dies war, blieb umstritten. „Wehrbauern" sollten die Gebiete sichern, die u. a. auf dem *DVA*-Gut Bretsteintal in der Steiermark ausgebildet werden sollten.[724] Doch die Anzahl der ernsthaften Bewerber war überschaubar. Die urbane Infrastruktur in den eroberten Gebieten sollte nach dem Willen der NS-Führung eher eingeschränkt werden, in den Gebieten der Sowjetunion deutlich mehr als bereits im Generalgouvernement. Nicht nur aus ideologischen Gründen, sondern auch wegen praktischer Fragen von Landwirtschaft und Ernährung kam vor diesem Hintergrund der *DVA* seit ihrer Gründung eine nicht zu unterschätzende Bedeutung zu. Wichtigstes Mittel zur Durchsetzung der Ziele des *Generalplans Ost* war die Übertragung staatlicher Aufgaben wie der Polizeigewalt an die SS. Reichsführer SS, Heinrich Himmler, übernahm u. a. in seiner Funktion als *Reichskommissar für die Festigung Deutschen Volkstums* weitere staatliche Aufgaben des Deutschen Reichs.

721 BArch, NS 2/59, Bl. 30.
722 SRS, P 1151 c-01-120, Bl. 11–12.
723 Ebenda, S. 13.
724 Ebert u. a., Versuchsanstalt, S. 372 ff.

Werbung für Quecksilberbeize Ceresan des Chemieunternehmens Bayer aus der NS-Zeit, in ukrainischer Sprache
Staatsarchiv der Region Schytomyr, F 752-01

Im NS-System, ebenso wie in der SS gab es zahllose Kompetenzüberschneidungen und Doppelstrukturen. Auf der Führungsebene stärkte die Konkurrenz seiner Paladine Hitlers Machtstellung, die er nicht selten durch verschiedenste Erlasse bestärkte. Dies war auch und ganz besonders bei der Aufteilung der Macht und der Ressourcen im besetzten Osten der Fall. „Ohne innere Linie und klare politische Zielsetzung löst sich die innere Politik des Regimes in eine Kette individueller Machtkämpfe, situationsbedingter Adhoc-Entschlüsse und unüberlegter Reaktionen auf."[725]

So ließen sich Himmlers Umgestaltungs- und Siedlungspläne nicht mit den Vorstellungen Rosenbergs vereinen, der beabsichtigte, die einzelnen Sowjetrepubliken bzw. die größten Teile von ihnen in Vasallen-Staaten umzuwandeln. „Als Verbündete des Deutschen Reiches sollten sie eine Art Cordon sanitaire gegen Russland bilden. Die propagandistische Untermauerung dieser Vorstellungen sollte besonders Ende 1942 an Bedeutung gewinnen."[726] Dies hätte eine Beibehaltung gewisser bestehender Strukturen, insbesondere der kollektivierten Landwirtschaft, erforderlich gemacht. Himmlers Vorstellungen einer bäuerlichen Landwirtschaft, die, da es an Millionen Siedlern mangelte, zudem auf „Volkstumsbrücken" beschränkt gewesen wäre, waren umstritten. Sie hätten niemals die angestrebte Versorgung des Deutsches Reiches garantieren können. Hinzu kamen die vormodernen, an mittelalterliche Strukturen angelehnten Eigentums- und Verwaltungsformen. Die Güter sollten als „Lehen" in den neu zu schaffenden „Siedlungsmarken" vergeben werden.

Hegewald

Dass das Gebiet Hegewald innerhalb des deutschen Siedlungsgebietes Schytomyr eine Sonderrolle einnahm, beweist die Tatsache, dass die einzelnen Dörfer und Ortschaften in den recht umfangreichen und peniblen statistischen Erhebungen und den Verwaltungsakten der Besatzungsorgane kaum oder gar nicht erfasst wurden.[727]

Im Gebiet Hegewald lag auch das Dorf Vertokiyivka (Вертокиївка). Die dort befindliche landwirtschaftliche Einrichtung war flächenmäßig recht groß und arbeitete in Sowjetzeiten wirtschaftlich sehr erfolgreich. Sie soll sogar u. a. wegen der Produktion von Hopfen mit herausragender Qualität mit dem Lenin-

725 Hans Mommsen, Entteufelung des Dritten Reiches?, in: Der Spiegel (1967) 11, S. 71–75, hier S. 71.

726 Dmytro Tytarenko, NS-Propaganda im Militärverwaltungsgebiet der Ukraine. Ziele, Mittel und Wirkungen, in: Jahrbuch für Geschichte Osteuropas 66 (2018) 4, S. 620–650, hier S. 621.

727 Vgl. SRS, P 1151-1-50.

orden ausgezeichnet worden sein. Auch infrastrukturell bot sie für ukrainische Verhältnisse günstige Produktionsmöglichkeiten. Im Jahr 1941 hatte das Dorf 974 Einwohner, die in 215 Häusern lebten. Das Dorf wurde unter deutscher Besatzung in „Wertingen" umbenannt und ca. zwei Jahre von der *DVA* als Versuchsgut biologisch-dynamisch bewirtschaftet. Wertingen wird in den deutschen Besatzungsakten meist als „Staatsgut" bezeichnet. Das bedeutet, dass es sich um eine Sowchose und nicht, wie in anderen Akten oftmals vermerkt, um eine Kolchose handelte. Eine Sowchose war ein sowjetisches Staatsgut, eine Kolchose ein Betrieb aus kollektiviertem Bauernland. Da Wertingen durch die *DVA* bewirtschaftet wurde, ist es unwahrscheinlich, dass sich der Begriff „Staatsgut" auf Besitzverhältnisse unter Besatzungsrecht bezieht.

Offenbar handelte es sich bei Wertingen, ob nun Sowchose oder Kolchose, um eine sowjetische Einrichtung, die, wie alle anderen in dem Gebiet auch, ursprünglich von der SS aufgeteilt werden sollte, um deutschstämmige Siedler mit Land zu versorgen. Doch die Aufteilung in Bauernwirtschaften wurde hier zunächst zurückgestellt.

Das Gut liegt in einem Übergangsgebiet zwischen der legendär fruchtbaren ukrainischen Schwarzerdezone und minderwertigeren Böden. Diese Boden-Mischung ist in der Gegend mit bloßem Auge zu erkennen. Sie war für ein Versuchsgut und dessen Bewirtschaftung durchaus von Vorteil.

Offiziell unterstand das Gut Wertingen dem Landwirt Alois Stockamp, der vordem als Betriebsberater für die *biologisch-dynamische Wirtschaftsweise* in Bayern tätig gewesen war. Warum die NS-Behörden ihn für diese Aufgabe ausgewählt hatten, konnte in den Akten nicht recherchiert werden. Stockamp stellte „einen seiner Betriebe, den er offiziell selbst bewirtschaftet, für die Aufbauarbeiten des Dipl.-Landwirts Grund zur Verfügung!" Dies ist insofern erwähnenswert, als Stockamp offiziell nicht Angehöriger der *DVA* war, sondern seine Tätigkeit als „Leiter der Staatsgüterverwaltung Shitomir" im Auftrag der *Landbewirtschaftungsgesellschaft Ukraine m.b.H.* ausübte, die Teil der *Reichsgesellschaft für Landbewirtschaftung mbH (Reichsland)* war. Diese GmbH war 1940 vom Reichsminister für Ernährung und Landwirtschaft mit dem Deutschen Reich als alleinigem Gesellschafter zunächst als *Ostdeutsche Landbewirtschaftungsgesellschaft mbH (Ostland)* gegründet worden. Wie in Wertingen die enge Zusammenarbeit zwischen Stockamp und Grund zustande kam, lässt sich heute nicht mehr klären. Auf alle Fälle war sie sehr eng. In Grunds Brief vom 21. November 1942 heißt es: „Ich sitze hier allein im Eßzimmer von Stockamp."[728]

728 Privatarchiv Peuker-Kiefl.

Das Wohnhaus von Alois Stockamp in Wertingen
Foto: Meggi Pieschel, Oktober 2021

Es ist heute nicht mehr genau rekonstruierbar, warum und wie Alois Stockamp für die Leitung der Gutsverwaltung in Wertingen ausgewählt wurde. Womöglich geschah dies wegen seiner Erfahrungen beim Wiederaufbau von Höfen in prekärer wirtschaftlicher und struktureller Verfassung. Laut den Unterlagen des Archivs der *Anthroposophischen Gesellschaft* am Goetheanum in Dornach wurde Stockamp 1930 dort direkt Mitglied und nicht in einem deutschen Landesverband. Dies war in jener Zeit nicht ungewöhnlich. Seine Mitgliedschaft war daher den NS-Behörden vielleicht nicht bekannt. Allerdings war er aktenkundig als (erfolgloser) Inhaber einer *Demeter*-Bäckerei in München Anfang der 1930er-Jahre.[729]

Die NSDAP-Gauleitung München hatte vor seinem Einsatz in der Ukraine Erkundigungen über ihn eingeholt. Stockamp war weder Mitglied der NSDAP noch der SS. Die NSDAP-Dienststelle Rosenheim meldete: „Stockamp, Alois, geboren am 18.9.1900 […] gehört seit 1940 der NSV an. Seine Frau ist Mitglied der NS-Frauenschaft. Stockamp ist am 25.5.40 von Salzburg zugezogen. In politischer sowie sozialer Hinsicht wurde während dieser Zeit über ihn nichts Nachteiliges bekannt."[730]

729 BArch, R 3002/113296.
730 BArch, R 9361-II/985036, Bl. 396.

Bei seiner Tätigkeit in der Ukraine soll Stockamp nach Aussagen von Kurt Theodor Willmann sogar den Rang eines „Sonderführers“ bekleidet haben.[731] Die Befreiung der ukrainischen Gebiete 1944 durch die Rote Armee beendete die Arbeiten auf dem Versuchsgut Wertingen. Nach seinem Einsatz in der Ukraine war Stockkamp weiterhin im Auftrag der *Reichsgesellschaft für Landbewirtschaftung* tätig, zuerst in Frankreich und dann in Ostpreußen bei der Reichsland-Zweigstelle Danzig-Oliva.[732] Dort gilt er seit 1945 als verschollen.[733] Zumindest ist aus der Zeit nach Kriegsende nichts über ihn bekannt.

SS-Obersturmführer Herbert Beichl, der in der *DVA*-Zentrale als Oberleiter für die biologisch-dynamische Gütergruppe verantwortlich war und auch als Gutsverwalter in Oberliebich arbeitete, war ebenfalls in der Ukraine tätig und weilte zeitweise in Wertingen, folgt man den Berichten von Fritz Götte.[734] Es war Herbert Beichl, der Carl Grund nach dessen Gestapo-Haft erst mit den Verantwortlichen der SS bekannt gemacht hatte. Zu der besonderen Rolle von Beichl 1941 erinnerte sich Götte:

„Sehr interessant war B.'s Bericht über seine Tätigkeit. Er hat im Auftrag von Dr. Bartsch (‚Beichel, Sie müssen übernehmen, es ist niemand anderer da!‘) 12 SS-Güter biologisch-dynamisch betreut. B. schildert die Sache so, dass der Obergruppenführer Pohl auf einem Gut in Österreich Gemüse gegessen habe, welches ihn veranlasst habe, sich des Näheren über die Erzeugungsmethode zu unterrichten. Von Berlin aus habe er dann Saarow besucht, und das Ergebnis sei gewesen, dass ein staatliches Gut bei Fürstenwalde oder Fürstenberg umgestellt werde. Von dort habe dann Herr Höller [später verbessert: Himmler] stets sein Gemüse bezogen. Von da aus wurden dann 12 weitere Güter in Angriff genommen für die Umstellung, die eben Beichel [Beichl] dann unternehmen musste. Es war die Absicht, diese Güter so zu bewirtschaften und zwar neben entsprechenden Vergleichsgütern, die besonders hinsichtlich ihrer Boden- und klimatischen Bedingungen ausgesucht wurden. B. war Angestellter der gleichen Organisation (eine Reihe SS-Gründungen), wie Franz Lippert und Dipl.-Landwirt Grund. Als ich von der Politisierung der Landwirtschaft sprach, die von Saarow aus vorgenommen worden ist, und kurz etwas über die Methoden entwickelte, die künftig für die Landwirtschaft in Betracht kämen, nickte B. intensiv zustimmend. Aber wir waren doch überrascht, als B. auf meine Frage, ob er denn bei so großen Aufgaben, die ihm übertragen wurden, überhaupt Mitglied der [anthroposophischen]

731 Willmann, Schwarz, S. 57–60.

732 BArch, R 82/449, unpag.

733 Ebenda.

734 RSA, Fritz Götte, Wochenberichte Weleda 1944 f.

Gesellschaft gewesen sei, mit ‚Nein' antwortete. Bemerkenswert war für uns noch, dass B. von einem großen Versuchsgut in der Ukraine berichtete, wo besonders im Weizenanbau phantastische Erfolge, wie er sagte, erzielt worden seien. Dort ist auch Herr Gerhard Schwarz tätig gewesen. B. nimmt als sicher an, dass sich nunmehr die Russen für die auf solchen Gütern angewandten Methoden interessieren würden, und sie dürften als SS-Güter wohl bekannt geworden sein."[735]

Dass Gerhard Schwarz in Wertingen war, ist auch dem Nachruf auf ihn von Kurt Theodor Willmann zu entnehmen.[736] Womöglich meinte Carl Grund diese beiden Biodynamiker, Schwarz und Beichl, wenn er am 5. November 1942 an seine Frau schrieb: „Es sind 2 Gärtner für meine Arbeiten in Rußland eingetroffen."[737] Die biodynamischen Aktivitäten der SS sollten in der Ukraine umfangreich ausgebaut werden. Die Planungszahlen von 50 Gütern waren aber sicher unrealistisch. Tatsache ist, dass Carl Grund und Gerhard Schwarz weite Reisen bis auf die Krim unternahmen, um mögliche weitere Orte auszuwählen.

Carl Grund war die maßgebliche Figur bei der Planung und Realisierung der *bdW* in der Ukraine. Er trug zunächst eine SS-Uniform mit Achselstücken, auf denen ein „F", d. h. „Fachkraft", stand. Später erhielt er den SS-Dienstgrad eines Obersturmführers. In der Akte des Personalamtes beim Reichsführer SS heißt es mit Datum vom 5. Juni 1942: „Grund ist Dipl.-Landwirt und lange Jahre als landwirtschaftlicher Berater tätig gewesen. Er leitet innerhalb des Amtes W-5 eine Gütergruppe, der besondere Versuchsaufgaben des Reichsführers SS übertragen wurden. Die Gütergruppe liegt im Raum Russland-Süd. Grund muss als Leiter der Gruppe und als bedeutender Fachmann einen Führerdienstgrad haben."[738] In der streng hierarchisch ausgerichteten SS hätte Grund ohne einen „Führerdienstgrad" seine Aufträge vor Ort, besonders in der Ukraine, sicher nicht mit der nötigen Autorität ausführen können.

Häufige Dienstreisen als Berater führten Grund in dieser Zeit außerdem nach Dachau und Comthurey. Immer wieder konnte er auch Abstecher zu seiner Familie machen, die weiterhin auf Gut Lohmen bei Dresden wohnte. Lohmen war ein ehemals heruntergekommenes Landgut, das Grund Anfang der 1930er-Jahre im Auftrag von Landesbehörden mithilfe der biologisch-dynamischen Wirtschaftsform reorganisierte und schließlich erfolgreich pachtreif entwickelte. Diese Erfahrungen waren für ihn in der Ukraine zweifellos sehr nutzbringend.

Heinrich Himmler hatte im Laufe der Jahre immer mehr Ämter, Zuständigkeiten und Aufgaben an sich gezogen. Diese Häufung sicherte ihm nicht nur

735 Ebenda.
736 Vgl. Willmann, Schwarz, S. 57–60.
737 Privatarchiv Peuker-Kiefl.
738 MGR/SBG, P-DVA/3-8, unpag.

mehr Einfluss, sondern brachte mitunter strukturelle Probleme mit sich, da die Aufgabenstellungen und Planungen seiner verschiedenen Dienststellen miteinander kollidierten. So auch in Schytomyr. Ursprünglich war das gesamte Gebiet als Siedlungsraum für Deutschstämmige aus den eroberten Gebieten vorgesehen. Dazu sollten die bestehenden Sowchosen und Kolchosen aufgeteilt werden. Das Staatsgut Wertingen steckte daher in einem doppelten Dilemma. Es sollte aufgeteilt werden, aber Himmler bzw. seine Mitarbeiter konnten den nachvollziehbaren Grund für eine Beibehaltung der Großwirtschaft nicht angeben: sie als Versuchsgut für die biologisch-dynamische, mittlerweile „naturgemäß" genannte Landwirtschaft erhalten zu wollen. Entsprechend der Siedlungsplanungen hätte eine weitere Ansiedlung Deutschstämmiger auch eine weitere Vertreibung ortsansässiger Ukrainer:innen bedeutet.

Besorgt um die Zukunft des Versuchsgutes, wandte sich Vogel daher an Pohl, um eine Entscheidung durch Himmler zu erbitten: „In W. sind von Dipl.-Landwirt Grund und seinen Mitarbeitern Meliorationsarbeiten, Hecken- und Baumpflanzungen bereits in größerem Umfang durchgeführt worden. Diese Arbeiten erfordern erklärlicherweise eine grössere Anzahl von Kräften. Wenn jetzt auf der einen Seite diese Kräfte durch die Ansiedlung Volksdeutscher entzogen werden, und auf der anderen Seite das ganze Land von W. nicht entsprechend den eigentlichen Plänen vergrössert, sondern zu Siedlungszwecken abgenommen werden soll, sind die bisher geleisteten Arbeiten umsonst durchgeführt, und darüber hinaus muss Grund mit seinen Mitarbeitern an anderer Stelle noch einmal von vorn anfangen. Dieser neue Anfang würde dann aber nicht im Raum Hegewald vor sich gehen können."[739]

In einem weiteren Brief an Himmlers Büroleiter Brandt wies Vogel nochmals auf die unterschiedliche Interessenlage der diversen SS-Stellen in Bezug auf das Versuchsgut hin: „Die Planungen der Landwirtschaftsgestaltung in Wertingen haben eine andere Richtung als die Planungen der Dienststelle des Sonderstabes Henschel. Das liegt in der Natur der Dinge."[740]

Zum Gut Wertingen sind nur wenige Dokumente überliefert. Dies mag zum einen an den Kriegswirren liegen, in denen vieles verloren ging. Zum anderen war die *DVA* nicht daran interessiert, dass allzu viel über ihre biologisch-dynamischen Aktivitäten in Wertingen bekannt wurde. Carl Grund selbst war es, „der immer wieder auf ein möglichst stilles und verschwiegenes Arbeiten" gedrängt hatte.[741]

739 BArch, NS 19/3122, Bl. 36.
740 Ebenda, Bl. 28.
741 Ebenda, Bl. 36.

Offenbar waren die *DVA*-Verantwortlichen auf dem Gut wegen der geheimen Weiterführung der *bdW* nicht daran interessiert, umfangreichere Kontakte zu den lokalen deutschen Behörden zu haben. Hierbei konnten sich Grund und andere der Deckung durch Himmler persönlich sicher sein. So lesen sich auch die Berichte, die Grund in seinen Feldpostbriefen an die Familie schrieb. Dort bedauert er, „daß die Zusammenarbeit mit der hiesigen Staatsgüterverwaltung nicht zu umgehen ist".[742]

Wie so oft gab es auch in Hegewald Animositäten und Kompetenzüberschneidungen innerhalb der SS. So belegen die Briefe von Carl Grund die Richtigkeit der Vermutungen, die Mitglieder des „Sonderstabes Henschel" nach einem Besuch des Gutes Wertingen geäußert hatten. Diesen Sonderstab hatte Himmler in seiner Eigenschaft als *Reichskommissar für die Festigung Deutschen Volkstums* geschaffen, um die Um- und Aussiedlungen im Gebiet Schytomyr zu organisieren. „Der Beauftragte Herr Grund zeigte kein großes Interesse, mit uns zu sprechen, weil ich ihm in unserer ersten Besprechung gesagt hatte, daß sich in einem bäuerlichen Siedlungsgebiet alles der bäuerlichen Siedlung unterordnen müsse. Er stellte sich auf den Standpunkt, der Reichsführer solle die Entscheidung treffen. […] Wir eröffneten den Herren von der Gutsverwaltung unsere Ansichten […] und fanden durchaus kein Verständnis. Um ihren Auftrag hüllten sie ein tiefes Geheimnis. […] Das Gebaren der Leute, besonders ihre Geheimnistuerei und immer erneute Berufung auf die Entscheidung durch den Reichsführer ließ mich vermuten, daß in Wertingen Versuche nach der biologisch-dynamischen Wirtschaftsmethode durchgeführt wurden."[743]

Grunds abweisende Haltung lässt sich sicher mit dem Bemühen erklären, das Praktizieren der biologisch-dynamischen Landwirtschaft zu verschleiern. Möglich wäre auch eine Aversion gegen den „Sonderstab Henschel", der für die Umsetzung der verbrecherischen Siedlungspolitik Himmlers in Schytomyr verantwortlich war. Den SS-Behörden war die Widersprüchlichkeit ihrer Aufträge insbesondere in der Ukraine sehr wohl bewusst. *DVA*-Chef Vogel schrieb an Himmlers Büroleiter Brandt im Oktober 1943: „Die Planungsarbeiten der Landschaftsgestaltung in Wertingen haben eine andere Richtung, als die Planungen der Dienstelle des Sonderstabes Henschel. Das liegt in der Natur der Dinge."[744]

742 Privatarchiv Peuker-Kiefl.
743 BArch, R 49/764, Bl. 48 f.
744 BArch, NS 19/3122, Vogel an Brandt, 29. 10. 1943.

Mordaktionen

Im Rahmen der Eroberung der Ukraine und bevor die Siedlungspläne Realität annehmen konnten, ermordeten die Einsatzgruppen der SS mit tatkräftiger Unterstützung von Teilen der 6. Armee der Wehrmacht Hunderttausende ukrainische Jüdinnen und Juden. Das bekannteste Massaker jener Zeit ist das von Babyn Jar, wo am 29. und 30. September 1941 mehr als 30 000 jüdische Kinder, Frauen und Männer getötet wurden. Es ist anzunehmen, dass die gleichen Einheiten der 6. Armee und der SS-Einsatzgruppen auch in Schytomyr mordeten. Dort wurde die Hinrichtung von prominenten Juden, die in der UdSSR im Justizwesen tätig waren, sogar „in der Art einer Volksbelustigung" organisiert.[745] Der jüdische Teil der Einwohnerschaft von Schytomyr war also bereits ermordet worden, als das Gebiet Teil des Reichskommissariats Ukraine wurde und unter die Verwaltung des *Reichsministeriums für die besetzten Ostgebiete* (auch als „Ostministerium" bezeichnet) kam. Dass diese vorangegangenen Ereignisse den Mitarbeitern deutscher Dienststellen, egal welcher Provenienz, in der Ukraine bekannt waren, kann vorausgesetzt werden. In Hegewald wurden 1942 maßgeblich durch Unterorganisationen der SS ungefähr 10 000 Volksdeutsche, vor allem Wolhyniendeutsche, aus nicht weit entfernten anderen besetzten Gebieten angesiedelt. Dafür wurden parallel ca. 15 000 Ukrainer:innen vertrieben. Dies geschah teilweise äußerst brutal. Diese Vertreibungen meinte Carl Grund offenbar, als er am 21. 11. 1942 an seine Frau schrieb, „[hier] ist es sehr schwer, ein anständiger Mensch zu bleiben". Im Januar 1943 hoffte er für das beginnende Jahr: „Das kommende Jahr wird wohl sehr sehr vieles bringen und es wird sehr darauf ankommen, daß wir es gut bestehen ohne uns vor der Gegenwart und unseren Kindern schämen zu müssen."[746]

Himmlers vorgeschobenes Hauptquartier in der Ukraine lag nur etwa 20 Kilometer von Wertingen entfernt. In Hegewald hielt der oberste Dienstherr des Gutes, SS-Chef Himmler, bereits ein Jahr vor seinen bekannten Auftritten in Posen 1943 am 16. September 1942 eine seiner richtungsweisenden Reden. Stolz eröffnete er die Tagung von SS- und Polizeiführern: „Vor 10 Jahren hätten wir es uns wohl kaum träumen lassen, daß wir einmal eine SS-Führer-Besprechung in einem Ort, der heute Hegewald heißt, und der in der Nähe der ehemalig größtenteils jüdischen russischen Stadt Shitomir liegt, abhalten würden."[747]

745 Ernst Klee/Willi Dreßen/Volker Rieß, „Schöne Zeiten". Judenmord aus der Sicht der Täter und Gaffer, Frankfurt a. M. 1988.

746 Privatarchiv Peuker-Kiefl.

747 BArch, NS 19/4009, Bl. 78.

Die bislang nicht publizierte und in der wissenschaftlichen Forschung kaum zur Kenntnis genommene Rede in Hegewald nimmt viel von dem vorweg, was Himmler ein Jahr später in Posen proklamieren würde. In einigen wichtigen Punkten geht die Rede thematisch über diese Ansprachen hinaus. Sie offenbart, wie wichtig die Ukraine in Himmlers Zukunftsvorstellungen war. Für ihn war sie nicht nur Besatzungs-, Ausbeutungs- und Kolonialgebiet. Für ihn war sie auch der zentrale Ort für die Schaffung eines „großgermanischen Reiches“ oder eines „SS-Ordensstaates“.

Diesen Vorstellungen aus seiner Studentenzeit blieb Himmler zeitlebens unverändert stark verbunden. In seinen öffentlichen Äußerungen passte er sie aber durchaus sich verändernden Rahmenbedingungen an, wie Peter Longerich in seiner Biografie vermerkt: „Zwar durchzieht sein Denken und Handeln eindeutig eine bestimmte Konstante – das Leitmotiv des ewigen Kampfes ‚germanischer‘ Helden gegen ‚asiatische‘ Untermenschen –, doch war dieses Weltbild so allgemein und vage gehalten, dass er es in ganz unterschiedlicher Form auf die jeweilige politische Situation zuschneiden konnte. Diese Flexibilität, Ideologie mit Machtpolitik zu verbinden, war seine eigentliche Stärke.“[748]

Anders als die Reden in Posen, die ein halbes Jahr nach der deutschen Niederlage in Stalingrad bereits von den Krisen des Rückzugs geprägt waren, ist der Gestus der Rede in Hegewald noch von der Euphorie des raschen Vormarsches bestimmt. 1942 gab es für Himmler und die SS keinen Zweifel, dass man die großen Eroberungen auf Dauer sichern und Teile der Ukraine als Siedlungsgebiet in Besitz nehmen würde. Himmler beschäftigte sich daher bereits mit „praktischen“ Fragen der Inbesitznahme und der Besiedelung – Rahmenbedingungen, die auch auf das Versuchsgut Wertingen zutrafen.

Wie immer war „Blut“ für Himmler in der Rede eine zentrale Kategorie. Da damals schon deutlich war, dass es keine ausreichende Zahl an Siedlern geben würde, sollten alle von Wehrmachtssoldaten mit Sowjetbürgerinnen gezeugten Kinder, Himmler geht von bis zu einer Million aus, erfasst und auf ihre „rassische Qualität“ geprüft werden. Diese sollten ohne ihre Mütter nach Deutschland verbracht werden. Nur wenn sich die Mütter ebenfalls als „rassisch wertvoll“ erwiesen, sollten sie nach Deutschland mitgenommen werden. „Die schlechtrassigen Kinder lassen wir zurück. Ich muß sagen, auch das ist noch ein Schaden. Denn selbst das Kind, das aus der Verbindung eines Deutschen mit einer schlechtrassigen Russin entspringt, ist eine Verbesserung für die Russen.“[749]

748 Longerich, Himmler, S. 769.
749 BArch, NS 19/4009, Bl. 88 f.

In seiner rassistischen Radikalität geht Himmler noch weiter bis zum Kindsmord, was eventuell selbst von seinen NS-gläubigen Zuhörern zunächst mit Unverständnis aufgenommen wurde: „Infolgedessen mag dieser Satz für Sie alle – ich möchte wirklich sagen – unauslöschlich sein: Wo Sie gutes Blut finden, haben Sie es für Deutschland zu gewinnen oder Sie haben dafür zu sorgen, daß es nicht mehr existiert. Auf keinen Fall darf es auf der Seite unserer Gegner leben."[750]

Mit der Dämonisierung des „Russen" und der Betonung seiner Gefährlichkeit wegen der zahlenmäßigen Übermacht der russischen Bevölkerung verfolgte Himmler den Zweck, seinen Zuhörern und den SS-Männern allgemein jegliche moralischen Skrupel beim Völkermord zu nehmen. Er erachtete diese äußerste Brutalität für die Aufrechterhaltung deutscher Herrschaft über die slawische Bevölkerung als zwingend.

Einer der zentralen Punkte der Hegewald-Rede war die Organisation des Zusammenlebens mit der örtlichen Bevölkerung. Der von ihm initiierte *Generalplan Ost* sah eine „Dezimierung" der slawischen Bevölkerung um mehr als 30 Millionen vor. In Himmlers Perspektive war die Ermordung der europäischen Juden somit nur der erste Schritt auf dem Weg zu einer wesentlich breiter angelegten rassistischen „Neuordnung" Europas.

Von Anfang an war in den besetzten Gebieten eine sichtbare Ungleichbehandlung der deutschstämmigen und der slawischen Bevölkerung vorgesehen, wie ein Rundschreiben des *Reichskommissars für die Ukraine* dokumentiert: „Bei Anordnungen, welche die Bevölkerung des Reichskommissariats betreffen, bitte ich, die Belange der Volksdeutschen ausdrücklich zu beachten. Diese sollen den Angehörigen fremder Völker nicht nur nicht gleichgestellt, sondern diesen gegenüber weitgehend bevorzugt werden."[751]

750 Ebenda, Bl. 84.
751 SRS, P 1151 c-01-120, Bl. 28.

3. Personen und Orte der biodynamischen Wirtschaftsweise (1924–1941)

3.1 Die biodynamischen Akteure und Akteurinnen und ihr Bezug zum Nationalsozialismus

Der Blick in die eigene Geschichtsschreibung der biodynamischen Bewegung und in die Akten der zahlreichen Archive und privaten Nachlässe verweist auf eine diffuse Zugehörigkeitsstruktur zu anthroposophischen und nichtanthroposophischen, teils lokalen oder regionalen Gruppierungen. Zudem gibt es Hinweise auf Einzelpersonen bis hin zu Familienverbänden. Ein systematisches zentrales Archiv existiert nicht.

Prägend für die biodynamische Bewegung waren z. B. neben den anthroposophischen Pionier:innen der ersten Stunde auch Forscher:innen, die zwar Mitglieder der *AG*, nicht aber der biodynamischen Fachverbände waren. In den unterschiedlichen Praxisfeldern der Anthroposophie wie den Waldorf-Schulen, der biodynamischen Landwirtschaft oder der Verwertungsgesellschaft *Demeter* waren wiederum mehr Menschen involviert, die nicht unbedingt Mitglied in der *AG* sein mussten. Auch gab es in der biodynamischen Bewegung sehr viele Laienmitglieder wie anthroposophische Ärzte und Ärztinnen, Lehrer:innen oder sonstige Interessierte, die sich insbesondere nach dem Verbot der *AG* in Deutschland 1935 der zu diesem Zeitpunkt noch erlaubten und sogar im Wachstum begriffenen Organisation wohl auch aus Gründen der Vernetzungsmöglichkeiten anschlossen. Die Bewegung umfasste neben Unterstützer:innen auch Kritiker:innen und Gegner:innen, Personen aus Politik, Wirtschaft und Wissenschaft. Sie alle beeinflussten auf die eine oder andere Weise die Entwicklung der Bewegung, wie die vorangegangenen Kapitel gezeigt haben.

Neben den Fragen nach einer vermeintlich ideologischen Übereinstimmung und nach der konkreten Verflechtungsgeschichte der biodynamischen Akteure und Akteurinnen mit dem Nationalsozialismus ist es auch Ziel dieser Studie, Aussagen über die „formale Belastung" der Bewegung zu treffen. Für eine entsprechend quantitative Erhebung war es notwendig, die Untersuchungsgruppe einzugrenzen. Da kein zentrales biodynamisches Vereinsregister vorliegt, haben wir sämtliche uns zugänglichen Mitgliederlisten der biodynamischen Organisationen sowie Teilnehmerlisten von Verbandssitzungen und die Beiträger:innen der Zeitschrift *Demeter* in die Erhebung einbezogen.[1] Als Ergebnis konnten wir insgesamt 1067 Personen und damit den weit überwiegenden Teil der Mitglieder namentlich zuordnen.[2]

Von diesen insgesamt 1067 Mitgliedern war ein knappes Drittel weiblich, 60 % waren Anthroposoph:innen. Eine berufliche Verbindung zur *biologisch-dynamischen Wirtschaftsweise* – als landwirtschaftliche Fachleute oder als in der biodynamischen Infrastruktur Beschäftigte – hatten 70 % der Mitglieder, bei den Männern lag der Anteil mit 75 % etwas höher. Knapp 50 % der Mitglieder waren Fachleute aus den Bereichen Landwirtschaft, gärtnerischer Pflanzenbau oder Landschaftsbau. Angehörige des Adels waren mit insgesamt etwa 10 % noch weniger vertreten als in der früheren *Theosophischen Gesellschaft*.[3] Die verhältnismäßig große Zunahme an Landwirt:innen und professionellen wie privaten Obst- und Gemüseanbaubetrieben, die ab den 1930er-Jahren auf die biodynamische Wirtschaftsweise umstellten, war vermutlich auch dem Umstand geschuldet, dass für eine Mitgliedschaft in den Fachverbänden der Eintritt in die *Anthroposophische Gesellschaft* etwa ab 1930 nicht mehr zwingend war. Gleichermaßen versprach die *biologisch-dynamische Wirtschaftsweise* die Einsparung der extrem hohen Düngemittelkosten und stellte für einige Landwirte eine attraktive Alternative dar.

Eine weitere Mitgliedergruppe von etwa 30 % hatte sich der Bewegung nicht aus beruflichen Gründen angeschlossen. Sie betrieben beispielsweise private Kleingärten, die in den Krisenjahren und dem auf Autarkie eingestellten nationalsozialistischen Deutschland durchaus nicht unerheblich zur Versorgung beitragen sollten, und wurden dabei von zahlreichen biodynamischen Auskunftsstellenleitern beraten.

Andere gehörten zum Kundenkreis von *Demeter* in Reformhäusern. Die Mehrzahl dieser Gruppe unterstützte das biodynamische Projekt vermutlich aus Überzeugung. Sei es wegen der Verbundenheit zur Anthroposophie, zur Ökologie oder wegen der vermeintlich gesundheitsschädlichen Wirkung synthetischer Düngemittel. Gerade diese Gruppe aus dem überwiegend städtischen Umfeld war es, die ganz entscheidend zur Verbreitung der biodynamischen Idee beitrug.

1 Siehe in der Studie berücksichtigte Mitglieder- und Teilnehmer:innen-Listen, S. 425.

2 Siehe Mitglieder-Erhebung der biodynamischen Organisationen (1924–1941), S. 427.

3 Vgl. Zander, Anthroposophie, S. 1682.

Frauen und Männer in der biodynamischen Bewegung

Knapp ein Drittel der biodynamischen Mitglieder war weiblich. Im Vergleich beispielsweise zur *Theosophischen Gesellschaft* Anfang des 20. Jahrhunderts war das sehr wenig – hier waren Frauen sogar geringfügig in der Überzahl gewesen.[4] Gemessen an der beruflichen Zugehörigkeit zeitgenössischer Versuchsverbände der Landwirtschaft war ein Anteil von ca. 30 % Frauen dagegen auffallend hoch. Denn der Besitz landwirtschaftlicher Betriebe war Frauen selten vorbehalten, die wenigen Erbinnen überließen die Leitung in der Regel ihren Ehemännern oder landwirtschaftlichen Verwaltern. Die Absolvierung eines Landwirtschaftsstudiums war für Frauen in Deutschland ab Beginn des 20. Jahrhunderts möglich, blieb aber dennoch für lange Zeit eine Männerdomäne. Anders war das im ökologischen Landbau und der *bdW.*

Auf das Phänomen eines vergleichsweise hohen Anteils an Pionierinnen des ökologischen Landbaus und der *bdW* haben erstmals Heide Inhetveen, Mathilde Schmidt und Ira Spieker mit ihrem 2021 erschienenen Band *Passion und Profession* aufmerksam gemacht.[5] Am Beispiel von 51 Biografien weiblicher Öko-Pionierinnen – 36 von ihnen vertraten die *biologisch-dynamische Wirtschaftsweise* – gehen die drei Autorinnen der Frage nach, weshalb vergleichsweise viele Frauen die Entwicklung und Verbreitung einer alternativen Landwirtschaft vorangetrieben haben. Zum einen waren es die sozialen Reformbewegungen, die nach dem Ersten Weltkrieg einen bedeutenden Schub erfuhren und auch die bisherige gesellschaftliche Rolle von Frauen infrage stellten und für mehr Bildungsmöglichkeiten sorgten. Die meisten Ökopionierinnen besuchten neu entstandene Gartenbauschulen, die eigens für Frauen mit höherer Bildung gegründet worden waren. Zum anderen war der Zugang zur jungen, alternativen Landbaubewegung für Frauen einfacher, da es sich um wissenschaftliches Neuland handelte, in dem Frauen darüber hinaus einen „Heimvorteil" hatten: „Viele der landwirtschaftlichen Forschungsfragen waren den Pionierinnen aus der weiblichen Subsistenzpraxis und ihren Sorgeaufgaben wohlbekannt." Schließlich konnten sich die Ökopionierinnen als

4 Der bemerkenswert hohe Anteil an Frauen in der „Adyar-Theosophie" deutet auf ein „emanzipatorisches Element" dieser Gesellschaft hin: „Sie bot vermutlich einen Raum, in dem Frauen mit guter Ausbildung und einer gewissen ökonomischen Unabhängigkeit Möglichkeiten gesellschaftlicher Wirksamkeit und Anerkennung erhielten, die es in der Öffentlichkeit und außerhalb der Familie im Kaiserreich sonst fast nicht gab." Zander, Anthroposophie, S. 1682.

5 Heide Inhetveen/Mathilde Schmidt/Ira Spieker, Passion und Profession. Pionierinnen des ökologischen Landbaus, München 2021.

„doppelte Außenseiterinnen" – „durch einen anderen Landbau und ein anderes Geschlecht" – positionieren.[6]

Obgleich unsere Daten den vergleichsweise hohen Anteil weiblicher Mitglieder in der *bdW* bestätigen, ist es bemerkenswert, dass die Führungspositionen der biodynamischen Organisationen allein von Männern dominiert waren. Auffällig ist das insbesondere auch deshalb, weil die biodynamische Bewegung damit entscheidend von anderen anthroposophischen Gruppierungen abwich. In unserem Untersuchungszeitraum gab es in den biodynamischen Organisationen keine Frauen in Vorstandspositionen. Anders war das in der frühen *(Adyar)-Theosophischen Gesellschaft*, in der der Anteil an Frauen auch in den Leitungspositionen nicht unter 40% sank – so der Religionswissenschaftler Helmut Zander –, und auch in der *AG* in Dornach hatten etwa Marie Steiner oder Ita Wegman durchaus zentrale Führungsrollen inne.

Die Spitze der anthroposophischen Landwirtschaftsbewegung bildeten in Deutschland von vornherein eine Reihe langjähriger Mitglieder der *AG* mit größeren Ländereien und die Gruppe jüngerer Akademiker um Erhard Bartsch. Die Namen ihrer Ehefrauen tauchen in den umfangreichen Überlieferungen und Akten nur in seltenen Ausnahmen auf – etwa Johanna Gräfin von Keyserlingk als Hausherrin von Koberwitz. Dass jedoch auch sie aktiv an der Bewegung teilhatten, wird z. B. anhand der Anwesenheitslisten der biodynamischen Tagungen deutlich. Überraschend und nicht nachvollziehbar ist in diesem Zusammenhang die Einschätzung von Herbert Koepf und Bodo von Plato in ihrer sonst umfangreich recherchierten Entwicklungsgeschichte der *bdW* aus dem Jahr 2001: Sie zählen die Ehefrauen der Versuchsstellenleiter nicht zu den unmittelbar in der Landwirtschaft tätigen Mitgliedern.[7] Demgegenüber weisen Inhetveen, Schmidt und Spieker darauf hin, dass viele der Ehefrauen die Familienarbeit mit einer Teilhabe an der Forschung verknüpfen konnten, als „mithelfende Angehörige jedoch oft genug im Schatten ihrer Männer" verschwanden.[8]

Auch der *bdW*-Pionier Almar von Wistinghausen hatte die große Bedeutung der Ehefrauen für das Fortkommen der Bewegung erkannt: Ohne sie „hätten ihre Männer das nicht leisten können, was damals entstanden ist". Stellvertretend für alle Ehefrauen der Mitarbeiter dankt er in seiner Erinnerungspublikation von

6 Vgl. Inhetveen/Schmidt/Spieker, Passion, S. 19 f.

7 Vgl. Koepf/Plato, Wirtschaftsweise, S. 79, FN 95: „Ferner ist ein Mitgliederverzeichnis der Landwirtschaftlichen Arbeitsgemeinschaft mit 132 Namen vorhanden. Diese Liste umfasst nicht unmittelbar in der Landwirtschaft tätige Mitglieder der Anthroposophischen Gesellschaft; zum Teil auch Ehefrauen der Versuchsstellenleiter."

8 Vgl. Inhetveen/Schmidt/Spieker, Passion, S. 20.

1982 seiner eigenen Ehefrau, Inge von Wistinghausen, geb. von Bonin: „An dieser Stelle ist es notwendig, der vielen bescheidenen und guten Frauen der hauptamtlichen Auskunftsstellenleiter zu gedenken. […] Aller Frauen der Mitarbeiter, die das Werk Rudolf Steiners nach außen getragen haben und damit der allgemeinen Landwirtschaft geholfen haben, sei gedacht."[9]

Mitgliedschaften in der NSDAP

„Die Besetzung wichtiger Schlüsselpositionen im Staatsapparat sowie vor allem in Organisationen, Fabriken und lokalen Behörden mit Nationalsozialisten war im Frühjahr 1933 von einem Massenbeitritt karrierebewusster und politisch opportunistischer Beamter und Angestellter in die NSDAP begleitet. Als die Mitgliederstärke der NSDAP zwischen Januar und April 1933 von rund 850 000 auf über 2,5 Millionen anschwoll, verhängte die Parteileitung am 1. Mai 1933 eine vorläufige – nicht ganz undurchlässige – Aufnahmesperre. Nach deren Aufhebung 1937 stieg die Zahl der Parteimitglieder bis 1939 auf 5,3 Millionen an. 1945 war jeder fünfte erwachsene Deutsche einer von insgesamt 8,5 Millionen Parteigenossen."[10]

Die Parteimitgliedschaft wird oft als Gradmesser der Gesinnung interpretiert, und tatsächlich signalisierte ein Parteieintritt zweifellos die Bereitschaft des Parteianwärters oder der Parteianwärterin, sich in den NS-Staat einzugliedern. Die Vorstellung, es habe im totalitären Staat einen Zwang gegeben, Parteimitglied zu werden, ist jedoch irreführend. Im Gegenteil war es zuweilen gar nicht so leicht, in die NSDAP aufgenommen zu werden. Vor allem in den ersten Jahren gab es einen starken Andrang von Anwärter:innen, sodass vonseiten der NSDAP einiges unternommen wurde, diesen Zustrom zu regulieren. Die erste Hürde war, dass man zwei als politisch verlässlich geltende Zeugen fand. Beim Aufnahmeantrag musste man zudem die „arische" Abstammung nachweisen und angeben, ob man zuvor Mitglied in anderen politischen oder logenähnlichen Verbänden gewesen war. Nicht jeder trat wirklich aus Überzeugung ein, viele erhofften sich vor allem Vorteile. Unternehmer:innen rechneten sich aus, bei staatlichen Aufträgen eher berücksichtigt zu werden. Das ist wohl einer der Gründe, warum der Anthroposoph Hanns Voith, dessen Firma Voith die Wehrmacht belieferte, mehrfach vergeblich versuchte, in die NSDAP aufgenommen zu werden.

9 Wistinghausen, Erinnerungen, S. 74.

10 Stiftung Deutsches Historisches Museum, LEMO, Lebendiges Museum Online, Die NSDAP 1933–1945, https://www.dhm.de/lemo/kapitel/ns-regime/ns-organisationen/nsdap.html [15.1.2024].

Die Gründerin der Gymnastikschule Loheland, Louise Langgaard, ein frühes Mitglied der *AG*, versuchte, für die Ausbildung der Gymnastiklehrerinnen ihre Privatschule als staatliche Ausbildungsstätte anerkennen zu lassen, um so ihre Weiterexistenz zu sichern. Während dieses Prozesses entschloss sie sich, in die NSDAP einzutreten, und wurde auch aufgenommen. Die Mitbegründerin des Projektes Hedwig von Rhoden empfand diesen Weg als Verrat an der Sache Steiners, verließ Loheland und arbeitete fortan als private Eurythmie-Lehrerin. Sie lebte später in Dornach in der Schweiz.

Erhard Bartsch, der als Vorstand des *Reichsverbands* wohl am intensivsten mit hohen NS-Vertretern verhandelte, stand mehrmals kurz vor einem Eintritt in die NSDAP. Er war vonseiten der SS als SS-Anwärter vorgeschlagen worden. Beides kam nicht zustande, weil hohe Parteifunktionäre sich in der Frage, ob ein Anthroposoph Mitglied in der Partei bzw. der SS sein dürfte, nicht einig waren. Rudolf Heß unterstützte Bartschs Mitgliedschaft. Heydrich, seit 1939 Führer des Reichssicherheitshauptamtes, legte Veto gegen eine SS-Mitgliedschaft ein.

Eine entscheidende Hürde für die Mitglieder der *AG* war die Frage, ob die *AG* als „logenähnlich“, d.h. den Freimaurerlogen vergleichbar, einzustufen sei. Die Behörden hatten damit u.a. das Verbot 1935 begründet, die Frage wurde aber in der NS-Bürokratie bis 1941 kontrovers diskutiert. Der Jurist Hans Merkel verschwieg bei seiner Einstellung im Reichslandwirtschaftsministerium im Fragebogen seine Mitgliedschaft in der ehemaligen *AG*.[11] Er begründete dies mit den Unklarheiten in der Logenfrage. Später räumte er sie aber doch ein. Als er auf Vorschlag seines Vorgesetzten Hermann Reischle – wie es für alle Beamten des *Reichsnährstands* und *Reichslandwirtschaftsministeriums* üblich war – in die SS aufgenommen werden sollte, wurde der Antrag erst einmal formal wegen Merkels schwächlicher Konstitution ablehnt und erst nach der Intervention Reischles letztlich genehmigt.[12]

Bei Merkels Parteiantrag war die Genehmigung umstritten. In der NSDAP-Datei im Bundesarchiv findet sich jedoch eine Ersatz-Karteikarte mit Merkels Namen, Adresse und Geburtsdatum, deren Provenienz jedoch nicht genau zu klären war. Merkel war es auch, der Darré mit den Vorzügen der *bdW* vertraut machte.[13] Es ist anzunehmen, dass viele, die Mitglied der *AG* waren, diese Mitgliedschaft so wie Merkel wohl verschwiegen hätten, wenn sie versuchten, Mitglieder der NSDAP oder SS zu werden. Andere jedoch werden solch einen Schritt,

11 Vgl. BArch, R 9361-III/543073.
12 Vgl. ebenda.
13 Vgl. BArch, R 9361-III/131183 und R 9361-III/543073.

auch wenn sie ihn erwogen hätten, vor dem Hintergrund der Bestimmungen gar nicht erst versucht haben.

Ein anderes Beispiel war der Nationalökonom und Anthroposoph Walter Birkigt. Dieser trat 1930 in die NSDAP ein und 1931 wieder aus. Unklar ist sein erneuter Eintritt, jedenfalls wurde er 1936 aus der Partei ausgeschlossen: „Sie haben durch Ihr Verhalten in den letzten 2 Jahren fortlaufend Anlass zu Auseinandersetzungen mit Behörden gegeben, auch haben Sie durch Ihr Verhalten bewiesen, dass es Ihnen nicht ernst ist um die Verwirklichung der Idee und der Ziele des Nationalsozialismus. Sie handelten bewußt gegen die Interessen der NSDAP und gegen die Grundsätze ‚Gemeinnutz vor Eigennutz' und schädigen die Allgemeinheit durch dauernde Schikanen. Aus all diesen Gründen sind Sie nicht würdig, Mitglied der Partei zu sein."[14]

In dieser Studie wurden zum ersten Mal alle Frauen und Männer im Umkreis der *bdW*, von denen die Geburtsdaten ermittelbar waren, im Hinblick auf ihre NSDAP-Mitgliedschaft überprüft.[15] Nach unseren Erhebungen waren insgesamt 11 % Mitglieder der biodynamischen Bewegung auch Mitglieder der Nationalsozialistischen Deutschen Arbeiterpartei, bei den Frauen lag der Anteil bei knapp 5 %.

Die Zahlen müssen jedoch etwas niedriger veranschlagt werden, da wir im Gegensatz zur offiziellen NSDAP-Statistik keine verlässlichen Informationen über Ausschluss, Austritt oder Todesfälle hatten. Zu berücksichtigen ist auch, dass die Mitgliedschaft in der Nationalsozialistischen Deutschen Arbeiterpartei nur von insgesamt 592 Personen, also ca. 55 % der 1067 Mitglieder, in der NSDAP-Datenbank des Bundesarchivs recherchiert werden konnte, da nur von diesen das Geburtsdatum bekannt war. Laut offizieller Statistik waren 1945 20 % der wahlberechtigten Deutschen Parteimitglieder.[16] Im Vergleich dazu lag die Anzahl anthroposophischer NSDAP-Mitglieder laut unseren Erhebungen mit knapp 11 % bei etwa der Hälfte.

14 BArch, R 9361-II/79048, NSDAP Gau Schlesien an Birkigt, 15. 8. 1936.

15 Die Recherche der NSDAP-Mitgliedschaften in der aus dem Berlin Document Center an das Bundesarchiv übergebenen Datei der NSDAP-Mitglieder ist sehr zeitaufwendig.

16 Vgl. Stiftung Deutsches Historisches Museum, LEMO, Lebendiges Museum Online, https://www.dhm.de/lemo/kapitel/ns-regime/ns-organisationen/nsdap.html [15. 1. 2024].

Mitgliedschaften in der SS oder Positionen/Funktionen im NS-System

Name	Mitgliedschaft in der SS	Mitgliedschaft in der NSDAP	Funktion/Position	Sonstiges
Banfield, Robert	–	Mitgl. Nr.: 602829, Eintritt: 1.8.1931	Stellvertretender Leiter der *Deutschen Gesellschaft für Lebensreform*	1937–1945 Reichsamt für das Landvolk im *Reichsnährstand*
Beichl, Herbert	SS-Mitglied ab 1941	–	SS-Obersturmführer „F" (Fach), Oberleiter für die biologisch-dynamischen Gütergruppe der SS/*DVA*-Zentrale und Gutsverwalter auf dem *DVA*-Gut Oberliebich.	Aufenthalt in der Ukraine, *bdW*-Gut Wertingen
Doerr, Arthur	–	Mitgl. Nr.: 245364, Eintritt 1.5.1930	Stabsleiter im *Reichsnährstand*	
Grund, Carl	Eintritt am 11.5.1933 in die SA, 1935 Ausschluss aus der SA, SS-Mitglied ab 1941	Mitgl. Nr.: 2970782, Eintritt 1.5.1933	Nach Haftentlassung 1941 Angestellter des *WVHA*, Sonderauftrag des Reichsführers SS zur Prüfung der bdW auf dem Staatsgut Wertingen in der Ukraine, zunächst als „Fachkraft", ab 1942 SS-Obersturmführer.	*bdW*-Berater der *DVA* „Kräuterplantage" Dachau und „Comthurey" (bei Ravensbrück)
Granzow, Walter	Mitgl. Nr.: 128.801, Eintritt 2.10.1933, ab 9.11.1936 SS-Brigadeführer	Mitgl. Nr.: 482923, Eintritt 1.3.1931	NSDAP- und Bankfunktionär; Mitglied im *Bund Artam* 1932 Ministerpräsident in Schwerin	1922 bis 1932 als Gutsverwalter in Severin
Jacoby sen., Ernst	–	–	Kreishauptabteilungsleiter IV in Auggen, *Reichsnährstand*, am 7.6.1934 teilte ihm die Gestapo mit, dass er sein Amt trotz Mitgliedschaft in der *AG* behalten könne.[17]	–

17 Vgl. GOE, B.14.001.015, Gestapo an Jacoby, 7.6.1934.

Name	Mitgliedschaft in der SS	Mitgliedschaft in der NSDAP	Funktion/Position	Sonstiges
Künzel, Martha	Zivilangestellte der SS	–	1942–1943 Leitung der biologisch-dynamischen Forschungsabteilung der *DVA* „Kräuterplantage" Dachau	1943–1944 biodynamische Forschung im *DVA*-Gut Oberliebich
Lippert, Franz	SS-Mitglied ab 1941	–	1941–1945 Leitung der biologisch-dynamischen Forschungsabteilung der *DVA* „Kräuterplantage" Dachau	
Polzer, Hermann	–	Mitgl. Nr.: 834705, Eintritt 1. 12. 1931	ab Mai 1941 Vorsitzender der *Deutschen Gesellschaft für Lebensreform*	Mitglied im *Bund Artam*
Ritter, Walter	SS-Mitglied Landesbauernschaft Bayreuth	Mitgl. Nr.: 3643222, Eintritt 1. 5. 1935	Rottenführer, ab 1939 Landesbauernschaft Ostmark, Hauptabteilung II Abt. C, Sachbearbeiter für Sonderkulturen	
Schwarz, Gerhard	–	–	–	Mitarbeit auf dem biodynamischen *DVA*-Gut Wertingen (Ukraine) und Reisen durch die besetzten Gebiete
Schwarz, Max Karl	–	Mitgl. Nr.: 8020744, Eintritt 1. 4. 1940	Mitarbeit bei der Planung und Gestaltung von Autobahnen	1933 Gründung der „Gartenbau- und Siedlerschule Worpswede e. V."
Seifert, Alwin	–	Mitgl. Nr.: 5774652, Eintritt 1. 5. 1937	1933 Mitarbeiter im Stab des Generalinspektors für Autobahnbau, Fritz Todt, ab 1940 „Reichslandschaftsanwalt"	–
Stockamp, Alois	–	–	Leiter der Staatsgüterverwaltung Shitomir" im Auftrag der *Landbewirtschaftungsgesellschaft Ukraine m.b.H.*	Mitarbeit auf dem biodynamischen *DVA*-Gut Wertingen, Ukraine

Reichstreffen der SS 1936, Goslar, u. a. mit den *bdW*-Unterstützern Walther Darré, Heinrich Himmler (1. Reihe) und Hans Merkel (mittlere Reihe ganz links) und dem *bdW*-Gegner Herbert Backe (mittlere Reihe ganz rechts)
NLA, WO 3 Nds Nr. 92/1-9468, Spruchkammerakte Hans Merkel

Unterstützer:innen im NS-Apparat und in staatlichen Einrichtungen

Ohne die Unterstützung durch Funktionäre und Mitarbeiter in den staatlichen und Parteistrukturen des „Dritten Reiches" hätte die biodynamische Bewegung ihre Arbeit nicht bis 1941 fortführen können. Kurz nach der Machtübernahme 1933 und nach dem Verbot der *Anthroposophischen Gesellschaft* 1936 wurde die Lage für den *Reichsverband* prekär. Besonderen Schutz genossen die Vertreter der *bdW* durch Rudolf Heß und später durch Walther Darré und Heinrich Himmler. Aber auch die NS-Führer Alfred Rosenberg, Wilhelm Frick und Robert Ley interessierten sich für das Konzept und dessen Umsetzung.

Amt Heß

Der „Stellvertreter des Führers" hatte ein besonderes und wohlwollendes Interesse an der *bdW* und verfügte 1934 die Einstellung der Kritik an ihr. Innerhalb des NSDAP-Parteiamtes für Volksgesundheit schuf er eine Nische, in der sich die Ideen der *bdW*, wie auch die anderer Lebensreformansätze, verbreiten konnten. All diese Aktivitäten endeten mit dem England-Flug von Heß 1941. Je nach Zuständigkeit bemühten sich Dr. Griesbeck, Dr. Hörmann, Hans Georg Müller, Prof. Franz Wirz und auch Reichsärzteführer Dr. Gerhard Wagner, Steine aus dem Weg zu räumen, die die Arbeit der *bdW* hätten gefährden können. Rudolf Heß' Ehefrau Ilse Heß war Anhängerin der *bdW* und wurde 1936 Mitglied der *Gesellschaft zur Förderung der biologisch-dynamischen Wirtschaftsweise*.

RMEL/Reichsnährstand

Zu seinem Interesse an der *bdW* bekannte sich der *Reichsminister für Ernährung und Landwirtschaft* Walther Darré ab 1938. Er war in Personalunion *Reichsbauernführer*, Leiter des *Reichsnährstandes* und des *Reichsamts für Agrarpolitik* der NSDAP. In Darrés Auftrag waren mehrere seiner Mitarbeiter mit der *bdW* beschäftigt. Federführend für eine gut organisierte Kampagne des *Reichsnährstandes* für die *bdW* in den Jahren 1940/41 war Hermann Reischle, Stabsamtsführer Darrés, führender Funktionär im *Reichsnährstand* und stellvertretender Präsident der Deutschen Rentenbank. Ferner leitete er das Hauptamt „Blut und Boden" im *Reichsamt für Agrarpolitik* und gehörte als SS-Gruppenführer dem Stab Heinrich Himmlers an.

Für Darré arbeitete in verschiedenen Positionen der Jurist Hans Merkel. Das ehemalige Mitglied der *AG* versuchte zweimal, in die NSDAP aufgenommen zu werden. Verschiedene Quellen besagen, dies sei abgelehnt worden. Ebenfalls in verschiedenen Positionen arbeitete Dr. Hermann Reischle für Darré. Auch ohne Parteimitgliedschaft machte Georg Halbe Karriere. Er war Mitglied der *AG* und Vertreter der biologisch-dynamischen Landwirtschaft, und arbeitete von 1935 bis 1942 im *Reichsnährstand* bzw. im Stab des Reichsbauernführers. 1942 wechselte er ins *Reichsministerium für die besetzten Ostgebiete* von Alfred Rosenberg. Unter Hauptschriftleiter Hermann Reischle war Halbe auch für die Zeitschrift *Odal* tätig.

Amt Rosenberg

Auch Alfred Rosenberg bekleidete in der obersten NS-Hierarchie verschiedene Ämter. Er war nicht nur der führende Ideologe der NSDAP, sondern Beauftragter des Führers für die Überwachung der geistigen Schulung und Erziehung der NSDAP, Leiter des Außenpolitischen Amtes der NSDAP und ab 1941 Minister für die besetzten Ostgebiete. Rosenberg ernannte Alfred Baeumler 1934 zum Leiter der Abteilung Wissenschaft im *Amt Rosenberg*. In dieser Funktion setzte sich Baeumler eingehend mit der Anthroposophie und der *bdW* auseinander. Baeumler stand der Anthroposophie und der *bdW* positiv gegenüber.

Reichsführer SS

Heinrich Himmler hatte als gelernter Landwirt ein besonderes Interesse an der *bdW*. Er ließ ab 1940, also noch vor dem Verbot des *Reichsverbandes* 1941, die „Kräuterplantage" im KZ Dachau auf die biodynamische Wirtschaftsweise umstellen. Nach dem Verbot ließ er die biologisch-dynamische Methode in Konzentrationslagern und auf mehreren *DVA*-Gütern in den besetzten Gebieten erforschen. Ein größeres Vorhaben war die Umstellung eines ehemaligen Staatsgutes in der Ukraine.

1937 wurde Rudolf Peuckert zum SS-Oberführer im Stab des *Rasse- und Siedlungshauptamtes* des Reichsführers SS befördert. Auch Otto Ohlendorf, 1936 zum Wirtschaftsreferenten beim Sicherheitsdienst des Reichsführers SS (SD) ernannt, stand der Anthroposophie und der *bdW* offen gegenüber. Günther Pancke hatte 1938 Walther Darré als Leiter des *SS-Rasse- und Siedlungshauptamts* abgelöst. 1939 wurde er Verbindungsoffizier zwischen Führerhauptquartier, den SS-Totenkopfverbänden und den Einsatzgruppen des SD. Er war Polizeigeneral und General der Waffen-SS. Lotar Eickhoff war bereits 1931 Mitglied der NSDAP geworden und 1933 als Oberregierungsrat in das Reichsinnenministerium berufen.

Die landwirtschaftliche Versuchseinrichtung der SS, die *DVA*, war seit 1940 korporatives Mitglied des *Reichsverbands*. Heinrich Vogel, Chef der *DVA*, unterstand dem *WVHA* und dessen Chef, Oswald Pohl.

Die Landschaftsanwälte

„Reichslandschaftsanwalt" Alwin Seifert und auch sechs seiner Kollegen, die teilweise im Stab des Beauftragten für den Autobahnbau Fritz Todt tätig wurden, waren in der biodynamischen Bewegung aktiv. Einige setzten Elemente der *bdW* professionell ein, andere waren auch Mitglieder des *Reichsverbands* oder der eigens für Nicht-Anthroposophen gegründeten *Gesellschaft zur Förderung der biologisch-dynamischen Wirtschaftsweise*.

Werner Bauch war Mitglied der NSDAP und seit 1935 Mitglied der SS. Seit Oktober 1932 war er Inhaber des *Landwirtschaftlichen Kurses*, 1936 wurde er Mitglied der *Gesellschaft zur Förderung der biologisch-dynamischen Wirtschaftsweise*. Hinrich Meyer-Jungclaussen, Landschaftsanwalt beim Bau der Reichsautobahnen OBR Halle, war seit 1933 NSDAP-Mitglied und trat 1934 dem *Reichsverband* bei. Camillo Schneider war nicht NSDAP-Mitglied, aber

1933 Teilnehmer einer Tagung des *Reichsverbands* und seit 1936 Mitglied der *Gesellschaft zur Förderung der biologisch-dynamischen Wirtschaftsweise*. Der Anthroposoph Gerhard Schwarz war nicht NSDAP-Mitglied. Ab 1933 war er Mitglied des *Reichsverbands* und ab 1936 der *Gesellschaft zur Förderung der biologisch-dynamischen Wirtschaftsweise*. Max Karl Schwarz war Anthroposoph und ein wichtiger Pionier der *bdW*. 1940 trat er der NSDAP bei und bearbeitete mehrere Projekte im Stab des Beauftragten für den Autobahnbau Fritz Todt. Karl-Wilhelm Siegloch war Anthroposoph, kein NSDAP-Mitglied und seit 1933 Inhaber des *Landwirtschaftlichen Kurses*. Alwin Seifert wurde 1930 mit der *bdW* bekannt und setzte sich seither für sie ein. Er war Mitinitiator und Mitglied der *Gesellschaft zur Förderung der biologisch-dynamischen Wirtschaftsweise*.

3.2 Rettungswiderstand

Zu Rettungswiderstand kam es nachweislich in anthroposophischen Gemeinschaftsprojekten.[18] So änderten die verantwortlichen Mitarbeiter etwa im heilpädagogischen Institut Pilgramshain auch noch lange nach 1933 nicht ihre Satzung, nach der weder Religion noch Nationalität der aufzunehmenden Kinder eine Rolle spielte. Noch Anfang 1938 bestätigte der *Jüdische Wohlfahrtsverband*, dass er in Pilgramshain einen seiner Schützlinge unterbringen konnte.[19] Auch in der Frauengymnastikschule Loheland wurden etwa im Kurs für Gymnastik-Lehrerinnen im Jahr 1937 unter insgesamt 44 Teilnehmerinnen fünf Jüdinnen unterrichtet.[20] Im *Reichsverband* war bekannt, dass Dr. Ludwig Dreidax, der Bruder von Franz Dreidax, Mitglied des *Reichsverbands* und ab 1. Januar 1940 Mitglied der NSDAP, den brotlos gewordenen Schauspieler und nach NS-Kategorie als „Halbjude" klassifizierten Horst Falk unterstützte, indem er ihn für die Auswertung eines achtjährigen biodynamischen Versuchs auf Gut Rengoldshausen engagierte. Im Februar 1945 wurde Falk aus „rassischen" Gründen inhaftiert und bis April 1945 in das Zwangsarbeiterlager für jüdische „Mischlinge" Sitzendorf Unterweißbach verbracht.[21]

18 Die Aktivitäten der Heilpädagogischen Institute während der NS-Zeit wird ausführlich bei Selg/Gross/Mochner, Anthroposophie und Nationalsozialismus. Bd. 3. Psychiatrie und Heilpädagogik 1933–1945 (2025), besprochen.

19 Vgl. BArch, R 58/6187, Bl. 3 ff.

20 In der Ausbildungsstätte für Gymnastik-Lehrerinnen studierten außer den 36 Mitgliedern der Deutschen Fachschaft, der Jüdinnen nicht beitreten durften, „als Nichtdeutsche Ausländer 5 Juden und als minderjährige Deutsche 3 Juden". Vgl. BArch, NS 38/2352, Deutsche Fachschulschaft, Fragebogen W/S 36/37.

21 Vgl. StAFR, Wiedergutmachungsakte F 196/1 Nr. 2263, Horst Falk.

3.3 Verfolgte Mitglieder der biodynamischen Bewegung

Im Zusammenhang mit der *Aktion gegen Geheimlehren und sogenannte Geheimwissenschaften* wurden im Jahr 1941 Erhard Bartsch, Carl Grund, Benno von Heynitz und Walter Rockmann, der Verwalter von Gut Lohmen, verhaftet. Zu der geplanten Verhaftung von Franz Dreidax[22] kam es nicht. Neun Tage in Haft verblieb die anthroposophische Gärtnerin und Pflanzenzüchterin von Gut Pilgramshain, Brunhild Erika Windeck. Am 10. Juni 1941 wurde sie nach einer Hausdurchsuchung und einem Verhör von der Gestapo verhaftet. Nach ihrer Entlassung wurde ihr die Rückkehr an den Arbeitsplatz in Pilgramshain verboten. In ihrem Antrag auf Entschädigung bei dem Bayerischen Landesentschädigungsamt aufgrund der Vorschriften des Bundesergänzungsgesetzes zur Entschädigung für Opfer der nationalsozialistischen Verfolgung, dem am 2. November 1956 stattgegeben wurde, beschreibt sie die schweren Haftbedingungen und die schwierige Lage, in die sie nach dem Arbeitsverbot auf Pilgramshain geraten war.[23]

Opfer der nationalsozialistischen Verfolgung – jedoch nicht im Zusammenhang mit der *bdW* – wurde das prominente Mitglied des *Reichsverbands* Stanisław von Karłowski. Der polnische Politiker und Vorstand einer Bank besaß den ersten und europaweit größten biodynamischen Betrieb in Westpolen, Gut Szelejewo bei Gostyń mit 1500 ha Land. Karłowski wurde im Oktober 1939 von den deutschen Besatzern festgenommen und zusammen mit anderen Politikern der Stadt Gostyń am 21. Oktober 1939 auf dem Stadtplatz erschossen.

Es gab unseren Recherchen zufolge sieben jüdische Mitglieder in biodynamischen Verbänden, darunter eine Frau und vier Ärzte.

Über drei Breslauer Ärzte berichtete Ernst Champanier: „In meiner Heimatstadt Breslau gab es drei anthroposophische Ärzte: Dr. Zellner, 2. Zweigleiter nach Moritz Bartsch, Dr. Pagel, ein junger Arzt, und Dr. Ludwig Engel von der Freien Anthroposophischen Gesellschaft. Alle drei waren Juden. Als ein neues Gesetz den Juden verbot, Arier zu behandeln, waren alle drei Zweige ohne Arzt."[24] Engel eröffnete 1924 die erste anthroposophische Praxis in Breslau. Er war Teilnehmer des *Landwirtschaftlichen Kurses* und führte Steiner während der Kurstage Patienten vor. 1935 emigrierte er nach England, wo er 1977 verstarb.[25] Dr. Hermann Zellner war im Jahr 1928 Mitbegründer des Heilpädagogischen Instituts Pilgramshain. Am 10. April 1930 quittierte er den Erhalt einer

22 Vgl. BArch, R 58/6287a, Staatspolizeiliche Maßnahmen und Exekutivvorschläge u.a. für Franz Dreidax, Juni 1941.

23 Vgl. BayHStA, LEA 39927, Entschädigungsakten zu Erika Brunhild Windeck.

24 Zit. n. Werner, Anthroposophen, S. 173.

25 Verfolgungs- und Haftgeschichte Ludwig Engel, vgl. IWI, Dr. med. Ludwig Engel.

Mitschrift des *Landwirtschaftlichen Kurses*. Er verließ Pilgramshain und emigrierte nach einigen vergeblichen Bemühungen um Einreisemöglichkeiten in die USA oder nach Kanada im September 1939 nach Chile.[26] Der Wiener Anthroposoph Dr. med. Karl König war Kinderarzt und Homöopath. Er löste 1928 Zellner ab und wurde Arzt am Heilpädagogischen Institut Pilgramshain. 1935 kehrte König nach Wien zurück und wanderte von dort mit anderen jüdischen Ärzt:innen nach England aus.[27] Dort gründete er die Camphill-Bewegung.[28]

Ita Wegman bemühte sich 1938, dem jüdischen Ärzteehepaar Norbert und Maria Glas aus dem besetzten Wien zur Flucht zu verhelfen.[29]

Albert Rohrer, ein Anthroposoph aus Buchs, Rheintal, hatte laut Eintrag am 25. November 1929 den Erhalt einer Mitschrift des *Landwirtschaftlichen Kurses* quittiert. Der Name wurde ohne Angabe eines Datums durchgestrichen, mit dem Vermerk „Schweiz". Die Hamburger Anthroposophin Alice Israel war ab Mai 1930 Inhaberin des *Landwirtschaftlichen Kurses*. Auch ihr Name ist in der Liste ohne Datum durchgestrichen. Über ihren Verbleib konnten wir nichts in Erfahrung bringen.

3.4 Ausgewählte biografische Skizzen

Zu den hier vorgestellten Protagonisten der *biologisch-dynamischen Wirtschaftsweise* in der NS-Zeit gab es bislang nur vereinzelte biografische Aufzeichnungen und Angaben. In der Regel haben die Personen, deren Biografien im Folgenden als Mitglieder der biodynamischen Verbände vorgestellt werden, nur lückenhafte und/oder später bzw. von anderen Personen bearbeitete Quellen hinterlassen. Teile ihrer Lebensläufe mussten im vorliegenden Projekt aus verschiedenen Arten von Dokumenten in diversen Archiven und Nachlässen zusammengefügt werden. Trotzdem gibt es Lücken und wohl auch widersprüchliche und weiter zu hinterfragende Angaben. Wir haben versucht – soweit es ging –, diese auszuschließen. In den von uns verfassten Lebensläufen von ausgewählten Führungskräften der *bdW* ist alles zusammengetragen, was in den verschiedensten Akten und Publikationen sowie bei Zeitzeugengesprächen recherchierbar war. Eine der hilfreichen Quellen hierbei war der Internet-Auftritt „Forschungsstelle Kulturimpuls".[30]

26 Vgl. Selg/Gross/Mochner, Anthroposophie und Nationalsozialismus. Bd. 1, S. 759–763.

27 Vgl. Werner, Anthroposophen, S. 161.

28 Vgl. u. a. Karl König, Camphill, Ursprung und Ziele einer Bewegung, Stuttgart 2019.

29 Vgl. Selg/Gross/Mochner, Anthroposophie und Nationalsozialismus. Bd. 1, S. 201 ff.

30 Vgl. FKI, https://dokumentationen.kulturimpuls.org/ [5. 10. 2023].

Erhard Bartsch
Anthropposophisches Archiv Goetheanum, NL Koepf

Bartsch, Erhard
* 7. 1. 1895 in Breslau
† 5. 9. 1960 St. Veit an der Glan (Österreich)

Erhard Bartsch war ein Pionier der *biologisch-dynamischen Wirtschaftsweise* in Deutschland, der entscheidend zu ihrer Entstehung und Entwicklung beitrug. Als Leiter des *Reichsverbandes* verantwortlich für Kontakte und Verhandlungen mit den NS-Behörden, Schriftleiter von *Demeter* und Verfasser etlicher Denkschriften zur *bdW* war er von 1933 bis zu seiner Verhaftung 1941 die Schlüsselperson der biodynamischen Bewegung.

Er stammte aus einer anthroposophisch geprägten Familie in Breslau.[31] Bereits sein Vater, Moritz Bartsch, Lehrer und später Rektor, eng verbunden mit der Theosophie, traf 1908 auf Rudolf Steiner, schloss sich der *Anthropologischen Gesellschaft* an und war viele Jahre im Vorstand der deutschen Sektion. 1913 hörte der damals 18-jährige Erhard einen Vortrag von Rudolf Steiner und lernte ihn durch Vermittlung des Vaters persönlich kennen.[32] Bartsch gehörte zu der Generation, die quasi von der Schulbank an die Front des Ersten Weltkriegs geworfen wurde. Vom ersten Kriegstag im August 1914 an war er zunächst Fahnenjunker und wechselte später zu den Fliegern, wurde als Offizier zweimal bei Aufklärungsflügen abgeschossen und verletzt. Er erhielt das Ritterkreuz mit Krone und Schwertern des königlichen Hausordens von Hohenzollern, eine hohe militärische Auszeichnung. Auch nach Kriegsende im November 1918 blieb er

31 Nicht nur der Vater, auch sein jüngerer Bruder Hellmut Bartsch war Mitglied der *AG*.
32 Vgl. FKI, Erhard Bartsch, https://biographien.kulturimpuls.org/detail.php?&id=39 [7. 12. 2023].

beim Militär als Teil des 100000-Mann-Heeres, war im Grenzschutz tätig und ließ sich 1920, nun Oberleutnant, auf eigenen Wunsch entlassen. Die Kriegserfahrungen, seelische Belastungen, Verletzungen und deren Folgeschäden müssen den jungen Anthroposophen nachhaltig geprägt haben.

Nach seinem Abschied aus dem Militärdienst wandte er sich der Landwirtschaft zu. Er absolvierte ein Praktikum auf Gut Koberwitz in Schlesien, wo er den neu eingestellten Gutsverwalter und Anthroposophen Immanuel Voegele kennenlernte. Nach Angriffen auf Rudolf Steiner durch deutsch-völkische Gruppen leitete Erhard Bartsch eine Schutztruppe, der auch Almar von Wistinghausen angehörte. Zusätzlich studierte er Landwirtschaft in Breslau und schloss sein Studium mit Promotion ab. Bartsch war einer der Mitorganisatoren des *Landwirtschaftlichen Kurses* 1924 auf Gut Koberwitz. 1930 führte er mit seinem Mitstreiter Ernst Stegemann den Namen *biologisch-dynamische Wirtschaftsweise* ein, der zum Markenzeichen eines neuen Landwirtschaftsverständnisses wurde.[33]

Bartsch übernahm in den folgenden Jahren wesentliche Positionen in der sich rasch entwickelnden Bewegung: Er koordinierte den *Landwirtschaftlichen Versuchsring der Anthroposophischen Gesellschaft* und gab dessen *Mitteilungen* heraus. Er gründete die Zeitschrift *Demeter*, deren Redakteur er bis zum Verbot 1941 war und für die er immer wieder Beiträge verfasste. 1927 erwarb er das Gut Marienhöhe bei Bad Saarow, das er zum biodynamischen Musterhof und einem Zentrum für die Bewegung aufbaute, und versuchte zugleich als rühriger Autor zahlreicher Denkschriften, die *biologisch-dynamische Wirtschaftsweise* voranzubringen und bekannt zu machen. In Bad Saarow fanden die Wintertagungen des *Versuchsrings* statt, die Bartsch koordinierte. Schon vor dem Machtantritt der Nationalsozialisten kam es bei diesen Veranstaltungen zu Kontakten mit der NS-Bewegung. Bartschs Vater, Moritz Bartsch, schrieb im Januar 1932, bei der Wintertagung 1931 in Bad Saarow seien auch „stramme Nationalsozialisten" anwesend gewesen.[34]

Bartsch muss 1933 Hoffnungen in die neue Regierung gesetzt haben. So berichtet Hans Büchenbacher in seinen Erinnerungen, Bartsch habe auf der Ostergeneralversammlung 1933 zu ihm gesagt:[35] „wenn man wirklich michaelischen Geist[36] hat, tritt man an die Seite von Adolf Hitler." Büchenbacher

33 Vgl. Werner, Anthroposophen, S. 82.

34 Zit. n. Werner, Anthroposophen, S. 86.

35 Martins, Büchenbacher, S. 23.

36 In der Vorstellung Steiners löste das Zeitalter des Erzengels Michael 1879 nach dessen Sieg über die Geister der Finsternis das Gabriel-Zeitalter (1510–1879 n. Chr.) ab. Wer Michael diene, könne, so Rudolf Steiner, die vorherrschende „materialistische" Verstandeskraft durch eine „spirituelle Verstandeskraft" überwinden. Vgl. https://anthrowiki.at/Michael-Zeitalter_(1879) [16.2.2024]. Tatsächlich wird dem Erzengel Michael in allen großen monotheistischen Religionen eine wichtige Rolle zugesprochen.

berichtet auch, dass Bartsch energisch einschritt, als der Anthroposoph Ernst Hagemann auf der Landwirtschaftlichen Tagung 1933 Hitlerwitze erzählte. Bartsch habe dafür gesorgt, dass Hagemann sofort aus dem *Versuchsring* und der *Anthroposophischen Gesellschaft* ausgeschlossen wurde.[37]

Es ist maßgeblich der Initiative Bartschs geschuldet, dass am 29. Juli 1933 der *Reichsverband für biologisch-dynamische Wirtschaftsweise in Landwirtschaft und Gartenbau e. V.* gegründet wurde. Man hoffte so, die eigenen Interessen gegenüber nationalsozialistischen Partei- und Regierungsstellen besser vertreten zu können. Als Leiter des neuen *Reichsverbands* und Herausgeber der Zeitschrift *Demeter* wurden Bartsch und das Gut Marienhöhe, das von den NS-Behörden 1934 zum „Erbhof" erklärt worden war, zu einer Scharnierstelle zwischen biodynamischer Wirtschaftsweise und den neuen Machthabern. Als Vertreter des *Reichsverbands* nahm Bartsch am 18. Januar 1934 an der Besprechung mit Rudolf Heß teil, die eine entscheidende Wende für die Bewegung brachte. Heß sicherte der *biologisch-dynamischen Wirtschaftsweise* wegen ihrer „möglicherweise" „volksgesundheitlichen und agrarpolitischen Bedeutung" Schutz gegen „jede einseitige politische Debatte" zu.[38]

Nach dem Verbot der *Anthroposophischen Gesellschaft* 1935 in Deutschland verhandelte Bartsch in den Folgejahren zusammen mit Alfred Heidenreich[39] (*Christengemeinschaft*) und Elisabeth Klein (Waldorfpädagogin) mit den NS-Behörden über die Bedingungen, unter denen die anthroposophischen Praxisfelder vorerst unter geheimdienstlicher Aufsicht und Duldung weiterarbeiten durften. Diese Verhandlungen waren bei Anthroposoph:innen in Deutschland umstritten.[40] Ebenfalls 1935 wurde der *Reichsverband* im Zuge der Gleichschaltung kooperatives Mitglied der *Deutschen Lebensreform*, und Bartsch wurde zusammen mit Franz Dreidax in den „Führerrat" dieser Gesellschaft aufgenommen.

Die Zeitschrift *Demeter*, für die Bartsch verantwortlich zeichnete, gab 1939 eine Nummer heraus, die den Geburtstag Adolf Hitlers, wie allgemein üblich, würdigte. Die Zeitschrift *Leib und Leben* der *Deutschen Gesellschaft für Lebensreform* veröffentliche zahlreiche Artikel von Bartsch. An den nationalsozialistischen Verwaltungsjuristen Lotar Eickhoff schrieb Bartsch 1937, „die führenden

37 Ebenda, S. 22.

38 Vgl. Werner, Anthroposophen, S. 90.

39 Alfred Heidenreich, Mitbegründer der Christengemeinde.

40 Dies lässt sich einem Brief entnehmen, den Elisabeth Klein im Februar 1937 an Marie Steiner-von Sivers schrieb: „Die Treibjagd in Deutschland auf Doktor Bartsch und mich wird nicht mehr lange gehen; denn wir stehen in diesen Monaten in den letzten Entscheidungen." E. Klein an M. Steiner-von Sivers vom 10. 2 1937, zit. n. Martins, Büchenbacher, S. 341.

Männer der *Demeter*-Bewegung" hätten sich „rückhaltlos mit ihren Kenntnissen und Erfahrungen dem nationalsozialistischen Deutschland zur Verfügung gestellt".[41] Es stand mehrfach zur Debatte, dass Bartsch in die NSDAP aufgenommen werden sollte, die genauen Vorgänge, warum dies nicht zustande kam, sind nicht bekannt.[42] Franz Dreidax stellte in einem Brief von 1941 Bartschs Haltung zur NSDAP so dar: Er habe „Hochachtung vor den Leistungen von Partei und Staat" gehabt. „Nur die Tatsache immer wiederholter Angriffe aus einzelnen Parteikreisen brachte Hindernisse, auch äusserlich den Schritt in die Partei zu vollziehen."[43]

Erhard Bartsch entwickelte in den Jahren 1939 und 1940, als die Wirtschaftsweise in der Gunst des *Reichsnährstandes* und einiger hoher SS-Führer stand, enorme Aktivitäten. Neben Verbandstätigkeit, landwirtschaftlicher Arbeit und seinen Repräsentationspflichten verfasste er mehrere Denkschriften. So z. B. im August 1940 die Denkschrift „Goethe-Hochschule für Forschung und Bildung aus bäuerlicher Lebensordnung". Auf den 23. September 1940 ist eine zweite Denkschrift „Der bäuerliche Erziehungsweg des deutschen Volkes" datiert, die er unter anderem an Alfred Baeumler schickte, mit dem er eine intensive Korrespondenz pflegte.[44]

Auch wenn Bartsch seine Texte an verschiedene NS-Vertreter adressierte, argumentierte er in seinen Denkschriften inhaltlich stets anthroposophisch. Insbesondere fällt auf, dass rassistische Argumentationen fehlen. Sicher ist, dass Bartsch den Antisemitismus ablehnte, antisemitische Äußerungen kamen in *Demeter* nicht vor. Als z. B. Georg Halbe,[45] Mitarbeiter im *Reichsnährstand*, in *Demeter* publizierte, fehlten die antisemitischen Floskeln, mit denen dieser sonst seine Aufsätze versetzte.[46] Bemerkenswert ist auch folgende Begebenheit: Im Nachgang der antisemitischen Pogrome im November 1938 wurden alle Zeitschriften vom Propagandaministerium aufgefordert, antisemitische Artikelserien zu verfassen. Als Hanns Georg Müller von der *Deutschen Lebensreform*

41 BArch, R 9349, Bartsch an Eickhoff, zit. n. Staudenmaier, Scheideweg, S. 489.

42 Martins, Büchenbacher, S. 356.

43 GOE, D.02 Seifert 002, Dreidax an Reischle, 23. 6. 1941, S. 2.

44 Vgl. Werner, Anthroposophen, S. 61.

45 Georg Halbe war kurze Zeit 1925 bis 1927 Mitglied der *AG* und 1935 von Hermann Reischle im Stabsamt des *Reichsnährstand* als Sachbearbeiter mit den Arbeitsgebieten „Schrifttum und Weltanschauung" eingestellt worden. Er betreute die Zeitschrift *Odal* und war für den hauseigenen *Blut und Boden Verlag* zuständig. Er wurde 1940 von Reischle nach Bad Saarow, Marienhöhe abgeordnet.

46 Während Georg Halbe in seinem Aufsatz: Lebensgesetzlicher Landbau (in: Westermann Monatshefte (1940) 11, S. 128–130.) antisemitisch argumentiert, fehlen entsprechende Passagen im dem Aufsatz, den er in *Demeter* veröffentlichte, vgl. Georg Halbe, Goethes Naturanschauung und lebensgesetzlicher Landbau, in: Demeter (1940) 12, S. 116–118.

Bartsch auf diese Vorgabe aufmerksam machte, zog Bartsch sich listig aus der Pflicht. Ihm sei bewusst, erklärte er Müller, dass „die Agrikultur dem „Juden Haber" die Erfindung des künstlichen Stickstoffs und dem „Juden Carow [Caro]" die Erfindung des Kalkstickstoffs verdanke. Eine solche Darstellung verbiete aber der „Burgfrieden" mit der Agrarindustrie.[47] Tatsächlich wurde die Propagandaanweisung umgangen. In den Folgenummern von *Demeter* fanden sich weiterhin keine antisemitischen Artikel.

Wie aber geht es zusammen, dass ein Mensch, der den Antisemitismus ablehnte und den der SD-Mitarbeiter Otto Ohlendorf in seinem Gnadengesuch von 1950 als „sture[n] unnachgiebige[n] Anthroposoph[en]"[48] beschrieb, gleichzeitig an den „Führer" als Retter der Nation glaubte. Bartsch, daraus machte er nie einen Hehl, lehnte die Bestimmungen der Versailler Vertrags ab. Anzunehmen ist, dass er die ersten Kriegshandlungen Deutschlands durchaus als legitim empfand. Als soldatischer Mann sozialisiert, gab es nach Kriegsausbruch für ihn keine Frage, dass sein Ort an der Seite seines Landes sei und alle Kräfte für einen militärischen Sieg eingesetzt werden müssten. Er hatte keine Bedenken, in Kooperation mit der SS etwa biodynamische Projekte im besetzten Polen zu betreuen, ein Vorhaben, das durch das Verbot des *Reichsverbandes* 1941 nicht mehr zustande kam.

Man muss sich Bartsch nicht als Opportunisten vorstellen, der sich den Nationalsozialisten anpasste. Auch wenn er Schlagworte der Nationalsozialisten, meist durch den Kontext sinnentfremdet, in seine Texte einbaute. Er trug vielmehr seine Ideen stets selbstbewusst vor und versuchte, biodynamische Anliegen einzubringen. Dabei beharrte er eigensinnig darauf, dass die Ideen, die er in seinen Denkschriften entwickelte, den nationalsozialistischen Staat bereichern könnten, und hoffte bis zu seiner Verhaftung 1941, die biodynamische Idee Adolf Hitler vortragen zu können. Nach Kriegsende wiederum ging er überzeugt davon aus, seine Vorschläge könnten den ostdeutschen Sozialismus bereichern.[49]

47 Diesen Hinweis verdanken wir Werner Troßbach, der hier von einer möglichen „Schwejkiade" spricht, vgl. Troßbach, Zeitalter, S. 39. Bartschs Sohn Eberhard M. Bartsch berichtet zudem, Bartsch habe auf einer Tagung des *Reichsverbandes* ein Schild mit der Aufschrift „Juden haben keinen Zutritt" persönlich entfernt. Eberhard M. Bartsch, Erinnerungen an meinen Vater 1895–1960, unveröffentlichtes Manuskript, Paris 1999.

48 BArch, N 1634, unpag., Otto Ohlendorf, Gnaden-Gesuch zur Überprüfung der Nürnberger Urteile, Landsberg Anfang Juni 1950, S. 4.

49 Die Denkschriften „Ein Umsiedlungsplan auf lange Sicht", die Bartsch bei den SBZ-Behörden einreichte, beendete er z. B. mit dem Appell: „Die Entwicklung zur schöpferischen, verantwortungsvollen Persönlichkeit in einer brüderlich-genossenschaftlichen Gemeinschaftsarbeit wäre das zeitgenössische Ziel einer solchen wahrhaft sozialistischen Aufbauarbeit auf heimatlicher Scholle." GOE, B 19.002.004, S. 6.

Bartsch kämpfte nie primär gegen die politischen Machthaber, sein eigentlicher Feind war die Agrarindustrie. In diesem Kampf muss er jeden einflussreichen Nationalsozialisten, der an *bdW* Interesse zeigte, in erster Linie als Bündnispartner gesehen haben. Gerade weil er unbedingt an das Gute der eigenen Mission glaubte, war ihm jede Allianz recht, zumal die Agrarindustrie mächtige Fürsprecher unter den NS-Führern hatte. Politische Differenzen blendeten die Macher der biodynamischen Bewegung wohl weitgehend aus. Politik an sich war für die meisten Anthroposophen Nebensache. Zudem waren sie sich sicher, jeden verständigen Menschen von ihrem Anliegen überzeugen zu können. Hier teilte Bartsch zweifellos die Meinung von Elisabeth Klein, die in einem Vortrag vor Anthroposoph:innen in Düsseldorf 1937 für die Verhandlungen mit den NS-Behörden 1936 folgende Begründung gab: Erstens lebe in ihr die Überzeugung, „es wäre das größte Unglück für Deutschland, wenn sich die Anthroposophie nicht in Deutschland ausleben könnte. 2. Ich konnte mir nicht vorstellen, daß es einen Menschen gibt, in dem nicht die Geisteswissenschaft schlummert, und der nicht, wenn er sie kennenlernt in objektiver Weise, wirkliches Interesse für sie bekommen mußte.“[50]

In dieser Fixierung auf ihre Sache gerieten Bartsch politische und humane Differenzen zu den NS-Bündnispartnern offenbar weitgehend aus dem Blick. Die verbrecherische Dimension des Nazismus wurde ausgeblendet. Dass man nach vielen Anfeindungen und nach jahrelangem Verharren in der prekären Existenz einer Nischenwirtschaft endlich von Teilen des Partei- und Staatsapparats wahrgenommen wurde, war verführerisch. Aus der Sicht von Bartsch war die staatliche Anerkennung lange überfällig. Der anthroposophische Arzt Rudolf Lühl, der mit der Gruppe Bartsch kooperierte, erinnerte sich, alle seien „beseelt von dem Wunsch, Positives zu leisten“, und hätten sich „einer großen Mission und Aufgabe“ verbunden gefühlt.“[51]

Die Nationalsozialisten sahen in der Person von Erhard Bartsch vor allem den überzeugten Anthroposophen. Heydrich erklärte in einem Brief vom 18. Oktober 1941 an Darré, Bartsch sei „überzeugter Verfechter der Anthroposophie“. Auch wenn sich die Anhänger „zur Zeit sehr national und deutschbetont“ geben würden. Die Anthroposophie stelle „einen gefährlichen Faktor orientalischer Zersetzung der germanischen völkischen Art“ dar.[52] Die *biologisch-dynamische Wirtschaftsweise* sei aus dem Geiste der Anthroposophie erwachsen, sie sei eine

50 Rede Elisabeth Klein über ihre Berliner Arbeit vor etwa 40–50 Anthroposophen in Düsseldorf, 6. April 1937, zit. n. Werner, Anthroposophen, 1999, S. 205.

51 GOE, E.15.002.021, Lühl an Götte, 23.12.1964.

52 Heydrich an Darré, 18.101941, zit. n. Wagner, Dokumente und Briefe, Bd. 3, S. 34.

dem NS gefährliche „Sonderlehre".[53] Aufschlussreich ist eine eidesstattliche Erklärung, die der ehemalige SS-Gruppenführer Otto Ohlendorf im Rahmen der Kriegsverbrecherprozesse Ende der 1940er-Jahre in Landsberg abgab: „Der Bartsch war in seinen Verhandlungen mit mir ein solch sturer Anthroposoph, [...] Bartsch ließ in all den Jahren [...], nicht nach, seine Fachsparte geschlossen gegenüber dem Reichsnährstand und der hinter ihm stehenden Kunstdüngerindustrie durchzusetzen. Er ließ auch nicht nach, über diese Fachsparte Steiner und die Anthroposophie als geschlossenes Ideensystem voranzutragen und damit den geistigen Lebenskern des Nationalsozialismus zu überwinden. Das allein war das Ziel seiner unermüdlichen Arbeit mit den Partei- und Staatsstellen." Er habe den Nazismus „von innen her" reformieren wollen, das sei ihm „zum Verhängnis" geworden.[54]

Nach dem Verbot des *Reichsverbands* wurde Bartsch zweimal verhaftet und im Gestapo-Gefängnis am Alexanderplatz in Berlin festgehalten. Im November 1941 wurde er entlassen und unter eine Art Hausarrest auf dem eigenen Hof gestellt. Da es keine Anklage und keinen Prozess gegeben hatte, musste er in der Angst einer neuerlichen Verhaftung leben.

Befragt zur Person Erhard Bartsch, schrieb der Anthroposoph und Tierarzt Wolfgang Schaumann 1996: „Bartsch gilt aus heutiger Sicht in den Erinnerungen seiner damaligen Anhänger und Mitstreiter als Exponent derjenigen, die ein Arrangement mit den Nationalsozialisten erstrebten, um die mit vielen Mühen und Opfern aufgebaute Zusammenarbeit vieler biologisch-dynamischer Landwirtschaftsbetriebe zu erhalten".[55]

Nach Ende des Zweiten Weltkriegs blieb Bartsch, anders als die meisten *bdW*-Bauern, vorerst auf seinem Hof Marienhöhe in der Sowjetischen Besatzungszone. Ende der 1940er-Jahre gab es Verhandlungen mit den Behörden, Marienhöhe zu einer Versuchs-, Forschungs- und Beispielwirtschaft zu machen. Als sich diese Pläne mit der Gründung der DDR zerschlugen, übersiedelte Bartsch 1950 nach Österreich auf den biodynamischen Wurzerhof in Kärnten. Bartsch wurde nicht wieder in der Verbandspolitik aktiv. Sein Sohn Eberhard M. Bartsch berichtete, der 1946 gegründete *Forschungsring* habe seinen Vater ignoriert, was diesen sehr geschmerzt habe.[56] Bartsch starb im Alter von 65 Jahren am 5. September 1960.

53 Ebenda.

54 Zit. n. Jacobeit/Kopke, Wirtschaftsweise, S. 62 f.

55 Brief Dr. W. Schaumann, Bad Vibel, 2. Juni 1996, zit. n. Jacobeit/Kopke, Wirtschaftsweise, S. 58.

56 Eberhard M. Bartsch, Erinnerungen an meinen Vater 1895–1960, unveröffentlichtes Manuskript, Paris 1999, S. 6.

Franz Dreidax
Anthroposophisches Archiv Goetheanum, NL Koepf

Dreidax, Franz
* 15. 3. 1892 Passau
† 14. 8. 1964 Thalfingen/Donau bei Ulm

Franz Dreidax stammte aus einer kinderreichen Familie. Sein Vater, Friedrich Dreidax, war bayerischer Postassistent. Nach dem Abitur an der Oberrealschule in Regensburg begann er 1911 an der Technischen Hochschule München zunächst ein Lehramtsstudium der Biologie, wechselte später aber zur technischen Chemie. Mit der Volljährigkeit trat er aus der Katholischen Kirche aus. Er war Kriegsfreiwilliger und nahm als Frontsoldat, ab August 1917 im Range eines Leutnants, am gesamten Ersten Weltkrieg teil. Er wurde mehrfach verwundet. Das Chemie-Studium beendete Dreidax 1919 mit einem Diplom. Er fand in München Anschluss an die Jugend- und Arbeiterbildungsbewegung. Ebenfalls 1919 war er kurzzeitig Mitglied der USPD. Ab 1919 war er zehn Jahre lang als Analytiker, Betriebsassistent und schließlich Betriebsleiter für die Chemiefirma Dr. Alex Wacker tätig.

Dreidax wurde 1921 Mitglied der Anthroposophischen Gesellschaft. 1924 nahm er am *Landwirtschaftlichen Kurs* Rudolf Steiners in Koberwitz teil, was anschließend zu einer engen Zusammenarbeit mit den Landwirten des *Versuchsrings für biologisch-dynamische Wirtschaftsweise* und ab 1929 einer selbstständigen Tätigkeit als beratender Chemiker und Naturwissenschaftler führte. Dreidax wurde zu einem der wirksamsten Pioniere der *biologisch-dynamischen Wirtschaftsweise.* Dreidax' Beratertätigkeit endete durch das Verbot der *bdW* 1941 zwangsweise.

Seit 1930 arbeitete Dreidax in der geschäftsführenden Zentrale des *Demeter-Bundes* auf dem brandenburgischen Gut Marienhöhe, das von Erhard Bartsch geleitet wurde. Almar von Wistinghausen erinnerte sich: „Franz Dreidax wollte nach Bad Saarow kommen, um Bartsch zu helfen. Es war ein eigenartiges Verhältnis zwischen den beiden Freunden. Sie stritten sich so lange, bis sie sich über eine zur Diskussion stehende Frage einig wurden – und das war für den Fortgang der Arbeit sehr wertvoll. Franz Dreidax wagte es noch nicht, seinem früheren Leben den Rücken zu kehren, denn seine Existenz wäre sonst noch nicht abgesichert gewesen. In der Erinnerung ist es noch ganz deutlich: Es war in Marienhöhe eine ganze Reihe von Freunden versammelt, die maßgebend in der ‚Biologisch-Dynamischen Wirtschaftsweise' arbeiteten. Sie standen um den großen Speisetisch herum, gaben sich gegenseitig die Hand und gelobten, für Franz Dreidax zu sorgen, wenn Schwierigkeiten auftreten sollten. Es war ein erhebender Augenblick, wo die Verbundenheit zum Zwecke der Durchführung einer gemeinsamen Aufgabe so recht deutlich wurde. Franz Dreidax kaufte sich in Bad Saarow ein Haus, zog dort hin und wurde sowohl bei der Redaktion der Monatsschrift Demeter, wie auch in der ‚Verwertungsgenossenschaft Demeter' tätig."[57]

Im Januar 1934 wurde Dreidax Schriftführer im Vorstand der *Gesellschaft zur Förderung der biologisch-dynamischen Wirtschaftsweise e. V.* Maßgeblich war er an der Organisation der Jahrestagungen des *Reichsverbandes* beteiligt, die in den 1930er-Jahren in Bad Saarow veranstaltet wurden. Diese Tagungen fanden reichsweit Interesse.

In seiner Funktion als stellvertretender Leiter des *Reichsverbandes* war Dreidax in der NS-Zeit ein gefragter und beliebter Redner auf Veranstaltungen des NS-Regimes zu lebensreformerischen, ökologischen und naturwissenschaftlichen Themen. In seinem Fragebogen für die *Reichsschrifttumskammer* gab er 10 bis 30 Vorträge pro Jahr an.[58] Er publizierte auch umfänglich in den Fachzeitschriften *Demeter* und *Leib und Leben.* Im Juni 1940 erhielt Dreidax eine U.K.-Stellung, also die allgemein begehrte Freistellung vom Kriegsdienst, durch Reichslandwirtschaftsminister Darré.

57 Wistinghausen, Erinnerungen, S. 70 f.

58 Vgl. BArch, R 9361-V/16847, Bl. 1995.

Dreidax Verhältnis zum Nationalsozialismus war durchaus widersprüchlich. Zum einen passte er sich, wohl nicht nur, aber auch aus taktischen Gründen in seinen Vorträgen dem Zeitgeist an, zum anderen äußerte er seine Distanz. In einem Schreiben an Alwin Seifert formulierte er 1940 sein Befremden über Positionen des NS-Landschaftsplaners Heinrich Wiepking-Jürgensmann: „Der Gedanke, den Germanen nur die besten Böden zu reservieren, passt wie ein Ei zum anderen zu jenen Ausstreuungen in bestimmten Kreisen, welche jetzt den Deutschen zum ‚Herrenmenschen' stempeln wollen – ein Gesichtspunkt, der sowohl unsere inneren sozialen Verhältnisse wie auch die Beziehungen zu den Nachbarvölkern aufs Schwerste zu erschüttern droht." Dreidax beendete sein Schreiben mit der Frage, ob Seifert Gelegenheit habe, „den abwegigen Gesichtspunkten entgegenzutreten", grüßte jedoch mit „Heil Hitler".[59]

Diese Widersprüchlichkeit von Dreidax' Haltung gegenüber dem NS-Regime blieb bis in die Nachkriegszeit erhalten. Noch in den 1960er-Jahren glaubte er zu erkennen, dass sich „zwei Richtungen innerhalb des Nationalsozialismus, trotz aller äußeren Einheitlichkeit, [...] abzeichneten, von denen die eine, die auf Anstand und Wahrheitsliebe Wert legte, machtlos einer radikalen, rücksichtsloseren gegenüberstand".[60] Dies war schon während der NS-Zeit weltfremd. Erst recht nach den Erkenntnissen der Nachkriegszeit über den verbrecherischen Charakter des gesamten Systems.

Offenbar zur Absicherung seiner sozialen Existenz stellte Dreidax im September 1941 den Antrag auf Mitgliedschaft in der *Reichsschrifttumskammer*. Dem waren Anfragen an den Präsidenten der Kammer wegen organisatorischer und rechtlicher Fragen im Zusammenhang mit seinem in der Müllerschen Verlagshandlung 1939 veröffentlichten Buch „Das Bauen im Lebendigen" im April 1941 vorausgegangen. Die *Reichsschrifttumskammer* hatte wegen fehlender Genehmigungen für die Publikation eine Ordnungsstrafe verhängt. Gegen die Aufnahme von Dreidax sprach sich die NSDAP-Gauverwaltung der Mark Brandenburg aus: „Der Vorgenannte, verheiratet, zwei Kinder, ist weder Mitglied der NDSAP., noch einer Gliederung derselben, nicht einmal der NSV. gehört er an. D. steht den Bestrebungen der Bewegung völlig passiv gegenüber und nimmt somit auch an Veranstaltungen nicht teil. [...] Wenn Dreidy [sic] auch nicht als politisch unzuverlässig angesehen werden kann, so bestehen jedoch gegen die Aufnahme in die Reichsschrifttumskammer Bedenken."[61] Ob Dreidax schließlich in die Kammer aufgenommen wurde oder nicht, ist den Akten nicht zu entnehmen.

59 Vgl. GOE, D.02 Seifert 002, Dreidax an Seifert, 31.7.1940.
60 Dreidax, Wirtschaftsweise, S. 22.
61 BArch, R 9361-V/16847, Bl. 1978.

Dreidax' Arbeits- und Forschungsinteressen konzentrierten sich nach dem Verbot der *bdW* 1941 auf Probleme des Gewässerschutzes, der Landschaftsgestaltung, der biologischen Abfallverwertung und der Qualitätssicherung in der landwirtschaftlichen Produktion.

Nach dem Ende des Zweiten Weltkrieges blieb Franz Dreidax mit seiner Frau, ebenso wie Erhard Bartsch, auf Gut Marienhöhe. Dieses unterlag 1945, da österreichischer Landbesitz, nicht den Bestimmungen der Bodenreform in der SBZ. Die Bedingungen für eine Weiterführung der *bdW* wurden in der DDR zunehmend erschwert. Franz Dreidax zog nach Erreichen des Rentenalters mit seiner zweiten Frau 1956 offiziell in die Bundesrepublik. Übergesiedelt nach Thalfingen bei Ulm, suchte Dreidax ohne rechten Erfolg erneut Anschluss an die biologisch-dynamische Bewegung. 1958 stellte er einen Antrag auf „Entschädigung für Opfer der nationalsozialistischen Verfolgung" nach dem Bundesentschädigungsgesetz. Als Verfolgungsgründe ab 1941 nannte er politische und weltanschauliche Gegnerschaft zum Nationalsozialismus.[62] Der Antrag wurde vom Bayerischen Landesentschädigungsamt wegen „Fehlens der örtlichen Zuständigkeit" ein Jahr später abgelehnt.[63]

Grund, Carl (Karl)

* 21. 1. 1901 Breslau
† 13. 9. 1945 Rüdersdorf bei Berlin

Carl Grund wurde am 21. Januar 1901 in Breslau geboren. Sein Vater, Wilhelm Grund, war Direktor der Linke-Hofmann-Werke in Breslau. Grund war verheiratet und hatte drei Kinder. Er studierte Agrarwissenschaft in Breslau und Dresden. Seine Doktorarbeit wurde an der Universität nicht angenommen. 1928 wurde er Mitglied der *Anthroposophischen Gesellschaft in Deutschland* und im Juli 1929 des *Landwirtschaftlichen Versuchsringes* der *Anthroposophischen Gesellschaft*. Seit dem Jahr 1930 war er Auskunftsstellenleiter in Sachsen für biologisch-dynamische Landwirtschaft und Berater des *Versuchsrings*. In dieser Funktion arbeitete er eng mit Benno von Heynitz zusammen, beide Familien waren befreundet. „Der Versuchsring hatte den Dipl. Landwirt Carl Grund nach Sachsen geschickt und ihm den Auftrag gegeben, durch Vorträge und Beratung die Wirtschaftsweise bekannt zu machen. Wir baten gleich zu Beginn des Jahres 1930 Herrn Grund zu uns. Wir wollten ihn

62 Vgl. BayHStA, LEA 789, unpag.
63 Ebenda.

Carl Grund
Anthroposophisches Archiv Goetheanum, NL Koepf

kennenlernen und mit ihm besprechen, wie wir in Heynitz am besten vorgehen könnten."[64]

1932 nahm Grund an der biologisch-dynamischen Landwirtschaftstagung in Bad Saarow teil. Im gleichen Jahr übernahm er die Leitung des sächsischen Kammergutes Lohmen bei Dresden mit der Maßgabe, es pachtreif zu entwickeln. Lohmen war ein heruntergekommenes Landgut, das Grund im Auftrag der Landesbehörden mithilfe der biologisch-dynamischen Wirtschaftsform reorganisierte. Er unternahm hier eigenständige Versuche mit verschiedenen Düngemethoden. Seine Ehefrau war in Lohmen als Gutssekretärin tätig. Auf dem Gut arbeiteten bereits vor dem Krieg Saisonarbeiter aus Polen.

Grund wurde am 1.5.1933 Mitglied der NSDAP und am 11.5.1933 der SA. 1935 soll er aus der SA wieder ausgeschlossen worden sein. Gründe hierfür sind nicht bekannt. Nach Aussagen seiner Tochter wollte er nicht, dass diese *BdM*-Führerin werde. Grund war auf einem Auge blind und somit nicht kriegsverwendungsfähig.

Grund wurde als Mitglied des *Reichsverbands* 1941 von vier Gestapo-Beamten in Lohmen verhaftet und zeitweise in Dresden inhaftiert. Es ist überliefert, dass er diese Verhaftung nicht ernst nahm und glaubte, bald wieder seiner Tätigkeit nachgehen zu können. In der Tat wurden er und andere Anthroposophen in der Gestapo-Haft gut behandelt. Sie konnten in ihren Zellen lesen, arbeiten und sich von zu Hause Schreibmaterial und Bücher schicken lassen. Grund las unter anderem „Mein Kampf", vielleicht aus taktischen Gründen. Er erhielt im Gefängnis Besuche und konnte sogar ein Tagebuch führen, das

64 Heynitz, Meine Erinnerungen, S. 17 f.

in einer späteren Abschrift seiner Tochter, Renate Peuker-Kiefl, erhalten ist.[65] Dort brachte er allerdings Sorgen um seine Zukunft und die seiner Familie zum Ausdruck. Grund wurde zu verschiedenen fachlichen und weltanschaulichen Themen verhört.

Die Entlassung nach mehr als vierwöchiger Haft kam für ihn überraschend und erfolgte nach seinen Aussagen mit der Auflage, fortan für die „SS-Elite" zu arbeiten. Hätte er abgelehnt, wäre er nach eigenen Aussagen ins KZ gekommen.[66] Er wurde nach seiner Haftentlassung 1941 im *WVHA* angestellt. Herbert Beichl fuhr mit ihm zu ersten Gesprächen mit der SS, wahrscheinlich bei der *DVA* nach Berlin. Grund erhielt den „Sonderauftrag des Reichsführers SS zur Prüfung der biodynamischen Wirtschaftsweise" auf dem Staatsgut Wertingen in der Ukraine, da er (vermutlich) der einzige Gutsverwalter war, der über Fachkenntnisse in der *biologisch-dynamischen Wirtschaftsweise* und praktische Erfahrungen bei der Reorganisation unwirtschaftlicher Güter verfügte.

Grund pendelte in der folgenden Zeit zwischen der Ukraine, Dachau und Comthurey. Immer wieder konnte er auch Abstecher zu seiner Familie machen, die weiterhin auf Gut Lohmen wohnte. Aus der Ukraine schrieb Grund Briefe an seine Frau, die andeuteten, dass er Kenntnisse von den Verbrechen hatte, die Wehrmacht, SS und deutsche Besatzungsverwaltungen dort begingen. Dies meinte er offenbar, als er am 21. November 1942 an seine Frau schrieb, es sei „sehr schwer, ein anständiger Mensch zu bleiben". Im Januar 1943 hoffte er für das beginnende Jahr, dass „wir es gut bestehen und ohne uns vor unseren Kindern schämen zu müssen".[67]

Anfang April 1945 kam Grund mit einem Lkw nach Lohmen und wollte Frau und Kinder mit auf den Treck nach Westdeutschland oder Dänemark nehmen. Die Ehefrau weigerte sich jedoch und blieb mit den Kindern in Lohmen. Grund fuhr mit dem Lkw nach Comthurey und übergab das Gut landwirtschaftlich weiter nutzbar, angeblich in SS-Uniform, Anfang April 1945 an die sowjetischen Truppen. Er wollte sich bewusst nicht an den Zerstörungsorgien der SS in den letzten Kriegsmonaten beteiligen. Vor seiner Abreise aus Lohmen begründete er die unversehrte Übergabe von Comthurey gegenüber seiner Familie: „Auch die Russen werden Hunger haben."[68] Als SS-Offizier wurde Grund sofort verhaftet. Er starb wenig später an einer grassierenden Seuche im Kriegsgefangenen-Sammellager Rüdersdorf bei Berlin.

65 Renate Peuker-Kiefl im Gespräch mit Meggi Pieschel am 19.7.2021 in Wolfratshausen.

66 Ebenda.

67 Privatarchiv Renate Peuker-Kiefl. Kopien: MGR/SBG, P-DVA/3-8, unpag.

68 Renate Peuker-Kiefl im Gespräch mit Jens Ebert 2019 in Wolfratshausen.

Martha Künzel
Anthroposophisches Archiv Goetheanum, NL Koepf

Künzel, Martha (Marta)
* 20. 11. 1900 Asch
† 3. 6. 1957 Alfeld-Neuhaus

Martha Künzel ist eine der wenigen Frauen, die zu den führenden Persönlichkeiten der *bdW* gehörten. Sie gilt als „Ökopionierin".[69] Künzel wurde in einer wohlhabenden Familie im Kaiserreich Österreich-Ungarn geboren. Ihr Vater war Fabrikant und Gutsbesitzer. Ihre Biografin Inhetveen schreibt: „Sie besuchte eine der vielen Volks- und Bürgerschulen der Stadt, vielleicht auch eine der Fortbildungsschulen oder das Realgymnasium. Das schließe ich aus ihrer an die Schulzeit anschließenden Bewerbung für die 1899 gegründete Gartenbauschule für Frauen in Berlin-Marienfelde."[70]

Die Ausbildung Künzels war ausgesprochen vielseitig. Nach verschiedenen Stationen, bei denen ihr offenbar die Ideen von Rudolf Steiner bekannt geworden waren, ging sie nach Dornach. Hier arbeitete sie im „Chemisch-Biologischen Labor" unter Leitung u. a. von Ehrenfried Pfeiffer. Über diese Tätigkeit ist kaum etwas bekannt, auch weil sie nach dem Willen der Verantwortlichen unter dem Mantel der Verschwiegenheit durchgeführt wurde. 1934 ging sie gemeinsam mit Ehrenfried Pfeiffer nach Loverendale, dem ältesten biologisch-dynamisch

69 Inhetveen, Pflanzenforschung, S. 127–188.
70 Ebenda.

bewirtschafteten Gut in den Niederlanden. Gemeinsam mit Pfeiffer und Erica Sabarth publizierte sie u. a. in der Zeitschrift *Demeter*.

1942 verließ Künzel Loverendale und wechselte als wissenschaftliche Mitarbeiterin der SS zur „Plantage" im KZ Dachau. Dort übernahm sie die Leitung der biologisch-dynamischen Forschungsabteilung. Über ihre Beweggründe ist nichts Näheres bekannt. 1942 gilt als eines der schlimmsten Jahre in der Geschichte des KZ Dachau mit Sterblichkeitsraten um die 10 Prozent. Künzel betrieb in Dachau hauptsächlich Versuche mit Weizen und stellte biodynamische Präparate her. Bei ihrer Arbeit müssen ihr die elenden Zustände im Lager und die Brutalitäten der Wachmannschaften bekannt geworden sein. Wegen der bevorstehenden Heirat mit ihrem Cousin, dem Ingenieur Gustav Künzel, verließ Martha Künzel Dachau, arbeitete aber 1943/44 noch im SS-Gut Malta in Oberliebich (Sudetengebiet). Womöglich wurde ihr diese Tätigkeit angeboten, da sie Tschechisch sprach. 1944 heiratete sie. Als SS-Angestellte musste auch sie eine „Eheunbedenklichkeits-Bescheinigung, Geburts- und Taufscheine, die kleine SS-Ahnentafel und den SS-Erbgesundheitsbogen und viele Urkunden zu Eltern und Großeltern"[71] beim Amt V des *WVHA* einreichen. Nach der Heirat war Martha Künzel nur noch Hausfrau.

Nach Kriegsende und der Ausweisung aus der Tschechoslowakei ging Künzel mit ihrem Mann nach Ehrstädt in Baden. Hier begann sie, ihre Tätigkeiten und die Erfahrungen ihrer Versuche aufzuschreiben. Die in Dachau gemachten Resultate veröffentlichte sie, ohne Angaben der Herkunft, Anfang der 1950er-Jahre in der Zeitschrift *Lebendige Erde*.

Martha Künzel starb am 3. Juni 1957 im Kreiskrankenhaus in Mosbach.

Lippert, Franz

* 9. 4. 1901 Wiesentheid bei Aschaffenburg

† 26. 8. 1949 Traunstein

Franz Lippert besuchte nach der Oberrealschule in Aschaffenburg die Forst- und Kolonialschule Miltenberg. Er absolvierte außerdem eine Gärtnerlehre.

Lippert wurde Mitglied des Wandervogels, der wie viele andere Strömungen auch um die Jahrhundertwende mit der Lebensreform-Bewegung entstanden war. Hier ergaben sich erste Begegnungen mit der Anthroposophie. Er arbeitete bei der *Gemeinnützigen Siedlungsgesellschaft auf dem Frankenfeld* bei Darmstadt, die aus der Jugendbewegung entstand, später auf anderen Gartenanlagen.

71 Ebenda, S. 33.

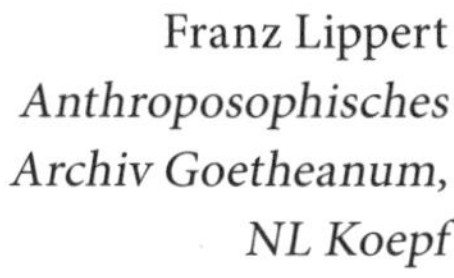
Franz Lippert
Anthroposophisches Archiv Goetheanum, NL Koepf

1922 wurde er Mitglied der *Anthroposophischen Gesellschaft.* Dies verhalf ihm 1923 zu einer Stellung als Laborant und Heilpflanzengärtner im Forschungsinstitut des *Kommenden Tag*, was ihm wiederum ermöglichte, 1924 am Koberwitzer Kurs von Rudolf Steiner teilzunehmen. „Rudolf Steiners Hinweis, daß Heilpflanzen nicht nur für medizinische Heilmittel von Bedeutung seien, sondern auch für die Belebung des Mutterbodens in der Landwirtschaft Beachtung verdienten, veranlaßte Lippert, an der Verwendung von Heilpflanzenzusätzen in der Düngung und im Viehfutter zu arbeiten.“[72] Lippert war im *Versuchsring anthroposophischer Landwirte* aktiv und Berater sowie Mitglied verschiedener gärtnerisch-landwirtschaftlicher Arbeitsgemeinschaften.

Von 1924 bis 1940 arbeitete Lippert für die *Weleda AG.* In deren von ihm geleiteten Heilpflanzengarten in Schwäbisch Gmünd, der nach seinen Angaben verwildert war,[73] unternahm er Versuche zur Weiterentwicklung biodynamischer Methoden. Er war über die gärtnerische Arbeit hinaus auch im Labor tätig, wo er unter anderem von ihm selbst gesammelte Heilpflanzen unter-

72 Vgl. FKI, Franz Lippert, https://biographien.kulturimpuls.org/detail.php?&id=388 [10.2.2024].

73 Vgl. GOE, D.02 Lippert, unpag.

suchte und verarbeitete. 1937 löste Lippert mit einer geplanten Publikation eine Krise zwischen der *Weleda AG* und dem *Reichsverband* aus, bei der es um ungeklärte Urheberrechte ging und zu der es divergierende Einschätzungen gab.[74]

Im September 1940 übernahm Lippert den Heil- und Gewürzkräuteranbau des *Wigo-Werkes* in Trittau. Hier arbeitete er bis August 1941. Er war gleichzeitig Auskunftsstellenleiter für die *bdW*.

In der Verbotsaktion gegen die *bdW* 1941 sollte im September ursprünglich auch Lippert von der Gestapo verhaftet werden.[75] Zu diesem Zeitpunkt aber arbeitete er bereits in der „Plantage" des KZ Dachau. Diese betreute er im Auftrag der SS bis Kriegsende.[76] Lippert wurde nach seinen eigenen Angaben 1943 Mitglied der SS. In seiner SS-Stammakte wird eine Mitgliedschaft aber bereits für 1942 erwähnt. Im Archiv der KZ-Gedenkstätte Dachau befindet sich eine maschinenschriftliche Antwort auf einen offenbar US-amerikanischen Fragebogen, in dem Lippert ebenfalls angab, 1942 Mitglied der SS geworden zu sein.[77] Ebenfalls nach eigenen Angaben wurde er nur SS-Mitglied, um einer Einberufung durch die Wehrmacht entgehen zu können. Einen guten und fairen Umgang mit den Häftlingen bestätigte u. a. der ihm unterstellte KZ-Häftling Albert Riesterer in seinen Erinnerungen.[78] (Siehe Kapitel 2.5.3)

Nach 1945 nutzte Lippert die im KZ Dachau aus seinen Forschungen gewonnenen Erkenntnisse zu Publikationen u. a. in der *Heilpflanzen-Rundschau*,[79] ohne jedoch jemals deren Herkunft zu erwähnen. Er nahm u. a. Kontakt zu Hanns Georg Müller von der *Müllerschen Verlagshandlung* in Planegg auf, die in der NS-Zeit die Zeitschrift *Leib und Leben* publiziert hatte.[80]

Auch die *Weleda* konnte nach anfänglicher Ablehnung auf seine erneute Mitarbeit offenbar nicht verzichten: „Götte berichtet, dass er, um dem unglücklichen Verhältnis mit Lippert ein Ende zu machen, ihm einen persönlichen Brief geschrieben habe. Ausserdem drängt auch die andere Tatsache zur Verständigung mit Lippert, dass unser Einkäufer Möller, welcher in Bayern reiste, fort-

74 Vgl. AWAG, Korrespondenzakten Fritz Götte und Wilhelm Pelikan mit Franz Lippert und Franz Dreidax, unpag.

75 Vgl. FKI, Lippert.

76 Vgl. u. a. BArch, R 9361-III/377122 und NS 19/208.

77 DaA, Sammlung Katharina Lippert, A 6757, S. 32. Im Jahr 2019 hat Katharina Lippert dem Archiv der Gedenkstätte Dachau den Nachlass ihres Vaters, Franz Lippert, im Umfang von etwa 2250 Seiten zur Digitalisierung Verfügung gestellt, der dort als „Sammlung Katharina Lippert" einsehbar ist.

78 Vgl. Riesterer, Waage Gottes.

79 Vgl. DaA, Sammlung Katharina Lippert, A 6757, S. 119.

80 Ebenda, S. 103.

gesetzt auf die Spuren Lipperts stiess und es sich zeigt, dass wir ohne Lippert gar nichts Rechtes machen können. Inzwischen ist L. dagewesen. Eine gründliche Aussprache ergab durchaus die Möglichkeit der Zusammenarbeit auf einer guten menschlichen Basis."[81]

Im Spruchkammerverfahren 1948 gegen ihn sagte Lippert zum Tatbestand seiner SS-Mitgliedschaft aus: „Auf diese Einziehung ging ich nur unter der Bedingung ein, daß ich keinen Eid zu leisten brauchte, keine Uniform tragen mußte, keinen militärischen Dienst machen mußte und in kein näheres Verhältnis zur SS zu treten bräuchte."[82] In der Tat gibt es keine Berichte, z. B. von ehemaligen Häftlingen, die Lippert in SS-Uniform beschreiben. Es gibt allerdings auch keine Dokumente in den Archiven, die bestätigen, dass Lippert diese Bedingungen gestellt hätte.

Der abschließende Bescheid der Spruchkammer ordnete Lippert in die Kategorie „überhaupt nicht belastet" ein. Von Lippert sind keinerlei Aussagen überliefert, die ein Problembewusstsein erkennen ließen, dass er im KZ Dachau im Umfeld eines extrem verbrecherischen Systems tätig gewesen war. Zum ehemaligen KZ-Häftling Riesterer, aber auch zu anderen hatte er auch nach dem Krieg weiterhin freundschaftlichen Kontakt, wie Briefwechsel bezeugen.[83] In den zahlreichen Nachrufen auf ihn wurde Lipperts SS-Biografie fast nie erwähnt. Wenn doch, dann nie direkt, sondern euphemistisch umschrieben.[84]

Lippert starb 1949 nach längerer Krankheit in Traunstein.

Schwarz, Max Karl

* 7. 11. 1895 Mannheim
† 4. 10. 1963 Ottersberg

Max Karl Schwarz erlernte den Gärtnerberuf und schloss seine Ausbildung als Gartenbau-Ingenieur ab. Er nahm als Soldat am Ersten Weltkrieg teil. In Schlesien baute er gegen Ende des Krieges einen großen Versorgungsgartenbau für die Reichswehr auf. Nach dem Krieg war er Mitglied eines Freikorps und nahm an den Kämpfen um den oberschlesischen Annaberg teil.[85]

81 AWAG, Protokoll zum Monatsrat vom 19. 6. 1947, unpag.
82 Vgl. StAM, Spruchkammern, Franz Lippert, Karton 3902 und GOE, D.02 Lippert.
83 Franz Lippert, Vom Nutzen der Kräuter im Landbau. Ein Weg zum Verständnis der biologisch-dynamischen Arbeit. Hrsg. vom Forschungsring für biologisch-dynamische Wirtschaftsweise, Stuttgart, o. D.; GOE, D.02 Lippert; FRA, Briefwechsel Lippert 1946–1947.
84 Vgl. DaA, Sammlung Katharina Lippert, A 6764.
85 Franz Dreidax, Im Gedenken an Max Karl Schwarz, in: Mitteilungen aus der anthroposophischen Arbeit in Deutschland 18 (1964) 2.

166

Der Barkenhof

als Schulungsstätte der „Gartenbau- und Siedlerschule Worpswede, e. V.“ auf der Grundlage der biologisch-dynamischen Wirtschaftsweise

Dipl.-Gartenbau-Inspektor M. K. Schwarz, Schulleiter

Der Wunsch um eine regelrechte Schulungsstätte, welche die biologisch-dynamische Wirtschaftsweise zur Grundlage hat, besteht bereits seit längerer Zeit. Er wurde besonders von jenen gehegt und gepflegt, denen es oblag, dem immer größer werdenden Interesse für die biologisch-dynamische Wirtschaftsweise praktisch zu begegnen. Es hat sich alsbald gezeigt, daß eine große Nachfrage nach Fachkräften, welche diese Wirtschaftsweise beherrschen, vorhanden ist. Der Ruf nach entsprechend ausgebildeten Kräften zeigte sich vor allem auf dem Gebiete des Gartenbaues. Seit Jahren wurde daher nach Möglichkeiten gesucht, eine Schulungsstätte ins Leben rufen zu können. Nach mancherlei Bemühungen gelang es, den bekannten Barkenhof in Worpswede-Ostendorf für die inzwischen gegründete „Gartenbau- und Siedlerschule Worpswede, e. V.“ als Schulungsstätte zu erwerben.

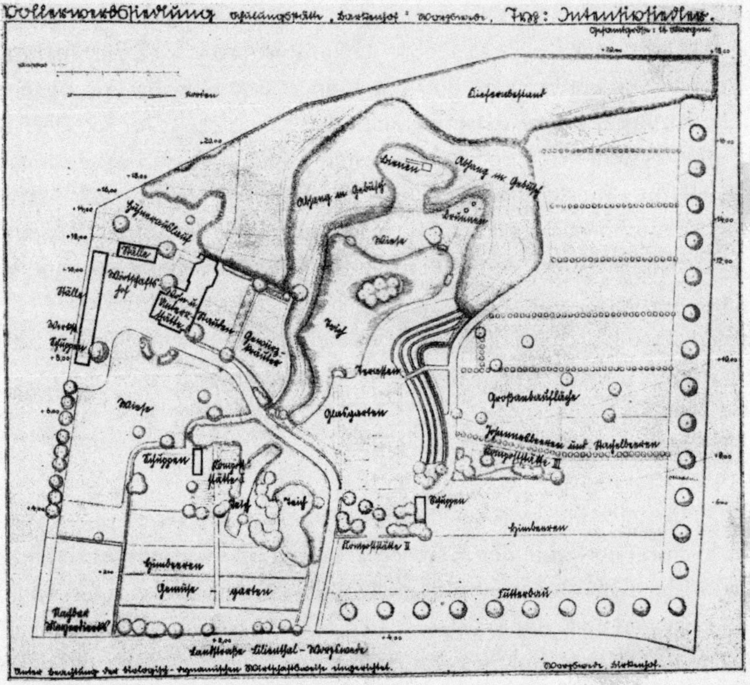

Dieser Schulungsstätte erwuchs schon während ihres Aufbaues eine wichtige Aufgabe. Es galt, den Barkenhof so einzurichten und umzugestalten, daß er in kurzer Zeit eine nach der biologisch-dynamischen Wirtschaftsweise eingerichtete Beispielswirtschaft vorzustellen vermag. Diese Umgestaltungs- und Aufbauarbeit bot von vornherein eine hervorragende Schulungsmöglichkeit für Lerntätige namentlich für solche, die am echten Siedeln interessiert sind. Es konnte deshalb gleich nach dem Erwerb des Barkenhofes die Schulungsarbeit in einer überaus lebendigen Form einsetzen. Solch eine Aufbauarbeit nach biologisch-dynamischen Gesichtspunkten vermittelt einen viel tieferen Einblick in organische Zusammenhänge, als dieser durch einen schon fertiggestellten Betrieb gewährt werden könnte.

Max Karl Schwarz, Der Barkenhof,
in: Demeter 8 (1933) 9, S. 166

Leberecht Migge überzeugte ihn 1920, in die Künstlerkolonie Worpswede zu ziehen und mit ihm gemeinsam eine Siedlerschule und eine Gartenbaufirma zu betreiben. Der Ort war wegen des berühmten Anwesens von Heinrich Vogeler, dem Barkenhoff (ndt. für Birkenhof), und der dort von ihm 1919 geründeten kommunistisch orientierten Landkommune deutschlandweit bekannt. Worpswede war für Schwarz doppelt attraktiv. Er konnte hier seinen gärtnerischen Ideen nachgehen und auch mit Künstlern verkehren, hatte er in seiner Jugend doch selbst Maler werden wollen. Franz Dreidax schrieb diesbezüglich: „Oft konnte man, wenn er Pflanzen anfaßte, wahrnehmen, wie sich da Künstlertum des Menschen mit dem Künstlertum der Natur zusammenschmiegte."[86]

Der Gartenbaubetrieb von Migge und Schwarz brannte 1921 ab. Auch der Kontakt mit Migge ging in die Brüche. 1923 verließ Heinrich Vogeler seinen berühmten Barkenhoff in Worpswede, und Schwarz pachtete die landwirtschaftlichen Flächen, um hier ab 1923 wiederum einen Gartenbaubetrieb unter dem Namen *Birkenhof* zu eröffnen, nunmehr gemeinsam mit Hermann Krüger. Seine erste Frau, die schon bald verstarb, machte Schwarz mit der Anthroposophie vertraut. Zur Zeit der Vorbereitung des *Landwirtschaftlichen Kurses* lernte er den Landwirt Ernst Stegemann kennen, den er Pfingsten 1924 zu dem Kurs im schlesischen Koberwitz begleitete. Er wurde Mitglied der *Anthroposophischen Gesellschaft* und des *Landwirtschaftlichen Versuchsrings.*

1933 gründete Schwarz die *Gartenbau- und Siedlerschule Worpswede e. V.* Wegen der kommunistischen Vergangenheit des Barkenhoff/Birkenhof wurde das Gut in Föhrenhof umbenannt. Schwarz war u. a. verantwortlich für den erfolgreichen Heckenbau auf dem von Erhard Bartsch bewirtschafteten Gut Marienhöhe Ende der 1920er-Jahre. 1931 hielt er einen Kurs in Loheland ab, an dem auch Alwin Seifert teilnahm. Seifert zog ihn später in seiner Funktion als „Reichslandschaftsanwalt" zur Mitarbeit bei der Planung und Gestaltung von Autobahnen heran. Ab 1938 widmete sich Schwarz hauptsächlich den Aufgaben als „Landschaftsanwalt". Er übte eine intensive Beratungs- und Lehrtätigkeit aus und publizierte in den 1930er-Jahren umfangreich zu Aspekten der *biologisch-dynamischen Wirtschaftsweise* und zum Gartenbau.

Anders als andere prominente Mitglieder des *Reichsverbandes* wurde Schwarz beim Verbot 1941 nicht verhaftet, eventuell, weil er 1940 Mitglied der NSDAP geworden war, wie die Gaukartei der Partei nachweist. Es ist erstaunlich, dass bislang alle einschlägigen Publikationen zum Thema *biologisch-dynamische Wirtschaftsweise* davon ausgingen, dass Schwarz kein Parteimitglied

86 Ebenda, S. 86.

gewesen war, obwohl die Aktenlage eindeutig das Gegenteil besagt.[87] Es gab 1941 allerdings eine Hausdurchsuchung bei ihm, bei der zahlreiche Bücher konfisziert wurden.[88] Schwarz konnte auch nach 1941 weiter publizieren.

Sein Bestreben, die biologisch-dynamische Sache zu befördern, ließ ihn – aus heutiger Sicht – mitunter die Grenzen zum Opportunismus und zur Kollaboration überschreiten. So veröffentlichte er 1940 Gedanken über die Landschaftsgestaltung in den besetzten polnischen Gebieten.[89] Schwarz war nach 1941 als Landschaftsgärtner für Privatgärten, öffentliche Anlagen, Kurparke und Badestrände tätig. Dies konnte er auch nach 1945 erfolgreich und umfänglich fortsetzen.

Eine ganz besondere Aufgabe war für ihn 1954 die Neugestaltung des Landschaftsparks um das Goetheanum in Dornach (Schweiz). Eine Entnazifizierungsakte von Schwarz wurde bei den Recherchen nicht gefunden. Nach dem Krieg war er in Worpswede im Gemeinderat politisch aktiv.

Stockamp, Alois
* 18.09.1900, Essen
† unbekannt

Die Aktenlage zu Alois Stockamp ist äußerst lückenhaft. Selbst am Goetheanum in Dornach, wo er am 26.3.1930 als Mitglied in die *Anthroposophische Gesellschaft* eintrat, ist außer diesem Datum wenig bekannt. Es gibt lediglich Hinweise auf drei Adressen Stockkamps, ohne Zeitangabe. Diese sind in chronologischer Reihenfolge: Göttingen, Untere Masch – Dornach bei Gärtner Lang – München, *Demeter*-Vertretung. Einer Gerichtsakte im Bundesarchiv ist zu entnehmen, dass sich Stockamp 1935 in München juristisch gegen den Verkauf der Räume seiner *Demeter*-Bäckerei wehrte, allerdings erfolglos.[90]

Nach der Eroberung der Ukraine 1942 wurde Stockamp, der vordem als freier Betriebsberater für die *biologisch-dynamische Wirtschaftsweise* tätig gewesen war,[91] „Leiter der Staatsgüterverwaltung Shitomir". Diese Tätigkeit übte er im Auftrag der *Landbewirtschaftungsgesellschaft Ukraine m.b.H.* (*LBGU*) aus, die Teil der *Reichsgesellschaft für Landbewirtschaftung mbH (Reichsland)* war. Die GmbH war 1940 vom Reichsminister für Ernährung und Landwirtschaft mit

87 U.a. Peter Staudenmaier.
88 Dreidax, Schwarz, S. 89.
89 Vgl. FKI, Max Karl Schwarz, https://biographien.kulturimpuls.org/detail.php?&id=659 [12.2.2024.]
90 Vgl. BArch, R 3002/113296.
91 Vgl. BArch, NS 19/3122, Bl. 35f.

dem Deutschen Reich als alleinigem Gesellschafter ursprünglich als *Ostdeutsche Landbewirtschaftungsgesellschaft mbH (Ostland)* gegründet worden.

Stockamp stellte „einen seiner Betriebe, den er offiziell selbst bewirtschaftet, für die Aufbauarbeiten des Dipl.-Landwirts Grund zur Verfügung".[92] Es war das *DVA*-Gut Wertingen. Die Überlassung ist insofern erwähnenswert, als Stockamp nicht Angehöriger der *DVA* war. Wie in Wertingen die Zusammenarbeit zwischen ihm und Carl Grund zustande kam, lässt sich heute nicht mehr klären. Offenbar war sie recht eng. So schrieb Grund in einem Brief vom 21. 11. 1942 aus Wertingen an seine Frau: „Ich sitze hier allein im Eßzimmer von Stockamp."[93]

Es ist heute auch nicht mehr rekonstruierbar, warum Alois Stockamp für die Leitung der Gutsverwaltung in Shitomir ausgewählt wurde. Laut Unterlagen des Archivs der *Anthroposophischen Gesellschaft* am Goetheanum in Dornach (Schweiz) wurde er 1930 dort direkt Mitglied und nicht in einem deutschen Landesverband. Dies war in jener Zeit aber nicht ungewöhnlich. Seine Mitgliedschaft war daher deutschen Behörden eventuell nicht bekannt. Streng vertraulich zog die NSDAP-Gauleitung München im Januar 1943 Erkundigungen über den in Gstadt am Chiemsee wohnenden Gutsverwalter ein, weil er in den besetzten Ostgebieten eingesetzt werden sollte. Stockamp war kein Mitglied der NSDAP, geschweige denn der SS. Auch hatte er öffentlich keine „Einsatzbereitschaft für die Bewegung" gezeigt. Zudem lebte Stockamp bis Mai 1940 bei Salzburg. Und so konnte die zuständige NSDAP-Dienststelle in Rosenheim nur melden: „Stockamp, Alois, geboren am 18. 9. 1900 [...] gehört seit 1940 der NSV[94] an. Seine Frau ist Mitglied der NS-Frauenschaft. Stockamp ist am 25. 5. 40 von Salzburg zugezogen. In politischer sowie sozialer Hinsicht wurde während dieser Zeit über ihn nichts Nachteiliges bekannt."[95]

Die Befreiung der Ukraine 1944 durch die Rote Armee beendete die Arbeiten auf dem Versuchsgut Wertingen. Stockkamp war weiterhin im Auftrag der *Reichsgesellschaft für Landbewirtschaftung* tätig, zunächst kurzzeitig im besetzten Frankreich,[96] bevor er ab dem 1. November 1944 als Betriebsleiter von Gut Rittershausen bei Graudenz eingesetzt wurde.[97] Über sein Leben ab 1945 ist nichts bekannt. Laut dem Nachruf von Theodor Willmann auf Gerhard Schwarz, der ebenfalls in Wertingen tätig war, gilt Stockamp seit 1945 als verschollen.[98]

92 Ebenda, Bl. 36.
93 Privatarchiv Peuker-Kiefl, Nachlass Carl Grund.
94 Nationalsozialistische Volkswohlfahrt.
95 BArch, R 9361-II/985036.
96 BArch, R 82/449, Bl. 32.
97 Ebenda, Bl. 43.
98 Vgl. Willmann, Schwarz, S. 57.

Voegele, Immanuel (Emmanuel)

* 11. 12. 1897 Schorndorf/Württemberg
† 16. 11. 1959 Hamborn bei Paderborn/Westfalen

Immanuel Voegele wurde 1897 als Sohn eines Notars im schwäbischen Schorndorf geboren. Seine Mutter war die Tochter eines Bauern und Winzers. Die kinderreiche Familie war strenggläubig pietistisch. Voegele besuchte die Realschule und begann anschließend eine landwirtschaftliche Lehre bei seinem Onkel in Westpreußen. Zu Beginn des Ersten Weltkrieges wurde er mit erst 16 Jahren Kriegsfreiwilliger. Bereits beim ersten Fronteinsatz wurde er schwer am Bein verwundet, wovon lebenslange Schmerzen und eine Gehbehinderung zurückblieben. Nach dem Krieg begann er, angeregt durch seinen Bruder Theo und seine Schwester Maria, sich mit der Anthroposophie zu beschäftigen, und besuchte zahlreiche Vorträge Rudolf Steiners. Er studierte an der Landwirtschaftlichen Hochschule in Stuttgart-Hohenheim und schloss das Studium als Diplomlandwirt ab. Bereits während des Studiums war er als Verwalter des Versuchsbetriebs der Hochschule tätig.

Seine berufliche Laufbahn begann er als Betriebsleiter auf dem zum *Kommenden Tag* gehörenden Hof Guldesmühle bei Dischingen. Die von ihm dort betreute Kompostwirtschaft wurde von Rudolf Steiner während einer Betriebsbesichtigung besonders hervorgehoben. In Dischingen blieb Voegele nur kurz, da er von Carl Graf von Keyserlingk das Angebot bekam, eines seiner Güter in Schlesien als Betriebsleiter zu verwalten. 1922 gehörte Voegele zu dem Kreis junger Landwirte, die sich regelmäßig im Hause von Moritz Bartsch in Breslau trafen, um sich anthroposophisch zu bilden. Noch im selben Jahr richteten Voegele und Erhard Bartsch einen ersten Aufruf an interessierte Landwirte: Sie wollten Rudolf Steiner für einen Kurs über Landwirtschaft gewinnen. Gemeinsam mit älteren Landwirten wie Carl Graf von Keyserlingk, Ernst Stegemann und anderen gelang es ihnen, Rudolf Steiner für Pfingsten 1924 zu einem Kurs in Koberwitz zu bewegen. Margarethe Voegele, seine jüngste Tochter, erinnert sich: „Bevor es meinem Vater und seinen Mitstreitern gelungen ist, Steiner 1924 nach Koberwitz zum sogenannten Landwirtschaftlichen Kurs zu bewegen, musste die Gruppe der anfragenden Landwirte immer wieder neue Aufgaben in der Landwirtschaft lösen. So wurden Ausdauer und Forscherdrang meines Vaters und das tiefe Anliegen der Gruppe um ihn herum gefordert."[99]

99 Margarethe Voegele im Gespräch mit Meggi Pieschel und Susanne zur Nieden, Loheland, 27.4.2022.

Immanuel Voegele, ca. 1950
Anthroposophisches Archiv Goetheanum, NL Koepf

Voegele blieb bis 1925 in Koberwitz. Anschließend war er für kurze Zeit bei Ernst Stegemann auf dessen Pachtgut Marienstein bei Göttingen tätig. Ab 1927 arbeitete Voegele als Verwalter des Rittergutes von Pilgramshain bei Striegau in Schlesien, wo er auch seine spätere Frau Herta kennenlernte. Das Gut war damals im Besitz der Familie von Jeetze, wurde aber nach dem Verkauf größerer Ländereien in eine GmbH eingebracht, deren Gesellschafter u. a. Martin Schmidt und Immanuel Voegele wurden. Im Jahr 1928 unterstützte Voegele als Gutsverwalter die Gründung des heilpädagogischen Institutes, u. a. für behinderte Kinder im Schloss. Mit den Mitarbeitern des Instituts, dem Heilpädagogen Albrecht Strohschein, dem Arzt Karl König und dem Maler Hermann Kirchner, entwickelte sich eine fruchtbare Zusammenarbeit auf den Gebieten der Naturwissenschaft, Pädagogik, Medizin und Kunst. Die Auskunftsstelle für biologisch-dynamische Landwirtschaft, von Kurt Theodor Willmann geführt, befand sich ebenfalls auf Gut Pilgramshain.

Während des Krieges gab es Zwangsarbeiter auf dem Gut, die, so lässt sich allen diesbezüglichen Akten entnehmen, von Voegele gut und fair behandelt wurden. Für den Bau einer Drainageleitung auf einem der Felder waren laut mündlicher Überlieferung Häftlinge des nahe gelegenen Konzentrationslagers Groß-Rosen eingesetzt.[100]

100 Ebenda.

Immanuel Voegele nahm an der inhaltlichen und operativen Entwicklung der biologisch-dynamischen Bewegung vielfältigen Anteil. Er wirkte mit beim Aufbau des anthroposophischen *Versuchsrings*, dem Entstehen des *Demeter Wirtschaftsbundes* sowie bei der landwirtschaftlichen Beratung und der Öffentlichkeitsarbeit. Er betrieb umfangreiche Forschungen u.a. zu Fragen der Bearbeitung des Bodens, zum Einfluss der Gestirne auf das Pflanzenwachstum, zur Nutzung von Mineralien und zu den biologisch-dynamischen Präparaten. Sein Bemühen, aus geisteswissenschaftlichen Einsichten die landwirtschaftliche Praxis zu gestalten, fand in Versuchsberichten, in Vorträgen und Aufsätzen sowie in Beratungen und seinen Beiträgen in den verschiedenen Gremien der landwirtschaftlichen Bewegung ihren Ausdruck. Zusammen mit seiner Mitarbeiterin Brunhild Erika Windeck widmete er sich im Versuchsgarten der Züchtung und Sortenerhaltung, vor allem von Getreide und Kartoffeln.

Bereits 1940 war die heilpädagogische Arbeit des Institutes durch Verbote und Eingriffe des NS-Systems nicht mehr möglich. Nach dem Verbot der *bdW* 1941 wurde das Gut verkauft. Die Besitzerin ließ es jedoch bis 1945 weiterhin biologisch-dynamisch bewirtschaften.

Am Ende des Krieges flüchtete Voegele mit seiner Familie und Gutsmitarbeitern vor der vorrückenden Roten Armee aus Schlesien. Ein erstes Ziel war Gut Hessel in Thüringen, das seinem Freund Martin Schmidt gehörte. Nach dem Einrücken der Roten Armee in Thüringen reiste Voegele weiter in den Westen, um sich von dort aus eine neue Tätigkeit zu suchen. Als er diese Ende 1947 auf dem Gut Talhof der Firma Voith in Heidenheim gefunden hatte, kam die Familie nach. 1952 übernahm er die Leitung der Landwirtschaft des Sozialen Hilfswerkes Schloss Hamborn bei Paderborn. Dort blieb er bis zum Ende seines Lebens.

Immanuel Voegele gehörte 1945/46 zu den Persönlichkeiten, die am Aufbau der biologisch-dynamischen Arbeit im Westen Deutschlands maßgeblich mitwirkten – nunmehr im *Forschungsring für biologisch-dynamische Wirtschaftsweise*. Im Alter von fast 62 Jahren starb Immanuel Voegele 1959 auf Schloss Hamborn.[101]

101 Vgl. u.a. Hans Heinze (Hrsg.), Vom irdisch-kosmischen Kräftewirken in Boden und Pflanzenwachstum. Immanuel Voegele, Gedenkheft, in: Lebendige Erde (November/Dezember 1960) 6, S. 240–291; FRA, Kurt Willmann an die Freunde der gemeinsamen Leitsatzarbeit: Michael-Mysterium Rudolf Steiners, 19.12.1959; Herbert Koepf, Voegele, Immanuel, in: Lebendige Erde (2002) 3, S. 38f.; FKI, Immanuel Voegele, https://biographien.kulturimpuls.org/detail.php?&id=734 [4.2.2024].

3.5 Die Orte

Zu den Recherchen der Orte der *biologisch-dynamischen Wirtschaftsweise* sind, was Verlässlichkeit, Vollständigkeit und Wertung der Quellen betrifft, ähnliche Einschränkungen zu machen wie bei den Biografien.

Barkenhoff

1895 kaufte der Maler Heinrich Vogeler in Worpswede einen Hof nebst Land und Nebengelassen in einem heruntergewirtschafteten Zustand, um sich seinen dortigen Freunden eines Malerkollektivs anzuschließen.[102] Nach und nach wurde das Hauptgebäude renoviert und entsprechend den Repräsentationsbedürfnissen des berühmter werdenden Malers erweitert.

Alsbald wurde der Hof zu einer „mondänen" Künstlerresidenz, nicht nur durch die Besuche von Rainer Maria Rilke, und zum Mittelpunkt der Künstlerkolonie Worpswede. Vogeler kaufte später noch weitere Flurstücke hinzu.[103] Er legte 1896 ein Birkenwäldchen an, das dem Hof bis heute den Namen gibt: Birkenhof, niederdeutsch Barkenhoff.

Unter dem Eindruck der Verheerungen des Ersten Weltkrieges gründete Vogeler 1919 auf dem Hof die anarcho-kommunistische *Kommune und Arbeitsschule Barkenhoff*. Die Mitglieder waren eine bunte Mischung aus Anarchisten, Sozialisten, Räte-Kommunisten, Republikanern, Künstlern, Arbeitern und Intellektuellen, unter ihnen der spätere kommunistische Schriftsteller und Arzt Dr. Friedrich Wolf mit seiner anthroposophisch orientierten ersten Ehefrau, Kaethe (Käthe) Gumpold. Fast alle kamen aus der Lebensreformbewegung, ihre politischen Wege trennten sich später.

Der Maler und Landwirt Walter Hundt berichtet in seinen Erinnerungen über den ersten Vortrag Rudolf Steiners am 22. Januar 1922 in Bremen, den mehrere Mitglieder der Kommune besuchten:[104] „Karl Lang, Käthe Wolf, Hedwig und Otto Schoppmann und auch ich wollten ihn hören. Heinrich Vogeler kam, von einer Reise zurückkehrend, hinzu. [...] Schon oft war es zu Diskussionen mit jungen Anthroposophen gekommen, die uns auf dem Barkenhoff besuchten. Sie fühlten sich zu uns hingezogen und fanden vieles von dem, was wir erstrebten, ihren Vorstellungen entsprechend. Käthe Wolf empfing durch die Begegnung

102 Im Kataster Osterholz-Scharmbeck ist als Zeitpunkt der Eigentumsübertragung 1896 eingetragen.

103 Vgl. Katasteramt Osterholz-Scharmbeck.

104 Walter Hundt, Bei Heinrich Vogeler in Worpswede. Erinnerungen, Worpswede 1981.

mit Rudolf Steiner neue Impulse für ihr Leben."[105] Sie verließ den Barkenhoff und ging nach dem Zerbrechen ihrer Ehe nach Kassel, wo sie die *Christengemeinschaft* kennenlernte. Käthe Wolf-Gumpold wurde „1924 als erste Frau nach der Gründung zur Priesterin geweiht".[106]

Auch der Gärtner Karl Lang trennte sich, beeinflusst durch den Vortrag, vom Barkenhoff und folgte Rudolf Steiner nach Dornach: „Aus der Schweiz kehrte er nach Deutschland zurück, um in der Zeit des nationalsozialistischen Regimes wieder Gärtner auf dem Barkenhoff zu werden, als die Gartenbau- und Siedlerschule Worpswede, die den Barkenhoff von der Roten Hilfe erworben hatte, ihre Tätigkeit einstellte und ein Bruder R. A. Schröders das Anwesen kaufte."[107] Dieser Bericht zeigt die weltanschauliche Offenheit früher Gruppen, die aus der Lebensreform stammten und sich hauptsächlich im linken politischen Spektrum verorteten.

Die Barkenhoff-Kommune strebte neben der handwerklichen und künstlerischen Produktion eine Selbstversorgung mit ökologisch angebauten Lebensmitteln an. Der Barkenhoff kooperierte dabei mit dem nahe gelegenen Sonnenhof, den der ebenfalls lebensreformerisch und sozialistisch orientierte Landschaftsarchitekt Leberecht Migge gepachtet hatte. Migge hatte 1920 Max Karl Schwarz überredet, nach Worpswede zu ziehen und mit ihm gemeinsam eine Siedlerschule und eine Gartenbaufirma zu betreiben. Diese brannten 1921 ab.

1923 verließ Heinrich Vogeler den Barkenhoff und die gescheiterte Kommune, um fortan in der Sowjetunion zu leben. Er übertrug die Nutzungsrechte am Hof an die *Rote Hilfe* und schloss einen Kaufvertrag mit ihrer Tochtergesellschaft *Quieta Erholungsstätten GmbH*, die das Haus und den umgebenden Garten als Kinderheim betrieb.[108] Die weiteren landwirtschaftlichen Flächen wurden anscheinend an Max Karl Schwarz verpachtet, der hier ab 1923 wiederum einen Gartenbaubetrieb eröffnete, nunmehr gemeinsam mit Hermann Krüger.[109]

Anfang der 1930er-Jahre gab es beim Betrieb des Kinderheims zunehmende Probleme, die aus innerparteilichen Auseinandersetzungen der *KPD* resultierten. Es war 1933 daher ein Glücksfall, dass die *Rote Hilfe* noch im Januar – nach dem Reichstagsbrand Ende Februar 1933 wurde die *Rote Hilfe* verboten – über

105 Ebenda, S. 155.

106 Wolfgang Gädeke, Die Gründung der Christengemeinschaft – ein Schicksalsdrama, Stuttgart 2023, S. 738.

107 Ebenda, S. 156.

108 Im Kataster 1926 beurkundet. Nachfolgerin wurde 1931 die Elwor GmbH.

109 Es gibt in den Archiven keinen Pachtvertrag. Die Unterlagen des Katasteramtes Osterholz-Scharmbeck belegen allerdings, dass die Flurstücke nicht verkauft wurden. In einem Schreiben vom 20. 3. 1926 an Martha Vogeler gibt Schwarz als Adresse den Birkenhof an. Archiv Heinrich-Vogeler-Museum Worpswede.

den Pächter Max Karl Schwarz „das gesamte Anwesen mit Gebäuden für 22 000 Mark an eine GmbH ‚Gutsverwaltung Pilgramshain' verkaufen konnte".[110] Mit seiner Stellung als verlässlicher Pächter wäre auch zu erklären, warum Max Karl Schwarz den Barkenhoff noch Anfang 1933 regulär erwarb, war doch eine Enteignung kommunistischen Eigentums durch das NS-Regime absehbar. Die *Rote Hilfe* besaß noch ein zweites Kinderheim in Elgersburg (Thüringen). Dieses wurde 1933 kostenfrei der *Hitler-Jugend* übereignet.

Schwarz blickt in einem *Demeter*-Beitrag 1934 auf zehn Jahre *bdW* auf dem nunmehr als Abgrenzung vom Barkenhoff als Birkenhof bezeichneten Gelände. Er spricht davon, dass sein Schwiegervater den Hof bereits 1923 „erworben" habe.[111] In seiner 1933 veröffentlichten Schrift „Ein Weg zum praktischen Siedeln" hatte er bereits auf eine neunjährige Nutzung zurückgeblickt.[112]

Dies steht im Widerspruch zu anderen historischen Quellen, deren Angaben oftmals aber nicht belastbar sind. Für diese Studie wurde erstmals das Kataster eingesehen. Die bereits längere Bewirtschaftung des Barkenhoffs durch Schwarz wird von Heinrich Thies 1935 bestätigt: „Im Nachwinter und Frühjahr 1929 lernte ich an Sonntagvormittagen erstmalig die Grundlagen der biologisch-dynamischen Wirtschaftsweise auf dem Birkenhof in Worpswede durch Herrn Dipl. Gartenbauinspektor M. K. Schwarz kennen."[113]

Zweifellos nahm die Entwicklung des Hofes einen bedeutsamen Aufschwung unter Max Karl Schwarz. In seinem *Demeter*-Beitrag 1934 dokumentierte er mit Fotografien die landwirtschaftlichen Anbauerfolge und die aufwendig angelegten Felder und Bepflanzungen. Einige auch heute noch rudimentär zu sehenden Tomaten-Terrassen gehen bereits auf die Anlage unter Vogeler zurück.

Der Barkenhoff firmierte im Beitrag als „Gartenbau- und Siedlerschule", Schwarz als „Schulleiter". In einem historischen Exkurs erinnert er an Heinrich Vogeler und seine Beziehung zum Biedermeier und an dessen Gast Rainer Maria Rilke. Die eher sozialistisch-anarchistischen Entwicklungen nach dem Ersten Weltkrieg bleiben unkonturiert.[114]

Auf dem Gelände in Worpswede konnte Schwarz seine Grundidee eines Gärtnerhof-Modells umsetzen. Diese bestand „in einer Kombination aus Gärtnerei und Kleinbauernhof auf einer Fläche vom zwei bis fünf Hektar. Im Unterschied zu Kleinbauernwirtschaften soll die gärtnerische Komponente (der

110 Bernd Küster, Das Barkenhoff-Buch, Bremen 2020, S. 187.

111 Demeter (1934) 5, S. 81. Die Rolle des Schwiegervaters konnte nicht geklärt werden.

112 Max Karl Schwarz, Ein Weg zum praktischen Siedeln, Pflugschar-Verlag Klein, Düsseldorf 1933.

113 Demeter (1935) 5, S. 101.

114 Demeter (1933) 9.

intensive Anbau von Gemüse, Obst, Kräutern) den finanziellen Ertrag des Hofes und den Selbstversorgungsgrad seiner Bewohner deutlich steigern. Und im Kontrast zu herkömmlichen Gärtnereien soll die landwirtschaftliche Komponente für einen ausgewogenen ‚Hoforganismus' im Sinne einer ökologischen Kreislaufwirtschaft sorgen."[115] Wahrscheinlich für die ersten Lehrgänge 1933/34 ließ Schwarz ein Informationsblatt über die „Gartenbau- und Siedlerschule Worpswede, e. V." drucken, um für seine „Halbjahrs-Lehrgänge zur Ausbildung in der biologisch-dynamischen Wirtschaftseise" zu werben.[116] Neben vielen praktischen und inhaltlichen Informationen heißt es hier ausdrücklich: „Es können nur Arier aufgenommen werden."[117]

Doch die Schule hatte keinen ausreichenden Erfolg und wurde 1939 geschlossen. Im Kataster steht ab 1939 der Landwirt Martin Schmidt und ab 1940 der Landwirt Johann Schröder. Neuer Pächter bis 1948 wurde der aus Dornach zurückgekehrte Gärtner Karl Lang. Danach verfiel der Barkenhoff. Angesichts des auch nach 1945 weiterbestehenden Antikommunismus in Westdeutschland war erst in den 1970er-Jahren an eine Erinnerung an den bedeutenden Künstler Heinrich Vogeler denkbar, der stets mit sozialistischen und kommunistischen Ideen sympathisiert hatte. Die biodynamische Geschichte des Barkenhoffs harrt noch ihrer öffentlichen Darstellung.

Auf Initiative des Bremer Bürgermeisters Hans Koschnik wurden 1972 ausreichend Gelder gesammelt, um das Areal und das Wohnhaus nebst Nebengebäuden zu kaufen. Das Wohnhaus wurde saniert und zum Heinrich-Vogeler-Museum umgestaltet. Das ehemals landwirtschaftlich genutzte Areal ist heute bewaldet.

Gut Heynitz

Der Heynitzer „Turm mit Mauer" als Teil einer Burganlage wurde bereits 1338 erstmals urkundlich erwähnt. Das Gut entstand erst nach der Reformation um 1561. Es entstanden verschiedene Wirtschaftsgebäude, die gemeinsam mit dem Schlossgebäude den Gutshof bildeten. Der Vater von Benno von Heynitz hatte das Gut Heynitz und das ebenfalls im Familienbesitz befindliche Rittergut Wunschwitz verpachtet. Nach dem Auslaufen der Pachtverträge übernahm Benno von Heynitz 1912 die Verwaltung seiner Güter selbst. Ein Jahr später heiratete er Eleonore von Canal. Die Bewirtschaftung der Güter war in den Kriegs- und anschließenden Krisenzeiten stets prekär.

115 Beleites, Gärtnerhof, 12 f.
116 Informationsblatt, Archiv des Vogeler-Museums Worpswede.
117 Ebenda.

Die Geschichte des Gutes ist hauptsächlich über die 1978 aufgezeichneten Erinnerungen von Heynitz' überliefert. „1924 wurde der Landwirtschaft die Aufgabe gestellt, die Ernährung aus eigener Scholle zu ermöglichen. Voraussetzung dafür war natürlich eine starke Intensivierung der Betriebe. Man konnte Kredite erhalten für den Silobau, für Trockenanlagen und für die Anschaffung von Maschinen."[118] Doch diese Kreditaufnahmen wurden für viele zum Problem: „Als nun einige Jahre später, etwa 1927 beginnend, das Geld knapper wurde und die Kredite zurückgezogen wurden, kamen viele landwirtschaftliche Betriebe in große Schwierigkeiten."[119] Heynitz überstand auch dies, doch immer wieder wurden Lösungen für die Krise der Landwirtschaft gesucht. „Bereits 1922 hatten sich mehrere Landwirte, unter ihnen Ernst Stegemann im Klostergut Marienstein bei Göttingen, an Rudolf Steiner gewendet und ihn gebeten, der Landwirtschaft Ratschläge zu geben. Er war dazu bereit unter der Bedingung, daß eine genügende Anzahl von Interessierten gesichert sei. Das war dann 1924 der Fall."[120]

Es dauerte noch einige Jahre, bis sich auch Benno von Heynitz mit Theorie und Praxis der *bdW* beschäftigte: „Meine Frau besuchte 1928 oder 29 eine Ernährungsausstellung in Berlin und lernte dort die Erzeugnisse der bio.-dyn. Wirtschaftsweise kennen. Sie hatte bereits von Frau v. Miltitz in Siebeneichen bei Meißen von dem Kursus in Koberwitz gehört. Alles interessierte sie so sehr, daß sie sich entschloß, in der Adventszeit 1929 an einer Tagung des Versuchsringes in Bad Saarow teilzunehmen. Natürlich berichtete sie mir sehr ausführlich von allem. Bald darauf kam Almar v. Wistinghausen zu uns. Er war in Koberwitz gewesen und hatte vom Versuchsring den Auftrag erhalten, einige Landwirte in Sachsen aufzusuchen. Nach einer sehr offenen Aussprache mit ihm erklärte ich mich bereit, in Heynitz Versuche vorzunehmen."[121] „Ich selbst machte 1930 in Heynitz die ersten Versuche und habe, als sie positiv verliefen, in drei Jahren meine beiden Betriebe auf die biol. dynam. Wirtschaftsweise umgestellt. Diese Tatsache fand damals große Beachtung, Zustimmung und auch Ablehnung."[122] Gut Heynitz wurde zu einem Mittelpunkt der *bdW*-Bewegung, von Heynitz 1933 der Vorsitzende der *Gesellschaft zur Förderung der biologisch-dynamischen Wirtschaftsweise* in Sachsen. Carl Grund war seit 1930 Leiter der sächsischen Beratungsstelle und betreute auch Gut Heynitz. Zwischen beiden Männern entstand eine Freundschaft, die auch die Familien einschloss.[123]

118 Heynitz, Erinnerungen, S. 15.
119 Ebenda.
120 Ebenda, S. 16.
121 Ebenda, S. 17.
122 Ebenda, S. 1.
123 Renate Peuker-Kiefl im Gespräch mit Jens Ebert 2019, unveröffentlicht.

Die Reichsarbeitsgemeinschaft für Volksernährung, Berlin,
am 8. Juni 1935 in Heynitz
Anthroposophisches Archiv Goetheanum, NL Koepf

Gute Voraussetzungen für eine biologisch-dynamische Bewirtschaftung bot in Heynitz insbesondere der große Garten, da in ihm noch nie künstlicher Dünger verwendet worden war. Heynitz gelang es, den Gärtner Heinrich Kleinschmidt für die Leitung aller Arbeiten entsprechend der *bdW* zu verpflichten. Auch Heynitz' Ehefrau brachte sich intensiv in die Arbeiten ein. Das Gut prosperierte und zog Lehrlinge und Praktikanten an. „So erfolgte in den Jahren 1930–33 die Umstellung der Güter Heynitz und Wunschwitz. Das wurde rasch bekannt und hatte zahlreiche Besichtigungen zur Folge."[124] Es ist auch das Verdienst von Carl Grund, die Erfolge in Heynitz durch Vorträge landesweit bekannt gemacht zu haben. „Außer den Landwirten kamen aber auch Verbraucher aus den Städten, Ärzte – allein oder in Gruppen –, Vereine oder einzelne Gäste."[125]

Die Machtübernahme durch die NSDAP hatte kaum Einfluss auf die Entwicklung des Gutes. 1939 sollten Güter, die nach der *bdW* wirtschafteten, so auch Heynitz, einer Untersuchung und einem Vergleich mit konventionellen Landwirtschaftsbetrieben unterzogen werden, maßgeblich unter Beteiligung der SS. „Auch an dieser nahm ich in Sachsen teil und erinnere mich gern und sehr genau an sie. Im Meißener Kreise war der Felderstand auffallend verschieden.

124 Heynitz, Erinnerungen, S. 19.
125 Ebenda, S. 20.

Auf den meisten Äckern der Kunstdüngerbetriebe lag das Getreide infolge der Wetterschäden wie gewalzt, während auf unseren Feldern das Getreide aber einen ausgezeichneten Eindruck machte. Das wurde bei der Besichtigung von allen gern anerkannt. Die Gespräche mit den Herren habe ich in bester Erinnerung. Sie verliefen sachlich, und ein jeder achtete das offene Urteil des anderen. Eine Auswertung der Ernteergebnisse fand leider nicht statt, weil der Polenfeldzug begonnen hatte."[126]

Obwohl auch v. Heynitz nach dem Verbot des *Reichsverbands* 1941 und dem Wegfall des Schutzes durch Rudolf Heß verhaftet wurde, konnte sein Gut ohne Einschränkungen weiter wie bisher bewirtschaftet werden. „Unsere Betriebe konnten trotz alledem biol.dyn. weiterarbeiten und taten es auch. Ein Eingriff der Partei erfolgte nicht mehr."[127] Die erschwerte Lage nach dem deutschen Überfall auf die Sowjetunion schien ebenfalls keinen Einschnitt in der Produktion zur Folge gehabt zu haben, zumal auch Gut Heynitz offenbar von Zwangsarbeitern aus den eroberten Ostgebieten profitierte. Bereits vor 1939 hatte es auf dem Gut Saisonarbeiter aus dem Osten gegeben. „Die Landwirtschaft konnte besser arbeiten als im 1. Weltkrieg, da ihr immer wieder, besonders in der Erntezeit, Arbeitskräfte zur Verfügung gestellt wurden."[128] Die guten Arbeitsbedingungen auf Gut Heynitz zogen aber auch freiwillige Arbeitskräfte an, z. B. aus der Slowakei.

Ab 1944 wurden Flüchtlinge aus den deutschen Ostgebieten auf Gut Heynitz einquartiert. Nach der Bombardierung Dresdens kamen auch von dort Hilfesuchende. Im April 1945 gab es Flüchtlingstrecks von Bewohnern aus Heynitz nach Westen. Am 6. Mai versuchte es Benno von Heynitz selbst, doch die Wege hatte die Rote Armee bereits abgeschnitten. Er kehrte auf sein Gut zurück.

Nach der Kapitulation Deutschlands wurde Heynitz wie alle anderen landwirtschaftlichen Güter mit einem Ablieferungssoll belegt. „Außerdem wurde die Ablieferung von Vieh verlangt, das zur Wiedergutmachung nach Rußland geschickt wurde. So mußte ich in Heynitz die meisten Kühe abgeben und die ganze Schafherde. Man ließ uns etwa 10 Kühe zur Versorgung der auf dem Hofe arbeitenden Menschen."[129]

Im Rahmen der Bodenreform 1945 wurde Benno von Heynitz schließlich entschädigungslos enteignet. „In Heynitz wurde das Land des Rittergutes aufgeteilt und in Parzellen von je 5 ha an die landwirtschaftlichen Arbeiter und Flüchtlinge kostenlos abgegeben. Ebenso wurden Vieh und Geräte an die Siedler

126 Ebenda, S. 38 f.
127 Ebenda, S. 92.
128 Ebenda, S. 73.
129 Ebenda, S. 80.

verteilt. […] Der Beschlagnahme unterlagen aber auch das ganze Schloßinventar mit dem Archiv, der Bibliothek und den Familienbildern Ebenso wurden die Bankguthaben beschlagnahmt."[130] Die Familie von Heynitz siedelte im Oktober 1945 in die Westzonen über. Im gleichen Jahr – relativ spät – wurde Benno von Heynitz Mitglied der *Anthroposophischen Gesellschaft*. Die im Rahmen der Bodenreform an Neusiedler abgegebenen Flächen und das Vieh des Gutes wurden später Bestandteil der 1952 gegründeten LPG „Florian Geyer". Im Schlossgebäude wurden kleinere Wohneinheiten eingebaut. Teile der Wirtschaftsgebäude wurden abgerissen. Ein Abriss des Schlossgebäudes konnte verhindert werden. Ab Mitte der 1950er-Jahre wurden die oberen Schlosssäle als Unterrichtsräume für die Schule genutzt. Zusätzlich waren der Kindergarten, die Gemeindeverwaltung und die Heimatstube im Schloss untergebracht. Ein Teil der Wirtschaftsgebäude wurde von der LPG genutzt.

Nach 1989/90 verblieb das Schlossgebäude im Besitz der Gemeinde Heynitz, die in den Folgejahren umfangreiche Sanierungen an Dach und Fassade durchführte. 2003 wurde die Gemeinde Heynitz nach Nossen eingegliedert, womit das Gebäude seinen öffentlichen Nutzungszweck verlor.[131] Heute sind Schloss und Gut Heynitz nach eigenen Angaben „Treffpunkt für Kulturinteressierte, Naturschützer, Gemüseliebhaber und Förderer eines ökologischen Landbaus". Das Schloss beherbergt eine Naturschutzstation des NABU. Eigentümer sind seit 2004 der Förderverein Schloss Heynitz e. V. und die Familie von Watzdorf.[132]

Siedlungsgemeinschaft Loheland

1919 erwarben die beiden engagierten Gymnastiklehrerinnen und Anthroposophinnen Louise Langgaard und Hedwig von Rohden ein 167 Morgen großes Gelände auf der Rhön in der Nähe von Fulda. Dies war die Geburtsstunde der Frauen-*Siedlungsgemeinschaft Loheland*. In einem frühen Schulprospekt aus dem Jahr 1920 hieß es, die Schulsiedlung wolle „eine Arbeits- und Entwicklungsstätte für das kommende weibliche Geschlecht" sein.[133] Der Siedlungsgedanke, eine partielle Selbstversorgung auf Grundlage der biodynamischen Wirtschaftsweise, Gymnastikkurse und ein Ausbildungsangebot zur Gymnastiklehrerin, aber auch verschiedene Formen handwerklicher Produktion, die dem Eigenbedarf dienten und auf Messen vertrieben wurden, waren von Beginn an integraler Bestandteil des Projektes. Es entwickelte sich eine schnell wachsende Siedlungs-

130 Ebenda, S. 83.
131 Schloss Heynitz, https://www.schlossheynitz.de/ [27. 9. 2023].
132 Ebenda.
133 ALS, Prospekt 1920, Archiv Loheland.

Die Gründerinnen
Louise Langgaard (links) und
Hedwig von Rohden um 1930
Archiv Loheland Stiftung

gemeinschaft, in der fast nur junge Frauen arbeiteten und lebten. In einer Beziehung unterschied sich Loheland jedoch von ähnlichen Projekten im Umfeld der Lebensreformbewegung: „Die Schülerinnen strebten einen Abschluss als Lehrerinnen für die Loheland-Methode an und so kehrten sie nach einem abgeschlossenen Leben in der Gemeinschaft ganz selbstverständlich in die Welt jenseits der Siedlung zurück."[134]

Ursprünglich als *Genossenschaft Loheland zur Förderung der Schule für Körperbildung, Landbau und Handwerk* gegründet, wurde 1922 aus Geldnot ein Gesellschaftervertrag aufgesetzt und die *Loheland Werkstätten GmbH* gegründet, mit fünf Gesellschaftern. Nach der finanziellen Konsolidierung wurden die Gesellschafter ausgelöst. 1932 wurden die beiden Geschäftsformen miteinander verschmolzen zur *Loheland Schule für Gymnastik, Landbau und Handwerk GmbH*, Gesellschafterinnen können nun nur Mitarbeiterinnen sein. Heute

134 René Halkett, Der liebe Unhold – autobiographisches Zeitportrait von 1900 bis 1939, Hürth 2011, S. 275.

ist Loheland als Stiftung organisiert. Nach langen Verhandlungen wurden im August 1971 die *Loheland-Stiftung, Schule und Werkstätten* gegründet.[135]

Auch wenn Gymnastikkurse und die Ausbildung junger Frauen zur Gymnastiklehrerin im Mittelpunkt Lohelands standen, Landwirtschaft und Gartenbau, die vor allem auch einen Teil der Selbstversorgung sichern sollten, gehörten von Beginn an zum Konzept der Frauensiedlung. Für Langgaard war die Einbindung der Gymnastik-Ausbildung in handwerkliche und landwirtschaftliche Arbeiten von konzeptioneller Bedeutung: Gymnastik dürfe nicht „als ‚Kulturprodukt' isoliert im Leben stehen".[136] Bereits 1926, also zwei Jahre nachdem Steiner den *Landwirtschaftlichen Kurs* abgehalten hatte, wurde die Landwirtschaft biodynamisch umgestellt. Der Grund und Boden Lohelands gehört somit zu den ältesten biodynamisch gepflegten Flächen, wobei das Gartenland 1927 ca. 15 000 qm betrug.[137] Langgaard und von Rohden sowie die beiden Gärtnerinnen waren zudem früh Mitglieder im *Versuchsring Anthroposophischer Landwirte*.

Die Mitarbeiter:innen in der Garten- und Landwirtschaft in Loheland gehörten zu den biodynamischen Pionier:innen und waren in dieser Anfangsphase außerordentlich aktiv. So wurden umfangreiche Forschungsreihen durchgeführt. Die Gärtnerin Maria Lohmann experimentierte in den Jahren 1927 bis 1932 „mit alternativen Düngeverfahren, Wirkungen spezieller Präparate und geeigneten Aussaatzeiten. Sie legte Vergleichsbeete an und dokumentierte den Verlauf mit Angaben zu Wuchshöhe, Erkrankungen, Wasserbedarf, Aussehen, Reiferhythmen sowie Erträgen und Geschmack."[138] Loheland war 1931 Veranstaltungsort eines überregionalen Kursus der biodynamischen Bewegung zum Gartenbau.[139]

Louise Langgaard war 1913 eines der ersten Mitglieder der *AG*. Hedwig von Rohden trat im Frühjahr 1919 ein. Die Loheländer Gymnastik wurde von Marie Steiner jedoch nicht als anthroposophische Praxis anerkannt.[140] Auf Anraten von

135 Vgl. Elisabeth Hertling, Das Entstehen und Werden der Schulsiedlung Loheland – 1984, in: Loheland-Stiftung (Hrsg.), Drei Frauen – drei Geschichten. Perspektiven auf die frühe Siedlungsgemeinschaft Loheland. Herta Dettmar-Kohl, Imme Heiner und Elisabeth Hertling erzählen, Fulda 2012, S. 151–202, hier S. 175 f.

136 Vgl. Elisabeth Mollenhauer-Klüber, Biodynamischer Landbau in Loheland. Maria Lohrmanns naturwissenschaftliche Forschungen und der Garten im Bildungskonzept, in: Elisabeth Mollenhauer-Klüber/Michael Siebenbrodt (Hrsg.), Loheland 100: Gelebte Visionen für eine neue Welt, Fulda 2019, S. 88–91, hier S. 89.

137 Mollenhauer-Klüber, Biodynamischer Landbau, S. 89.

138 Ebenda.

139 Hellmut Bartsch, Gartenbaukursus im Loheland vom 22. bis 29. November 1931, in: Demeter (1932), S. 225–226.

140 Vgl. RSA, Briefwechsel Marie Steiner-von Sivers mit H. v. Rohden und L. Langgaard 1926 ff., Korrespondenzen Marie Steiner.

Marie Steiner begann Hedwig von Rohden 1927 eine Ausbildung zur Eurythmie-Lehrerin in Dornach, die sie 1928 abschloss. Seit Beginn der 1930er-Jahre bot sie entsprechende Kurse in Loheland an.

1925 war Loheland dem *Deutschen Gymnastikbund* beigetreten, der im Sommer 1933 mit dem *Reichsverband deutscher Turn-, Sport und Gymnastiklehrer* gleichgeschaltet und korporativ dem NS-Lehrerbund zugeordnet wurde. Mit der Eingliederung in die staatlichen Strukturen des NS-Regimes war die Möglichkeit weitgreifender Eingriffe in den Schulbetrieb, wie z. B. staatliche Nachprüfungen, gegeben. Anfangs scheint es dennoch Handlungsspielräume gegeben zu haben. 1936, zu einem Zeitpunkt, als viele Schulen keine jüdischen Schüler:innen mehr aufnahmen, waren von 44 Schülerinnen fünf Jüdinnen zur Ausbildung in Loheland gemeldet.[141]

Die Gymnastikschülerinnen bekamen durchaus auch staatliche Anerkennungen. 1936 nahmen die Loheländerinnen an einem Schulwettkampf teil, den die *Deutsche Fachschulschaft* organisierte, und wurden zur „Siegermannschaft in der Sparte Gymnastikschulen" gekürt: „Die Gemeinschaftsarbeiten der Wettkampfgruppe sind in jeder Beziehung überragend. Ganz besonders hervorzuheben ist die Gemeinschaftsarbeit der Gruppe III: ‚Der völkische Gedanke in den Festeszeiten im Jahresablauf', in der sich eine positive weltanschauliche Haltung spiegelt. Die geistige Durchdringung der gewählten Themen ist so ausserordentlich gut, dass man über die reine Verarbeitung der Materie hinweg sehr stark den Eindruck einer durchaus positiven kämpferischen Haltung hat. […] Die Arbeiten der Gruppe I und II lassen zum Teil die sichere weltanschauliche Grundlage, wie sie die anderen Arbeiten zeigen vermissen."[142]

Im Folgejahr 1937 versuchte die staatliche Schulbehörde verstärkt, Einfluss auf die Unterrichtsinhalte zu nehmen, und plante, die Themenstellungen der Abschlussarbeiten im Sinne des Regimes zu beeinflussen.[143] In eben diesem Jahr wurde zudem ein Verbot der Eurythmie diskutiert. Es trat letztlich aber erst 1941 endgültig in Kraft.[144]

141 BArch, NS 38/2352, Deutsche Fachschulschaft, Fragebogen W/S 36/37.

142 BArch, NS 38/440, Deutsche Fachschulschaft, Reichsführung o. D.

143 Vgl. Irmgard Klönne, Hedwig von Rohden und Luise Langgaard – Die Gründerinnen Lohelands, in: Ilse Brehmer (Hrsg.), Mütterlichkeit als Profession?, Pfaffenweiler 1990, S. 161.

144 1936 erfolgte eine Einschränkung der Eurythmie. Die Stuttgarter Eurythmielehrerin Elsa Klink versuchte, ihre Schule zu retten, und fuhr nach Berlin, um mit der Reichstheaterkammer zu verhandeln. Sie erreichte, dass dort unter der Abteilung „Tanz" eine Unterabteilung „Eurythmie" eingerichtet wurde und sie ihre Kurse weiter abhalten konnte. Aufführungen der Eurythmie blieben untersagt, Diplome sollten von der Reichstheaterkammer bestätigt werden. Am 8. Juli 1941 schlossen die Student:innen ihr Studium erfolgreich ab, doch als die Diplome am 2. 8. 1941 per Post aus Berlin kamen, waren sie wertlos, denn in der

Infolge dieser Veränderungen kam es zum Bruch zwischen den beiden Gründerinnen von Loheland. Hedwig von Rohden, der die politischen Kompromisse offenbar zu weit gingen, verließ das gemeinsame Projekt 1937. An Marie Steiner schrieb sie am 1. Mai 1937: „ich möchte Ihnen mitteilen, dass ich mich von Loheland getrennt habe und dass ich in Deutschland Eurythmie unterrichten will."[145] Gerade weil die Eurythmie von nationalsozialistischer Seite immer wieder angegriffen wurde, war es ihr Ziel, die anthroposophische Bewegungskunst als Privatlehrerin zu unterrichten und sich so vom Zeitgeist abgrenzen zu können.

Louise Langgaard wurde hingegen im selben Jahr Mitglied der NSDAP. Wohl keineswegs zufällig bescheinigte ihr der *Reichsverband deutscher Turn-, Sport- und Gymnastiklehrer* die „Staatliche Anerkennung als Gymnastiklehrerin" und somit einen Status, der sie von staatlichen Nachprüfungen befreite.[146] Auch enge Mitarbeiterinnen Langgaards traten nun in die *NS-Frauenschaft* und den *Bund Deutscher Mädel* ein und übernahmen Funktionen. Die ehemalige Schülerin Imme Heiner erinnerte sich: „Nazizeit – Es war gar nicht so einfach, das Richtige zu tun, als die nationalsozialistische Welle auch über uns ging. Da beschlossen wir so etwas Ähnliches zu machen, wie in die Haut der Schlange zu kriechen. Wir wollten auf keinen Fall, dass unsere Kinder und Jugendlichen, unsere Schülerinnen, fremde Mädels als Führerinnen bekamen, so übernahmen wir selbst die Führung beim *Jungvolk*, dem *BDM* und der *Frauenschaft*. Hertha Oblasser z. B. wurde Musikreferentin und musste in den Rhöndörfern mit den Frauen singen."[147]

Laut Imme Heiners Erinnerung konnte man in den Folgejahren ruhig weiterarbeiten, zu größeren staatlichen Eingriffen sei es nicht mehr gekommen. Umso überraschender traf die Loheländerinnen die Gestapo-Aktion vom 9. Juni 1941, die im Zusammenhang mit der reichsweiten *Aktion gegen Geheimlehren und sogenannte Geheimwissenschaften* stand und zu einer dreitägigen Schulschließung führte. Die Häuser wurden durchsucht, anthroposophische Literatur beschlagnahmt, die Anwesenden verhört. Die Beamten drohten mit der Auflösung der Schule.

Zwischenzeit war es im Zusammenhang mit der *Aktion gegen Geheimlehren und sogenannte Geheimwissenschaften*zu einem endgültigen Verbot der Eurythmie gekommen. Vgl. Christine Lubczyk (Hrsg.), Eurythmie Lebenswege – 16 Biographien erzählen, Berlin 2007.

145 Vgl. RSA, Briefwechsel Marie Steiner-von Sivers mit H. v. Rohden.

146 Vgl. BArch, NS 38/4408.

147 Imme Heiner, Erinnerungen an das Seminar für Klassische Gymnastik und Alt Loheland, in: Loheland-Stiftung (Hrsg.), Drei Frauen – drei Geschichten. Perspektiven auf die frühe Siedlungsgemeinschaft Loheland. Herta Dettmar-Kohl, Imme Heiner und Elisabeth Hertling erzählen, Fulda 2012, S. 53–149, S. 130.

Nach drei Tagen zogen die Beamten wieder ab, und der Schul-, Handwerks- und Gartenbetrieb lief weiter wie bisher. Imme Heiner glaubte, dass die Intervention des Kultusministeriums die Gestapo zum Abzug gebracht habe.[148] Tatsächlich war es aber auch in vielen anderen biodynamischen Betrieben zu diesen punktuellen Aktionen gekommen, ohne dass in der Folgezeit weitere Eingriffe erfolgten. Der Betrieb in *Loheland* verlief, von den kriegsbedingten Einschränkungen abgesehen, in den Folgejahren ohne weitere Störungen. 1943 wurde ein Internat und eine Schule für Kinder aus bombengefährdeten Städten eingerichtet. *Loheland* wurde zu einer Zufluchtsstätte für durch den Krieg bedrohte Kinder.[149]

Nach Kriegsende 1946 und 1947 musste Louise Langgaard sich wegen ihrer Mitgliedschaft in der NSDAP einer Überprüfung durch die Besatzungsmacht sowie einem Spruchkammerverfahren unterziehen.[150] Dem Fragebogen der Militärregierung fügte Louise Langgaard eine Anlage mit der Überschrift „Mitgliedschaft in der NSDAP“ bei und erklärte, ihr Eintritt sei „nicht aus politischen Gründen“ erfolgt. Ihre Lebensarbeit sei „kulturell-künstlerischer Natur. Mit Politik habe ich mich nie befasst.“[151] „Dem immer heftiger werden Druck entsprechend und um die Schule in eigener Hand zu behalten“, habe sie sich dann doch gezwungen gesehen, „mich einschreiben zu lassen“.[152] Um den Einfluss fremder Führerinnen von der Schule und den Schülerinnen fernzuhalten, hätten bewährte Mitarbeiterinnen Funktionen im *BDM* als „Ortsfrauenschaftleiterin“ übernommen. „Aus dem gleichen Grund trat auch eine unserer Lehrerinnen Fräulein Eva Maria Deinhard in die Partei ein. So ist es uns gelungen, unsere kulturell-erzieherische Aufgabe durchzuführen bis auf den heutigen Tag.“[153]

Frank Hilker, ein enger Freund aus der Gymnastikbewegung und NS-Verfolgter, schrieb ein Gutachten über Langgaard für die Spruchkammer. Hilker ging in seiner Argumentation sogar noch einen Schritt weiter als Louise Langgaard, er bezeichnete den Parteieintritt als „Opfer“ und deutete den Weggang Hedwig von Rhodens als privatistische Flucht und Verrat, der die Existenz der Schule hätte zerstören können. Mit der Machtübernahme sei die Schule in schwere Gefahr geraten. Wegen der Zugehörigkeit ihrer Leiterinnen zu der von Rudolf Steiner gegründeten *AG* sollte sie sofort geschlossen werden. Die

148 Heiner, Erinnerung, S. 133.

149 Klönne, Gründerinnen, S. 162.

150 HHSA-W, Abt 529/14 Nr. 17760, Spruchkammer, Meldebogen Louise Langgaard.

151 ALS, LQA S-4_I Langgaard, Military Goverment of Germany, Fragebogen, Louise Langgaard, Mitgliedschaft in der NSDAP.

152 Ebenda.

153 Ebenda.

Loheland, Schule für Körperbildung, Landbau und Handwerk,
Schülerinnen bei der Gartenarbeit um 1930
Archiv Loheland Stiftung

Schule sei sehr von der NS-Frauenschaft angegriffen worden. Um die Existenz der Schule zu retten, sahen sich Frau Langgaard und mehrere Mitglieder des Lehrkörpers genötigt, in die NS-Frauenschaft einzutreten, um so „nationalsozialistischen Einfluss von außen zu verhindern". „Schweren Herzens" habe sich dann auch Frau Langgaard entschlossen, der Partei beizutreten. „Die langjährige Mitleiterin der Schule, Frau Hedwig von Rhoden, wollte das Opfer nicht bringen und zog sich ins Privatleben zurück. Hätte Frau Langgaard genauso gehandelt, wäre die Schule für immer verschwunden."[154]

Nun kann man sich die kunstsinnige Langgaard zweifellos nur schwer als überzeugte Parteigängerin der NSDAP vorstellen, aber um die Schule zu retten, waren sie und ihre Mitarbeiterinnen bereit, recht weitgehende NS-Strukturen in *Loheland* einzubauen. Es liegt auf der Hand, dass das zu Kompromissen führen musste und sich nicht einfach darin erschöpfte, „nationalsozialistischen Einfluss

154 Vgl. HHSA-W, Abt 529/14 Nr. 17760, Spruchkammer, Franz Hilker, Gutachten für Frau Louise Langgaard, 23.2.1947.

von außen zu verhindern". Dass es zu dieser Strategie durchaus eine Alternative gab, zeigte der Bruch, den Hedwig von Rhoden vollzog, als sie *Loheland* verließ.

Das Verfahren gegen Louise Langgaard wurde „gemäß Wehrmachts-Amnestie, am 21.4.1947 eingestellt."[155] Sie blieb Schulleiterin. Hedwig von Rhoden und Louise Langgaard sollten sich nie wiedersehen. Erst nach Langgaards Tod hat von Rhoden Loheland wieder besucht. Irmgard Klönne, die einen biografischen Text über die Gründerinnen schrieb, meint, diese getrennten Wege zeigten nicht nur die Schwierigkeit, sich in der Zeit des Nationalsozialismus zurechtzufinden. „Ebenso deutlich tritt die Radikalität hervor, mit der die beiden Frauen die von ihnen vertretenen Ideale in ihrem eigenen Leben umsetzten."[156]

Die Not der Zeit brachte es mit sich, dass neue soziale Aspekte für Loheland hinzukamen. Das heutige Tagungshotel Wiesenhaus wurde als Müttergenesungswerk errichtet. Außerdem bot Loheland Erholungskuren für körperlich beeinträchtigte Kinder an.[157]

Der Schulbetrieb wurde ausgebaut. 1976 wurde die Schule in den *Bund freier Waldorfschulen* aufgenommen. Die Handwerksbetriebe und die Landwirtschaft wurden in den Schulunterricht integriert. Heute beleben Schüler:innen aller Altersstufen Loheland. Es gibt nach wie vor eine biodynamische Bewirtschaftung mit Viehhaltung, die vor allem die Schule sowie Hofladen und Hofkaffee beliefern.

Das Gut Marienhöhe

Erhard Bartsch erwarb im Dezember 1928 das ca. 100 Hektar große Gut Marienhöhe, ein ehemaliges Vorwerk in der Gemeinde Bad Saarow im Brandenburger Landkreis Oder-Spree, und begann im kommenden Jahr, den Betrieb auf *biologisch-dynamische Wirtschaftsweise* umzustellen. Sein Ziel war es zu beweisen, dass diese Wirtschaftsweise auch hier umsetzbar sein würde. Durch Heckenbebauung, biodynamische Humuswirtschaft und durchdachte Fruchtfolgen gelang es den Hofbewohner:innen, das ursprünglich sandige, wenig fruchtbare Land zu neuem Ernteertrag zu bringen. Schon bald war Marienhöhe der Vorzeigebetrieb der biodynamischen Wirtschaftsweise. Erhard Bartsch machte sein Gut zum Mittelpunkt der Bewegung. Hier liefen in den 1930er-Jahren alle Fäden zusammen. Hier wurde die Monatszeitschrift *Demeter* produziert, dessen Herausgeber Bartsch war. Auch der *Reichsverband* hatte hier seinen Sitz. Von Marienhöhe aus

155 Ebenda.

156 Klönne, Gründerinnen, S. 163.

157 HHSA-W, Abt 529/14 Nr. 17760, Franz Hilker, Gutachten Louise Langgaard, 23.2.47.

Hofgut Marienhöhe mit aufgewachsenen Hecken,
Gemälde nach einem Foto, Ende der 1930er-Jahre
Anthroposophisches Archiv Goetheanum, NL Koepf

wurden die Tagungen des *Versuchsrings* und des *Reichsverbands* organisiert, die im nahe gelegenen Bad Saarow stattfanden. Man bot eine breite Themenpalette von Fragen der Kompostierung, über Tiergesundheit, Humusaufbau und -pflege, Gründung der Marke *Demeter* und ökologischen Waldbau. 1934 wurde Marienhöhe von der NS-Regierung zum „Erbhof" erklärt, was die Anerkennung vonseiten NS-Regierung erhöhte. Berater von Marienhöhe halfen bei der Umstellung weiterer Höfe. In den 1930er-Jahren war Marienhöhe Mittelpunkt einer expandierenden biodynamischen Bewegung.

Schon nach einigen Jahren konnte man auf Marienhöhe erstaunliche landwirtschaftliche Erfolge vorzeigen, die in gut organisierten Begehungen präsentiert wurden. An diesen Terminen nahmen seit 1933 immer auch hochrangige NS-Funktionäre teil. Auf Marienhöhe verfasste Bartsch zahllose Denkschriften. Ab 1939 begannen sich Vertreter des *Reichsnährstands* und der SS, etwa Oswald Pohl vom *WVHA*, verstärkt für die *bdW* zu interessieren, und gaben sich bei Begehungen auf Marienhöhe die Klinke in die Hand. Ein auch von der Presse vielbeachteter Höhepunkt war der Besuch des Reichsbauernführers Darré auf dem Hof 1940, der in öffentlichen Stellungnahmen versprach, der *bdW* in

Zukunft mehr Aufmerksamkeit zu schenken. Darrés Erklärung machte die *bdW* zum Politikum und rief ihre Gegner, vor allem die Agrarindustrie, aber auch Teile der Agrarwissenschaftler auf den Plan. Auch im Reichslandwirtschaftsministerium hegte Staatssekretär Backe große Vorbehalte gegen die *bdW*.

Im Mai 1941 durchsuchte die Gestapo in der reichsweiten *Aktion gegen Geheimlehren und sogenannte Geheimwissenschaften* auch Marienhöhe. Die landwirtschaftliche Arbeit konnte in den folgenden Jahren weitergehen, soweit dies unter kriegsbedingten Einschränkungen möglich war, ohne dass es zu weiteren staatlichen Eingriffen kam. Marienhöhe als Zentrum der Bewegung gehörte der Vergangenheit an und sollte es auch in Zukunft nicht mehr werden.

Bei der Eroberung Berlins durch die Rote Armee wurde Marienhöhe Ort von Kampfhandlungen. Bewohner und Mitarbeiter:innen versteckten sich in der Tongrube und den umliegenden Wäldern. Als sie zurückkehren konnten, war ein Großteil des Viehbestands verloren, Teile der Betriebsgebäude waren abgebrannt und geplündert. Während die meisten Besitzer biodynamischer Güter, die im Osten Deutschlands lagen, in die Westzonen gingen, entschloss sich Erhard Bartsch, vorerst in der Sowjetischen Besatzungszone zu bleiben. Auch hier knüpfte er intensive Kontakte und wandte sich schon bald mit Denkschriften an die neuen Behörden. Marienhöhe stand kurz davor, zu einem staatlich gepachteten Versuchsgut zu werden, bis sich diese Pläne mit der Gründung der DDR zerschlugen und Bartsch in den Westen übersiedelte. Bartsch verlegte den Schwerpunkt seiner Arbeit auf den Wurzerhof in Österreich und nahm die österreichische Staatsbürgerschaft an.

Weil es österreichischer Besitz war, blieb Marienhöhe in der SBZ/DDR Privatbesitz und wurde weder in *Landwirtschaftliche Produktionsgenossenschaften* (*LPG*) eingegliedert noch kollektiviert. Unter erschwerten Bedingungen und mit viel Improvisation versuchte man, die biodynamische Bewirtschaftung fortzusetzen. Tatsächlich konnte der Hof in dieser Zeit nur durch die finanzielle Hilfe von Freunden und der Familie Bartsch in Österreich überleben. In Anspielung auf die Asterix-Comics nannte der *taz*-Autor Ansgar Warner Marienhöhe ein „kleines gallisches Dorf“ in der DDR.[158]

Nach der Wende 1991 übergab die Erbengemeinschaft Bartsch den Hof an einen Trägerverein: „Marienhöhe, Gemeinnütziger Verein für biologisch-dynamische Wirtschaftsweise, Kulturarbeit und Sozialtherapie auf dem Lande e. V.“, der die Flächen an die Hofgemeinschaft Marienhöhe verpachtete. Während viele Häuser und Höfe in diesen Jahren reprivatisiert wurden, ging die Erbengemeinschaft mit Marienhöhe den umgekehrten Weg.

158 Ansgar Warner, Weleda im Land der Plaste und Elaste, in: taz, 4.4 2009.

Laut Selbstdarstellung der Hofgemeinschaft konnten in den folgenden Jahren zusätzlich Wald und Acker erworben werden. Eine umfangreiche Verarbeitung und Direktvermarktung der landwirtschaftlichen Erzeugnisse wurden aufgebaut. Viele der Wirtschaftsgebäude wurden saniert bzw. neu errichtet. Auf und von dem Hof leben heute Menschen aller Altersstufen, Lehrlinge, Praktikant:innen und Teilnehmer:innen des Freiwilligen Ökologischen Jahres.

In den letzten Jahren wurde Marienhöhe wieder zu einem Vorzeigebetrieb. Die Mitarbeiter:innen der Hofgemeinschaft werden vielfach eingeladen, auf Tagungen über ihre Erfahrungen mit dem biologischen Anbau zu sprechen.[159]

Gut und Schloss Pilgramshain

Urkundlich wurde das Dorf Pilgramshain (Pilgerimishayn) erstmalig 1318 erwähnt. Ab 1742 war es im Besitz von Karl Sigmund von Seidlitz. 1845 war ein Leutnant von Seidlitz der Eigentümer. Pilgramshain bestand damals aus 53 Häusern, einem alten und einem neuen Schloss, einem Vorwerk, 396 Einwohnern, einer zwischen 1758 bis 1760 gegründeten evangelischen Schule mit einem Lehrer, einer Windmühle, zwei Brennereien, acht Handwerkern und einem Granitsteinbruch. Eigentümer bis 1870 war Hans Rudolf Feodor Alexander von Seydlitz-Kurzbach. Dieser ließ 1838 ein auch Schloss genanntes, klassizistisches Herrenhaus errichten. Die Familie von Seydlitz hat diesen Besitz bis 1884 behalten und ihn dann dem Rittmeister a. D. Hans von Jeetze überlassen, dessen Mutter eine geborene von Seydlitz war.

1927 übernahm Immanuel Voegele das Gut als Verwalter. Nach dem Verkauf größerer Ländereien durch die Familie von Jeetze wurde das Gut in eine GmbH eingebracht, deren Gesellschafter u. a. Martin Schmidt und Immanuel Voegele wurden. Dieser bewirtschaftete es im Sinne der *biologisch-dynamischen Wirtschaftsweise* bis 1945.[160]

Während des Krieges gab es auf dem Gut Zwangsarbeiter bzw. zwangsverpflichtete KZ-Gefangene, die, so lässt sich allen diesbezüglichen Quellen entnehmen, von Voegele gut und fair behandelt wurden. Lore Wilmar erinnerte sich:

159 Hof Marienhöhe, https://www.hofmarienhoehe.de/geschichte.html [2. 11. 2023].

160 Vgl. u. a. Kon, Gründerschicksale; Heinze, Kräftewirken und Immanuel Voegele, Gedenkheft, in: Lebendige Erde (November/Dezember 1960) 6, S. 240–291; FRA, Kurt Willmann an die Freunde der gemeinsamen Leitsatzarbeit: Michael-Mysterium Rudolf Steiners, 19. 12. 1959; Herbert Koepf, Voegele, Immanuel, in: Lebendige Erde (2002) 3, S. 38 f.; Herbert H. Koepf, Voegele, Immanuel, in: Forschungsstelle Kulturimpuls, https://biographien.kulturimpuls.org/detail.php?&id=734 [4. 2. 2024]; Johanna Maria Voegele, Erinnerungen an Schlesien, Pilgramshain, mit einem Vorwort von Margarethe Voegele, Loheland 2023, unpubliziert.

„Inzwischen bemerkten wir – und gewiss auch die Pilgramshainer Familien – ganz in unserer Nähe eine seltsame Anhäufung von Menschen auf bestimmten umzäunten Feldern, die in Reih und Glied arbeiteten, aber unter Aufsicht. Wir ahnten mehr als wir genauer wahrnehmen konnten. Später hörten wir den Namen ‚Gross-Rosen', was ein Konzentrationslager bezeichnete."[161] Das Konzentrationslager Groß-Rosen lag keine 10 km von Gut Pilgramshain entfernt. Edith Kirchner, eine Heileurythmistin in Pilgramshain, gelangte während ihrer Feldarbeit in die Nähe von Groß-Rosen, ein „Gelände, das der Familie Richthofen enteignet und als Konzentrationslager eingerichtet worden war [...]. Nun wußte man, dass dort hinter den Stacheldrähten Menschen einhergingen, und nachts sah man auch von Ferne die Scheinwerfer. 120 000 Menschen sind hier im Laufe des Krieges brutal ermordet worden. Dorfbewohner haben dort gearbeitet und haben gewußt, was dort geschah."[162]

Margarethe Voegele, die jüngste Tochter von Immanuel Voegele, und ihre Geschwister, die auf Pilgramshain aufgewachsen waren, erinnern, dass es dort zehn russische Zivilgefangene gab. Zwei weibliche Gefangene hätten ihrer Mutter Herta (geb. Ratschky) in der Küche geholfen. Voegele habe Kontakt zu dem Konzentrationslager Groß-Rosen gehabt. Eine Gruppe französischer Häftlinge habe eine Drainage-Leitung auf einem Pilgramshainer Feld verlegt. Die Häftlingsarbeit sei jedoch vom Wachpersonal unterbunden worden, nachdem die Mutter den Häftlingen eine „dicke Suppe aufs Feld gebracht" habe.[163] Die Geschwister erinnerten auch, dass vermutlich bis 1941 zwei jüdische Mädchen im Haus von Immanuel Voegele in einem Raum hinter dem Herrenzimmer versteckt waren, der durch eine gepolsterte Tür und Matratzen isoliert war.[164]

Ein Jahr nach dem Eintreffen von Immanuel Voegele in Pilgramshain, 1928, wurde im Herrenhaus ein „Heil- und Erziehungsinstitut für seelenpflegebedürftige Kinder" eingerichtet. Dorothea und Joachim von Jeetze hatten ihr ehemaliges Wohnhaus dafür zur Verfügung gestellt. Das Schloss wurde zunächst gepachtet und konnte 1929 gekauft werden. Die Landwirtschaft blieb im Besitz des Ehepaars von Jeetze. Die Entwicklung des Institutes wurde von Gutsverwalter Voegele sehr unterstützt. Die Gründung dieser Einrichtung und vor allem ihre soziale Bedeutung wurden in der zeitgenössischen Presse gelobt: „Leider ist

161 Rüdiger Grimm (Hrsg.), Neues kommt nicht von selbst. Erinnerungen an die Jahre der Aufbauarbeit der Heilpädagogik, Dornach 1999, S. 45.

162 Kon, Gründerschicksale, S. 193.

163 Margarethe Voegele im Gespräch mit Meggi Pieschel und Susanne zur Nieden, Loheland, April 2022. Unsere Recherche in den Archiven der Gedenkstätten Groß-Rosen und Sachsenhausen zu einem möglichen Arbeitseinsatz von KZ-Häftlingen auf Gut Pilgramshain blieb ergebnislos. Vgl. auch Selg/Gross/Mochner, Anthroposophie und Nationalsozialismus. Bd. 3.

164 Margarethe Voegele im Gespräch, April 2022.

es immer nur ein geringer Teil der kranken und der erholungsbedürftigen Kinder, die das Glück haben, in einem solchen Heim untergebracht zu werden. Was bedeutet die Zahl von 50 Kindern gegenüber der ungeheuren Zahl von kranken und siechen Kindern nur einer einzigen Großstadt? Auch diese würden mit Freuden in ein solches Haus einziehen, aber sie können es nicht. Die Gründe hierfür dürften allgemein bekannt sein. Teils liegt es daran, daß in den wenigen bis jetzt bestehenden Heimen kein Platz vorhanden ist; aber in den meisten Fällen liegt es wohl an der allzu großen Armut der Eltern."[165]

„So begegneten sich in Pilgramshain zwei Impulse in so unmittelbarer Nähe, der ‚Heilpädagogische' und der ‚Landwirtschaftliche'. Die freundschaftliche Begegnung der Menschen führte zu einer intensiven Arbeit in Pilgramshain; es blieb auch eine Auskunftstelle für die neue Wirtschaftsweise im Osten bis zum Ende des Krieges. An dieser Arbeit war Kurt Theodor Willmann seit 1934 wesentlich beteiligt."[166]

Pilgramshain gehörte zu den ersten anthroposophisch basierten, heilpädagogischen Einrichtungen neben Lauenstein (gegründet 1924) und Gerswalde (gegründet 1929). Etwa 100 Menschen lebten, wohnten und arbeiteten hier, davon etwa 55 Betreute und 45 Heilpädagogen, Ärzte, Krankenschwestern u. a. Bei den betreuten Kindern und teils Erwachsenen waren viele Formen geistig-seelischer und körperlicher Behinderungen vertreten. Das Schloss, sein Park und das dazugehörige Gut im Dorf boten ideale Möglichkeiten für alle lebenspraktischen und künstlerischen Tätigkeiten. Gründer waren der Heilpädagoge Albrecht Strohschein, der jüdische Arzt Hermann Zellner, sein Nachfolger Karl König und der Kunsttherapeut Herman Kirchner. Die meisten Gründerpersönlichkeiten und Mitarbeiter waren unter 30 Jahre alt, sodass man Pilgramshain sogar als einen Jugendimpuls auffassen kann.[167]

Pilgramshain wurde rasch ein vielseitiger Mittelpunkt für das anthroposophische Leben in Breslau und zu einem kulturellen Treffpunkt von Pionieren der Anthroposophie wie Ita Wegman, Eugen Kolisko, Walter J. Stein u. a. Besonders trug dazu die erfolgreiche Arztpraxis von Karl König bei, zu der zahlreiche Patienten aus weiten Teilen Deutschland anreisten.

Die Betreuung von Kindern hatte in Pilgramshain eine längere Tradition. Schon Bertha Henriette von Seydlitz, geb. Linckh, hatte testamentarisch die Gründung einer „Kinderbewahranstalt Pilgramshain", einer Vorform des heutigen Kindergartens mit mildtätigem Hintergrund, verfügt. Dafür hatte sie 1882

165 https://wiki.genealogy.net/Pilgramshain_(Kreis_Schweidnitz), [15. 2. 2024].

166 Gertraud Bessert, Ein Quell wird zum Strom. Anthroposophisches Leben und heilpädagogische Impulse aus der Breslauer Zeit von 1924–1945, Borchen 2012, S. 27 f.

167 Vgl. Selg/Gross/Mochner, Anthroposophie und Nationalsozialismus. Bd. 1, S. 213 f. und Bd. 3.

das alte Schulgebäude des Dorfes erworben. 1886 wurde ihre Stiftung durch eine königliche Kabinettsorder bestätigt.[168] Vorstand der Stiftung war der jeweilige Eigentümer des Dorfes Pilgramshain, im 20. Jahrhundert also die Familie von Jeetze. Wegen der Eigentümerwechsel Ende der 1920er-Jahre gab der damalige Besitzer Joachim von Jeetze 1931 die Funktion eines Vorstandes der Kinderbewahranstalt ab und übertrug diese durch eine Satzungsänderung dem Heilinstitut. Eine neuerliche Satzungsänderung, die bei Auflösung des Institutes die Vorstandsfunktion an den Ortsvorsteher, also an staatliche Organe, übertrug, wurde endgültig 1935 vom zuständigen Regierungspräsidenten in Breslau genehmigt.[169] Die Hintergründe sind unklar, stehen aber wahrscheinlich im Zusammenhang mit den Einflussnahmen des NS-Regimes auf unliebsame Einrichtungen.

Die Pflege, Betreuung und Therapie behinderter Menschen, ob mit anthroposophischem oder anderem Hintergrund, widersprachen zutiefst der NS-Ideologie. Das Regime dokumentierte dies mit dem bereits am 1. Januar 1934 in Kraft getretenen „Gesetz zur Verhütung erbkranken Nachwuchses" – eine euphemistische Umschreibung für die geplante und dann auch vollzogene „Vernichtung lebensunwerten Lebens".

Das Heilinstitut in Pilgramshain war nach 1933 aus vielerlei Gründen dem Druck von NS-Behörden ausgesetzt. Bis zum Verbot der *AG* arbeitete das Institut recht eng mit ihr zusammen, auch in Personalfragen. Im September 1935 wurden die „Nürnberger Rassengesetze" verabschiedet. 1936 legten die Mitarbeiter des Heilinstituts Karl König nahe, Pilgramshain wegen seiner jüdischen Herkunft zu verlassen. Er zog zunächst zurück nach Wien. Von dort emigrierte er 1938 nach England. Herman Kirchner und der Heilpädagoge Michael Rascher wurden später zum Kriegsdienst eingezogen. Albrecht Strohschein meldet sich freiwillig zum Militär und konnte sich dadurch vor der Gestapo schützen.

Am 30. Januar 1941 schloss Albrecht Strohschein als Leiter des Instituts einen Mietvertrag mit der SS-Organisation *Volksdeutsche Mittelstelle* ab.[170] Der Beginn des Vertrages ist rückdatiert auf den 25. Oktober 1940. Dies stützt die Erinnerung von Lore Wilmar: „Am 25.10.40 war an der Tür ein kleiner Zettel […,] worauf in Maschinenschrift der Befehl stand: ‚Sie haben innerhalb von 5 Tagen das gesamte Anwesen zu räumen.'"[171] Die SS quartierte hier anschließend „Volksdeutsche" aus der Bukowina ein, die im Rahmen des Hitler-Stalin-Paktes umgesiedelt wurden. Der Mietzins incl. Nutzung des Inventars betrug monatlich, lt. Vertrag, 3720,00 Reichsmark.

168 GStA, PK, Rep. 77 B – 1170, Bl. 1–7.
169 Ebenda, Bl. 9–15.
170 GOE, E.15.002.014.
171 Grimm, Neues, S. 19.

Die Kinder und Mitarbeiter mussten das Schloss verlassen. 25 der betreuten Kinder wurden im Schloss Gerswalde bei Berlin aufgenommen, ein anderer Teil kam zurück zu seinen Familien. Viele der Mitarbeiter aus Pilgramshain fanden sich gemäß einer vorherigen Verabredung in der Heilpädagogischen Einrichtung Eckwälden/Bad Boll bei Göppingen wieder zusammen. Zwei der Betreuten, Hansi Engel, ein jüdischer Mann von 21 Jahren mit Down-Syndrom (1939), und Karli (Nachname unbekannt) wurden Opfer der „Euthanasie". Wo sie ermordet wurden, ist bisher nicht bekannt.[172]

Es dauerte jedoch noch, bis die NS-Behörden dies in „rechtsgültige" Formen zu bringen bemüht waren. Der zuständige Landrat teilte dem „Gefreiten Albrecht Strohschein" am 6. Januar 1943 mit: „Durch Erlass des Reichssicherheitshauptamtes vom 29. 8. 41 [...] ist die Selbstliquidation des staatspolizeilich aufgelösten Heil- und Erziehungsinstitutes in Pilgramshain angeordnet worden. Mit Schreiben vom 23. Dezember 1942 der Geheimen Staatspolizei – Staatspolizeileitstelle – Breslau bin ich beauftragt, diese Selbstliquidation einzuleiten bzw. durchführen zu lassen."[173] Strohschein wurde aufgefordert, eine Mitgliederversammlung zur Liquidation einzuberufen. Die verbleibenden finanziellen Vermögenswerte seien an die NSV Schweidnitz abzuführen.

Für jene Zeit erstaunlich mutig antwortete Strohschein dem Landrat am 20. Januar 1943: „Persönlich lehne ich es ab, zu diesem Zwecke – eine formale Mitgliederversammlung abrollen zu lassen, deren Beschlüsse vorgeschrieben sind – Sonderurlaub nachzusuchen. Nicht weil Hin und Rückreisezeit wahrscheinlich länger als der Urlaub wären, sondern weil es meinem Gewissen widerstrebt. Da bislang alles mit Zwang gegangen ist, kann ich nicht einsehen, warum eine Mitgliederversammlung jetzt Beschlüsse über eine Selbstliquidation in der eben vorgeschriebenen Form fassen soll. Wenn man korrekt verfahren will, kann man ja eine Zwangsverwaltung einsetzen, bis eine ordnungsgemäße Mitgliederversammlung möglich ist."[174] Das Reichssicherheitshauptamt ordnete daraufhin am 17. März 1943 die Zwangsliquidation an.[175]

Nach Kriegsende brannte das von der Roten Armee besetzte Schloss ab und wurde völlig zerstört. Der Park und das angrenzende Wohnhaus von Albrecht Strohschein und Karl König existieren bis heute.

172 Vgl. Selg/Gross/Mochner, Anthroposophie und Nationalsozialismus. Bd. 3 (2025).
173 GOE, E.15.002.015.
174 Ebenda.
175 Ebenda.

4. Kriegsende und Neuanfang nach 1945

Die deutsche Kriegsniederlage im Mai 1945, der Zusammenbruch der gesellschaftlichen Strukturen, die Besetzung Deutschlands durch die Alliierten und die Aufteilung in vier Besatzungszonen hatten weitreichende Folgen für die biodynamische Bewegung. War die *bdW* während der Jahre des Nationalsozialismus bis zum Verbot des *Reichsverbandes* 1941 erheblich expandiert, verlor man 1945 nun durch Flucht und Enteignung die in den ehemaligen Ostgebieten und der SBZ liegenden großen *bdW*-Güter. Auch wenn die Oder-Neiße-Linie in den kommenden Jahrzehnten von westdeutscher Seite nicht anerkannt wurde, war in der Realität der Bodenbesitz östlich dieser Grenze seit der sowjetischen Besetzung im Frühjahr 1945 nicht mehr zugänglich. Im Interview erinnerte sich Nicolaus Remer, langjähriger Mitarbeiter von Erhard Bartsch, an das Kriegsende 1945: „Ja, das war ein großer Verlust, in Thüringen, Ostpreußen, Sachsen vor allen Dingen auch, das waren sehr gute Betriebe, das war ein großer Verlust, so daß tatsächlich ein richtiger Neuanfang notwendig war. Hier hatten wir […] höchstens zwei Betriebe, bäuerliche Betriebe, die von früher her da waren, mit denen wir dann, ich ja auch, angefangen haben, die Arbeit hier wiederaufzubauen."[1]

Schon zu Beginn des Jahres 1945 musste das Gut Pilgramshain im damaligen Schlesien aufgegeben werden. In einer Kurzbiografie über Immanuel Voegele, der das Gut bis zum Frühjahr 1945 leitete, liest man: „Als während des Krieges die Front gefährlich nahekam, musste jahrzehntelange Arbeit an der Erde und der sozialen Gemeinschaft aufgegeben werden. […] Immanuel Voegele, der hier neben der biodynamischen Landwirtschaft auch Pflanzenzucht betrieben hatte, verließ das Gut Anfang 1945 in Richtung Westen."[2] Der Fortgang der biografischen Notiz macht deutlich, dass auch in Pilgramshain, so wie in den meisten größeren landwirtschaftlichen Betrieben, ausländische Kriegsgefangene gearbeitet hatten: „Voegele hatte auf dem Gut den als Hilfskräfte arbeitenden Gefangenen stets ein faires menschliches Verhältnis entgegengebracht, was ihm vonseiten der NS-Machthaber manche Schwierigkeiten eingebracht hatte. Nun hatte er neben

1 GOE, E. 15.002.025, Entwicklungen der Biologisch-Dynamischen Landwirtschaft. Gespräch mit Dr. Nicolaus Remer am 22.4.1995 in Amelinghausen, S. 6.

2 FKI, Immanuel Voegele, https://biographien.kulturimpuls.org/detail.php?&id=734 [22.10.2023].

seiner Familie mit fünf Kindern einen Treck nach Westen zu führen."[3] Voegele, seine Familie und Mitarbeiter:innen kamen zunächst bei Martin Schmidt auf Gut Hessel unter, das in Thüringen nahe der Grenze zu Hessen lag. Da ganz Thüringen gemäß der interalliierten Übereinkunft zur Sowjetischen Besatzungszone gehörte, zog die Gruppe schon bald weiter nach Westen.

Die noch 1945 von der Sowjetischen Militäradministration angeordnete Bodenreform für das Gebiet der Sowjetischen Besatzungszone betraf auch biologisch bewirtschafteten Grundbesitz. Das ehemalige Rittergut Hessel, das Martin Schmidt biodynamisch betrieben hatte, wurde im Herbst 1945 im Rahmen der Bodenreform enteignet und unter mehreren Pächtern aufgeteilt. Martin Schmidt hatte das Gut im Frühsommer 1945 verlassen. Sachsen war eines der ersten Länder, die mit der Umsetzung der Reform begannen. Da nicht nur die Enteignung der beiden biodynamisch bearbeiteten Familiengüter Heynitz und Wunschwitz bevorstand, sondern Benno von Heynitz auch seine Verhaftung befürchtete, verließ er mit seiner Familie im Herbst 1945 die SBZ.

Auch wenn mit der Bodenreform Ländereien unter 100 Hektar zunächst, bis die Politik der Kollektivierung einsetzte, Privatbesitz blieben und infolge der Landzuweisungen die Anzahl kleiner Ländereien in diesem Zusammenhang sogar stieg, konnten die biodynamischen Höfe von dieser Entwicklung nicht profitieren. Es scheint vor allem dann in der DDR klar gewesen zu sein, dass alternative Landwirtschaftsmethoden – schon gar nicht die anthroposophisch unterlegte biodynamische Wirtschaftsweise – kaum Raum in einer zukünftigen Landwirtschaftspolitik haben sollten. Auch genossenschaftliche Verwertungsgesellschaften wie *Demeter* wurden bald durch staatliche Strukturen ersetzt.

So reihten sich die biodynamischen Landwirte und Landwirtinnen, ihre Familien und Mitarbeiter:innen ein in den langen Strom von Flüchtenden, die aus dem sowjetisch besetzten Osten in die westlichen Besatzungszonen strömten. Bereits in den letzten Kriegstagen begannen Anthroposoph:innen, sich in den Westzonen erneut zu sammeln, suchten alte Freunde, nahmen Flüchtlinge auf, halfen beim Neubeginn, erfuhren von den Ereignissen der letzten Jahre und schmiedeten neue Pläne. „Seit Wochen ist hier ein ständiges Kommen und Gehen von Freunden […], es gibt immerzu Unterbringungs- und Verpflegungssorgen", schrieb Fritz Götte Ende Mai in seinen *Wochenberichten*.[4] Diese *Wochenberichte* dienten Götte, der leitender Mitarbeiter bei Weleda war, ursprünglich als eine Art firmeninterner Rechenschaftsbericht. Sie wurden in den letzten Kriegs- und in den ersten Nachkriegsmonaten zu einem spannenden

3 Ebenda.

4 RSA, Fritz Götte, Wochenberichte Weleda 1944, S. 2.

zeithistorischen Dokument der sich überschlagenden Ereignisse des radikalen gesellschaftlichen Umbruchs im Jahr 1945. Das Kriegsende bedeutete auch eine abrupte Umdeutung gesellschaftlicher Werte. Vieles, was bislang als Dienst am Vaterland galt, wurde nun problematisch. Jede:r, die:der mit Nationalsozialisten kooperiert hatte, stand nun in Verdacht, nazistisch oder zumindest NS-nah zu sein. Dass diese Verwerfungen und die Kooperationen des *Reichsverbandes* mit unterschiedlichen NS-Behörden in der unmittelbaren Nachkriegszeit durchaus bekannt waren, hat Götte als wacher Chronist des Kriegsendes in den *Wochenberichten* festgehalten. Deutlich wird, wie sehr die unmittelbare Vergangenheit, die man später gerne vergessen machen wollte, in die Gegenwart der Nachkriegswochen hereinreichte.

Im Juni 1945 schilderte Götte die Begegnung mit Herbert Beichl, einem der Ostflüchtlinge, die bei Götte um Unterkunft baten. Götte berichtete: „Unter den sonstigen Besuchen ist erwähnenswert Herr Beichel [Beichl], der Sohn des Verwalters vom Rittergut Heinitz [Heynitz] bei Dresden. Er hat noch den russischen Einmarsch auf Heinitz [Heynitz] miterlebt und schildert die Plünderungen insbesondere beim Durchmarsch einer mongolischen Division. […] Das Rittergut Heinitz [Heynitz] hat noch 6 Kühe und 4 Schweine.[5] […] Sehr interessant war B.'s Bericht über seine Tätigkeit. Er hat im Auftrag von Dr. Bartsch (‚Beichel, sie müssen übernehmen, es ist niemand anderer da!') 12 SS-Güter biologisch-dynamisch betreut. B. schildert die Sache so, dass der Obergruppenführer Pohl auf einem Gut in Österreich Gemüse gegessen habe, welches ihn veranlasst habe, sich des Näheren über die Erzeugungsmethode zu unterrichten. Von Berlin aus habe er dann Saarow besucht, und das Ergebnis sei gewesen, dass ein staatliches Gut bei Fürstenwalde oder Fürstenberg umgestellt werde. Von dort habe dann Herr Höller [später verbessert: Himmler] stets sein Gemüse bezogen. Von da aus wurden dann 12 weitere Güter in Angriff genommen für die Umstellung, die eben Beichel [Beichl] dann unternehmen musste. Es war die Absicht, diese Güter so zu bewirtschaften und zwar neben entsprechenden Vergleichsgütern, die besonders hinsichtlich ihrer Boden- und klimatischen Bedin-

5 Sehr viel sachlicher schilderte Benno von Heynitz in seinen Erinnerungen das Verhalten der Roten Armee auf dem Gut: „Das Ablieferungssoll wurde bald festgesetzt. Es wurde der Bedarf für die rote Armee verlangt. Von dem, was übrigblieb, mußte sich die Bevölkerung erhalten. Außerdem wurde die Ablieferung von Vieh verlangt, das zur Wiedergutmachung nach Rußland geschickt wurde. So mußte ich in Heynitz die meisten Kühe abgeben und die ganze Schafherde. Man ließ uns etwa 10 Kühe zur Versorgung der auf dem Hofe arbeitenden Menschen. Eine Bescheinigung für die Ablieferung erhielt man nicht, geschweige eine Entschädigung. Dagegen ließ man uns die Zugtiere und lieferte Betriebsstoff für den Traktor und Kohlen für die Lokomobile, damit gedroschen werden konnte." Heynitz, Erinnerungen, S. 79 ff.

gungen ausgesucht wurden. B. war Angestellter der gleichen Organisation (eine Reihe SS-Gründungen), wie Franz Lippert und Dipl.-Landwirt Grund. Als ich von der Politisierung der Landwirtschaft sprach, die von Saarow aus vorgenommen worden ist, und kurz etwas über die Methoden entwickelte, die künftig für die Landwirtschaft in Betracht kämen, nickte B. intensiv zustimmend. Aber wir waren doch überrascht, als B. auf meine Frage, ob er denn bei so großen Aufgaben, die ihm übertragen wurden, überhaupt Mitglied der [anthroposophischen] Gesellschaft gewesen sei, mit ‚Nein' antwortete. Bemerkenswert war für uns noch, dass B. von einem großen Versuchsgut in der Ukraine berichtete, wo besonders im Weizenanbau phantastische Erfolge, wie er sagte, erzielt worden seien. Dort ist auch Herr Gerhard Schwarz tätig gewesen. B. nimmt als sicher an, dass sich nunmehr die Russen für die auf solchen Gütern angewandten Methoden interessieren würden, und sie dürften als SS-Güter wohl bekannt geworden sein."[6]

Göttes Text ist von Ambivalenzen gekennzeichnet, einerseits distanzierte er sich von Erhard Bartsch, dessen Strategie er als „Politisierung der Landwirtschaft" verurteilte. Anderseits sah er in Beichls Tätigkeit die „große Aufgabe", die *biologisch-dynamische Wirtschaftsweise* auch nach der Vereinnahmung durch die SS weiterzuführen. Noch deutlicher tritt diese Gespaltenheit zutage, wenn Götte von der Begegnung mit Martha Künzel berichtet, die zusammen mit Franz Lippert im sogenannten Kräutergarten des KZ Dachau biodynamische Forschungen durchführte. „Mitte November besuchte uns Frau Künzel, eine frühere Mitarbeiterin von Ehrenfried Pfeiffer, welche seine Saatgutversuche fortgesetzt hat. Sie fragte, ob sie sich mit ihrer Arbeit bei uns hereinstellen könne. Unter Anderem berichtete sie von ~~Dachau~~, [von Götte gestrichen] ihrer Arbeit, in die sie unabhängig von Herrn Lippert, gerufen durch den Diplomlandwirt Grund gearbeitet hat. Es ist innerlich ein zerreissendes Erlebnis, wenn man von einem solchen Menschen berichten hört. Auf der einen Seite eine Arbeit, die zum christlichsten Teile – wenn man das so sagen darf – der anthroposophischen Arbeiten gehört mit geradezu glanzvollen äusseren Arbeitsbedingungen, auf der anderen Seite das Bekenntnis, dass man Dinge gesehen und gehört hat, denen gegenüber man Abend für Abend sich nur noch durch Tränen erleichtern konnte. Ein schwacher Trost, dass es später ‚besser' geworden sei! Ich musste immer mit mir kämpfen, weil ich auf der einen Seite das wertvolle Material, dass nun glücklich jenen unberufenen Händen durch das Schicksal und nicht durch unseren Verdienst, entwunden worden ist, nicht noch einmal irgendeinen Weg in andere Hände nehmen lassen wollte, andererseits nicht zu dem Entschluss

6 RSA, Fritz Götte, Wochenberichte Weleda 1944f., Bl. 116.

gelangen konnte, Frau Künzel bei uns aufzunehmen. Hoffentlich werden sich die Landwirte ihrer annehmen."[7]

Seine Zerrissenheit kann Fritz Götte nicht auflösen. Auf der einen Seite die biodynamische Forschung – eine quasi christliche Mission –, die im KZ Dachau „glanzvolle äußere Arbeitsbedingungen" hatte, die aber andererseits Teil des mörderischen KZ-Systems war.

Neugründung des *Forschungsrings für biologisch-dynamische Wirtschaftsweise*

Stuttgart wurde nach dem Ende des Krieges zum Sammlungsort für die biodynamische Bewegung in den westlichen Besatzungszonen und der frühen Bundesrepublik. Schon im September 1945 erhält die *Anthroposophische Gesellschaft* mit Sitz in Stuttgart, die vorläufig aus Mitgliedern aus Nord-Württemberg und Nordbaden besteht, von der amerikanischen Militärregierung die Erlaubnis, wieder arbeiten zu dürfen. Diese Genehmigung wurde 1946 von den deutschen Behörden bestätigt. Am 25. Mai 1946 erbat man nun eine neuerliche ausdrückliche Anerkennung vom *Ministerium des Inneren*, Stuttgart. Die *AG* hatte zu diesem Zeitpunkt noch keinen Vorstand und versuchte zunächst, die verstreuten Anhänger zu sammeln.[8]

Im August 1946 wurden die ehemaligen Mitglieder des *Versuchsrings* und Interessierte zu einem Treffen zur Konstituierung des *Forschungsrings für biologisch-dynamische Wirtschaftsweise* aufgerufen. Verantwortlich zeichneten Immanuel Voegele, Siegfried Palmer, Theodor Willmann und Hans Heinze.[9] Gegründet wurde der neue Zusammenschluss dann auf einer Tagung, die vom 1. bis zum 4. Oktober 1946 in Stuttgart stattfand. Erster Tagesordnungspunkt war „Die Konstituierung des Forschungsrings innerhalb der Anthroposophischen Gesellschaft". Allein dieser erste Punkt enthielt zwei bemerkenswerte Hinweise. Zum einen markierte die Neubenennung *Forschungsring bdW*, dass die Organisatoren eine zu geradlinige Fortführung des vormaligen *Versuchsring*

7 Ebenda, Wochen vom 19.7.–21.8.1945, Bl. 118.

8 GOE, E.15.002.025, Anthroposophische Gesellschaft Stuttgart an das Ministerium des Inneren – Generalsekretariat, Stuttgart, 5.5.1946.

9 An diesem Treffen nahmen teil: Hella Glashoff, Gotthilf Ackermann, Wilko von Brederlow, Albert Förster, Hans Heinze, Walther Hundt, Friedrich Kemper, A. von Keyserlingk, Louise Kremer, Franz Lippert, Ludwig Piening, Martin Pfeiffer, Walter Ritter, Franz Rulni, Martin Schmidt, Josef Schürer, Klaus Schürer, Josef Scholz, Gerhard Schwarz, H.J. Senfft von Pilsach, C.W. Siegloch, Immanuel Voegele, Brunhild Windeck, Kurt Theodor Willmann, vgl. Plato/Koepf, Wirtschaftsweise, S. 179, FN 225.

bdW vermeiden wollten. Der Forschung, so die Programmatik, sollte zudem zukünftig mehr Raum gegeben werden.

Von Bedeutung war aber auch der Zusatz, dass der *Forschungsring* „innerhalb der anthroposophischen Gesellschaft" gebildet werden sollte. Der *Versuchsring bdW* hatte hingegen organisatorisch eine relative Unabhängigkeit gegenüber der *AG* gewahrt. Zudem waren die Kontakte deutscher Anthroposophen zur *AG* in Dornach nach dem Verbot der deutschen *AG* 1935 geheimpolizeilich überwacht worden und während der Kriegsjahre zunehmend unmöglich geworden. Hier sollte nach dem Willen der Gründer:innen ein anderer Weg eingeschlagen werden als in den Jahren des Nationalsozialismus. Der *Forschungsring* sollte wieder als „Sacharbeitsgruppe" in die Strukturen der *AG* eingebunden werden, so wie es der *Versuchsring* in den ersten Jahren seines Bestehens schon einmal gewesen war. Durch die engere Bindung an die *AG* erhoffte man sich eine stärkere geisteswissenschaftliche Orientierung. Die nationalsozialistische Vergangenheit wurde zwar nicht explizit erwähnt. Der Vorsatz, sich verstärkt auf die anthroposophischen Werte zu besinnen, beinhaltete aber eine Abgrenzung von der Politik des *Reichsverbandes*, der durch seine Kontakte zu den NS-Behörden die Landwirtschaft „politisiert" habe.[10] In den Mitteilungen der Geschäftsstelle hieß es später, der Entschluss zur Eingliederung in die *AG* entstand „in dem Bewusstsein, dass die landwirtschaftliche Arbeit [...] eng mit der geisteswissenschaftlichen Bewegung verbunden" werden sollte.[11] Entsprechend nahm man sehr schnell Kontakt auf zum noch amtierenden Leiter der Naturwissenschaftlichen Sektion am Goetheanum, Guenther Wachsmuth, und die jährlichen Wintertagungen in Dornach wurden wieder mit deutschen Teilnehmern abgehalten.[12]

Das Einleitungsreferat zum Gründungsakt des *Forschungsrings* hielt Immanuel Voegele. Er sprach sich gegen eine erneute Zentralisierung der Führung aus. Die Mitarbeiter sollen vielmehr ihre Zusammenarbeit regional über die jeweiligen örtlichen Auskunftsstellen organisieren.[13] Man lehnte demnach eine Dachorganisation, wie es der *Reichsverband* gewesen war, grundsätzlich ab. Unausgesprochen war auch das zweifellos eine Lehre, die man aus der NS-Zeit zog: Es war der *Reichsverband* gewesen, der mit NS-Staat und Partei verhandelt hatte. Mit der dezentralen Struktur glaubte man sich stärker auf sich selbst und die eigenen Projekte orientieren zu können. Eine kritische Auseinandersetzung zum Thema biodynamische Bewegung im Nationalsozialismus gab es jedoch nicht.

10 RSA, Fritz Götte, Wochenberichte.
11 Zit. n. Koepf/Plato, Wirtschaftsweise, S. 181.
12 Vgl. ebenda, S. 183.
13 Vgl. ebenda, S. 180.

Zu dieser Zeit bestanden sechs regionale Auskunftsstellen. Für Bayern wurde Franz Lippert als Leiter benannt. Gegen ihn schien man keine Bedenken zu haben, auch wenn er sich noch einem Entnazifizierungsverfahren unterziehen musste. Entsprechend wurde lediglich eine Geschäftsstelle des *Forschungsrings* in Stuttgart eingerichtet, die die zentralen Ereignisse koordinierte und die Mitglieder der regionalen Arbeitsgemeinschaften über Rundbriefe und Mitteilungen der Geschäftsleitung informierte. Geschäftsführer wurde 1946 Hans Günther Heinze, ein langjähriger Schüler Ehrenfried Pfeiffers, der im Krieg die niederländische biologisch-dynamische Kulturgesellschaft Loverendale geleitet hatte. Ihm unterstand die Geschäftsstelle, die später von Stuttgart nach Darmstadt umzog, bis 1978. Ab 1946 gab er die Mitteilungen des *Forschungsrings* heraus, und er war Mitbegründer und Redakteur der seit 1950 erscheinenden Verbandszeitschrift *Lebendige Erde.*

Eine Verbindung mit der Sowjetischen Besatzungszone war in diesen Jahren kaum möglich.[14] Die Mitglieder der gesamten alten Führung, von denen sich viele, vor allem natürlich Erhard Bartsch und seine Mitarbeiter:innen, noch auf Marienhöhe befanden, waren in die Gründung des *Forschungsrings* nicht einbezogen. Erhard Bartsch hatte im Frühjahr 1945 beschlossen, erst einmal in der SBZ zu bleiben, und verließ die DDR erst 1950. Was sich in diesen fünf Jahren auf Marienhöhe ereignete, kann als ein bemerkenswertes Zwischenspiel der *bdW* im Osten Deutschlands bezeichnet werden.

Marienhöhe 1945 bis 1950

Während die überwiegende Zahl der *bdW*-Anhänger die Sowjetische Besatzungszone verließ, entschlossen sich Erhard Bartsch, seine Familie und Mitarbeiter:innen, so auch Franz Dreidax, erst einmal auf Marienhöhe zu bleiben. Hierbei kamen Bartsch zwei besondere Umstände zur Hilfe. Zum einen war das Gut Marienhöhe nach seiner Verhaftung 1941 auf den Namen seiner Frau Hemma Bartsch übertragen worden, die die österreichische Staatsbürgerschaft besaß. Da eine Enteignung im Rahmen der Bodenreform unter diesen Umständen schwierig war, blieb der Hof auch später in der DDR Privatbesitz. Zweitens gab es in den ersten Nachkriegsjahren in der SBZ einen akuten Mangel an Kunstdünger, was einen erhöhten Bedarf an natürlichem Dünger hervorrief. Marienhöhe und einige kleinere Höfe in Sachsen fanden in dieser Nische die Möglichkeit, die biodynamische Wirtschaftsweise unter dem Label der „Humuswirtschaft" fortzuführen.

14 Vgl. ebenda, S. 188.

Der Hof war durch die letzten Kampfhandlungen im April 1945 schwer getroffen worden. Ein großer Teil der Gebäude war zerstört, zahlreiche Tiere waren ums Leben gekommen. Die Weiterführung der Arbeit bedeutete eine enorme Kraftanstrengung. Und es gab weitere Belastungen: Teile der SBZ-Behörden stuften Bartsch als den Besitzer von Marienhöhe als „Großbauern" ein, was kaum tragbare Ablieferungsforderungen mit sich brachte.[15] Wie schwierig die wirtschaftlichen Bedingungen waren, zeigte auch der Umstand, dass das Ehepaar Bartsch sich entschloss, die Kinder in die Obhut von Hemmas Schwester Luise Wurzer auf den österreichischen Wurzerhof zu geben. Luise Wurzer übernahm die „gesundheitlich sehr geschwächten Kinder" 1948 an der Interzonengrenze.[16]

Nichtsdestotrotz begann Erhard Bartsch bereits im Sommer 1945, sich wieder öffentlich zu Wort zu melden. Mitten in den erhitzten Debatten um Bodenreform und Siedlungspolitik übergab er den örtlichen Behörden mehrere Denkschriften. Eine der frühen Denkschriften, „Ein Umsiedlungsplan auf weite Sicht", verfasste er bereits im Juni 1945.[17] Kurz darauf stellte er sein Papier „Nicht nur zur Erntesicherung 1945 – Sofortmaßnahmen für die Landwirtschaft" fertig[18] und reichte einen „Aufruf zur Siedlung"[19] bei den staatlichen Behörden ein.[20] Er nahm damit offensiv zu akuten sozialpolitischen Fragen Stellung. Seine Grundgedanken entwickelte er in der Denkschrift „Ein Umsiedlungsplan auf weite Sicht".[21] Im Mittelpunkt dieses Textes standen landwirtschaftliche Sachfragen zur Düngung und Viehhandlung. Er entwickelte diese, wie auch in den übrigen Denkschriften, immer im Kontext anthroposophischer Konzepte wie „Idee vom geschlossenen bäuerlichen oder gärtnerischen Hofmechanismus". Die Grundgedanken, die er vortrug, hatte er sehr ähnlich schon in Denkschriften der Jahre 1933 bis 1945 entwickelt. Bisweilen hatte er Teile wörtlich übernommen. Jetzt beschloss er aber z. B. die Denkschrift „Ein Umsiedlungsplan auf lange Sicht" mit einem neuen politischen Appell: „Die Entwicklung zur schöpferischen,

15 Vgl. BLHA, Rep. 350 VdGB/1260, Bericht Unterredung mit den Herrn Dr. Bartsch/ Herrn Dr. Neddermeyer vom 6. 9. 1949.

16 Archiv der Bäuerlichen Gesellschaft im Norden, in dem nicht datierten Bericht „Geschichtlicher Überblick der Familie Wurzer und den Wurzerhof aus der Sicht von Luise Wurzer" heißt es: „1948 holte ich von der Zonengrenze Hof-Plauen die drei gesundheitlich sehr geschwächten Bartschkinder zum Wurzerhof."

17 BLHA, 250 B/St FüWa 804, unpag., Grundsatzvorschläge zur Anlage landwirtschaftlicher Siedlungen von Dr. Erhard Bartsch, Marienhöhe bei Bad Saarow.

18 Ebenda.

19 Ebenda.

20 Ebenda.

21 GOE, B.19.002.004.

verantwortungsvollen Persönlichkeit in einer brüderlich-genossenschaftlichen Gemeinschaftsarbeit wäre das zeitgenössische Ziel einer solchen wahrhaft sozialistischen Aufbauarbeit auf heimatlicher Scholle."[22]

Bartsch war sicherlich nicht über Nacht Sozialist geworden. Charakteristisch für ihn ist vielmehr, dass er eigensinnig davon überzeugt war, seine Vision eines geschlossenen landwirtschaftlichen Betriebsorganismus, der die tätigen Menschen einschloss, in die neuen gesellschaftlichen Strukturen einschreiben zu können. Wie schon zuvor in der Zeit des Nationalsozialismus klammerte er dabei die realen politischen Rahmenbedingungen weitgehend aus.

Es gibt Hinweise, dass Erhard Bartsch nach 1945 versuchte, seinen Handlungsspielraum in der Sowjetischen Besatzungszone zu erweitern. So ließ er sich im Oktober 1945 eine Bescheinigung von Probst Dr. Hans Böhm ausstellen. Hans Böhm, der im Frühjahr 1945 wegen seiner führenden Rolle im Kampf der Bekennenden Kirche gegen das NS-Regime zum Probst von Berlin und Brandenburg ernannt wurde, war im Herbst 1941 zusammen mit Bartsch im Polizeigefängnis Alexanderplatz inhaftiert gewesen. Da beide, so Böhm, auf demselben Gefängnisflur gelegen hätten, seien sie sich häufig begegnet.

„Dabei erzählte mir Dr. Bartsch auch die Gründe seiner Inhaftierung, die ausschliesslich politischer Natur waren. Veranlassung zu seiner Verhaftung haben im Wesentlichen die Anzeigen und Aeusserungen des damaligen Ortsgruppenführers gegeben. Herr Dr. Bartsch wurde beschuldigt: Begünstigungen von Nichtariern und Zusammenarbeit mit ihnen, internationale Beziehungen; antinationalsozialistische Einstellung durch Weigerung, in die Partei einzutreten usw.

Nunmehr erzählt mir Herr Dr. Bartsch, dass er vom 20. Juni 1941 bis zum 30. November 1941 (mit kurzer Unterbrechung) in Einzelhaft gewesen sei, dass dann die Einzelhaft in eine Sicherheitsverwahrung auf seinem eigenen Grundstück umgewandelt wurde. Diese Haft hat bis zum Zusammenbruch des NS-Regimes angedauert. Ich muss aufgrund meiner Kenntnis der Person von Herrn Dr. Bartsch seinen Angaben vollen Glauben schenken. Ich persönlich habe Herrn Dr. Bartsch als einen Mann kennengelernt, der in seiner ganzen Haltung und Gedankenwelt dem Nationalsozialismus ablehnend gegenübergestanden hat. H. Böhm (Probst)"[23]

Die Argumentation des Probstes, dass die Gründe der Haft „ausschließlich politischer Natur" gewesen sein – Begünstigung von Nichtariern, Weigerung, in die Partei einzutreten –, wobei der eigentliche Haftgrund, die Funktion

22 Ebenda, S. 6.

23 GOE, E 15.002.025, Bescheinigung von Probst Dr. Böhm, Berlin-Zehlendorf, 19.10.1945.

von Bartsch im *Reichsverband*, sowie sein anthroposophischer Hintergrund unerwähnt bleiben, legen nahe, dass Bartsch, als er Hans Böhm aufsuchte und um eine Bescheinigung bat, plante, einen Antrag als „Opfer des Faschismus" zu stellen. Die Formulierungen tragen jedenfalls den Anerkennungskriterien weitgehend Rechnung. Eine Bescheinigung des Probstes hatte insofern Bedeutung, als die Stimmen des kirchlichen Widerstandes in den ersten Jahren beim Hauptausschuss „Opfer des Faschismus", der über eine Anerkennung entschied, noch großes Gewicht hatten.[24] Sich als politisch Verfolgter ausweisen zu können bedeutete nicht nur eine bessere Lebensmittel- und Gesundheitsversorgung, sie war vor allem auch in der SBZ und späteren DDR im Umgang mit Behörden von unschätzbarem Wert. Mit der fast sechsmonatigen Haft und den Freiheitsbeschränkungen nach der Haftentlassung „aus gesundheitlichen Gründen" hätte Bartsch den Anerkennungskriterien durchaus entsprechen können.[25] Dass der anthroposophische Hintergrund seiner Verfolgung nicht Thema werden sollte, zeigt, dass Anthroposoph:innen in der SBZ Benachteiligungen befürchten mussten.

Die wenigen Akten zu Marienhöhe belegen, dass sich Erhard Bartsch und mit ihm Franz Dreidax, der bald schon wieder an seiner Seite agierte, als Humus-Spezialisten einen Namen machten und sie mit den neuen Brandenburger Behörden bald gut vernetzt waren. Ende der 1940er-Jahre war Bartsch Mitglied in mehreren Ausschüssen und Komitees zur Verbesserung des Bodens und taucht als Referent und Redner zu landwirtschaftlichen Fragen auf.[26] Bartsch und Dreidax taten offenbar auch nach 1945 das, was sie so gut beherrschten, sie vernetzten Menschen, von denen sie glaubten, dass sie ihr wichtigstes Anliegen – die Rettung des Bodens – unterstützen könnten, und versuchten durch Vorträge und Schulungen, über ihre Ziele aufzuklären.

1948 gelang Bartsch mit Unterstützung der neu gegründeten *Vereinigung der gegenseitigen Bauernhilfe* (*VdgB*), eine Untersuchung über die Eignung des Betriebes Marienhöhe als wissenschaftlicher Betrieb zur Erhöhung der Bodenfruchtbarkeit einzuleiten.[27] 1949 schien er sein Ziel fast erreicht zu haben.

24 Vgl. hierzu Susanne zur Nieden, Unwürdige Opfer. Die Aberkennung von NS-Verfolgten in Berlin 1945 bis 1949, Berlin 2003, hier vor allem den Unterabschnitt „Wer ist ‚Opfer des Faschismus'", S. 56–60.

25 Erhard Bartsch scheint tatsächlich gesundheitlich und psychisch sehr angeschlagen aus der Haft entlassen worden zu sein.

26 BLHA, 350 VdGB/1260, unpag. Bartsch und Dreidax waren Mitglieder des Kuratoriums für Bodenfruchtbarkeit. Bartsch hielt Vorträge zur Bodenbearbeitung und Bodenfruchtbarkeit im Haus Deutsche Landwirtschafts-Gesellschaft. Beide engagierten sich 1948 und 1949 im „Ausschuss für Regenwurmfragen".

27 Vgl. BLHA, 350 VdgB/1260, unpag., Maßnahmen zur Erhöhung der Bodenfruchtbarkeit.

Marienhöhe sollte mit Mitteln des *VdgB* als „Versuchs-, Forschungs- und Beispielwirtschaft" ausgebaut werden. Man plante, Erhard Bartsch zum festangestellten wissenschaftlichen Leiter des Versuchsgut zu machen. Die Verhandlungen waren Ende 1949 weit fortgeschritten und fast unterschriftsreif und wurden von einflussreichen Stellen der SBZ-Agraradministration unterstützt.[28] Im Januar 1950 – nicht lange nach Gründung der DDR – scheiterte dann die Finanzierung. Welche Gründe hier den Ausschlag gaben, ist den Akten nicht zu entnehmen. Es bleibt aber bemerkenswert, dass Bartsch sich bis zu diesem Zeitpunkt eine längerfristige Perspektive von Marienhöhe zumindest bis Ende 1949 sehr wohl vorstellen konnte. Der (letztlich nicht geschlossene) Vertrag mit Bartsch als „wissenschaftlichem Mitarbeiter" war auf zehn Jahre projektiert.[29]

Das gescheiterte Projekt war sicher einer der Gründe, dass Bartsch 1950 Marienhöhe verließ, auch wenn er später betonte, Marienhöhe aus „familiären Gründen" verlassen zu haben. Er bewirtschafte seitdem den österreichischen Wurzerhof, der zum Familienbesitz seiner Frau gehörte und zu Beginn der 1930er-Jahre auf biodynamische Wirtschaftsweise umgestellt worden war. Seine Ehefrau Hemma Bartsch blieb in den Folgejahren in Marienhöhe. Da Hemma Bartsch Österreicherin war, gelang es, Marienhöhe vor Eingriffen der SBZ- und späteren DDR-Behörden zu schützen.

Als Erhard Bartsch 1950 die DDR verließ, war kurz zuvor auch Franz Dreidax in die Bundesrepublik übergesiedelt. Damit kamen beide Schlüsselfiguren, die die Politik des *Reichsverbandes* in den NS-Jahren geprägt hatten, vier Jahre nach der Gründung des *Forschungsrings* wieder ins Spiel. Durch die Anwesenheit „dieser zweier Persönlichkeiten, die vor und während der Nazi- und Verbotszeit im Zentrum der biodynamischen Arbeit standen", habe sich „ganz selbstverständlich die Frage nach ihrer Verbindung und aktiver Beteiligung an der Führung der wieder neu gegründeten biologisch-dynamischen Organisation" gestellt, so die Einschätzung von Herbert Koepf und Bodo von Plato.[30] Es habe eine Fraktion gegeben, führen sie weiter aus, die Bartsch gegenüber ein ausgeprägtes Treueverhältnis an den Tag gelegt habe. Eine andere Gruppe habe aber „dezidierte Vorbehalte" gehabt. Hierbei spielten dessen Kontakte zu nationalsozialistischen Behörden eine zentrale Rolle. Es gab jedoch auch Kritik an den Wirtschaftsmethoden, die auf Marienhöhe angewendet worden waren.[31] Im Winter 1949/50 fand eine Sitzung auf dem Talhof bei Heidenheim statt, an der

28 BLHA, 350 VdgB/1276, unpag., Ausbau des Hofes Marienhöhe bei Bad Saarow durch die VdgB als Versuchs-, Forschungs- und Beispielwirtschaft (1949–1950).

29 Ebenda.

30 Koepf/Plato, Wirtschaftsweise, S. 198.

31 Ebenda, S. 199.

neben Bartsch auch Nicolaus Remer, Immanuel Voegele, Hans Heinze und Kurt Theodor Willmann teilnahmen. Hier gab es Vorschläge, Bartsch zum Vorstand oder zum Präsidenten des *Forschungsrings* zu machen. In dieser Sitzung konnten sich die Unterstützer von Erhard Bartsch nicht durchsetzen.[32]

Das Erstaunliche geschah: Weder Bartsch noch Dreidax wurden damals und auch in den Folgejahren besondere Funktionen in der neuen Organisation angetragen. Da keine einschlägigen Sitzungsprotokolle vorhanden sind und sich auch in den Korrespondenzen nur vage Andeutungen zum Thema finden, lässt sich die Debatte um Erhard Bartsch und Franz Dreidax nur schwer rekonstruieren. Vieles spricht dafür, dass sich der *Forschungsring* von den alten Strukturen und von der Politik des *Reichsverbands* und der Kooperation mit den NS-Behörden abgrenzen wollte. Dass es in den Reihen der Anthroposophen nach dem Ende des Nationalsozialismus Vorbehalte gegen diejenigen gab, die mit den NS-Behörden verhandelt hatten, zeigt der besser dokumentierte Fall der Waldorflehrerin Elisabeth Klein, der nach 1945 vorgeworfen wurde, für den Erhalt der Waldorf-Schulen bis 1941 den NS-Behörden zu viele Zugeständnisse gemacht zu haben. Gegen ihre Weiterbeschäftigung als Waldorflehrerin gab es in den ersten Nachkriegsjahren starke Proteste von Mitgliedern der deutschen *AG*. Erst nach mehreren Jahren konnte Klein eine Neueinstellung als Waldorflehrerin erreichen.[33] Auch Franz Lippert berichtete in seinen Aufzeichnungen vom März/April 1948, dass er „immer wieder […] eine ablehnende Haltung gegenüber meiner Person bzw. Tätigkeit in den vergangenen Jahren feststellen“ musste.[34]

Belegt ist, dass es Vorbehalte gegen Erhard Bartsch nicht nur von deutschen Anthroposophen, sondern auch vonseiten der Dornacher *AG* gab. In einem langen Bericht aus den USA vom 6. Februar 1946 an Guenther Wachsmuth distanzierte sich Pfeiffer vom Verhalten der führenden Männer im *Reichsverband*in der Zeit des Nationalsozialismus und sprach sich vorerst gegen deren künftige Mitarbeit in der biologisch-dynamischen Bewegung aus: „Sollten Leute wie M.K. Schwartz, Bartsch und Dreidax (Gott helfe ihnen) wieder auftauchen, so muesste man wohl eine tiefe Gesinnungswandlung abwarten und eine bessere

32 Ebenda.

33 In ihrer Autobiografie berichtet Klein: „Für den Menschen, der in der größten Notzeit den Einsatz für die Schulbewegung und das Werk Rudolf Steiners geleistet hatte […], war kein Platz in dieser beglückenden Aufbauarbeit. Obwohl ich meinen Einsatz mit 9 Monaten Gefängnis und Haftbefehl und drei Jahren Berufsverbot habe bezahlen müssen und mich in der Reihe politisch Verfolgter befand, wurde die Meinung erzeugt, daß in meiner Mitarbeit eine Gefahr bestünde, weil ich mit nationalsozialistischen Behörden Gespräche geführt hätte. […] Das traf mich tief, tiefer als alle Leiden der Kriegs- und Verfolgungszeit.“ Elisabeth Klein, Begegnungen. Mitteilenswertes aus meinem Leben, Freiburg i. Br. 1978, S. 108f.

34 GOE, D.02 Franz Lippert, Aufzeichnungen März/April 1948.

Einsicht, als sie bewiesen haben, ehe man sie mit verantwortlichen Stellen in der Bewegung wieder betrauen kann. Das Zentrum unserer b. d. Bewegung sollte ein Geistiges sein, nicht ein politisches wirtschaftliches."[35] Es gibt allerdings keine Belege, dass man von Dornach aus direkt in Personalfragen eingriff.

Auch wenn es in den Folgejahren immer wieder zu Treffen und Gesprächen kam, blieben die Spannungen zwischen dem *Forschungsring* und den früheren Vertretern des *Reichsverbands* bestehen. Das war wohl einer der Gründe, warum sich 1952 einige der *bdW*-Höfe zur *Bäuerlichen Gesellschaft Nordwestdeutschland* zusammenschlossen, in der Erhard Bartsch und Franz Dreidax maßgeblich mitwirkten. Mit der Gründung kam es zwar zu einer Entfremdung vom *Forschungsring bdW*. Eine Spaltung wurde aber schon dadurch vermieden, dass der *Forschungsring* als Eigentümer des *Demeter-Schutzzeichens* das Vergaberecht auch den Mitgliedern der *Bäuerlichen Gesellschaft Norddeutschland* übertrug. Beide Vereinigungen blieben somit weiter durch die *Demeter*-Wirtschaft verbunden.

In den folgenden Jahrzehnten kam es zu keiner nennenswerten öffentlichen Auseinandersetzung darüber, dass Teile der biodynamischen Bewegung mit der NS-Bewegung kooperiert hatten. Keinesfalls zu Unrecht sahen sich die Anthroposophen im „Dritten Reich" in erster Linie als Verfolgte des NS-Regimes. Die Tatsache, dass die alte Führungsriege um Erhard Bartsch im *Forschungsring* auch in den Folgejahren keine Rolle in der Organisation spielte, ist aber zweifellos ein Zeichen für Neuanfang und Veränderungswillen. Eine Neuauflage des *Reichsverbandes* wurde bewusst vermieden. Auch strukturell hatte man mit der Dezentralisierung Lehren aus der Vergangenheit gezogen. Eine öffentliche Debatte auch um Teilhabe und Mitwirkung der *bdW* im Nationalsozialismus sollte erst sehr viel später, in den 1980er-Jahren, einsetzen.

Interne Auseinandersetzungen gab es sehr wohl.[36] Das zeigten z. B. die Debatten um die Weiterbeschäftigung von Elisabeth Klein, die man jedoch nicht in die Öffentlichkeit trug. Fritz Götte berichtete in seinen unveröffentlichten

35 GOE, A.02.001.1012, Pfeiffer an Wachsmuth, 6. 2. 1947.

36 Bei der Frage des Umgangs mit der NS-Vergangenheit kam es in der biodynamischen Bewegung der Nachkriegszeit immer wieder zu Auseinandersetzungen. So berichtet z. B. Reinhard Ackermann, der zur AG Chiemgau gehörte, in einem Interview aus dem Jahr 1995, es habe in den Nachkriegsjahren eine „Kluft" zwischen der AG Chiemgau und dem *Forschungsring* bestanden. Erhard Bartsch, Franz Dreidax und Franz Lippert, die Ackermann zu den „Alten" zählte, seien von der „neuen Mannschaft" des *Forschungsrings* nach dem Krieg als „Verräter" angesehen worden, weil sie mit Nationalsozialisten und insbesondere der SS verhandelt und zusammengearbeitet hätten. Die Arbeitsgruppe habe sich hingegen hinter Lippert und Dreidax gestellt. FRA, C 3. Biologisch-Dynamische Vereinigung Bayern e. V., Gespräch mit Reinhard Ackermann, 18. 11. 1995.

Erinnerungen von einem Gespräch im Jahr 1946 mit Erhard Bartsch, das sich über mehrere Stunden erstreckte: „Bartsch gab mir schliesslich zu, dass sie sich geirrt hätten. Er meinte die Beurteilung des Nationalsozialismus. Aber bald sah es wieder ganz anders aus. Er schien mir unfähig zu sein, sich wirklich in seinem damaligen Verhalten anzuschauen."[37] Fritz Götte war es auch, der sich über Jahre mit anderen Anthroposophen in Briefen und Gesprächen mit der NS-Vergangenheit auseinandersetzte. So hatte er einen regen Briefwechsel mit dem anthroposophischen Arzt Rudolf Lühl, der damals die Positionen des *Reichsverbandes* mittrug.

Lühl schilderte die Atmosphäre des Aufbruchs auf Marienhöhe, die damals herrschte: „Ich stand nie in Gefahr Hitler zu verehren. Aber in Bad Saarow war schon eine eigenartige Atmosphäre. Bartsch hatte eine große Fähigkeit, die Ereignisse so darzustellen, als wenn Hitler der Alexander wäre, der den aristotelischen Nachfolgern den Weg bahnte. Ich möchte hier in keiner Weise beschuldigend schreiben, ich glaube, daß die meisten die großen Gefahren wohl sahen, aber wir waren alle beseelt von dem Wunsch, Positives zu leisten. [...] wie wichtig wir uns alle als die Pioniere der Zukunft vorkamen. Ich selber auch? [...] Man wurde einfach mit fortgerissen. Ich fühlte mich einer großen Mission und Aufgabe verbunden."[38]

37 GOE, E.15.002.021, Fritz Götte, Erinnerungen, Typoskript.
38 GOE, E.15.002.021, Lühl an Götte, 23.12.1964.

5. Zusammenfassung

Welche Rolle spielten die Akteur:innen und Verbände der biodynamischen Bewegung in der Geschichte des Nationalsozialismus? Das war die zentrale Frage, mit der wir uns in dieser Studie anhand des Verhältnisses beider Bewegungen von ihren Anfängen in den 1920er-Jahren bis zu den 1950er-Jahren befasst haben.

Tatsächlich sind die nationalsozialistische und die biodynamische Bewegung etwa zur gleichen Zeit entstanden und teilten zeittypisch – übrigens mit zahlreichen anderen politischen, weltanschaulichen oder religiösen Gruppierungen – ähnliche Auffassungen der Reformbewegung wie z. B. die Ablehnung des Kapitalismus, die Kritik an der modernen Wissenschaft oder der zunehmenden Rationalisierung des Lebens sowie eine allgemeine Zivilisationskritik. Sie hatten aber deutlich unterschiedliche Grund- und Lösungsansätze: Während die zentralen Ideologeme des Nationalsozialismus – Antisemitismus, Rassismus, Chauvinismus und die Vernichtung „unwerten" Lebens – bereits in den frühen Parteitexten eine programmatische Bedeutungen hatten, sind wir in unserer Analyse der biodynamischen Publikationen und Schriften auf keine Zustimmung dazu gestoßen.[1] Dieser Befund ist umso erstaunlicher, da es unbestritten ist, dass sich im umfangreichen Werk Rudolf Steiners auch wenige, theosophisch-kosmisch unterlegte Rassismen und völkerpsychologische Vorurteile finden lassen. Solche Theorien spielten jedoch in den Texten der biodynamischen Verbände keine Rolle und sie wurden auch nicht starkgemacht, um sich den NS-Machthabern anzudienen.

Ein Blick auf die Anfänge der biodynamischen Bewegung zeigt, dass sie sich in einer Phase formierte, in der völkisch-nationalsozialistische Kräfte Rudolf Steiner und die Anthroposophie massiv attackierten. Steiner und seine Anhänger hatten 1921 bei politischen Auseinandersetzungen um die Volksabstimmung in Oberschlesien in ihrer „Dreigliederungs-Kampagne" für eine transnationale Lösung des zwischen Deutschland und Polen umstrittenen Gebiets votiert. Diese Haltung kam dem gerade zum Parteivorsitzenden der NSDAP gekürten Hitler

1 Anders etwa als verschiedene deutsche theosophische Gruppen, die 1933 die Judenpolitik des NS gegen die Kritik nichtdeutscher Theosophen verteidigten. Vgl. Peter Staudenmaier, Nazi Perceptions of Esotericism. The Occult as Fascination and Menace, in: Ashwin Manthripragada (Ed.): The Threat and Allure of the Magical, Cambridge Scholars Publishing 2013, S. 25–58.

einem Verbrechen gegen die Nation gleich.[2] Zu Beginn der 1920er-Jahre, als die völkische Rechte gerade ihre politische Speerspitze in der NSDAP fand, erklärte sie die anthroposophische Bewegung zum Feind. Es kam in den Folgejahren wiederholt zu rechtsnationalen Störungen der Vorträge Steiners. Selbst während der Geburtsstunde der biodynamischen Wirtschaftsweise im Sommer 1924 rechnete die *Anthroposophische Gesellschaft* im abgelegenen schlesischen Koberwitz mit nationalsozialistischen Angriffen und sorgte für einen Wachschutz. In der Phase, als sich die völkischen Nationalisten zur NS-Bewegung formierten, kam es zu einer Frontstellung gegenüber Rudolf Steiner, der als „Logenanhänger" und „Jude" diffamiert wurde. Steiner wiederum warnte in seinen Vorträgen zunehmend vor übersteigertem Nationalismus und Rassenzuschreibungen.

Diese Frontstellung verlor Anfang der 1930er-Jahre für die Mitglieder des biodynamischen *Versuchsrings* gegenüber Nationalsozialisten an Bedeutung. Schon vor dem Machtantritt der Nationalsozialisten kam es bei Veranstaltungen der *bdW* zu Kontakten mit der NS-Bewegung. So berichtete Moritz Bartsch, dass an der Wintertagung 1931 in Bad Saarow auch „stramme Nationalsozialisten" teilgenommen hätten.[3]

Nach einer kurzen internen Versuchsphase brachte die junge biodynamische Bewegung ihr anthroposophisches Landwirtschaftskonzept 1927 erstmals in Form einer Kampfschrift – „Die Not der Landwirtschaft" – gegen den Hegemonialanspruch der Agrarchemie in die Öffentlichkeit.[4] Die Agrarindustrie und ihre Lobbyisten schienen wegen des zeitgleich in die Kritik geratenen synthetischen Düngers empfindlich getroffen und konterten mit einem vernichtenden Werbefeldzug gegen die biodynamische Wirtschaftsweise. Die Aktion bescherte dem *Versuchsring* nicht nur einen größeren Gegner:innenkreis, sondern machte die *bdW* als alternative Landbauweise einer breiteren Öffentlichkeit bekannt. Neben Landwirten, Gärtner:innen und ökologisch interessierten Wissenschaftler:innen zog sie damit auch eine ganz neue, für ihre weitere Entwicklung entscheidende Gruppe an: Die Verbraucher:innen. Zu dem rasch anwachsenden, nun nicht mehr zwingend nur anthroposophischen Mitgliederkreis, gehörten ab 1931 auch Nationalsozialisten aus dem Umkreis des Artamanen und Gutspächters Walter Granzow. Diese waren im *Versuchsring* vor allem

2 Adolf Hitler bezeichnete Steiner als „Gnostiker" und die Idee der Dreigliederung als „jüdische Methode der Zerstörung der normalen Geistesverfassung der Menschen". Hitler, Staatsmänner und Nationalverbrecher, in: Jäckel/Kuhn (Hrsg.), Hitler, S. 349.

3 Zit. n. Werner, Anthroposophen, S. 86.

4 Erhard Bartsch, Die Not der Landwirtschaft: Ihre Ursachen u. ihre Überwindung; Denkschrift zur Gründung der „Verwertungsgenossenschaft Demeter" e. G. m. b. H. Bad Saarow (Mark), Bad Saarow 1927.

aufgrund der zunehmenden politischen Bedeutung der NSDAP durchaus willkommen. Seitdem sie mit ihrem Konzept an die Öffentlichkeit getreten waren, realisierten die Biodynamiker, dass sie dringend auf einflussreiche Verbündete angewiesen waren.

1933 war bei den undurchsichtigen und gewalttätigen Ereignissen der nationalsozialistischen Machtübernahme keineswegs klar, ob die biodynamische Bewegung nicht auch sofort verboten werden würde. Wie viele gesellschaftliche Institutionen der vornazistischen Gesellschaft stand auch der biodynamische *Versuchsring* vor der Frage, Auflösung oder partielle Anpassung an die NS-Strukturen. Die Mitgliederversammlung beschloss einstimmig die Gründung des *Reichsverbands*, der im Zuge der „Gleichschaltung" 1936 in die NS-Organisation *Deutsche Gesellschaft für Lebensreform* eingegliedert wurde.

Tatsächlich war es allein Rudolf Heß, der seine Macht als „Stellvertreter des Führers" nutzte, um den *Reichsverband* von einem Stab an Mitarbeitern immer wieder gegen den Widerstand des gesamten NS-Agrarapparats verteidigen zu lassen. Ihm war es zu verdanken, dass der landwirtschaftliche Außenseiter und Provokateur weiter existieren konnte. Heß verhinderte auch, dass der *Reichsverband* 1935 gemeinsam mit der *Anthroposophischen Gesellschaft* aufgelöst wurde.

Im Verlauf des Jahres 1939 erwachte das Interesse weiterer hoher Funktionäre des NS-Staates, der SS und des *Reichsnährstandes*, die mit der „Siedlungsfrage" befasst waren, am *Reichsverband*. In den beiden Folgejahren bis zum Sommer 1941 entstanden Pläne für unterschiedliche Kooperationsprojekte. Für die Bewegung schienen die Chancen auf den großen Durchbruch der Wirtschaftsweise in greifbare Nähe zu rücken. Den „eigentlichen" Feind sahen die Mitglieder des *Reichsverbands* stets in der Agrarindustrie. Nationalsozialisten, die an der *bdW* Interesse zeigten, sahen sie in erster Linie als Bündnispartner. Gerade weil sie unbedingt an das Gute der eigenen Mission glaubten, schien ihnen jede Allianz recht, zumal die Agrarindustrie mächtige Fürsprecher unter den NS-Führern hatte.

Politische Differenzen blendete die Führungsriege der biodynamischen Bewegung weitgehend aus. In dieser Fixierung auf ihre Sache gerieten politische, weltanschauliche und humanistische Differenzen zu den nationalsozialistischen Unterstützern offenbar weitgehend aus dem Blick. Es war zweifellos verführerisch, dass man nach vielen Anfeindungen und nach jahrelangem Verharren in der prekären Existenz einer Nischenwirtschaft endlich von Teilen des Parteiapparats und des Staates wahrgenommen wurde. Aus Sicht der Betroffenen war diese Anerkennung lange überfällig gewesen. Der anthroposophische Arzt Rudolf Lühl, der mit dem *Reichsverband* kooperierte, erinnerte sich Mitte der

1960er-Jahre an die Stimmung in der biodynamischen Bewegung. Alle seien „beseelt“ gewesen „von dem Wunsch, Positives zu leisten“, und hätten sich „einer großen Mission und Aufgabe“ verbunden gefühlt.[5]

Wir stießen bei den Recherchen aber auch auf die Paradoxie, dass die Kooperation mit den nationalsozialistischen Instanzen vom *Reichsverband* intensiv gesucht wurde, die Eingaben und Denkschriften, die diesem Ziel dienten, jedoch – beinahe wie zum Trotz – in anthroposophischen Argumentationsmustern artikuliert blieben. Das zeugt von einem ausgeprägten und beharrlichen Eigensinn, der aber keinesfalls mit Widerstand gegenüber dem NS-System gleichzusetzen ist.

Nicht alle Mitglieder der biodynamischen Bewegung waren mit dem Weg, den der *Reichsverband* eingeschlagen hatte, einverstanden. Ehrenfried Pfeiffer, anthroposophischer Forschungspionier der ersten Stunde, wandte sich 1938 aus den USA besorgt an den Vorstand Guenther Wachsmuth in Dornach: „Hier sehe ich deutlich das Petrinische Motiv des Verleugnens, das dann mit allen möglichen Selbstillusionen vertuscht wird. [...] Dort [in Frankreich] spricht man das offen aus – die Regierung steckt unter einer Decke mit der Industrie. In Deutschland hat man die biol. dyn. insofern gerne, weil man damit immer noch in den industrieabgeneigten Teilen der Partei glaubt, damit einen Trumpf gegen die I. G. auszuspielen. Es wird also im Grunde politisiert. Das will Bartsch nicht begreifen. [...] Ich glaube, nach den letzten Ereignissen nicht mehr, dass man noch irgendeine ‚objektiv, d. h. der Sache zu liebe interessierte‘ Seele dort für uns finden wird.“[6] Pfeiffer sollte recht behalten. Der *Reichsverband* konnte 1941 – entgegen aller bis dahin mühsam entwickelter Pläne und Verbindungen mit verschiedenen NS-Führern – mit einem Federstrich verboten werden.

Die Geschichte der biodynamischen Bewegung ist auch ein Stück bislang wenig beachteter Agrargeschichte des 20. Jahrhunderts. Es war wohl das Dilemma von *bdW*-Befürwortern wie Himmler oder auch Darré, die sich eine bäuerliche Landbauweise jenseits von synthetischem Dünger wünschten, jedoch ohne die I. G. Farben, den größten Chemiekonzern-Verbund der Welt, keine Aufrüstung und keinen Krieg realisieren konnten. Immerhin ist Stickstoff einer der Grundstoffe für die Herstellung von Kunstdünger und auch die Basis für Sprengstoff. In der Forschung ist auf den Zwittercharakter, die Janusköpfigkeit der NS-Bewegung hingewiesen worden: Modernste Rationalität und romantisierende Besinnung auf bäuerliche Werte existierten nebeneinander, Reaktion und Revolution koexistierten. Die, die in ihrer Kritik an den Wunden der Zivilisation

5 GOE, E.15.002.021, Lühl an Götte, 23. 12. 1964.

6 GOE, A.02.002.027, Pfeiffer an Wachsmuth, 22. 4. 1938.

ein bäuerliches „rassenreines" Leben zurücksehnten und Raum für ihr „Volk" forderten, wussten aber wohl, dass dieser Raum nur durch höchste Rationalität im Bund mit den Industriemagnaten erobert werden konnte.

Die Opposition gegen die mächtige Agrarchemie und die Industrialisierung der Landwirtschaft war seit Gründung des biodynamischen *Versuchsrings* ein fester Bestandteil ihres Selbstverständnisses. Der vergleichsweise kleine Verband ohne jeglichen Einfluss und ökonomische Relevanz setzte alles daran, die Agrarindustrie herauszufordern. Sie überflüssig zu machen war letztlich Teil ihrer Mission der Rettung des Bodens. Bereits in den ersten Protokollen des biodynamischen *Versuchsrings* warnte der Dornacher Vorstand eindringlich vor „dem" Gegner, den I. G. Farben.

Die bis heute immer wieder kursierende Vorstellung, dass „die Nazis" „Grüne" seien, bestätigte sich in dieser Studie, zumindest was die ökologische Landbauweisen betrifft, nicht. Die biodynamische Wirtschaftsweise war im NS-Staat eines von drei ökologischen Landbausystemen,[7] die sich zur Gleichschaltung entschlossen hatten. Während die Konzepte der beiden anderen Vertreter – Ewald Könemann und Wilhelm Büsselberg – schon Ende der 1930er-Jahre verboten waren, gelang es nur dem *Reichsverband*, sich als Günstling von Heß gegen den Widerstand des NS-Agrarapparats zu behaupten. Nach 1941 waren alle drei verboten. Erstaunlich ist, dass die Auseinandersetzung um die *bdW* in der sehr fundierten Arbeit über die Geschichte des *Reichsministeriums für Ernährung und Landwirtschaft*[8] nicht erwähnt wurde.

So unbedeutend der *Reichsverband* war, es gab Vertreter im Reichslandwirtschaftsministerium und im *Reichsnährstand*, die intensiv über eine alternative Landbaumethode nach dem Ende des Krieges diskutierten – wie die Arbeit zeigt. Bis heute scheint das *Bundesministerium für Ernährung und Landwirtschaft* nicht interessiert an diesem Teil der Geschichte und ihrer eigenen Auseinandersetzung mit alternativen Methoden.

Am 9. Juni 1941 war der *Reichsverband* per geheimpolizeilichen Erlass aufgelöst worden. An diesem Tag, zwei Wochen vor dem Überfall auf die Sowjetunion, hatte die *Aktion gegen Geheimlehren und sogenannte Geheimwissenschaften* stattgefunden. Dies stand auch im Zusammenhang mit dem England-Flug von Heß. Am 23. Juni 1941, drei Tage nach der ersten Verhaftung

7 Auch Ewald Könemann (Biologische Bodenkultur und Düngewirtschaft) und Wilhelm Büsselberg (Natürlicher Landbau) wurden 1936 Mitglieder der *Deutschen Gesellschaft für Lebensreform*.

8 Horst Möller/Joachim Bitterlich/Gustavo Corni/Friedrich Kießling/Daniela Münkel/Ulrich Schlie (Hrsg.), Agrarpolitik im 20. Jahrhundert. Das Bundesministerium für Ernährung und Landwirtschaft und seine Vorgänger, Berlin/Boston 2020.

des Leiters des *Reichsverbands*, Erhard Bartsch, beschwerte sich sein engster Mitarbeiter, Franz Dreidax, bei Hermann Reischle, der rechten Hand Walther Darrés, in einem mehrseitigen Brief bitter. Eine Durchschrift ging an den Leiter der *Deutschen Arbeitsfront* Robert Ley, an Alfred Rosenberg und Wilhelm Frick.[9] Anhand dieser Quelle lassen sich noch einmal die Widersprüche bündeln, in der sich die beiden wichtigsten Vertreter der biodynamischen Bewegung in den Jahren des Nationalsozialismus befanden.

Dreidax hatte sich nicht zufällig an Reischle gewandt, der als politischer Referent im *Reichsnährstand* seit Ende 1939 enge Kontakte mit dem *Reichsverband* aufgebaut hatte. Erhard Bartsch, schrieb Dreidax, habe seine Aufgabe darin gesehen, „die bäuerlichen Lebensfragen in loyalster Zusammenarbeit mit allen einschlägigen Partei- und Reichsstellen zu lösen und alle verfügbaren Kräfte, die diese Aufgabe ebenso auffassten, einzusetzen."[10] Im Sinne der Verhandlungen mit der Gestapo vom Mai 1936 habe er „geradezu den Auftrag gehabt, das Lebenswerk Rudolf Steiners für das neue Reich fruchtbar zu machen". Bartsch habe das Äußerste aufgewendet, „um vor seinen jeweiligen Schritten den Sicherheitsdienst [der SS] ins Bild zu setzen und jeden denkbaren Einblick zu gewähren". Er selber, so Dreidax, habe dessen Sorgfalt in diesen Dingen oft gar nicht verstehen können. Was Dreidax hier als aktive Leistung hervorhebt, führt vor Augen, dass die Weiterexistenz des *Reichsverbands* nach dem Verbot der *Anthroposophischen Gesellschaft* 1935 nur um den Preis einer umfassenden Kontrolle durch den Sicherheitsdienst der SS und der Gestapo möglich war. Bartsch kam möglichen geheimpolizeilichen Eingriffen durch eine detaillierte Berichterstattung zuvor.[11]

Dieser Brief ist insofern ein erstaunliches Dokument und zeugt letztlich von Wagemut, weil der *Reichsverband* nach der Gestapo-Aktion bereits zwei Wochen zuvor aufgelöst und den Mitarbeiter:innen jede Form politischer und anthroposophischer Tätigkeit unter Androhung der KZ-Einweisung untersagt worden war – eine Gefahr, die Dreidax bewusst war.[12] Ihn trieb aber die Hoffnung, dass sich einer der Mächtigen für Erhard Bartsch einsetzen könnte. Diese Hoffnung hatte sich, wie gezeigt wurde, als trügerisch erwiesen.

Erhard Bartsch war und blieb auch während der NS-Zeit in erster Linie überzeugter Anthroposoph. Die Anthroposophie wurde vonseiten der NS-Regierung verfolgt, die *Anthroposophische Gesellschaft* 1935 verboten. Heß

9 GOE, D.02 Seifert 002, Dreidax an Reischle, 23.6.1941.
10 Ebenda. Alle Unterstreichungen vom Verfasser.
11 Ebenda.
12 Er beendete seinen Brief: „Noch bin ich auf freiem Fuß und wollte mein Zeugnis für Dr. Bartsch Ihnen an die Hand geben. Vielleicht können Sie etwas damit anfangen." Ebenda, S. 3.

hatte die *bdW* 1934 unter Schutz gestellt und vor der Kritik aus den eigenen Reihen abgeschirmt. Durch komplizierte Verhandlungen mit dem Sicherheitsdienst der SS und der Gestapo hatte Bartsch nach dem Verbot der *Anthroposophischen Gesellschaft* eine Weiterarbeit unter geheimdienstlicher Aufsicht und Duldung erreichen können. Der organisatorische Anschluss an die *Deutsche Gesellschaft für Lebensreform* bedeutete Anpassung, aber auch einen Zugewinn an Macht und Einfluss. In den Folgejahren konnte die *bdW* prosperieren. Im Nachhinein urteilten die Anthroposophen Erich Thierfelder und Hellmut Bartsch, in Kreisen des *Reichsverbandes* sei es die übereinstimmende Meinung gewesen, dass die Bauern die Jahre 1934 bis 1941 nicht nur als „Zeit ungestörten Aufbaus“ hätten nutzen können. Die *biologisch-dynamische Wirtschaftsweise* habe einen „mächtigen Schritt vorwärts in einem Tempo gemacht, wie er in ruhigen Zeiten – geschweige denn im ‚Schneckengehäuse‘ – nie so rasch zustande gekommen wäre. Auf diesen Erfahrungen konnte dann nach Kriegsende aufgebaut werden.“[13] Man könne, so Ansgar Martins, für diesen Zeitraum nahezu von einer „Erfolgsgeschichte“ sprechen.[14]

In seinem Brief fuhr Dreidax fort, Bartsch habe zudem versucht, „alle Schlacken, die der biologisch-dynamischen Wirtschaftsweise anhaften mochten, rücksichtslos auszuscheiden“.[15] Für ihn habe es sich nicht um eine Frage der Diplomatie oder Taktik gehandelt, er habe vielmehr maßgebende, tiefere Gründe dafür gehabt. „Diese waren in seiner Hochachtung vor den Leistungen von Partei und Staat, in dem Empfinden von der unverbrüchlichen Schicksalsgemeinschaft und Verantwortung aller Deutschen und in der Verehrung gegenüber der Persönlichkeit des Führers gegeben. Nur die Tatsache immer wiederholter Angriffe aus einzelnen Parteikreisen brachte Hindernisse, auch äusserlich den Schritt in die Partei zu vollziehen.“[16]

Dreidax, der seinen Brief an den politischen Hardliner Reischle im *Reichsnährstand* richtete, musste Erhard Bartschs Loyalität zum NS-Staat betonen, wenn er sein Ziel erreichen wollte. Aber auch andere Zeugnisse von Bartsch selbst zeigen, dass Dreidax dessen Haltung durchaus treffend beschrieb. Erhard Bartsch, das konnte diese Untersuchung anhand seiner Artikel und Denkschriften zeigen, vertrat keine antisemitischen Positionen und blieb in seinen

13 Erich Thierfelder/Hellmut Bartsch, Von der Tätigkeit des Versuchsrings anthroposophischer Landwirte in Deutschland (später Versuchsring für biologisch-dynamische Wirtschaftsweise) in den Jahren 1933–1941. Manuskript, Archiv Reinhold Schade, Rehbrücke, zit. n. Jacobeit/Kopke, Wirtschaftsweise, S. 49, FN 102.

14 Vgl. Martins, Büchenbacher, S. 347.

15 GOE, D.02 Seifert 002, Dreidax an Reischle, 23.6.1941, S. 2.

16 Ebenda.

Denkschriften in einem weitgehend geschlossenen System anthroposophischer bzw. biodynamisch-landbaulicher Argumente, die von nationalsozialistischen Zeiteinflüssen in weiten Teilen erstaunlich unberührt blieben, auch wenn er sie immer wieder an unterschiedliche Staats- und Parteiinstanzen adressierte. Und dennoch unterstützte er – jedenfalls bis zu seiner Verhaftung im Sommer 1941 –, den staatlichen Repressionen gegen die Anthroposophie zum Trotz, den nationalsozialistischen Staat und verehrte die „Persönlichkeit" Adolf Hitlers.

Das Fehlen von antisemitischen und rassistischen Argumentationen in den Texten der biodynamischen Bewegung ändert nichts daran, dass zumindest Bartsch, zweifellos eine der Schlüsselfiguren der biodynamischen Bewegung, trotz des allgemeinen Wissens um die Verfolgung von Jüdinnen und Juden in Deutschland noch bis zu seiner Verhaftung im Sommer 1941 sein Vertrauen in die „Volksgemeinschaft" und den NS-Staat setzte. Tatsächlich teilte er dieses Vertrauen wohl mit der Mehrheit der nichtjüdischen Bevölkerung im „Dritten Reich".[17] Es hilft, die Haltung Erhard Bartschs besser zu begreifen, wenn man den Nationalsozialismus weniger als bloße Gewaltherrschaft, sondern – wie Frank Bajohr – als „Zustimmungsdiktatur" und soziale Praxis versteht, an der sich die Mehrheit der deutschen Gesellschaft in vielfältiger Weise beteiligte.[18] An die Stelle der dichotomen Frage, ob Mitglieder der *bdW* in den Jahren des Nationalsozialismus auf der Opfer- oder auf der Täterseite standen, gilt es zu verstehen, warum für Menschen, deren Weltanschauung sich von der der Nationalsozialisten unterschied und die darüber hinaus selbst staatlicher Repression ausgesetzt waren, das Regime weit über die Zahl überzeugter Gesinnungstäter:innen hinaus so lange akzeptabel war.

Im Verhör durch die Gestapo am 20. Juni 1941 hatte Bartsch angegeben, kurz vor seiner Verhaftung sei ihm ein Befehl Himmlers übermittelt worden, die 18000 Morgen große Wirtschaft in Auschwitz solle in biodynamische Bewirtschaftung übernommen werden. Er sei bereits zu einer Lokalbesichtigung aufgefordert worden.[19] Im April 1940 hatte Himmler den Bau eines Konzentrationslagers in Auschwitz befohlen und am 1. März 1941 die Einrichtung von Landwirtschafts- und Zuchtbetrieben auf dem das KZ Auschwitz umgebenden Gebiet angeordnet. In der Folgezeit hatte die SS die Bewohner umliegender Dörfer vertrieben und ein 40 Quadratkilometer breites Territorium zum

17 Vgl. Harald Welzer, Die Deutschen und ihr „Drittes Reich", https://www.bpb.de/shop/zeitschriften/apuz/30543/die-deutschen-und-ihr-drittes-reich/ [2.3.2024].

18 Frank Bajohr, Die Zustimmungsdiktatur. Grundzüge nationalsozialistischer Herrschaft in Hamburg, in: Forschungsstelle für Zeitgeschichte in Hamburg (Hrsg.), Hamburg im „Dritten Reich", Göttingen 2005, S. 69–121.

19 BArch, R 58/6223, Verhör Erhard Bartsch Stapo C, 20.6.41, Bl. 298–305, hier Bl. 302.

Sperrgebiet und „Interessengebiet des KL Auschwitz" erklärt. Die ersten Vergasungen im später errichteten zweiten Lager Auschwitz-Birkenau begannen im Frühjahr 1942. Als der Massenmord mit dem Sieg der Alliierten im Frühjahr 1945 ans Tageslicht kam, wurde Auschwitz zum Synonym für den Genozid an den europäischen Juden. Im Sommer 1941, als Bartsch auf seine Lokalbesichtigung in Auschwitz wartete, stand die Überschreitung der Grenze hin zum Massenmord unmittelbar bevor. Mit dem Überfall auf die Sowjetunion im Juni 1941 und den Morden der Einsatzgruppen von Sicherheitspolizei und SD wurde sie überschritten. Auch wenn man berücksichtigen muss, dass Auschwitz für Bartsch noch nicht die Bedeutung haben konnte, die es später bekam,[20] so ahnt man doch, welche problematischen Konsequenzen es gehabt hätte, wenn die Verhaftung von Bartsch dieser Kooperation nicht ein abruptes Ende gesetzt hätte.

Mit dem Verbot des *Reichsverbandes* im Sommer endeten die institutionellen Kooperationen. Es war aber dem fortdauernden Interesse Himmlers an der biodynamischen Wirtschaftsweise geschuldet, dass einige wenige biodynamische Fachkräfte von der SS rekrutiert wurden, um bei den nun mehr oder weniger im Verborgenen weitergeführten biodynamischen Versuchen mitzuwirken. Auch wenn es sich „nur" um sechs Personen handelte, kann die Mitarbeit auf den SS-Gütern nur als Kollaboration bezeichnet werden. Franz Lippert musste sich nach 1945 als Einziger einem Entnazifizierungsverfahren stellen und wurde, wie die Mehrzahl der Deutschen, entlastet.

Neben Ravensbrück und den „prominenten" *DVA*-Gütern im Umland, die von SS-Größen privat genutzt wurden, gab es im KZ Dachau den bekannten, euphemistisch „Kräutergarten" oder „Plantage" bezeichneten Bereich – Orte, an denen der verbrecherische Kontext des eigenen Tuns offen zutage trat. Hier gab es neben dem wirtschaftlich betriebenen Kräuteranbau biodynamische Forschungsarbeiten von Franz Lippert und Martha Künzel, zeitweise auch von Carl Grund. Dass in Ravensbrück einer der Voegele-Brüder arbeitete, wie sich Benno von Heynitz zu erinnern glaubte, konnte in den Akten nicht nachgewiesen werden.[21] Die Tätigkeit in den KZ erfolgte offenbar mit ausdrücklicher Billigung durch die abgesetzten Vorstände des aufgelösten biodynamischen *Reichsverbands*, Erhard Bartsch und Franz Dreidax. Zur Mitarbeit bestand kein

20 Saul Friedländer hat betont, dass der Nationalsozialismus historisiert und nicht von seinem genozidalen und katastrophalen Ende her gedacht werden darf. Saul Friedländer, Überlegungen zur Historisierung des Nationalsozialismus, in: Dan Diner (Hrsg.), Ist der Nationalsozialismus Geschichte? Zu Historisierung und Historikerstreit, Frankfurt a.M. 1987, S. 34–50, hier S. 37.

21 Heynitz, Erinnerungen, S. 39.

ausdrücklicher Zwang. Einen Anreiz zur Kooperation waren aber wohl die enormen Ressourcen der SS, die man für die eigene Arbeit nunmehr nutzen konnte.

Erstmals werden in unserer Studie auch umfängliche Untersuchungen zu einem Versuchsgut in der Ukraine vorgestellt. Hier arbeiteten Carl Grund, der in Gestapo-Haft von der SS rekrutiert wurde, Herbert Beichl und Gerhard Schwarz. Ihr Vorgesetzter vor Ort war der ehemalige Leiter der biodynamischen Auskunftstelle Bayern, Alois Stockamp. Sie kamen in die ukrainische Stadt Schytomyr, in deren Nähe sich auch ein deutsches Siedlungsgebiet und Himmlers ukrainisches Hauptquartier befanden, als die jüdische Bevölkerung bereits ermordet worden war, sie müssen aber von den in ihrer Zeit vor Ort laufenden Vertreibungen der ukrainischen Bevölkerung und anderen Verbrechen gewusst haben. Zumindest belegen das Andeutungen in Briefen von Carl Grund.

Die Positionen und Verhaltensweisen der Vertreter der *bdW* waren komplex und widersprüchlich. Sie stammten zu einem bedeutenden Teil aus dem gehobenen Bürgertum und dem Adel. Kulturell zuweilen durchaus verhaftet im linksliberalen Spektrum, mit Beziehungen zu sozialistischen Strömungen, wie bspw. in der Künstlerkolonie Worpswede, neigten andere staatspolitisch deutschnationalen Ideen zu, die Schnittmengen zum NS hatten. Hier wären sicher neben anderen Erhard Bartsch oder auch v. Heynitz zu nennen.

Die NS-Diktatur schuf ein politisches Umfeld, in dem Opportunismus auf unterschiedlichen Ebenen und in unterschiedlichem Maße stattfand. Viele Menschen und Institutionen passten ihre Handlungen an die politischen Gegebenheiten an, um persönliche Vorteile zu erlangen oder Repressalien zu vermeiden. Nur eine Minderheit der Deutschen, insbesondere aus der Arbeiterbewegung und dem Bildungsbürgertum, verhielt sich nicht opportunistisch und widersetzte sich dem Regime. Der Opportunismus der Biodynamiker speiste sich überwiegend aus ihrer Mission zur Rettung des Bodens und dem Willen, der Wirtschaftsweise als Idee und in der Praxis zu gesellschaftlicher Akzeptanz zu verhelfen.

In dieser Studie wurden zum ersten Mal alle Frauen und Männer im Umkreis der *bdW*, von denen die Geburtsdaten ermittelbar waren, im Hinblick auf ihre NSDAP-Mitgliedschaft überprüft. Demnach gehörten insgesamt weniger als 11 % der Verbandsmitglieder auch der NSDAP an, bei den Frauen lag der Anteil bei knapp 5 %. Im Vergleich zu 20 % Parteimitgliedern aller wahlberechtigten Deutschen (1945) läge der Anteil an NSDAP-Mitgliedern unter den Biodynamiker:innen bei nur knapp mehr als der Hälfte. Dabei ist jedoch zu berücksichtigen, dass Mitglieder der als „logenähnlich" geltenden *Anthroposophischen Gesellschaft* von einer NSDAP-Mitgliedschaft ausgeschlossen waren.

Zu Rettungswiderstand kam es wohl auf einigen *bdW*-Höfen, nachweislich vor allem in mehreren anthroposophischen Gemeinschaftsprojekten.[22] So bestätigte etwa der *Jüdische Wohlfahrtsverband* Anfang 1938, dass er in Pilgramshain einen seiner Schützlinge unterbringen konnte.[23] An der Frauengymnastikschule Loheland wurden in einem Ausbildungskurs 1937 unter insgesamt 44 Teilnehmerinnen 5 Jüdinnen unterrichtet.[24] Der *Reichsverband* unterstützte den nach NS-Kategorien als „Halbjude" klassifizierten Horst Falk, einen brotlos gewordenen Schauspieler, indem ihn Ludwig Dreidax für die Auswertung eines achtjährigen biodynamischen Versuchs auf Gut Rengoldshausen engagierte.

Festzuhalten ist, dass die ehemaligen Mitglieder des *Reichsverbands*, die nach 1941 für die SS tätig waren, bewusst für ein verbrecherisches System arbeiteten. Ihre Arbeitsorte waren unmittelbarer und extremer Ausdruck der rassistischen und verbrecherischen Ideologie des Nationalsozialismus. Das Ausmaß der Verbrechen dürfte ihnen, wie den meisten Deutschen, jedoch nicht bekannt und auch nicht vorstellbar gewesen sein. Dass Verbrechen in ihrer unmittelbaren Umgebung verübt wurden, aber schon. Ohne das Engagement von Mitgliedern des ehemaligen *Reichsverbands* wäre eine erfolgreiche Bewirtschaftung der verschiedenen Güter und Betriebe in wie immer geartetem ökologischen Sinne nicht möglich gewesen. Dass sie sich an den Verbrechen des NS mitschuldig machten, erkannten sie durchaus – in unterschiedlichem Maße. Direkte Schuld in juristischem Sinne, außer der Mitgliedschaft in einer kriminellen Vereinigung bzw. die Tätigkeit für sie in verantwortungsvoller Position, luden sie nicht auf sich. Ohne sie aber hätten weder die KZ-Güter noch die Güter in den besetzten Ostgebieten wie geplant funktioniert.

Dass die *bdW* nach dem Verbot des *Reichsverbandes* 1941 ausgerechnet auf Geheiß von Heinrich Himmler weiterbetrieben werden konnte, ist eine der eigenartigsten Wendungen in ihrer Geschichte. Die wenigen *bdW*-Vertreter, die für die SS – ob im Umfeld der Konzentrationslager oder in den besetzten Gebieten der Ukraine – tätig waren, wussten sicher um die Problematik ihrer „Arbeitsplätze". Wie viele andere Deutsche, gerade des Bürgertums, verschlossen sie die Augen vor dem Offensichtlichen.

Zwar waren die Einrichtungen und Güter der *bdW* sowie ihre Betreiber nur „Rädchen" in der mörderischen Maschinerie des Nationalsozialismus. Aber es bedarf eben unzählbarer und auch verlässlich funktionierender „Rädchen",

22 Die Aktivitäten der Heilpädagogischen Institute während der NS-Zeit werden ausführlich bei Selg u. a., Anthroposophische Ärzteschaft. Bd. 3, besprochen.

23 Vgl. BArch, R 58/6187, Bl. 3 ff.

24 Vgl. BArch, NS 38/2352, Deutsche Fachschulschaft, Fragebogen W/S 36/37.

damit das Gesamtkonstrukt am Laufen gehalten werden kann. An den Menschheitsverbrechen des NS-Regimes hatten die biodynamisch betriebenen Güter und die wenigen Mitglieder des *Reichsverbandes*, die sich zur Zusammenarbeit mit der SS bereitfanden, allerdings keinen direkten Anteil.

Die Anhänger und Vertreter der *bdW* waren in der übergroßen Mehrheit keine Nationalsozialisten. Wie zahllose andere Deutsche aber waren viele von ihnen Opportunisten – ohne die keine Diktatur auskommt.

Mit der deutschen Kriegsniederlage im Mai 1945 verloren die Biodynamiker:innen die großen *bdW*-Güter, die in den ehemaligen Ostgebieten lagen. In der SBZ wurden Güter und Höfe über 100 ha im Zusammenhang mit der Bodenreform enteignet, mit Ausnahme von Marienhöhe. Stuttgart wurde zum Sammlungsort für die biodynamische Bewegung in den westlichen Besatzungszonen. Hier gründeten im Oktober 1946 ehemaligen Mitglieder des *Versuchsrings* den *Forschungsring für biologisch-dynamische Wirtschaftsweise*, der sich als Sacharbeitsgruppe der *Anthroposophischen Gesellschaft* anschloss.[25] Schon die neue Namensgebung und der Verzicht auf einen nationalen Dachverband betonten den Willen zu einem Neuanfang und eine Abgrenzung vom ehemaligen *Reichsverband*, dem man eine „Politisierung" der *bdW* vorwarf. Tatsächlich sollten die Schlüsselfiguren des *Reichsverbandes* Erhard Bartsch und Franz Dreidax, die Anfang der 1950er-Jahre aus der DDR in den Westen kamen, im *Forschungsring* keine Funktionen mehr einnehmen.

25 An diesem Treffen nahmen teil: Hella Glashoff, Gotthilf Ackermann, Wilko von Brederlow, Albert Förster, Hans Heinze, Walther Hundt, Friedrich Kemper, A. von Keyserlingk, Louise Kremer, Franz Lippert, Ludwig Piening, Martin Pfeiffer, Walter Ritter, Franz Rulni, Martin Schmidt, Josef Schürer, Klaus Schürer, Josef Scholz, Gerhard Schwarz, H. J. Senfft von Pilsach, C. W. Siegloch, Immanuel Voegele, Brunhild Windeck, Kurt Theodor Willmann, vgl. Plato/Koepf, Wirtschaftsweise, S. 179, FN 225.

Anhang

Dank

Besonders danken möchten wir unserem fünfköpfigen wissenschaftlichen Beirat, für „das intellektuelle Vergnügen" (Troßbach, 10.7.2023) und die stets konstruktive Kritik:

Prof. Andreas Dornheim, Historiker (Uni Bamberg), u.a. Autor des Sachverständigengutachtens zur Geschichte des BMEL und seiner Vorgängerinstitutionen.
Dr. Insa Eschebach, Gastwissenschaftlerin am Religionswissenschaftlichen Institut der FU Berlin, Leiterin der Gedenkstätte Ravensbrück 2005–2020.
Prof. Daniela Münkel, Historikerin, ehem. Vorsitzende des AK für Agrargeschichte, Leiterin der Forschung im Stasi-Unterlagen-Archiv.
Prof. em. Werner Troßbach, Agrarhistoriker, Uni Kassel/Witzenhausen.
Uwe Werner, Historiker, ehem. Leiter des Archivs am Goetheanum, Autor u.a. von: Anthroposophen in der Zeit des Nationalsozialismus (1933–1945), Oldenbourg Verlag 1999.

Ebenfalls danken möchten wir Michael Olbrich-Majer für die gute organisatorische Begleitung und fachliche Unterstützung des Projektes.

Für Zeitzeug:innengespräche danken wir:

Jürgen Bartsch, Johanna Bartsch und Rudolf Keiblinger-Bartsch
Renate Peuker-Kiefl, Wolfratshausen
Margarethe Voegele, Loheland

Für die wissenschaftliche Unterstützung, die Bereitstellung von Dokumenten und Materialien danken wir:
Michael Ackermann (Hof Kasten, Unterreit)
Director Mihailov Anton, Iryna Baraniuk (Staatsarchiv der Region Schytomyr)
Archiv Bäuerliche Gesellschaft e.V. – Demeter im Norden
Nana Badenberg (Rudolf Steiner Archiv)
Péter Barna (Rudolf Steiner Archiv)
Samuel Faia (Mitgliedersekretariat am Goetheanum, AAG, Dornach)

Heike Groß (Ita Wegman Institut, Arlesheim, Schweiz)
Sabine Fischer (Weleda-Archiv)
Sighilt von Heynitz (Familienarchiv Heynitz)
Frank Hörtreiter (Archiv der Christengemeinschaft)
Anja Hühnlein (Julius Kühn Institut)
Ueli Hurter (Leiter der Landwirtschaftlichen Sektion am Goetheanum)
Julia Kaplun (Heimatmuseum Shitomir, Ukraine)
Runa König (Museen Worpswede, Barkenhoff)
Matthis Lohl (Ita Wegman Institut, Arlesheim, Schweiz)
Christa Meißner (Nachlass Kurt Theodor Willmann)
Renate Peuker-Kiefl (Nachlass Carl Grund)
Raimund und Ulrike Remer (Familienarchiv Nicolaus Remer)
Peter Selg (Ita Wegman Institut, Arlesheim, Schweiz)
Matthias Mochner, insbesondere auch für die Beratung zu anthroposophischen Fragen und die umfangreiche Unterstützung (Ita Wegman Institut, Arlesheim, Schweiz)
Anna Pauli (Archiv am Goetheanum)
Burckhard Rehage (Heinrich-Vogeler-Gesellschaft)
Sergej Stelnikowitsch (Ivan Franko Zhytomyr State University, Ukraine)
Eike von Watzdorf (Ökolandbau-Museum Schloss Heynitz e. V.)
Regina Wick (Archiv der Universität Hohenheim)
Corinna bzw. Alexandra von Wistinghausen (Familienarchive Almar von Wistinghausen)
Hans-Christian Zehnter (Rudolf Steiner Archiv)
sowie:
Ingeborg Ebert, Carola Hamann, Maria Leffers, Rotraut Lindenberger, Monika Melchert, Dagmar Reese, Volodymir Pinkovsky, Ute Schneider, Hermann Seiberth, Arfst Wagner

Nachwort

Die vorliegende Studie entstand im Rahmen eines dreijährigen Forschungsprojektes im Auftrag dreier biodynamischer Institutionen:

- Sektion für Landwirtschaft, Allgemeine Anthroposophische Gesellschaft, Dornach, Schweiz
- Demeter e. V. (Bundesverband), Darmstadt
- Biodynamic Federation-Demeter International, Darmstadt

Der Auftrag bestand einerseits in der Erstellung einer historisch-soziologischen Studie und zum anderen in einer geistesgeschichtlichen Untersuchung der Anthroposophie Rudolf Steiners im Hinblick auf den ihm gegenüber geäußerten Vorwurf des immanenten Rassismus. Ein Essay zu diesem Thema wird gesondert veröffentlicht.

Die drei biodynamischen Institutionen betrauten Ende 2020 ein Forschungsteam – die Autoren des Bandes – mit der Durchführung der Studie sowie den Forschungsring e. V., Darmstadt, mit der Projektabwicklung.

Wissenschaftlich begleitet wurde die Studie von einem fachlichen Beirat:

- Prof. Andreas Dornheim, Historiker (Universität Bamberg) u. a. Autor des Sachverständigengutachtens zur Geschichte des Bundesministeriums für Ernährung, Landwirtschaft und Forsten und seiner Vorgängerinstitutionen
- Dr. Insa Eschebach, Gastwissenschaftlerin am Religionswissenschaftlichen Institut der FU Berlin, von 2005 bis 2020 Leiterin der Mahn-und Gedenkstätte Ravensbrück
- Prof. Daniela Münkel, Historikerin, ehem. Vorsitzende des AK für Agrargeschichte, Leiterin Forschung im Stasi-Unterlagen-Archiv (Bundesarchiv)
- Prof. em. Werner Troßbach, Agrarhistoriker, Uni Kassel/Witzenhausen
- Uwe Werner, Historiker, ehem. Leiter des Archivs am Goetheanum, Autor u. a. von: Anthroposophen in der Zeit des Nationalsozialismus (1933–1945), München 1999.

Finanziert wurde die Studie wesentlich von den Auftraggebern und folgenden Förderern:

- Software-AG Stiftung, Darmstadt,
- Rudolf Steiner Fonds, Nürnberg
- Edith Maryon Stiftung, Basel, Schweiz.

Der geistesgeschichtliche Essay von Prof. Marcelo da Veiga erscheint unter dem Titel „Der ethische Universalismus und sein kulturgeschichtliches Dilemma. Eine Untersuchung unter besonderer Berücksichtigung aktueller Kritik an der Anthroposophie Rudolf Steiners“ in der Cest Edition, Bonn 2024.

Wir freuen uns über die substanziellen Beiträge zu einer für die die biodynamische Bewegung wichtigen Frage. Und wir danken im Namen der Auftraggeber allen an der Entstehung dieser Studien Beteiligten für ihr Engagement bzw. den fördernden Institutionen für ihre Unterstützung.

Die Projektleitung:
Dr. Christopher Brock, Forschungsring e. V. und
Michael Olbrich-Majer, Demeter e. V.

In der Studie berücksichtigte Mitglieder- und Teilnehmer:innen-Listen

1. Teilnehmer:innen des *Landwirtschaftlichen Kurses* in Koberwitz 1924 (aktual. Fassung der Teilnehmer:innen-Liste in: Steiner, Kurs, S. 281–286)
2. *Gemeinschaft der Landwirte der Anthroposophischen Gesellschaft* 1924, Geschäftsstelle Koberwitz (GOE, B.14.001.001, 8. 12. 1924.)
3. *Arbeitsgemeinschaft der Landwirte der Anthroposophischen Gesellschaft* 1925 (GOE, B.14.001.001, 1. 9. 1925)
4. Der *Landwirtschaftliche Versuchsring der Anthroposophischen Gesellschaft*, o. D., vermutlich 1926 (GOE, B.14.001.001, Marienstein)
5. Eingetragene Inhaber:innen einer Nachschrift des *Landwirtschaftlichen Kurses* (GOE, B.14.001.002 von 1924–1941)
6. *Versuchsring der Anthroposophischen Gesellschaft*, November 1927 (GOE, B.14.001.001)
7. Mitglieder der anthroposophischen landwirtschaftlichen Arbeitsgemeinschaft 1927 (GOE, B.14. 001.002)
8. Unterschriftenliste der landwirtschaftlichen Tagung 15.–17. Juni 1930 in Marienstein (GOE, B.14.001.001)
9. Urkundlich eingetragene *Demeter*-Betriebe 1932 (GOE, B14.001.011)
10. Landwirtschaftliche Tagung des „engen Kreises“, Juni 1932 (GOE, A.02.001.1012, Pfeiffer an Steffen, 7. 6. 1932)
11. Auskunftsstellen 1927–1937 (1927: vgl. Koepf/Plato, Wirtschaftsweise, S. 91; 1931: GOE, B.14.001.009; 1933: GOE, B.14001.013; Tagung der Auskunftsstellenleiter in Marienstein 24.–26. 6. 1937)
12. Gründung des *Allgemeinen Versuchsrings anthroposophischer Landwirte und Gärtner* 1933 (GOE, B.14.001.013, 12. 4. 1933)
13. Teilnehmer:innen der Verbandstagung 6.–9. 12. 1933 (GOE, B.14.001.013, S. 23 und 47 ff.)
14. *Versuchsring anthroposophischer Landwirte in Deutschland* e. V., März 1934 (GOE, B.14.001.015)
15. Liste der fünfzig anthroposophischen Versuchsbetriebe im Rahmen von Vergleichsversuchen o. D., vermutlich 1934/1935 (GOE, D.02 Seifert 001)
16. *Gesellschaft zur Förderung der biologisch-dynamischen Wirtschaftsweise e. V., Januar 1936* (FRA, Mitgliederverzeichnis 1936)

17. *Versuchsring der Gesellschaft zur Förderung der biologisch-dynamischen Wirtschaftsweise*, 26.–27. 6. 1936[1] (BArch, R 58/6197)
18. Freunde der Gartenbau- und Siedlerschule Worpswede (FRA, Mitgliederverzeichnis)
19. Vorstand des *Reichsverbands*, 14. 3. 1936 (BArch, R 58/6197, Bl. 117)
20. Mitglieder des *Reichsverbands* (GOE, B14.001.015 und „In der Liste von März 1934 nicht aufgeführte Mitglieder", Geschäftsbericht 1933–1934, BArch, R 58/6197, Bl. 194; GOE, B.14.001.013; GOE, D.002 Seifert, Wachsmuth an Meinberg, 31. 7. 1933, Anlage)
21. Mitglieder des *Reichsverbands*, Geschäftsbericht 1933–1934 (BArch, R 58/6197, Bl. 194)
22. Zeichner der Satzung des *Reichsverbands* 1934, Anwesende der Sitzung des *Reichsverbands* 1936 (BArch, R 58/6197; GOE, B.14.001.013)
23. Teilnehmer:innen der landwirtschaftlichen Verbandstagungen 6.–9. 12. 1933 und 2.–5. 12. 1936 (GOE, B.14.001.017)
24. *Studienkreis für die Geisteswissenschaft von Rudolf Steiner* 1936 (GOE, B.14.001.017)
25. Generalversammlung des *Reichsverbands* am 30. 7. 1939 (GOE, B.14.001.019)
26. Teilnehmer:innen an der Arbeitstagung 9.–11. 6. 1939 (Reichssicherheitshauptamt Berlin 1941: Die Anthroposophie und ihre Zweckverbände, Bericht unter Verwendung von Ergebnissen der *Aktion gegen Geheimlehren und sogenannte Geheimwissenschaften* vom 5. Juni 1941, Anlage 5, in: Wagner, Dokumente und Briefe, Bd. 5, S. 10–63, hier S. 63)
27. Arbeitsgemeinschaften und Mitglieder des *Reichsverbands* 30. 6. 1939 (BArch, R 58/6197, Bl. 39, S. 2)
28. VII. Hauptversammlung des *Reichsverbands* vom 15. 12. 1940 (BArch, R 58/6197, Bl. 138, S. 2, Einladung an alle Mitglieder und alle AGs und weitere Persönlichkeiten)
29. Mitgliederliste der Süddeutschen Arbeitsgemeinschaft der *bdW* 1941 (BArch, R 58/5660, Bl. 253)
30. Beitragsverfasser:innen der Zeitschrift *Demeter* (*Demeter*-Zeitschriften 1930–1941)

1 Dabei handelt es sich um eine Teilnehmerliste, die von der Gestapo erstellt wurde. Die Liste enthält auffallend viele falsche Schreibweisen der Namen.

Mitglieder-Erhebung der biodynamischen Organisationen (1924–1941)

Berücksichtigte Mitgliedschaften gesamt	1129	%
Landesgruppen / Arbeitsgruppen	62	5 %
Personen gesamt	**1067**	**100 %**
Geschlecht unbekannt	55	5 %
Männlich	724	68 %
Weiblich	288	27 %
Anthroposoph:innen	639	60 %
Nicht-Anthroposoph:innen	411	39 %
Anthroposophische Mitgliedschaft unbekannt	17	2 %
Geschlecht unbekannt	22	3 %
Anthroposophen	433	68 %
Anthroposophinnen	184	29 %
Adlige	103	10 %
davon Anthroposoph:innen	64	62 %
davon Nicht-Anthroposoph:innen	38	37 %
Geschlecht unbekannt	4	4 %
Männliche adlige	57	55 %
Weibliche adlige	42	41 %
Juden/Jüdinnen (alle waren Mitglied der Anthroposophischen Gesellschaft)	6	
Männer	5	
Frauen	1	
NSDAP-Mitgliedschaft		
NSDAP-Mitgliedschaft aufgrund fehlender Daten nicht ermittelbar	475	45 %
Summe NSDAP-Mitglieder und Nicht-Mitglieder	592	55 %
NSDAP-Mitgliedschaft gesamt	65	11 %
keine NSDAP-Mitgliedschaft	527	89 %
Summe NSDAP-Mitglieder und Nicht-Mitglieder, Männer	398	
NSDAP-Mitgliedschaft Männer	57	14 %
Summe NSDAP-Mitglieder und Nicht-Mitglieder Frauen	183	
NSDAP-Mitgliedschaft Frauen	10	5 %

Mitglieder gesamt	**1067[2]**	**%**	**Männer**	**724**	**%**	**Frauen**	**288**	**%**
berufliche Nutzung der *bdW*	747	70 %		544	75 %		175	61 %
private Nutzung der *bdW*	320	30 %		180	25 %		113	39 %
Angestellte der staatlichen Verwaltung	8	1 %		8	1 %		0	
Ärzte/Ärztinnen	52	5 %		42	6 %		10	3 %
Wissenschaftler:innen	13	1 %		11	2 %		1	0 %
Pionier:innen der *bdW*	60	6 %		44	6 %		16	6 %
Fachleute (Landwirtschaft, Gärtnereien, Landschaftsbau)	497	46 %		348	48 %		133	46 %
In der Infrastruktur der *bdW* Beschäftigte	61	6 %		51	7 %		8	3 %
Unternehmer:innen/ Mäzen	17	2 %		16	2 %		1	0 %
Autoren/Autor:innen der *Demeter*-Zeitschrift[3]	47	4 %		32	4 %		6	2 %
sonstiges Interesse	312	29 %		172	24 %		113	39 %

2 Das Geschlecht war bei 55 der Mitglieder nicht ermittelbar.

3 Bei neun *Demeter*-Autor:innen ist das Geschlecht unbekannt.

Abkürzungen

ALS	Archiv Loheland Stiftung
AWAG	Archiv der Weleda AG, Schwäbisch Gmünd
BArch	Bundesarchiv, Standorte Berlin Lichterfelde, Freiburg i. Br., Ludwigsburg, Deutsche Dienststelle (ehem. WASt)
BayHStA	Bayerisches Hauptstaatsarchiv
bdW	Biologisch-dynamische Wirtschaftsweise
BLHA	Brandenburgisches Landeshauptarchiv
BStU	Der Bundesbeauftragte für die Unterlagen des Staatssicherheitsdienstes der ehemaligen Deutschen Demokratischen Republik
DaA	Archiv der KZ-Gedenkstätte Dachau
DFG	Deutsche Forschungsgemeinschaft
DVA	Deutsche Versuchsanstalt für Ernährung und Verpflegung GmbH
FRA	Forschungsring e. V., Darmstadt Archiv
FKI	Forschungsstelle Kulturimpuls, Biographien Dokumentation „Anthroposophie im 20. Jahrhundert“, https://biographien.kulturimpuls.org/ [18. 3. 2024]
GA	Gesamtausgabe
GOE	Anthroposophisches Archiv Goetheanum, Dornach
GStA	Geheimes Staatsarchiv Preußischer Kulturbesitz
HHSA-W	Hessisches Hauptstaatsarchiv Wiesbaden
IfZ	Institut für Zeitgeschichte München
IGPP	Institut für Grenzgebiete der Psychologie und Psychohygiene e. V.
IWI	Ita Wegman Institut
LA-bw	Landesarchiv Baden-Württemberg
LL	Leib und Leben. Zeitschrift der Deutschen Gesellschaft für Lebensreform
LPG	Landwirtschaftlichen Produktionsgenossenschaft
MGR/SBG	Archiv der Mahn- und Gedenkstätte Ravensbrück
NL	Nachlass
NLA	Niedersächsisches Landesarchiv

NSDAP	Nationalsozialistische Deutsche Arbeiterpartei
RM	Reichsmark
RMEL	Reichsministerium für Ernährung und Landwirtschaft
RSA	Rudolf Steiner Archiv, Dornach
RSHA	Reichssicherheitshauptamt
RuSHA	Rasse- und Siedlungshauptamt der SS
SD	Sicherheitsdienst des Reichsführers SS
SRS	Staatsarchiv der Region Schytomyr
SS	Schutzstaffel(n)
StABa	Staatliche Archive Bayerns: Staatsarchiv Coburg, Staatsarchiv Bamberg
StAFR	Staatsarchiv Freiburg
StAL	Staatsarchiv Ludwigsburg
StAM	Staatsarchiv München
WVHA	SS-Wirtschafts-Verwaltungshauptamt
ZSU	Zentrales Staatsarchiv der Obersten Regierungs- und Verwaltungsorgane der Ukraine, Kiew

Quellen- und Literaturverzeichnis

Quellen

Öffentliche Archive und Einrichtungen in Deutschland

Archiv der Mahn- und Gedenkstätte Ravensbrück (MGR/SBG)
Archiv der KZ-Gedenkstätte Dachau (DaA)
Bayerisches Hauptstaatsarchiv (BayHStA)
Bundesarchiv, Standorte Berlin Lichterfelde, Freiburg i. Br., Ludwigsburg, Deutsche Dienststelle (ehem. WASt) (BArch)
Der Bundesbeauftragte für die Unterlagen des Staatssicherheitsdienstes der ehemaligen Deutschen Demokratischen Republik (BStU)
Deutsches Museum München (DMM)
Geheimes Staatsarchiv Preußischer Kulturbesitz (GStA)
Hessisches Hauptstaatsarchiv Wiesbaden (HHSA-W)
Institut für Grenzgebiete der Psychologie und Psychohygiene e. V. (IGPP)
Institut für Zeitgeschichte München (IfZ)
Landesarchiv Baden-Württemberg (LA-bw)
Niedersächsisches Landesarchiv (NLA)
Staatliche Archive Bayerns: Staatsarchiv Coburg, Staatsarchiv Bamberg (StABa)
Staatsarchiv München (StAM)
Staatsarchiv Freiburg (StAFR)

Organisationsarchive

Anthroposophisches Archiv Goetheanum, Dornach (GOE)
Archiv des Ita Wegman Instituts, Arlesheim (IWI)
Archiv der Weleda AG, Schwäbisch Gmünd (AWAG)
Archiv Loheland Stiftung (ALS)
Forschungsring Darmstadt Archiv (FRA)
Forschungsstelle Kulturimpuls, Biographien Dokumentation „Anthroposophie im 20. Jahrhundert“, https://biographien.kulturimpuls.org/ [18. 3. 2024] (FKI)
Rudolf Steiner Archiv, Dornach (RSA)
Rudolf Steiner Bibliothek, Stuttgart

Archive in der Ukraine

Zentrales Staatsarchiv der Obersten Regierungs- und Verwaltungsorgane der Ukraine, Kiew (ZSU)
(Центральний державний архів вищих органів влади та управління України)

Staatsarchiv der Region Schytomyr (SRS)
(Державний архів Житомирської області)

Private Nachlässe und unveröffentlichte Berichte

Nachlass Carl Grund (Renate Peuker-Kiefl)
Familienarchiv Ackermann
Archiv Bäuerliche Gesellschaft im Norden e. V.
Familienarchiv Remer
Familienarchiv Wistinghausen

Zeitzeugengespräche

Renate Peuker-Kiefl – 5.6.2019, 19.7.2021, Wolfratshausen
Margarethe Voegele – 27. und 28.4.2022, Loheland
Jürgen Bartsch, Johanna Bartsch und Rudolf Keiblinger-Bartsch (Dezember 2021)

Literaturverzeichnis

Aly, Götz/Heim, Susanne: Vordenker der Vernichtung. Auschwitz und die deutschen Pläne für eine neue europäische Ordnung, Frankfurt a.M. 2013.

– Hitlers Volksstaat. Raub, Rassenkrieg und nationaler Sozialismus, Frankfurt a.M. 2005.

Angrick, Andrey: Besatzungspolitik und Massenmord. Die Einsatzgruppe D in der südlichen Sowjetunion 1941–1943, Hamburg 2003.

Anthroweb (online) – Hinweise auf Gegensätze zwischen völkischem und anthroposophischen Gedankengut, https://www.anthroweb.info/geschichte/voelkischer-diskurs/dokumente.html.

Arendt, Hannah: Elemente und Ursprünge totaler Herrschaft, München 1986.

Argument Sonderband AS 77: Alternative Medizin, Berlin 1983.

Aufgliederung der Entnazifizierungseinstufungen in den westlichen Besatzungszonen (1949–1950), in: Deutsche Geschichte in Dokumenten und Bildern, https://germanhistorydocs.ghi-dc.org/sub_document.cfm?document_id=2304&language=german [17.6.2021].

Aumüller, Uli: Ein Titan der deutschen Chirurgie [Radiosendung], https://www.deutschlandfunk.de/ein-titan-der-deutschen-chirurgie-100.html [6.7.2023].

Baarda, van Ted A. (Hrsg.): Anthroposophie und die Rassismus-Vorwürfe, Zwischenbericht der Niederländischen Untersuchungskommission „Anthroposophie und die Frage der Rassen", Mit einem Vorwort von Justus Wittich und einer Analyse nach deutschem Recht von Ingo Krampen. Autorisierte Übersetzung von Ramon Brüll, Frankfurt a. M. 1998.

Bajohr, Frank: Die Zustimmungsdiktatur. Grundzüge nationalsozialistischer Herrschaft in Hamburg, in: Forschungsstelle für Zeitgeschichte in Hamburg (Hrsg.): Hamburg im „Dritten Reich", Göttingen 2005, S. 69–121.

Banfield, Robert: Landwirtschaftliche Tagung für biologisch-dynamische Wirtschaftsweise, in: Leib und Leben (1935) 1, S. 17–19.

Barck, Walter: Notwendige Antwort auf die Notwendige Klarstellung zur Frage der biologischen Düngung, in: Ev. Deutsches Pfarrerblatt (1932) 15, S. 209–212.

Bartsch, Eberhard M: Erinnerungen an meinen Vater 1895–1960, unveröffentlichtes Manuskript, Paris 1999.

Bartsch, Erhard: Die biologisch-dynamische Wirtschaftsweise, Dresden 1934.

– Die Not der Landwirtschaft: Ihre Ursachen u. ihre Überwindung; Denkschrift zur Gründung der „Verwertungsgenossenschaft Demeter" e. G. m. b. H. Bad Saarow (Mark), Bad Saarow 1927.

– Vom Wesen des Betriebsorganismus. Der Erbhof Marienhöhe. Ein Beispiel lebensgesetzlicher Landbauweise, in: Odal. Monatsschrift für Blut und Boden, (1940) 9, S. 695–701.

– Zurück zum Agrarstaat, in: Demeter. Monatsschrift für biologisch-dynamische Wirtschaftsweise 8 (1933) 9, S. 163–164.

Bartsch, Hellmut: Auskunftsstellen und Beratertätigkeit, in: Schmidt, Impuls, S. 11–14.

– Betrachtungen zu Rudolf Steiners Landwirtschaftlichem Impuls, Berlin 1982.

– Erinnerungen eines Landwirts, Mit Ergänzungen zu „Rudolf Steiners Landwirtschaftlicher Impuls und seine Entfaltung 1924–1945", Stuttgart 1978.

– Gartenbaukursus im Loheland vom 22. bis 29. November 1931, in: Demeter (1932) S. 225–226.

– Wirken in der Öffentlichkeit, in Schmidt: Impuls, S. 21–27.

Bartsch, Moritz: Vom Denken zum Geist. Ein Wort für Rudolf Steiner und seinen Weg in die übersinnlichen Welten von M. B. Freidank, Zweite, bedeutend erweiterte Aufl., Breslau 1920.

– Vom Denken zum Geist, Ein Wort für Rudolf Steiner und seinen Weg in die übersinnlichen Welten von M. B. Freidank, Zweite, bedeutend erweiterte Aufl., Breslau 1920.

Barz, Christiane: Einfach. Natürlich. Leben, Lebensreform in Brandenburg 1890–1939, Potsdam 2015.

Becker, Bert: Georg Michaelis. Preußischer Beamter, Reichskanzler, Christlicher Reformer 1857–1936. Eine Biographie, Paderborn 2007.

Becker, Heinrich: Handlungsspielräume der Agrarpolitik in der Weimarer Republik zwischen 1923 und 1929, Stuttgart 1990.

Beckmann, Jörgen: Pflanzenzüchtung in der biologisch-dynamischen Wirtschaftsweise. Entwicklungen im 20. Jahrhundert, Barsinghausen 2013.

Behrens, Manfred (und andere): Theorien über Ideologie: Projekt Ideologie-Theorie, Berlin 1979.

Beleites, Michael: Der Gärtnerhof. Selbstversorgung – ein Weg ins Freie, Neuruppin 2022.

Benz, Wolfgang (Hrsg.): Handbuch des Antisemitismus. Judenfeindschaft in Geschichte und Gegenwart, Bd. 5, Organisationen, Institutionen, Bewegungen, Berlin/Boston 2012.

Bergien, Rüdiger: Die bellizistische Republik. Wehrkonsens und „Wehrhaftmachung" in Deutschland 1918 – 1933, München 2012.

Bergmann, Werner: Völkischer Antisemitismus im Kaiserreich, in: Puschner u. a., Handbuch, S. 449–463.

Bessert, Gertraud: Ein Quell wird zum Strom. Anthroposophisches Leben und heilpädagogische Impulse aus der Breslauer Zeit von 1924–1945, Borchen 2012.

Biehl, Janet/Staudenmaier, Peter, Ecofascism revisited: lessons from the German experience. Porsgrunn 2011.

Bierl, Peter: Feindbild Mensch – Ökofaschismus, Esoterik und Biozentrismus und ihre Verbindungslinien, in: Elterninitiative zur Hilfe gegen seelische Abhängigkeit und religiösen Extremismus e. V./Bayerische Arbeitsgemeinschaft Demokratischer Kreise e. V. (ADK) (Hrsg.): Rassismus im neuen(?) Gewand – Braune Esoterik, Verschwörungstheorien, Blut-, Boden- und Rassereligionen, München 2012, S. 104–141.

Binding, Karl/Hoche, Alfred: Die Freigabe der Vernichtung lebensunwerten Lebens. Ihr Maß und ihre Form, Leipzig 1920.

Biodynamic Federation – Demeter International e. V./Goetheanum – Sektion für Landwirtschaft, Gemeinsame Standortbestimmung, Oktober 2020, https://www.demeter.de/sites/default/les/public/pdf/stellungnahme-rudolfsteiner-demeter-biodynamisch.pdf [28. 5. 2021].

Biokreis e. V. Verband für ökologischen Landbau und gesunde Ernährung: Satzung vom März 2019. § 2.6, https://www.biokreis.de/wp-content/uploads/2019/08/UEU_WWO_Satzung-Biokreis-eV_04-19.pdf [30. 8. 2021].

Bioland e. V.: Satzung vom 26. 11. 2019. § 2.3, https://www.bioland.de/ leadmin/user-_upload/Verband/Dokumente/Satzung_Leitbild_Jahresbericht/Bioland-Satzung_11.2019_-WEB_verlinkt.pdf [30. 8. 2021].

Blavatsky, Helena P.: The Secret Doctrine. The Synthesis of Science, Religion and Philosophy, London 1888.

Bloch, Ernst: Erbschaft dieser Zeit. Gesamtausgabe Bd. 4, Frankfurt a. M. 1935.

Boberach, Heinz (Hrsg.): Meldungen aus dem Reich, Herrsching 1984, Bd. 9.

Borzner, Steffen: Lohelands Wege zur Verlebendigung der Erde. Der biologisch-dynamische Kulturimpuls als Baustein ästhetischer Bildung. Landschaftskultur und Kulturlandschaft. Beiträge zur ästhetischen Bildung, herausgegeben von Kai Buchholz/Elisabeth Mollenhauer-Klüber. Bielefeld, in: Aisthesis, Mai 2018, S. 125–153.

Bösch, Frank/Wirsching, Andreas (Hrsg.): Hüter der Ordnung. Die Innenministerien in Bonn und Ost-Berlin nach dem Nationalsozialismus, Göttingen 2018.

Bothe, Detlef: Neue Deutsche Heilkunde 1933–1945. Dargestellt anhand der Zeitschrift „Hippokrates“ und der Entwicklung der volksheilkundlichen Laienbewegung, Husum 1991.

Botsch, Gideon/Haverkamp Josef: Jugendbewegung, Antisemitismus und rechtsradikale Politik. Vom „Freideutschen Jugendtag“ bis zur Gegenwart, Berlin/Boston 2015.

Bramwell, Anna: Blood and Soil. Richard Walther Darré and Hitler's Green Party, Abbotsbrook 1985.

– Blut und Boden, in: Etienne François/Hagen Schulze (Hrsg.): Deutsche Erinnerungsorte III, München 2001.

– National Socialist Agrarian Theory and Practice with Special Reference to Darré and the Settlement Movement, Ph. D thesis, Oxford 1982.

– Ricardo Walther Darré – Was this man „Father of the Greens“?, in: History Today, 1984, Bd. 34.

Brauckmann, Stefan: Artamanen – Bündische Gemeinden oder Nationalsozialistischer Arbeitsdienst auf dem Lande?, in: Selheim/Schmidt, Grauzone, S. 23–34.

– Die Artamanenbewegung in Mecklenburg, in: Zeitgeschichte regional. Mitteilungen aus Mecklenburg-Vorpommern 12 (2008) 2, S. 68–78.

Brecht, Bertolt: Große kommentierte Berliner und Frankfurter Ausgabe, Gedichte 5, Berlin/ Weimar/Frankfurt 1993.

Brehmer, Ilse (Hrsg.): Mütterlichkeit als Profession? Lebensläufe deutscher Pädagoginnen in der ersten Hälfte dieses Jahrhunderts, Pfaffenweiler 1990.

Browning, R. Christopher: Ganz normale Männer. Das Reserve-Polizeibataillon 101 und die „Endlösung" in Polen, 2020.

Bruch, Rüdiger vom/Gerhard, Uta/Pawliczk, Aleksandra (Hrsg.): Kontinuitäten und Diskontinuitäten in der Wissenschaftsgeschichte des 20. Jahrhunderts, Stuttgart 2006.

– /Kaderas, Brigitte (Hrsg.): Wissenschaften und Wissenschaftspolitik. Bestandsaufnahme zu Formationen, Brüchen und Kontinuitäten im Deutschland des 20. Jahrhunderts, Stuttgart 2002.

Brüggemeier, Franz-Josef/ Cioc, Mark/Zeller, Thomas (Hrsg.): How Green were the Nazis? Nature, Environment, and Nation in the Third Reich, Athens/Ohio 2006.

Brüll, Ramon/Heisterkamp, Jens: Frankfurter Memorandum, Rudolf Steiner und das Thema Rassismus, September 2008, https://info3-verlag.de/projekte/frankfurter-memorandum/ [10. 11. 2020].

Buchheim, Hans: Die SS – das Herrschaftsinstrument, München 1967.

Buchholz, Kai: Lebensreform und Moderne – Alternativen zur technischen Zivilisation, in: Dieter Griesebach-Maisant: Die Frauensiedlung Loheland in der Rhön und das Erbe der europäischen Lebensreform. Beiträge zur Fachtagung am 29./30. Mai 1915 und im Waggonia Workshop am 8. Oktober 1915, Wiesbaden 2016, S. 21–31.

– Sinnesschulung am Bauhaus und in Loheland, in: Kai Buchholz/Elisabeth Mollenhauer/Justus Theinert, Herausforderung ästhetische Bildung, Bielefeld 2017, S. 93–131.

BuFaTa Chemie: … von Anilin bis Zwangsarbeit. Eine Dokumentation des Arbeitskreises I. G.Farben der Bundesfachtagung der Chemiefachschaften, 2. korrigierte Aufl., Juni 2007, http://www.bufata-chemie.de [21. 3. 2021].

Buggeln, Marc: Die Zwangsarbeit im Deutschen Reich 1939–1945 und die Entschädigung vormaliger Zwangsarbeiter nach dem Kriegsende: Eine weitgehend statistische Übersicht. Unabhängige Historikerkommission zur Aufarbeitung der Geschichte des Reichsarbeitsministeriums in der Zeit des Nationalsozialismus, 2017, https://www.historikerkommission-reichsarbeits ministerium.de/Publikationen [5. 3. 2021].

Bund für Dreigliederung des sozialen Organismus: Aufruf zur Rettung Oberschlesiens, Januar 1921, in: Rudolf Steiner Nachlassverwaltung (Hrsg.): Aufsätze über die Dreigliederung des sozialen Organismus und zur Zeitlage 1915–1921, Rudolf-Steiner-Gesamtausgabe 024, Dornach 1982, S. 471–476.

Bund ökologische Lebensmittelwirtschaft (BÖLW) e. V.: Pressemitteilung. BÖLW-Resolution. Bio-Branche gegen Rechtsradikalismus, 15. 6. 2012, https://www.boelw.de/news/boelw-resolution-bio-branche-gegen-rechtsradikalismus/ [30. 8. 2021].

Bundesentschädigungsgesetz in der im Bundesgesetzblatt Teil III, Gliederungsnummer 251-1, veröffentlichten bereinigten Fassung, das zuletzt durch Artikel 10 des Gesetzes vom 12. Dezember 2019 geändert worden ist, https://www.gesetze-im-internet.de/beg/-BJNR013870953.html [18. Juni 2021].

Christinck, Anja: Aus dem erkannten Dynamischen. Auf den Spuren des Worpsweder Garten- und Landschaftsarchitekten Max Karl Schwarz (1895–1963), in: Mensch und Architektur 64 (2009), S. 38–43.

– Hintergrund: 90 Jahre Loheland, 80 Jahre biologisch-dynamischer Garten- und Landbau, in: Anja Christinck/Thomas van Elsen (Hrsg.): Bildungswerkstatt Pädagogik und Landwirtschaft, Tagungsdokumentation 25.–26. 10. 2008, S. 9–13.

Conze, Eckart: „Verbrecherische Organisation". Das Auswärtige Amt in der NS-Diktatur, Berlin, München, Boston 2014, https://doi.org/10.1515/9783110345438.219 [22. 5. 2021].

– /Frei, Norbert/Hayes, Peter/Zimmermann, Moshe: Das Amt und die Vergangenheit. Deutsche Diplomaten im Dritten Reich und in der Bundesrepublik, München 2010.

Corni, Gustavo/Frizzera, Francesco: Vom Ersten Weltkrieg bis zum Ende der Weimarer Republik, in: Möller u. a., Agrarpolitik, S. 43–101.

– /Gies, Horst: Brot, Butter, Kanonen. Die Ernährungswirtschaft in Deutschland unter der Diktatur Hitlers, Berlin 1997.

– /Gies, Horst: „Blut und Boden". Rassenideologie und Agrarpolitik im Staat Hitlers, Idstein 1994.

Cuadra, Manuel: Gartenreich Loheland. Der Ort und das Struktur und Materie, Raum und Form gewordene Miteinander von Mensch und Mensch, und von Mensch und Natur. Die Frauensiedlung Loheland und das Erbe der europäischen Lebensreform. Hrsg. Landesamt für Denkmalpflege Hessen, Darmstadt 2016, S. 11–20.

d'Alquen, Gunter (Hrsg.): SS erschließt Neuland. Wo in Deutschland der Pfeffer wächst, in: Das Schwarze Korps 4 (1938) 9, S. 4.

da Veiga, Marcelo: Der ethische Universalismus und sein kulturgeschichtliches Dilemma. Eine Untersuchung unter besonderer Berücksichtigung aktueller Kritik an der Anthroposophie Rudolf Steiners, Bonn 2024.

Damaschke, Adolf: Aus meinem Leben, Leipzig, 1924.

Damböck, Christian/Sandner, Günther/Werner, Meike G. (Hrsg.): Logischer Empirismus, Lebensreform und die deutsche Jugendbewegung, Veröffentlichungen des Instituts Wiener Kreis, Universität Wien 2022, https://link.springer.com/book/10.1007/978-3-030-84887-3 [26.4.2023].

Deimann, Götz (Hrsg.): Die anthroposophischen Zeitschriften von 1903 bis 1985, Stuttgart 1987.

Deinhardt, Eva Maria/Maria Lohrmann/Louise Langgaard/ Hedwig von Rohden: „Bericht über die Sommerarbeit 1927 in Loheland, in: Mitteilungen des Landwirtschaftlichen Versuchsrings der Anthroposophischen Gesellschaft 2 (1927) 10, S. 1–4.

Demeter e.V.: Satzung vom 17.4.2019. § 2.3, https://www.demeter.de/sites/default-/les/public/pdf/demeter_verband_satzung_biodynamisch.pdf [30.8.2021].

Demeter Heft, Vor Ort. Lilly Ackermann und 85 Jahre biodynamisches Leben, Heft 9, Frühjahr 2011, S. 8–10.

Demeter Journal, 21, Frühjahr 2014.

Demeter Monatszeitschrift für biologisch-dynamische Wirtschaftsweise, herausgegeben vom Versuchsring anthroposophischer Landwirte e.V. (Sämtliche Hefte der Jahrgänge 1930–1941).

Dieckmann, Christoph: NS-Lebensraumideologie und deutsche Besatzungsrealität in Polen und der Sowjetunion, in: Peter Jahn/Florian Wieler/Daniel Ziemer (Hrsg.): Der deutsche Krieg um „Lebensraum im Osten" 1939–1945, Berlin 2017, S. 69–90.

Diedrich, Torsten/Ebert, Jens (Hrsg.): Nach Stalingrad. Walther von Seydlitz' Feldpostbriefe und Kriegsgefangenenpost 1939–1955, Göttingen 2018.

Der Dienstkalender Heinrich Himmlers 1941/42, Hamburger Beiträge zur Sozial- und Zeitgeschichte, Quellen Bd. 3, Hamburg 1999.

Diewald-Kerkmann, Gisela: Denunziant ist nicht gleich Denunziant, in: Klaus Behnke/Jürgen Wolf (Hrsg.): Stasi auf dem Schulhof, Berlin 1998, S. 46–59.

Doeleke, Werner: Alfred Plötz (1860–1960). Sozialdarwinist und Gesellschaftsbiologe, Frankfurt a.M. 1975.

Dornheim, Andreas: Beamte, Adjutanten, Funktionäre. Personenlexikon zum Reichsministerium für Ernährung und Landwirtschaft und Reichsnährstand, Stuttgart 1921.

– Rasse, Raum und Autarkie. Sachverständigengutachten zur Rolle des Reichsministeriums für Ernährung und Landwirtschaft in der NS-Zeit, Bamberg 2011. Erarbeitet für das Bundesministerium für Ernährung, Landwirtschaft und Verbraucherschutz, 2011, https://www.bmel.de/SharedDocs/Downloads/DE/_Ministerium/Geschichte/sachverstaendigenrat-zur-rolle-ns-zeit.pdf?_ blob=publicationFile&v=3 [7.5.2021].

Dreidax, Franz: Biologisch-Dynamische Wirtschaftsweise während des „Dritten Reiches“, in: Schmidt, F.C.L.: Der Landwirtschaftliche Impuls Rudolf Steiner's und seine Entfaltung während der Tätigkeit des „Versuchsrings Anthroposophischer Landwirte in Deutschland 1924–1945, Birenbach o. D., vermutlich 1974, S. 21–27.

– Im Gedenken an Max Karl Schwarz, in: Mitteilungen aus der anthroposophischen Arbeit in Deutschland 18 (1964) 2.

– Das Bauen im Lebendigen, Planegg 1939.

– Die Demeter-Qualität als Grundlage der Demeter-Bewegung, Bad Saarow/Mark o. D., vermutlich 1934.

– Von den Erfahrungen des Versuchsringes anthroposophischer Landwirte, nach einem Vortrag von 1931, in: Schmidt, Impuls, S. 14–16.

Düker, Ronald: „Querdenken“ mit Rudolf Steiner, in: Die Zeit, Nr. 6, 4. Februar 2021, S. 47.

Ebert, Jens/Kinzel, Tanja/Pieschel, Meggi/Witte, Kristin: Die Versuchsanstalt, Landwirtschaftliche Forschung und Praxis der SS in Konzentrationslagern und eroberten Gebieten, Berlin 2021.

Engels, Friedrich: Beschreibung der in neuerer Zeit entstandenen und noch bestehenden kommunistischen Ansiedlungen, in: Karl Marx – Friedrich Engels, Werke, Bd. 2, S. 521–535, Berlin 1972.

Eysel, Georg: Biologisch-dynamische Forschung zwischen „wissenschaftlicher Weltsicht“ und „Ideologie“. Lebendige Erde 6 (2002), S. 44–45.

Fahrenkamp, Karl: Vom Aufbau und Abbau des Lebendigen. Teil 3. Pflanzliche Herzgifte in ihrer Bedeutung für Mensch, Tier, Pflanze, Stuttgart 1943.

Farkas, Reinhard: Erhard Bartsch und der Versuchshof Marienhöhe. Biologisch-dynamische Landwirtschaft in Deutschland, in: Barz, Christiane: Einfach. Natürlich. Leben. Lebensreform in Brandenburg 1890–1939, Potsdam 2015, S. 85–89.

Feder Gottfried: An Alle, Alle! Das Manifest zur Brechung der Zinsknechtschaft des Geldes, München 1919.

Feuchter-Schawelka, Anne: Siedlungs- und Landkommunenbewegung, in: Kerbs/Reulecke: Handbuch, S. 227–244.

Fibich, Peter/Wolschke-Bulmahn, Joachim: Werner Bauch. Landschaftsarchitekt in zwei politischen Systemen, in: Stadt und Grün. Das Gartenamt 55 (2006) 1, S. 20–24.

Der Forschungsdienst (Hrsg.): Forschung für Volk und Nahrungsfreiheit. Arbeitsbericht 1934 bis 1937 des Forschungsdienstes und Überblick über die im Reichsforschungsrat auf dem Gebiet der Landwirtschaft geleistete Arbeit, Neudamm 1938.

Forschungsring für biologisch-dynamische Wirtschaftsweise Darmstadt: Neuaufbau Biologisch-Dynamischer Landbau 1945–1949. Sammlung der Erfahrungen, Erweitern des Verständnisses und Planen der zukünftigen Entwicklung, Schriftenreihe Lebendige Erde; Mit einem Vorwort von Hans Heinze, Stuttgart/Darmstadt 1976.

Francé, R. H.: Das Leben im Ackerboden, Stuttgart 1922.

– Die Gewalten der Erde: Eine Geschichte der Entfaltung des Lebens, Berlin 1920.

Francé, R. H.: Das Edaphon, Untersuchungen zur Oekologie der bodenbewohnenden Mikroorganismen, München 1913.

Franke, Nils: Unerwünschte Umarmung, in: Ökologie & Landbau 14 (2019) 2.

Franz, Sandra: Bauhaus und der Nationalsozialismus, in: Die Heimat, Sonderdruck, Krefelder Jahrbuch 90 (2019) 11, S. 144–150.

Fraunholz, Uwe: „Verwertung des Wertlosen". Biotechnologische Surrogate aus unkonventionellen Eiweißquellen im Nationalsozialismus, in: Dresdener Beiträge zur Geschichte der Technikwissenschaften (2008) 38, S. 95–116.

Frei, Norbert/Schmitz, Johannes: Journalismus im Dritten Reich, München 1989.

Friedländer, Saul: Überlegungen zur Historisierung des Nationalsozialismus, in: Dan Diner (Hrsg.): Ist der Nationalsozialismus Geschichte? Zu Historisierung und Historikerstreit, Frankfurt a. M. 1987, S. 34–50.

Fritzen, Florentine: Gesünder leben. Die Lebensreformbewegung im 20. Jahrhundert, Stuttgart 2006.

Fröhlich, Paul: Der unterirdische Kampf. Das Wehrwirtschafts- und Rüstungsamt 1924–1943, Paderborn 2018.

Frohn, Hans W./Schmoll, Friedmann: Natur und Staat. Staatlicher Naturschutz in Deutschland 1906–2006, Münster 2006.

Fuchs, Nikolai: Studie zum Verhältnis von Vertretern der Biologisch-dynamischen Wirtschaftsweise zum Nationalsozialismus, Dornach 2004 (unveröffentlicht).

– Ernst Stegemann, in: Anthroposophie im 20. Jahrhundert, Biographien Dokumentation, https://biographien.kulturimpuls.org/detail.php?&id=667 [25. 8. 2023].

Gädeke, Wolfgang: Die Gründung der Christengemeinschaft – ein Schicksalsdrama, Stuttgart 2023.

Gall, Lothar/Pohl, Manfred: Unternehmen im Nationalsozialismus, München 1998.

Gallus, Alexander/Jesse, Eckhard: Was sind dritte Wege. Eine vergleichende Bestandsaufnahme, in: Aus Politik und Zeitgeschichte (2001) 16–17, S. 6–15.

Gebhardt, Miriam: Rudolf Steiner. Ein moderner Prophet, München 2011.

Geier, Uwe/Fritz, Jürgen/Greiner, Ramona/Olbrich-Majer, Michael: Biologisch-dynamische Landwirtschaft, in: Freyer, Bernhard, Ökologischer Landbau: Grundlagen, Wissensstand und Herausforderungen, Bern 2016, S. 101–117.

Gerhard, Gesine: Nazi hunger politics. A history of food in the Third Reich. Lanham 2015.

– Richard Walther Darré – Naturschützer oder „Rassenzüchter"?, in: Joachim Radkau/Frank Uekötter (Hrsg.): Naturschutz und Nationalsozialismus, Frankfurt a. M. 2003, S. 257–271.

Gesell, Silvio: Die natürliche Wirtschaftsordnung durch Freiland und Freigeld. Les Hauts Geneveys 1916.

Gies, Horst: Richard Walther Darré. Der Reichsbauernführer, die nationalsozialistische „Blut und Boden"-Ideologie und Hitlers Machteroberung, Köln 2019.

Gilbhard, Hermann: Die Thule-Gesellschaft – vom okkulten Mummenschanz zum Hakenkreuz, München 2015.

Gobineau, Joseph Arthur Comte de: Versuch über die Ungleichheit der Menschenrassen. 4 Bde., Stuttgart 1898–1901.

Goebbels, Joseph: Die Tagebücher von Joseph Goebbels, München 1998.

Goldensohn, Leon: Oswald Pohl, in: ders., Die Nürnberger Interviews. Gespräche mit Angeklagten und Zeugen, hrsg. v. Robert Gellately, Düsseldorf/Zürich 2005, S. 396–418.

Görtemaker, Heike B.: Hitlers Hofstaat. Der innere Kreis im Dritten Reich und danach, München 2019.

Görtemaker, Manfred: Rudolf Hess. Der Stellvertreter. Eine Biographie, München 2023.

– /Safferling, Christoph: Die Akte Rosenburg: Das Bundesministerium der Justiz und die NS-Zeit, Bonn 2017.

Grebing, Helga (Hrsg.): Geschichte der sozialen Ideen in Deutschland: Sozialismus – Katholische Soziallehre – Protestantische Sozialethik, Wiesbaden 2005.

Griesebach-Maisant, Dieter: Die Frauensiedlung Loheland in der Rhön und das Erbe der europäischen Lebensreform. Beiträge zur Fachtagung am 29./30. Mai 1915 und im Waggonia Workshop am 8. Oktober 1915, Wiesbaden 2016.

Grimm, Rüdiger (Hrsg.): Neues kommt nicht von selbst. Erinnerungen an die Jahre der Aufbauarbeit der Heilpädagogik, Dornach 1999.

Grone, Jürgen von (Schriftleitung): „Korrespondenz der Anthroposophischen Arbeitsgemeinschaft in Deutschland", August 1931 – November 1935. Digital-Reprint sämtlicher Ausgaben einschliesslich eines vollständigen Inhaltsverzeichnisses, Stuttgart/Basel 2016.

Gröning, Gert: Kleingärten und Nationalsozialismus in Frankfurt am Main, in: Mollenhauer-Kübler, Elisabeth: Freiraum Loheland, in: maybrief 47 (2017) 9, S. 27–29.

– /Wolschke-Bulmahn, Joachim: Grüne Biographien. Biographisches Handbuch zur Landschaftsarchitektur des 20. Jahrhunderts in Deutschland, Hannover 1997.

– /Wolschke-Bulmahn, Joachim: Die Liebe zur Landschaft, Der Drang nach Osten, Zur Entwicklung der Landespflege im Nationalsozialismus und während des Zweiten Weltkrieges in den „eingegliederten Ostgebieten", in: Ulfert Herlyn/Gert Gröning (Hrsg.): Arbeiten zur sozialwissenschaftlich orientierten Freiraumplanung, Band 9, München 1987.

Gruner, Wolf (Bearb.): Die Verfolgung und Ermordung der europäischen Juden durch das nationalsozialistische Deutschland 1933–1945 (VEJ). Bd. 1: Deutsches Reich 1933–1937, München 2008.

Hagel, Gertrud: Kritische Untersuchungen über die von Fahrenkamp angegebene Methode einer Wachstumsbeschleunigung und Ernteerhöhung durch Digitalis und verwandte Glycoside, in: Der Züchter (1951) 21, S. 138–142, https://link.springer.com/article/10.1007/BF00709569 [20. 3 2021].

Hagel, Ingo: Zum Wissenschaftsansatz in der biologisch-dynamischen Forschung, in: J. Raupp/P. Roinila (Hrsg.): Biologisch-dynamische Forschung aus individueller Sicht – Motive, Erfahrungen und Perspektiven von Wissenschaftlern und Wissenschaftlerinnen verschiedener Länder, Schriftenreihe 15. Institut für Biologisch-Dynamische Forschung, Darmstadt, S. 21–36, http://orgprints.org/00002269/ [22. 3. 2021].

Halbe, Georg: Goethes Naturanschauung und lebensgesetzlicher Landbau, in: Demeter (1940) 12, S. 116–118.

– Lebensgesetzlicher Landbau, in: Westermanns Monatshefte, November 1940, S. 128–130.

Halkett, René: Der liebe Unhold – autobiographisches Zeitportrait von 1900 bis 1939, Hürth 2011.

Hanau, Arthur/Plate, Roderich: Die deutsche landwirtschaftliche Preis- und Marktpolitik im Zweiten Weltkrieg, Stuttgart, Fischer 1975.

Hardtwig, Wolfgang (Hrsg.): Ordnungen in der Krise. Zur politischen Kulturgeschichte Deutschlands 1900–1933, München 2007.

Hartig, Christiane: Alltag, Aneignung und Eigensinn – Zugänge zur Geschichte Hamburgs während der nationalsozialistischen Herrschaft, Hamburg 2017.

Hartmann, Christian/Vordermayer, Thomas/Plöckinger, Othmar/Töppel, Roman (Hrsg.): Hitler, Mein Kampf. Eine kritische Edition. Institut für Zeitgeschichte München–Berlin, München 2016, Bd. 1.

Harvey, Elizabeth: „Der Osten braucht dich!“ Frauen und nationalsozialistische Germanisierungspolitik, Hamburg 2009. (Originalausgabe Harvey, Elizabeth: „Wemon and the Nazi East. Agents and Wittnesses of Germanization“, Yale University Press 2003).

Hasspflug, Dieter (Hrsg.): Industrialismus und Ökoromantik. Geschichte und Perspektiven der Ökologisierung. Wiesbaden 1991.

Haug, Alfred: Das Rudolf-Heß-Krankenhaus in Dresden, in: Fridolf Kudlien: Ärzte im Nationalsozialismus, Köln 1985.

Hauschka, Rudolf: Wetterleuchten einer Zeitenwende, Berlin 2012 (3. Aufl., 1. Aufl. 1966).

Heiber, Helmut (Hrsg.): Reichsführer! Briefe an und von Himmler, München 1970.

Heil, Elisabeth: Vortrag anlässlich der Eröffnung der Ausstellung „Louise Langgaard – Loheland: Leben ist Bewegung“ am 23. September 2012 in der Kunststation Kleinsassen, https://www.loheland.de/index.php?id=loheland-archiv-downloads [12. 3. 2021].

Heim, Susanne (Hrsg.): Autarkie und Ostexpansion. Pflanzenzucht und Agrarforschung im Nationalsozialismus, Göttingen 2002.

– /Kaulen, Hildegard: Max-Planck-Institut für Pflanzenzüchtungsforschung Müncheberg – Köln, in: Peter Gruss/Reinhard Rürup (Hrsg.): Denkorte. Max-Planck-Gesellschaft und Kaiser-Wilhelm-Gesellschaft. Brüche und Kontinuitäten 1911–2011, Dresden 2010.

– Kalorien. Kautschuk. Karrieren. Pflanzenzüchtung und landwirtschaftliche Forschung in den Kaiser-Wilhelm-Instituten 1933–1945, Göttingen 2003.

– Die reine Luft der wissenschaftlichen Forschung. Zum Selbstverständnis der Wissenschaftler der Kaiser-Wilhelm-Gesellschaft, Berlin 2002.

– Naturkautschuk im Zweiten Weltkrieg. Boom und Scheitern eines Forschungsprojektes, in: Theresienstädter Studien (2004) 11, S. 261–305.

Heinemann, Isabel/Wagner, Patrick (Hrsg.): Wissenschaft – Planung – Vertreibung. Neuordnungskonzepte und Umsiedlungspolitik im 20. Jahrhundert, Stuttgart 2006.

– Rasse, Siedlung, deutsches Blut. Das Rasse- und Siedlungshauptamt der SS und die rassenpolitische Neuordnung Europas, Göttingen 2003.

Heiner, Imme: Erinnerungen an das Seminar für Klassische Gymnastik und Alt Loheland, in: Loheland-Stiftung (Hrsg.): Drei Frauen – drei Geschichten. Perspektiven auf die frühe Siedlungsgemeinschaft Loheland. Herta Dettmar-Kohl, Imme Heiner und Elisabeth Hertling erzählen. Fulda 2012, S. 53–149.

Heinrich, Gudrun/Kaiser, Klaus-Dieter/Wiersbinski, Norbert: Naturschutz und Rechtsradikalismus, Gegenwärtige Entwicklungen, Probleme, Abgrenzungen

und Steuerungsmöglichkeiten, BfN-Skripten 394, Bundesamt für Naturschutz 2015.
Heinrich-Böll-Stiftung Thüringen e. V.: Naturliebe und Menschenhass. Völkische Siedler:innen in Thüringen, Sachsen, Sachsen-Anhalt, Hessen und Bayern, Erfurt 2020.
Heinze, Hans (Hrsg.): Vom irdisch-kosmischen Kräftewirken in Boden und Pflanzenwachstum. Immanuel Voegele, Gedenkheft, in: Lebendige Erde (November/Dezember 1960) 6, S. 240–291.
– Zur Einführung – Neuanbeginn nach Verbot, Not und Zerstörung, in: Forschungsring für Biologisch-Dynamische Wirtschaftsweise, Stuttgart, Darmstadt 1949, S. VII–XI.
Heise, Karl: Entente – Freimaurerei und Weltkrieg, Basel, 1920.
Heisterkamp, Jens/Brüll, Ramon, Frankfurter Memorandum: Rudolf Steiner und das Thema Rassismus https://www.info3-verlag.de/wp-content/uploads/2018/08/Frankfurter_Memorandum_Deutsch.pdf, 2008.
Henke, Klaus-Dietmar: Die Dresdner Bank 1933–1945, Ökonomische Rationalität, Regimenähe, Mittäterschaft, München 2006.
Herbert, Ulrich (Hrsg.): Europa und der „Reichseinsatz". Ausländische Zivilarbeiter, Kriegsgefangene und KZ-Häftlinge in Deutschland 1938–1945, Essen 1991.
Hertling, Elisabeth: Das Entstehen und Werden der Schulsiedlung Loheland – 1984, in: Loheland-Stiftung (Hrsg.): Drei Frauen – drei Geschichten. Perspektiven auf die frühe Siedlungsgemeinschaft Loheland. Herta Dettmar-Kohl, Imme Heiner und Elisabeth Hertling erzählen, Fulda 2012, S. 151–202.
Hess, Sales: KZ Dachau. Eine Welt ohne Gott, Münsterschwarzach 1985.
Hesse, Hermann: Die Morgenlandfahrt. Erste Aufl. 1932, Berlin 2013.
Heynitz, Benno v.: Sein Leben als Landwirt, Die Biologisch-dynamische Wirtschaftsweise im Lande Sachsen 1930–1945, Dresden 2019.
– Meine Erinnerungen als Landwirt (1912–1962), Hannover-Kirchrode, Selbstverlag 1978.
– The Bio-dynamic Methods in Saxony 1930–1945, Copy No. 7, Stourbridge 1952.
Historisches Lexikon der Schweiz HLS, https://hls-dhs-dss.ch/de/ [14. 5. 2024].
Hitler, Adolf: Mein Kampf. Zentralverlag der NSDAP, München 1939.
– Mein Kampf, Bd. 1, Eine Abrechnung, München 1925.
– Staatsmänner und Nationalverbrecher, in: Völkischer Beobachter 35 (1921) 15. März.
Hoffmann, David Marc/Vinzens, Albert/Badenberg, Nana/Widmer Stephan: Rudolf Steiner 1861–1925. Eine Bildbiografie, Basel 2021.

Hoppe, Nora, Hoppe, Heinz-Helmut: Im rechten Licht, in: Info3, Nr. 5, 1999.

Hörtreiter, Frank: Die Christengemeinschaft im Nationalsozialismus, Stuttgart 2021.

Hundt, Walter: Bei Heinrich Vogeler in Worpswede. Erinnerungen, Worpswede 1981.

Hurd, Madeleine/Werther, Steffen: Neo-Nazi Environmentalism, in: Heike Graf: The environment in the age of the internet, Cork 2010.

Hurter, Ueli: Auf den Spuren von Sir Albert Howard, in: Sektion für Landwirtschaft (Hrsg.): Dokumentation der Indienreise der biodynamischen Bewegung, November 2017, S. 27–30.

– Geleitwort zur neunten Aufl. 2021, in: Steiner, Kurs, S. 376.

Husmann-Kastein, Jana: Schwarz-Weiß-Konstruktionen im Rassebild Rudolf Steiners, https://www.religio.de/dialog/106/29_22-29.htm [8. 2. 2024].

– Schwarz-Weiß-Symbolik: Dualistische Denktraditionen und die Imagination von „Rasse". Religion – Wissenschaft – Anthroposophie, Bielefeld 2010.

I. G. Farben: Erzeugnisse unserer Arbeit, Frankfurt a. M. 1938.

Inhetveen, Heide/Schmidt, Mathilde/Spieker, Ira: Passion und Profession. Pionierinnen des Ökologischen Landbaus, München 2021.

– Biologisch-dynamische Pflanzenforschung im Dienste des Nationalsozialismus? Leben und Werk der Ökopionierin Martha Emma Künzel (1900–1957), in: Ira Spieker/Heide Inhetveen (Hrsg.): BodenKulturen. Interdisziplinäre Perspektiven, Leipzig 2021, S. 127–188.

Jäckel, Eberhard/Kuhn, Axel (Hrsg.): Hitler. Sämtliche Aufzeichnungen 1905–1924, Stuttgart 1980.

Jacobeit, Wolfgang/Kopke, Christoph: Die Biologisch-dynamische Wirtschaftsweise im KZ. Die Güter der „Deutschen Versuchsanstalt für Ernährung und Verpflegung" der SS 1939 bis 1945, Berlin 1999.

Jahn, Peter/Wieler, Florian/Ziemer, Daniel (Hrsg.): Der deutsche Krieg um „Lebensraum im Osten" 1939–1945, Berlin 2017.

Jeffreys, Diarmuid: Weltkonzern und Kriegskartell. Das zerstörerische Werk der IG Farben, Karl Blessing Verlag, München 2011.

John, Jürgen/Möller, Horst/Schaarschmidt, Thomas (Hrsg.): Die NS-Gaue. Regionale Mittelinstanzen im zentralistischen „Führerstaat", München 2007.

Jütte, Robert: Wege der Alternativen Medizin: ein Lesebuch, München 1996.

Kaienburg, Hermann: Die Wirtschaft der SS, Berlin 2003.

Kalisch, Michael: Geschichte der anthroposophischen Arbeit. Arbeitsfelder, innergesellschaftliche Vorgänge, Publizistik, Epoche 1925–1989, 11. 5. 2009.

Kant, Horst/Reinhardt, Carsten: 100 Jahre Kaiser-Wilhelm-/Max-Planck-Institut für Chemie (Otto-Hahn-Institut). Facetten seiner Geschichte, Berlin 2012.

Karłowski, Stanisław: Umstellung eines Großbetriebes, in: Demeter. Monatsschrift für biologisch-dynamische Wirtschaftsweise (1937) 8, S. 131–133.

Kater, Michael H.: Die Artamanen – Völkische Jugend in der Weimarer Republik, in: Historische Zeitschrift 213 (1971), S. 577–638.

Kerbs, Diethart/Reulecke, Jürgen (Hrsg.): Handbuch der deutschen Reformbewegungen 1880–1933, Wuppertal 1998.

– /Linse, Ulrich: Gemeinschaft und Gesellschaft, in: Kerbs/Reulecke, Handbuch, S. 155.

Keyserlingk, Adalbert Graf von: Koberwitz 1924. Geburtsstunde einer neuen Landwirtschaft, Stuttgart 1985.

– (Hrsg.): Koberwitz 1924, Geburtsstunde einer neuen Landwirtschaft, Stuttgart 1974, 2. überarbeitete Aufl. 1985.

Keyserlingk, Johanna Gräfin von: Zwölf Tage um Rudolf Steiner, Stuttgart 1949.

Klee, Ernst/Dreßen, Willi/Rieß, Volker: „Schöne Zeiten". Judenmord aus der Sicht der Täter und Gaffer, Frankfurt a. M. 1988.

Klein, Elisabeth: Begegnungen. Mitteilenswertes aus meinem Leben, Freiburg i. Br. 1978.

Klönne, Irmgard: Hedwig von Rohden und Louise Langgaard – Die Gründerinnen Lohelands, in: Ilse Brehmer, Mütterlichkeit als Profession?, Pfaffenweiler 1990, S. 158–164.

Klotz, Sabine: „Ich selbst hatte mich nie mit den parteipolitischen Tendenzen befasst". Fallstudien zu Entnazifizierung und Spruchkammerverfahren von Architekten in Bayern, in: Winfried Nerdinger/Inez Florschütz (Hrsg.): Architektur der Wunderkinder. Aufbruch und Verdrängung in Bayern 1945–1960, München 2005, S. 32–43.

Knigge, Volkhard: Zur Zukunft der Erinnerung, 21. 6. 2010, https://www.bpb.de/geschichte/zeitgeschichte/geschichte-und-erinnerung/39870/zukunft-der-erinnerung?p=all [22. 4. 2021].

– Verbrechen Erinnern. Traumatische Erfahrung, kulturelles Gedächtnis und gesellschaftliche (Re-) Humanisierung, 2002.

Knüpfer, Volker: Hakenkreuz und Winkelmaß. Zur antifreimaurerischen Politik und Propaganda in Sachsen 1933–1945, in: Sächsische Heimatblätter 2019 (4), S. 383–402.

Koepf, Herbert H./Plato, Bodo von: Die biologisch-dynamische Wirtschaftsweise im 20. Jahrhundert, Verlag am Goetheanum, Dornach 2001.

– /Pettersson, Bo D./Schaumann, Wolfgang: Biologische Landwirtschaft: Eine Einführung in die biologisch-dynamische Wirtschaftsweise, Stuttgart 1974.

– Voegele, Immanuel, in: Lebendige Erde (2002) 3, S. 38–39.

Kolisko, Eugen und Lili: Die Landwirtschaft der Zukunft. Bern 1957, mit einer Einleitung von Eugen Kolisko, der 1939 verstorben war, einem Vorwort von Lili Kolisko von 1939 und einem Nachwort von Lili Kolisko von 1946.

Kolisko, Lili: Eugen Kolisko. Ein Lebensbild, Künzelsau 1961.

– Physiologischer und Physikalischer Nachweis der Wirksamkeit kleinster Entitäten, Stuttgart 1923.

Kon, Alfred G.: Gründerschicksale der Heilpädagogik – Albrecht Strohschein und sein Lebensumkreis, Paderborn 2004.

König, Karl: Camphill, Ursprung und Ziele einer Bewegung, Stuttgart 2019.

– Der Impuls der Dorfgemeinschaft. Menschenkundliche Grundlagen für das Zusammenleben von Erwachsenen mit und ohne Behinderung, Stuttgart 1994.

Kopke, Christoph: Kompost und Konzentrationslager. Alwin Seifert und die „Plantage" im KZ Dachau, in: Annett Schulze/Thorsten Schäfer (Hrsg.): Zur Re-Biologisierung der Gesellschaft. Menschenfeindliche Konstruktionen im Ökologischen und im Sozialen, Aschaffenburg 2012, S. 185–207.

Koschützki, Rudolf von: Rationelle Landwirtschaft in Wort und Bild, Berlin/Leipzig 1928.

Krabbe, Wolfgang R.: „Die Weltanschauung der Deutschen Lebensreform-Bewegung ist der Nationalsozialismus." Zur Gleichschaltung einer Alternativströmung im Dritten Reich, in: Archiv für Kulturgeschichte 71 (1989), S. 431–462.

– Gesellschaftsveränderung durch Lebensreform. Strukturmerkmale einer sozialreformerischen Bewegung im Deutschland der Industrialisierungsperiode, Göttingen 1974.

– Lebensreform/Selbstreform, in: Kerbs/Reulecke, Handbuch, S. 73–154.

Kuchenbäcker, Karl: Neuordnung der Agrarstruktur im Generalgouvernement, in Forschungsdienst, Organ der deutschen Landbauwissenschaft (1941) 11.

Kudlien, Fridolf (Hrsg.): Ärzte im Nationalsozialismus, Köln 1985.

Kugler, Walter: Feindbild Steiner. Verlag Freies Geistesleben, Stuttgart 2001.

Küster, Bernd: Das Barkenhoff-Buch, Bremen 2020.

Landesamt für Denkmalspflege Hessen: Die Frauensiedlung Loheland in der Rhön und das Erbe der europäischen Lebensreform. Beiträge zur Fachtagung am 29./30. Mai 2015 und zum „Waggonia" – Workshop am 8. Oktober 2015, Wiesbaden 2016.

Langgaard, Louise: Deutsche Gymnastik und Allseitigkeit der Kräfteentfaltung, in: Gymnastik und Tanz (1936) 7 (1. Olympia-Sonderheft), S. 100–102.

– /Hedwig von Rohden: Gymnastik und Eurythmie, in: Gymnastik (1932) 7, S. 172.

– Die gegenwärtige Lage der Gymnastik, in: Gymnastik (1929) 4, S. 72.
– /Hedwig von Rohden: Über Bewegung, in: Gymnastik (1928) 3, S. 65.
Laqueur, Walter: Die deutsche Jugendbewegung. Eine historische Studie, Köln 1962.
Lau, Kurt Walter: Georg E. Siebeneicher (1914–2009). Ein Leben als Verleger für den Biologischen Land- und Gartenbau, in: Natürlich Gärtnern (2009) 2, S. 76–77.
Lehr- und Forschungsgemeinschaft für bio-dynamische Lebensfelder: Biodynamische Landwirtschaft IV, Ausgewählte Vorträge aus Bildung und Weiterbildung 2012/2013, Horn 2012.
Leib und Leben. Monatsschrift für biologische Lebensgestaltung (Sämtliche Hefte der Jahrgänge 1935–1944).
Leßau, Hanne: Entnazifizierungsgeschichten. Die Auseinandersetzung mit der eigenen NS-Vergangenheit in der frühen Nachkriegszeit, Göttingen 2020.
Lillteicher, Jürgen (Hrsg.): Profiteure den NS-Systems? Deutsche Unternehmen und das „Dritte Reich", Berlin 2006.
Lindenberg, Christoph: Rudolf Steiner. Eine Biographie, Erstausgabe Stuttgart 1997, erste Taschenbuchausgabe Stuttgart 2011.
– Weltwende – Zeitwende. Zur Vorgeschichte des Nationalsozialismus, in: Die Drei (1977) 6, S. 317–329.
Linse, Ulrich: Die Mazdaznan-Pädagogik des Bauhausmeisters Johannes Itten, file:///C:/Users/Besitzer/Downloads/Ulrich-Linse_Die-Mazdaznan-Paedagogik-des-Bauhaus-Meisters-Johannes-Itten-2.pdf [26. 2. 2024].
– Zurück o Mensch zur Mutter Erde. Landkommunen in Deutschland 1890–1933, München 1983.
Lippert, Franz: Über die Herstellung und Wirkung von Sonderkomposten, in: Forschungsring für biologisch-dynamische Wirtschaftsweise Darmstadt (Hrsg.): Neu-Aufbau Biologisch-Dynamischer Landbau 1945–1949. Sammlung der Erfahrungen, Erweitern des Verständnisses und Planen der zukünftigen Entwicklung, Schriftenreihe Lebendige Erde; Mit einem Vorwort von Hans Heinze, Stuttgart/Darmstadt 1976, S. 179–184.
– Vom Nutzen der Kräuter im Landbau. Ein Weg zum Verständnis der biologisch-dynamischen Arbeit. Hrsg. vom Forschungsring für biologisch-dynamische Wirtschaftsweise, Stuttgart, o. D.
– Das Wichtigste in Kürze über Kräuter und Gewürze, Berlin 1943.
– Der Betriebskräutergarten, Berlin 1942.
– Zur Praxis des Heilpflanzenanbaus, Planegg 1939.
Locht, Volker, van der: Eigensinn, Verweigerung, Verfolgung – Düsseldorfer Anthroposophen im Nationalsozialismus. Düsseldorfer Jahrbuch – Beiträge zur Geschichte des Niederrheins, 91. Bd., Essen 2021, S. 141–173.

Löffler, Emily/Mühlen, Ilse von zur: Wiedergutmachungsakten als Quellen für die Provenienz Forschung – Erfahrungen und Perspektiven, Beitrag auf der Konferenz „Kriegsfolgenarchivgut" in Bayreuth, 14. 10. 2019.

Loheland-Stiftung (Hrsg.): Drei Frauen – drei Geschichten. Perspektiven auf die frühe Siedlungsgemeinschaft Loheland. Herta Dettmar-Kohl, Imme Heiner und Elisabeth Hertling erzählen, Fulda 2012.

Longerich, Peter: Heinrich Himmler. Biographie, München 2008.

– Hitlers Stellvertreter. Führung der Partei und Kontrolle des Staatsapparates durch den Stab Heß und die Parteikanzlei Bormann, München 1992.

Lower, Wendy: Hitlers Helferinnen. Deutsche Frauen im Holocaust, München 2014.

– Nazi Empire-Building and the Holocaust in Ukraine, Chapel Hill 2005.

– A new ordering of Space and race: Nazi colonial dreams in Zhytomyr, Ukraine. 1941–1944, in: German Studies Review 25 (2002) 2, S. 227–254.

Lubczyk, Christine (Hrsg.): Eurythmie Lebenswege – 16 Biographien erzählen, Berlin 2007.

Lüdtke, Alf: Die Praxis von Herrschaft. Zur Analyse von Hinnehmen und Mitmachen im deutschen Faschismus, in: Berliner Debatte 5/1993, S. 23–34.

Luis, Werner: Das Bauerntum im grenz- und volksdeutschen Roman der Gegenwart, Münster 1940.

Mäding, Heinrich: Weiße Flecken – einige Vorüberlegungen zu einer kritischen Erforschung der Fachgeschichte. Beiträge einer Tagung zur Geschichte von Raumforschung und Raumplanung, Arbeitsmaterial der ARL 346, Hannover 2009.

Mai, Uwe: „Rasse und Raum". Agrarpolitik, Sozial- und Raumplanung im NS-Staat, Paderborn u. a. 2002.

Maibaum, Thomas: Die Führerschule der deutschen Ärzteschaft Alt-Rehse. Dissertation zur Erlangung des Grades eines Doktors am Universitätsklinikum Hamburg-Eppendorf, Hamburg 2007.

Majorek, Marek B.: Wissenschaft und biologisch-dynamische Forschung. Technischer Fortschritt ist auch ohne wahres Verständnis der Natur möglich, in: Lebendige Erde 2 (2003), S. 41–43.

Mann, Thomas: Betrachtungen eines Unpolitischen, Erstausgabe Berlin 1918.

Martins, Ansgar: Hans Büchenbacher: Erinnerungen 1933–1949. Zugleich eine Studie zur Geschichte der Anthroposophie im Nationalsozialismus, Frankfurt a. M. 2014.

– Steiners „Volksseelenzyklus" in kommentierter Neuaufl. erschienen, 21. 3. 2017, https://waldor log.wordpress.com/2017/03/21/ga121/ [7. 11. 2020].

– „Die nazistischen Sünden der Dornacher“? Vortragsmanuskript, Rudolf Steiner-Forschungstage, Basel 1. 3. 2014, https://waldorfblog.files.wordpress.com/2014/03/martins_die-nazistischen-sc3bcnden-der-dornacher_-hans-bc3bcchenbacher_-vortrag-1.pdf [15. 12. 2023].

Martz, Jochen/Wolschke-Bulmahn, Joachim: Zwischen Jägerzaun und Größenwahn, Freiraumgestaltung in Deutschland 1933–1945, Symposium, Hannover 2012.

Marx, Karl/Engels, Friedrich: Das Kommunistische Manifest, Berlin 1958.

Mehrtens, Jürgen: Biodynamik, in: Info3, Nr. 5, 1999.

Mende, Silke: Wie anthroposophisch waren die Grünen?, in: Geschichten der Gegenwart, 9. Januar 2022, https://geschichtedergegenwart.ch/wie-anthroposophisch-waren-die-gruenen/.

Mentel, Christinan/Weise, Niels: Die zentralen deutschen Behörden und der Nationalsozialismus – Stand und Perspektiven der Forschung, herausgegeben von Frank Bösch/Martin Sabrow/Andreas Wirsching, München/Potsdam 2016.

Merkenich, Stephanie/Morgenbrod, Birgitt: Das Deutsche Rote Kreuz unter der NS-Diktatur 1933–1945, Paderborn 2008.

Meyer-Renschhausen, Elisabeth/Berger, Hartwig: Bodenreform, in: Kerbs/Reulecke, Handbuch, S. 265–276.

Mitteilungen der anthroposophischen Arbeit in Deutschland (Bestand 1948–2020).

Mollenhauer-Klüber, Elisabeth: Biodynamischer Landbau in Loheland. Maria Lohrmanns naturwissenschaftliche Forschungen und der Garten im Bildungskonzept, in: Elisabeth Mollenhauer-Klüber/Michael Siebenbrodt (Hrsg.): Loheland 100: Gelebte Visionen für eine neue Welt, Fulda 2019, S. 88–91.

– Freiraum Loheland, in: maybrief 47 (2017) 9, S. 33–35.

– Entwicklung Raum geben – Bauelemente Lohelands, in: Dieter Griesebach-Maisant: Die Frauensiedlung Loheland in der Rhön und das Erbe der europäischen Lebensreform. Beiträge zur Fachtagung am 29./30. Mai 1915 und im Waggonia Workshop am 8. Oktober 1915, Wiesbaden 2016, S. 51–60.

Möller, Horst/Bitterlich, Joachim/Corni, Gustavo/Kießling, Friedrich/Münkel, Daniela/Schlie, Ulrich (Hrsg.): Agrarpolitik im 20. Jahrhundert. Das Bundesministerium für Ernährung und Landwirtschaft und seine Vorgänger, Berlin/Boston 2020.

Mommsen, Hans: Entteufelung des Dritten Reiches?, in: Der Spiegel (1967) 11, S. 71–75.

Moodie, Mark: Inspirations, in: Star & Furrow (autumn 2022) 138, S. 13.

Morgenbrod, Birgitt/Merkenich, Stephanie: Das deutsche rote Kreuz unter der NS-Diktatur 1933–1945, Paderborn 2008.

Müller, Heiner: Stücke, Leipzig 1989.

Müller-Wiedemann, Hans: Karl König: eine mitteleuropäische Biographie im 20. Jahrhundert, Stuttgart 1992.

Münkel, Daniela: Der lange Abschied vom Agrarland. Agrarpolitik, Landwirtschaft und ländliche Gesellschaft zwischen Weimar und Bonn, Göttingen 2000.

– Bäuerliche Interessen versus NS-Ideologie. Das Reichserbhofgesetz in der Praxis, in: Vierteljahrshefte für Zeitgeschichte 44 (1996) 4, S. 550–580.

– Nationalsozialistische Agrarpolitik und Bauernalltag, Frankfurt a. M./New York 1996.

Nieden, Susanne zur: Unwürdige Opfer. Die Aberkennung von NS-Verfolgten in Berlin 1945 bis 1949, Berlin 2003.

Nolzen, Armin: Der Heß-Flug vom 10. Mai 1941 und die öffentliche Meinung im NS-Staat, in: Martin Sabrow (Hrsg.): Skandal und Diktatur, Göttingen 2004, S. 130–156.

Noske, Martha: Beobachtungen einer Gartenumstellung auf biologisch-dynamische Wirtschaftsweise, in: Demeter (1933) 2, S. 34 f.

Nützenadel, Alexander (Hrsg.): Das Reichsarbeitsministerium im Nationalsozialismus. Verwaltung – Politik – Verbrechen, Göttingen 2017.

Oberkrome, Willi: Ordnung und Autarkie. Die Geschichte der deutschen Landbauforschung, Agrarökonomie und ländlichen Sozialwissenschaft im Spiegel von Forschungsdienst und DFG (1920–1970), Stuttgart 2009.

– Deutsche Heimat: Nationale Konzeption und regionale Praxis von Naturschutz, Landschaftsgestaltung und Kulturpolitik in Westfalen-Lippe und Thüringen (1900–1960), Paderborn 2002.

Odal. Monatsschrift für Blut und Boden, herausgegeben von Richard Walther Darré (Jahrgänge 1934–1944).

Olbrich-Majer, Michael: Marienhöhe – biologisch-dynamisch seit drei Generationen, in: Lebendige Erde (1999) 3, S. 8–13.

– Über das Geistige in der Möhre, Einführende Betrachtungen zur biodynamischen Landwirtschaft, Frankfurt a. M. 2017.

Onken, Werner: Freiland – Freigeld, in: Kerbs/Reulecke, Handbuch, S. 277–288.

– Für eine andere Welt mit einem anderen Geld. Sind die Geldreformer wirklich Antisemiten? Beitrag zur Attac-Sommerakademie am 1. 8. 2004 in Dresden, https://www.sozialoekonomie.info/kritik-antwort/kritik-antwort-3-antisemitismus-in-der-geld-und-bodenreformbewegung/kritik-antwort-3-1-werner-onken-fuer-eine-and.html [6. 3. 2024].

– Geld- und bodenpolitische Grundlagen einer Agrarwende, Lütjenburg 2004.
Oppenheimer, Franz: Weder so noch so. Der dritte Weg, Potsdam 1933.
– Weder Kapitalismus noch Kommunismus, Jena 1932.
Orth, Karin/Oberkrome, Willi (Hrsg.): Die Deutsche Forschungsgemeinschaft 1920–1970. Forschungsförderung im Spannungsfeld von Wissenschaft und Politik, Stuttgart 2010.
Osterrieder, Markus: Welt im Umbruch. Nationalitätenfrage, Ordnungspläne und Rudolf Steiners Haltung im Ersten Weltkrieg, Stuttgart 2014.
Pain, Johannes: Landbau als Kulturkritik. „Boden" als Kristallisationspunkt gesellschaftsreformerischer Bestrebungen in den Landbaukonzepten von Hans-Peter Rusch und Ewald Könemann, in: Anliegen Natur 31 (2007) 1, S. 28–33.
Paull, John: Yields of biodynamic agriculture of Immanuel Voegele (1897–1959). Experimental Circle data of Pilgramshain, in: European Journal of Sustainable Development Research 8 (2024) 1, https://doi.org/10.29333/ejosdr/14124 [30. 1. 2024].
– /Pawel Bietkowski: Stanisław Karłowski (1879–1939). Pioneer of Biodynamic Farming and Organic Agriculture in Poland, in: Advances in Social Sciences Research Journal (2023) 9, S. 358–387.
– The Koberwitzers: Those Who Attended Rudolf Steiner's Agriculture Course at Koberwitz in 1924, World's Foundational Organic Agriculture Course, in: International Journal of Environmental Planning and Management 6 (2020) 2, S. 47–54.
– The Pioneers of Biodynamics in Great Britain: From Anthroposophic Farming to Organic Agriculture (1924–1940), in: Journal of Environment Protection and Sustainable Development 5 (2019) 4, pp. 138–145.
– Lord Northbourne, the man who invented organic farming, a biography, in: Journal of Organic Systems 9 (2014) 1, S. 31–53.
– Attending the First Organic Agriculture Course. Rudolf Steiner's Agriculture Course at Koberwitz, 1924, in: European Journal of Social Sciences 21 (2011) 1, S. 6410.
– Biodynamic Agriculture, The journey from Koberwitz to the world, 1924–1938, in: Journal of Organic Systems 6 (2011) 1.
– How Dr. Ehrenfried Pfeiffer Contributed to Organic Agriculture in Australia, in: Journal of Bio-Dynamics Tasmania 96 (2009), S. 21–27.
Pfahl-Traughber, Armin: Der antisemitisch-freimaurerische Verschwörungsmythos in der Weimarer Republik und im NS-Staat, Wien 1993.
Pfeiffer, Ehrenfried/Riese, Erika: Der erfreuliche Pflanzengarten, Dornach 1954 (1. Aufl. 1940).

– Die Fruchtbarkeit der Erde. Ihre Erhaltung und Erneuerung, Basel 1938.

Plato, Bodo von: Anthroposophie im 20. Jh., ein Kulturimpuls in biographischen Portraits, Goetheanum 2003.

Podak, Christoph: Zur Geschichte und Soziologie der anthroposophischen Forschungsinstitute in den 20er Jahren, in: Der Europäer 3 (1999) 9/10, S. 30–36, https://www.perseus.ch/PDF-Dateien/Geschichte_Soziologie.pdf [6. 7. 2023].

Pohl, Dieter/Sebta, Tanja: Zwangsarbeit in Hitlers Europa. Besatzung, Arbeit, Folgen, Berlin 2013.

Polzer-Hoditz, Ludwig Graf: Das Mysterium der europäischen Mitte, Stuttgart/Den Haag/London 1928.

Die Präparatekiste: Präparate, https://praeparatekiste.de/collections/praparate [5. 5. 2021].

Puschner, Uwe: Jugendbewegung und Völkische Bewegung, in: Claudia Selheim/Alexander Schmidt (Hrsg.): Grauzone. Das Verhältnis zwischen bündischer Jugend und Nationalsozialismus, Nürnberg 2017.

– /Vollnhals, Clemens (Hrsg.): Die völkisch-religiöse Bewegung im Nationalsozialismus, Göttingen 2012.

– /Schmitz, Walter/Ulbricht, Justus H. (Hrsg.): Handbuch zur „Völkischen Bewegung" 1871–1918, München/London/Paris 1996.

Radisch, Iris: Der letzte Prophet. Rudolf Steiner ist der einzige deutsche Idealist, der den Praxistest überlebt hat, in: Die Zeit (2011) 8, https://www.zeit.de/2011/08/C-Waldorfschule-Steiner [5. 5. 2021].

Radkau, Joachim: Alternative Moderne: Ins Freie, ins Licht! In: ZEIT Geschichte (2013) 2, https://www.zeit.de/zeit-geschichte/2013/02/reformbewegung-alternative-moderne/komplettansicht [2. 3. 2023].

– /Uekötter, Frank (Hrsg.): Naturschutz und Nationalsozialismus, Frankfurt a. M. 2003.

– Soziale Bewegungen. Ein historisch-systematischer Grundriss, 2. Aufl., Frankfurt a. M. 1988.

Ravagli, Lorenzo: Die Anthroposophie im völkischen Diskurs, https://www.anthroweb.info/geschichte/voelkischer-diskurs.html.

– Unter Hammer und Hakenkreuz. Der völkisch-nationalsozialistische Kampf gegen die Anthroposophie, Stuttgart 2004.

Reischle, Hermann: Aufgaben und Aufbau des Reichsnährstandes, Berlin 1934 (mit Wilhelm Saure).

– Bauer gegen Nomade, in: Nationalsozialistische Landpost, 12. 10. 1933.

– Die Bodenfrage: das Kernstück des Sozialismus, in: Odal. Monatsschrift für Blut und Boden (1934) 10, S. 721–725.

– Die Sicherung der Lebensfähigkeit des deutschen Bauerntums und der Nahrungsmittelversorgung des deutschen Volkes durch das Reichsnährstandsgesetz, in: Odal. Monatsschrift für Blut und Boden (1934) 3, S. 171–175.
– Reichsbauernführer Darré, der Kämpfer um Blut und Boden, eine Lebensbeschreibung, Berlin 1935.

Reitsam, Charlotte: Das Konzept der „bodenständigen Gartenkunst" Alwin Seiferts. Fachliche Hintergründe und Rezeption bis in die Nachkriegszeit, Frankfurt a. M. 2001.

Riener, Karoline: Die Entschädigungsakten nach dem Bundesentschädigungsgesetz in der Abteilung Rheinland des Landesarchivs NRW – Chancen und Herausforderungen bei der Übernahme, Bereitstellung und Nutzung, https://weimar.bundesarchiv.de/DE/Content/Publikationen-/Aufsaetze/kriegsfolgenarchivgut-riener.html [18. 6. 2021].

Riesterer, Albert: Auf der Waage Gottes. Bericht des Priesters Albert Riesterer über seine Erlebnisse in der Gefangenschaft 1941 bis 1945, Dachau 1945.

Rink, Dieter: Politisches Lager und ständische Vergesellschaftung. Überlegungen zum Milieukonzept von M. Rainer Lepsius und dessen Rezeption in der deutschen Geschichtsschreibung, in: Comparativ (1999) 2, S. 16–29.

Rohden-Langgaard [gemeinsamer Beitrag mit Hedwig von Rohden]: Beitrag zum Aufbau einer deutschen Gymnastik, in: Gymnastik und Tanz (1934) 12, S. 177–179.

Rohkrämer, Thomas: Bewahrung, Neugestaltung, Restauration? Konservative Raum- und Heimatvorstellungen in Deutschland 1900–1933, in: Wolfgang Hardtwig (Hrsg.): Ordnungen in der Krise. Zur politischen Kulturgeschichte Deutschlands 1900–1933, München 2007, S. 49–68.

Rosenberg, Alfred: Das Verbrechen der Freimaurerei. Judentum, Jesuitismus, Deutsches Christentum, München 1921.
– Die Protokolle der Weisen von Zion und die jüdische Weltpolitik, München 1923.
– Freimaurerische Weltpolitik im Lichte der kritischen Forschung, München 1929.
– Gold und Blut. Rede vom 28. November 1940 in der französischen Abgeordnetenkammer zu Paris (Hier spricht das neue Deutschland!, Heft 15), München 1941, https://dokumen.pub/qdownload/gold-und-blut.html [24. 5. 2024].

Rudolf Steiner Nachlassverwaltung (Hrsg.): Archivmagazin. Beiträge aus dem Rudolf Steiner Archiv Nr. 11 (Nov. 2021), Schwerpunkte: Alois Mailänder und die frühe theosophische Bewegung / Zum Landwirtschaftlichen Kurs 1924.
– (Hrsg.): Beiträge zur Rudolf Steiner Gesamtausgabe, Veröffentlichungen aus dem Archiv, Dornach 2000, Heft Nr. 122.

– (Hrsg.): Alle Macht den Räten? Rudolf Steiner und die Betriebsrätebewegung 1919. Vorträge, Berichte, Dokumente. Zusammengestellt von Walter Kugler (Veröffentlichungen aus dem Archiv der Rudolf Steiner-Nachlassverwaltung, Dornach, Heft 103), Dornach 1989.

Sabrow, Martin (Hrsg.): Skandal und Diktatur, Formen öffentlicher Empörung im NS-Staat und in der DDR, Göttingen 2004.

Sattler, Friedrich: Der landwirtschaftliche Betrieb, Biologisch – Dynamisch, Stuttgart 1985.

Sauerbruch, Ferdinand/Berndorff, Hans Rudolf: Das war mein Leben, Gütersloh 1956.

Scheffer, Fritz: Methodik der Humusforschung, in: Der Forschungsdienst (Hrsg.): Forschung für Volk und Nahrungsfreiheit. Arbeitsbericht 1934 und 1937 des Forschungsdienstes und Überblick über die im Reichsforschungsrat auf dem Gebiet der Landwirtschaft geleistete Arbeit, Neudamm 1938, S. 108–111.

Schellinger, Uwe/Anton, Andreas/Schetsche, Michael: Zwischen Szientismus und Okkultismus. Grenzwissenschaftliche Experimente der deutschen Marine im Zweiten Weltkrieg, in: Zeitschrift für Anomalistik (2012) 10, S. 287–321.

Schemann, Ludwig: Gobineaus Rassenwerk, Stuttgart 1910.

Schenck, Ernst Günther/Lucaß, Rudolf/Wegener, Georg Gustav: Allgemeine Heilpflanzenkunde. Grundlagen einer rationellen Gewinnung, Verarbeitung, Anwendung und Erforschung der Heil- und Gewürzpflanzen, Dresden 1938.

Schenk, Gunther: Heilpflanzenkunde im Nationalsozialismus. Stand, Entwicklung und Einordnung im Rahmen der Neuen Deutschen Heilkunde, Baden-Baden 2009.

Schmidt, F.C.L.: Der landwirtschaftliche Impuls Rudolf Steiner's, Birenbach o. D., vermutlich 1974.

Schmitz-Köster, Dorothee: Kind L 364. Eine Lebensborn-Familiengeschichte, Berlin 2007.

Schnurbein, Stefanie v./Ulbricht, Justus H. (Hrsg.): Völkische Religion und Krise der Moderne, Würzburg 2001.

Schönburg-Waldenburg, Heinrich von: Erinnerungen aus Kaiserlicher Zeit, Leipzig 1929.

Schwarz, Max Karl: Ein Weg zum praktischen Siedeln, Düsseldorf 1933.

Schwarzwäller, Wulf: „Der Stellvertreter des Führers" Rudolf Hess. Der Mann in Spandau, Wien/München/Zürich 1974.

Sebastiani, André: Anthroposophie. Eine kurze Kritik, Aschaffenburg 2019.

Seeberger, Wilhelm: Wie die heilpädagogische Arbeit nach Eckwälden kam, in: Verein zur Förderung des Rudolf-Steiner-Seminars e. V. (Hrsg.): Festschrift,

Bad Boll 2020, S. 16–21, https://www.akademie-anthroposozial.de/fileadmin/download/70RSS_Jubilaeumsbuch_web.pdf [24.5.2024].

Seidl, Daniella: Zwischen Himmel und Hölle. Das Kommando Plantage des Konzentrationslagers Dachau, München 2008.

Seifert, Alwin: Die Heckenlandschaft, Potsdam 1944.

– Die Zukunft der ostdeutschen Landschaft, in: Blätter für Naturkunde und Naturschutz 29 (1942) 3, S. 29–35, htpps://www.biologiezentrum.at [18.5.2021]

– Natur und Technik im deutschen Straßenbau, in: Blätter für Naturkunde und Naturschutz (1938) 3, S. 34–45, htpps://www.biologiezentrum.at [18.5.2021].

– Die Versteppung Deutschlands, Berlin 1936.

Sektion für Landwirtschaft (Hrsg.): Die Präparate – das Herz der biodynamischen Agrikultur – Dokumentation zur Internationalen Tagung für Landwirtschaft am Goetheanum in Dornach (CH), 7.–10. Februar 2018, Lörrach 2018.

Selawry, Alla: Ehrenfried Pfeiffer. Pionier spiritueller Forschung und Praxis. Begegnungen und Briefwechsel, Dornach 1987.

Selg, Peter/Gross, Susanne H./Mochner, Matthias: Anthroposophie und Nationalsozialismus. Bd. 1. Die anthroposophische Ärzteschaft, Basel 2024. Bd. 2. Weleda und WALA – die anthroposophischen Arzneimittelfirmen 1933–1945, erscheint im Herbst 2024. Bd. 3. Psychiatrie und Heilpädagogik 1933–1945, erscheint im Frühjahr 2025.

– Im Fadenkreuz der NS-Propaganda, 15.4.2021, in: Das Goetheanum.com https://dasgoetheanum.com/im-fadenkreuz-der-ns-propaganda [2.3.2024].

– Rudolf Steiner, die Anthroposophie und der Rassismus-Vorwurf, Witten 2020.

– Koberwitz, Pfingsten 1924, Dornach 2009.

– Rudolf Steiner und der Landwirtschaftliche Kurs. Die Grundlegung einer neuen Landwirtschaft, in: Das Goetheanum, 30. Januar 2009, Nr. 5, S. 2–4.

– Rudolf Steiner und Felix Koguzki. Der Beitrag des Kräutersammlers zur Anthroposophie, Arlesheim 2009.

– Helmut Zander und seine Geschichte der anthroposophischen Medizin, in: Der Europäer 12 (2007) 1, S. 20–25.

Selheim, Claudia/Schmidt, Alexander (Hrsg.): Grauzone. Das Verhältnis zwischen Bündischer Jugend und Nationalsozialismus. Beiträge der Tagung im Germanischen Nationalmuseum, 8. und 9. November 2013, Nürnberg 2017.

Seliger, Hubert: Dr. jur. habil. Hans Merkel (1902–1993) und die Nürnberger Prozesse, oder: Vom Umgang eines DAV-Präsidenten mit der NS-Vergangenheit, in: Anwaltsblatt (2015) 12, S. 906 –916.

– Politische Anwälte? Die Verteidiger der Nürnberger Prozesse. Eine sozial- und politikgeschichtliche Studie, Dissertation Universität Augsburg 2014, Baden-Baden 2016.

Sieferle, Rolf Peter: Rassismus, Rassenhygiene, Menschenzuchtideale, in: Puschner u. a., Völkische, S. 436–448.

Sievert, Lars Endrik: Naturheilkunde und Medizinethik im Nationalsozialismus, Frankfurt a. M. 1996.

Soyka, Hermann: Zwischen Jugendbewegung und Abstinenzbewegung, Diplomarbeit zur Erlangung des akademischen Grades eines Magisters der Philosophie an der Karl-Franzens-Universität Graz, Graz 2013.

Speit, Andreas: Alles ganz harmlos?, in: die taz am Wochenende vom 31. 3. 2018, S. 53 ePaper 41 Nord.

Spoerer, Mark: Zwangsarbeit unter dem Hakenkreuz. Ausländische Zivilarbeiter, Kriegsgefangene und Häftlinge im Deutschen Reich und im besetzten Europa 1939–1945, Tübingen 2000.

Spohr, Johannes: Die Ukraine 1943/44. Loyalitäten und Gewalt im Kontext der Kriegswende, Berlin 2021.

Staudenmaier, Peter: Der biodynamische Landbau und seine Sympathisanten im Nationalsozialismus, in: skeptiker 3 (2023), S. 115–118.

– Between Occultism and Nazism. Anthroposophy and the Politics of Race in the Fascist Era, Leiden/Boston 2014.

– Nazi Perceptions of Esotericism. The Occult as Fascination and Menace, in: Ashwin Manthripragada (Ed.): The Threat and Allure of the Magical, Cambridge Scholars Publishing 2013, S. 25–58.

– Organic Farming in Nazi Germany: The Politics of Biodynamic Agriculture, 1933–1945, Environmental History 18, April 2013, S. 383–411.

– Anthroposophie und Faschismus. Interview von Ansgar Martins mit Peter Staudenmaier, in: Humanistischer Pressedienst (hpd) (Juni 2012).

– Anthroposophy in Fascist Italy, in: Arthur Versluis/Lee Irwin/Melinda Phillips: Esotericism, Religion, and Politics, Minneapolis 2012, S. 83–106, https://core.ac.uk/download/pdf/213080616.pdf [20. 11. 2022].

– Der deutsche Geist am Scheideweg, in: Puschner/Vollnhals, völkisch-religiöse Bewegung, S. 472–490.

– Right-Wing Ecology in Germany. Assessing the Historical Legacy, in: Janet Biehl/Peter Staudenmaier (Hrsg.): Ecofascism Revisited. Lessons from the German Experience, Porsgrunn 2011, S. 86–120.

– Between Occultism and Nazism: Anthroposophy and the Politics of Race and Nation in Germany and Italy, 1900–1945. Dissertation zur Erlangung des Grades eines Doktors der Philosophie an der Fakultät der Graduate School of Cornell University, USA, 2010.

– Anthroposophen und Nationalsozialismus – Neue Erkenntnisse, 2007, https://epublications.marquette.edu/cgi/viewcontent.cgi?article=1165&context=hist_fac [24. 5. 2024].

Stebutt, Alexander: Lehrbuch der allgemeinen Bodenkunde. Der Boden als dynamisches System, Berlin 1930.

Steinbach, Stefanie: Erkennen, erfassen, bekämpfen. Gegnerforschung im Sicherheitsdienst der SS, Berlin 2018.

Steiner, Rudolf: Landwirtschaftlicher Kurs. Geisteswissenschaftliche Grundlagen zum Gedeihen der Landwirtschaft, GA 327, neu überarbeitete Aufl., Dornach 2022.

– Vorträge und Kurse über christlich-religiöses Wirken I, 12.–16. 6. 1921 Stuttgart, in: Rudolf Steiner Gesamtausgabe, Bibl.-Nr. 342, Dornach 1993, S. 59.

– Die Philosophie der Freiheit. Grundzüge einer modernen Weltanschauung. Seelische Beobachtungsresultate nach naturwissenschaftlicher Methode, 17. Aufl., Basel 2021.

– Die Kernpunkte der sozialen Frage in den Lebensnotwendigkeiten der Gegenwart und der Zukunft, Rudolf Steiner Online Archiv, http://anthroposophie.byu.edu, 4. Aufl. 2010.

– Die Geheimwissenschaft im Umriss [1910], 4. Aufl. 2010, http://anthroposophie.byu.edu/schriften/013.pdf [24. 5. 2024].

– Vortrag über die Dreigliederung des sozialen Organismus, Tübingen, 2. Juni 1919, in: Alle Macht den Räten? Rudolf Steiner und die Betriebsrätebewegung 1919. Vorträge, Berichte, Dokumente. Zusammengestellt von Walter Kugler (Veröffentlichungen aus dem Archiv der Rudolf Steiner-Nachlassverwaltung, Dornach, Heft 103), Dornach 1989, S. 17–21.

– Die tieferen Geheimnisse des Menschheitswerdens im Lichte der Evangelien. Zwölf Vorträge, gehalten in Berlin, Stuttgart, Zürich und München vom 11. Oktober bis 26. Dezember 1909, Dornach 1986, GA 117, http://fvn-archiv.net/PDF/GA/GA117.pdf [18. 10. 2019].

– Die Theosophie und das Geistesleben der Gegenwart, in: Rudolf Steiner Gesamtausgabe, Gesammelte Aufsätze 1904–1923, Buch 35, 2. Aufl. 1984, S. 145–151.

– Was soll die Geisteswissenschaft und wie wird sie von ihren Gegnern behandelt? (1914), in: Rudolf Steiner Gesamtausgabe, Gesammelte Aufsätze 1904–1923, Buch 35, 2. Aufl. 1984, S. 156–172.

– Die Philosophie der Freiheit. Grundzüge einer modernen Weltanschauung, Dornach 1962.

– Gesammelte Aufsätze zur Dramaturgie 1889–1900, in: Rudolf-Steiner-Gesamtausgabe, Dornach 1960.
– Die Bodenfrage vom Standpunkt der Dreigliederung, https://www.dreigliederung.de/essays/1920-06-001 [27. 3. 2023].
– Vorträge über das soziale Leben und die Dreigliederung des sozialen Organismus, Dritter Studienabend, Stuttgart, 9. Juni 1920, GA 337a, S. 169–192.
– Vorträge über Naturwissenschaften, Rudolf Steiner Gesamtausgabe 320–327, https://anthrowiki.at/Rudolf_Steiner_Gesamtausgabe#Rudolf_Steiner_Gesamtausgabe_online [6. 7. 2023].
– Die Grundfrage der Erkenntnistheorie mit besonderer Rücksicht auf Fichte's Wissenschaftslehre. Prolegomena zur Verständigung des philosophierenden Bewusstseins mit sich selbst, Inaugural-Dissertation zur Erlangung der Doctorwürde von der Philosophischen Fakultät der Universität Rostock, vorgelegt von Rudolf Steiner, 1891.
Stelnikowitsch, Sergej: Region Schytomyr-Winnyzja unter Nazi-Besatzung (1941–1944), Kiew 2016 (Übersetzung aus dem ukrainischen ins Deutsche).
– The Zhytomyr and Vinnytsia Region in the conditions of the Nazi Occupation (1941–1944), Dissertation, Zhytomyr „Yevenok" 2016.
Stephens, Piers H. G.: Blood, not soil. Anna Bramwell and the Myth of „Hitler's Green Party", University of Liverpool, in: Sage journals, 1. Juni 2001, S. 173–187, http://oae.sagepub.com/cgi/content/abstract/14/2/173 [25. 11. 2023].
Stiftung Deutsches Historisches Museum, LEMO, Lebendiges Museum Online, Die NSDAP 1933–1945, https://www.dhm.de/lemo/kapitel/ns-regime/ns-organisationen/nsdap.html [15. 1. 2024].
Stoehr, Irene: Von Max Sering zu Konrad Meyer – ein „machtergreifender" Generationenwechsel in der Agrar- und Siedlungswissenschaft, in: Susanne Heim (Hrsg.): Autarkie und Ostexpansion, Göttingen 2002, S. 57–90.
Stommer, Rainer (Hrsg.): Medizin im Dienste der Rassenideologie, Berlin 2008.
Strawe, Christoph: Helmut Zanders Missverstehen der sozialen Dreigliederung in seinem Werk Anthroposophie in Deutschland, 2007, in: Sozialimpulse 4/07, S. 5–15.
– Die Dreigliederungsbewegung 1917– 1922 und ihre aktuelle Bedeutung, in: Rundbrief Dreigliederung des sozialen Organismus, Heft 3/1998.
– Dreigliederung kontrovers. Impulse und Perspektiven der sozialen Dreigliederung im 20. und 21. Jahrhundert, in: Sozialimpulse 1/09, S. 5–18.
Strohmeyer, Arn: Mythos Worpswede? Ein Künstlerdorf auf der Flucht vor seiner Geschichte, in: Virtuelles Magazin 2000 (2009) 50, http://archiv.vm2000.net/index50.html [20. 5. 2023]

Strotdress, Gisbert: „Es gab häufig Ressentiments“, Interview in: Jüdische Allgemeine, https://www.juedische-allgemeine.de/unsere-woche/es-gab-haeufig-ressentiments/ [16.12.2023].

Süß, Dietmar/Süß, Winfried: Das Dritte Reich. Eine Einführung, München 2008.

Thieben, Ludwig: Das Rätsel des Judentums, Düsseldorf 1931.

Thierfelder, Erich/Bartsch, Hellmut: Von der Tätigkeit des Versuchsrings anthroposophischer Landwirte in Deutschland, Manuskript, 1933–1941, Archiv Reinhold Schade, Rehbrücke.

Tietz, Jürgen: Mit Dogge und Demeter, in: Neue Zürcher Zeitung, 27.2.2016, https://www.nzz.ch/feuilleton/kunst_architektur/mit-dogge-und-demeter-...1 [6.12.2023].

Tooze, Adam: Ökonomie der Zerstörung. Die Geschichte der Wirtschaft im Nationalsozialismus, München 2007.

Topitsch, Ernst: Max Webers Geschichtsauffassung, in: Wissenschaft und Weltbild 3 (1950), S. 262–270.

Treitel, Corinna: Eating Nature in Modern Germany. Food, Agriculture and Environment, Cambridge 2017.

Treue, Wilhelm: Hitlers Denkschrift zum Vierjahresplan, in: Vierteljahrshefte für Zeitgeschichte 3 (1955) 2, S. 184–210.

Trittin, Jürgen, Naturschutz und Nationalsozialismus – Erblast für den Naturschutz im demokratischen Rechtsstaat?, in: Radkau/Uekötter, Naturschutz und Nationalsozialismus, S. 33–39.

Troßbach, Werner/Clemens Zimmermann: Agrargeschichte. Positionen und Perspektiven, Stuttgart 1998.

– Im Zeitalter des Lebendigen? Zum Verhältnis der Nähe zwischen Regimevertretern und Exponenten der biologisch-dynamischen Wirtschaftsweise im Nationalsozialismus, in: ZAA 69 (2021) 1, S. 11–47.

Tytarenko, Dmytro: NS-Propaganda im Militärverwaltungsgebiet der Ukraine. Ziele, Mittel und Wirkungen, in: Jahrbuch für Geschichte Osteuropas 66 (2018) 4, S. 620–650.

Uekötter, Frank: Deutschland in Grün. Eine zwiespältige Erfolgsgeschichte, Bonn 2015.

– Die Wahrheit ist auf dem Feld. Eine Wissensgeschichte der deutschen Landwirtschaft, Göttingen 2010.

– Ist der Gigant zäsurfähig? Zur Problematik von Wendepunkten in den Agrarwissenschaften, in: Rüdiger vom Bruch/Uta Gerhard/Aleksandra Pawliczek (Hrsg.): Kontinuitäten und Diskontinuitäten in der Wissenschaftsgeschichte des 20. Jahrhunderts, Stuttgart 2006, S. 281–290.

– The Green and the Brown. A History of Conservation in Nazi Germany. Cambridge/New York 2006.
– Anna Bramwells Provokation: Gab es „Hitler's Green Party"?, in: Radkau/Uekötter, Naturschutz, S. 459–461.
Uhlenhoff, Rahel (Hrsg.): Anthroposophie in Geschichte und Gegenwart, Berlin 2011.
Ullrich, Heiner: Freie Waldorfschulen, in: Kerbs/Reulecke, Handbuch, S. 411–424.
Ulmer, Eva-Maria: Karl Fahrenkamp. Eine erste Annäherung, in: Mathias Schmidt/Dominik Gross/Jens Westemeier (Hrsg.): Die Ärzte der Nazi-Führer. Karrieren und Netzwerke, Berlin 2018, S. 129–148.
Voegele, Immanuel: Vortragstexte, zwei handgeschriebene Kaldden, Pilgramshain, o. D., unveröffentlicht.
Voegele, Johanna Maria: Erinnerungen an Schlesien, Pilgramshain, mit einem Vorwort von Margarethe Voegele, Loheland 2023, unpubliziert.
Voelkel, Stefan (Hrsg.): Höhbeck, Lebenserinnerungen von Karl und Margret Voelkel, Pevestorf 2013.
Vogt, Gunter: Entstehung und Entwicklung des ökologischen Landbaus im deutschsprachigen Raum. Stiftung Ökologie & Landbau, Bad Dürkheim 2000.
Vonderau Museum Fulda: Loheland 100 – Gelebte Visionen für eine neue Welt, Begleitband zur Ausstellung, Frank Verse (Hrsg.), Petersberg 2020.
Vucovi, Magdalena: „Im Dienst der Rassenfrage" Anna Koppitz für Reichsminister R. Walther Darré, Wien 2016.
Wachsmuth, Guenther: Rudolf Steiners Erdenleben und Wirken. Eine Biographie. Zweite erweiterte Aufl. des erstmals 1941 erschienenen Bands „Die Geburt der Geisteswissenschaft", Dornach 1964.
Wagner, Arfst (Hrsg): Dokumente und Briefe zur Geschichte der Anthroposophischen Bewegung und Gesellschaft in der Zeit des Nationalsozialismus, 5 Bde., Rendsburg 1991–1993, Neuaufl. als DVD 2011.
– Lernen aus der eigenen Geschichte oder im Dreck wühlen? Zur Geschichte der Anthroposophischen Bewegung und Gesellschaft in der Zeit des Nationalsozialismus, in: Jahrbuch für anthroposophische Kritik, München 1994.
– Anthroposophie und Rassismus. Flensburger Hefte 41, Flensburg 1993.
– Anthroposophen und Nationalsozialismus (Teil II), in: Flensburger Hefte, Sonderheft 8, Flensburg 1991.
– Anthroposophen und Nationalsozialismus (Teil I), in: Flensburger Hefte 32, Flensburg 1991.
Wagner, Patrick: Grenzwächter und Grenzgänger der Wissenschaft. Die Deutsche Forschungsgemeinschaft und die Geistes- und Sozialwissenschaften 1920–1970, in: Karin Orth/Willi Oberkrome (Hrsg.): Die Deutsche Forschungs-

gemeinschaft 1920–1970. Forschungsförderung im Spannungsfeld von Wissenschaft und Politik, 2010, S. 347–361.

WALA-Heilmittel GmbH: Umweltschutz aus Verantwortung für die nächsten Generationen, Eckwälden/Bad Boll 1999.

Warner, Ansgar: Weleda im Land der Plaste und Elaste, in: taz, 4.4.2009.

Weber, Marianne: Max Weber. Ein Lebensbild, München/Zürich 1989.

Weber, Max: Wissenschaft als Beruf (1919), in: ders., Schriften 1894–1922. Ausgewählt und herausgegeben von Dirk Kaesler, Stuttgart 2002, S. 474–513.

Wedemeyer-Kolwe, Bernd: Aufbruch. Die Lebensreform in Deutschland, Darmstadt 2017.

– Bernd: „Der neue Mensch" – Körperkultur im Kaiserreich und in der Weimarer Republik, Würzburg 2004.

Weismann, August: Die Allmacht der Naturzüchtung, Jena 1893.

Welzer, Harald: Die Deutschen und ihr „Drittes Reich", https://www.bpb.de/shop/zeitschriften/apuz/30543/die-deutschen-und-ihr-drittes-reich/ [2.3.2024].

Wengenroth, Ulrich: Die Flucht in den Käfig. Wissenschafts- und Innovationskultur in Deutschland 1900–1960, in: Rüdiger vom Bruch/Brigitte Kaderas (Hrsg.): Wissenschaften und Wissenschaftspolitik. Bestandsaufnahme zu Formationen, Brüchen und Kontinuitäten im Deutschland des 20. Jahrhunderts, Stuttgart 2002, S. 52–59.

Werner, Constanze: Kriegswirtschaft und Zwangsarbeit bei BMW, München 2006.

Werner, Michael/Zimmermann, Bénédicte, Vergleich, Transfer, Verflechtung. Der Ansatz der Histoire croisée und die Herausforderung des Transnationalen, in: Geschichte und Gesellschaft. Bd. 28, 2002, S. 607–636.

Werner, Uwe: Rudolf Steiner zu Individuum und Rasse. Sein Engagement gegen Rassismus und Nationalismus, in: Rahel Uhlenhoff (Hrsg.): Anthroposophie in Geschichte und Gegenwart, Berlin 2011, S. 705–779.

– Anthroposophen in der Zeit des Nationalsozialismus (1933–1945), München 1999.

Wieland, Thomas: „Die politischen Aufgaben der deutschen Pflanzenzüchtung". NS-Ideologie und Forschungsarbeiten der akademischen Pflanzenzüchter, in: Susanne Heim (Hrsg.): Autarkie und Ostexpansion. Pflanzenzucht und Agrarforschung im Nationalsozialismus, Göttingen 2002, S. 35–56.

Wildt, Michael: Verdrängung und Erinnerung, 18.12.2012, in: Bundeszentrale für politische Bildung (Hrsg.): Informationen zur politischen Bildung https://www.bpb.de/izpb/151963/verdraengung-und-erinnerung?p=all [24.5.2024].

– Generation des Unbedingten. Das Führungskorps des Reichssicherheitshauptamtes, Hamburg 2002.

– „Volksgemeinschaft“, 24. 5. 2012, in: Bundeszentrale für politische Bildung (Hrsg.): izpb, https://www.bpb.de/shop/zeitschriften/izpb/nationalsozialismus-aufstieg-und-herrschaft-314/137211/volksgemeinschaft/ [24. 5. 2024].

Willmann, Theodor: Gerhard Schwarz, in: Mitteilungen aus der anthroposophischen Arbeit in Deutschland (1984) 0, S. 57–60.

Winkel, Ellen: De Aarde Zal Weer Vruchtbaar Zijn. Verhalen van landbouwpioniers, 2012.

Wistinghausen, Almar von: Erinnerungen an den Anfang der Biologisch-Dynamischen Wirtschaftsweise, Darmstadt 1982.

Wolschke-Bulmahn, Joachim: Biodynamischer Gartenbau, Landschaftsarchitektur und Nationalsozialismus, in: Das Gartenamt 42 (1993) 9/10, S. 590–595.

Wörner-Heil, Ortrud: Frauen in Bewegung. Vom Wandern bis zur gymnastischen Körperschulung: Die Schulen Loheland und Schwarzerden, in: Ariadne, Almanach des Archivs der deutschen Frauenbewegung, 26 (1994) 11, S. 44–53.

Wuttke, Walter: „Deutsche Heilkunde und „Jüdische Fabrikmedizin“. Zum Verhältnis von Natur- und Volksheilkunde und Schulmedizin im Nationalsozialismus, in: Hendrik van den Busche (Hrsg.): Anfälligkeit und Resistenz. Medizinische Wissenschaft und politische Opposition im „dritten Reich“, Berlin/Hamburg 1990.

Wuttke-Groneberg, Walter: Nationalsozialistische Medizin: Volks- und Naturheilkunde auf „neuen Wegen“, in: Kritische Medizin im Argument, Alternative Medizin, Argument-Sonderband AS 77, Berlin 1983, S. 27–50.

Zander, Helmut: Die Anthroposophie. Rudolf Steiners Ideen zwischen Esoterik, Weleda, Demeter und Waldorfpädagogik, Paderborn 2019.

– Anthroposophie in Deutschland. Theosophische Weltanschauung und gesellschaftliche Praxis 1884–1945, zwei Bände, Göttingen 2007.

– Der Generalstabschef Helmuth von Moltke d. J. und das theosophische Milieu um Rudolf Steiner, in: Militärgeschichtliche Zeitschrift 62 (2003), S. 423–458, https://doi.org/10.1524/mgzs.2003.62.2.423 [10. 12. 2022].

– Anthroposophische Rassentheorie: Der Geist auf dem Weg durch die Rassengeschichte, in: Stephanie von Schnurbein/Justus H. Ulbricht (Hrsg.): Völkische Religion und Krisen der Moderne, Würzburg 2001, S. 292–341.

– im Gespräch mit Liane von Billerbeck Deutschlandfunk (2011). Historikergespräch zu Rudolf Steiner und Rassismus, https://www.deutschlandfunkkultur.de/auf-dem-rassistischen-auge-fast-unbelehrbar.954.de.html?dram:article_id=146070 [15. 1. 2024.].

Zeitschrift für Agrargeschichte: Agrarforschung im Nationalsozialismus, Zeitschrift für Agrargeschichte und Agrarsoziologie 53 (2005), 2.

Zeller, Thomas: „Ganz Deutschland sein Garten“. Alwin Seifert und die Landschaft des Nationalsozialismus, in: Radkau/Uekötter, Naturschutz, S. 273–307.

Zutz, Axel: Wege grüner Moderne: Praxis und Erfahrung der Landschaftsanwälte des NS-Staates zwischen 1930 und 1960, in: Heinrich Mäding/Wendelin Strubelt (Hrsg.): Vom Dritten Reich zur Bundesrepublik. Beiträge einer Tagung zur Geschichte von Raumforschung und Raumplanung. Arbeitsmaterial der ARL 346, Hannover 2009, S. 107–148.

Zwiauer, Johannes: Pioniere der Anthroposophischen Pharmazie: Acht biographische Skizzen, Tübingen 2011.

Personenregister

Abel, Walter 131
Ackermann, Gotthilf 397, 418
Ackermann, Reinhard 405
Aly, Götz 28
Arnold, Alfred 133

Backe, Herbert 116 f., 148, 151 f., 197 f., 223, 228, 251, 255, 262 f., 266, 275, 278 f., 285–288, 293–295, 340, 387
Bäuerle, Gerhard 93 f.
Baeumler, Alfred 136 f., 163, 236–239, 274 f., 280, 282 f., 287, 303, 341 f., 349
Bajohr, Frank 27, 414
Banfield, Robert 147, 338
Barck, Walter 106 f.
Barth, Theodor 55
Bartsch, Eberhard M. 350, 352
Bartsch, Erhard 12, 20, 22 f., 77, 80 f., 84–91, 95, 97, 99, 109, 111 f., 117, 119 f., 123–126, 133, 137 f., 140–142, 144 f., 147–149, 152, 154 f., 159–162, 164–172, 176–180, 185, 189, 194–197, 199, 201–204, 214 f., 218, 221–225, 230 f., 233–242, 246–248, 252, 254–260, 264 f., 273 f., 276, 281–284, 286, 289 f., 297–299, 301–303, 323, 334, 336, 344, 346–352, 354, 356, 365, 368, 385–387, 393, 395 f., 399–406, 410, 412–416, 418
Bartsch, Hellmut 77, 80 f., 88 f., 94, 120, 134, 346, 413
Bartsch, Hemma 161, 399 f., 403
Bartsch, Moritz 89, 119 f., 129 f., 161, 344, 346 f., 368, 408
Bartsch, Selma 161
Bauch, Bruno 203
Bauch, Werner 342
Beckmann, Friedrich 161
Beichl, Herbert 112, 303, 313, 323 f., 338, 358, 395 f., 416
Besant, Anni 52
Beyer, Kurt 159
Bier, August 149 f., 235
Bier, Ferdinand 61, 86
Bircher-Benner, Max 219
Birkigt, Walter 89, 337
Bismarck, Otto von 131
Blavatsky, Helena 52
Blume, Ernst 132 f., 146
Bodenstedt, Hans 223
Böhm, Hans 401 f.
Böhme, Jakob 52
Bösch, Frank 29
Bormann, Martin 162, 255, 264, 266 f., 272–275, 277–279, 284, 286–288, 291, 294–296
Bosch, Carl 68
Bottomley, William 59, 94
Bramwell, Anna 15, 35
Brandt, Karl 279
Brandt, Rudolf 325 f.
Brauckmann, Stefan 47
Brecht, Bertolt 188, 300
Brederlow, Wilko von 397, 418

Bruch, Rüdiger vom 28
Brummenbaum, Albert 147 f., 152, 295
Buddenbrock, Horst Freiherr von 32
Büchenbacher, Hans 19 f., 119, 129, 347
Büsselberg, Wilhelm 104, 108–110, 114, 167 f., 411

Caesar, Joachim 312
Canal, Eleonore von 374
Caro, Nikodem 350
Caspari, Fritz 155
Chamberlain, Houston Stewart 55
Champanier, Ernst 344
Christensen, Theodor 156, 162
Conradt, W. 181

d'Alquen, Gunter 202
Darré, Richard Walther 13–15, 22, 35, 48, 104, 109, 115–117, 122, 124, 127, 135 f., 138, 146, 148 f., 154 f., 167, 186, 198, 203, 223 f., 227–230, 233, 239, 251–256, 259–264, 266, 275, 278, 280, 282–289, 291, 293–296, 336, 340–342, 351, 354, 386 f., 410, 412
Darwin, Charles 56 f.
Dechend, Hermann von 57
Deinhard, Eva Maria 383
Deter, Familie 84
Diem, Carl 169
Döring, Dr. 119
Doerr, Arthur 338
Dreidax, Franz 12, 22, 77, 80 f., 84, 88 f., 91, 93 f., 96, 102 f., 112 f., 117, 119, 121, 123, 126, 138, 140 f., 143–150, 154, 161, 165 f., 170, 176–179, 186, 189, 191, 197, 199, 201, 208–210, 214, 218, 219, 220, 221, 222, 239, 242, 252, 257, 263, 265, 266, 281, 289, 290, 292, 343, 344, 348 f., 353–356, 365, 399, 402–405, 412 f., 415, 418
Dreidax, Ludwig 161, 343, 417
Driehaus, Wilhelm 249–251

Eggerer, Joseph 33
Ehrlich, Bruno 130
Eickhoff, Lotar 148, 157, 160, 162, 342, 348
Emmichoven, Zeylmans van 100
Engel, Hansi 392
Engel, Ludwig 344
Engels, Friedrich 38, 46

Fahrenkamp, Karl 308
Falk, Horst 343, 417
Feder, Gottfried 46, 53
Fiehler, Karl 293
Förster, Albert 397, 418
Francé, Raoul 105 f.
Frick, Wilhelm 136, 144, 156–158, 160–162, 166, 168, 271, 285, 290, 340, 412
Friedrich II. 224
Fritsch, Theodor 55
Fritzen, Florentine 204

Gast, Emil 208
George, Henry 42
Gesell, Silvio 42–45
Gessner 120 f., 187 f.
Gies, Horst 115 f., 289
Glas, Maria 345
Glas, Norbert 345
Glashoff, Hella 397, 418
Gobineau, Arthur von 56
Goebbels, Joseph 189, 224, 251, 255, 277

Göring, Emmy 298
Göring, Hermann 116, 152, 160, 171, 197 f., 228 f., 240 f., 251, 275, 282, 288, 297
Görtemaker, Manfred 29, 138 f.
Goethe, Johann Wolfgang von 50–52, 62, 168, 184–186, 198 f., 201–203, 215 f., 218 f., 235, 249, 253
Götte, Fritz 203, 305, 307, 323, 362, 394–397, 405 f.
Gondolatsch, Bruno 205
Granzow, Walter 33, 98 f., 133, 136, 141, 258, 283, 338, 408
Grauert, Ludwig 157
Griesbeck 141, 341
Grimm, Herman 199
Grimm, Wilhelm 194, 199
Groß, Walter 211, 213
Grund, Carl 89, 112, 150, 231, 242, 281, 284, 289, 292, 302 f., 307, 311–313, 321, 323–327, 338, 344, 356–358, 367, 375 f., 396, 415 f.
Grunelius, Helene von 85
Gürtner, Franz 157
Gumpold (Wolf-Gumpold), Kaethe (Käthe) 192, 371 f.

Haber, Fritz 172, 350
Härtelt, Helmuth 150
Hagemann, Ernst 348
Halbe, Georg 15, 203, 252–255, 287, 341, 349
Hartleben, Otto Erich 52
Haselbacher, Karl 156, 161 f.
Hauer, Jakob Wilhelm 277 f.
Hauschild 121
Haußer, Konradin 58
Heidenreich, Alfred 161 f., 348
Heim, Susanne 28
Heiner, Imme 382 f.
Heinze, Hans Günther 297, 305, 397, 399, 404, 418
Heise, Karl 270, 273
Helmholtz, Hermann von 51
Henschel, Theodor 325 f.
Hentschel, Willibald 47
Herbert, Ulrich 28
Hermes, Arthur 166
Heß, Ilse 102, 137, 341
Heß, Rudolf 9, 22 f., 100, 102, 104, 112–114, 117, 123 f., 135–144, 146, 148–151, 153–157, 159, 161–167, 170 f., 176, 195, 198, 204, 207, 214, 217, 230, 239, 241, 243, 248, 252, 255, 260, 264–266, 272–280, 282–287, 290, 293 f., 303, 311, 336, 340 f., 348, 377, 409, 411 f.
Hessel 370, 394
Heydrich, Reinhard 114, 156 f., 163, 230 f., 274 f., 277–280, 284, 286–288, 293–297, 299, 302 f., 336, 351
Heyer, Karl 101 f.
Heynitz, Benno von 89, 98, 114, 118, 150, 191, 197, 281, 284, 297, 299, 303–305, 312 f., 344, 356, 374–378, 394 f., 415 f.
Heynitz, Eleonore von (geb. von Canal) 374
Hilker, Franz 383
Himmler, Heinrich 9, 13, 23, 48, 67 f., 99, 104, 112, 114, 117, 136, 139, 155 f., 162 f., 169, 227–229, 231, 239, 242, 244–246, 248, 255 f., 263, 273, 275, 278, 284, 286–288, 291, 293, 296 f., 299, 301–304, 308–310, 312 f., 315, 317 f., 320, 323–329, 340–342, 395, 410, 414–417
Hinrichsen, Chr. 161

Hirsch, Heinrich 196
Hitler, Adolf 27, 52–54, 67, 99–102, 111 f., 114, 118, 120, 122, 138 f., 157, 184, 196, 199, 201, 203 f., 207, 215, 224, 229, 232, 241, 260, 265 f., 268–270, 274 f., 277, 286, 291, 294 f., 315, 317, 320, 347 f., 350, 355, 373, 391, 406–408, 414
Hörmann, Bernhard 141, 143, 169, 204, 207, 220, 341
Hoffmann, Fritz Hugo 33, 99 f., 217
Hoffmann, Heinrich 199
Hühnlein, Adolf 293
Hundt, Walther 371, 397, 418
Husemann, Friedrich 57, 165, 225

Inhetveen, Heide 333 f., 359
Israel, Alice 345
Itten, Johannes 15

Jacoby, Ernst 77
Jacoby, Ernst sen. 94, 338
Jeetze (Familie) 96, 369, 388, 391
Jeetze, Dorothea 389
Jeetze, Eva von 96
Jeetze, Hans von 388
Jeetze, Joachim von 83, 96, 389, 391
Jungclaussen, Karl 150, 342
Jury, Hugo 293

Kalbe, Ernst Ludwig 94
Kant, Immanuel 62
Kapff, Siegmund Wilhelm von 168
Karli („Euthanasie“-Opfer) 392
Karłowska, Pauletta 245
Karłowski, Stanisław von 33, 198, 214, 243 f., 246 f., 344
Kater, Michael 48
Kemper, Friedrich 397, 418
Kempter, Fritz 134
Keyserlingk, A. von 397, 418
Keyserlingk, Acki 81
Keyserlingk, Carl Graf von 49, 58, 77–85, 88, 90, 368
Keyserlingk, Johanna Gräfin von 80, 334
Keyserlingk, Wolfgang 81
Kinkelin,Wilhelm 257
Kircher, Wilhelm 224
Kirchner, Edith 389
Kirchner, Hermann 49 f., 369, 390 f.
Kirsch (Mitgründer Demeter-Haus) 257
Klein, Elisabeth 160, 164, 236, 348, 351, 404 f.
Klein, Theodor 93, 242, 257
Kleinschmidt, Heinrich 376
Klink, Elsa 381
Klönne, Irmgard 385
Klopfer, Gerhard 278 f.
Koch, Helmut 89
Könemann, Ewald 104–108, 110, 114, 217, 411
König, Karl 96, 345, 369, 390–392
Koepf, Herbert 18, 71, 93, 125, 334, 403
Koguzki, Felix 50
Kohler, Martin 134
Kolisko, Eugen 62 f., 390
Kolisko, Lili 62
Koschnik, Hans 374
Koschützki, Rudolf von 77
Krabbe, Wolfgang 40
Kraft, Will 205, 207
Kremer, Louise 397, 418
Kremers, Gerhard 247
Kropotkin, Pjotr 42
Krüger, Hermann 365, 372

Künzel, Gustav 360
Künzel, Martha (Marta) 112, 303, 305, 307–311, 339, 359 f., 396 f., 415

Lagarde, Paul de 47, 55
Landauer, Gustav 45
Lang, Karl 366, 371 f., 374
Langgaard, Louise 336, 378–380, 382–385
Lanz von Liebenfels, Jörg 109
Leitgen, Alfred 265, 274, 282 f., 287
Lerchenfeld, Otto Graf von 58, 77, 80, 90, 169
Ley, Robert 255, 258, 282–284, 286, 290, 296, 340, 412
Liebig, Justus 234, 249 f.
Limbach 154
Linden, Dr. Wilhelm zur 145, 225
Linse, Ulrich 48
Lippert, Franz 112, 190, 196, 218, 297, 302–307, 309, 311, 323, 339, 360–363, 396 f., 399, 404 f., 415, 418
List, Guido von 109, 270
Löhnis, Felix 105
Lohmann, Maria 380
Longerich, Peter 328
Lower, Wendy 315, 317
Ludendorff, Erich 47, 53
Lüdtke, Alf 28
Lühl, Rudolf 351, 406, 409

Mann, Thomas 40
Marschler, Willy 133 f.
Martins, Ansgar 19 f., 129, 413
Marx, Karl 38
Meebold, Alfred 58
Meinberg, Wilhelm 133
Meister Eckart 52
Merkel, Hans 257, 278, 287, 336, 340 f.
Merkenschlager, Friedrich 96
Meyer, Konrad 116 f., 252, 262 f.
Michaelis, Emma (verh. Schmidt) 97
Michaelis, Georg 96–99, 107, 111, 122 f., 126, 137 f., 199
Migge, Leberecht 365, 372
Milkert 169
Molt, Emil 58
Moltke, Helmuth von 269, 282
Morris, William 42
Mühlhäuser, Eugen 134
Mühsam, Erich 45
Müller, Hanns Georg 107, 109, 141–147, 154, 168, 172, 204 f., 208, 211 f., 239, 279, 341, 349 f., 362
Müller, Heiner 27
Murr, Wilhelm 293
Mussolini, Benito 229, 309

Nietzsche 52
Noll, Ludwig 57
Nolte, Otto 99
Noske, Gustav 33, 192
Noske, Martha 32 f., 192
Nothnagel, M. 220

Oblasser, Hertha 382
Ohlendorf, Otto 163, 272, 278–280, 282, 287–289, 299, 342, 350, 352
Oppenheimer, Franz 43, 105

Pacyna, Günther 251
Pagel 344
Palmer, Siegfried 397
Pancke, Günther 136, 230 f., 243–245, 247, 256, 283, 342
Papen, Franz von 185
Pelikan, Wilhelm 57

Peuckert, Rudolf (Rudi) 255, 264, 266, 286, 291, 295 f., 342
Peuker-Kiefl, Renate 358
Pfeiffer, Ehrenfried 64 f., 89 f., 146, 149, 166 f., 359 f., 396, 399, 404, 410
Pfeiffer, Martin 93, 151 f., 155, 397, 418
Piening, Ludwig 397, 418
Pintsch, Karlheinz 265
Plato, Bodo von 18, 71, 93, 125, 334, 403
Podak, Christoph 63
Pohl, Oswald 68, 230 f., 256, 266, 276, 283, 287, 296 f., 301–304, 308, 323, 325, 342, 386, 395
Polzer, Hermann 99 f., 168, 207, 210, 214–217, 243, 248, 290, 339
Polzer-Hoditz, Ludwig Graf von 58, 77, 80
Poppelbaum, Hermann 119 f., 128, 131
Pusch, Max 158

Ranke, Leopold von 199
Rascher, Hanns 121, 128, 130
Rascher, Michael 391
Raubal, Angela 102
Rauber, Wilhelm 166, 248 f.
Reebstein, Alfred 118 f., 121, 129
Reischle, Hermann 166, 223 f., 227, 229 f., 232 f., 247 f., 251–259, 278, 283 f., 287, 289 f., 336, 341, 349, 412 f.
Remer, Erica (geb. Freiin von Massenbach) 161, 360
Remer, Nicolaus 80, 117, 145, 161, 164 f., 202, 210, 218, 242, 246 f., 297, 299, 302, 393, 404
Remer, Peter 202
Rhoden, Hedwig von 336, 383–385
Richert, Dr. 155
Richthofen, Familie 389
Riesterer, Albert 309–311, 362 f.
Rilke, Rainer Maria 192, 371, 373
Ritter, Walter 339, 397, 418
Rittersbacher, Karl 121
Rockmann, Walter 344
Rohrer, Alfred 345
Roosevelt, Franklin D. 277
Rosenberg, Alfred 136, 163, 236, 238, 255, 268–270, 272–275, 280, 282 f., 287, 290, 303, 320, 340 f., 412
Rulni, Franz 397, 418

Sabarth , Erica 360
Safferling, Christoph 29
Sagawe, Berthold 86
Sattler, Friedrich 71
Sauerbruch, Ferdinand 61
Schacht, Hjalmar 285
Schaumann, Wolfgang 352
Schickler, Eberhard 101
Schiller, Walter 90
Schmidt, Martin 85, 95, 97, 123 f., 145, 153, 369 f., 374, 388, 394, 397, 418
Schmidt, Mathilde 333 f.
Schneider, Camillo 342
Schneider, Hermann 171, 242, 245–248, 254 f.
Schönburg-Waldenburg, Heinrich von 243 f., 246
Schönwälder, Ferdinand 307
Scholz, Josef 397, 418
Schoppmann, Hedwig 371
Schoppmann, Otto 371
Schröder, Johann 372, 374
Schürer, Josef 397, 418

Schürer, Klaus 397, 418
Schulte-Kersmecke, Herbert 20
Schulte Strathaus, Ernst 198, 265
Schultze-Naumburg, Margarete 168
Schultze-Naumburg, Paul 47
Schwarz, Gerhard 297, 324, 339, 343, 367, 396 f., 416, 418
Schwarz, Max Karl 89, 91–93, 112, 123, 133, 180, 187 f., 192 f., 197, 217 f., 221, 302, 339, 343, 363–366, 372–374
Sebald 284
Seidlitz, Karl Sigmund von 388
Seifert, Alwin 33, 122–124, 137, 144, 149 f., 153–155, 169–171, 207, 214, 218, 221 f., 226, 235, 241, 252, 260, 263–266, 285, 291 f., 339, 342 f., 355, 365
Senft [Senfft] von Pilsach, Hans-Jürgen Freiherr von 89, 397, 418
Sering, Max 86, 108 f.
Sesselmann, Max 205, 208
Seydlitz, Bertha Henriette von (geb. Linckh) 390
Seydlitz, Walther von 300
Seydlitz-Kurzbach, Hans Rudolf Feodor Alexander von 388
Siegloch, C. W. 397, 418
Siegloch, Karl-Wilhelm 134, 343
Simons, Walter 269 f.
Smits, Henri 57, 60
Soetebeer, Georg 151
Spaun, Magdalena 130
Spengler, Oswald 195
Spieker, Ira 333 f.
Staudenmaier, Peter 19, 36, 100, 203, 276, 286
Steffen, Albert 130, 157, 161, 165
Stegemann, Ernst 59, 65, 79 f., 82, 85, 88 f., 97, 119, 122, 143, 145, 150, 159, 257, 347, 365, 368 f., 375
Stein, Walter Johannes 101, 390
Steiner, Rudolf 13–15, 20 f., 36 f., 39, 41, 43–45, 48–54, 57–60, 62–68, 70–79, 82–88, 94 f., 97 f., 100 f., 105, 111, 118, 128–131, 133, 139, 145, 150, 158, 160–164, 168, 176 f., 179, 181, 184–189, 195, 197–199, 201, 214, 220, 225, 231, 233, 236–239, 248–251, 253, 266, 269–271, 273 f., 280, 282 f., 286, 290, 298 f., 302, 309, 335 f., 344, 346 f., 352 f., 359, 361, 368, 371 f., 375, 380, 383, 404, 407 f., 412
Steiner-von Sivers, Marie 79, 84, 157, 162, 164, 334, 348, 380–382
Stellrecht, Helmut 303
Stellwag 214, 243
Stelnikowitsch, Sergej 316
Steven, Alfred 261 f., 278
Stiller, Edgar 282
Stockamp, Alois 112, 202, 321–323, 339, 366 f., 416
Strakosch, Alexander 57, 119 f., 129
Strasser, Gregor 47
Strasser, Otto 47
Streicher, Johann 57 f.
Streicher, Julius 109, 168, 220
Strohschein, Albrecht 369, 390–392
Suchantke, Dr. 145

Thaer, Albrecht Daniel 210, 234, 250
Thierfelder, Erich 413
Thies, Heinrich 373
Todt, Fritz 123, 241, 257, 282, 291 f., 339, 342 f.
Tomsche, Heinrich 140

Treitel, Corinna 105, 107
Trittin, Jürgen 16
Troßbach, Werner 99, 135, 172, 252, 350
Tucher, Christof, Freiherr von 101 f., 123, 137

Ulrich, Fritz 257

Voegele, Herta (geb. Ratschky) 369, 389
Voegele, Immanuel 58, 77, 80, 84, 89, 96, 145, 151, 217, 281, 303, 312, 347, 368–370, 388 f., 393 f., 397 f., 404, 415, 418
Voegele, Margarethe 368, 389
Voegele, Maria 368
Voegele, Theo 303, 368
Voelkel, Margret 49
Vogel, Ludwig Wilhelm Heinrich 205, 207, 230, 266, 287, 296, 299, 301–304, 307 f., 313, 325 f., 342
Vogel, Martin 219
Vogeler, Heinrich 192, 365, 371–374
Vogelsang, Dr. A. 146, 195
Vogt, Gunter 16, 71, 104 f., 107, 264
Voith, Hanns 158, 257, 335, 370

Wachsmuth, Guenther 63 f., 79, 81, 83 f., 89, 93, 98, 111, 122–126, 157, 165, 167, 398, 404, 410
Wagemann, Arnold 188
Wagner, Arfst 17
Wagner, Gerhard 140–142, 144, 165, 169, 220, 341
Wagner, Richard 131
Wartenburg, Graf York zu 317
Weber, Max 38
Wegener, S. 196
Wegman, Ita 79, 100 f., 129, 132, 165, 334, 345, 390
Werner, Uwe 14, 17 f., 36, 125, 155, 157, 234, 236, 267, 281
Werr, Joseph 89
Wiepking-Jürgensmann, Heinrich 169, 355
Wilamowitz-Möllendorf, Gräfin Fanny von 160
Willmann, Kurt Theodor 145, 242, 323 f., 367, 369, 390, 397, 404, 418
Wilmar, Lore (verh. Wilmar-Strohschein) 388, 391
Wilson, Woodrow 269
Windeck, Brunhild Erika 282, 344, 370, 397, 418
Wirsching, Andreas 29
Wirz, Franz 141, 143 f., 205, 220, 341
Wistinghausen, Almar von 80, 85, 91, 95, 274, 334, 347, 354, 375
Wistinghausen (geb. von Bonin), Inge von 335
Wolf, Friedrich 187, 192, 371
Wolf, Käthe siehe Gumpold (Wolf-Gumpold), Kaethe (Käthe)
Wolff, Gerhard 32
Wurzer, Luise 400

Zabel, Martin 207
Zabel, Walter 149
Zabel, Werner 205
Zander, Helmut 14, 18, 51, 71, 334
Zellner, Hermann 344 f., 390
Zielke 284

Ortsregister

Alt-Rehse 170, 220, 296
Aschaffenburg 360
Auggen 77, 94, 338
Aurich 162
Auschwitz 232, 284, 300, 302, 312 f., 315, 414 f.

Babyn Jar 327
Bad Saarow 84, 89 f., 97–99, 126, 138, 145, 147, 160 f., 165, 168, 171, 176, 213, 221 f., 224, 235 f., 242, 245, 248, 254 f., 258, 289, 297, 302, 347, 349, 354, 357, 375, 385, 406, 408
Barkenhoff 48, 192 f., 364 f., 371–374
Berlin 20, 42, 51 f., 54 f., 80, 82, 85, 93, 96, 116, 118, 124, 128, 149, 159, 164, 166, 169, 223, 240, 242, 262 f., 265, 284, 288, 304, 311–313, 323, 352, 356, 358 f., 375 f., 381, 392, 395, 401
Birkenhof 192 f., 365, 371–373
Blankenburg 33
Bologna 41
Bomlitz 32
Bottschow 148, 170
Breslau 45, 49, 66, 77, 82, 96, 114, 119, 344, 346 f., 356, 368, 390–392
Bretsteintal 300, 318
Brückentin 311
Bukowina 391

Comthurey 311 f., 324, 338, 358

Dachau 9, 23, 139, 231, 256, 300 f., 304–306, 308–310, 312, 324, 338 f., 342, 358, 360, 362 f., 396 f., 415
Danzig 310, 323
Darmstadt 20, 153, 360, 399
Dischingen 58, 368
Dornach 17, 31, 41, 54, 63 f., 67, 78 f., 82, 84, 88, 90, 93, 95, 98, 100, 111, 118, 122, 124, 128 f., 133, 157, 159, 161, 165 f., 243, 278, 309, 322, 334, 336, 359, 366 f., 372, 374, 381, 398, 404 f., 410 f.
Dresden 145, 162, 205, 280, 324, 356 f., 377, 395

Eckwälden 392
Eger 219
Elbing 130
Elgersburg 373
Eschenhof 97
Essen 366

Feldberg 303, 315
Feldmühl 102
Föhrenhof 365
Försterstadt 315
Forken 32
Frankenfeld 360
Freiburg 310, 404
Fürstenberg/Havel 311, 323, 395
Fürstenwalde 323, 395

Gebelkofen 169

Gerswalde 50, 95, 101, 390, 392
Glatz 159
Gleiwitz 302
Göppingen 392
Göttingen 366, 369, 375,
Goslar 340
Gostyń 33, 243–245, 344
Grammersdorf 97
Grosen 84
Groß-Rosen 369, 389
Großbeeren 152 f.
Großböhla 195
Gstadt 367
Guldesmühle 58, 368

Halle 342
Hamborn 368, 370
Hamburg 27, 119, 131, 143 f., 159, 345
Hannover 119, 121, 262
Hegewald 314 f., 317, 320, 325–329
Heidenheim 158, 370, 403
Hessel 370, 394
Heynitz 4, 126, 281, 357, 374–378, 394 f., 415, 422, 416
Hildesheim 159
Hohenheim 293, 368
Hoher Meißner 43

Innsbruck 220

Karlsruhe 119
Kassel 120, 159, 187, 372
Kasten 421
Kiew 21, 316
Koberwitz 21, 50, 66, 70 f., 77–81, 83 f., 95, 177, 233, 334, 347, 353, 361, 365, 368 f., 375, 408, 425
Köfering 169
Köln 54
Korreshof 93
Landsberg 288, 352
Lauenstein 50, 95, 166, 390
Limburgerhof 175, 183
Loheland 48, 222, 280 f., 289, 310, 336, 343, 365, 378–385, 417
Lohmen 281, 312, 324, 344, 357 f.
Loverandale 307
Ludwigsburg 261
Lübeck 97, 99

Mannheim 363
Malta 308, 360
Marienhöhe 22, 84, 90 f., 97, 150, 155, 161, 164, 168, 176, 203, 217, 223, 225, 234, 236, 240, 242, 247, 249, 252, 254 f., 259–261, 281–284, 289 f., 297, 347–349, 352, 354, 356, 365, 385–388, 399 f., 402 f., 406, 418
Marienstein 59, 65, 91, 119, 217, 369, 375, 425
Mauthausen 23, 300
Mecklenburg-Lübeck 258
Miltenberg 360
Mosbach 360
München 9, 45, 48, 53, 61, 122 f., 137, 139, 145 f., 171, 198, 205, 223, 226, 293, 305, 322, 353, 366 f.

Nörten 159
Nürnberg 24 f., 109, 158, 350, 391

Oberliebich 308, 323, 338 f., 360
Obersalzberg 102, 296
Oranienburg 207
Ottersberg 363

Paderborn 368, 370

Pilgramshain 50, 83, 95 f., 101, 151, 171, 281 f., 343 f., 369, 373, 388–393, 417
Pillnitz 152
Planegg 145, 205, 362
Posen 243 f., 247, 327 f.

Raaben 81
Ravensbrück 9, 23, 139, 300, 303, 311–313, 338, 415
Rengoldshausen 158, 343, 417
Rosenheim 322, 367
Rüdersdorf 312, 356, 358

Sachsenhausen 265, 287, 389
Salzburg 322, 367
Sasterhausen 49, 81 f.
Schorndorf 368
Schwäbisch Gmünd 361
Schweidnitz 160, 392
Schwerin 99, 258, 338
Schytomyr, Shitomir 21, 23, 315–317, 320 f., 325–327, 339, 366 f., 416
Severin 98 f., 338
Sitzendorf Unterweißbach 343
Sonnenhof 372
Stalingrad 204 f., 328
Steißlingen 94
Stuttgart 20, 39, 45, 49, 54, 57 f., 82, 115, 119, 129, 131, 133 f., 368, 381, 397, 399, 418
Stutthof 307, 310
Szelejewo 243–247, 344

Talhof 134, 158, 370, 403
Thalfingen 353, 356
Traunstein 360
Trittau 362

Versailles 36, 41, 45 f., 69, 239, 244, 350

Waldenburg 159
Weimar 15, 51, 219
Wertingen, Vertokiyivka 23, 315, 320–328, 338 f., 358, 367
Wien 62, 345, 391
Wiesenhaus 385
Winniza 315
Wormstedt 94
Worpswede 90, 126, 133, 186, 192, 281, 302, 339, 365 f., 371–373, 416, 426
Wunschwitz 374, 376, 394
Wurzerhof 352, 387, 400, 403

Zamość 315

Autor und Autorinnen der Studie

Dr. Jens Ebert, Jahrgang 1959, hat 1981–1986 Germanistik und Geschichte an der Humboldt-Universität zu Berlin studiert. 1986–1989 absolvierte er ein Forschungsstudium der Literaturwissenschaft, Philosophie und Zeitgeschichte in Berlin und Moskau, das er mit der Promotion abschloss. Anschließend Lehrtätigkeit an Universitäten in Berlin, Rom und Nairobi. Seit 2001 arbeitet er als freischaffender Publizist und Buchautor, u. a. beim *Deutschlandfunk*. Seit 2008 ist er freier Mitarbeiter des Militärhistorischen Museums der Bundeswehr in Dresden, 2018/19 arbeitete er als wissenschaftlicher Mitarbeiter in der Gedenkstätte Ravensbrück. Veröffentlichungen u. a.: „Die Kommandeuse". Erna Dorn zwischen Nationalsozialismus und Kaltem Krieg, Berlin 1994; Feldpostbriefe aus Stalingrad. November 1942 bis Januar 1943, Göttingen 2003; Vom Augusterlebnis zur Novemberrevolution, Göttingen 2014; Nach Stalingrad. Walther von Seydlitz' Feldpostbriefe und Kriegsgefangenenpost 1939–1955, Göttingen 2018; Junge deutsche und sowjetische Soldaten in Stalingrad. Briefe, Dokumente und Darstellungen, Göttingen 2018; Die Versuchsanstalt. Landwirtschaftliche Forschung und Praxis der SS in Konzentrationslagern und eroberten Gebieten, Berlin 2021 (Ko-Autor).

Dr. Susanne zur Nieden, Historikerin, forscht und publiziert zur Geschichte des Alltags im Nationalsozialismus und der frühen Nachkriegsjahre. Publikationen u. a.: Unwürdige Opfer. Die Aberkennung von NS-Verfolgten in Berlin 1945 bis 1949, Berlin 2003; Alltag im Ausnahmezustand. Frauentagebücher im zerstörten Deutschland 1943–1945, Berlin 1993.

Dipl.-Ing. Meggi Pieschel hat bis 1990 Landschaftsplanung studiert und war wissenschaftliche Mitarbeiterin an der TU Berlin und der TH Ostwestfalen-Lippe. Seit 2004 ist sie im Rahmen ihrer Arbeitsschwerpunkte Landschafts- und Agrargeschichte sowie antimodernistische Alternativbewegungen im ländlichen Raum des 20. Jahrhunderts freischaffend tätig. Veröffentlichungen u. a.: Einwanderungs- und Innovationsprozesse in agrargeprägten Abwanderungsregionen, EU-REKULA, Berlin 2005; Die Rosen in Ravensbrück, Berlin 2015; Die Versuchsanstalt. Landwirtschaftliche Forschung und Praxis der SS in Konzentrationslagern und eroberten Gebieten, Berlin 2021 (Ko-Autorin).